智能制造技术元素丛书

工业控制系统及应用
——SCADA 系统篇
（第 2 版）

王华忠　编著

電子工業出版社
Publishing House of Electronics Industry
北京•BEIJING

内 容 简 介

本书系统地阐述了工业控制系统——监督控制与数据采集（SCADA）系统的技术问题，包括系统组成、特点、应用及与集散控制系统等其他控制系统的比较。对 SCADA 系统设计与开发中的关键技术，包括工业数据采集技术、通信与网络技术、SCADA 系统应用软件开发、经典 OPC 与 OPC UA 标准、功能安全与工业控制系统信息安全等都结合应用实例进行了详实的分析和论述，并通过对不同行业领域典型 SCADA 系统工程案例的剖析来加深读者对内容的理解，帮助读者掌握 SCADA 系统的分析、设计、开发与调试技能。此外，对 SCADA 系统开发中的一些典型软硬件产品及其使用方法也做了介绍。

本书侧重 SCADA 系统应用与开发中的关键技术和系统集成及其应用，注重内容的系统性、准确性、实用性与新颖性。本书的程序都已通过仿真或实物调试，可以指导读者进行类似的工程开发。

本书可作为自动化、电气工程及其自动化、测控技术及仪器、物联网工程等相关专业本科生、研究生的教材，也可作为相关工程技术人员的参考书。

图书在版编目（CIP）数据

工业控制系统及应用. SCADA 系统篇 / 王华忠编著. —2 版. —北京：电子工业出版社，2023.7

（智能制造技术元素丛书）

ISBN 978-7-121-45832-3

Ⅰ. ①工… Ⅱ. ①王… Ⅲ. ①工业控制计算机 Ⅳ.①TP273 ②TP368.4

中国国家版本馆 CIP 数据核字（2023）第 110838 号

责任编辑：陈韦凯　　　　特约编辑：田学清
印　　刷：北京天宇星印刷厂
装　　订：北京天宇星印刷厂
出版发行：电子工业出版社
　　　　　北京市海淀区万寿路 173 信箱　　　邮编　100036
开　　本：787×1 092　1/16　　印张：25　　　字数：656 千字
版　　次：2017 年 2 月第 1 版
　　　　　2023 年 7 月第 2 版
印　　次：2025 年 1 月第 4 次印刷
定　　价：79.00 元

凡所购买电子工业出版社图书有缺损问题，请向购买书店调换。若书店售缺，请与本社发行部联系，联系及邮购电话：（010）88254888，88258888。

质量投诉请发邮件至 zlts@phei.com.cn，盗版侵权举报请发邮件至 dbqq@phei.com.cn。

本书咨询联系方式：chenwk@phei.com.cn。

前　言

典型的工业控制系统包括监督控制与数据采集（SCADA）系统和集散控制系统（DCS）。SCADA 是英文“Supervisory Control And Data Acquisition”的简称，翻译成中文就是“监督控制与数据采集”，国内有些文献将其称为“数据采集与监视控制”。SCADA 系统与用于流程工业的 DCS 有明显不同。一般来讲，SCADA 系统特指分布式计算机测控系统，主要用于对测控点十分分散、分布范围广泛的生产过程或设备的监控，在通常情况下，测控现场是无人或少人值班的，如城市排水泵站远程监控系统、城市煤气管网远程监控、电力调度自动化等。

SCADA 系统的应用领域极其广泛，不同应用领域的特点和监控要求导致 SCADA 系统解决方案具有多样性和行业属性烙印，因此对 SCADA 系统的认识有所不同。但无论在哪个领域应用，用户对 SCADA 系统的要求都是一致的。从其名称可以看出，SCADA 系统包含两个层次的基本功能：监督控制与数据采集。因此，SCADA 系统除了在系统结构、功能上有相似性，在开发与调试等方面也有共性。本书正是基于此，有针对性地阐述 SCADA 系统的共性知识，以及近几年影响 SCADA 系统的新技术和规范。

本书的最早版本可以追溯到 2010 年 1 月出版的《监控与数据采集（SCADA）系统及其应用》，随后在 2012 年 9 月出版了第 2 版。2017 年 2 月，在第 2 版的基础上进行了较大改动，重新以《工业控制系统及应用——SCADA 系统篇》出版。近 5 年来，随着企业数字化转型的需要和工业控制软硬件的发展，以及工业互联网、大数据和人工智能技术的驱动，在 SCADA 系统作为工业控制基础层的地位不变的基础上，一方面与企业 IT 系统融合，另一方面吸收了新的技术，SCADA 系统的内容更加丰富。为了使读者了解近 5 年来 SCADA 系统相关技术的发展与应用的深入，遂对《工业控制系统及应用——SCADA 系统篇》第 1 版内容进行了大幅修改、补充与完善，出版了第 2 版。

《工业控制系统及应用——SCADA 系统篇（第 2 版）》共 8 章，主要内容如下。

第 1 章是工业控制系统与 SCADA 系统概述。首先介绍由工业生产的不同特点而产生的工业自动化与流程工业自动化，对两者的内涵、应用和发展进行了概述。然后重点分析了 SCADA 系统的组成、功能、特点与发展趋势。最后对 SCADA 系统在电力、交通、能源等行业的应用进行了概述性介绍。

第 2 章是数据通信与网络技术，主要介绍 SCADA 系统中常用的通信技术。本章内容包括通用串行通信、现场总线与工业以太网等。对 SCADA 系统相关的网络体系内容进行了阐述。结合工控网络与通信应用实例，通过 Wireshark 抓包来对部分典型工控通信协议进行分析，以加深读者对网络体系与协议的直观理解。

第 3 章是工业数据采集技术与应用。本章对工业数据采集基础进行了介绍，对工业数据采集系统组成与结构、I/O 接口功能与分类进行了分析。结合实例介绍了各类数据采集技术，包括基于 PC 的数据采集、PLC 与数据采集设备串行通信协同数据采集、PLC 与数据采集设备基于 Modbus TCP 协同数据采集、基于物联网 MQTT 通信的数据采集等。

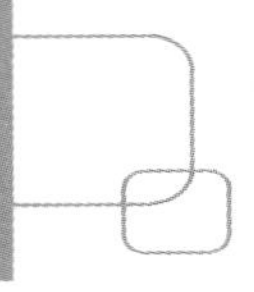

第 4 章是 SCADA 系统应用软件编程与组态。本章内容主要包括下位机应用软件开发与上位机组态软件开发。介绍了 SCADA 系统应用软件开发的主要内容和工具软件，重点介绍 SCADA 系统下位机编程规范 IEC61131-3，并结合实例介绍了下位机编程语言及其应用。本章概述了上位机组态软件的发展及其主要内容，对主要的上位机组态软件产品进行了分析，结合实例阐述了如何利用组态软件开发上位机人机界面及进行调试。

第 5 章是经典 OPC 与 OPC UA 标准及其应用。首先阐述了经典 OPC 标准的产生、特点、主要内容、体系结构等，结合实例介绍了 OPC DA 服务器的应用。然后对 OPC UA 标准及其主要内容进行了介绍，结合实例阐述了 OPC UA 标准及其应用。最后给出了基于经典 OPC 通信的 CSTR 过程工业控制系统数字化仿真的应用案例。

第 6 章是安全仪表系统与工业控制系统信息安全，本章除了介绍经典的功能安全，特别是安全仪表系统的内容，还重点介绍了近年来备受重视的工业控制系统信息安全，对其产生的根源、工业控制系统的脆弱性、工业控制系统安全防护等进行了详细分析。

第 7 章是 SCADA 系统设计与开发，主要介绍了 SCADA 系统设计的原则、步骤、内容和调试等，并介绍了 SCADA 系统可靠性设计。

第 8 章是 SCADA 系统应用案例分析，也是本书的重点部分。精选了污水处理、能源集控、原油长距离输送管线的 SCADA 系统和冶金企业电力调度自动化系统 4 个富有特色的案例，对案例中的关键技术进行了深入分析，以培养读者通过案例学习 SCADA 系统设计与开发技能。

本书编著者长期从事与工业控制系统、工业控制技术、工控信息安全相关的教学、科研与工程实践。在编写本书的过程中，除了引用编著者多年的工程实践与研究内容，还参考了不少国内外论文、期刊、书籍及互联网上的资料，受篇幅限制，无法将所有文献在参考文献中一一列出，编著者对这些资料的作者表示由衷感谢，同时声明，所参考文献的版权属于原作者。

本书由华东理工大学信息科学与工程学院王华忠编著。本书的出版获华东理工大学研究生教育基金资助，在此表示感谢。MOX（万科思）自动化、OPTO 22 等公司为本书提供了技术资料，在此一并表示感谢！

为便于教学，编著者提供电子教案，读者可登录华信教育资源网（www.hxedu.com.cn）查找本书免费下载（须先注册成为会员）。

限于时间和编著者的水平，SCADA 系统涉及的内容庞杂，书中难免存在不当之处，殷切希望读者提出批评建议，恳请专家、学者批评指正，也欢迎读者交流讨论，编著者的 E-mail 是 hzwang@ecust.edu.cn。

编著者

2023 年 1 月

目　录

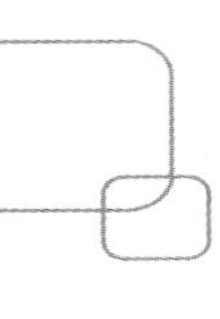

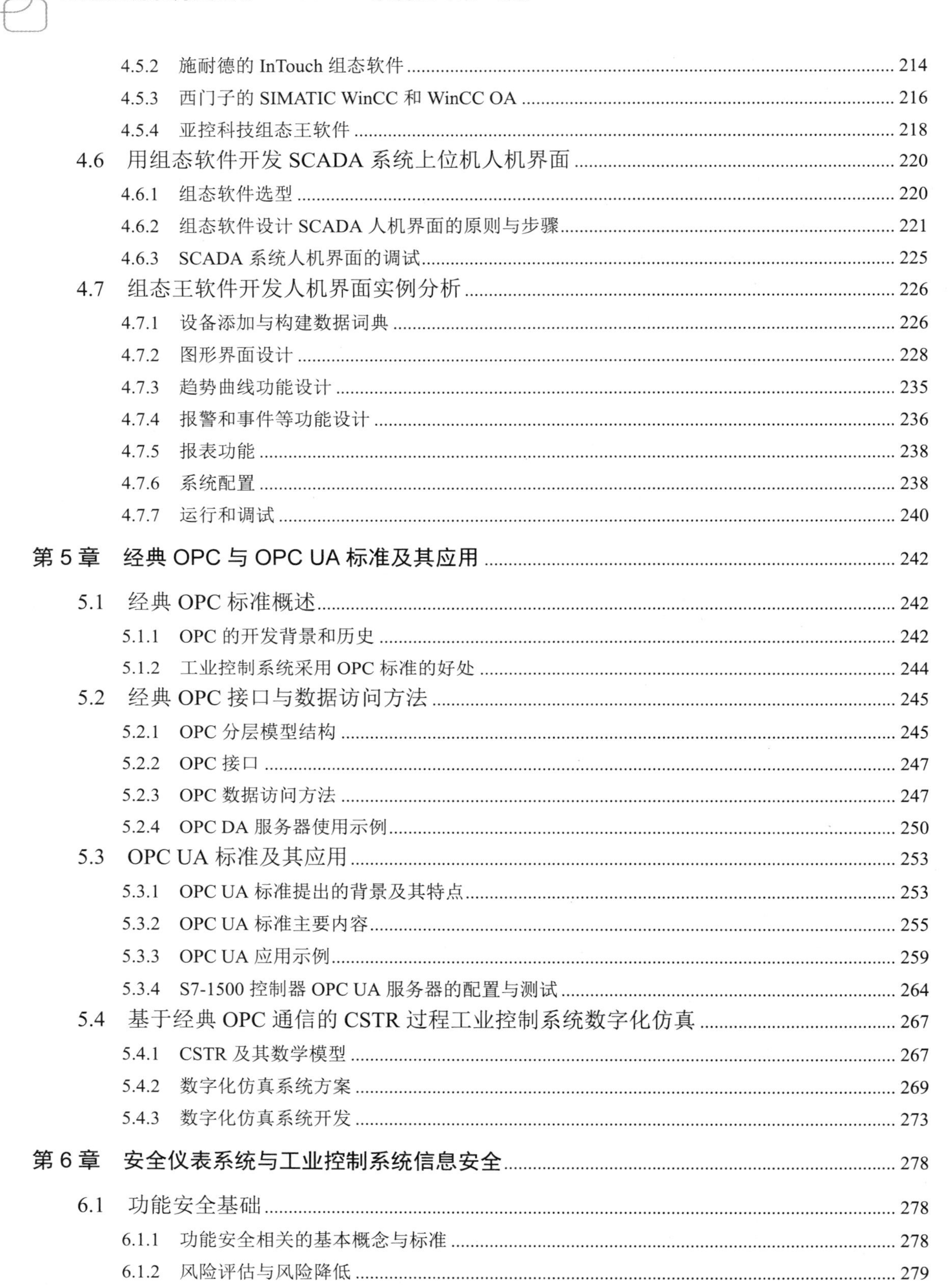

第1章　工业控制系统与SCADA系统概述

1.1　工业生产中的工业控制系统

1.1.1　工业生产行业分类及其对应的工业控制系统

工业生产是创造社会财富、满足人们生产生活物质需求的主要方式。由于产品种类千差万别，因此，工业生产行业及相关的企业众多。为了提高产品产量与质量，减少人工劳动，不同行业都在使用自动化系统解决其生产运行自动化问题。由于不同行业的生产加工方式有不同的特点，因此工业控制系统也有鲜明的行业特性。以如图1.1所示的化工生产过程与汽车生产线为例，读者可以看到其中有明显不同。而这种生产特点的不同，对于控制系统执行器的影响表现在：在化工厂这样的流程工业中，大量使用的执行器是如图1.2（a）所示的气动调节阀；而在汽车生产线等离散制造业，大量使用的执行器是如图 1.2（b）所示的变频器与变频电机和如图1.2（c）所示的伺服控制器与伺服电机。

（a）化工生产

（b）汽车生产线

图1.1　化工生产过程与汽车生产线

（a）气动调节阀

（b）变频器与变频电机

（c）伺服控制器与伺服电机

图1.2　不同行业典型的执行器

由于不同行业的生产特点不同，其对自动化系统的要求自然也有所不同，有时甚至差别很大。显然，面对不同行业的不同生产特点和控制要求，不能只有一种工业控制系统解决方案。从工业控制系统的发展来看，各类工业控制系统在产生之初都依附一定的行业，从而产生了面向行业的各类工业控制系统解决方案。以制造业为例，根据制造业加工生产的特点，主要可以分为离散制造业、流程制造工业和兼具连续与离散特点的间歇过程（如制药、食品、饮料、精细化工等）。通常，工业界把离散制造业控制系统称作工厂自动化（Factory Automation，

FA）系统，把流程制造工业控制系统称作工业自动化或过程/流程自动化（Process Automation，PA）系统。工厂自动化的典型结构是将各种加工自动化设备和柔性生产线连接起来，配合计算机辅助设计（CAD）和计算机辅助制造（CAM）系统，在中央计算机的统一管理下协同工作，使整个工厂生产实现综合自动化。而工业自动化系统是指对连续生产过程进行分散控制、集中管理和调度，在保证被控变量在设定值附近的前提下，实现生产过程的稳定、优化、安全和绿色运行，为企业创造最大的效益。

工业控制领域的制造商众多，像西门子、ABB、施耐德等大型自动化公司，其业务一般覆盖工厂自动化和工业自动化；而三菱电机、发那科、罗克韦尔自动化、汇川等公司，其业务主要是工厂自动化；艾默生过程管理、霍尼韦尔、横河电机、浙大中控等公司的主要业务是工业自动化。市场上数量众多的中小型自动化公司（如倍福、研华、台达、亚控科技等），其产品主要面向特定行业或生产某类自动化软硬件设备。

近年来，我国的自动化公司（如汇川、浙江中控技术、和利时等）在技术实力、产品功能和性能等硬实力和产品品牌、服务水平等软实力上发展很快，在不少关键行业实现了自动化系统的国产替代，为确保我国关键基础设施的安全发挥了重要作用。自中国共产党第二十次全国代表大会以后，受到科技创新、科技强国政策的激励，我国的自动化领域科技人员更加重视自动化产品的研发和国产替代。2023 年 3 月，装备我国自主研发的核电数字化仪控系统——“和睦系统”的中广核广西防城港核电站 3 号机组投产发电，标志着我国在核级控制技术和装备上的重大突破。

除了工业生产系统，还存在电力、燃气等公共设施；隧道、公路、桥梁、码头等交通基础设施；邮电机房、电信基站等通信基础设施；地铁、汽车、火车、船舶等交通运输设施；仓储、物流设施；住宅、办公楼、展览馆等建筑设施，这些设施的运行与监控都大量使用各类控制系统。这些被控对象通常具有测控点分散的特性，不少使用专有的控制设备。但从控制系统的结构和功能的角度看，它们属于本书重点介绍的监督控制与数据采集（SCADA）系统。

由于工业控制系统服务于具体生产，因此，要了解不同行业的生产特点，才能理解这类生产特点对自动化系统的需求，从而了解与其对应的工业控制系统。

1．离散制造业及其控制系统的特点

典型的离散制造业主要从事单件/批量生产、适用于面向订单的生产组织方式。其主要特点是原料或产品是离散的，即以个、件、批、包、捆等为单位，多以固态形式存在。代表行业是机械加工、电子元器件制造、汽车、服装、家电、家具、烟草、五金、医疗设备、玩具、建材及物流等。

离散制造业的主要特点如下。

（1）离散制造业生产周期较长，产品结构复杂，工艺路线和设备配置非常灵活，临时插单现象多，零部件种类繁多。

（2）面向订单的离散制造业的生产设备布置不是按产品而是按照工艺进行布置的。

（3）所用的原材料和外购件具有确定的规格，最终产品是由固定个数的零件或部件组成的，从而形成明确、固定的数量关系。

（4）通过加工或装配过程实现产品增值，整个过程的不同阶段会产生若干独立、完整的部件、组件和产品。

（5）产品种类变化多，非标产品多，要求设备和操作人员必须有足够灵活的适应能力。

（6）通常情况下，由于生产过程可分离，因此订单的响应周期较长，辅助时间较多。

（7）物料从一个工作地到另一个工作地的转移主要使用机器传动。

由于离散制造业的上述生产特点，因此其控制系统具有下述特征。

（1）检测的参数多数为数字量信号（如启动、停止、位置、运行、故障等参数），模拟量主要是电量信号（电压、电流）和位移、速度、加速度等参数。执行器多是变频器及伺服机构等。控制方式多表现为逻辑与顺序控制、运动控制。

（2）通常情况下，工厂自动化被控对象的时间常数比较小，属于快速系统，其控制回路数据采集和控制周期通常小于1毫秒，因此，用于运动控制的现场总线的数据实时传输的响应时间为几百微秒，使用的现场总线大多是高速总线，如EtherCAT和Powerlink等。

（3）在单元级设备大量使用数控机床，也广泛使用各类运动控制器。可编程控制器（PLC）是使用最为广泛的通用控制器。人机界面在生产线上也被大量使用，帮助工人进行现场操作与监控。

（4）生产多在室内进行，现场的电磁、粉尘、振动等干扰较多。

2．流程工业及其控制系统特点

流程工业一般是指通过物理上的混合、分离、成型或化学反应使原材料增值的行业，其重要特点是物料在生产过程中多是连续流动的，常常通过管道进行各工序之间的传递，介质多为气体、液体或气液混合。流程工业具有工艺过程相对固定、产品规格较少、批量较大等特点。流程工业的典型行业有石油、化工、冶金、发电、造纸、建材等。

流程工业的主要特点如下。

（1）设备产能固定，计划的制定相对简单，常以日产量的方式下达任务，计划相对稳定。

（2）对配方管理的要求很高，但不像离散制造业那样有准确的材料表（BOM）。

（3）工艺固定，按工艺路线安排工作中心。工作中心专门用于生产有限的相似的产品，工具和设备是为专门的产品而设计的，专业化特色较显著。

（4）生产过程中常常出现联产品、副产品、等级品。

（5）流程工业通常流程长，生产单元和生产关联度高。

（6）石油、化工等生产过程多具有高温、高压、易燃、易爆等特点。

由于流程工业具有上述生产特点，因此其控制系统具有下述特点。

（1）检测的参数以温度、压力、液位、流量及分析参数等模拟量为主，以数字量为辅；执行器以调节阀为主，以开关阀为辅；控制方式主要采用定值控制，以克服扰动为主要目的。

（2）通常情况下，流程工业被控对象的时间常数比较大，属于慢变系统，其控制回路数据采集和控制周期通常为100～1000毫秒，因此，一般流程工业所用的现场总线的数据传输速率较低。

（3）生产多在室外进行，对测控设备的防水、防爆、防雷等级的要求较高。

（4）为确保生产的连续性，要求自动化程度高；当生产过程中具有高温、高压等特点时，对于安全等级的要求较高。流程工业广泛使用集散控制系统和各类安全仪表系统。

1.1.2　离散制造业控制系统与流程工业控制系统

1．离散制造业控制系统

1）离散制造过程的主要控制技术——运动控制

运动控制（Motion Control）通常是指在复杂条件下将预定的控制方案、规划指令等转变

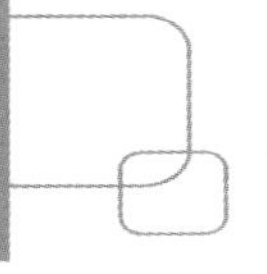

成期望的机械运动，对机械运动实现精确的位置控制、速度控制、加速度控制，以及对转矩和力的控制。

可将运动控制器看作控制电动机运行方式的专用控制器。例如，电动机由行程开关控制交流接触器而实现电动机拖动物体在上限位、下限位之间来回运行，或者用时间继电器控制电动机按照一定时间、规律正反转。运动控制在机器人和数控机床领域内的应用要比在专用机器中的应用更复杂。

按照使用动力源的不同，运动控制主要可以分为以电动机作为动力源的电气运动控制、以气体和流体作为动力源的气液控制等。其中，电动机在现代化生产和生活中起着十分重要的作用，因此电气运动控制的应用最为广泛。

电气运动控制是由电机拖动发展而来的，电力拖动或电气传动是以电动机为对象的控制系统的统称。运动控制系统多种多样，但从基本结构上看，一个典型的现代运动控制系统的硬件主要由上位机、运动控制器、功率驱动装置、电动机、执行器和传感器反馈检测装置等组成。

在离散制造业，主要的运动控制器分为专用与通用两类。其中，机床、纺织机械、橡塑机械、印刷机械和包装机械行业主要使用专用型的运动控制器。而在生产流水线、组装线及其他一些工厂自动化领域，主要使用通用型的运动控制器，其中，最典型的产品就是可编程控制器。传统的可编程控制器厂商也开发了相应的运动控制模块，从而可以在一个可编程控制器上集成逻辑顺序控制、运动控制及少量过程控制回路。

2）离散制造过程的主要控制装备

（1）继电器-接触器控制系统。

生产机械的运动需要电动机的拖动，即电动机是拖动生产机械的主体。但对电动机的启动、调速、正反转、制动等控制需要控制系统来实现。用继电器、接触器、按钮、行程开关等电器元件，按一定的接线方式组成的机电传动（电力拖动）控制系统就称作继电器-接触器控制系统。该系统结构简单，价格便宜，能满足一般生产工艺要求。

继电器-接触器控制系统属于典型的分立元件模拟式控制方式。在大量单体设备控制，特别是手动控制中被广泛使用。即使使用了 PLC 等计算机控制代替了由继电器-接触器控制系统构成的逻辑控制方式，也要使用大量电器元件作为其外围辅助电路或构成手动控制。

（2）专用数控系统。

在离散制造业，数控机床是核心加工装备，被称为工业母机。而数控系统（Numerical Control System，NC）及相关的自动化产品主要是与数控机床配套使用的。数控机床大大提高了零件加工的精度、速度和效率。这种数控机床是国家工业现代化的重要表征和物质基础之一。

目前，在数控技术研究应用领域主要有两大阵营：一个是以日本发那科（FANUC）和德国西门子为代表的专业数控系统厂商；另一个是以山崎马扎克（MAZAK）和德玛吉（DMG）为代表的自主开发数控系统的大型数控机床制造商。

数控系统是配有接口电路和伺服驱动装置的专用计算机系统，根据计算机存储器中存储的控制程序执行部分或全部数值控制功能，利用数字、文字和符号组成的数字指令来实现对一台或多台机械设备的动作控制。

一个典型的闭环数控系统通常由控制系统、伺服驱动系统和测量系统三大部分组成。控制系统的主要部件包括总线、CPU、电源、存储器、操作面板、显示屏、位控单元、数据输入/输出接口和通信接口等。控制系统能按加工工件程序进行插补运算，发出控制指令到伺服驱动系统；测量系统检测机械的直线和回转运动的位置和速度，并反馈到控制系统和伺服驱动系统，来修正控制指令；伺服驱动系统对来自控制系统的控制指令和来自测量系统的反馈信息进行比较和控制调节，控制伺服电机，由伺服电机驱动机械按要求运动。

（3）通用型控制系统。

离散制造业除了设备加工，还存在大量的设备组装任务，如汽车组装线、家用电器组装线等。对于这类生产线的自动化控制系统，以 PLC 为代表的通用型运动控制器占据了垄断地位。生产线工业控制系统普遍采用 PLC 与组态软件构成上位机、下位机结构的分布式系统。根据生产流程，生产线上可以配置多个现场 PLC 站，还可以配置触摸屏人机界面。在中控室配置上位机监控系统，实现对全厂的监控与管理。上位机还能与工厂的 MES 及 ERP 组成大型综合自动化系统。

（4）工业机器人。

在现代企业的组装线上，大量使用机械臂或机器人，其典型应用包括焊接、刷漆、组装、采集和放置（如包装、码垛和 SMT）、产品检测和测试等。这些工作的完成都要求高效性、持久性、快速性和准确性。ABB、库卡（被中国美的公司收购）、发那科和安川四大厂家是目前全球主要的工业机器人制造商。

工业机器人由主体、驱动系统和控制系统三个基本部分组成。主体，即机座和执行器，包括臂部、腕部和手部，有的机器人还有行走机构。驱动系统包括动力装置和传动机构，用以使执行器产生相应的动作；控制系统按照输入的程序对驱动系统和执行器发出指令信号，并进行控制。

工业机器人控制系统的主要任务是控制工业机器人在工作空间中的运动位置、姿态和轨迹、操作顺序及动作时间等。要求具有编程简单、使用软件菜单操作、友好的人机交互界面、可在线操作提示和使用方便等特点。

2．流程工业控制系统

1）流程工业控制系统及其发展

一般认为，工业自动化的发展经历了基地式气动仪表控制系统、电动单元组合式模拟仪表控制系统、集中式数字控制系统、分散型智能仪表控制系统、集散控制系统和现场总线控制系统的发展历程。控制方式分类：从控制设备的使用方式来看，可以分为仪表控制和计算机控制；从控制结构来看，可以分为集中式控制和分散性控制；从信号类型来看，可以分为模拟式控制和数字式控制。

（1）常规仪表控制系统。

从 20 世纪 60 年代开始，工业生产的规模不断扩大，对自动化技术与装置的要求也逐步提高，过程工业开始大量采用单元组合仪表。为了满足定型、灵活、多功能等要求，还出现了组装仪表，以适应比较复杂的模拟量控制和逻辑控制相结合的控制功能的需求。随着计算机的出现，计算机数据采集、直接数字控制（DDC）及计算机监控等各种计算机控制方式应运而生，但由于多种原因没能成为主流。此外，传统的模拟仪表逐步数字化、智能化和网络化。各种计算机化的可编程调节器取代了传统的模拟式仪表，不仅实现了分散控制，还以可编程

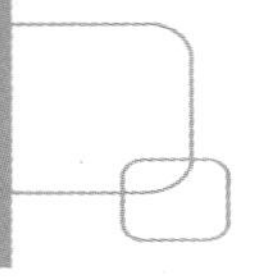

的方式实现了各种简单和复杂的控制策略。可编程调节器还能与上位机计算机联网，实现了集中监控和管理，简化了控制室的规模，而且提高了自动化水平和管理水平，在集散控制系统（Distributed Control System，DCS）出现以前，曾在大型流程工业得到了广泛应用。

（2）集散控制与现场总线控制系统。

流程工业测控点多，对测控精度的要求较高，常规控制系统很难满足流程工业控制的要求。而计算机技术、通信技术和控制技术的发展，使得开发大型分布式计算机控制系统成为可能。在市场需求和技术的推动下，通过通信网络连接管理计算机和现场控制站的 DCS 在 1975 年诞生。DCS 采用分散控制、集中操作、分级管理、分而自治和综合协调的设计原则，自下而上可以分为若干级，如过程控制级、控制管理级、生产管理级和经营管理级等，满足了大规模工业生产过程对工业控制系统的需求，成为主流的流程工业控制系统。由于现场总线的发展，现场总线控制系统也被开发，并在大型流程工业得到应用。

2）流程工业控制系统的主要仪表与装置

流程工业大量使用 DCS 进行常规控制，使用安全仪表系统实现安全功能。常规控制系统的基本控制回路包括控制器、执行器、检测仪表和被控对象四部分。其中，控制器可以是控制仪表，也可以是 PLC 或 DCS 的现场控制站。执行器主要是气动调节阀和一些开关阀。检测仪表主要检测温度、压力、物位和流程等过程参数和一些成分参数。

3）流程工业控制系统的主要控制策略

在流程工业中，一些复杂过程往往具有不确定性（环境结构和参数的未知性、时变性、随机性、突变性）、非线性、变量间的关联性、信息的不完全和大纯滞后等特性，因此，流程工业的控制策略受到广泛研究，常用的控制策略可分为简单控制、复杂控制和先进控制（APC）。复杂控制有前馈控制、前馈-反馈控制、比值控制、均匀控制、串级控制、分程控制和解耦控制等。先进控制主要有预测控制和一些智能控制策略等。通常要根据被控过程的特点和控制要求合理选择控制策略，制定控制参数。

1.1.3 典型工业控制系统与设备介绍

1. 工业控制发展与工业控制系统

正如前面所述，由于工业生产过程的特点不同，其采用的控制系统和控制技术也不同。任何工业控制都离不开控制技术与控制系统，因此，可以从这个角度来分析工业控制发展的两条主线。

（1）工业控制理论与技术：开发具有一定普适性或适用于某行业的控制理论与技术，以这些先进的控制理论与技术应对各类控制工程中的复杂问题。一般认为，工业控制理论与技术经历了经典控制与现代控制阶段，目前处于智能控制阶段。

（2）工业控制系统/装置：主要是不断开发、升级现有的工业控制系统设备，以这些新型的设备作为载体，来支持复杂的控制理论与算法，并实现与调度、管理系统的集成，提高工业生产的自动化水平、管理水平和综合效益。工业控制系统的发展经历了模拟控制、数字化分布式控制阶段，目前处于工业互联网阶段。

就控制系统而言，根据目前国内外文献的介绍，可以把工业控制系统分为两大类，即 SCADA 系统和 DCS。可将现场总线控制系统看作 DCS 的进一步发展，而 PLC 是制造业最主

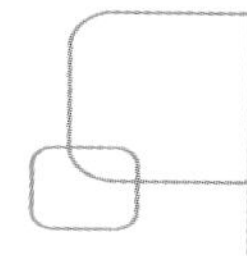

要的控制器设备，不属于工业控制系统范畴。由于 SCADA 系统和 DCS 同属于工业控制系统，因此从本质上看，它们有许多共性。下面对这些典型系统进行概述性的介绍和比较。

2．集散控制系统

集散控制系统也称分布式控制系统，适用于测控点数多而集中、测控精度高的工业生产过程（含间歇过程）。DCS 具有统一的体系结构，具有分散控制和集中管理的功能。JX-300 DCS 的体系结构如图 1.3 所示。DCS 的成功主要得益于以下几点。

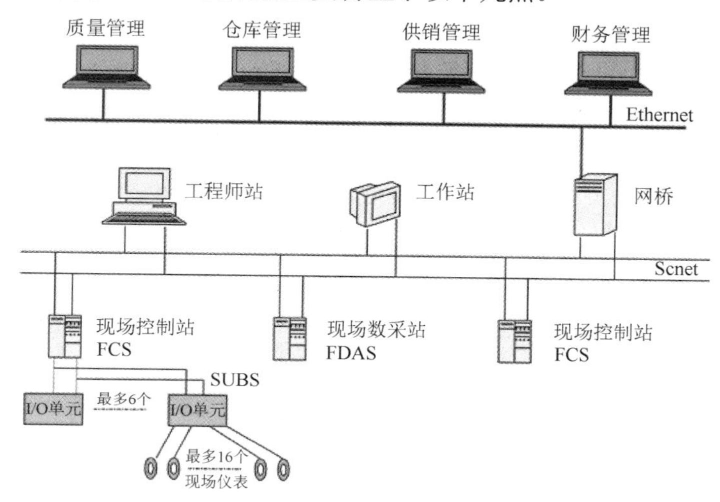

图 1.3　JX-300 DCS 的体系结构

（1）具有分布式控制系统结构，可确保系统的可扩展性和可靠性，满足不同规模应用和生产规模扩张的需求，满足生产过程对连续性的要求。

（2）采用多级分层总线，满足具有不同通信速率的设备（如现场网低速、控制网高速）的通信需求，从而实现整个控制系统横向和纵向的信息交换、信息显示和信息集成。

（3）现代计算机软硬件技术和通信技术的大量使用，特别是通过图形化组态方式来进行控制系统集成和应用软件开发，大大简化了系统开发和维护，提高了软件可复用性。

（4）与传统文本式或仪表面板的界面相比，DCS 的人机界面极为友好，信息丰富，十分便于操作人员操作。图 1.4 所示为某垃圾焚烧发电厂的 DCS 操作界面，可以看出，该界面融合的丰富信息对于操作人员了解整个生产过程和指导操作具有重要作用。

（5）现场控制站分散化和硬件模块化不仅实现了分散控制，提高了系统可靠性，而且便于安装和维护。

（6）软件模块化便于组态各种控制策略，降低了应用软件的开发难度，程序可读性强，特别适合广大自控人员使用。

（7）DCS 产品丰富，充分的市场竞争导致 DCS 价格较为合理，应用领域不断扩大。

现代企业要求实现效益最大化这个目标，必须把自动化系统和企业的调度、优化和管理等信息系统融合，也就是 IT 与 OT 的融合。因此，现代的 DCS 都不是自动化孤岛，并且已超越传统 DCS 概念的范畴。图 1.5 所示为基于 DCS 实现的企业综合自动化系统结构图，可以看出，与经典 DCS 相比，现代 DCS 已成为企业信息化系统不可分割的一部分。

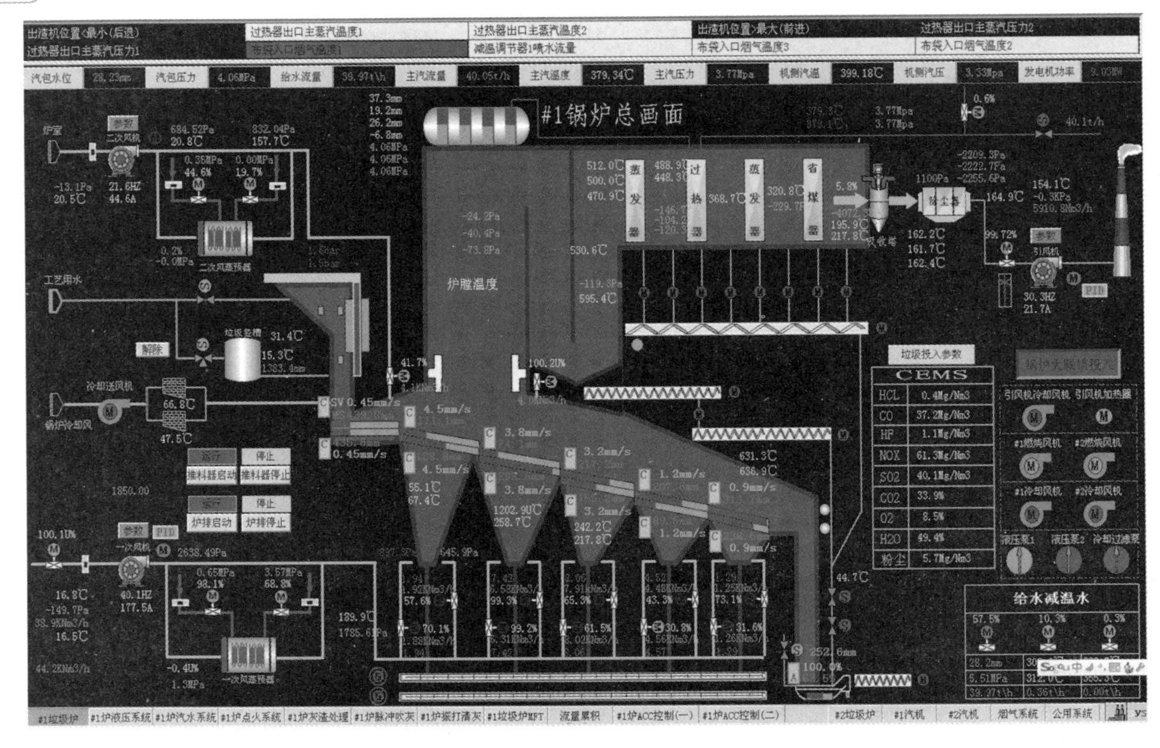

图 1.4　某垃圾焚烧发电厂的 DCS 操作界面

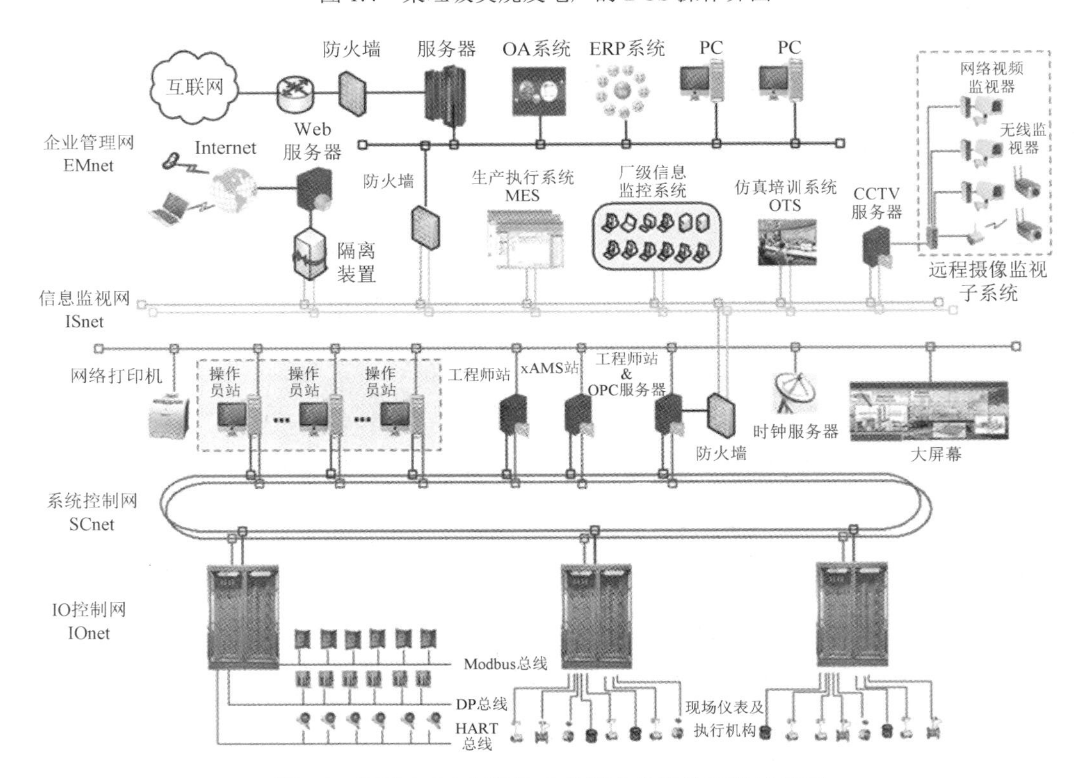

图 1.5　基于 DCS 实现的企业综合自动化系统结构图

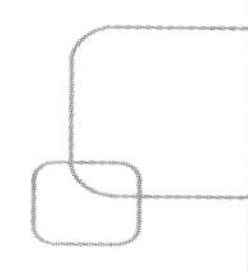

DCS 测控功能强、运行可靠、易于扩展、组态方便、操作维护简便，在化工、发电、冶金、造纸和水泥等大型企业中得到广泛应用。主要的 DCS 产品有霍尼韦尔公司的 Experion PKS、艾默生过程管理公司的 DeltaV 及 Ovition、横河公司的 Centum 系列、ABB 公司的 Ability 系统（800xA 及 SymphonyPlus）和西门子公司的 PCS7 等。国产 DCS 发展较快，厂家主要有和利时、浙大中控、新华控制、国能智深等。通常，不同厂家的 DCS 都有主攻的行业市场，如 PCS7 在啤酒制造领域的市场占有率极高；DeltaV、Centum、Experion PKS 和浙大中控 DCS 主要应用于石化等领域；而 Ovition 在火电厂领域的市场占有率较高；在水泥、炉窑等领域，ABB 和西门子的 DCS 市场占有率较高；而核电领域的数字化控制系统（Digital Control System）包括核级和非核级产品，该领域的 DCS 针对性强，在其他行业应用较少。根据美国著名市场调研公司 ARC 报告，在 DCS 市场，ABB 公司 21 年蝉联全球第一，2020 年，其市场占有率是 19.2%。2020 年，DCS 全球市场价值为 150 亿美元。

目前，在数字化转型和智能制造时代，DCS 的技术与结构也面临较大挑战。西门子推出了 PCS7 neo 系统，与其主流的 PCS7 并行发展。PCS7 neo 依然使用现有 PCS7 成熟的硬件，但其工程组态和运行界面都基于 Web。

说到 DCS 的优点（也是其主要特点），我们最耳熟能详的就是“控制分散，管理集中”。实际上，与早期的 DDC 相比，DCS 的控制是分散的，但相对于石化等领域早期的仪表控制（模拟仪表、数字化仪表等）方式，其控制却是集中的。现有的一个 DCS 控制站，都会组态几十个甚至上百个模拟量控制回路，显然，这种控制实质上还是较为集中的，风险分散是相对的。控制器软硬件的可靠性的提高及冗余技术的使用，把 DCS 这种相对分散的控制方式的风险降低了。现场总线控制系统与 DCS 相比，实现了较为彻底的控制分散，其控制功能可以在位于现场的总线仪表中实现。

3．现场总线控制系统

1）现场总线与现场总线控制系统概述

随着通信技术和数字技术的不断发展，逐步出现了以数字信号代替模拟信号的总线技术。1984 年，现场总线的概念被正式提出。国际电工委员会（International Electrotechnical Commission，IEC）对现场总线（Fieldbus）的定义为如下：现场总线是一种应用于生产现场，在现场设备之间、现场设备和控制装置之间实行双向、串行、多结点的数字通信技术。以现场总线为基础，产生了全数字的新型控制系统——现场总线控制系统（Fieldbus Control System，FCS）。现场总线控制系统一方面突破了 DCS 采用通信专用网络的局限，采用了基于公开化、标准化的解决方案，克服了由封闭系统造成的缺陷；另一方面把 DCS 的集中与分散相结合的集散系统结构，变成了新型全分布式结构，把控制功能彻底下放到现场。通过采用具有现场总线接口的仪表替换传统的模拟仪表，把现场控制回路的模拟控制转换为依赖总线的数字控制，现场控制回路的模拟控制与依赖总线的数字控制如图 1.6 所示。可以说，开放性、分散性与数字通信是现场总线控制系统最显著的特征。过程工业主要的现场总线是 FF 和 Profibus-PA。

图 1.7 所示为艾默生 DeltaV 控制系统，该系统在传统 DCS 的基础上融入了现场总线。现场总线控制系统可以包容多种类型的总线，因此，其支持的总线设备的数量和种类很多。

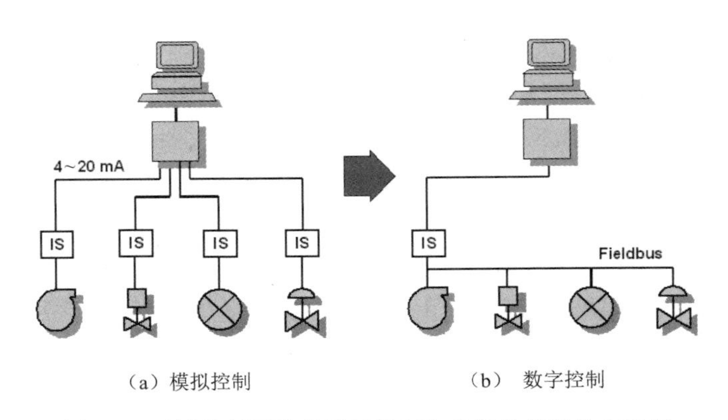

（a）模拟控制　　（b） 数字控制

图 1.6　现场控制回路的模拟控制与依赖总线的数字控制

现场总线控制系统具有以下显著特性。

（1）互操作性与互用性。

互操作性是指实现互连设备间、系统间的信息传送与沟通，可实行点对点、一点对多点的数字通信。互用性意味着不同生产厂家的性能类似的设备可以进行互换，从而实现互用。

（2）智能化与功能自治性。

现场总线控制系统将传感测量、补偿计算、工程量处理与控制等功能分散到现场设备中完成，仅靠现场设备即可完成自动控制的基本功能，并可随时诊断设备的运行状态。

（3）系统结构的高度分散性。

现场设备本身具有较高的智能特性，有些设备具有控制功能，因此可以使控制功能彻底下放到现场，使现场设备之间可以组成控制回路，从根本上改变现有 DCS 控制功能仍然相对集中的问题，实现彻底的分散控制，简化系统结构，提高可靠性。

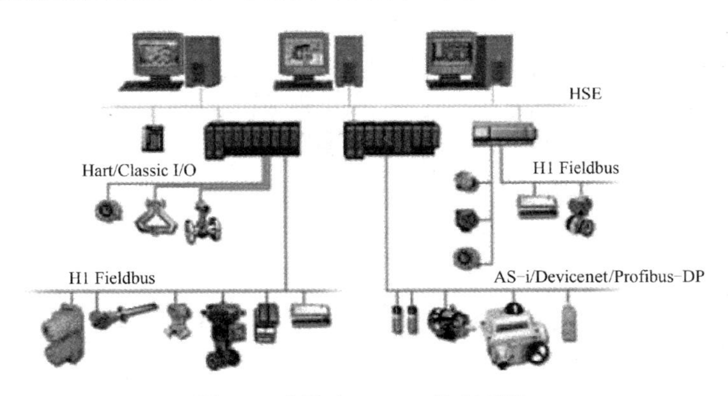

图 1.7　艾默生 DeltaV 控制系统

（4）对现场环境的适应性。

工厂网络底层的现场总线工作在现场设备前端，是专门为在现场环境下工作而设计的，它可支持多种传输介质和多种总线结构，具有一定的抗干扰能力。能采用二线制实现供电与通信，并可满足本质安全防爆要求等。总线可以采用总线型、树形、菊花形或点对点及其混合结构，组网方式十分灵活。

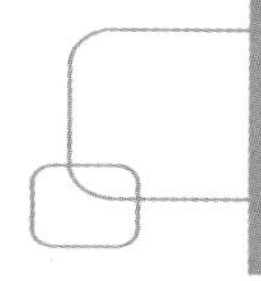

2）现场总线控制系统组态与应用现状

实际上，单从系统结构来看，新型的 DCS 与 FCS 无显著区别，特别是新型 DCS 也能比较好地支持各类现场总线，但在控制功能的实现上，两者是有区别的。以如图 1.8（a）所示的压力控制回路原理图为例，在 DCS 中，这个控制回路组态好后，要下载到控制器，由控制器来执行。但在 FCS 中，PID 控制回路和仪表参数组态好后分别下载（在 DeltaV 系统里称为分配）到现场的相关总线仪表中，其中，PID 控制功能是由该 FF 总线压力仪表［见图 1.8（b）左侧］来执行的。需要说明的是，即使是 FCS，也存在少量不支持现场总线的仪表（如分析仪）或成套机组自带的特殊仪表，需要使用传统的 4～20mA 的模拟信号。

在我国，上海赛科是最早大规模使用 FCS（艾默生 DeltaV）的企业。但经过这些年工业过程的应用实践，发现 FCS 存在显著的抗干扰性能差、通信速率慢、维护困难等问题。近些年来，无论是系统厂商还是用户，对 FCS 的热度都明显下降。流程工业控制系统还是以 DCS 为主，新上项目很少使用 FCS。造成这种情况的原因并不是 FCS 的控制分布在现场的理念有问题，而是现场总线。目前新的 Ethernet-APL（Advanced Physical Layer）作为以太网的物理层，支持各种以太网通信协议，满足过程工业对现场仪表供电、通信速率、危险区域使用等的要求，有助于工业控制网络以太网一网到底，展现了非常好的应用前景，未来大有取代现场总线的趋势。

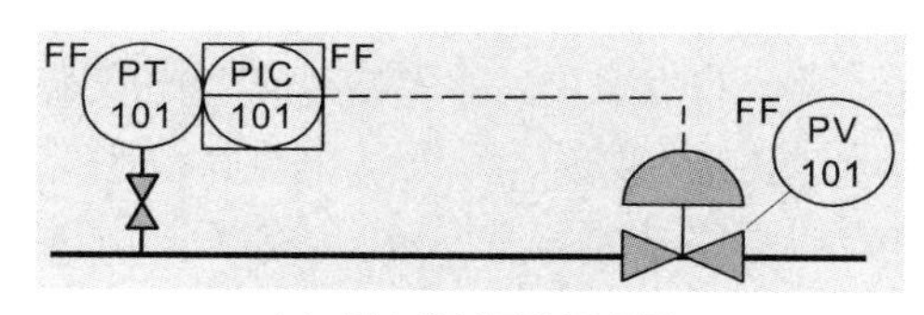

（a）压力控制回路原理图

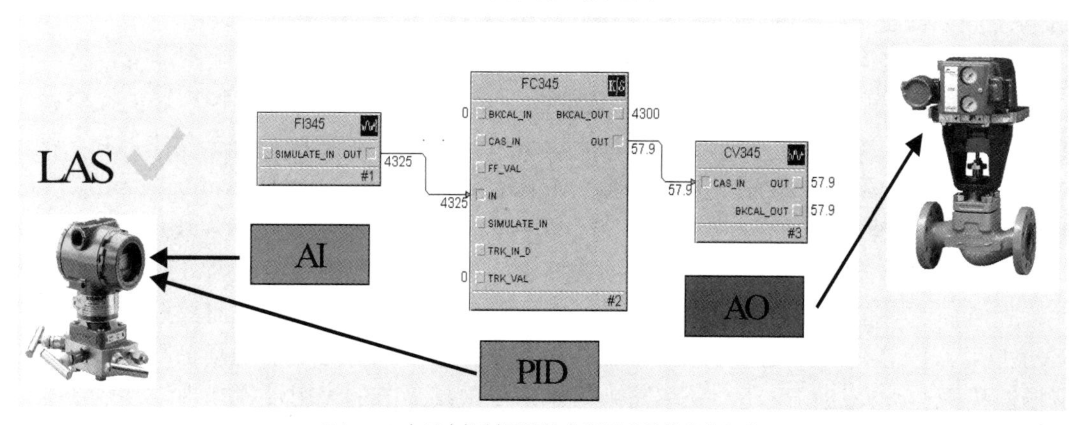

（b）FCS 中压力控制回路的实现原理及其软件组态

图 1.8　现场总线控制系统典型回路工作原理及其实现

1.2　SCADA 系统概述

1.2.1　SCADA 系统及其典型特征

SCADA 是英文“Supervisory Control And Data Acquisition”的简称，直译成中文就是“监

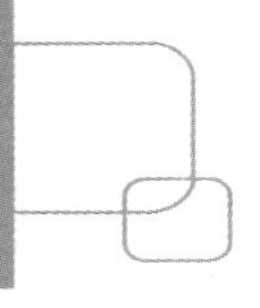

督控制与数据采集”。此外，国内还有文献将其翻译成“数据采集与监视控制”。但英文“Supervisory”本身没有“视”的意思，而是监督、管理的含义。英文单词“Surveillance”具有监视、监督的含义。当然，SCADA 系统的一些监控功能是通过人机界面来实现的，即操作人员通过看人机界面，了解系统的运行状态，远程调控现场设备的运行。在一些行业标准中，还把 SCADA 称作“数据采集与监控”，这种译法有其一定意义，即数据采集在先，监控在后，强调数据采集的基础作用。SCADA 的叫法不同也说明了 SCADA 系统的使用面很广、行业跨度大，但这并不影响其应用。

SCADA 系统的应用领域极为广泛，行业跨度大，有鲜明的行业特点，不同行业的 SCADA 系统的结构有其自身的特点，设备的名称甚至不一样。本书从 SCADA 系统的共性角度出发，对 SCADA 的组成、结构与功能进行介绍。

无论是哪个领域的 SCADA 系统，其体系结构、功能基本都是一致的，即该系统至少包含两个层次的设备和通信网络，具有监督控制与数据采集功能。图 1.9 所示为大型油田 SCADA 系统结构示意图。该系统包括位于井口的现场控制层设备（如 RTU）、转接站监控子系统、联合站工业控制系统（通常采用 DCS）和油田中心站监控管理系统。这种结构在其他类似的监控系统中经常可以看到，如城市公用事业（自来水、污水处理、燃气）远程监控系统、油气远距离输送控制系统、电力调度自动化系统等。

目前对 SCADA 系统并无统一的定义，参考国内外的一些文献，这里给出一个 SCADA 系统的定义：SCADA 系统是一类功能强大的计算机远程监督控制与数据采集系统，它综合利用计算机技术、控制技术、通信与网络技术，完成对测控点分散的各种过程或设备的实时数据采集，对本地或远程的自动控制，以及对运行过程的全面实时监控、管理、安全控制，并为 MES 等上级系统提供必要的数据接口，接受上级系统的调度和管理。

一般来讲，SCADA 主要用于对测控点十分分散、分布范围广泛的生产过程或设备的监控，通常情况下，测控现场是无人或少人值守的。SCADA 一般由处于测控现场的监督控制与数据采集终端设备（通常称作下位机，Slave Computer），以及位于中控室的集中监视、管理和远程监控功能的计算机（通常称作上位机，Master Computer 或 Master Terminal Unit）。复杂的 SCADA 系统可以有多个现场监控中心，每个现场监控中心与一定数量的现场控制站通信，完成对一定范围内的设备的监控。上一层的调度中心再和现场监控中心通信，对整个现场设备进行远程监控，对整个被控设备、过程进行集中管理。对于重要的远程监控系统，如西气东输 SCADA 系统这样的关键基础设施工业控制系统，除了具有常规的现场控制系统，以及多个现场监控中心，在通信层还会采取冗余措施，以提高系统的可用性，在现场站点还会采用安全仪表系统，以降低发生事故的风险，提高安全性。对通信系统要进行加密，以确保数据的保密性等。

需要说明的是，虽然可以采用一台计算机配接各种 I/O 卡件，运行自行开发的应用软件也可以实现监督控制与数据采集，但是这类小规模的系统并不是本书重点介绍的内容。当然，本书介绍的内容也可以帮助读者开发这种小型的 SCADA 系统。

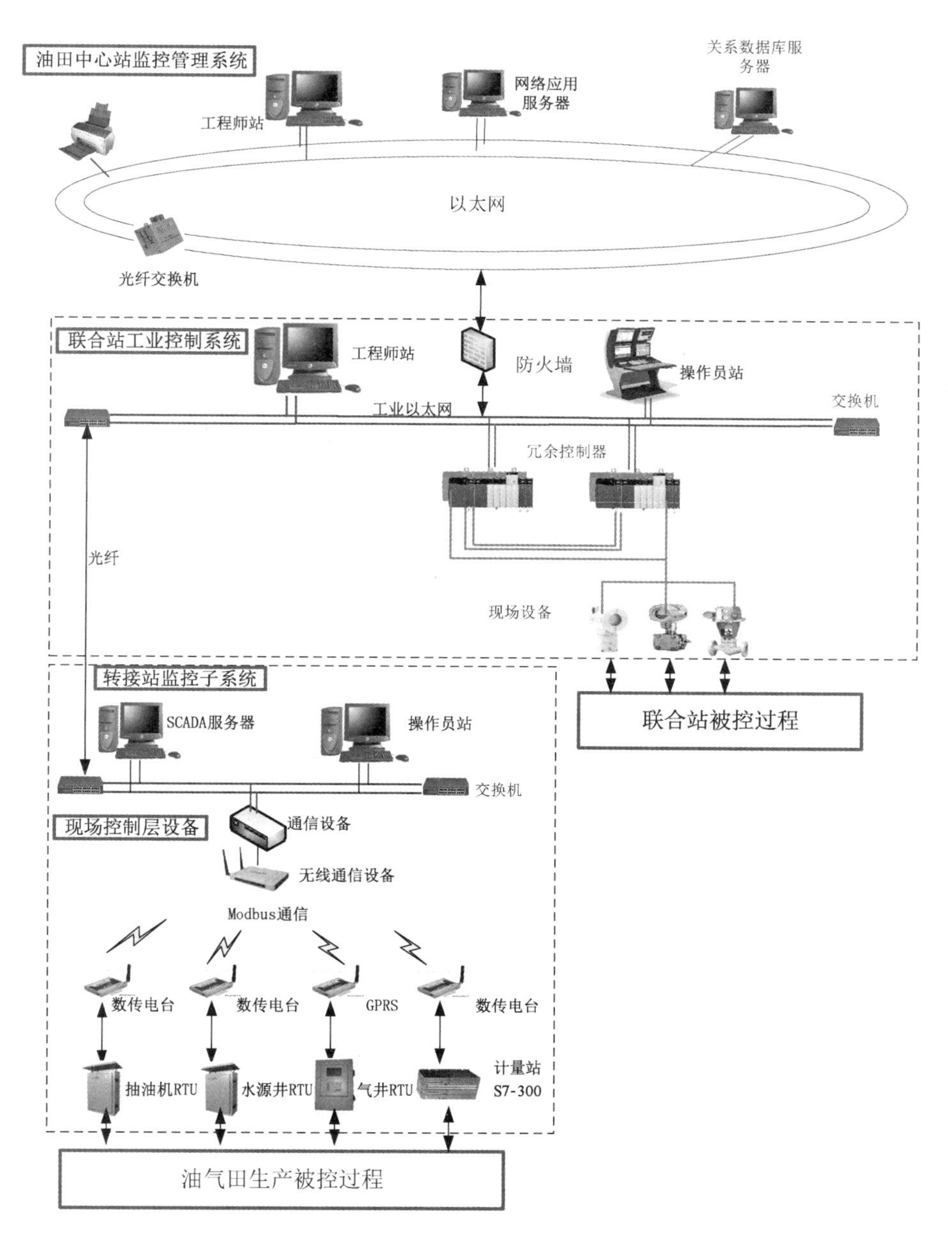

图 1.9　油田大型 SCADA 系统结构示意图

1.2.2　SCADA 系统的发展趋势

近年来，随着网络技术、通信技术，特别是无线通信技术的发展，SCADA 系统在结构上更加分散，通信方式更加多样，系统结构从 C/S（客户机/服务器）结构向 B/S（浏览器/服务器）与 C/S 混合的方向发展，各种通信技术（如数传电台、GPRS、PSTN、VPN、卫星通信等）得到了更加广泛的应用。随着 5G 通信技术在我国的逐步推进，SCADA 系统的通信方式越来越丰富。此外，随着近年来网络信息技术的快速发展和 SCADA 系统的不断深入，SCADA 系统

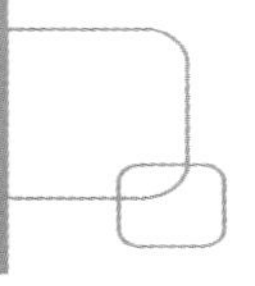

的应用呈现了以下发展趋势。

（1）随着管控一体化的发展，SCADA 系统与第三方子系统的集成越来越多。例如，在市政等行业，SCADA 系统与地理信息系统、抄表系统、收费系统、客服系统、视频监控系统等不断融合。

（2）而随着工业互联网应用的深入和智能制造的需要，以 SCADA 为代表的 OT 系统与企业信息（IT）系统的融合将更加紧密。

（3）随着移动应用的普及，基于移动端及跨平台的远程监控需求越来越多，这对监控软件的开发与部署提出了新的要求。

（4）随着大数据应用的增加，SCADA 系统一方面可以与边缘层连接，实现实时的数据处理；另一方面可以与云端连接，实现计算复杂度高的状态监测、优化和调度，甚至是碳排放监控功能。

（5）随着人工智能技术赋能 SCADA 系统，未来的 SCADA 系统将更加智能，更好地服务于各类行业应用。当然，如何把人工智能技术运用到 SCADA 系统中，这不仅是人工智能算法的问题，更依赖行业知识，只有把这两者紧密结合，才能实现智能 SCADA 系统。

（6）与 IT 系统的融合越来越紧密。SCADA 系统等各类工业控制系统属于典型的操作技术（OT），即直接监视和控制工业设备、资产、流程、事件来检测物理过程或使物理过程产生变化的硬件和软件（Gartner 关于 OT 的定义）。

（7）特殊应用需求的挑战。在一些对数据采集频率和时间同步要求高、计算与传输量大的应用领域，如电力、管网、地震、环境等监测与监控领域，SCADA 系统在系统结构、软件开发等技术层面也面临一定的挑战。

（8）对更多标准的支持，如支持 ISA18.2 报警标准、IEC62443 网络安全标准、OPC UA 和 MQTT 等标准通信协议。

总之，从用户角度来说，要求 SCADA 系统具有稳定性、安全性、易用性、可扩展性和易维护性。SCADA 系统的任何发展都要满足用户的这些基本要求。

1.2.3 两类典型工业控制系统——SCADA 系统与 DCS 的比较

1．SCADA 系统与 DCS 的相同点

SCADA 系统和 DCS 的相同点如下。

（1）两者具有相同的系统结构。从系统结构来看，两者都属于分布式计算机测控系统，普遍采用客户机/服务器模式。具有控制分散、管理集中的特点。承担现场测控的主要是现场控制站（或下位机），上位机侧重监控与管理。

（2）通信网络在两种类型的控制系统中都起着重要的作用，且通常情况下，至少具有两层网络结构。早期的 SCADA 系统和 DCS 都采用专有协议，目前更多的是采用国际标准或事实的标准协议。

（3）下位机编程软件逐步采用符合 IEC61131-3 和 IEC61449 等标准的编程语言，编程方式的差异逐步缩小。

（4）近年来，随着计算机软硬件技术、网络通信技术等的发展，SCADA 系统和 DCS 的差异在缩小，两者在功能上越来越接近。

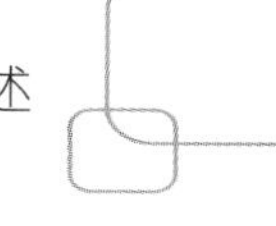

2. SCADA系统与DCS的不同点

作为两类典型的工业控制系统，SCADA系统与DCS虽然存在一些相同之处，但也有明显的不同，主要表现在以下几点。

（1）系统内涵有所不同。

DCS是产品的名称，也代表某种技术，而SCADA系统更侧重功能和集成，在市场上找不到一种广为各行业用户所接受的SCADA系统产品（虽然有很多厂家宣称自己有类似的产品）。SCADA系统的构建更加强调集成，根据生产过程监控要求从市场上采购各种自动化产品来构建满足客户要求的系统。正因为如此，SCADA系统的构建十分灵活，可选择的产品和解决方案也很多。有时候会把SCADA系统称为DCS，主要是因为这类系统也具有控制分散、管理集中的特点。但由于SCADA系统的软硬件控制设备来自多个不同的厂家，而DCS的软硬件来自同一个厂家。因此，虽然两者在技术上有相通之处，但是仍有明显的不同，把SCADA系统称为DCS并不恰当。

（2）系统集成度有所不同。

DCS具有更加成熟、完善、紧密的体系结构，系统的可靠性等性能更有保障，在控制层面，能实现更加复杂的控制功能。而SCADA系统是用户集成的，因此，其整体性能与用户的集成水平紧密相关，通常要低于DCS。正因为DCS是专用系统，所以DCS的开放性比SCADA系统差。

（3）系统结构不同。

目前，一般的SCADA系统都配置专门的SCADA服务器，只有该服务器与现场控制器通信，其他操作员站等站点只和SCADA服务器通信，即操作员站通过该服务器与现场控制站（下位机）进行数据交换，从而实现操作与监控。DCS存在两类模式。一类模式和SCADA系统一样，有专门的服务器，如西门子PCS7和霍尼韦尔的PKS，操作员站只和服务器通信，工程师站和现场控制站直接通信完成组态。另外一类模式没有这种专门的服务器，所有的操作员站都和现场控制站通信，如艾默生过程管理公司的DeltaV和横河电机的Centum等。这两类模式各有特点，但采用前者的DCS产品更多。

（4）通信网络不同。

由于DCS控制的设备比较集中，其测控网络范围局限在厂区，因此，DCS的通信网络通常是局域网，独立性强，企业可以自行维护，运行成本较低；而大型SCADA系统的通信网络一般是广域网，通常依赖电信服务供应商（如中国移动、中国电信等）才能工作，且要持续向供应商缴纳通信服务等费用，运行维护成本高。

（5）应用程序开发与调试有所不同，具体表现在以下几个方面。

① DCS中的变量不需要二次定义。由于DCS中上位机（服务器、操作员站等）、下位机（现场控制器）的软件集成度高，特别是有统一的实时数据库，因此，变量只要定义一次，就在控制器回路组态中可用，在上位机人机界面等其他地方也可用。而在SCADA系统中，一个I/O点，如现场的一个电机设备故障信号，在控制器中要定义一次，在组态软件中还要定义一次，同时要求对两者进行映射（上位机中定义的地址要与控制器中的存储器地址一致），如果地址映射不正确，那么上位机中的参数状态与控制器中就不一致。

这里以图1.10为例进行说明。这里下位机是施耐德Quantum PLC，上位机是组态王7.50，上位机和下位机通过以太网通信，协议是Modbus TCP，PLC的编程环境是Unity Pro V11.0。

从图 1.10 中可以看出，现场的一个“允许远控”转换开关的数字量输入，将进入 PLC 第一个数字量输入模块的第一个输入通道，其 PLC 地址就确定了。在 Unity Pro 中定义该变量（见图 1.10（a）），这样 PLC 中的编程就可使用（见图 1.10（b））。上位机人机界面要使用该变量（如显示该开关的状态），就要添加这个 PLC 设备的驱动，然后定义属于这个设备（Quantum）的变量 R1_AUTO（见图 1.10（c））。这样在上位机中就可以使用 R1_AUTO 进行组态了。当然，为了统一上位机和下位机中的变量，一般 PLC 中的变量名称/标签与上位机组态软件中对应的变量用同样的名称。

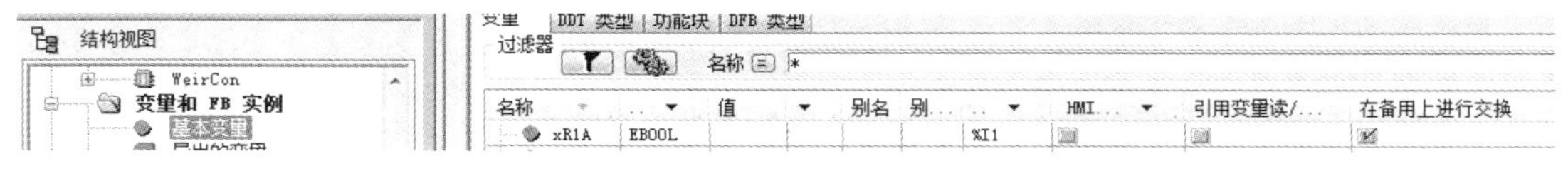

（a）在 Unity Pro 中定义 xR1A 变量，对应 PLC 第一个数字量输入模块的第一个输入通道（%I1）

（b）在 Unity Pro 中使用变量表中定义好的 xR1A 变量来编写下位机程序

（c）在上位机人机界面（组态王）数据词典中定义变量 R1_AUTO，对应 PLC 中的 xR1A 变量

图 1.10　SCADA 系统中上位机和下位机的变量定义与使用

显然，采用这种方式进行控制系统集成有明显不足。目前一些上位机软件支持变量导入与导出，即可以把变量从组态软件中导出，利用 Excel 等软件快速编辑变量，把该文件导入上位机中，从而简化上位机中的变量定义。有些组态软件支持从 PLC 导入变量。另外，对于触摸屏的编程，采用类似西门子博图（TIA Portal）这样的全集成自动化软件已能做到资源共享，在触摸屏中可以直接使用控制器中定义的数据类型、变量等。

② DCS 控制器中的功能块与人机界面的面板（Faceplate）通常成对出现。例如，在控制器中组态一个 PID 回路后，在人机界面组态时可以直接根据该回路名称调用一个具有完整的 PID 功能的人机界面面板，面板中的参数自动与控制回路中的参数一一映射，如图 1.11 所示。而 SCADA 系统中的用户必须在人机界面组态软件中自行设计这样的面板，同时把面板中的数据与控制器中的功能块数据进行关联，整个设计过程较为烦琐和费时。

③ DCS 具有更多的面向模拟量控制的功能块。由于 DCS 主要面向模拟量较多的应用场合，各种类型的模拟量控制较多。为了便于组态，DCS 开发环境中具有更多的面向过程控制的功能块。而不同的 SCADA 系统的 I/O 变量的类型分布不一致，通常情况下，数字量点数会更多一些，下位机处理顺序控制逻辑更方便。

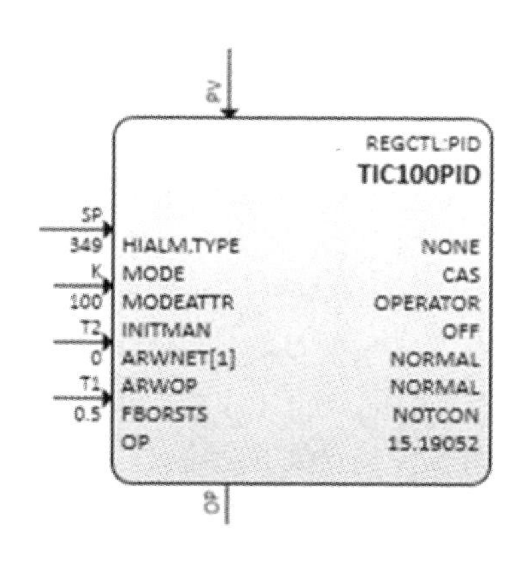

（a）控制器中的 PID 功能块

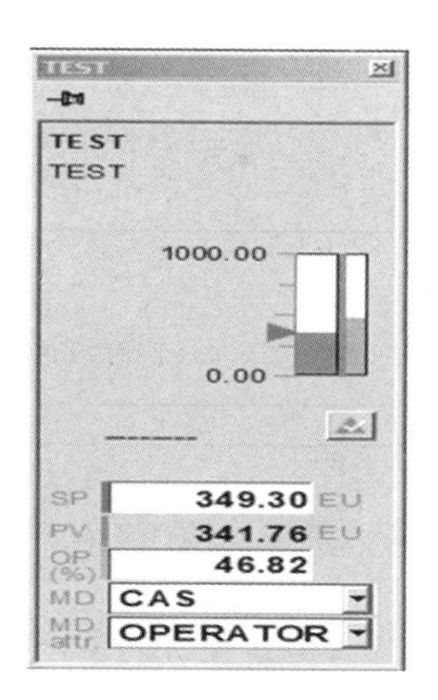

（b）人机界面中的 PID 面板

图 1.11　霍尼韦尔 PKS 中的 PID 功能块及其控制面板

④ 组态语言有所不同。DCS 编程主要采用图形化的编程方式，如西门子 PCS7 使用 CFC，罗克韦尔使用功能块图等。而在 SCADA 系统中，主要使用梯形图和 ST 等编程语言。当然，在编写顺序控制程序时，DCS 中也用 SFC 编程语言，这点与 SCADA 系统中的下位机编程是一样的。

⑤ 调试环境不同。DCS 应用软件组态和调试时有一个相对统一的环境，在该环境中，可以方便地进行硬件组态、网络组态、控制器应用软件组态、人机界面组态及相关的调试，而 SCADA 系统整个功能的实现相对分散。

（6）应用场合不同。

DCS 主要用于对控制精度要求高、测控点集中的流程工业，如石油、化工、冶金、电站等。SCADA 系统特指远程分布式计算机测控系统，主要用于对测控点十分分散、分布范围广泛的生产过程或设备的监控，通常情况下，测控现场是无人或少人值守的，如对移动通信基站的监控、对长距离石油输送管道的监控、对城市煤气管线的监控等。总体而言，因技术与历史等原因，导致不同类型的控制系统各自称霸相应的行业。

（7）市场规模不同。

由于 DCS 是成套系统，硬件设备及软件授权等费用高。若 I/O 点数少于 100 点，则 DCS 的单点成本会较高。而 SCADA 系统中采用的控制器的 I/O 点数的配置更加灵活，可以根据 I/O 点数选择相应的控制器，因此，对于 I/O 点数少的系统来说，SCADA 系统的相对成本更低，更容易被用户选用。由于 SCADA 系统的控制器配置灵活，远程监控的市场需求更大，因此从市场规模来看，SCADA 系统远远超过 DCS。

3．SCADA 系统、DCS 与 PLC 的比较

（1）DCS 和 SCADA 系统具有工程师站、操作员站、现场控制站和通信网络，而 PLC 只有现场控制站，其主要功能就是进行现场控制，常选用 PLC 作为 SCADA 系统的下位机设备，因此，可以把 PLC 看作 SCADA 系统的一部分。PLC 也可以集成到 DCS 中，成为 DCS 的一部分。从这个角度来说，PLC 与 DCS 和 SCADA 系统是没有可比性的。

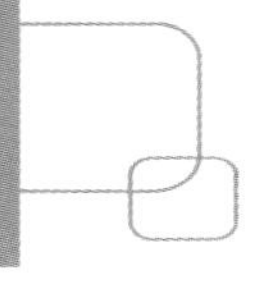

（2）系统规模不同。PLC 可以用在控制点数从几个到上万个的不同领域，因此，其应用范围极其广泛。而 DCS 主要用于规模较大的过程，否则其性价比较低。

然而，随着技术的不断发展，各种类型的控制系统相互吸收融合其他系统的特长，DCS 与 PLC 在功能上不断增强，具体地说，DCS 的逻辑控制功能在不断增强，PLC 的连续控制功能也在不断增强，两者都广泛吸收了现场总线技术，因此它们的界限也在不断模糊。

随着技术的不断进步，各种控制方案层出不穷，一个具体的工业控制问题可以有不同的解决方案。但总体而言，还是遵循传统的思路，即在制造业的控制中，还是首选 PLC 或 SCADA 系统解决方案，而过程控制系统首选 DCS。对于监控点十分分散的控制过程，多数还是会选 SCADA 系统，只是随着应用的不同，下位机的选择也会有所不同。

当然，由于控制技术的不断融合，在实际应用中，有些控制系统的选型还是具有一定的灵活性的。以大型污水处理工程为例，由于它通常包括污水管网、泵站、污水处理厂等，在地域上较为分散，检测与控制点绝大多数为数字量 I/O，模拟量 I/O 的数量远远少于数字量 I/O，控制要求也没有化工生产过程那么严格，因此，多数情况下，还是选用 SCADA 系统，而下位机多采用 PLC，通信系统采用有线与无线相结合的解决方案。在国内，也有采用 DCS 作为污水处理厂主控系统的应用。但是，远程泵站与污水处理厂之间的距离通常比较远，且分布比较分散，还是会选用 PLC 进行现场控制，泵站 PLC 与厂区 DCS 之间采用有线通信或无线通信，而这种通信方式主要用在 SCADA 系统中，在 DCS 中是比较少见的。因此，污水处理过程控制具有很多 SCADA 系统的特性，这也是国内外污水处理厂的控制普遍采用 SCADA 系统而较少采用 DCS 的原因之一。对于大型油田自动化系统来说，通常同时采用 SCADA 系统和 DCS。在油井侧使用 SCADA 系统是最为经济的方案，联合站测控点多且分布较为密集，采用 DCS 是最合适的选择。但如果从整个油田工业控制系统来看，其总体结构还是属于 SCADA 系统。

1.2.4 工业互联网及其与 SCADA 系统的比较

1. 工业互联网

在智能制造、互联网+的大背景下，信息技术融入工业领域，提升了实体经济的创新力和生产力；工业生产的信息化也为互联网概念的落地提供了数据支撑。工业互联网（Industrial Internet）正在加快驱动产业转型和升级、资源配置、生产管理模式的革新。

作为新一代信息通信技术与现代工业技术深度融合的产物，工业互联网成为全球新一轮产业竞争的制高点，传统的工业自动化系统结构和业务模式正进行快速转型和升级，西门子、通用电气、ABB、施耐德等都在强化数字化业务，面向智能制造需求，充分利用物联网、人工智能、大数据、云计算、边缘计算等先进技术，重点推进 IIoT 云平台建设和应用。目前众多自动化公司、传统制造业公司和软件公司也纷纷推出了自己的 IIoT 云平台。IIoT 云平台是面向制造业数字化、网络化、智能化需求，构建基于海量数据的采集、汇聚、分析和服务体系，支撑制造资源泛在连接、弹性供给、高效配置的开放式云平台，其本质是通过人、机器、产品、业务系统的泛在连接，建立面向工业大数据、管理、建模、分析的赋能使能开发环境，将工业研发设计、生产制造、经营管理等领域的知识显性化、模型化、标准化，并封装为面向监测、诊断、预测、优化、决策的各类应用服务，实现制造资源在生产制造全过程、全价值链、全生命周期的全局优化，打造泛在连接、数据驱动、软件定义、平台支撑的制造业新体系。

图 1.12 所示为亚控科技基于 SCADA 系统的 IIoT 应用结构。亚控科技有比较完备的 HMI/SCADA 基础监控平台，支持大量厂家的 PLC、板卡等设备。以此为基础，又开发了支持工业信息化的实时数据库、支持制造运营管理的 MES、支持 IIoT 应用的 KingIOT 管理软件等产品，从而形成包括现场、边缘侧、云端及基于云端的各类 App 应用的 IIoT 应用结构。可以看出，SCADA 系统在 IIoT 应用结构中属于关键基础平台。

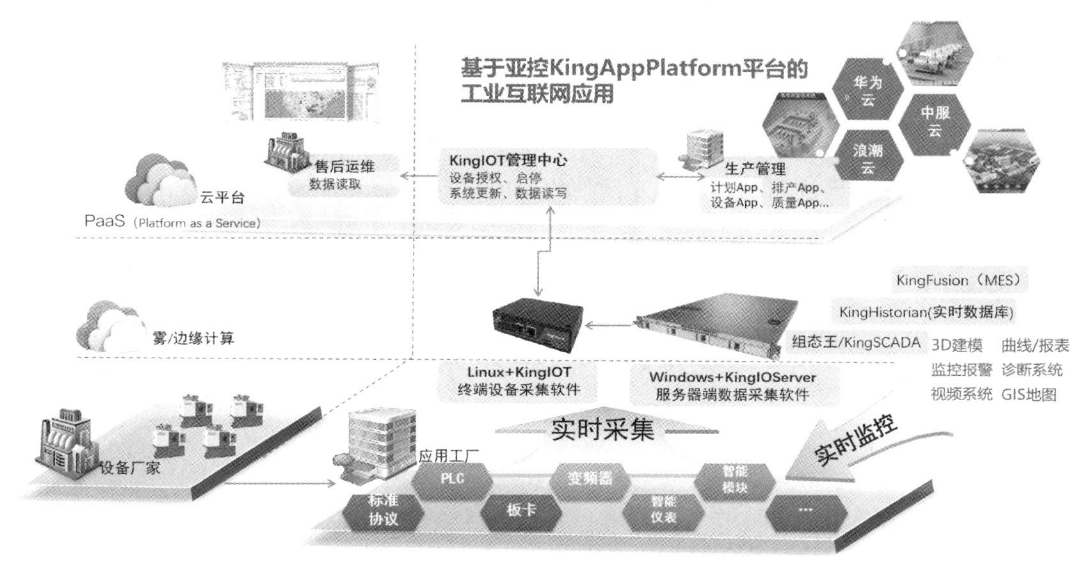

图 1.12 亚控科技基于 SCADA 系统的 IIoT 应用结构

KingIOT 平台聚焦更全面、更准确、更高效的数据采集需求，致力于提供分散式、轻量化、低成本的数据采集产品和解决方案。KingIOT 旨在提供 Linux 平台（数据终端）的解决方案，具备优秀的采集性能、良好的易用性和可维护性。KingIOT 连接工业设备与云端，实时、准确地将生产、环境数据发送到云端；在实现数据共享的同时，减轻了云平台的计算压力，提前对海量数据进行解析、逻辑判断、筛选，实现边缘计算。

亚控科技的 IIoT 解决方案和产品反映了在互联网+背景下多数传统组态软件厂商业务发展的方向和重点。

2. SCADA 系统与 IIoT 的比较

从本章的介绍中可以看出，SCADA 系统是用于测控点分散的过程的专用远程监控系统，侧重对现场设备的数据采集、本地控制和远程监视与控制。同时，SCADA 系统可以作为上层调度、优化和管理的支撑平台。而 IIoT 通常是一套 PaaS 平台，其数据一般来源于 SCADA 等传统工业控制平台，功能侧重数据汇总和展示。并以汇总的大数据为基础，运用深度学习等人工智能技术深入开发计划调度、设备健康监测与安全监控、质量控制、生产管理等高级应用。

SCADA 系统与 IIoT 的不同主要体现在以下几点。

（1）部署地点不同。SCADA 系统既有部署在现场的监督控制与数据采集设备，还包括部署在本地监控中心和远程监控中心的设备。IIoT 一般把服务和应用部署在云端，在靠近设备

的地方部署一些采集网关等前置设备。

（2）数据类型不同。SCADA 系统采集的数据主要包括工艺参数（温度、压力、流量等）、设备数据（开关状态、故障等）和生产数据（产量等）。IIoT 处理的数据除了上述 SCADA 系统采集的数据，还包括图片、声音和视频等数据。

（3）采样周期不同。由于 SCADA 系统要对现场设备进行直接控制，因此采样周期必须满足实时控制要求。通常 SCADA 系统包括多种采样周期，既支持对快变对象的高速数据采集（如 1ms 的采样周期），也支持对慢变对象的低速数据采集（如 1s 的采样周期）。目前 IIoT 的采样周期都较长，一般大于 10s。显然，这样的采样周期是无法实现有效的远程监控的。

（4）开放程度不同。SCADA 系统的发展和行业的关联度高，早期计算机软硬件的开放性也不足，这些导致 SCADA 系统大量使用专有设备和通信协议，整体开放性较差。IIoT 是在互联网技术快速发展及对系统开放性追求的技术背景下发展起来的，系统开放性高，REST、CoAP 和 MQTT 等业界通用的协议被广泛使用。

1.3 SCADA 系统组成与典型结构

作为生产过程和事务管理自动化最为有效的一类自动化系统，SCADA 系统的结构如图 1.13 所示，主要包含以下 3 部分。

（1）分布式的数据采集系统，也就是通常所说的下位机。

（2）过程监控与管理系统，即上位机。

（3）数据通信网络，包括上位机网络、下位机网络、将上位机和下位机连接的通信网络。上位机、下位机中的“上、下”实际是指这些测控设备与现场的距离的远近程度。

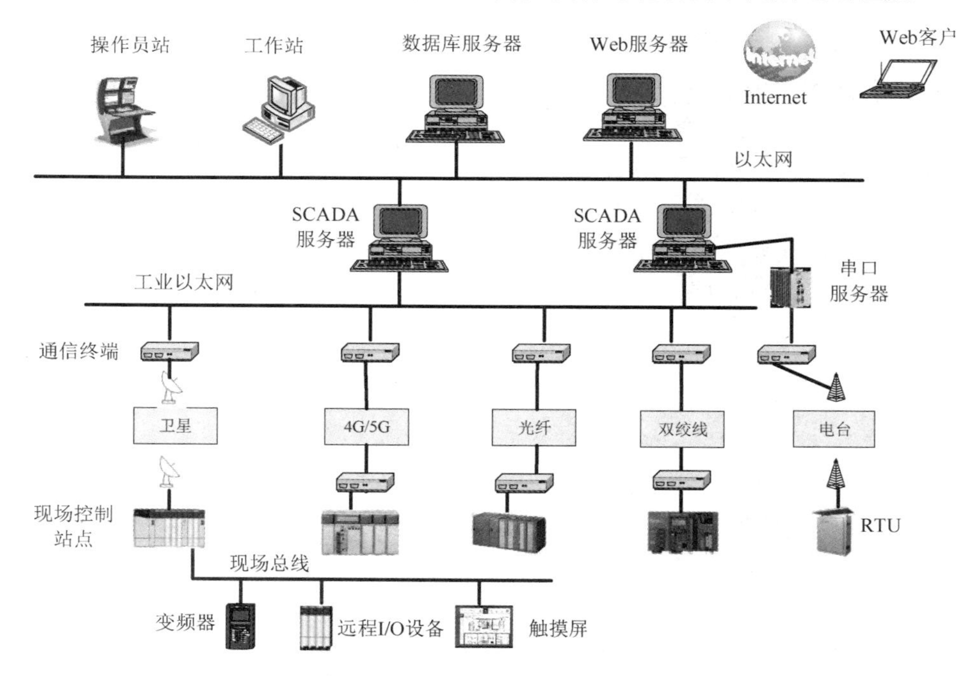

图 1.13 SCADA 系统的结构

SCADA 系统的这三部分的功能与作用不同，但这三部分的有效集成构成了功能强大的 SCADA 系统，完成了对整个过程的现场直接控制和远程监控。

SCADA 系统采用了“管理集中、控制分散”的集散控制思想，因此，即使上位机和下位机的通信中断，现场的测控装置也能正常工作，从而确保受控的物理过程的安全和可靠运行。

1.3.1　下位机系统

下位机一般来讲是各种智能节点，这些下位机都有自己独立的系统软件和由用户开发的应用软件。这些智能节点不仅可以完成数据采集功能，还能完成对设备或过程的直接控制。这些智能采集设备与生产过程中的各种检测和控制设备结合，实时感知现场设备的各种状态信息（如运行、故障、高限位、低限位等）和工艺参数（如温度、压力、电流、电压、烟气中氮氧化物的浓度等）等过程信息，将这些信息转换成数字信号，并通过各种通信方式将下位机信息传递到上位机系统中，并且接收上位机的监控指令（如启动、停止、调速等）。

下位机的使用也有典型的行业特性。主要的下位机有远程终端单元、PLC、PAC、智能仪表和行业专用控制器（如楼宇自动化系统中的 DDC、面向功能安全的安全控制器、电力测控和保护装置）等。近年来，随着工业互联网和边缘计算的兴起，新型的边缘控制器产品也不断出现，其功能已超越了传统下位机的范畴。

无论选用何种形式的下位机，其地位和作用都是一样的，它们与生产过程中的各种检测与控制设备结合，实时感知设备的各种状态参数、工艺参数，并将这些状态信息转换成数字信号，通过特定数字通信或数字网络传递到上位机中；同时，下位机也可以根据预先编写的控制程序完成对现场设备的控制。

由于在 SCADA 系统中，上位机和下位机的通信可能中断，因此要求下位机系统具有自主控制能力。此外，对于 I/O 模块，也要求其具有安全值设置等功能。如 PLC 和一些 RTU 的 I/O 模块可以设置初始状态或程序停止运行时的输出状态。

1. 远程终端单元（Remote Terminal Unit，RTU）

RTU 是一种针对通信距离较长且工业现场环境恶劣而设计的现场数字化测控单元，它将现场检测仪表和执行器与远程监控中心的上位机连接起来，具有远程数据采集、控制和通信功能，同时接收上位机的指令，控制末端执行器的动作。RTU 作为体现“测控分散、管理集中”思路的产品，在提高信号传输可靠性、减轻主机负担、减少信号电缆用量、节省安装费用等方面具有一系列优点。

RTU 的主要作用是进行数据采集及本地控制，当进行本地控制时，作为系统中一个独立的工作站，RTU 可以独立完成连锁控制、前馈控制、反馈控制、PID 等工业上常用的控制调节功能；当进行数据采集时，作为一个远程数据通信单元，RTU 可以完成或响应本站与中心站或其他站的通信和遥控任务。

RTU 有一体式和模块化两种结构。其硬件配置主要包括 CPU 模板、I/O 模块、通信接口单元，以及通信机、天线、电源、机箱等辅助设备。I/O 模块上的 I/O 通道是 RTU 与现场信号的接口，这些接口在符合工业标准的基础上有多种样式，满足多种信号类型。I/O 模块一般都插接在 RTU 的总线板槽上，通过总线与 CPU 相连。这种结构易于 I/O 模块的更换和扩展。除 I/O 通道外，RTU 的另一个重要接口是 RTU 的通信端口，RTU 具有多个通信端口，以便支持

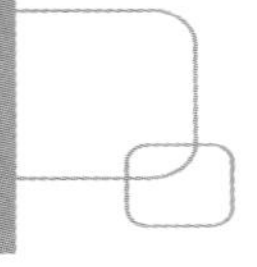

多个通信链路。RTU 能执行的任务流程取决于下载到 CPU 中的程序，早期，RTU 产品主要是梯形图编程语言，甚至支持 C 语言编程。目前的 RTU 编程语言多数采用 IEC61131-3 国际标准规范语言。

与常用的 PLC 相比，RTU 具有如下特点。

（1）同时提供多种通信端口和广泛的协议支持。RTU 产品往往在设计之初就预集成了多个通信端口，包括以太网和串口（RS-232/RS-485）。这些端口满足远程通信和本地通信的不同要求，包括与中心站建立通信，与智能设备（流量计、报警设备等）、就地显示单元和终端调试设备建立通信。RTU 产品采用 Modbus RTU、Modbus ASCII、Modbus TCP/IP 等标准协议，具有广泛的兼容性。面向电力等领域的 RTU 都支持 DNP 3.0 或 IEC60870-5-101/4 协议。一些新型产品还具有 GSM/GPRS 和视频模块，支持 MQTT 协议，数据可以直接上云平台。RTU 产品的通信端口一般具有可编程特性，支持对非标准协议的通信定制。

（2）提供大容量程序和数据存储空间。RTU 产品的一个重要特征是能够在特定的存储空间连续存储/记录数据，这些数据可标记时间标签。当通信中断时，RTU 就地记录数据，通信恢复后，可补传和恢复数据。

（3）具有高度集成的、更紧凑的模块化结构设计。紧凑的、小型化的产品设计简化了系统集成工作，适合无人值守站点或室外应用的安装。高度集成的电路设计提高了产品的可靠性，同时具有低功耗特性，还可以简化备用供电电路的设计。

（4）更适应恶劣环境下的应用。PLC 要求环境温度为 0℃～55℃，安装时不能放在发热量大的元件下面，四周通风散热的空间应足够大。为了保证 PLC 的绝缘性能，空气的相对湿度应小于 85%（无凝露）。否则会导致 PLC 部件的故障率提高，甚至损坏。RTU 产品就是为适应恶劣环境而设计的，通常 RTU 产品的设计工作环境温度为-40℃～60℃。某些 RTU 产品具有 DNV（挪威船级社）等认证，适合在船舶、海上平台等潮湿环境下应用。

正是 RTU 完善的功能使得 RTU 产品在 SCADA 系统中得到了大量应用。国内外有许多公司从事相关产品的研发和生产，但不同厂家的 RTU 通常自成体系，有自己的组网方式和编程软件，开放性较差。目前主要的 RTU 产品有美国 SIXNET 公司的 VersaTRAK IPm、SiteTRAK RTU、Remote TRAK RTU 等系列产品；MOX 公司的 OC、Unity 和 IoNix 控制器；艾默生过程管理公司的 ROC800、FB107；OPTO 22 公司的 OPTOMUX 及 SNAP；澳大利亚埃波罗（ELPRO）公司的 EP105 一体化 RTU；北京安控科技股份有限公司的 Super E40、E50；北京华迅通信电子技术公司的 eNET 无线 RTU 等。

RTU 产品有鲜明的行业特性，不同行业的产品在功能和配置上有很大的不同。RTU 主要运用在电力系统中，在其他需要遥测、遥控的应用领域也得到了广泛应用，如在油田、油气输送、水利等行业，RTU 也有一定的使用。图 1.14 所示为油气行业常用一体化与模块式 RTU，图 1.15 所示为电力行业常用 RTU。

图 1.14　油气行业常用一体化与模块式 RTU

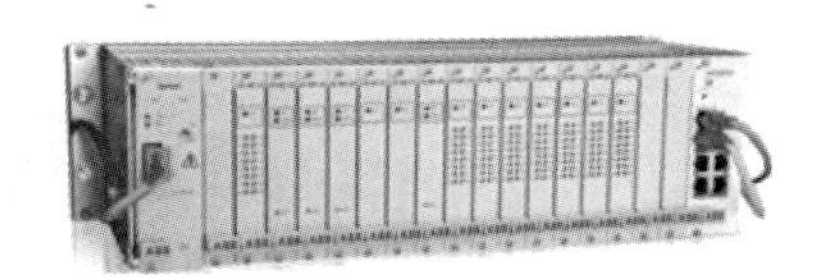

图 1.15　电力行业常用 RTU

在电力自动化系统中，还有更加专业的现场终端设备，包括馈线终端设备（FTU）、配变

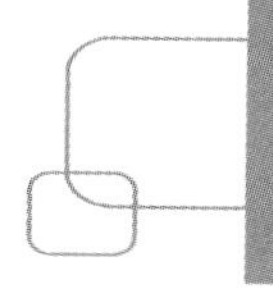

终端设备（TTU）和开闭所终端设备（DTU）。

FTU 是装设在馈线开关旁的开关监控装置。这些馈线开关指的是户外的柱上开关，如 10kV 线路上的断路器、负荷开关、分段开关等。一般来说，要求 1 台 FTU 监控 1 台柱上开关，主要原因是柱上开关大多分散安装，若遇到两者同杆架设的情况，则可用 1 台 FTU 监控两台柱上开关。

TTU 监测并记录配电变压器的运行工况，根据低压侧三相电压、电流采样值，每隔 1～2 分钟计算一次电压有效值、电流有效值、有功功率、无功功率、功率因数、有功电能、无功电能等运行参数，记录并保存一段时间（一周或一个月）上述数组的整点值，电压、电流的最大值、最小值及其出现时间，以及供电中断时间、恢复时间。配网主站通过通信系统定时读取 TTU 测量值及历史记录。TTU 的构成与 FTU 类似，由于只有数据采集、记录与通信功能，而无控制功能，因此其结构要简单得多。

DTU 一般安装在常规的开闭所（站）、户外小型开闭所、环网柜、小型变电站、箱式变电站等处，完成对开关设备的位置信号、电压、电流、有功功率、无功功率、功率因数、电能量等数据的采集与计算，对开关进行分合闸操作，实现对馈线开关的故障识别、隔离和对非故障区间的恢复供电。部分 DTU 还具备保护和备用电源自动投入的功能。

2. 各种中小型 PLC

典型的小型 PLC 产品有三菱的 FX3U 及 FX5U、西门子的 S7-200Smart 及 S7-1200、欧姆龙的 CPM 系列、罗克韦尔的 MicroLogix 等。一些中大型的 SCADA 系统的下位机会选用中大型 PLC 产品，如三菱的 Q 系列、西门子的 S7-300 和 S7-1500、罗克韦尔的 ControlLogix、施耐德的 Quantum 和 M580 系列等。由于这些产品性价比高、可靠性高、产品种类极为丰富、编程方便，因此在各种 SCADA 系统中得到越来越广泛的应用。

随着工业通信技术的发展，工业以太网和现场总线在以 PLC 为下位机的系统中的应用也不断增加。以工业以太网连接远程 I/O 从站与 PLC 控制主站的方式逐步淘汰了传统的现场总线连接方式。

3. 可编程自动化控制器（Programmable Automation Controller，PAC）

近年来，主要的工业控制厂家都推出了一系列 PAC 产品，包括罗克韦尔自动化的 ControlLogix5000 系统、艾默生过程管理公司的 PACSystem 3i 和 7i（从通用电气公司收购而来）、施耐德的 PAC 和 ePAC、倍福 Beckoff 公司的 CX1000、泓格科技的 WinCon/LinCon 系列和 PAC-7186EX、研华公司的 ADAM-5550KW 和 APAX-5000 系列等。这些生产 PAC 设备的厂家可以分为两类，一类是传统的 PLC 厂商，另一类是以生产工业 PC 和配套工业控制产品起家的厂商。测控仪器领域大厂——美国 NI 公司把用 LabVIEW 编程的 Compact FieldPoint 称作 PAC，不过该产品不支持 IEC61131-3 的编程方式，严格来说，它并不是典型的 PAC。相比而言，其他在传统 PLC 和基于 PC 的控制设备基础上衍生而来的产品更符合 PAC 的要求。

PLC、PAC 和基于 PC 的控制设备是目前几种典型的工业控制设备，PLC 和 PAC 从坚固性和可靠性上要高于 PC，但 PC 的软件功能更强。一般认为，PAC 是高端的工业控制设备，其综合功能更强，当然，其价格也比较贵。例如，倍福公司采用基于 PC 的控制技术的 PAC 产品，使用高性能的现代微处理器及支持多种编程语言的一体化集成软件开发平台，将 PLC、可视化、运动控制、机器人技术、安全技术、状态监测和测量技术集成在同一个控制平台上，

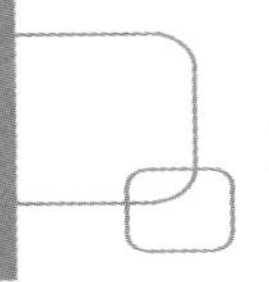

可提供具有良好开放性、高度灵活性、模块化和可升级的自动化系统，不仅可以作为控制器使用，还集成了监控功能，整体功能十分强大。当独立使用 PLC 或 PC 不能提供很好的解决方案时，该类产品是一个较好的选择。

4．智能仪表

城市公用事业系统（如对水、电、气的远程监控，对热电企业的热网计量，对蒸汽计量的远程监控）大量采用 SCADA 系统。与其他一些工业过程的 SCADA 系统相比，它们更加侧重数据采集、信息集中管理与远程监管，对远程控制功能的要求较低。在这类 SCADA 系统中，大量使用各种现场仪表作为下位机，如智能流量计量表、冷量热量表、智能巡检仪等。还可以采用各种智能控制仪表与模拟仪表配套计量。采用智能控制仪表后，下位机系统具有更强的控制功能，若不需要控制功能，则可以直接将具有通信接口的现场仪表作为下位机。近年来，以无线抄表方式构成的城市公用事业 SCADA 系统就是这类应用的发展示例。在这类应用中，采集终端先通过无线方式采集分散的用户仪表数据，再通过有线方式或无线方式与上层集中器或 SCADA 服务器通信。

5．边缘控制器

近年来，随着 IT 与 OT 的融合需求不断增加，以及云计算、大数据的兴起，如图 1.16（a）所示的传统的数据采集、传输与处理方案不能很好地满足新需求。在数据源附近具有更强的数据处理与控制功能、人机界面功能、通信功能和信息安全功能，且易于部署、升级和维护的新的解决方案逐步出现，如图 1.16（b）所示。这类解决方案不仅克服了传统解决方案的不足，还避免了工业数据传输到云平台时出现的通信瓶颈、信息安全和实时处理能力不足等问题。

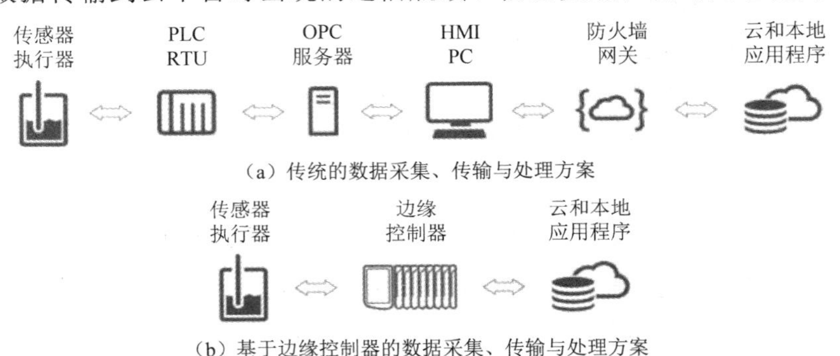

图 1.16　两类从边缘到云端的解决方案

新型解决方案的核心是边缘设备，边缘设备增强的计算等功能实现了数据在网络边缘侧（也是现场设备侧）的分析、处理与存储，不仅减少了对云端的依赖，还提高了数据的安全性。边缘计算对数据的本地处理、控制与通信的要求超出了传统的 PLC 等现场控制器的能力。因此，一种满足工业现场使用环境，集成 PLC（包含本地和远程 I/O）、PC（包含人机界面）、工业网关（包含部分信息安全功能）、机器视觉、设备联网等功能于一体的设备逐步出现。该设备能同时实现多重控制（过程控制、逻辑控制、运动控制）、数据采集与发布、实时运算、数据库连接与云端连接，并成为 IT 与 OT 融合的重要桥梁，这样的边缘设备称为边缘控制器（Edge Controller）。

边缘控制器的出现大大降低了数据传输节点的设备的数量，并简化了传输流程，使 IT 与 OT 的融合更加便捷，使系统的安全性和可靠性得以提高。目前，美国 OPTO 22 公司的 groov

EPIC、我国台湾研华公司的 WISE-5580 边缘控制器等产品都得到了应用。贝加莱公司根据用户的不同需求，推出了 3 类边缘控制器产品。在未来 SCADA 系统的开发中，边缘控制器有很大的应用潜力。

美国 OPTO 22 公司于 2018 年推出了 groov EPIC（边缘可编程工业控制器）。该产品在硬件上采用工业四核 ARM 处理器和固态存储，集成双独立 Gb 以太网口、HDMI、USB、串口和 Wi-Fi 适配器，集成高分辨率彩色触摸屏，集成电源模块和 I/O 模块底板。该产品在软件上采用开源 Linux 操作系统及一系列控制/计算等编程环境、HMI 开发和运行环境等，具体如下。

（1）基于 Web 的软件工具 groov MANAGE，实现现场或远程配置，部署和调试功能。

（2）基于流程图的 PAC Control 编程环境，支持脚本及可视化调试，有 450 多个指令集。

（3）CODESYS V3 开发环境及 CODESYS runtime，支持 IEC61131-3 的 5 种语言。

（4）用于创建安全的操作界面软件 groov View，用于 EPIC 触摸屏、移动或 PC 的 Web 浏览器。

（4）提供 OPC-UA 驱动的 Ignition Edge，支持罗克韦尔、西门子和施耐德等的控制器。

（5）MQTT 传输工具及 Sparkplug 载荷，用于进行有效的数据通信。

（6）开源 Node-RED，用于连接云应用、数据库、数据流等 API。

（7）RESTful API，用于 EPIC 控制器。

基于边缘控制器的从边缘到云端的工业互联网解决方案如图 1.17 所示。可以看出，边缘控制器在控制层面融合了传统控制器的功能，在监控层面实现了传统 PC 的功能，在网络通信层面实现了工业网关的功能；对 OPC UA 和 MQTT 等协议的支持满足了物联网应用对数据通信的需求；对 SQL Server 等数据库的支持满足了批处理等应用对数据访问的需求；对 Node-RED、C/C++、Java 和 Python 等语言的支持满足了 IT 与 OT 工程师开发各类应用程序时对编程语言的需求。

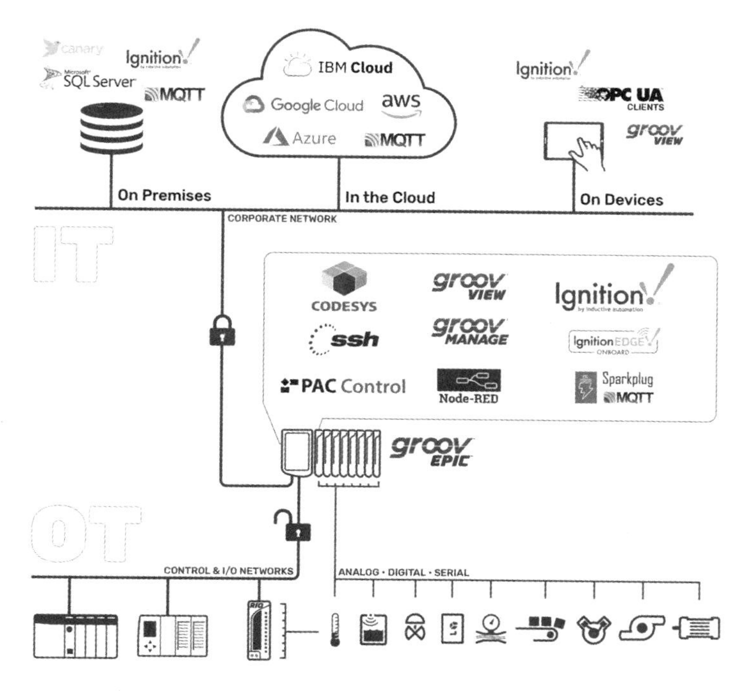

图 1.17　基于边缘控制器的从边缘到云端的工业互联网解决方案

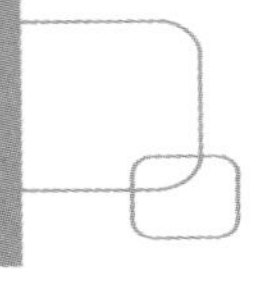

1.3.2 上位机系统

1. 上位机系统的组成

国外文献常称上位机为“SCADA Server”或 MTU（Master Terminal Unit）。上位机系统通常包括 SCADA 服务器、工程师站、操作员站、Web 服务器等，这些设备通常采用以太网联网。实际的 SCADA 系统上位机系统到底如何配置还要根据系统规模和要求而定，最小的上位机系统只要有一台 PC 即可。为了提高可靠性，上位机系统还可以实现冗余，即配置两台 SCADA 服务器，当一台 SCADA 服务器出现故障时，系统自动切换到另外一台 SCADA 服务器工作。上位机通过网络与测控现场的下位机通信，并以各种形式（如声音、图形、报表等）显示给用户，以达到监控的目的。处理数据后，告知用户设备的状态（报警、正常或报警恢复），这些处理后的数据可能被保存到数据库中，也可能通过网络系统被传输到不同的监控平台上，还可能与别的系统（如 MIS、GIS）结合形成功能更加强大的系统；上位机系统还可以接受操作人员的指示，将控制指令发送到下位机中，以达到远程控制的目的。

结构复杂的 SCADA 系统可能包含多个上位机系统。即系统除了有一个总监控中心，还包括多个分监控中心。如对西气东输监控系统这样的大型系统而言，就包含多个地区监控中心，它们分别管理一定区域的下位机。采用这种结构的好处是系统结构更加合理、管理更加分散、可靠性更高。每个监控中心通常由完成不同功能的工作站组成一个局域网，具体如下。

（1）SCADA 服务器——负责收集从下位机传送来的数据，并进行汇总。

（2）Web 服务器——负责监控中心的网络管理及与上一级监控中心的连接。

（3）操作员站——在监控中心完成各种管理和控制功能，通过组态画面监测现场站点，使整个系统平稳运行，并制作工况图、统计曲线、报表等。操作员站通常是 SCADA 客户端。

（4）工程师站——对系统进行组态和维护，修改控制逻辑等。

一些企业的调度中心可以以 SCADA 系统上位机的功能为基础构建，详见本书第 8 章的案例介绍。

2. 上位机系统的功能

通过完成不同功能的计算机及相关通信设备、软件的组合，整个上位机系统可以实现如下功能。

（1）数据采集和状态显示。

SCADA 系统的首要功能就是数据采集，即首先通过下位机采集测控现场的数据，然后上位机通过通信网络从众多的下位机中采集数据，进行汇总、记录和显示。通常情况下，下位机不具有数据记录功能，只有上位机能完整地记录和保持各种类型的数据，为各种分析和应用打下基础。

上位机系统通常具有非常友好的人机界面，人机界面可以以各种图形、图像、动画、声音等方式显示设备的状态信息、参数信息、报警信息等。

（2）远程监控。

在 SCADA 系统中，上位机汇集了现场的各种测控数据，这是远程监视、控制的基础。由于上位机采集数据具有全面性和完整性，监控中心的控制管理也具有全局性，能更好地优化整个系统，使其合理运行。特别是对于许多常年无人值守的现场，远程监控是安全生产的重

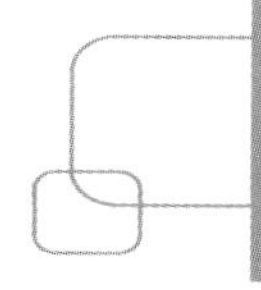

要保证。

远程监控的实现不仅表现在管理设备的开/停及其工作方式（如手动或自动）上，还可以通过修改下位机的控制参数来实现对下位机运行的管理和监控。

（3）报警和报警处理。

SCADA 系统上位机的报警功能对尽早发现和排除测控现场的各种故障、保证系统正常运行起着重要作用。上位机可以以多种形式显示发生的故障的名称、等级、位置、时间及对报警信息的处理和应答情况。上位机系统可以同时显示和处理多点报警，并且对报警的应答做记录。

（4）事故追忆和趋势分析。

对上位机系统的运行记录数据（如报警与报警处理记录、用户管理记录、设备操作记录、重要参数记录与过程数据记录）对于分析和评价系统运行状况来说是必不可少的。对于预测和分析系统的故障，快速找到事故的原因并找到恢复生产的方法是十分重要的，这也是评价一个 SCADA 系统功能强弱的重要指标之一。

3. 工控机与商用机

上位机系统硬件主要包括计算机、服务器、网络与通信设备等。这里讨论一下上位机系统的计算机到底是选用工控机还是商用机。

在 SCADA 系统发展初期，上位机系统普遍采用工控机。因为工控机在商用机上进行了改装与加固，以适应工业应用的要求，主要体现在以下几个方面。

（1）结构设计更合理——与商用机相比，多数工控机都具有无源底板，采用 CPU 卡件的形式实现商用机的底板功能。普遍使用全钢结构的标准机箱，机箱上带有滤网、减振器和加固压条等装置，配备多个冷却风扇，使机箱内部保持空气正压。

（2）可靠性高——工控机对主要的硬件设备，如电源、主板、机箱等都采取了特别的强化措施，其平均无故障时间可以达到数万小时。

（3）适应恶劣环境——工控机在电磁干扰严重、电源电压波动较大、振动幅度大、温度变化较大及粉尘较多的恶劣环境下也能正常运行。

然而，近年来，随着商用机的可靠性的不断增强，以及商用机与工控机之间较大的价格差距，SCADA 系统选用商用机作为上位机已经十分普遍。对可靠性要求高的场合可以采用热备等方式。由于工作人员通过操作员站实现监控操作，这就要求操作员站及其系统软件具有高稳定性和高可靠性，能够快速地从故障中恢复。目前普遍使用工作站作为操作员站主机，并配置高性能 CPU、内存、RAID 冗余硬盘结构及光盘驱动器等大容量外部数据存储设备。

1.3.3　通信网络

通信网络可以实现 SCADA 系统的数据通信，是 SCADA 系统的重要组成部分。与一般的过程监控相比，通信网络在 SCADA 系统中扮演的作用更为重要，这主要是因为 SCADA 系统监控的过程大多具有地理分散的特点。在一个大型 SCADA 系统中，包含多种层次的网络，如设备层总线、现场总线，在控制中心中有局域网，而连接上位机和下位机的通信形式更是多种多样，既有有线通信，也有无线通信。有些重要系统还采用卫星设备。从图 1.1 中也可以

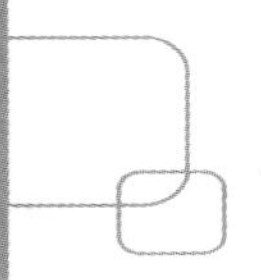

看出 SCADA 系统通信的层次性和复杂性。与 SCADA 系统通信相关的知识详见本书第 2 章。

1.3.4 检测仪表和执行器

检测仪表和执行器是控制系统非常重要的设备，没有准确的现场信号和执行器的准确动作，再好的控制算法都不能实现高性能控制。工业控制系统最容易出现故障的部分就是传感器和执行器。可将检测仪表和执行器看作下位机系统的一部分，由于它们在 SCADA 系统中起重要作用，因此在这里单独进行介绍。

1. 检测仪表

SCADA 系统中监控的参数按照数据类型可以分为模拟量、数字量和脉冲量等，模拟量包括温度、压力、物位、流量等典型过程参数和其他各种参数，而数字量包括设备的启/停状态等。在不同的应用中，参数的类型相差很大，如在环境监控中，要大量采用各种分析仪表进行环境参数分析；在电力系统中，则要检测电流、电压、功率等参数。为了实现对这些参数的检测与监控，首先要通过各种检测仪表把这些参数转换为电量信号，然后把仪表输出与计算机的各种 I/O 接口连接，最终实现把模拟量转换为数字量，并被计算机采集。为了简化检测仪表与各种 I/O 设备的连接，通常要求检测仪表的输出是各种标准信号，如对于模拟量，采用 4～20mA 的标准电流信号，这些信号十分适合远距离传输。若检测仪表输出的不是标准信号，则可以通过相应的变送器将检测仪表输出信号转换为标准信号。相比而言，数字量的输入/输出要简单得多，实现起来较容易。

检测仪表在组成上包括检测元件（敏感元件或传感器）和转换电路。检测元件直接响应工艺变量，并转换为一个与之成对应关系的输出信号，这些信号可以是位移、电压、电流、电阻、电荷、频率、光量、热量等。当采用热电偶测温时，检测仪表将被测温度转换为热电势信号；当采用热电阻测温时，检测仪表将被测温度转换为电阻信号。由于一些检测仪表输出的是非标准信号，因此，还需要通过变送器把该信号转换为标准的电流信号或电压信号。当然，由于热电偶与热电阻在工业现场被大量使用，一般厂家的下位机系统有专门的热电偶与热电阻模块，因此也可以配置这类模块，而不需要进行信号转换。

通常要根据工艺特点，从测量精度、量程、仪表价格、使用环境、维护、备件等方面来进行仪表选型。随着技术的发展，新型检测仪表不断出现，许多过去难以测量的变量现在得以有较好的解决方案。由于非接触式检测仪表具有不少突出优点，因此目前在仪表选型上会优先考虑选用非接触式仪表。例如，污水处理厂的进水泵房液位检测目前已基本用超声波液位计代替了传统的投入式液位计。

2. 执行器

执行器也称执行设备。执行器接收下位机（控制器）的输出，改变操纵变量，使生产过程或设备按照预定要求正常运行。在不同的行业中，执行器的类别不一样，如在生产过程监控中，出于生产安全方面的考虑，各种气动执行器得到广泛应用，典型的就是气动调节阀，还有各种气动开关阀门。而在制造业中，各种步进电机、变频器、伺服电机等调速设备得到广泛应用。执行器是控制系统的重要执行设备，要根据执行器的特点、现场使用要求（如使用

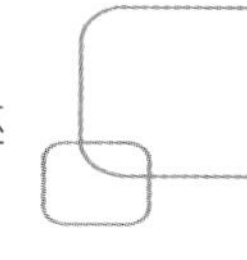

环境、工艺介质特点、调节精度、调节速度）等进行合理选择。

气动执行器、电动执行器、液动执行器的比较如表1.1所示。

表1.1　气动执行器、电动执行器、液动执行器的比较

比较项目	气动执行器	电动执行器	液动执行器
结构	简单	复杂	简单
体积	中	小	大
推力	中	小	大
配管配线	较复杂	简单	复杂
动作滞后	大	小	小
频率响应	窄	宽	狭
维修	简单	复杂	简单
使用场合	防火、防爆	除防爆型外，一般不适合防火、防爆	要注意火花
温度影响	较小	较大	较小
成本	较低	高	高

1.3.5　SCADA系统典型结构

SCADA系统的发展经历了集中式SCADA系统、分布式SCADA系统和网络式SCADA系统三个阶段。与集中式SCADA系统结构对应的是所有的监控功能依赖于一台主机（Mainframe），采用广域网连接现场RTU和主机，其网络协议比较简单，开放性差，功能较弱。分布式SCADA系统结构充分利用了局域网技术和计算机PC化的成果，可以配置专门的通信服务器、SCADA服务器和操作员站，操作员站采用组态软件开发人机界面。网络式SCADA系统结构以各种网络技术为基础，控制结构更加分散化，信息管理更集中。系统普遍以客户机/服务器（Client/Sever，C/S）结构和浏览器/服务器（Browser/Server，B/S）结构为基础，多数系统结构上包含这两种结构，但以C/S结构为主，B/S结构主要用于支持Internet应用，以满足远程监控的需要。与第二代SCADA系统相比，第三代SCADA系统在结构上更加开放，兼容性更好，可以无缝集成到全厂综合自动化系统中。

由于SCADA系统的规模可以从几百点到几万点，用户对SCADA系统的需求是多样的，因此对其系统结构提出了很高的要求。SCADA系统应该具有良好的可扩展性，能够灵活构建其系统结构，可以适应从单机应用到多机多网等多种功能。例如，最简单的SCADA系统为单网单机，即一台计算机可以完成所有功能。比较复杂的SCADA系统是多网多机系统，这样的系统既可以完成所有的SCADA功能，又可以保障其可靠性、容错性。

目前出现的新型边缘控制器丰富了传统的SCADA系统的结构形式，也增加了传统的SCADA系统及其他工业控制系统的数据采集方式。边缘控制器直接部署在下位机附近，进行数据采集和现场控制，把数据送到云平台，通过云平台的远程监控与管理软件实现监控功能，或利用云平台的强大计算功能进行对数据的深度分析与处理。

1. C/S结构

在C/S结构中，客户机和服务器之间的通信以“请求-响应”的方式进行。客户机先向服

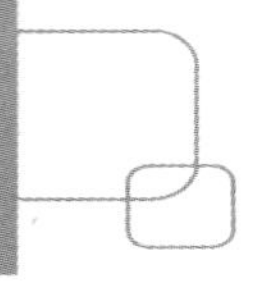

务器发送请求，服务器再响应这个请求，如图 1.18（a）所示。

（a）C/S 结构 （b）B/S 结构

图 1.18 C/S 结构和 B/S 结构

C/S 结构最重要的特征如下：它不是一个主从环境，而是一个平等的环境，即在 C/S 结构中，各计算机在不同的场合既可能是客户机，也可能是服务器。在 C/S 应用中，用户只关心完整地解决自己的应用问题，而不关心这些应用问题由系统中的哪台或哪几台计算机来完成。能为应用提供服务的计算机，当其被请求服务时就成为服务器。一台计算机可能提供多种服务，一种服务也可能由多台计算机组合完成。与服务器相对应，提出服务请求的计算机在当时就是客户机。从客户应用的角度来看，这个应用的一部分工作在客户机上完成，其他部分的工作则在服务器（一个或多个）上完成。如在 SCADA 系统中，当 SCADA 服务器向 PLC 请求数据时，它是客户机，而当其他操作员站向 SCADA 服务器请求服务时，它就是服务器。显然，这种结构可以充分利用两端硬件环境的优势，将任务合理分配到客户端和服务器端来实现，降低了系统的通信开销。

需要说明的是，目前在移动端大量使用的 App 移动应用也属于 C/S 结构。App 属于客户端，用户要想使用 App，必须下载该 App 安装包到移动设备上并进行安装。传统互联网的使用使得 C/S 结构的应用减少，但在移动互联时代，C/S 结构的应用又体现了新的特点。

2．B/S 结构

随着 Internet 的普及和发展，以往的主机/终端和 C/S 结构都无法满足当前的全球网络开放、互联、信息随处可见和信息共享的新要求，于是就出现了 B/S 结构。

B/S 结构的最大特点：用户可以通过浏览器访问 Internet 上的文本、数据、图像、动画、视频点播和声音信息，这些信息都是由许许多多的 Web 服务器产生的，每个 Web 服务器又可以通过各种方式与数据库服务器连接。在大型 SCADA 系统中，一般专门配置数据库服务器，该服务器中安装实时/历史数据库。

B/S 结构的最大优点：客户机统一采用浏览器，这不仅让用户使用起来更方便，而且使得客户端不存在维护的问题。当然，软件开发和维护的工作不是自动消失了，而是转移到了 Web 服务器端。可以采用基于 Socket 的 ActiveX 控件或 Java Applet 程序等不同方式实现客户端与远程服务器之间的动态数据交换。ActiveX 控件和 Java Applet 都驻留在 Web 服务器上，用户登录服务器后将其下载到客户机。Web 服务器在响应客户程序的过程中，若遇到与数据库有关的指令，则交给数据库服务器解释执行，并返回给 Web 服务器，Web 服务器再返回给浏览器。

对于大型分布式 SCADA 系统而言，B/S 结构的引入有利于解决远程监控中存在的问题，已经得到主流的 SCADA 系统供应商的支持。不过考虑到网络安全等问题，B/S 结构的应用实际上并未普及。即使是进行远程监控，仍然通过 VPN 等方式来实现，而不是直接不加防护就进行远程监控。此外，在企业信息网上，还按照信息安全规范进行防护，如设置非军事区（DMZ）、配置防火墙和网闸、进行安全审计等安全服务。

3．两种结构的比较

1）B/S 结构的优点和缺点

B/S 结构除了具有开发简单、共享性强的优点，还具有以下优点。

（1）具有分布性特点，可以随时随地进行查询、浏览等业务处理。

（2）业务扩展简单方便，通过增加网页即可增加服务器的功能。

（3）维护简单方便，只需要改变网页，即可实现同步更新。

B/S 结构的缺点如下。

（1）个性化特点明显降低，无法实现具有个性化的功能要求。

（2）页面动态刷新、响应速度明显降低。

（3）功能弱化，难以实现传统模式下的特殊功能要求。

2）C/S 结构的优点和缺点

C/S 结构的优点如下。

（1）由于客户端实现了与服务器的直接相连，没有中间环节，因此响应速度快。

（2）操作界面漂亮、形式多样，可以充分满足客户自身的个性化需求。

（3）C/S 结构的管理信息系统具有较强的事务处理能力，能实现复杂的业务流程。

C/S 模式的缺点如下。

（1）需要专门的客户端安装程序，分布功能弱，主要针对点多面广且不具备网络条件的用户群体，不能够实现快速部署和配置。

（2）兼容性差，对于不同的开发工具，具有较大的局限性。若采用不同工具，则需要重新改写程序。

（3）开发成本较高，需要具有一定专业水准的技术人员才能完成。

一般而言，B/S 结构和 C/S 结构具有各自的特点，都是流行的 SCADA 系统结构。在 Internet 应用、维护与升级等方面，B/S 结构比 C/S 结构要强得多；但在运行速度、数据安全、人机交互等方面，B/S 结构不如 C/S 结构好。

1.4　SCADA 系统的应用

1.4.1　SCADA 系统在电力行业的应用

在电力行业中，SCADA 系统的应用最为广泛，技术发展也最为成熟。它作为能量管理系统（EMS 系统）的一个主要子系统，有着信息完整、效率高、能正确掌握系统运行状态、可加快决策速度、协助快速诊断系统故障等优势，现已成为电力调度不可缺少的工具。它对提高电网运行的可靠性、安全性与经济效益，减轻调度员的负担，实现电力调度的自动化与现代化，提高调度效率和水平发挥着不可替代的作用。目前我国骨干输变电线路上的超高压变电站（500kV、220kV 及绝大部分 110kV 的变电站）大多已经建立起光纤传输连接，并在生产管理上建立了 SCADA 系统，可以进行中心调度、地区调度的多级监控、调度管理。

图 1.19 所示为电力 SCADA 系统结构图，该系统采用集中管理、分散布置的模式，采用分层式、分布式系统结构，由站内管理层、数据通信层、基础设备层组成。

站内管理层实现变电所控制室对本变电所设备的监视、报警功能，并负责变电所综合自动化系统与综合监控系统之间的数据交换，包括双冗余通信控制器、双冗余以太网交换机、工作站、自动化屏、智能测控单元（含 DI/DO/AI 模块）等设备。数据通信层实现变电所内管理层与基础设备层之间的通信，包括光电转换装置、光缆、通信电缆等设备。

基础设备层实现对基础设备数据的采集、测量等功能，包括 220kV 等不同电压等级的交流保护测控单元及直流保护测控单元等。

系统还配有 GPS 脉冲对时设备，这是电力 SCADA 系统与一般行业的 SCADA 系统的不同之处。当然，目前一般行业的 SCADA 系统配置 GPS 脉冲对时设备的也越来越多。

电力（除发电厂外）SCADA 系统与其他行业的 SCADA 系统还有一个较大的不同之处，就是其采用的通信协议在其他行业很少使用。如一些企业依托 IEC61850 标准开发了全套变电站自动化系统，这些系统可以根据变电站内 IED（智能电子设备）间的通信需求，支持变电站装置间通信和变电站对外通信等多种通信类型。例如，引入 GOOSE（面向通用对象的变电站事件）、SMV（采样测量值）和 MMS（制造报文规范）等不同通信方式，满足变电站内装置间的通信需求。这些通信方式及相关协议基本上都是电力行业专用的。

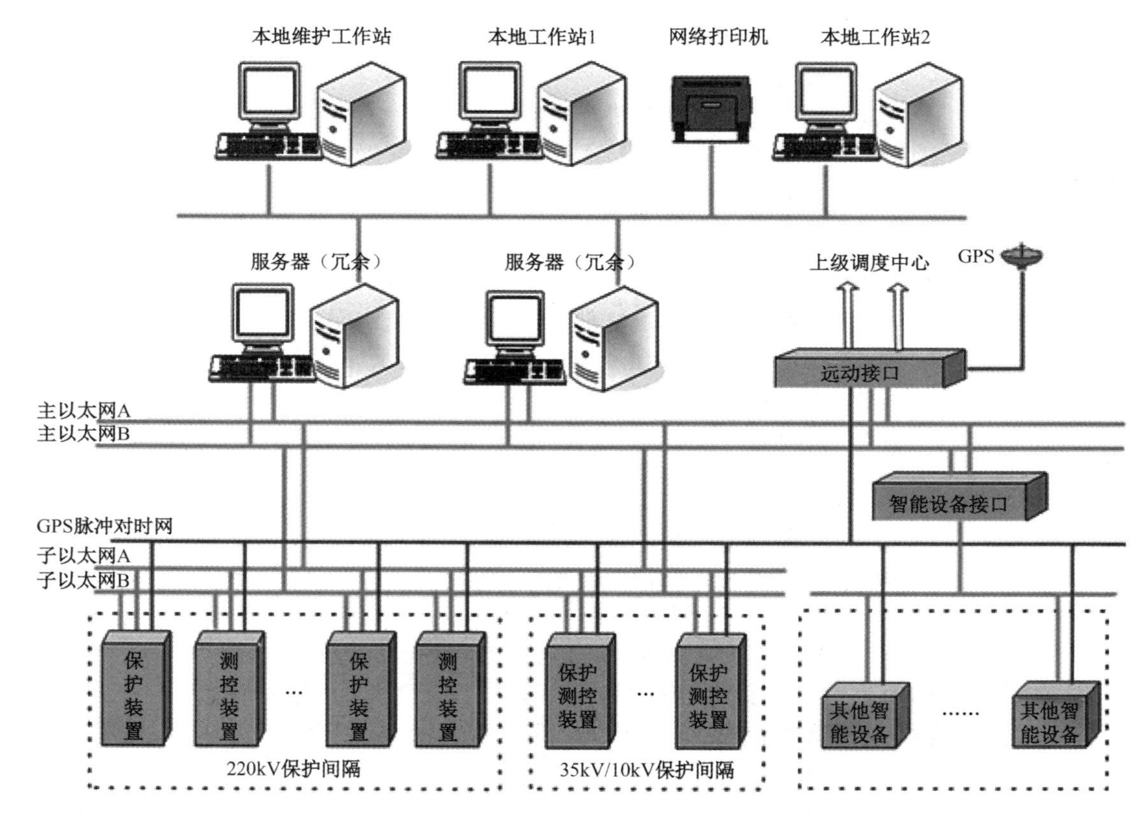

图 1.19　电力 SCADA 系统结构图

1.4.2　SCADA 系统在高铁防灾系统中的应用

铁路和城市地铁的控制系统在其行业称作信号系统，从系统结构来看，也是典型的

SCADA 系统。除了信号系统保障轨道交通运行的安全性和可靠性，各类辅助系统（如地铁或隧道的通风系统等）也起保障作用，武广高铁的防灾系统就属于这种保障系统。

武广高铁从广州到武汉，全长 995 公里，途经 15 个车站，设计时速为 350km，是我国的重要干线铁路。铁路沿线部分区段的自然条件恶劣，很容易发生冰冻天气、岩土松动及泥石流等，同时，沿途有较为复杂的居住环境，人、畜等可能会非常规穿越铁路。为了确保高铁稳定运行，减少这些自然和人为因素对高铁行车安全的影响，在武广高铁上建设了防灾 SCADA 系统，如图 1.20 所示。该系统专门配置了 3 个防灾数据中心，分别位于武昌新火车站、长沙火车站和广州南站内。全线共设置 155 个冗余监控单元、3 个值班室、2 个调度所。整个防灾监控系统采用贝加莱公司的软硬件产品，实现了对远程无人值守站点、环境恶劣站点的监控。系统设有风速监测站点 109 个、雨量监测站点 51 个、异物监测站点 125 个，可以对暴风与大雾在机车运行时产生的影响，暴雨造成的潜在泥石流、路基塌陷等潜在因素，以及在桥梁、隧道、山体等区段出现异物（包括人和动物）进入轨道运行区域等异常及时进行采集，并将上述数据上传给调度中心，以便能够及时做出调整。

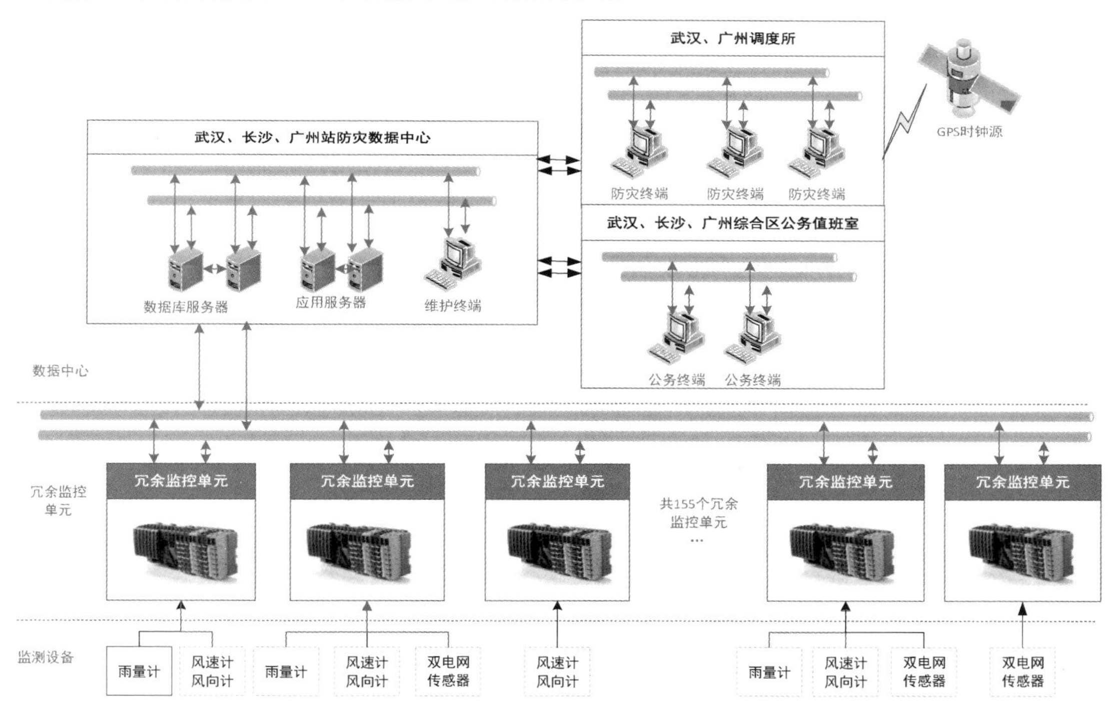

图 1.20　武广高铁防灾 SCADA 系统总体结构图

由于该 SCADA 系统的可靠运行对于保障列车的运行安全和乘客的生命安全具有非常重要的作用，因此，在进行 SCADA 系统配置时，对电源、机架、CPU、I/O 等单元都进行了冗余设计。主/从 CPU 模块转换时间短，对系统运行没有影响。系统硬件选用 X20 控制器，单机及 I/O 的平均无故障时间可以达到 50 万小时，且满足铁道电气系统 A 级 EMC 指标。

软件采用贝加莱的全集成自动化平台（Automation Studio），该软件可以完成系统组态、控制器编程和人机界面开发，大大简化了系统开发和调试过程。最新版本的 Automation Studio 4 允许使用所有符合 IEC61131-3 标准的编程语言和 C 语言进行 PLC 编程，以及运用 C++进

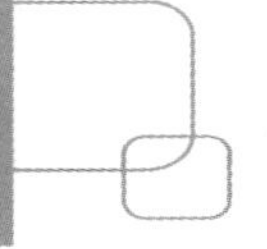

行面向对象编程。项目文件以 XML 格式实现共享，可以确保与第三方系统（如物料管理和生产规划软件）的开放通信。采用 OPC 统一结构（OPC UA），可以从底层设备直接连接至工厂管理层。Automation Studio 还提供了广泛的诊断工具，用于读取系统信息和优化系统。使用系统诊断管理器可以通过标准的 Web 访问读取广泛的目标系统信息。对运动控制系统开发的强大支持也是该软件的特点。

1.4.3 SCADA 系统在楼宇自动化中的应用

楼宇 SCADA 系统的上位机通常采用组态软件开发，下位机主要是各种 DDC 控制器。上位机通过楼宇自动化常用的总线及其他通信协议与下位机通信，完成监督控制与数据采集功能。通常楼宇 SCADA 系统包括多个子系统，它们分别是高压配电监控系统、低压配电监控系统、供水监控系统、排污监控系统、中央空调监控系统、照明监控系统、电梯集群管理系统、停车场监控系统等。图 1.21 所示为楼宇 SCADA 系统总体结构图。从这里也可以看出楼宇 SCADA 系统使用 BACnet 等行业典型通信协议，而现场控制器为 DDC。

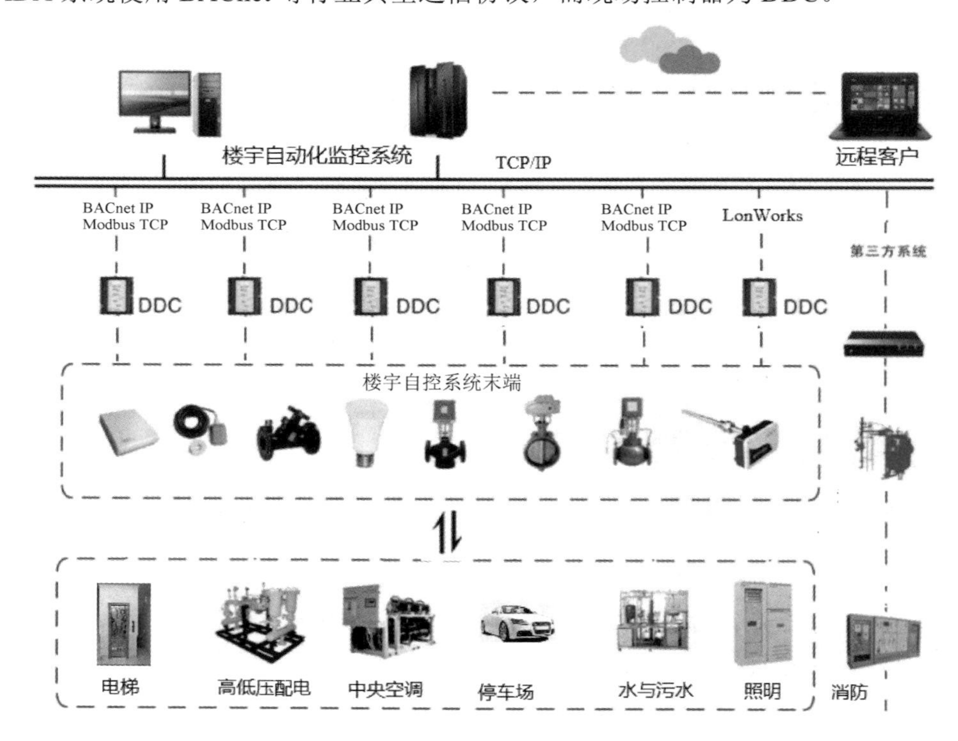

图 1.21　楼宇 SCADA 系统总体结构图

（1）高压配电监控系统。

高压配电监控系统主要实现对市电进线和高压出线的电压、电流、不平衡电流、有功功率、无功功率、功率因数、相角等参数的采集显示，以及对变压器各参数的采集显示。

（2）低压配电监控系统。

低压配电监控系统主要对各控制柜（包括市电进线柜、市发电转换柜、低压联络柜、空调动力开关柜、供水动力开关柜、排污动力开关柜、设备间动力柜、电梯动力开关柜、路灯照明

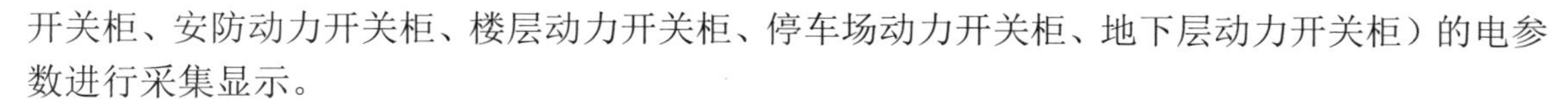

开关柜、安防动力开关柜、楼层动力开关柜、停车场动力开关柜、地下层动力开关柜）的电参数进行采集显示。

（3）供水监控系统。

供水监控系统主要对供水加压泵（包括补压泵）的状态进行监控，还负责对地下水池的水位检测（溢出水位、生活水位、消防水位）、对变频器及进水蝶阀的状态监控。加压泵组变频调速采用一台变频器带多台泵的方式。当压力过大时，依次变频调速，直至停止各加压泵。当用水量较小时，用补压小泵供压，从而达到节能的目的。为均衡各个加压泵的运行时间，延长加压泵组的使用寿命，每次启动的第一台加压泵应是累计工作时间最少的加压泵。

（4）排污监控系统。

排污监控系统主要对各个排污泵的运行状态及污水池的污水液位进行监测，控制排污泵定时启动排污，当污水池的污水液位过低时，连锁关闭排污泵；当污水液位过高时，自动启动排污泵并报警。

（5）中央空调监控系统。

中央空调主要由冷水机组、冷冻水循环系统、冷却水循环系统及末端风机盘管系统等组成。中央空调中的冷冻水循环系统中回水和供水的温度差、冷却水循环系统中供水和回水的温度差是中央空调工艺参数中的关键参数，它们的控制精度直接影响用户的制冷效果和中央空调系统的能耗。中央空调监控系统可以完成对相关工艺、设备和能耗等参数的监控。

（6）照明监控系统。

照明监控系统主要完成对各个楼层的照明监控、地下室照明监控、楼顶照明灯监控、航空指示灯监控、路灯监控等。

（7）电梯集群管理系统。

电梯集群管理系统由上位机完成对电梯运行情况的管理、监测，以及电梯维护、运行、停止等；由下位机完成电梯运行过程中的逻辑控制功能。

（8）停车场监控系统。

停车场监控系统对出入车辆进行管理。早期多采用 IC 卡收费管理方式，目前多数系统利用车辆的动态视频或静态图像对牌照号码、牌照颜色进行自动识别，自动化程度更高，可实现无人值守。

1.4.4　SCADA 系统在油气长距离输送中的应用

SCADA 系统在油气长距离输送中占有重要地位，它对与油气输送有关的首站、门站、分输站、压气站、阀室、末站等站场设备进行监控。我国的西气东输工程就是典型的天然气长距离输送工程。然而，由于天然气长距离输送管道输配系统已由单气源、单管不加压的输送方式演变为多气源、多管、多个加压站的输送方式，生产运行工艺十分复杂。同时，天然气的产、供、销是由采气、净化、输气和供气等环节组成的，长距离输送管道作为这个系统的中间环节，必须协调好上下游的关系，对操作管理的要求很高。输送的燃气担负沿线城市或地区的供气任务，涉及国计民生，一旦发生事故，将造成很大的经济损失和社会影响，因此必须保证其安全、可靠、连续和稳定地运行。

根据油气输送系统的特点，进行这类输送的 SCADA 系统通常由调度控制中心、站场控制系统（站控系统）、安全仪表系统及连接调度控制中心和站控系统的通信网络组成。一些大型的站控系统实际上也是一个结构完整的 SCADA 系统。图 1.22 所示为西气东输 SCADA 系统的总体结构图。在控制层级上，具有控制中心级、站控级、现场设备级和手动级四级结构，可以选择一种模式进行操作。在正常情况下，管道沿线各站无须人工干预，各站在调度控制中心的统一指挥下完成各自的工作。经调度控制中心授权后，可将控制权切换到站控级。当数据通信系统发生故障时，站控级自动接管控制权，完成对本站的监视控制。当进行设备、通信系统检修或紧急停车时，可采用就地控制。这类系统通常具有多级调度控制系统。例如，西气东输监控中心有省级调度控制中心和国家级总调度控制中心，以实现对整个输气过程的全面监控。

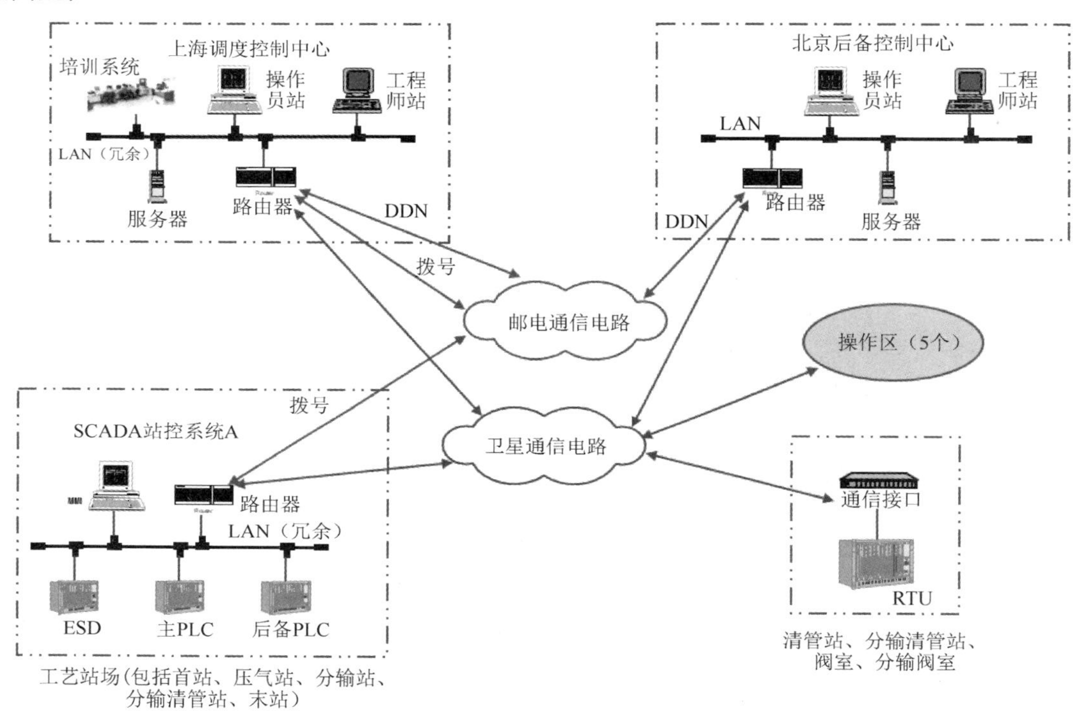

图 1.22　西气东输 SCADA 系统的总体结构图

1．调度控制中心的作用

（1）监视各站的工作状态及设备运行情况，采集与存储站场的主要运行数据和状态信息，具体如下。

① 参数检测：进出站气温、气压；首站、清管站、末站和分输站的瞬时流量和累积流量；计量支路的压力、差压、温度等；可燃气体浓度。此外，在站场采用在线气相色谱分析仪实时监测天然气的组分，保证计量的准确度。压缩机是站场的核心设备，一般有独立的状态监控系统，站场 PLC 等主控设备与该监控系统通信，采集压缩机的状态信息等。

② 报警信号：进出站压力超限；压缩机轴承温度过高，振动量过大；安全阀、泄压阀动作；重要球阀动作等。

③ 状态量检测：压缩机状态，进出站调节阀和开关阀的运行状态。

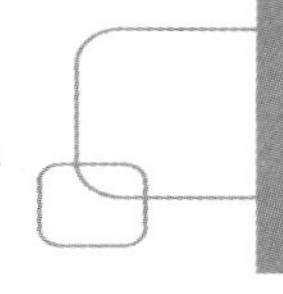

（2）远程监控功能，主要如下。

① 从远方各站控系统、阀室RTU采集数据，监视现场设备的工作状态及设备运行情况。记录重要事件的发生、工艺参数及设备运行状态参数超限报警，显示、打印报警报告。

② 给远方各站控系统、阀室RTU发送指令（同时进行指令记录），按程序自动启停机组、开关阀门及自动切换工艺流程。

③ 对需要调节的主要参数（如压力、温度、流量等）进行远方给定和自动调节，对各站场的工艺参数及设备运行状态参数的报警值及停机（跳闸）设定值进行远程修改。

④ 显示管道全线的工作状态，打印管道全线运行报告。

⑤ 对管道全线密闭输送进行水击超前保护控制。

⑥ 对管道全线进行实时工艺计算和优化运行控制。

⑦ 对管道全线进行清管控制。

⑧ 对管道全线及各站运行的设备状态及工艺参数进行现行趋势显示和历史趋势显示。

⑨ 对系统设备的故障与事件等具有自检功能。

（3）安全与管理等功能，具体如下。

① 发布ESD（紧急停车）指令。

② 有毒有害气体报警。

③ 系统时钟同步。

④ 当数据通信信道发生故障时进行主备信道的切换。

⑤ 向管道沿线各站下达压力和流量设定值。

2．站控系统的主要功能

① 过程变量巡回检测和数据处理。

② 向调度控制中心报告经选择的数据和报警。

③ 显示画面、图像。

④ 除执行调度控制中心的控制命令外，还可以独立进行工作，实现PID及其他控制。

⑤ 实现流程切换。

⑥ 实现联锁保护功能。

⑦ 进行设备自诊断，并把结果报告给调度控制中心。

⑧ 向操作人员提供操作记录和运行报告。

一般来说，现场的站控系统都是具有上位机的SCADA系统。上位机采集下位机和安全仪表系统的参数。通常有操作人员在控制室进行值班操作。一般只有控制器（如RTU）对阀室进行控制，没有上位机，即阀室一般只配置巡检，不配置人员在现场进行操作。站场和阀室的控制系统通过有线或无线通信与上级调度控制中心进行数据交换。

3．站场安全仪表系统的功能

安全仪表系统主要对大型空压机、危险气体泄漏等实施紧急停车，确保设备、人员和生产安全。一般要求安全仪表设备达到IEC61508 SIL3的要求，并配置独立的可燃气体检测和报警系统（FGS）。

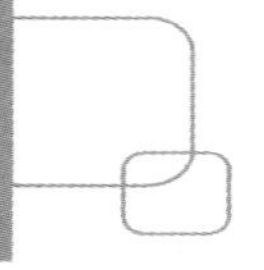

4. 数据通信系统

数据通信系统在油气长距离输送 SCADA 系统中起重要作用。鉴于该应用的特点，其通信方式较为复杂多样。通信介质一般包括电话线、微波线路、光纤或卫星线路等。设备不同，涉及的通信协议也不同。此外，为了确保数据可靠传输，通常采用冗余的通信方式，即有线通信与无线通信互备。为了保证信息安全，还会对重要数据进行加密传输。

5. 时钟同步装置

油气长距离输送 SCADA 系统的距离跨度大、设备站点多，考虑到故障检测等对时钟同步的要求，该系统还应配置时钟同步设备，以确保整个网络的控制、监控等各类节点的时钟同步。通常，会根据系统对时钟同步精度的要求来配置同步设置。时钟同步方法比较如表 1.2 所示。

油气长距离输送 SCADA 系统一般要求整个网络所有节点的校时精度为 10ms；控制器和 I/O 模块之间的同步精度为 0.5μs；SOE 时间标签的分辨率为 0.25ms。

表 1.2 时钟同步方法比较

时钟同步方式	比较内容		
	实现原理	优点	缺点
纯硬件时钟同步	纯硬件时钟同步技术需要各个网络节点添加专用设备。如美国的 GPS 时间接收模块和我国自主研发的北斗授时模块。同步精度可小于 1μs	同步精度高达纳秒级。应用范围广泛	只适用于小规模网络系统
纯软件报文时钟同步	纯软件报文时钟同步技术在一个同步网络内，主时钟将时间信息打包在报文里传递给其他需要时钟同步的从时钟。从时钟通过得到的时间信息校正本地时钟。常见的有网络时间协议 NTP 和简单网络时间协议 SNTP。同步精度达到毫秒级	无须添加额外设备，成本较低。可用于局域网和广域网	由操作系统、协议栈网络元件等带来的延迟波动会导致其精度不高
软硬件结合时钟同步	技术在软件时钟同步的基础上增加了一些专门的硬件，从而达到较高的时钟同步精度，如 IEEE1588 精确时钟协议 PTP，它由 NTP 和 GPS 时钟同步技术互补式融合而得。同步精度可小于 1μs	精度较高，成本可接受。可用于局域网和广域网	

1.4.5 SCADA 系统在其他领域的应用

由于 SCADA 系统能产生巨大的经济和社会效益，因此 SCADA 系统在以下领域中得到广泛使用。

（1）无人工作站系统——用于集中监控无人值守系统，这种无人值守系统广泛分布在以下行业和应用领域。

- 无线通信基站网、邮电通信机房空调网。
- 电力系统配电网、变电站自动化系统、电力调度系统。
- 铁路系统道口、信号管理系统。
- 坝体、隧道、桥梁、水利设施（如南水北调）、机场、油库和码头。

- 地铁、铁路自动计费系统。
- 高速公路、高铁沿线危险源、城市道路交通。
- 供热、供水、供气、雨水泵站、污水泵站等公用设施。
- 环境、天文、地理和气象等。
- 风力发电厂、生物质电厂、太阳能电厂等新能源领域。
- 发电厂、污水处理厂、垃圾发电厂的污染源在线监控。

（2）生产制造系统监控——用于监控和协调生产制造流水线上各种设备正常有序运营和产品数据的配方管理。这些生产线包括家电、家具、汽车、卷烟、纺织品等。

（3）大型设备远程监控——如对大型港口机械的远程监控、对大型中央空调的远程监控、对远洋轮船的远程监控等。

（4）重要危险源远程监控——如对矿山瓦斯等有毒有害气体、森林火警和化工危险品运输车等的实时监控。

（5）对其他生产和生活相关行业的监控——如农业大棚监控、粮库质量和安全监测、油库安全监测、化工仓储设施的安全监控、自动化仓库及物流配送的监控等。

1.4.6　SCADA系统的应用效果

采用SCADA系统后可以带来一系列的经济和社会效益，具体如下。

- 大大提高了生产和运行管理的自动化水平、安全性和可靠性。
- 较高的自动化程度可大大提高产品质量和生产效率。
- 大大降低了生产人员面临恶劣工作环境的可能性，保证了工作过程中现场员工的安全性。
- 可大大减少不必要的人工浪费，节约人员开支。
- 通过对生产过程的集中控制和管理，大大提高了企业作为一个整体的竞争能力。
- 系统通过对设备生产趋势的保留和处理，可提高预测突发事件的能力、在紧急情况下的快速反应和处理能力，可大大减少生命和财产损失，从而带来潜在的社会和经济效益。

正因为如此，SCADA系统在不同的行业领域得到了广泛应用，成为应用广泛的工业控制系统。

第 2 章　数据通信与网络技术

本章主要包括数据通信的基础知识及 SCADA 系统中常用的各种通信技术，既有传统的串行通信，又包括各种网络通信技术、现场总线技术、工业以太网技术及它们在 SCADA 系统中的应用。为了更好地帮助读者学习通信协议，本章除了结合 Wireshark 抓包对部分协议进行分析，还给出了一些工业控制系统中的典型通信案例。虽然物联网通信协议 MQTT 等在 SCADA 系统中也得到了应用，但限于篇幅，只在第 3 章结合数据采集进行了简单介绍。由于目前 Internet 接入方便、成本降低且网速提高，SCADA 系统原先采用的一些无线传输方式（如数传电台）越来越多地被基于 Internet 的 VPN（Virtual Private Networks）甚至 5G 通信取代，因此，这里只对 SCADA 系统中的无线通信进行概述性介绍。

2.1　数据通信概述

2.1.1　SCADA 系统的数据通信

1．SCADA 系统的数据通信过程

数据通信是完成数据编码、传输、转换、存储、处理的过程，是计算机技术与通信技术相结合的产物。测控现场的仪表、控制装置与上/下位机的数据通信是确保系统安全运行的重要保证和先决条件。与一般的控制系统相比，SCADA 系统固有的测控点分散、测控范围广的特点决定了整个通信子系统在 SCADA 系统的运行过程中起到了更加重要的作用。

在 SCADA 系统中，通常包含以下数据通信过程。

（1）现场测控点仪表、执行器与下位机的通信。

现场测控点仪表、执行器与下位机的通信多数采用平行接线，即采用硬接线方式把每个测控点连接到控制系统的 I/O 设备上。这种点对点的布线方式在现场总线技术出现后显得落后，特别是在测控点十分分散时。目前，SCADA 系统的现场测控点多采用现场总线与平行接线混合的方式。下位机系统配置现场总线接口，在测控点相对集中的设备附近设置现场 I/O 站，现场 I/O 站与下位机系统采用现场总线通信。在一些布线不方便的地方，也会采用短程无线通信技术。

（2）下位机系统与 SCADA 服务器（上位机）的远程通信。

在 SCADA 系统的通信子系统中，上位机与下位机之间的通信最为复杂。这主要是因为下位机的数量较多，下位机的系统结构与型号等呈现多样化；此外，上位机与下位机的物理距离通常较大，可能为几百米、几千米、几百千米，甚至更远。通常在一个大型的 SCADA 系统中，上位机与下位机的通信形式多种多样，从通信介质来看，既有有线通信，也有无线通信，其中，以无线通信为主，以有线通信为辅。

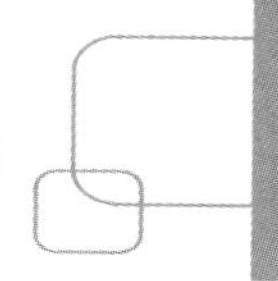

（3）监控中心不同功能的计算机之间的通信。

在 SCADA 系统监控中心配置各种功能的计算机和服务器，它们各自承担一定的作用，同时要进行快速数据交换和信息共享。为了实现此目的，监控中心的计算机普遍采用以太网连接，采用高速交换机及带宽为 100Mbps 甚至更高的传输介质。过去，以太网的主要缺点是其采用的 CSMA/CD 规范并不能保证严格的时间确定性需求，近年来开发的一些新技术已经较好地解决了将以太网应用于工业通信所存在的问题，工业以太网在工业现场的应用得到大力发展。

（4）监控中心与上层应用及远程客户的通信。

SCADA 系统是企业信息系统的一部分，必然要和外部应用通信。例如，对于制造业，SCADA 系统要和 MES 进行通信。此外，由于 Internet 的普及和发展，以及 B/S 结构在远程服务方面的优势，基于 Internet 的远程监控应用越来越多。因此，在上位机监控中心要配置 Web 服务器，以响应远程客户端的用户访问。

随着企业越来越多地使用移动终端进行设备检修、报警管理、信息查询，以实现一定的管理和监控功能，工厂的监控系统也要支持这类基于无线通信的 App 应用。这对 SCADA 系统的通信基础设施、监控软件及相关的信息安全等又提出了新要求。

2．SCADA 系统常用无线通信技术

根据业务需求的不同，无线数据传输系统可以分为无线计算机局域网系统和无线遥控遥测系统，用无线方式实现远程数据采集、监视与控制，相对于架设专用电缆（或光缆），具有造价相对低廉、施工快捷、运行可靠、维护简单等优点。

无线数据传输最早采用短波、超短波等电台加 Modem 的方式，用于气象、海关、民航等专用部门的 CRT 数据终端间的数据收发，数据传输量小，数据传输速率在 2400bps 以下。

随着计算机的普及和自动化领域的拓宽，无线数据传输因安装使用灵活、方便而得到越来越广泛的应用。在 SCADA 系统中，下位机与上位机通常距离较远，采用的主要无线通信技术有常规频段模拟电台加 Modem、常规频段数字电台、模拟或数字集群、GSM 短信息和 GPRS 等。部分大型系统还会采用微波和卫星通信方式。

在 SCADA 系统中，还存在短距离无线通信的应用，即在应用现场通过短距离无线通信把传感器的检测信号传输给现场下位机。典型的短距离无线通信技术有红外线、蓝牙、ZigBee、WirelessHart 等。

2.1.2　数据通信系统的组成

数据是指对数字、字母及其组合意义的一种表达方式。在 SCADA 系统中，通信数据与监控系统的各种信息紧密相关，如用数字 1 表示电机处于工作状态，用数字 0 表示电机处于停止状态；而对于温度、压力、物位、流量、电流、电压等变量，可以用一定数值范围的数字来描述，如表征量程为 0℃～500℃炉温的 4～20mA 电流信号经过 12 位 A/D 转换后变为十进制的 0～4095。

数据通信系统是指以计算机为中心，通过数据传输信道将分布在各处的数据终端设备连接起来，以实现数据通信的系统。实际的数据通信系统是千差万别的，可以是两台计算机点

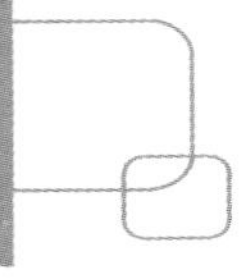

对点近距离数据传输，可以是工业现场智能设备与控制器之间的数据通信，也可以是分布在各地的数百台甚至更多的计算机互相传输数据。

数据通信系统由数据信息的发送设备、接收设备、传输介质、传输报文、通信协议等组成。图 2.1 所示为香农定义的广义通信系统模型。其中，信源为待传输数据信息的产生者。发送器将信息变换为适合在信道上传输的信号，而信宿的作用与之相反。信道是指发送器与接收器之间用于传输信号的物理介质，又称传输介质。经过传输，在接收器处收到的信号在接收器处变为信息。通信传输过程会受到噪声的干扰，而噪声往往会影响接收者正确地接收和理解所收到的信息。为了把接收到的信息还原为原有信息，并为接收者所理解，需要一套实现约定的协议。协议是数据通信规则的集合，如果没有协议，那么两台设备即使连接也无法通信。

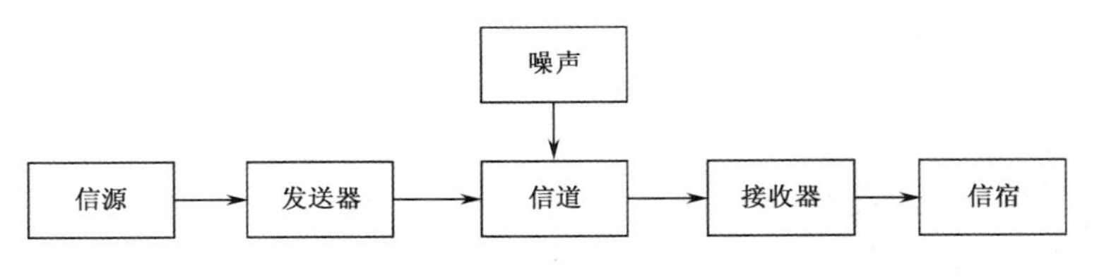

图 2.1　香农定义的广义通信系统模型

发送设备、接收设备和传输介质是通信系统的硬件。发送设备用于匹配信源和传输介质，即将信源产生的数据经过编码变换为信号形式，送往传输介质；接收设备需要完成发送设备的反变换，即从带有干扰的信号中正确恢复出原有信号，并进行解码、解密等操作。

传输信道可以是简单的两条导线，也可以是由传输介质、数据中继、交换设备、存储设备、管理设备构成的网络。传输信道是为收发双方的数据流提供传输介质的信道，传输信道由两部分组成：一部分是传输介质，另一部分是其他数据处理设备。传输介质分为有线传输介质和无线传输介质两种，有线传输介质有双绞线、同轴电缆和光纤等，无线介质为空气。传输手段有微波、红外线、激光等，由光纤、同轴电缆、双绞线等有线传输介质构成有线线路，由微波接力或卫星中继等方式通过大气层传输构成无线通信。有线通信具有性能稳定、受外界干扰少、维护方便、保密性强等优点，但其敷设工程量大、一次性投资大。而无线通信利用无线电磁波在空气中传输信号，无须敷设有形介质，一次性投资相对较小，建立通信较灵活，但受空气、环境等的影响较大，保密性较弱。

2.1.3　数据传输的几个基本概念

1．数据传输模式

（1）传输模式。

传输模式是指数据在信道上传输所采取的方式。在计算机内部的各个部件之间，计算机与各种外部设备之间，计算机与计算机之间，计算机与智能控制设备之间，智能控制设备与智能控制设备之间，都以通信的方式传递数据信息。传输模式可以分为不同的类型，如果按数据代码传输的顺序，可以分为并行传输与串行传输；按数据传输的同步方式，可以分为同步传输与异步传输；按数据传输的流向和时间关系，可以分为单工数据传输、半双工数据传输与全双工数据传输；按照数据信号的特点，可以分为基带传输、频带传输和数字数据传输。

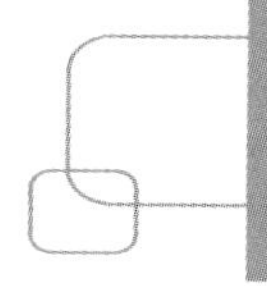

（2）同步技术。

在数据通信系统中，通信系统的接收设备与发送设备的数据序列在时间上必须取得同步，以准确地接收发来的每位数据。在通信过程中，收发两端的协调一致性是实现信息传输的关键，要求接收设备按照发送设备所发送的每个码元的重复频率及起止时间来接收数据，而且接收时要不断校准时间和频率，这一过程称为同步过程。在数据通信系统中，主要有载波同步、位（码元）同步和群（码组、帧）同步。

载波同步、位同步是数据通信系统接收数据码元所需要的同步技术。位同步是指接收端对每位数据都要和发送端保持同步，可分为外同步法和自同步法。最典型的自同步法就是曼彻斯特编码。另外，在数据传输系统中，为了有效地传递数据报文，通常还要将传输的信息分成若干组或打包，这样接收端要准确地恢复这些数据报文，就需要进行组同步、帧同步或信息包同步，这类同步称为群同步。

对数据通信系统来说，最基本的同步是收发两端的时钟同步，这是所有同步的基础。为了保证数据准确传递，要求系统定时信号满足以下条件。

① 接收端的定时信号频率与发送端的定时信号频率相同。

② 定时信号与数据信号间保持固定的相位关系。

（3）基带传输和频带传输。

基带传输是指原始信号不经调制，直接在信道上传输，即直接将计算机（或终端）输出的二进制的电压（或电流）基带信号（“1”或“0”）传送到电路进行传输。基带传输比较简单，广泛用于短距离的数据传输，传输电路为双绞线、对称电缆等。目前大部分计算机局域网都采用基带传输。

频带传输是指把二进制信号通过调制解调器变换成具有一定频带范围的模拟信号进行传输。信号到达接收端后，把接收信号解调成原来的数字信号。数字调制技术可分为两种类型：一种是利用模拟方法去实现数字调制，即将数字信号视为特殊的模拟信号来处理；另一种是利用数字信号的离散和有限取值的特点，用基带脉冲对载波波形的某些参量进行控制，使这些参量随基带脉冲变化，从而达到调制的目的。由于大多数的数字数据通信系统都采用正弦波信号作为载波，而正弦信号只有振幅、频率和相位 3 个关键参数。因此，正弦波数字信号调制就有 3 种基本方法：幅键控法（ASK）、频移键控法（FSK）、相移键控法（PSK）。频带传输可分为窄带传输（只传输一路信号）和宽带传输（同时传输多路信号）。在 SCADA 系统中，当上位机和下位机之间的传输距离较远时会采用频带传输。频带传输可以实现多路复用，提高传输信道的利用率。

（4）通信线路的工作方式。

单工通信是指通信只在一个方向上进行，在发送端和接收端之间有明确的方向性；如计算机向显示器传输数据采用的就是单工通信方式。

半双工通信是指通信可以在两个方向上进行，但不能同时进行传输，必须轮流进行。

全双工通信是指通信可以在两个方向上同时进行。当设备在一条线路上发送数据时，它也可以接收到其他数据。进行全双工通信时，收发两端都要安装调制解调器。

2．数字数据传输

在线路上传输的二进制数据可以采用并行模式传输或采用串行模式传输。在并行模式下，

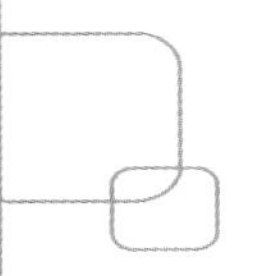

每个时钟脉冲有多位数据被传输；而在串行模式下，每个时钟脉冲只发送一位数据。而且，并行传输只有一种方式，而串行传输有两种方式——同步传输和异步传输。

（1）并行传输。

并行传输（Parallel Transmission）是指将由“1”和“0”组成的二进制数，按 n 位组成一组，在发送时将 n 位二进制数同时发送，即将数据以成组的方式在两条以上的并行信道上同时传输。在传输过程中，使用 n 条线路同时发送 n 位二进制数，每位二进制数都有自己独立的线路，并且一组中的 n 位二进制数都能够在同一个时钟脉冲从一台设备传送到另一台设备上。例如，采用 8 条导线并行传输一个字节的 8 个数据位，另外用一条“选通”线通知接收端接收该字节，接收端可对并行通道上各条导线的数据位信号并行取样。最常见的并行传输的例子是计算机和外围设备之间的通信，CPU、存储器和设备控制器之间的通信。虽然并行传输具有速度快的优点，但是由于其通信成本较高，因此不适合长距离的数据传输。

（2）串行传输。

串行传输（Serial Transmission）是指使数据流以串行方式在一条信道上一位接一位地传输。串行传输仅需要一根通信线路就可以在两个通信设备之间进行数据传输，方法简单，易于实现，而且成本较低。通常情况下，采用串行传输的线路，在设备内部都采用并行通信方式，这就需要在发送方和通信线路之间，以及通信线路和接收端之间的接口进行数据转换。串行传输的缺点是需要外加同步措施，每次只能传输一位数据，所以速度较慢。

在串行传输时，接收端为从串行数据码流中正确地划分出发送的一个个字符所采取的措施，称为字符同步。根据实现字符同步的方式的不同，串行传输分为异步传输和同步传输。

虽然串行传输速度慢，但是它的抗干扰能力强，传输距离远，因此许多监控设备一般都配有串行通信接口，在 SCADA 系统中也广泛使用串行通信方式进行监督控制与数据采集。

3. 同步传输与异步传输

同步传输是指以一定的时钟节拍来发送数据信号。这个时钟可以是由参与通信的设备或器件中的一台产生的，也可以是由外部时钟信号源提供的。时钟可以有固定频率，也可以间隔一个不规则的周期进行转换。所有传输的数据位都和这个时钟信号同步。在同步传输时，不是独立地发送每个字符，而是连续地发送位流，并且不需要每个字符都有自己的开始位和停止位，而是把它们组合起来一起发送，这些组合称为数据帧，简称为帧。

在异步传输中，每个节点都有自己的时钟信号，每个通信节点必须在时钟频率上保持一致，并且所有的时钟必须在一定误差范围内相吻合。在异步传输中，并不要求收发两端在传送信号的每个数据位时都同步。例如，在单个字符的异步传输中，在传输字符前设置一个启动用的起始位，预告字符信息代码即将开始；在信息代码和校验信号结束后，设置一个或多个停止位，表示该字符已结束。在起始位和停止位之间，形成一个需要传送的字符，起始位对该字符内的各数据位起同步作用。

同步传输通常要比异步传输快且传输效率更高，但是异步传输实现起来比较容易，对线路和收发器的要求较低，实现字符同步也比较简单，收发两端的时钟信号不需要精确同步，异步传输的缺点是多传输了用于同步目的的字符，降低了传输效率。

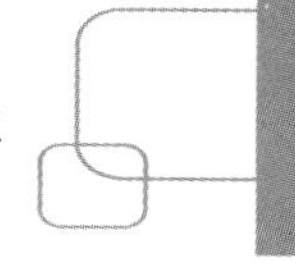

2.1.4　数据通信中的差错控制

在数据通信过程中，由于各种干扰及传输线路本身等因素，在传输过程中不可避免地会发生错误，为了提高通信系统的传输质量而采取的检测与校正方法就是差错控制。在计算机网络中，差错控制通常是在数据链路层进行的。通过差错控制可以减少通信过程中的传输错误。差错检查的目的是让报文分组中包含使接收端发现差错的冗余信息，但它不能确定是哪一位出错，也不能纠正传输中的差错；而差错纠正的目的是让报文中每个传输的报文分组中带有足够的冗余信息，使接收端能发现并自动纠正差错。差错纠正在功能上优于差错检测，但实现起来更复杂，造价更高。差错检测原理简单、容易实现、编码与解码速度快，应用广泛。

1．差错控制方式

差错控制方式有两类：一类是当接收端检测到接收的数据有差错时，接收端自动纠正差错；另一类是接收端检测出差错后不是自动纠错，而是反馈给发送端一个表示错误的应答信号，要求重发，直到正确接收为止。目前常用的差错控制方式有以下 3 种。

（1）反馈纠错。

反馈纠错是指发送端发送的码字具有检错能力，接收端先根据协议检测所接收的码字是否有错误，再通过反馈信道把判决结果反馈给发送端，要求发送端重传差错信息，直到正确接收为止。这种方法的优点是检错码简单、易于实现、冗余编码少，可以适应多种不同的信道，对突发差错更加有效。

（2）前向纠错。

前向纠错是指发送端将信息码元按照一定的规则加上监督信息，构成纠错码，纠错码的纠错能力有限。当接收的码字中有差错且在该码字的纠错能力之内时，接收端会自动纠错。与反馈纠错相比，前向纠错不需要反馈信道，可以进行单向通信，译码实时性高，控制电路简单；但所需要的编译码设备复杂、冗余位多、编码效率低，当差错超过码字的纠错能力时无法纠错。

（3）混合纠错。

混合纠错是反馈纠错与前向纠错两种方式的结合。当接收端收到码字后判断有无差错，若差错在编码的纠错能力之内，则自动纠错；若差错超过编码的纠错能力，则通过反馈信道命令发送端重发，以纠正错误，直到正确接收为止。

2．常用的差错检测方法

差错检测就是监视收到的数据并判别是否发生了传输错误。差错检测仅仅识别出错现象而不识别错误在哪儿。差错检测常用的方法有以下两种。

（1）奇偶校验码。

奇偶校验码是一种最简单、实用的检错码，是指通过增加冗余位来使码字某些位中“1”的个数保持为偶数或奇数的编码方式。异步通信系统中使用偶校验和奇校验这两种方法。在奇偶校验中，一个单独的位（奇偶校验位）被加在每个字符上，以使一个字符中“1”的总数要么是奇数（奇校验），要么是偶数（偶校验）。奇偶校验可能会漏掉大量的错误，但是应用起来很简单。

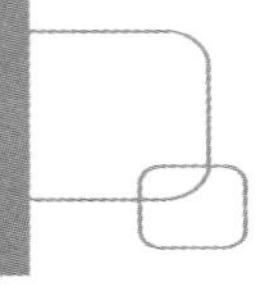

（2）循环码（Cyclic Redundancy Check，CRC）。

纠错码虽然能纠正数据的错误，但是纠错码的冗余位比检错码多得多，也就是说，它的编码效率比检错码低得多，会使网络传输效率降低。而 CRC 码是一种检错率高、编码效率高的检错码，它除了能检查出离散错，还能检查出突发错。

CRC 码的原理：任何由二进制数位组成的代码，都可以和一个只有“1”和“0”为系数的多项式建立一一对应关系。例如，如果要发送的信息 $M(x)$ 的二进制代码为 1110101，则 $M(x)=x^6+x^5+x^4+x^2+x^0$。

由此可见，k 位要发送的信息位，可对应于一个 k–1 次多项式。如果传送的码字总长为 n，则 $n=k+r$，r 是冗余位的位数。在数据传输过程中，生成某一个多项式 $G(x)$，当 $G(x)$ 为 n 位时，其冗余位最多为 $n-1$ 位，对应一个 $n-1$ 次多项式 $R(x)$。在校验时，发送方和接收端根据 $\dfrac{M(x)}{G(x)}=Q(x)\wedge R(x)$ 的原理，在发送方将 $M(x)$ 与 $R(x)$ 一起发送，则接收端满足 $\dfrac{M(x)-R(x)}{G(x)}=Q(x)\wedge 0$，所以接收端只要满足余数为 0 即可。

接收端的校验过程就是用 $G(x)$ 来除接收到的码字多项式的过程。假设接收端收到的数据位串是 100100001，其生成的多项式所对应的数据位串是 1101。接收端校验过程如下：用 100100001 除 1101，若余数为 0，则说明传输正确；若余数不为 0，则表示有差错。

2.2 通用串行通信

传统上，几乎所有的仪表、控制设备都配置有串行接口。在 SCADA 系统中，串行通信广泛存在于许多现场控制设备与上位机之间。在 USB 接口产生前，串行接口是最常用的短距离有线通信接口。PLC 控制程序的下载调试、单片机的调试、控制器与变频器及仪表通信等基本都通过串行接口。通过对串行通信的学习，可以了解工业通信的基础知识，有助于学习其他通信协议。因此，了解串行通信是十分有必要的。

串行通信中有两个重要的概念，即数据终端设备 DTE（Data Terminal Equipment）和数据电路终端设备 DCE（Data Circuit-terminating Equipment）。目前常用的有关 DTE 和 DCE 之间的接口标准是 EIA 和 ITU-T 制定的标准。其中，EIA（Electrical Industrial Association，美国电子工业协会）标准有 EIA-232、EIA-442 和 EIA-449 等；ITU-T 标准分为 V 系列和 X 系列。数据通信接口标准主要用来定义数据通信接口和信号方式，在通信线路的两端都要有 DTE 和 DCE，如图 2.2 所示。DTE 产生数据并传输到 DCE，DCE 将此信号转换成适当的形式在传输线路上进行传输。在物理层，DTE 可以是终端、微机、打印机、传真机等设备，但是一定要有一个转接设备才可以通信。DCE 是指可以通过网络传输或接收模拟数据或数字数据的任意设备，最常用的设备是调制解调器。

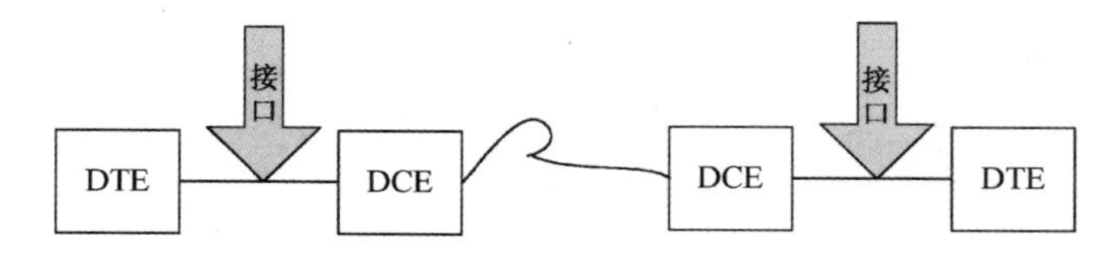

图 2.2　DTE 和 DCE 设备的连接

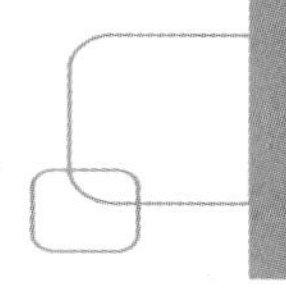

2.2.1　串行通信参数

在串行通信中，交换数据的双方利用传输在线路上的电压变化来达到数据交换的目的，但是如何从不断改变的电压状态中解析出其中的信息，需要双方共同决定才行，即需要说明通信双方是如何发送数据和命令的。因此，双方为了进行通信，必须遵守一定的通信规则，此通信规则就体现在通信端口的初始化参数上。可以利用通信端口的初始化实现对以下 4 项的设置。

（1）数据的传输速率。

RS-232 常用于异步通信，通信双方没有可供参考的同步时钟作为基准，此时双方发送的高低电平到底代表几个位就不得而知了。要使双方的数据读取正常，就要考虑传输速率——波特率（Baud Rate），其代表的意义是每秒所能产生的最大电压状态改变率。由于原始信号经过不同的波特率取样后，所得的结果完全不一样，因此通信双方采用相同的通信速率非常重要，如在仪器仪表中，常选用的传输速率是 9.6kbps。

（2）数据的发送单位。

一般串行通信端口所发送的数据是字符型的，这时一般采用 ASCII 码或 JIS（日本工业标准）码。在 ASCII 码中，8 个位形成一个字符，而 JIS 码以 7 个位形成一个字符。若用来传输文件，则使用二进制的数据类型。欧美的设备多使用 8 个位作为一个数据组，而日本的设备使用 7 个位作为一个数据组。

（3）起始位及停止位。

由于异步串行传输中没有使用同步时钟脉冲作为基准，因此接收端完全不知道发送端何时进行数据发送。为了解决这个问题，就在发送端要开始发送数据时，将传输在线路中的电压由低电平提升至高电平（逻辑 0），当发送结束后，再将高电平降至低电平（逻辑 1）。接收端会因起始位的触发而开始接收数据，并因停止位的通知而确认数据的字符信号已经接收完毕。起始位固定为 1 个位，而停止位有 1 个位、1.5 个位及 2 个位等多种选择。

（4）校验位的检查。

为了预防产生错误，使用了校验位作为检查机制。校验位是用来检查所发送数据的正确性的一种校验码，又分为奇校验（Odd Parity）和偶校验（Even Parity），分别检查字符码中“1”的数目是奇数个还是偶数个。在串行通信中，可根据实际需要选择奇校验、偶校验或无校验。

2.2.2　RS-232 接口特性及其串行通信

1．RS-232 接口特性

下面以 EIA-232 为例，主要介绍 RS-232 接口标准。该标准是 EIA 于 1973 年提出的串行通信接口标准，主要用于模拟信道传输数字信号的场合。RS（Recommended Standard）代表推荐标准，232 是标志号，C 代表 RS-232 的最新一次修改，在这之前，有 RS-232B、RS-232A。RS-232 是用于数据终端设备 DTE 与数据电路终端设备 DCE 之间的接口标准。RS-232 接口标准所定义的内容属于国际标准化组织 ISO 所制定的开放式系统互连参考模型中的底层——物理层所定义的内容。RS-232 接口标准的内容包括机械特性、电气特性、功能特性和规程特性 4 个方面。

（1）机械特性。

RS-232 接口标准并没有对机械接口进行严格规定。RS-232 的机械接口一般有 9 针、15 针和 25 针 3 种类型。在仪表和控制器上最常用的是 9 针类型。

（2）电气特性。

DTE/DCE 接口标准的电气特性主要规定了发送端驱动器与接收端驱动器的信号电平、负载容限、传输速率及传输距离。RS-232 接口使用负逻辑，即逻辑“1”用负电平（范围为-5～-15V）表示；逻辑“0”用正电平（范围为+5～+15V）表示；-3～+3V 为过渡区，逻辑状态不确定（实际上这一区域的电平在应用中是禁止使用的）。RS-232 的噪声容限是 2V。串行通信电气参数如表 2.1 所示。

表 2.1 串行通信电气参数

规定		RS-232	RS-422	RS-485
工作方式		单端	差分	差分
节点数		1 收 1 发	1 发 10 收	1 发 32 收
最大传输电缆长度		50 英尺（约 15 米）	4000 英尺（约 1219 米）	4000 英尺（约 1219 米）
最大传输速率		20kbps	10Mbps	10Mbps
最大驱动输出电压		±25V	-0.25～+6V	-7～+12V
驱动器输出信号电平（负载最小值）	负载	±5～±15V	±2.0V	±1.5V
驱动器输出信号电平（空载最大值）	空载	±25V	±6V	±6V
驱动器负载阻抗（Ω）		3000～7000	100	54
摆率（最大值）		30V/s	N/A	N/A
接收器输入电压范围		±15V	-10～+10V	-7～+12V
接收器输入门限		±3V	±200mV	±200mV
接收器输入电阻（Ω）		3000～7000	4000（最小）	≥12000
驱动器共模电压		N/A	-3～+3V	-1～+3V
接收器共模电压		N/A	-7～+7V	-7～+12V

（3）功能特性。

RS-232 接口连线的功能特性主要是对接口各引脚的功能和连接关系进行定义。RS-232 接口规定了 21 条信号线和 25 芯的连接器，其中，常用的是引脚号为 2～8 和 20、22 这 9 条信号线。实际上 RS-232 的 25 条信号线中有许多是很少使用的，在计算机与终端通信中一般只使用 3～9 条引线。表 2.2 展示了 RS-232 中常用的 9 条信号线的信号内容。RS-232 接口在不同的应用场合所用到的信号线是不同的。例如，在异步传输中，不需要定时信号线；在非交换应用中，不需要某些控制信号；在不使用备用信道操作时，可省略 5 条反向信号线。

表 2.2 串行通信接口电路的名称和方向

引 脚 序 号	信 号 名 称	符 号	流 向	功 能
2	发送数据	TXD	DTE→DCE	DTE 发送串行数据
3	接收数据	RXD	DTE←DCE	DTE 接收串行数据

续表

引脚序号	信号名称	符号	流向	功能
4	请求发送	RTS	DTE→DCE	DTE 请求 DCE 将线路切换到发送方式
5	允许发送	CTS	DTE←DCE	DCE 告诉 DTE 线路已接通，可以发送数据
6	数据设备准备好	DSR	DTE←DCE	DCE 准备好
7	信号地	GND		信号公共地
8	载波检测	DCD	DTE←DCE	表示 DCE 接收到远程载波
20	数据终端准备好	DTR	DTE→DCE	DTE 准备好
22	振铃指示	RI	DTE←DCE	表示 DCE 与线路接通，出现振铃

（4）规程特性。

规程特性是指数据终端设备与数据通信设备之间控制信号与数据信号的发送时序、应答关系及操作过程。RS-232 接口标准规定按照以下规则和时序进行通信，即首先建立物理连接，然后进行数据传输，最后释放物理连接。

2. RS-232 串行通信

RS-232 被定义为一种在低速率串行通信中增加通信距离的单端标准。RS-232 采取不平衡传输方式，即单端通信。收发两端的数据信号是相对于信号的，如从 DTE 设备发出的数据在使用 DB25 连接器时是 2 脚相对 7 脚（信号地）的电平。典型的 RS-232 信号在正负电平之间摆动，在发送数据时，发送端驱动器输出的正电平为+5～+15V，负电平为−5～−15V。当无数据传输时，线上为 TTL，从开始传输数据到结束，线上电平从 TTL 电平到 RS-232 电平，再返回 TTL 电平。接收器典型的工作电平为+3～+12V 与−3～−12V。由于发送电平与接收电平的差仅为 2～3V，因此其共模抑制能力差，再加上双绞线上的分布电容，其传送距离最大约为 15m，最高传输速率为 20kbps。RS-232 是为点对点（只用一对收发设备）通信而设计的，其驱动器负载为 3～7kΩ。所以 RS-232 适合本地设备之间的短距离通信。

2.2.3 RS-422 串行通信与 RS-485 串行通信

1. RS-422 串行通信

RS-422 由 RS-232 发展而来，是一种单机发送、多机接收的单向、平衡传输规范，被命名为 TIA/EIA-422-A 标准，全称是“平衡电压数字接口电路的电气特性”。RS-422 为改进 RS-232 通信距离短、速率低、驱动能力弱的缺点，定义了一种平衡通信接口，将传输速率提高到 10Mbps，将传输距离延长到 4000 英尺（约 1219 米），在一条平衡总线上最多允许连接 10 个接收器。典型的 RS-422 有四线接口，连同一根信号地线，共 5 根线。RS-422 串行总线上允许有一个主设备/主站（Master），其余为从设备/从站（Salver），从站之间不能通信，所以 RS-422 支持点对多点的双向通信。由于 RS-422 四线接口采用单独的发送通道和接收通道，因此不必控制数据方向，各装置之间任何信号交换均可以按软件方式（XON/XOFF 握手）或硬件方式（一对单独的双绞线）实现。平衡双绞线的长度与传输速率成反比，在 100kbps 速率以下，才可能达到最大传输距离。只有在很短的距离下才能获得较高的速率传输。一般在 100m 长的双绞线上所能获得的最大传输速率仅为 1Mbps。

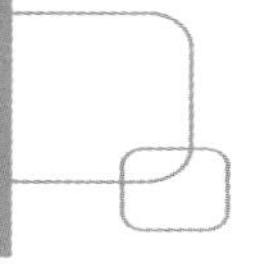

2．RS-485 串行通信

（1）RS-485 串行通信的基本知识。

为扩展 RS-422 串行通信应用范围，EIA 又于 1983 年在 RS-422 的基础上制定了 RS-485 标准，增加了多点、双向通信能力，即允许多个发送器连接到同一条总线上，同时增加了发送器的驱动能力和冲突保护特性，扩展了总线共模范围，后命名为 TIA/EIA-485-A 标准。由于 RS-485 是从 RS-422 基础上发展而来的，因此 RS-485 的许多电气规定与 RS-422 相似，如都采用平衡传输方式，都需要在传输线上接终端电阻等。RS-485 可以采用二线与四线方式，采用二线连接可实现真正的多点双向通信。而当采用四线连接时，与 RS-422 一样，只能实现点对多的通信，即只能有一个主站，其余为从站。无论是二线方式还是四线方式，RS-485 总线上可连接的设备最多都为 32 个。RS-485 与 RS-422 的不同之处还在于其共模输出电压，RS-485 为-7～+12V，而 RS-422 为-7～+7V。RS-485 与 RS-422 一样，最大传输距离为 4000 英尺（约 1219 米），最大传输速率为 10Mbps。

为了增加 RS-485 总线通信距离，可以采用增加中继的方法对信号进行放大，最多可以加 8 个中继，也就是说，理论上 RS-485 的最大传输距离可以达到 9.6km。如果需要进行更长距离的传输，那么可以采用光纤作为传播介质，在收发两端各加一个光电转换器。多模光纤的传输距离是 5～10km，而采用单模光纤可以达到 50km 的传输距离。

RS-485 总线电缆在一般场合采用普通的双绞线就可以，在要求比较高的环境下可以采用带屏蔽层的同轴电缆。RS-485 需要 2 个终端电阻，要求其阻值等于传输电缆的特性阻抗。终端电阻接在传输总线的两端。在实际应用中，一般在 300m 以下可以不用终端电阻。

RS-232、RS-422 与 RS-485 等接口标准属于物理层，不涉及通信协议，用户可以在此基础上建立自己的高层通信协议。如 Profibus–DP 现场总线物理层采用了 RS-485 串行总线（通信介质是双绞线或光缆），但数据链路层和用户层采用的是西门子的通信协议。

（2）RS-485 接口电路。

RS-485 接口非常简单，图 2.3 所示为 RS-485 接口电路原理图。通信模块只需要一个 RS-485 转换器，通过 UART 串口就能直接与各类主控芯片（如 STM32）连接，并且两者使用相同的串行通信协议。UART 称为通用异步收发传输器，采用全双工通信方式，实现了并行通信与串行通信之间的转换。UART 串口的数据按位进行发送，使用串行方式实现数据的传输和交换。UART1_RX 为接收数据，接收 MCU 发送的并行数据，并保存在寄存器中。UART1_TX 为发送数据，将寄存器中保存的并行数据通过逐位移出的方式转换为串行数据，并输出。

UART 是+3.3V 的 TTL 电平的串口，输入和输出引脚直接与 STM32 主控芯片的引脚相连。RS-485 采用差分信号负逻辑，只需要检测两线之间的电平差，“1”代表-2～-6V，“0”代表+2～+6V。因此，UART 串口与 RS-485 信号电路之间需要一个 RS-485 驱动器来转换电平，否则高电压可能会把芯片烧坏。采用 ISL3158S 芯片实现 TTL 电平信号到 RS-485 信号的转换，它相当于一个 RS-485 收发器。

RS-485 接口电路由 RS-485 收发器和瞬态保护电路组成。DI 为输入引脚，连接 UART1_TX，接收 STM32 主控芯片输出的数据。RO 为输出引脚，连接 UART1-RX，将上位机发送的命令传送至 STM32 主控芯片。DE 为输入使能引脚，$\overline{\text{RE}}$ 为输出使能引脚，将这两个引脚短接，由 STM32 主控芯片的 UART_R/D 控制。当 UART_R/D 输出高电平时，仅输入引脚 DI 有效，输出引脚 RO 被禁用，ISL3158S 芯片将 UART1_TX 输出的 TTL 电平信号转换为 RS-485 信号，并传送至后续电路。当 UART_R/D 输出低电平时，仅输出引脚 RO 有效，输入引脚 DI 被禁用，ISL3158S 芯片将 RS-485 信号转换为 TTL 电平信号，并通过 UART1_RX 传送给 STM32 的 UART1 串口。因此，形成的是一个半双工的 RS-485 通信网络，发送数据和接收数据不能同时进行。

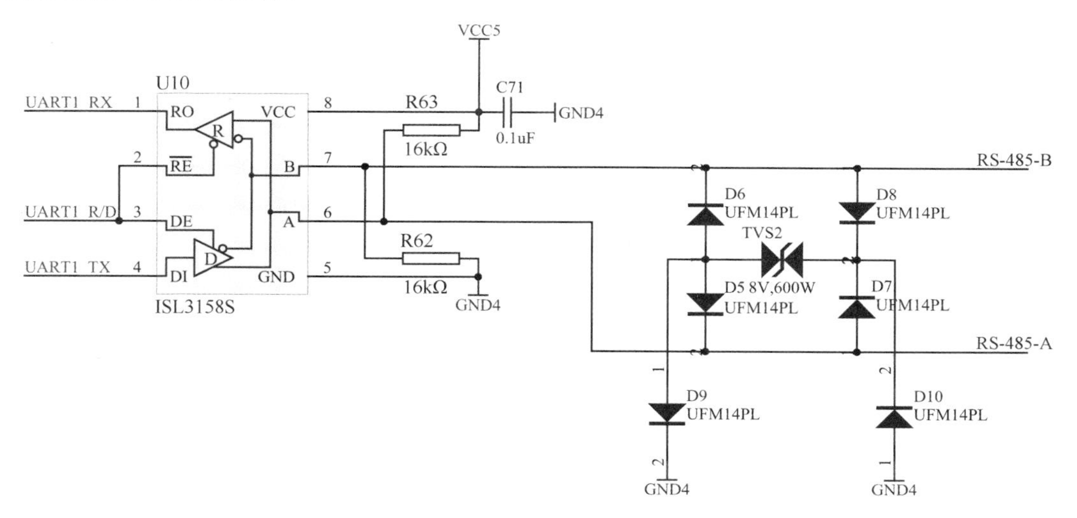

图 2.3　RS-485 接口电路原理图

二线制接线方式对应 ISL3158S 芯片输出端的 A 引脚和 B 引脚。RS-485 收发器存在一定的共模电压（-7～+12V），超出这个范围会影响通信网络的稳定性和可靠性，甚至会损坏 RS-485 接口。RS-485 通信应采用屏蔽双绞线作为传输介质，同时 A、B 信号线在连接时都做了接地处理，且两个信号地使用同一个接地，消除了电平差，增强了抗共模干扰能力。但是，RS-485 收发器只能抑制低频共模干扰，高频共模干扰会造成几百伏甚至上千伏的瞬态过电压，极易损坏 RS-485 接口。瞬态抑制二极管 TVS2 和二极管 D5～D10 组成了瞬态保护电路，能够将强大的瞬态能量泄放入大地，有效抑制高频共模干扰，提高 RS-485 通信的稳定性和可靠性。

2.2.4　串行通信应用实例

1. 应用背景与系统组成

目前，虽然控制器类产品的串行接口已不如以往普遍，但是在仪表设备中仍然被广泛使用。各类智能仪表在中小型测控系统中被广泛使用，这类仪表通常支持串行通信，从而便于构成一种低成本的 SCADA 系统。这里以对实验室化工对象的测控为例介绍串行通信的应用与编程。

在一氧化碳中-低温变换反应中测量和控制的参数有脱氧槽温度、饱和器温度、恒温槽与反应器间管道的温度、中变反应器温度、低变反应器温度、中变和低变反应器中间管道的温度、配气流量、中变后引出分析的气体流量、系统内部与外部差压、中变和低变后的二氧化碳气体含量（进而可对其他组分进行物料衡算）。由于系统需要较多的温度控制，且设备分散，具备分散控制的特点，因此采用两级分布式测控结构，系统硬件结构图如图 2.4 所示。现场总线选用 RS-485 总线，直接将智能仪表挂接在 RS-485 总线上，通过 RS-232/485 转接器与 PC 串口连接。系统配置了 6 台智能仪表（宇电 AI-808）及 RS-232/485 转换器一块，并为每个节点设备分配一个唯一的地址。温度控制由智能仪表完成，而上位机只对下位机实现远程监控功能，一方面接收现场智能仪表传送来的温度等数据，另一方面对现场智能仪表的温度控制设定值和其他参数进行更改。数据的上传下达通过 RS-485 总线在通信软件的控制下完成。

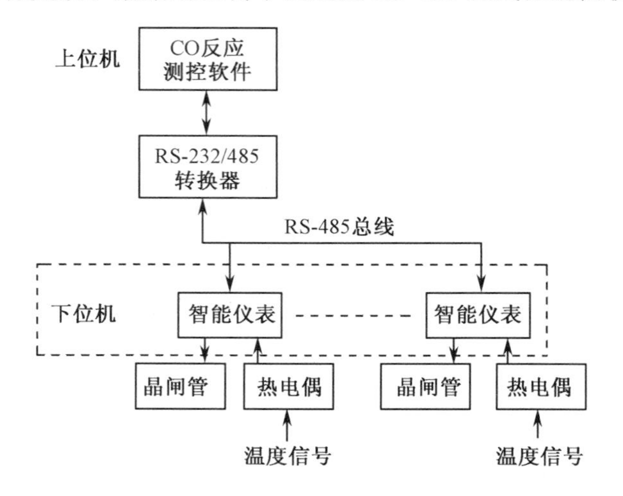

图 2.4　系统硬件结构图

2．通信程序设计

通信主要是指上位机与 AI-808 系列现场智能仪表的通信，采用主从通信方式，上位机为主节点，其他智能仪表为从节点，从节点的地址是 1～6。宇电 AI-808 仪表采用十六进制数据格式来表示各种指令代码及数据，仪表指令有读指令和写指令，仅用两条指令就能实现对仪表的所有操作。其读/写指令的格式如下。

读指令：仪表地址代码＋52H＋要读的参数代号＋0＋0＋CRC 校验码。

写指令：仪表地址代码＋43H＋要写的参数代号＋写入数据低字节＋写入数据高字节＋CRC 校验码。

仪表地址代码的基数为 80H。要读/写的参数种类共有 26 种，具体包括给定值、上/下限报警、控制方式、小数点位置等，每个参数都有一个代号。无论是读还是写，仪表都返回以下数据：

测量值＋给定值＋输出值及报警状态＋所读/写参数值＋CRC 校验码

校验码采用 16 位求和校验方式，其中，读指令的校验码计算方法如下：

要读参数的代号×256+82+ADDR

写指令的校验码分为两步，首先计算：

要写参数的代号×256+67+要写的参数值+ADDR

然后把该采用 16 位二进制加法计算得到的余数（溢出部分不处理）作为 CRC 校验码。

其中，ADDR 为仪表地址参数值，范围是 0～80。

以下为利用 C#语言在 Visual Studio 2017 集成环境下写的一段控制台（Console）程序。为了简化程序，这里以对一台仪表读/写为例。该仪表参数配置为波特率 9.6kbps、无奇偶效验、

8个数据位、2个停止位。测试中使用了RS-485/USB转换器，配置的串口号是COM3。

程序代码如下：

```
using System;
using System.Collections.Generic;
using System.Linq;
using System.Text;
using System.Threading.Tasks;
using System.IO.Ports;
namespace SERIAL_COM
{
    class Program
    {
        public static SerialPort ComDevice = new SerialPort（）；
        public static int ByteToInt2（Byte[] src）
        {
            int value;
            value = （int）(((src[1] & 0xFF） << 8）| （src[0] & 0xFF））；
            return value;
        }
        public static void GetData （object sender， SerialDataReceivedEventArgs e）
        {
            Byte[] buffer = new Byte[ComDevice.BytesToRead];
            ComDevice.Read（buffer， 0， buffer.Length）；
            Console.WriteLine（"get"）；
            if （buffer.Length > 7）
            {
                Console.WriteLine（"当前接收数据为" + BitConverter.ToString（buffer））；
                Console.WriteLine（"------------------------------"）；
                Byte[] pvArray = new Byte[] { buffer[0]， buffer[1] };
                Byte[] svArray = new Byte[] { buffer[2]， buffer[3] };
                Byte[] outArray = new Byte[] { buffer[4] };
                Byte[] statusArray = new Byte[] { buffer[5] };
                Byte[] paramsArray = new Byte[] { buffer[6]， buffer[7] };
                Byte[] crcArray = new Byte[] { buffer[8]， buffer[9] };
                Console.WriteLine（"PV 对应结果为" + BitConverter.ToString（pvArray） + "，值为" +
ByteToInt2（pvArray））；
                Console.WriteLine（"SV 对应结果为" + BitConverter.ToString（svArray） + "，值为" +
ByteToInt2（svArray））；
                Console.WriteLine（"输出对应结果为" + BitConverter.ToString（outArray））；
                Console.WriteLine（"状态对应结果为" + BitConverter.ToString（statusArray））；
                Console.WriteLine（"参数设置为" + BitConverter.ToString（paramsArray） + "，值为" +
ByteToInt2（paramsArray））；
                Console.WriteLine（"crc 对应结果为" + BitConverter.ToString（crcArray））；
```

```
                Console.WriteLine（"------------------------------"）;
                Console.ReadLine（）;
            }
        }
        static void Main（string[] args）
        {
            System.Diagnostics.Debug.WriteLine（"Hello World"）;
            Console.WriteLine（"以下为本机可用端口"）;
            string[] comPortsNamesArr = SerialPort.GetPortNames（）;
            foreach （string name in comPortsNamesArr）
            {
                Console.WriteLine（name）;
            }
            ComDevice.DataReceived += new SerialDataReceivedEventHandler（GetData）;
            // 上面是配置数据接收处理方法
            if （ComDevice.IsOpen == false）
            {
                ComDevice.PortName = "COM3";
                ComDevice.BaudRate = 9600;
                ComDevice.Parity = （Parity）0;
                ComDevice.DataBits = 8;
                ComDevice.StopBits = （StopBits）2;
                ComDevice.DtrEnable = false;
                ComDevice.RtsEnable = true;
                try
                {
                    ComDevice.Open（）;
                }
                catch
                {
                    Console.WriteLine（"串口开启失败"）;
                }
                Console.WriteLine（"串口开启成功，按回车键发送命令"）;
                Console.ReadLine（）; //等待用户按回车键
                Byte[] RD_WR_Cmd = new Byte[8];
// 以下为向串口发送的命令说明，测试时也可以通过串口调试助手
// 读命令：[80 + addr] [80 + addr] [读代号] [参数代号] [00] [00] [CRC low] [CRC high]
// 例如：读地址为 1 的仪表的设定值（参数代号为 0）命令是 81 81 52 00 00 00 53 00
// CRC = 参数代号×256 + 82 + addr，得到十进制结果后将其转换为十六进制
// CRC 校验码计算非本程序重点，因此本程序省略 CRC 校验码，程序中的 CRC 校验码是手动计算出来的
// 写命令：[80 + addr] [80 + addr] [写代号] [参数代号] [设定值低] [设定值高字节] [CRC low] [CRC high]
// 例如，向仪表写设定值，即 SV=511，对应十六进制 1FFH
// 对应 CRC 校验码为 0 × 256 + 511（1FFH） + 67（43H）+ 1 = 579，对应十六进制 243H
```

```
    // 对应命令为 81 81 43 00 FF 01 43 02
// 通过对读/写指令返回到 buffer 的字节进行处理，可以得到测量值和其他信息
                    // 以下为读命令范例，由于上位机要采样测量值，因此一般定时触发读操作
                    //RD_WR_Cmd[0] = 128 + 1;
                    //RD_WR_Cmd[1] = 128 + 1;
                    //RD_WR_Cmd[2] = 82 + 0;
                    //RD_WR_Cmd[3] = 0;
                    //RD_WR_Cmd[4] = 0;
                    //RD_WR_Cmd[5] = 0;
                    //RD_WR_Cmd[6] = 82 + 1;
                    //RD_WR_Cmd[7] = 0;
                    // 以下为写命令范例，一般在有写参数要求时触发写操作
                    RD_WR_Cmd[0] = 128 + 1;
                    RD_WR_Cmd[1] = 128 + 1;
                    RD_WR_Cmd[2] = 67 + 0;
                    RD_WR_Cmd[3] = 0;
                    RD_WR_Cmd[4] = 255;
                    RD_WR_Cmd[5] = 1;
                    RD_WR_Cmd[6] = 67;
                    RD_WR_Cmd[7] = 2;
                    if （ComDevice.IsOpen）
                    {
                        try
                        {
                            ComDevice.Write（RD_WR_Cmd，  0，  RD_WR_Cmd.Length）；
                            Console.WriteLine（"命令发送"）；
                        }
                        catch （Exception e）
                        {
                            Console.WriteLine（e）；
                        }
                    }
                }
                Console.ReadLine（）；//等待用户按回车键
                return; //可选，按下回车键后关闭
            }
        }
}
```

图 2.5 所示为执行写设定值返回结果的界面。这里需要注意的是，在返回的数据中，低字节在前，高字节在后。例如，测量值 0104（十六进制数）要先变为 0401，再转换为十进制数。其他字节也是这样处理。程序中的函数 public static int ByteToInt2（Byte[] src）就包含此变换。此外，紧随设定值写指令后返回的设定值还是原先的数值，下个周期返回的数值才是前一个周期写指令写进去的数值。

由于仪表设置了 1 位小数点，因此，读出的仪表测量值或设定值都要除 10，当向仪表写设定值时，也要先乘 10。

```
串口开启成功，回车发送命令

命令发送
get
当前接收数据为01-04-FF-01-00-71-FF-01-00-79
--------------------------------------------
PV对应结果为01-04，值为1025
SV对应结果为FF-01，值为511
输出对应结果为00
状态对应结果为71
参数设置为FF-01，值为511
crc对应结果为00-79
```

图 2.5　执行写设定值返回结果的界面

2.3　Modbus 通信协议

2.3.1　Modbus 协议概述

1. Modbus 协议

Modbus 协议是一种 Modicon 公司（现属施耐德）开发的通信协议，最初的目的是实现可编程控制器之间的通信。该公司后来还推出了增强型 Modbus 协议——Modbusplus（MB+）。该串行网络上可连接 32 个节点，利用中继器可扩展至 64 个节点。Modbus 通信协议被自动化行业广泛认可，成为一种事实上的标准协议。Modbus 协议定义了一种公用的消息结构，无论它们是经过何种网络进行通信的都不受影响。协议规定了信息帧的格式，描述了服务器端请求访问其他客户端设备的过程，如怎样回应来自其他设备的请求及怎样侦测错误并记录。通过 Modbus 协议在网络上通信时，必须清楚每个设备地址，根据设备地址来决定要产生何种行动。

2. 主从查询-回应

Modbus 通信属于主从通信模式，其工作方式表现为请求/应答，每次通信都是主站先发送指令，可以是广播或向特定从站单播，从站响应指令，要求应答或报告异常；当主站不发送请求时，从站不会自己发出数据，从站和从站之间不能直接通信。在 Modbus 通信网络中，主站/从站的确定根据应用需求而定。例如，PLC 与多台变频器通过 Modbus 协议通信，一般 PLC 作为主站，变频器作为从站。当计算机与多台 PLC 通过 Modbus 协议通信时，计算机是主站，PLC 是从站。

Modbus 协议建立了主站的查询信息：设备（或广播）地址、功能代码、所有要发送的数据和错误检测域。从站的回应消息也由 Modbus 协议构成，包括确认要行动的域、要返回的数据和错误检测域。如果在消息接收过程中发生错误，或从站不能执行其命令，那么从站将建立错误消息并把它作为回应发送出去。图 2.6 所示为主从查询-回应过程，查询消息中的功能代码告之被选中的从站要执行何种功能。数据段包含从站要执行的功能的所有附加信息。例如，功能代码 03 是要求从站读保持寄存器并返回其内容。数据段必须包含要告之从站的信息：从哪个寄存器开始读及要读的保持寄存器的数量。错误检测域为从站提供了一种验证消息内容是否正确的方法。如果从站产生正常的回应，那么回应消息中的功能代码是查询消息中的功能代码的回应。数据段包括从站收集的数据：寄存器值或状态。如果有错误发生，那么功能代码将被修改，以用于指出回应消息是错误的，且数据段包含描述此错误信息的代码。错误检测域允许主站确认消息内容是否可用。

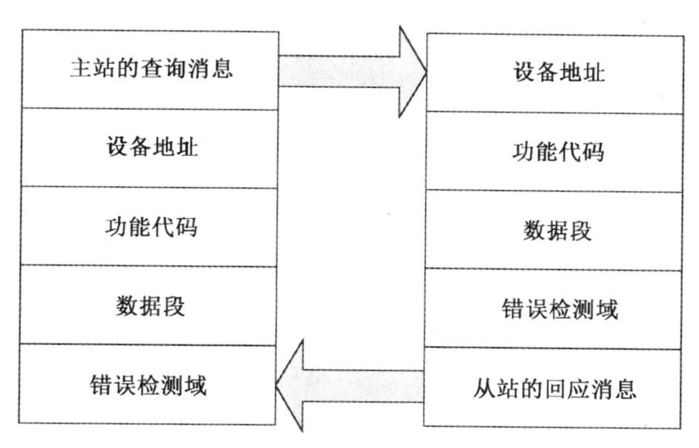

图 2.6　主从查询-回应过程

还能将 Modbus 这种主从工作方式看作典型的源/目的（Source/Destination）通信模式。源端每次只能和一个目的地址通信，源端提供的实时数据必须满足每个目的端的实时性要求。对于广播方式，有些目的端可能不需要源端发出的数据，因此浪费了时间。此外，随着节点增多，源端每次通信轮询需要的时间更多，从而导致源端与目的端的实时数据通信周期增加。

2.3.2　常用 Modbus 协议及报文解析

1. Modbus 体系结构

Modbus 协议是 OSI 参考模型中的应用层报文传输协议，借由各种类型的传输介质连接不同的网络通信设备，完成主站/从站之间的信息交换。

如图 2.7 所示，Modbus 协议分为三层，即物理层、数据链路层和应用层，对应于 OSI 参考模型的层次。在工业现场中存在各种网络，可能采用不同的通信介质，Modbus 支持串行链路及以太网通信链路，使得协议的应用场景较为广泛。

常用的 Modbus 串行通信协议有两种报文格式：一种是 Modbus ASCII；另一种是 Modbus RTU。一般来说，通信数据量少时采用 Modbus ASCII 协议，通信数据量大且是二进制数时，多采用 Modbus RTU 协议。工业上一般都采用 Modbus RTU 协议。

Modbus TCP 是随以太网兴起而产生的新协议，它是建立在标准的 TCP 基础上的 Modbus 扩展协议。Modbus 应用数据单元 ADU 加上 TCP/IP 组成了 Modbus TCP 的数据帧。Modbus TCP 的典型特征是面向连接。Modbus TCP 在 Modbus 的基础上增加了连接操作，涵盖数据交换和连接操作。在 TCP 中，一个连接请求很容易被识别并建立，一个连接可以承载多个独立的数据交换。此外，TCP 允许大量的并发连接，连接发起者可以自由选择另外建立一个连接或保持一个长期连接。

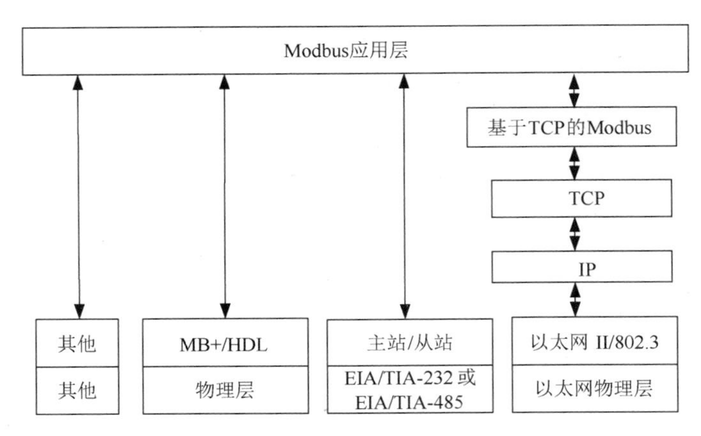

图 2.7　Modbus 协议结构

串行链路上的 Modbus 协议采用主站/从站模式，且仅能存在一个 Modbus 主站，但可以存在多个 Modbus 从站，通过设备站号/地址来识别。发出数据请求的是主站，做出数据应答的是从站。TCP/IP 上的 Modbus 协议采用客户机/服务器模式，发出数据请求的一方为客户机，做出数据应答的一方为服务器。Modbus TCP 以太网作为物理层，将 Modbus 报文嵌入 TCP/IP 应用层，通信质量取决于 TCP/IP 及物理通道，依托于 TCP/IP 的传输层协议，TCP 保证了 Modbus 协议在通信过程中的安全性、可靠性及准确性。

Modbus 协议的一系列操作都是以 Modbus 寄存器为基础的，Modbus 寄存器是逻辑上的寄存器，并非真实的物理寄存器。Modbus 协议定义了 4 种寄存器，即保持寄存器、线圈寄存器、输入寄存器及离散寄存器，如表 2.3 所示。不同寄存器代表不同的 Modbus 数据模型，具有不同的物理意义。

表 2.3　Modbus 寄存器的特性

数据模型	对象类型	访问类型	内　容
离散输入	1-bit	只读	I/O 系统采集并提供数据
线圈	1-bit	读/写	由应用程序操作此类数据
输入	16-bit	只读	I/O 系统采集并提供数据
保持寄存器	16-bit	读/写	由应用程序操作此类数据

Modbus 协议标准也规定了对 Modbus 数据模型的操作，不同 Modbus 功能码代表不同操作，如表 2.4 所示。

表 2.4　功能码

功能码	描　述	寄存器类别	访问位数
0x01	读线圈寄存器	内部位或物理线圈	1bit
0x02	读离散寄存器	输入寄存器	1bit
0x03	读多个寄存器	保持寄存器	16 bit
0x05	写单个线圈	内部位或物理线圈	1bit
0x06	写单个寄存器	保持寄存器	16 bit
0x10	写多个寄存器	保持寄存器	16 bit

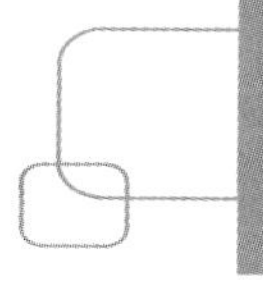

2. Modbus 报文解析

Modbus 协议规定了与数据链路层、物理层无关的通用协议数据单元（Protocol Data Unit，PDU），通用 Modbus 报文结构如图 2.8（a）所示。但 Modbus 在通信时，总要依赖物理网络，因此，要把 PDU 映射到物理网络上，这就形成了应用数据单元（Application Data Unit，ADU）。Modbus 协议采用大端模式，即在传输两个或两个以上字符时，先发送地址和数据的高字节。

对于串行链路上或以太网上的 Modbus 协议，其通用 Modbus 报文结构需要在 Modbus 协议数据单元添加固定格式。Modbus 在串行链路上的报文结构在 PDU 基础上添加了地址域和校验字节，Modbus RTU 报文结构如图 2.8（b）所示。ADU 为 256 字节，其中，地址占用 1 字节，校验码占用 2 字节。每个从站地址均在 1～147（不包括预留的）中，地址 0 用于广播（此时从站不需要响应主站），主站不需要地址。

Modbus TCP 弱化了设备地址，用 IP 地址来取代设备地址。同时，鉴于 TCP 本身带有校验，因此，Modbus TCP 报文不再保留地址域和 CRC 校验，只包含协议数据单元。Modbus TCP 报文在 Modbus 协议数据单元头部添加了 MBAP 报文头，其中包括长度、单元标志符等字段域，共 7 个字节，如图 2.9 所示。Modbus TCP 在通信时，使用 502 端口，因此，系统要进行预留。

下面举一个 Modbus TCP 功能码为 01 的客户机和服务器通信的案例，已知服务器（PLC）中物理线圈（Y32～Y37）的存储值为 35，即 Y37、Y36、Y34 和 Y32 为 ON，其他位为 OFF。线圈对应的寄存器地址范围为 0x0020～0x0025。现在客户机要求读取服务器中物理线圈（Y32～Y37）的状态。从物理层到 TCP 层的报文不做分析，从应用层 Modbus 应用数据 ADU 开始分析，请求报文是 0000 0000 0006 02 01 0020 0006，回应报文是 0000 0000 0004 06 01 01 35，如表 2.5 和表 2.6 所示。

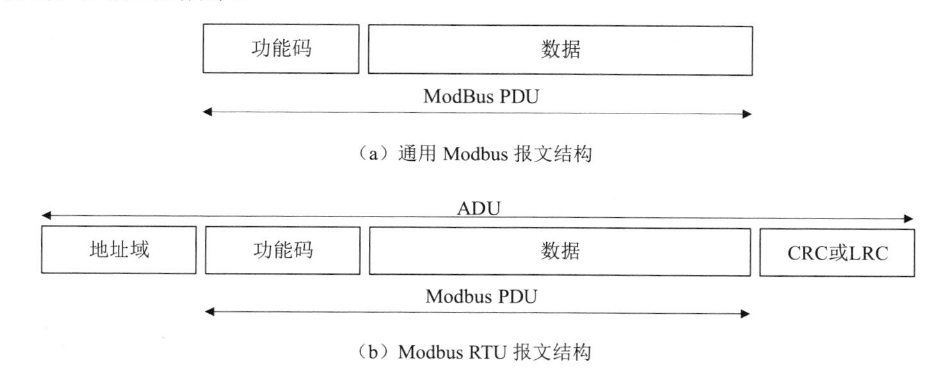

（a）通用 Modbus 报文结构

（b）Modbus RTU 报文结构

图 2.8　通用 Modbus 报文结构和 Modbus RTU 报文结构

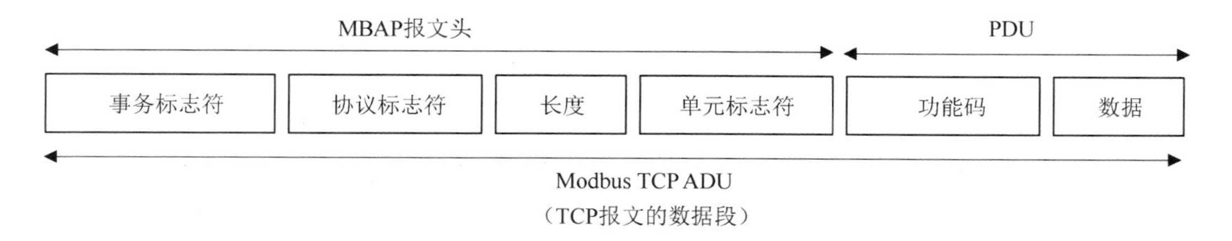

图 2.9　Modbus TCP 报文结构

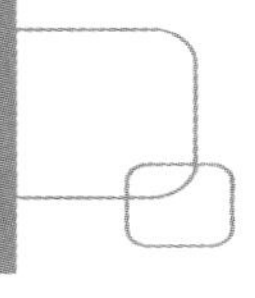

表 2.5　客户机向服务器发送请求报文解析

数　据	说　明		
00 00	事务标志符	2 字节	Modbus TCPMBAP 报文头
00 00	协议标志符。用来确定应用层协议。0 表示 Modbus，1 表示 UNI-TE 协议。默认为 0000	2 字节	
00 06	后续字节长度，从从站的通信地址开始计算	2 字节	
02	单元标志符，从从站的通信地址开始计算	1 字节	
01	功能码	1 字节	Modbus 协议 PDU 数据
00 20	欲读取的线圈起始地址	最大字节数为 252	
00 06	欲读取的线圈数目（bit）		

表 2.6　服务器向客户机发送回应报文解析

数　据	说　明
00 00	事务标志符
00 00	协议标志符
00 04	后续字节长度，即从从站的通信地址开始计算
02	从站的通信地址
01	功能码
01	欲读取的线圈的数目（Byte），8bit 为 1Byte。当读取位装置的数目不足 1Byte 时，以 1Byte 计算
35	数据内容（Y37～Y32 的状态），35

这里再举一个 Modbus TCP 功能码为 03 的客户机和服务器通信的案例。客户机 IP 地址为 192.169.1.75，服务器 IP 地址为 192.168.1.100。客户机读取服务器的 11 个保持寄存器（从 400001 到 400011）。用 Wireshark 抓取客户机查询服务器通信，如图 2.10 所示。这里可以看到，作为应用层，Modbus TCP 在 TCP 层的下面，而 Modbus 在 Modbus TCP 层的下面。从图 2.10 中还可以看出 Modbus TCP 报文结构、Modbus 报文结构。可以看出，查询时，客户机发送的 Modbus TCP 报文为 03 c3 00 00 00 06 01 03 00 00 00 0b，其中，Modbus 报文是 03 00 00 00 0b。

```
No.   Time        Source         Destination    Protocol   Length Info
 3012 501.409186  192.168.1.75   192.168.1.100  Modbus/TCP     66   Query: Trans:   963; Unit:   1, Func:   3: Read Holding Registers
 3013 501.413567  192.168.1.100  192.168.1.75   TCP            60 502 → 52549 [ACK] Seq=5488 Ack=2137 Win=5828 Len=0
 3014 501.470612  192.168.1.75   192.168.1.100  TCP            54 59987 → 502 [ACK] Seq=5833 Ack=10207 Win=63694 Len=0
 3015 501.479927  192.168.1.100  192.168.1.75   Modbus/TCP     85 Response: Trans:   963; Unit:   1, Func:   3: Read Holding Registers

▷ Frame 3012: 66 bytes on wire (528 bits), 66 bytes captured (528 bits) on interface \Device\NPF_{2B5C1D84-BCF0-416D-B50C-7D219F6A2B1F}, id 0
▷ Ethernet II, Src: VMware_e6:d7:80 (00:0c:29:e6:d7:80), Dst: Advantec_f6:cf:6a (00:d0:c9:f6:cf:6a)
▷ Internet Protocol Version 4, Src: 192.168.1.75, Dst: 192.168.1.100                              IP
▷ Transmission Control Protocol, Src Port: 52549, Dst Port: 502, Seq: 2125, Ack: 5488, Len: 12   TCP
◢ Modbus/TCP
    Transaction Identifier: 963
    Protocol Identifier: 0              MBAP
    Length: 6
    Unit Identifier: 1                                                                       A
◢ Modbus                                                                                     D
    .000 0011 = Function Code: Read Holding Registers (3)                                    U
    Reference Number: 0                              PDU
    Word Count: 11

0000  00 d0 c9 f6 cf 6a 00 0c  29 e6 d7 80 08 00 45 00   .....j.. ).....E.
0010  00 34 2a ab 40 00 80 06  00 00 c0 a8 01 4b c0 a8   .4*.@... .....K..
0020  01 64 cd 45 01 f6 72 50  12 81 13 c4 06 6d 50 18   .d.E..rP .....mP.
0030  fa b2 84 26 00 00 03 c3  00 00 00 06 01 03 00 00   ...&.... ........
0040  00 0b                                              ..
```

图 2.10　Wireshark 抓取的客户机查询服务器通信数据包

用 Wireshark 抓取服务器响应客户机的数据包，如图 2.11 所示。Modbus 服务器返回的 Modbus TCP 报文如图 2.11 中加底色的部分（从 03 c3 开始，到 02 58 结束）。其中，7f fe 是第一个寄存器（在图 2.11 中是 Register 0，即 400001）采样的数值（十进制为 32766），其他寄存器的数值都为 0。TCP 报首从 01 f6 开始，到 Modbus TCP 报文起始的 03 前结束，共 20 个字节。其中，01 f6 是源端（从站或服务器）的端口号 502。

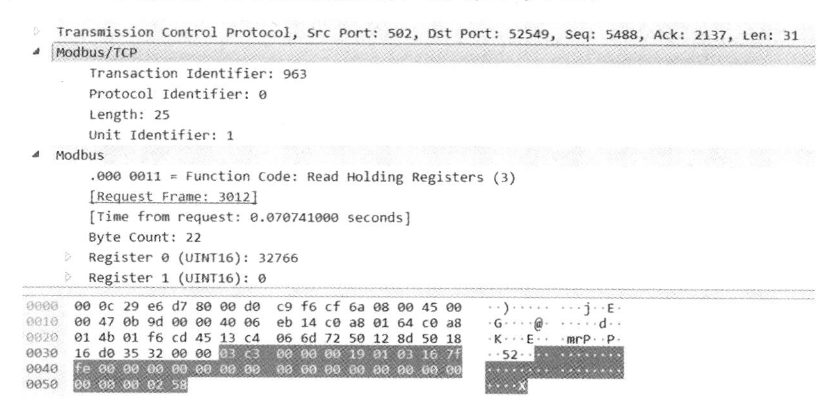

图 2.11　Wireshark 抓取的服务器响应客户机的数据包

2.3.3　Modbus 通信仿真工具

Modbus Poll 和 Modbus Slave 分别是常用的 Modbus 主站和 Modbus 从站的模拟程序，实用性强，十分便于 Modbus 通信程序的开发和调试。

（1）Modbus 主站仿真软件 Modbus Poll。

该软件主要用于测试和调试 Modbus 从站，支持 Modbus RTU、ASCII、TCP/IP 等通信协议。它支持多文档接口，即可以同时监视多个从站/数据域。在每个窗口简单地设定从站的 ID、功能、地址、大小和轮询间隔等。用户可以从任意一个窗口读/写寄存器/线圈值，也可以双击该数值来改变一个单独的寄存器或多个寄存器/线圈值。软件提供多种数据格式，包括浮点、双精度、长整型（可以交换字节序列）等。

（2）Modbus 从站仿真软件 Modbus Slave。

该软件可以仿真 32 个从站/地址域，每个接口都提供了对 Excel 报表的 OLE 自动化支持，主要用来模拟 Modbus 从站设备，接收主站的命令包，并发送数据包。该软件可以帮助 Modbus 通信设备开发人员进行 Modbus 通信协议的模拟和测试，用于模拟、测试、调试 Modbus 通信设备。可以在 32 个窗口中模拟多达 32 个 Modbus 子设备。该软件与 Modbus Poll 的用户界面相同，支持的 Modbus 功能码有 01（读取线圈状态）、02（读取输入状态）、03（读取保持寄存器）、04（读取输入寄存器）、05（强置单线圈）、06（预置单寄存器）、15（强置多线圈）、16（预置多个寄存器）、22（位操作寄存器）和 23（读/写寄存器）。

（3）Modbus Poll 与 Modbus Slave 通信模拟。

这里，为方便起见，在一台计算机中分别运行 Modbus Poll 与 Modbus Slave 软件，在两个软件的连接设置中进行连接参数设置，如图 2.12 所示。设置 Modbus UDP/IP 连接，IP 地址就是计算机的网卡 IP 地址，端口号默认为 502。注意保持主站和从站的网络参数一致。

如果选串行通信方式测试 Modbus Poll 与 Modbus Slave 之间的通信，除了需要设置串行通信参数，还要用虚拟串口软件虚拟出一个串口用于主站/从站通信。同样，主站/从站之间的通信参数要一致。

在 Modbus Poll 的 Setup 中选择保持寄存器。连接成功后，可以在主站或从站修改寄存器数据，在从站或主站能看到参数的传递，两者的数值是一定的，图 2.13 所示为采用 Modbus UDP 协议通信时 Modbus Poll 与 Modbus Slave 的通信界面。

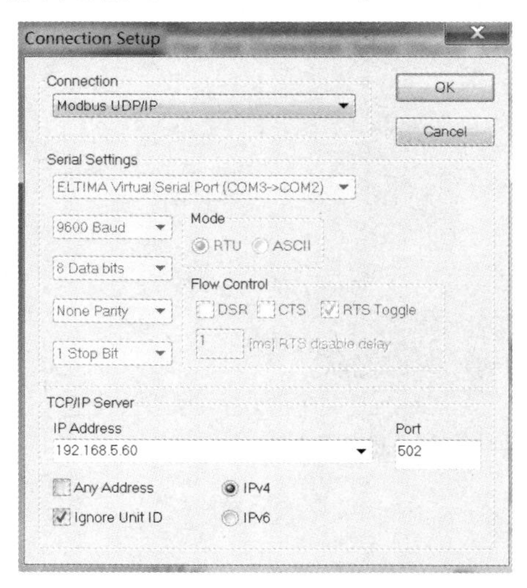

图 2.12　Modbus Poll 与 Modbus Slave 的连接设置界面

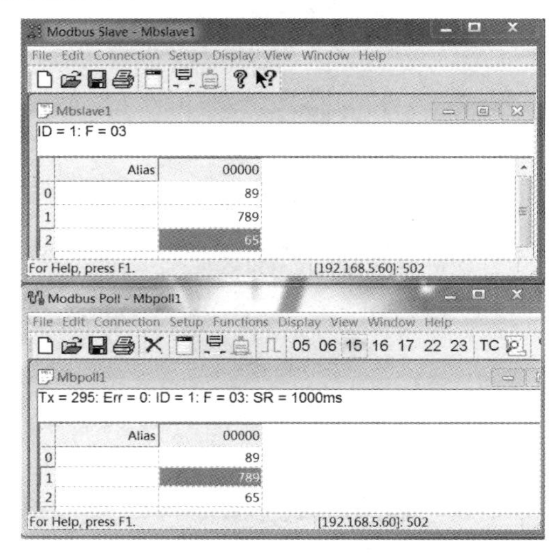

图 2.13　采用 Modbus UDP 协议通信时 Modbus Poll 与 Modbus Slave 的通信界面

2.4　SCADA 系统中的网络技术

SCADA 技术的快速发展及其广泛应用与网络和通信技术密切相关，没有现代的网络和通信技术，很难想象如何实现对分布范围极广、极其分散的众多设备的远程监控。可以毫不夸张地说，现代的主要网络与通信技术在各种类型的工业控制系统，特别是 SCADA 系统中几乎都得到了应用，这也是 SCADA 系统的重要特色，即通信手段的多样性、先进性与复杂性。本节主要对与 SCADA 系统相关的网络技术进行介绍。

2.4.1　通信网络概述

通信网络是用各种通信手段和一定的连接方式，将终端设备、传输系统、交换系统等连接起来的通信整体，或由一些彼此关联的分系统组成的完整的通信系统。通信网络的基本构成要素是终端设备、传输链路、转接交换设备及接入部分。除了这些硬件设备，为了保证网络正确、合理地运行，用户间快速接续并有效地交换信息，达到通信质量一致、运转可靠性和信息透明性等方面的要求，还必须有管理网络运行的软件，如标准、信令、协议等。

通信网络的分类方法有很多，根据不同的划分标准，同一个通信网络可以划分为不同的类。如按照能实现的业务种类的不同，通信网络可以划分为电话通信网、计算机通信网、数据通信网、广播电视网及综合业务数字网；按照网络所服务的范围不同，通信网络可以分为本地网、长途网及国际网；按照传输介质的不同，通信网络可以分为微波通信网、光纤通信网及无线通信网；按照拓扑结构形式的不同，通信网络可以分为总线型、环形、星形、树形、网形和复合型等基本结构形式。

2.4.2　计算机网络拓扑结构与分类

1. 网络拓扑结构

从拓扑学的观点看计算机系统，抽象出网络系统的具体结构，即成为计算机网络拓扑结构，网络拓扑结构就是网络中节点的互连形式。基本的网络拓扑结构有 4 种，分别是星形、环形、总线型和树形。当然，在实际应用中，可以根据需要，把基本的网络拓扑结构组合成更为复杂的网络拓扑结构。在工业控制网络中，网络节点设备除了计算机，还包括大量的现场控制站、智能测控单元（如现场总线仪表和执行器）等。

（1）星形拓扑结构。

在星形（Star）拓扑结构中，所有节点通过传输介质与中心节点相连，全网由中心节点执行交换和控制功能，任意两个节点之间通信都要通过中心节点转发，星形拓扑结构示意图如图 2.14（a）所示。星形拓扑结构简单，便于集中控制和管理，建网容易，容易隔离和定位故障，网络延迟较小；但网络中心节点的负荷过重，而其他节点的通信负荷较轻，若中心节点发生故障，则整个网络失效。星形拓扑结构适用于终端密集的地方。目前工业以太网交换机的性能不断提高，大量代替传统的集线器，因此星形拓扑结构在工业控制网络中被广泛使用。

（2）环形拓扑结构。

与星形拓扑结构不同，环形（Ring）拓扑结构属于非集中控制方式。网络中的各个节点无主从关系，各个节点由通信线路首尾相连成一个闭合环路，如图 2.14（b）所示。在环形拓扑结构中，数据通常单向流动，每个节点按位转发的数据可用令牌来协调各个节点的发送，任意两个节点都可以实现通信。IBM 公司的 Token Ring（令牌环）及现代的高速 FDDI 网络都是典型的环形拓扑结构的网络。

由于环形网络的信息通常单向流动，当网络中的一个设备或传输介质出现故障时，整个网络都会瘫痪，因此，在对可靠性要求较高的场合常采用双环拓扑结构。

（3）总线型拓扑结构。

总线型（Line）拓扑结构是将若干个节点设备连接到一条总线上，共享一条传输介质，如图 2.14（c）所示。总线型拓扑结构采用广播通信方式，所有节点都可以通过总线发送或接收数据，但一段时间内只允许一个节点利用总线发送数据。总线型拓扑结构简单灵活，便于扩展，易于布线。总线型网络的可靠性较高，当局部节点出现故障时，不会导致整个网络瘫痪。因为总线上的所有节点都可以接收总线上的信息，所以易于控制信息流动。但由于采用一条公用的总线通信，因此若总线上的任意一点出现故障，都会造成整个网络瘫痪。目前总线型拓扑结构主要用于工业控制网络的现场层。

（4）树形拓扑结构。

树形（Tree）拓扑结构将节点按层次连接，是一种具有顶点的分层或分级结构，如图 2.14（d）所示。一般来讲，越靠近根的节点，其处理能力越强，数据处理、命令控制等都由顶部节点完成。树形拓扑结构是总线型拓扑结构的扩展形式，可以在一条总线的终端通过接线盒扩展成树形拓扑结构。树形拓扑结构是适应性很强的一种拓扑结构，适用范围广，对网络设备数量、传输速率和数据类型等没有太多的限制，可以达到较高的带宽。

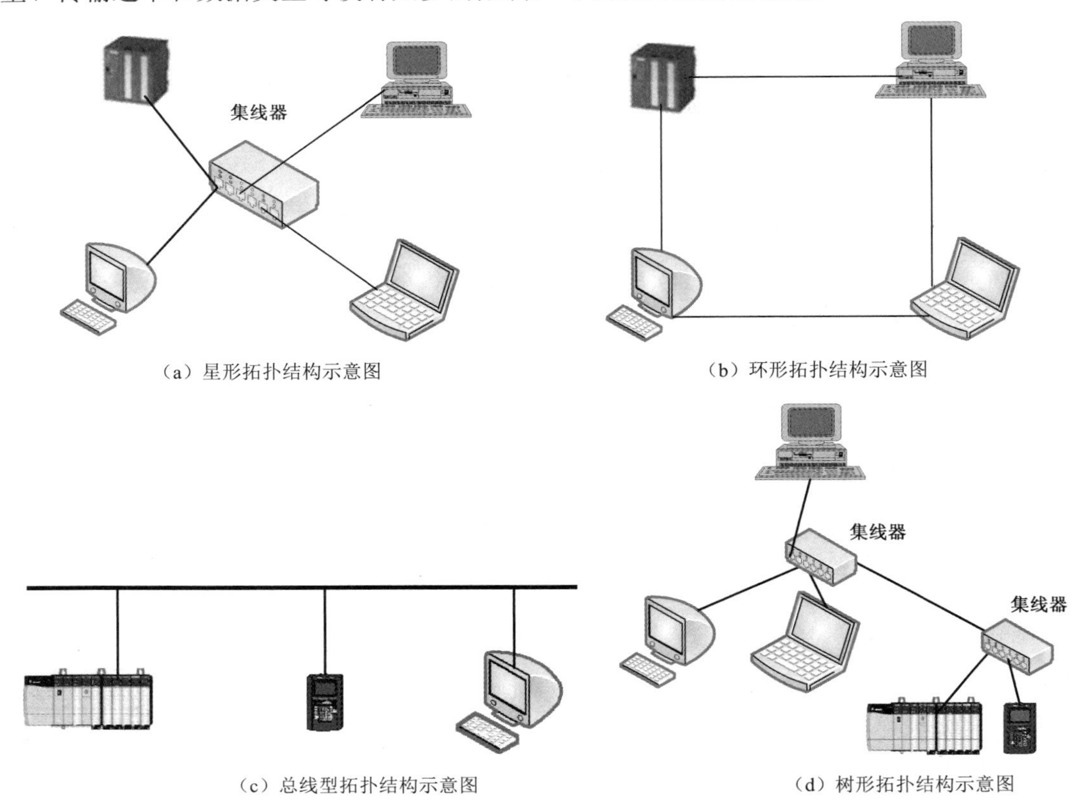

（a）星形拓扑结构示意图　（b）环形拓扑结构示意图

（c）总线型拓扑结构示意图　（d）树形拓扑结构示意图

图 2.14　几种典型网络拓扑结构的示意图

2. 计算机网络的分类

对网络的分类可以按照不同的标准，从不同的角度来划分。对 SCADA 系统来说，按照网络覆盖范围的大小来分类比较合适，通常可以分为局域网、城域网和广域网三大类。

（1）局域网。

局域网是指在有限地理范围内构成的覆盖面积相对较小的计算机网络，传输距离在数百米左右，节点位置通常在室内。网络拓扑结构通常用简单的总线型拓扑结构、环形拓扑结构或星形拓扑结构，传输距离短，传输延迟低，传输速率为 10～1000Mbps。对一个较大规模的 SCADA 系统来说，上位机所在的监控中心网络系统就属于典型的局域网，网络中主要包括 SCADA 服务器、I/O 服务器、数据库服务器、Web 服务器、操作员站等设备。当然，若下位机的现场测控任务复杂，则可以将多个下位机组成局域网来协同完成现场测控任务。

（2）城域网。

城域网的覆盖范围是一个城市，传输距离为 10～150km，目前多数使用光纤、微波等作为传输介质，采用树形拓扑结构，传输速率为 56kbps～45Mbps。城市泵站、煤气、自来水等相关公共设施的监控系统的通信网络就属于城域网。在这些系统中，现场监控设备分布在城

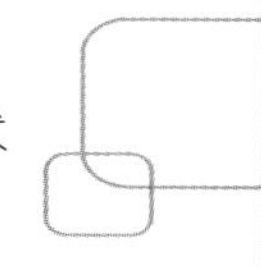

市的各个角落，分布范围较广，而监控中心一般设在城市中心。

（3）广域网。

广域网是一种跨城市，甚至跨国家的网络，其主要特点是进行远距离（几十千米到几千千米）通信。广域网通常含有复杂的分组交换系统，涉及电信通信等方式。广域网传输延迟较大、信道容量较低、数据传输速率为 9.6kbps～45Mbps。中国教育网和 Internet 都是广域网。大型 SCADA 系统，如我国的西气东输、南水北调等特大型工程的通信系统就属于广域网。

2.4.3　网络传输介质

网络传输介质是数据通信的物理通路，是信号从发送设备传递到接收设备所经过的介质，是通信系统中传送信息的载体，也是通信系统重要的硬件设备之一。

在 SCADA 系统中，通常采用多种类型的传输介质，既有有线传输介质，如双绞线、同轴电缆、光纤等，也有无线传输介质，如电磁波、红外线、微波等。

1．有线传输介质

（1）双绞线。

双绞线（Twisted Pair，TP）是传输模拟信号及数字信号的通用传输介质。双绞线采用了一对互相绝缘的导体，以螺旋形式相互缠绕而成，线芯一般是铜线。将两根导线缠绕在一起，可以使它们发射和接收的电磁干扰相互抵消。双绞线既可以传输模拟信号，也可以传输数字信号，其带宽取决于线芯粗细和传输距离。当传输模拟信号时，最大传输距离为 15km；当传输数字信号时，最大传输距离为 2km。双绞线的截面直径在 0.38～1.42mm 之间，典型直径取值是 1mm。

将双绞线按其电气特性而进行分级或分类，一般可以分为屏蔽双绞线（Shielded Twisted Pair，STP）与非屏蔽双绞线（Unshielded Twisted Pair，UTP）。屏蔽双绞线在双绞线与外层绝缘封套之间有一个金属屏蔽层。金属屏蔽层可以减少辐射，防止信息被窃听，也可以阻止外部电磁干扰进入，使屏蔽双绞线比同类的非屏蔽双绞线具有更高的传输速率。但由于成本、标准等原因，屏蔽双绞线使用得比较少。

常用的双绞线包括 3 类线和 5 类线。3 类线是由两根拧在一起的线构成的，一般在塑料外壳里有 4 对这样的线，外壳起到保护和约束的作用；5 类线比 3 类线拧得更密、绝缘性更好，这使得它传输信号的距离更长，传输质量更好。局域网中最常用的双绞线一般是非屏蔽的 5 类 4 对（8 根导线）电缆线，这种电缆线的传输速率可以达到 100Mbps。超 5 类双绞线也是非屏蔽双绞线，与 5 类双绞线相比，超 5 类双绞线具有衰减小、串扰少、时延误差小等特点，超 5 类双绞线主要用于千兆位以太网。

与其他传输介质相比，双绞线在传输距离、信道宽度和数据传输速度等方面均受到了一定限制，但价格较为低廉。

（2）光纤。

光纤是一种光传输介质，是光导纤维的简称。它是一种能够传递光信号的极细而柔软的传输介质。光纤由纤芯和包层两部分组成，纤芯和包层是两种光学性质不同的物质。其中，纤芯是光的通路，包层由折射率比纤芯低的玻璃纤维组成，其作用是将光线反射到纤芯上。纤芯通常是由石英玻璃制成的横截面积很小的双层同心圆柱体，它质地脆、易断裂，因此需要外加保护层，这种在外层加了保护套的光纤就是实际使用的光缆。光缆和同轴电缆相似，只是没有网状屏蔽层。

光纤的传输原理：在两种折射率不同的界面上，当光从折射率高的界面射入折射率低的界面时，只要入射角大于临界值，就会发生全反射现象，能量将不受损失，其中，包层起到了防止光线在传输过程中衰减的作用。

光纤传输原理示意图如图 2.15 所示。由于光纤只能传输光信号，因此光纤通信系统包括光发射机、光纤和光接收机。在发送端，将电信号转换为光信号后才能通过光纤传输；在接收端，由光检测器把接收到的光信号还原为电信号。

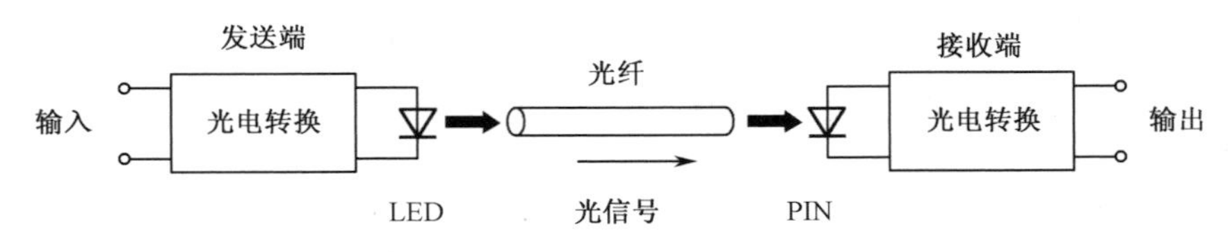

图 2.15　光纤传输原理示意图

光源采用两种不同的发光管：多模光纤多使用较为便宜的发光二极管 LED，而单模光纤多使用较为昂贵的半导体激光二极管 ILD。光检测器是一个光电二极管，目前使用的是两种固态器件：发光二极管 PIN 检测器和雪崩光电二极管 APD 检测器。发送端与接收端之间的光信号在光纤中传输。由于光纤具有单向传输性，因此，要实现双向通信，必须成对使用光纤，一根用于发送数据，另一根用于接收数据。

根据传输点模数分类，可以把光纤分为单模光纤（Single Mode Fiber）和多模光纤（Multi Mode Fiber）。单模光纤的纤芯直径小于光波波长（10μm），此时光纤就像一个波导，光在其中没有反射，而沿直线传播。单模光纤传输频带宽、传输容量大、传输距离远。多模光纤能容纳多条满足全反射条件的光线同时在光纤中传播，光束以波浪式前进。多模光纤的纤芯直径大多在 50μm 以上，包层直径在 100～600μm 之间。与单模光纤相比，多模光纤的传输性能较差。多模光纤与单模光纤的传输原理如图 2.16 所示。

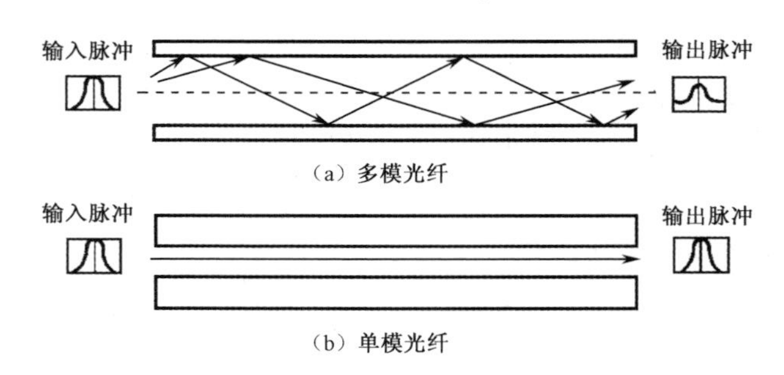

图 2.16　多模光纤与单模光纤的传输原理

光纤传输信号的距离要比同轴电缆或双绞线远得多，光纤可以在 30km 的距离内不用中继器而传输，因此光纤适合长距离通信，且室外布线不需要防雷措施。由于光纤的频带很宽，传输速率极高，因此十分适合大容量数据传输。光纤不漏光且难以拼接，这使得其很难被窃听，安全性很高。光纤十分轻便，架设较容易，且占用空间少。光信号不受电磁干扰或噪声的影响，光波也不互相干扰，因此理论上不存在信号衰减问题。当然，在实际使用中，由于弯曲、挤压、杂质、不均匀和对接等原因，仍会造成光信号衰减。光纤的主要缺点是安装困难。在各种传输介质中，光纤是最难安装的，安装中的任何微小误差，都可能造成很大的信号衰减，影响通信的正常进行。随着光纤使用成本的不断降低，其在 SCADA 系统等各种工业控制系统中的运用已十分普及。

2. 无线传输介质

有线传输介质的一个共同特点是必须铺设电缆或光缆，并且对用户来说必须是固定的，不能随意移动。然而，在很多情况下，很难或不可能铺设有线信道，在 SCADA 系统中的某些情况下更是如此。例如，对油田采油机的监控，这些机器会在荒无人烟的地方，为了监控这些设备而铺设有线传输介质是不现实的。此外，还有对无线通信机站的监控，这些机站可能在高山或丛林中，很难通过有线通信的方式实现对它们的监控。因此，在 SCADA 系统中，特别是在人烟稀少、难以到达、测控点极为分散的系统中，无线通信是常用的通信解决方案。无线通信的优点在于信号通过大气传输，不需要铺设任何有线传输介质，只要在需要的地方安装信号收发装置即可。

无线传输是指利用在自由空间中传播的电磁波来进行数据传播。当电子运动时，它们产生可以自由传播（甚至是在真空中）的电磁波。它是由英国科学家麦克斯韦尔于 1865 年提出，于 1887 年由德国物理学家赫兹发现的。电磁波每秒振动的次数称为频率，常用 f 表示，单位为赫兹（Hz）。两个相邻的波峰或波谷间的距离称为波长，用 λ 表示。在真空中，电磁波的传播速度是恒定的光速（用 c 表示），与它的频率无关，大约是 3×10^8 m/s，没有任何物体或信号能比光传播得更快：

$$\lambda f = c \tag{2-1}$$

由式（2-1）可知，频率越高，波长越短。这个原理也可以解释为何 5G 通信基站要比 4G 通信基站密集。

由于各波段的传播性能各异，因此可以用于不同的通信系统中。根据图 2.17 中电磁波的频谱可知，中波主要沿地面传播，绕射能力较强，适用于广播和海上通信；短波具有较强的电离层反射能力，适用于环球通信；超短波和微波的绕射能力差，可进行视距（两个没有障碍的点间，也就是视线距离内）、超视距中继通信。无线电波、微波、红外线和可见光部分都可以通过调节振幅、频率或波的相位来传输信息。紫外线、X 射线和伽马射线更好一些，因为其频率更高，但是很难生成和调制，且穿透建筑物的性能不好，对生物也有害。

电磁波可以运载的信息量与它的带宽有关。在目前的技术条件下，可以在较低的频率下以每赫兹编码几个位来实现通信，但是在高频下，有些时候可以达到每赫兹编码 40 位。因此，有 500MHz 带宽的电缆可以获得几 Gbps 的传输速率。

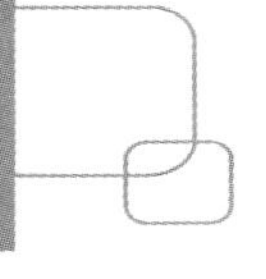

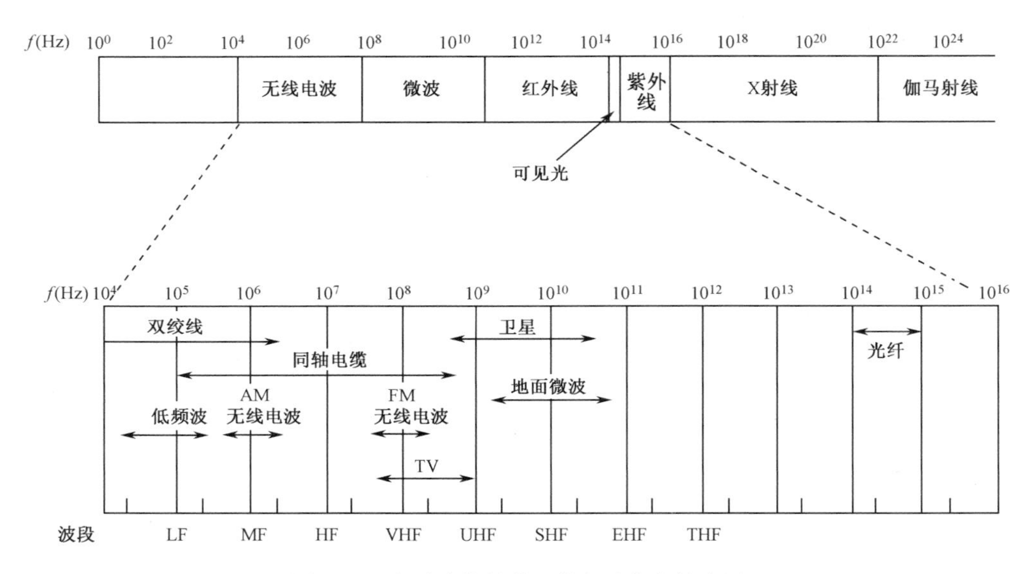

图 2.17　电磁波的频谱及其在通信中的应用

3．传输介质的选择

传输介质的选择取决于以下多方面因素。

（1）网络拓扑结构。

（2）通信容量需求：支持所期望的网络通信量。

（3）可靠性要求：满足 SCADA 系统对通信质量的要求。

（4）使用环境：在所要求的环境范围（如温度、湿度、粉尘、振动等方面）内使用。

（5）成本要求：同轴电缆的费用介于双绞线和光缆之间，当通信容量较大且需要连接较多设备时，选择同轴电缆较合适。双绞线对于低通信容量的局域网来说，性价比最高，特别是对于室内非主干网布线，光缆的费用最高。

（6）速度要求：双绞线的传输速率最低，其次是同轴电缆和微波，光缆的传输速率最高，当要求高质量、高速率或长距离传输时，光缆是最合适的传输介质。

（7）安全性：双绞线和同轴电缆采用的是铜导线，因此容易被窃听，而从光缆上窃取数据十分困难。无线电波或微波传输是不安全的，任何人使用一根天线就能接收其数据。

2.4.4　介质访问控制方式

在各种不同拓扑结构的网络通信中，需要解决在同一时间有多个节点发起通信而导致的争用传输介质的现象，需要采取某些措施来协调各个节点设备访问传输介质的顺序，即要实施介质访问控制。介质访问控制主要有争用型介质访问控制和确定型介质访问控制，载波侦听多路访问/冲突检测（Carrier Sense Multiple Access/Collision Detect，CSMA/CD）属于前者，而令牌环网和令牌总线属于后者。目前，由于以太网的广泛应用，CSMA/CD 成为主要的介质访问控制方式，而令牌环网和令牌总线用得较少。这里只对 CSMA/CD 和令牌总线进行简单介绍。

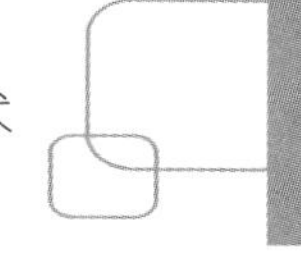

1．CSMA/CD

总线型控制网络的特点是，成本较低；当接入的节点数较少时，负载较轻，时延小，网络效率可满足要求；当接入的节点数较多时，负载加重，时延明显增大，网络效率下降；时延不确定，对实时应用不利。为了解决共享总线冲突，多采用载波侦听多路访问（CSMA）的介质访问控制协议。

CSMA 的基本原理是，每个站点在发送数据前侦听信道上其他站点是否在发送数据，如果正在发送数据，那么该站就不发送数据，从而降低发生冲突的可能性，增加网络吞吐量。CSMA 可以分为非坚持 CSMA 和坚持 CSMA。

非坚持 CSMA 是指某站一旦侦听到信道忙，即发现其他站点在发送数据，就不坚持侦听下去，而是延迟一段随机的时间后重新侦听。若进行载波侦听时发现信道空闲，则将准备好的数据帧发送出去。

非坚持 CSMA 的一个明显缺点是，一旦侦听到信道忙，马上延迟一段随机的时间，再重新侦听，但很可能在再次侦听之前，信道已经空闲。也就是说，非坚持 CSMA 不能将信道在刚变成空闲的时刻找出，这样一来，就会影响信道利用率的提高。为了克服这一缺点，可采用坚持 CSMA。

坚持 CSMA 的特点是在侦听到信道忙时，仍坚持侦听下去，一直侦听到信道空闲为止。这时有两种不同的策略：一种是一旦侦听到信道空闲，就立即发送数据帧，也就是“1-坚持”CSMA，其缺点是若有两个或多个站点同时侦听信道，则可能发生两站间的发送冲突，影响网络的吞吐量；另一种是当听到信道空闲时，以 P 的概率发送数据帧，而以（$1-P$）的概率延迟一个时间单位（时间单位等于最大传播延迟时间）重新侦听。这种策略称为“P-坚持”CSMA。“P-坚持”CSMA 是一种折中的算法，它一方面试图降低像“1-坚持”CSMA 那样的冲突概率，另一方面又减少像非坚持 CSMA 那样的介质浪费。

由于 CSMA 算法没有检测冲突的功能，即使冲突已经发生，仍然要将已破坏的帧发送完，使总线的利用率降低。一种 CSMA 改进方案可以提高总线的利用率，即 CSMA/CD 协议。当采用这种协议时，每个站点在发送数据帧期间，同时具有冲突检测的能力，一旦检测到冲突，就立即停止发送，这样信道的容量不至于因传送已经破坏的数据帧而浪费。

在实际网络中，为了使每个站点都能正确判断是否发生了冲突，常采用强制冲突的措施，即发送数据帧的站点一旦检测到发生了冲突，除了立即停止发送数据，还要向总线发送一串阻塞信号，来通知总线上的各个站点冲突已经发生。

对于冲突检测所需的时间，基带总线和宽带总线是不一样的。对基带总线而言，冲突检测所需的时间等于任意两个站点之间的最大传播延迟时间的两倍。对宽带总线而言，冲突检测所需的时间等于任意两个站点之间的最大传播延迟时间的 4 倍。

在 CSMA/CD 算法中，在检测到冲突并发完阻塞信号后，为了降低再冲突的概率，需要等待一段随机时间，然后用 CSMA 的算法发送侦。为了决定此随机时间，常用一种称为二进制指数退避的算法。这种算法是按先进后出的次序控制的，即未发生冲突或很少发生冲突的帧具有优先发送的概率，而发生多次冲突的帧发送成功的概率反而小。

IEEE 802.3 采用的就是 CSMA/CD 介质访问控制协议，并使用二进制指数退避算法和“1-坚持”算法，在低负载下，当介质空闲时，要发送帧的站点就能立即发送；在重负载下，仍能保证系统稳定。它是基带系统，使用曼彻斯特编码，通过检测信道上的信号存在与否来实现

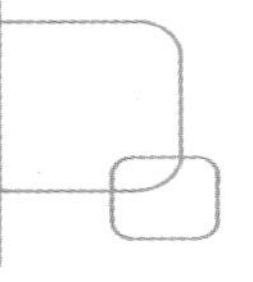

载波侦听。发送站的收发器检测冲突，如果发生冲突，那么收发器的电缆上的信号超过收发器本身发送的信号幅度。在介质上传播的信号会发生衰减，为了正确检测出冲突信号，以太网限制电缆的最大长度为 500m。

2．令牌总线

令牌总线介质访问控制协议是 IEEE802.4，ARCNET 就是令牌总线网络。令牌总线类似于令牌环，每个站点都可以侦听其他站点所发的信息，只有持有令牌的站可以发送信息。令牌总线采用总线型拓扑结构，因此具有 CSMA/CD 结构简单、轻负载下延时小的优点，并具有重负载时效率高、公平访问和传输距离较远的优点，还具有传送时间固定、可设置优先级等优点。其缺点是比较复杂、时间开销大、工作站必须等多个无效的令牌传送完后才可获得令牌。

IEEE802.4 令牌总线网络在物理总线上建立一个逻辑环。从物理上来看，这是一种总线结构的局域网，和总线一样，站点共享的传输介质为总线。但是，从逻辑上来看，这是一种环形结构的局域网，接在总线上的站组成一个逻辑环，每个站被赋予一个顺序的逻辑位置。令牌总线网提供 1 个任选的 4 级优先级控制机制，级别为 0（最低级）、2、4、6（最高级）。令牌总线的实现原理是，用令牌控制对介质的访问，只有令牌持有者能控制总线，具有发送信息帧的权利，它可以发送一帧或多帧。令牌按一定的规则在网上的各站点直接循环传递，从而形成一个逻辑环，每个站点在环中有一个指定的逻辑位置，它由 3 个地址决定：本地地址、先行站地址和后继站地址。网上各站可以不参加组成的逻辑环。环的组建/初始化/维护、站的插入和退出、令牌的维护是由 MAC 控制帧实现的。

令牌总线介质访问控制方法主要包括逻辑环的初始化、令牌的传递、插入环、退出环和故障管理等操作。

西门子现场总线 Profibus-DP 由 DP 1 类主站（DPM1，中央可编程控制器）、DP 2 类主站（DPM2，可编程、组态、诊断的设备）和 DP 从站（进行输入/输出信息采集/发送的设备）等构成，为了支持同一总线上的主站-主站（主主）通信和主站-从站（主从）通信模式，在数据链路层协议的 MAC 部分采用受控访问的令牌总线和主从方式，其中，令牌总线与局域网 IEEE802.4 协议一致。令牌在总线上的主站之间按地址编号顺序沿上行方向进行传递。持有令牌的主站获得总线控制权，该主站按照主从关系表进行主从通信，或按照主主关系表进行主主通信。主从方式的数据链路协议与局域网标准不同，它符合 HDLC 中的非平衡正常响应模式。

2.4.5 网络体系结构与参考模型

1．网络体系结构

网络体系结构（Network Architecture）用于完成计算机间的通信，把计算机互联的功能层次化，并明确规定同层实体通信的协议及相邻层之间的接口服务。因此网络体系结构是计算机网络分层、各层协议、功能和层间接口的集合。不同的计算机网络在层的数量、名称、内容和功能，以及各相邻层之间的接口方面都是不一样的，然而，它们的共性是每一层都是为它的邻接上层提供一定的服务而设置的，而且各层之间是相互独立的，高层不必知道低层的实现细节。这样，网络体系结构就能做到与具体的物理实现无关，只要它们遵守相同的协议就可以实现互联和操作。

传输控制协议/网际协议（Transmission Control Protocol/Internet Protocol，TCP/IP）模型和OSI 参考模型是目前最典型的网络体系结构。TCP/IP 模型的发展比 OSI 参考模型还要早几年，两者的设计目标都是实现异构计算机网络之间的协同工作。OSI 参考模型和协议一开始就是作为国际标准来设计的，但其过于巨大和复杂，实现起来比较麻烦。相反，对于作为美国国防部的一个研究计划的 TCP/IP 模型，最初没有打算使其成为一个国际标准，但令人始料不及的是它成了实际中网络互联事实上的标准，其协议被广泛采用。

2．开放式系统互联参考模型

OSI 参考模型将通信会话需要的各种进程划分成 7 个相对独立的功能层次，这些层次的组织是以在一个通信会话中事件发生的自然顺序为基础的，如图 2.18 所示。

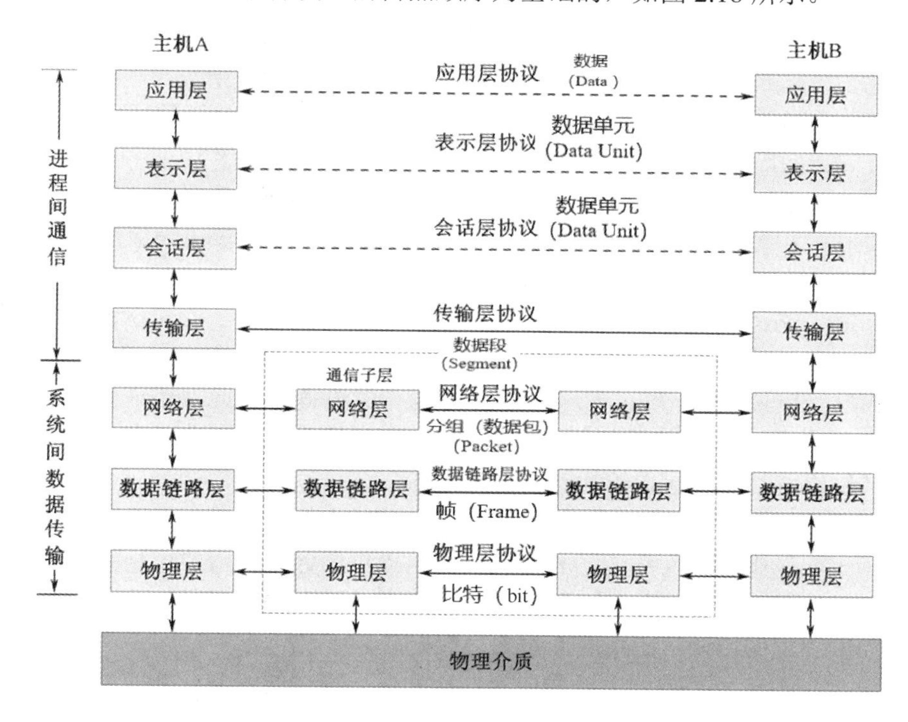

图 2.18　OSI 参考模型示意图

OSI 参考模型中的 7 个层次是：物理层、数据链路层、网络层、传输层、会话层、表示层和应用层，其中，后 4 层也称为主机层，主要面向用户；前 3 层称为网络层或介质层，主要负责通信功能，常以硬件和软件相结合的方式实现。具体的网络分层关系及作用如下。

（1）物理层（PHYsical Layer，PHY）：OSI 参考模型的第 1 层。物理层定义了电气、机械、有关程序和功能的技术规范，目的是维护和激活终端系统之间的物理链接，最终把比特流转换成电、光等信号进行传输。中继器、集线器属于典型的物理层设备。

以 Profibus-DP 现场总线为例，其物理层与 ISO/OSI 参考模型的第 1 层相同，采用 RS-485 标准，根据数据传输速率的不同，可选用双绞线和光纤两种传输介质。Profibus-DP 通信采用半双工方式，编码方式为 NRZ（不归零）码，最低有效位（LSB）被第一个发送，最高有效位（MSB）被最后发送。

（2）数据链路层（Data Link Layer）：OSI 参考模型的第 2 层。这一层提供物理链路上的可靠数据传输。数据链路层与物理寻址、网络拓扑结构、线路规程、错误通告、帧的顺序传递和流量控制等有关。网卡、网桥属于典型的数据链路层设备。

例如，Profibus-DP 现场总线数据链路层（FDL）规定介质访问控制、帧格式、服务内容、物理层、数据链路层的总线管理服务 FMA1/2。介质访问控制（MAC）层描述了 Profibus 采用的混合访问方式，即主站与主站之间的令牌传递方式，主站与从站之间的主从方式，主站通过获取令牌获得访问控制权。Profibus 规定帧字符由 11 位组成，即 1 个起始位、8 个数据位、1 个奇偶校验位和 1 个停止位。FDL 层提供 4 种服务：SDA（发送数据要应答）、SRD（发送和请求回答的数据）、SDN（发送数据无须应答）、CSRD（循环性发送和请求回答的数据）。DP 总线的传输依靠 SDN 和 SRD 这两种 FDL 服务。FMA1/2 的功能主要有强制复位 FDL 和 PHY、设定参数值、读状态、读事件及进行配置等。

（3）网络层（Network Layer）：OSI 参考模型的第 3 层。本层提供两个终端系统之间的连接和路径选择。网络层传输的是数据包。路由器、多层交换机、防火墙等属于典型的网络层设备。

（4）传输层（Transport Layer ）：OSI 参考模型的第 4 层。本层负责两个端节点之间的可靠网络通信。传输层提供机制来建立、维护和终止虚电路，并传输错误检测和恢复信息，并进行信息流量控制。传输层传输的是数据段。

（5）会话层（Session Layer）：OSI 参考模型的第 5 层。此层负责建立、管理和停止应用程序会话和管理表示层实体之间的数据交换。会话层传输的是数据单元。

（6）表示层（Presentation Layer）：OSI 参考模型的第 6 层。此层保证某系统的应用层发出的信息能被另一个系统的应用层读懂。表示层与程序使用的数据结构有关，从而成为应用层处理数据传输语法。表示层传输的是数据单元。

（7）应用层（Application Layer）：OSI 参考模型的第 7 层。此层为处于 OSI 参考模型之外的应用程序（如电子邮件、文件传输和终端仿真）提供服务。应用层识别并确认欲通信合作伙伴的有效性（并连接它们所需要的资源），以及同步合作的应用程序，建立关于差错恢复和数据完整性控制步骤的协议。应用层传输的是数据。

OSI 参考模型定义了开放式系统的层次结构和各层提供的服务，其成功之处在于清晰地分开了服务、接口和协议这 3 个容易混淆的概念。当然，由于种种原因，目前还没有一个完全遵循 7 层 OSI 参考模型的网络体系。

可以这样理解基于 OSI 参考模型的数据通信：当数据要通过网络从一个节点传输到另一个节点时，要从高层一层一层往下传，每一层协议都要在数据包上加对应的头部，这个过程称为数据封装。最终在物理层把二进制比特流数据转换为适合在相应介质上传输的信号（电信号、光信号、微波信号等）并进行传输。数据包到达目标主机后，主机将删除这些添加的头部信息，并根据报首中的信息决定如何将数据沿协议栈向上传给合适的应用程序。这个过程称作数据解封。通过数据解封，接收端的应用程序可以得到发送方发送的数据。

实际的各类总线一般不会使用上述 7 层。例如，Profibus-DP 使用了 OSI 参考模型的第 1 层和第 2 层，由这两部分形成了其标准第一部分的子集。其用户层包括直接数据链路映像

（DDLM）和用户接口，用户接口详细说明了各种不同 Profibus-DP 设备的设备行为，DDLM 将所有在用户接口中传送的功能都映射到 FDL 和数据链路层的总线管理服务，即从第 2 层直接链接到用户层，而没有使用 3～7 层。

3．TCP/IP 参考模型

TCP/IP 是用于计算机和其他设备在网络上通信的一个协议族，其名字是由这些协议中的两个重要协议组成的，即传输控制协议（TCP）和网络互联协议（IP）。TCP/IP 是一个开放的协议标准，独立于特定的计算机硬件与操作系统，特别是它具有通用的网络地址分配方案，使得在网络中的地址都具有唯一性，还提供了多种可靠的用户服务，使得 TCP/IP 被广泛应用于各种网络，成为 Internet 的通信协议。

TCP/IP 参考模型使用多层体系结构，主要有 4 层模型和 5 层模型，OSI 参考模型与 TCP/IP 参考模型的对比示意图如图 2.19 所示。TCP/IP 4 层模型具体如下。

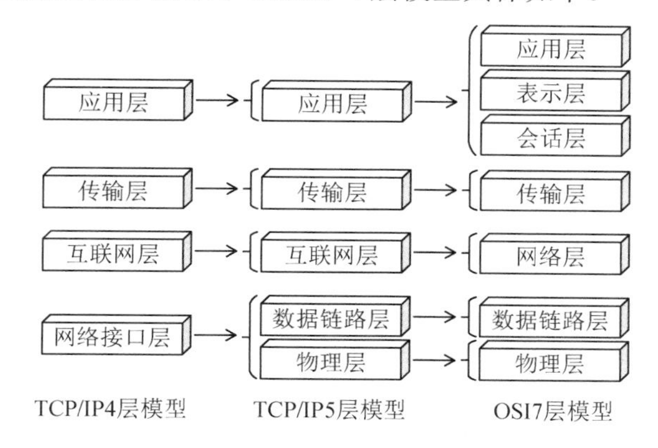

图 2.19　OSI 参考模型与 TCP/IP 参考模型的对比示意图

（1）网络接口层：网络接口层与 OSI 参考模型中的物理层和数据链路层相对应。事实上，TCP/IP 本身并未定义该层的协议，而由参与互联的各网络使用自己的物理层和数据链路层协议，然后与 TCP/IP 4 层模型的网络接口层进行连接。

（2）互联网层：互联网层对应于 OSI 参考模型的网络层，主要解决主机到主机的通信问题。该层有四个主要协议：网际协议（IP）、地址解析协议（ARP）、反向地址解析协议（RARP）和互联网控制报文协议（ICMP）。IP 是互联网层最重要的协议，它提供的是一个不可靠、无连接的数据报传递服务。Wireshark 这类抓包工具就是从该层抓取数据包的。

（3）传输层：传输层对应于 OSI 参考模型的传输层，为应用层实体提供端到端的通信功能。该层定义了两个主要的协议：传输控制协议（TCP）和用户数据报协议（UDP）。

（4）应用层：应用层为用户提供所需要的各种服务，如 FTP、Telnet、DNS、SMTP 等。

OSI 参考模型和 TCP/IP 参考模型都是局域独立的协议栈概念，它们的功能大体相似，它们的传输层及其以上的层都以应用为主导。两者的不同之处主要表现在虽然两者都采用了层次结构的概念，但层次数量不同。此外，TCP/IP 参考模型一开始就考虑了多种异构网的互联问题，而 ISO 参考模型最初只考虑使用一种标准的公共数据网将各种不同的系统互联在一起。TCP/IP 参考模型一开始就对面向连接和无连接并重，而 OSI 参考模型在开始时只强调面向连接。

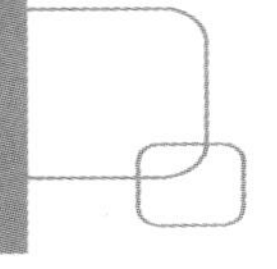

2.4.6 SCADA 等工业控制系统典型网络结构

1. 不同厂家工业控制系统的网络结构的相似性

无论是 DCS 还是 SCADA 系统，都要实现复杂的控制、管理和监控等任务，这些任务对数据有不同的需求。例如，控制层要求实时数据采集和控制，而管理层处理事务性的数据，对实时性的要求较低。为了提高网络通信效率，便于网络管理，防止网络拥塞，目前多数的工业控制系统都有相对成熟的分层、分级网络结构，这些网络结构并不因不同厂家采用不同的网络通信协议而有明显差异。

虽然工业控制系统的分层结构及与之对应的不同类型的总线协议确实给工业自动化系统的信息化带来了深刻的影响，但是，现场总线种类太多，多种现场总线互不兼容，导致不同公司的控制器之间、控制器与远程 I/O 及现场智能单元之间在实时数据交换上还存在很多障碍，同时异构总线网络之间的互联成本较高，这些都制约了现场总线的进一步应用。

工业以太网具有价格低廉、稳定可靠、通信速率高、软硬件产品丰富、应用广泛及支持技术成熟等优点，已成为最受欢迎的通信网络之一。为了适应工业现场的应用要求，各种工业以太网产品在材质、产品强度、适用性、可互操作性、可靠性、抗干扰性、本质安全性等方面都不断做出改进。特别是为了满足工业应用对网络可靠性的要求，各种工业以太网的冗余功能应运而生。为了满足工业控制系统对数据通信实时性的要求，多种应用层协议被开发。目前 Modbus TCP、Profinet、Ethernet/IP 等应用层协议的工业以太网已经得到广泛支持，基于上述协议的各种类型的控制器、变频器、远程 I/O 等已大量面世，以工业以太网为统一网络的工业控制系统集成方案已被主流工业控制设备商接受，在实践中得到成功应用。

图 2.20 所示为罗克韦尔基于 Ethernet/IP 工业以太网的工业控制系统结构示意图。该系统摒弃了传统的控制网（Controlnet）和设备网（Devicenet），全部采用工业以太网，实现 Ethernet/IP 一网到底。第三方设备可以通过网关连接到 Ethernet/IP 网络上。这种采用一种网络的系统结构的好处是整个控制系统更加简单，设备种类减少，从厂级监控到现场控制层的数据通信更加直接。

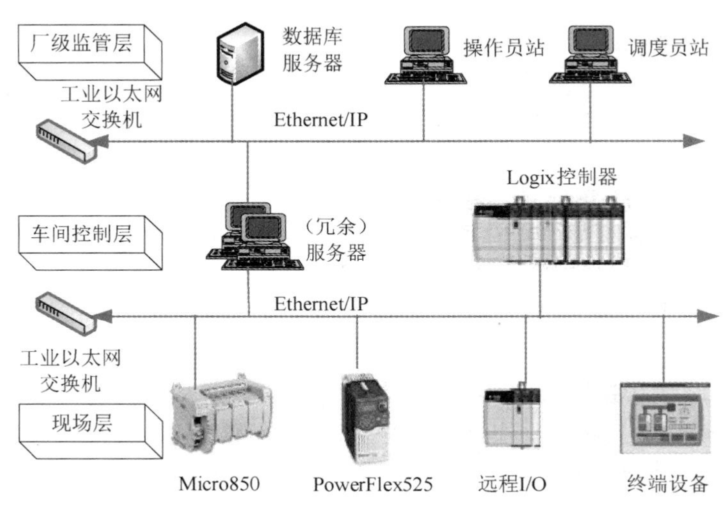

图 2.20　罗克韦尔基于 Ethernet/IP 工业以太网的工业控制系统结构示意图

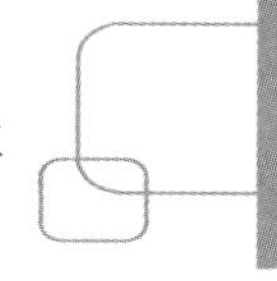

在上述系统中，罗克韦尔所有支持 Ethernet/IP 的控制器（Micro800 系列、SLC 系列、Logix 系列等）、远程 I/O、伺服驱动器、变频器、人机界面、按钮与指示灯等都可以实现以太网通信。

2．西门子 PCS7 系统典型网络结构

PCS7 系统由操作员站（OS）、工程师站（ES）、控制站（AS）、分布式 I/O、现场设备、通信网络等组成。作为面向流程工业的大型工业控制系统，PCS7 实现了从底层控制到上层监控和管理的综合自动化功能。西门子 PCS7 系统的网络结构示意图如图 2.21 所示，可分为四层，自底向上具体如下。

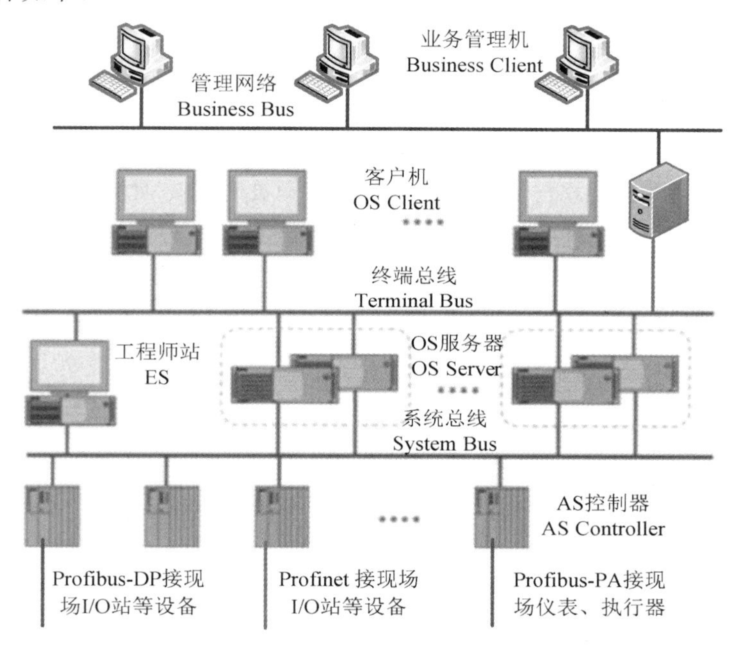

图 2.21　西门子 PCS7 系统的网络结构示意图

（1）现场总线。

现场总线包括 Profibus-DP、Profibus-PA 和工业以太网 Profinet。这些网络分别连接大量分布在现场的设备，包括远程 I/O、变频器、伺服驱动器、各类检测仪表、执行器等。Profibus-PA 设备要通过 DP/PA 耦合器与控制站的 DP 接口通信。某些情况下，现场总线下还有设备总线（Actuator Sensor Interface，ASI）。ASI 总线系统通过主站中的网关可以和多种现场总线（如 FF、Profibus、CANbus）相连接。ASI 总线可连接各种传感器和执行器。相比而言，现场总线是工业控制系统网络中比较复杂且最为重要的一层。

（2）工厂总线（Plant Bus，又称系统总线 System Bus）。

工厂总线用于 PC 和控制器（AS）之间的通信，例如，OS 服务器/单站和 AS 控制器之间的通信，以及 ES 和 AS 控制器之间的通信。

（3）终端总线（Terminal Bus）。

终端总线用于 PC 之间的通信，例如，客户机和服务器之间的通信，以及工程师站和 OS 服务器之间的通信。

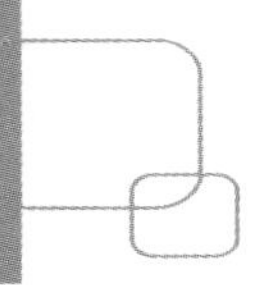

工厂总线和终端总线采用的都是符合 IEC802.3 标准的工业以太网 Profinet，传输介质可以是工业用双绞线或光纤。每个 PC 站都必须配置独立的网卡分别部署在两个总线中。因此，PC 站至少需要两个网卡，对于冗余的 PC 站，还可以用第三个网卡来支持 OS 服务器间的同步。在项目规划时，需要为工厂总线和终端总线配置不同的 IP 网段。

（4）管理网络。

管理网络主要连接企业的管理系统，包括 MES 及 ERP 等。由于这层对数据的实时性等没有特殊要求，因此采用标准的以太网。在开发一般的工业控制系统时，只涉及管理级以下的三级网络。

3．AS 站与 I/O 站连接时的典型网络结构

（1）AS 单站时的网络结构。

图 2.22 所示为西门子 AS 控制器与 Profinet IO 连接时的 AS 单站网络拓扑结构示意图，采用的网络为工业以太网 Profinet，AS 控制器通过 Profinet 与 Profinet IO（ET200S、ET200SP 等）通信。西门子 AS 控制器与 Profinet IO 通信可以在任何交换机网络中进行，对网络拓扑结构没有要求（星形、树形、总线型、环形或混合型均可），对交换机也没有特殊要求。只是在考虑实时性、MRP（介质冗余协议）、拓扑等高级功能时需要对交换机进行选择。例如，可选择西门子 SCALANCE 系列交换机。西门子 SIMATIC 的 Profinet 设备一般具有多个 Profinet 接口（以太网控制器/接口），若每个 Profinet 接口具有 2 个以上端口（物理连接件），则可组成环形结构；若每个 Profinet 接口具有 3 个以上端口，则该设备还支持树形结构。需要注意的是，同一个 Profinet 接口下的端口共享同一个 MAC 地址、IP 地址和 Profinet 设备名。

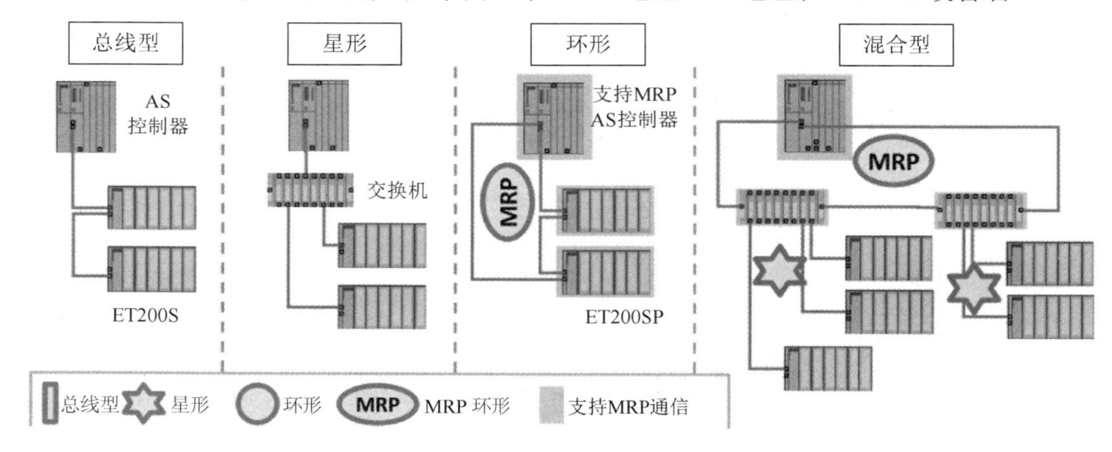

图 2.22　西门子 AS 控制器与 Profinet IO 连接时的 AS 单站网络拓扑结构示意图

（2）AS 冗余时的网络结构。

图 2.23 所示为西门子 AS 控制器与 Profinet IO 连接时的 AS 冗余系统的网络拓扑结构示意图。所谓 AS 冗余，是指采用 2 个 AS 控制器组成了冗余控制器。一般是 2 套 CPU 模块、2 个电源和 2 个以太网模块及光纤等。其中，在总线型结构中，远程 I/O 也进行了冗余，因此属于高可用性。而星形结构 I/O 没有冗余，属于标准可用性。这里需要注意的是，图 2.23 中的混合型网络拓扑结构是总线型与星形混合而成的，而图 2.22 中的混合型是环形与星形混合而成的，这是因为图 2.23 中的冗余控制器是通过两个独立 Profinet 接口接入网络的，这两个

Profinet 接口并没有连接而使网络闭合，因此是总线型。在图 2.22 中，一个控制器的同一个 Profinet 接口的两个端口接入网络，使得网络闭合，从而构成 MRP 环形网络结构。

需要说明的是，MRP 冗余属于介质冗余，不是协议冗余。就是当环形网络中有一个设备发生故障后，环形网络变成了总线型结构，系统通信正常，可以在线维修。MRP 网络不支持 AS 环形冗余（2 个环形网络冗余），西门子私有的高速冗余环 HSR 协议支持该结构。

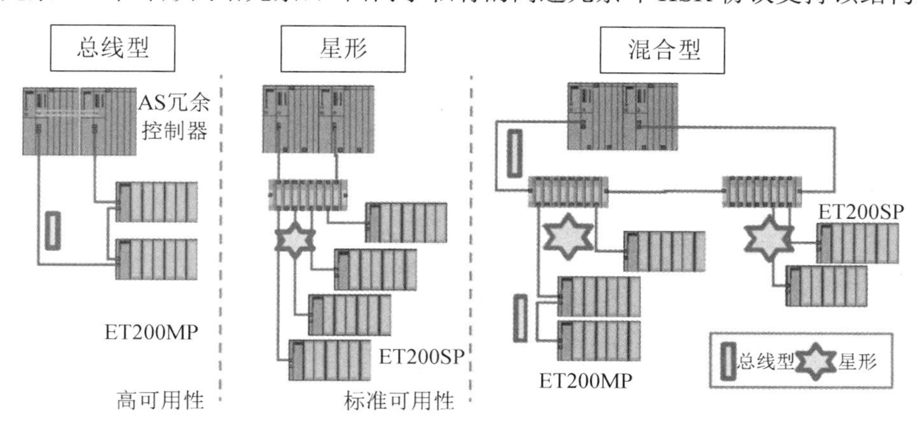

图 2.23　西门子 AS 控制器与 Profinet IO 连接时的 AS 冗余系统的网络拓扑结构示意图

2.5　TCP 与 UDP 及其在 SCADA 系统中的应用

2.5.1　TCP

1. TCP 概述

传输控制协议（TCP）为同一网络中或者连接到一个互联网络系统的成对计算机提供可靠的主机到主机的通信协议。其主要目的是为驻留在不同主机的进程之间提供可靠的、面向连接的数据传送服务。在网络体系结构中，TCP 的上层是应用程序，下层是 IP，TCP 可以根据 IP 提供的服务传送大小不等的报文，IP 负责对报文进行分段、重组，并在多种网络上传送。

为了在并不可靠的网络上实现面向连接的可靠的数据传送，TCP 必须解决可靠性、流量控制等问题，必须能够为上层应用程序提供多个接口，同时为多个应用程序提供数据，而且必须解决连接问题，这样 TCP 才能称为面向连接的可靠的协议。

2. TCP 报文段的结构

TCP 虽然是面向字节流的，但 TCP 传送的基本数据单元是报文段，一个 TCP 报文段分 TCP 报首和 TCP 数据两部分，其中很关键的就是 TCP 报首，TCP 的全部功能都体现在 TCP 报首的各个字段中。IP 数据包与 TCP 报文段格式如图 2.24 所示。限于篇幅，这里不对 IP 包头进行介绍。报文、包、段、数据报、帧、比特等术语，可以理解为要传输的基本数据单元在网络不同层的叫法。

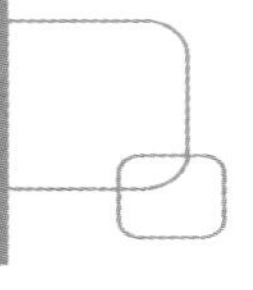

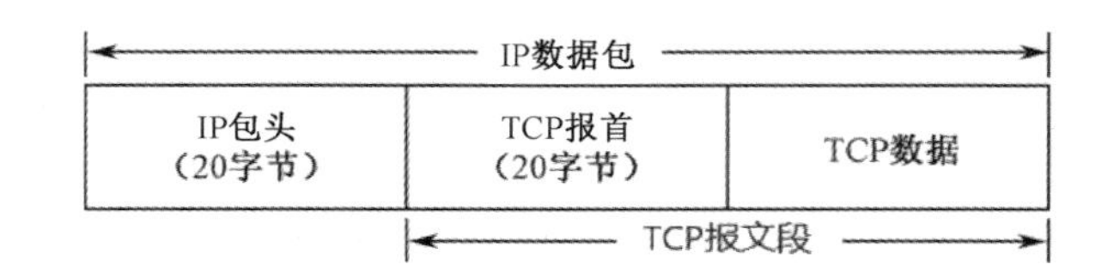

图 2.24　IP 数据包与 TCP 报文段格式

TCP 报文段格式与 Wireshark 抓包对照图如图 2.25 所示。由于利用 Wireshark 抓包工具可以更好地学习网络通信知识，因此这里结合 Wireshark 抓包进行介绍。图 2.25 把 TCP 协议体系及 TCP 报文段与 Wireshark 抓取的数据包进行了对照，其中，没有展开 Flags 包含的字段。可以看到，TCP 报首共有 20 个字节的固定长度和可变报首。当有选项时，可根据 4 位报首长度计算可变报首长度。例如，假设 4 位报首长度是二进制 0011（对应十进制为 3），表示可变报首为 3×4=12 字节，这里的 4 表示 4 位报首计算出来的数据的单位是 4 字节。这样，TCP 报首总长就为 20+12=32 字节。根据该原理，可以算出可变报首长度最大值为 40 字节。

报首中首先是各 2 个字节的源端口号和目的端口号。然后是 4 字节的序号和 4 字节的确认序号。序号用来标识从 TCP 发送端向 TCP 接收端发送的数据字节流，它表示在这个报文段中的第一个数据字节。若将字节流看作两个应用程序间的单向流动，则 TCP 用序号对每个字节进行计数。序号是 32 位的无符号数，序号到达 231 后又从 0 开始。存在同步序列（SYN）时，当建立一个新的连接时，SYN 标志变成 1。序号字段包含由这个主机选择的该连接的初始序号（Initial Sequence Number，ISN）。该主机要发送数据的第一个字节序号把这个 ISN 加 1，因为 SYN 标志消耗了一个序号。确认序号包含发送确认的一端所期望收到的下一个序号，因此，确认序号应当是上次已成功收到的数据字节序号加 1。只有当后面的 ACK 标志为 1 时，确认序号字段才有效。一旦一个连接建立起来，这个字段总是被设置，ACK 标志也总是被设置为 1。

随后的 4 个字节中主要包括 4 位报首长度、6 位保留位、6 个标志位，这些标志位中的多个可同时被设置为 1。标志位的含义如下。

- URG：紧急指针（URGent Pointer）有效。
- ACK：确认序号有效。
- PSH：接收端应该尽快将这个报文段交给应用层。
- RST：重建连接。
- SYN：同步序号，用来发起一个连接。
- FIN：发送端完成任务发送。

标志位后是 16 位窗口大小声明段，表示发送者可接收的字节数，该编号以确认字段编号的首位开始。

16 位校验和证明报文传送无误，若传送错误，则丢弃该报文。

16 位紧急指针是一个正的偏移量，与序号字段中的值相加表示紧急数据最后一个字节的序号。只有在 URG 置位时才有效，紧急方式是发送端向另一端发送紧急报文的一种方式。

选项属于报首的长度可变部分，TCP 提交给 IP 层的最大分段大小 MSS 就属于可选项中的内容。

在 TCP/IP 通信中，每个 TCP 报文段都包含源端和目的端的端口号，用于寻找发送端和接收端的应用进程。这两个值加上 IP 数据包中的源 IP 地址和目的 IP 地址，可以唯一确定一个 TCP 连接。有时，一个 IP 地址和一个端口号也称为一个套接字（Socket），套接字对（Socket Pair，包含客户 IP 地址、客户端口号、服务器 IP 地址和服务器端口号的四元组）可以唯一确定互联网络中每个 TCP 连接的双方。

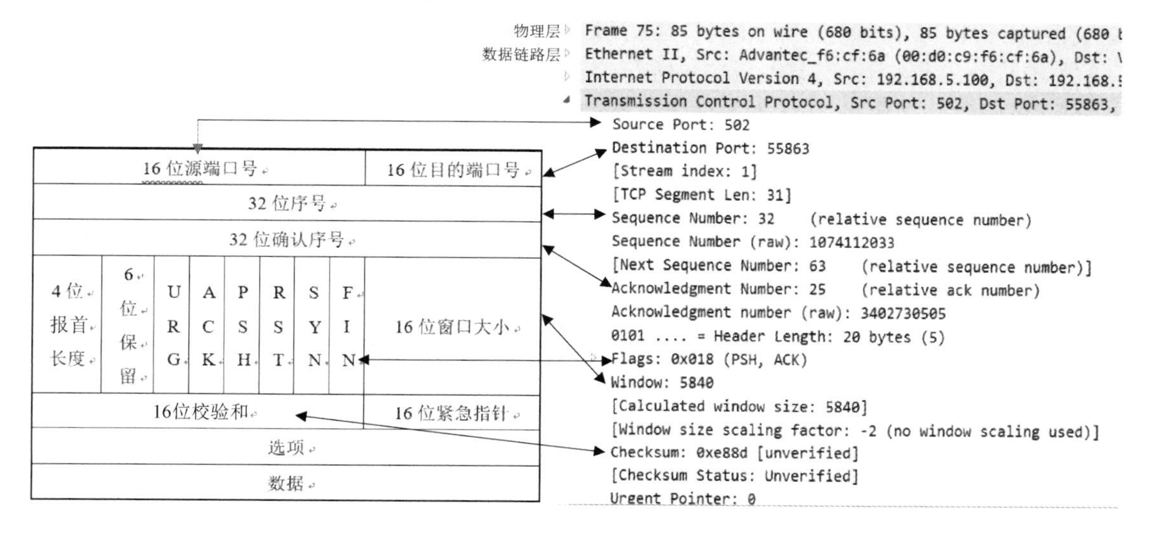

图 2.25　TCP 报文段格式与 Wireshark 抓包对照图

图 2.26 所示为 Modbus TCP 中的 TCP 报首，共 20 个字节。其中，十六进制 ea 53 就表示 16 位源端口号 59987。TCP 报首后面的就是 Modbus TCP 报文。对于图 2.26 中的其他参数，读者可以结合报文段的结构进行分析。

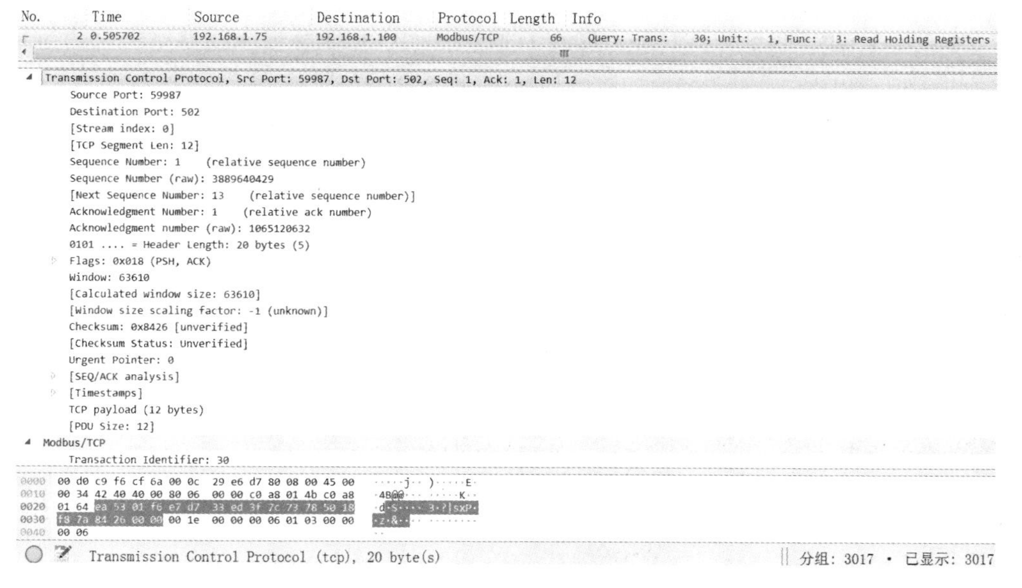

图 2.26　Modbus TCP 中的 TCP 报首

3. TCP 连接的建立和终止

TCP 栈支持同时建立两个 TCP 连接：一个为主动连接，另一个为被动连接。TCP 是基于连接的协议，因为必须保持对 TCP 连接状态的监视并将与状态有关的信息保存在发送控制块中，而 TCP 连接状态的改变由 TCP 的软件状态机来实现。软件状态机又由事件或用户来触发。例如，当监视到一个带有 SYN 标志的 TCP 报文到达时，状态机就将 TCP 连接转换到接收状态，用户也可以手工控制状态机，使其处于发送状态，以建立 TCP 连接。

建立了 TCP 连接后，TCP 通过下列方式来实现数据的可靠传输。

（1）将信息分割成 TCP 认为最适合发送的数据块。即当应用层要发送的数据长度过长时，网络层要把数据分段，每段都要加上 TCP 报首。

（2）当发送方发出一个报文段后，它启动一个定时器，等待接收方确认接收到这个报文段。若不能及时收到确认信息，则重发报文段。

（3）当接收方收到来自 TCP 连接的另一端的报文后，它将发送确认信息。此确认信息不是立即发送的，而是延迟一段时间再发送的。

（4）接收方对收到的报文段进行校验，如果校验结果和收到的报首中的校验和不一致，那么接收方将丢弃这个报文段，并且不会确认收到此报文段，由于发送方收不到确认信息，所以会重发。

（5）TCP 报文段作为 IP 数据包来传输，而 IP 数据包的到达可能失序，因此 TCP 的到达也可能失序。如有必要，TCP 将对收到的报文进行重新排序。

（6）IP 数据包会发生重复，TCP 的接收端必须丢弃重复的报文。

（7）TCP 还能提供流量控制，这将防止较快主机致使较慢主机从缓冲区溢出。

TCP 的数据传输具有 5 个特征：面向数据流、虚电路连接、有缓冲的传送、无结构的数据流和全双工连接。若报文被破坏或丢失，则由 TCP 将其重新传输。

为了建立一条 TCP 连接，必须经过以下 3 次握手过程。

（1）这里以 Wireshark 抓包中的字段为例来说明，TCP 连接第 1 次握手的数据包中的报文分析如图 2.27 所示。客户端发送一个 SYN 包，标志位 SYN=1，这里将发送序号（Sequence Number）置为 0（X）。客户端口号为 55863，服务器端口号为 80。

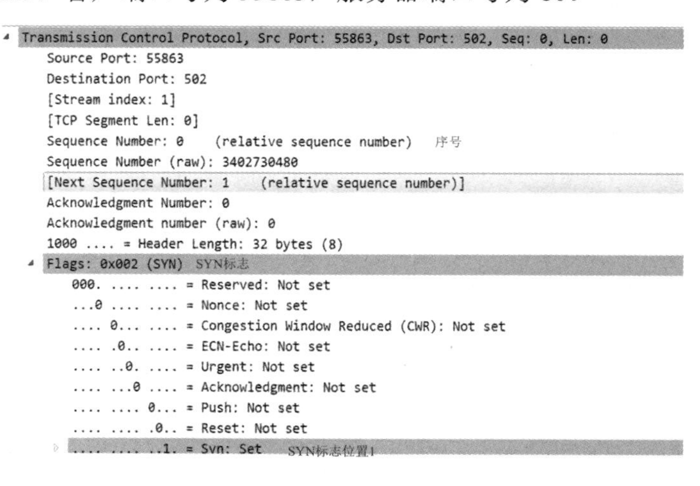

图 2.27　TCP 连接第 1 次握手的数据包中的报文分析

（2）第 2 次握手时，服务器收到 SYN 包后，向客户端返回一个 TCP 报文（端口是从 80 到 53992），其中 SYN=1，ACK=1，并将确认序号（Acknowledgement Number）设置为第 1 次握手时客户发送序号加 1（X+1=0+1=1），设置 SYN 的发送序号为 0（Y）。

（3）第 3 次握手时，客户端收到服务器发来的 ACK 与 SYN 帧后，检查标志位 ACK 是否为 1（只有 ACK 为 1，确认序号才有效）、确认序号是否正确（是否为第 1 次握手时发送序号 X 加 1）。若正确，客户端会再向服务器发送一个 ACK 报文，其中，标志位 SYN=0，ACK=1，并置本次 ACK 的发送序号为第 2 次握手时 SYN 发送序号加 1（Y+1=0+1=1）。至此，TCP 连接建立完成，可以传送报文了。

限于篇幅，没有给出第 2 次和第 3 次握手的 Wireshark 抓包，读者可以自己尝试。

在此过程中，发送第 1 个 SYN 的一端将执行主动打开（Active Open），接收这个 SYN 并发回一个 SYN 的另一端执行被动打开（Passive Open）。

这里再以计算机中的 Kepware 服务器与研华 ADAM-6024 模块的 Modbus TCP 通信为例来说明 3 次握手。计算机网卡的 IP 地址为 192.168.5.75，模块的 IP 地址为 192.168.5.100。OPC 服务器作为客户端，模块作为服务器端。通过 Wireshark 抓包的标志位，可以看到 3 次握手过程，如图 2.28 所示。第 1 个报文标志位［SYN］表示第 1 次握手；第 2 个报文标志位［SYN，ACK］表示第 2 次握手；第 3 个报文标志位［ACK］表示第 3 次握手。

建立一个连接需要 3 次握手，而终止一个 TCP 连接需要经过 4 次握手。因为一个 TCP 连接是全双工的，所以必须单独关闭各个方向。收到一个 FIN 只意味着这一方向上没有数据流动，一个 TCP 连接在接收到一个 FIN 后仍能发送报文。首先进行关闭的一方（发送第 1 个 FIN）将执行主动关闭，而另一方（收到这个 FIN）将执行被动关闭。

Time	Source	Destination	Protocol	Length	Info
105.693240	192.168.5.75	192.168.5.100	TCP	66	55863 → 502 [SYN] Seq=0 Win=8192 Len=0 MSS=1460 WS=256 SACK_P
105.696731	192.168.5.100	192.168.5.75	TCP	60	502 → 55863 [SYN, ACK] Seq=0 Ack=1 Win=5840 Len=0 MSS=1460
105.696870	192.168.5.75	192.168.5.100	TCP	54	55863 → 502 [ACK] Seq=1 Ack=1 Win=64240 Len=0

图 2.28　TCP 连接中的 3 次握手的标志位

2.5.2　UDP

1．UDP 概述

UDP（用户数据报协议）主要用来支持那些需要在计算机之间传输数据的网络应用。众多的客户机/服务器模式的网络系统都使用 UDP。与 TCP 一样，在 TCP/IP 模型中，UDP 位于 IP 层之上、应用程序范围内，UDP 层使用 IP 层传送数据。IP 层的包头表明了源主机和目的主机的地址，而 UDP 层的报首指明了主机上的源端口和目的端口。

UDP 是一个简单的面向数据报的传输层协议，与 TCP 不同，UDP 不对应用层要传输的报文进行分组，而是直接加上 IP 包头，组装成一份待发送的 IP 数据包。若 IP 数据包长度过长，超过最大传输单元 MTU，则在网络层会对数据包进行分片。把分片后的数据段加上 IP 包头传入数据链路层。这与面向流字符的协议不同，如 TCP，应用程序产生的全体数据与真正发送的单个 IP 数据包可能没有什么联系。UDP 和 TCP 相似，同属传输层协议，都作为应用程序和网络传输的中介。

与 TCP 相比，UDP 不提供可靠性，它把应用程序传给 IP 层的数据发送出去，但是并不

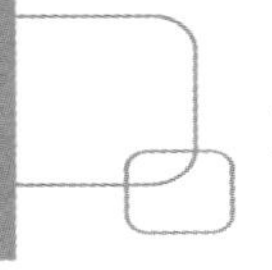

保证它们能到达目的地。但 UDP 提供某种程度的差错控制，它只完成非常有限的差错检验。

2．UDP 数据报（datagram）格式

UDP 位于 IP 层之上，IP 层数据包包括包头和数据，该数据就是 UDP 数据报。UDP 数据报包含 8 字节的 UDP 报首和可变长度的 UDP 数据。IP 数据包的包头指明了源主机和目的主机地址，而 UDP 层的报首指明了主机上的源端口和目的端口。由于 IP 层已经把 IP 数据包分配给 TCP 或 UDP（根据 IP 报首中的协议字段值），因此 TCP 端口号由 TCP 来查看，而 UDP 端口号由 UDP 来查看。TCP 端口号与 UDP 端口号是相互独立的。尽管相互独立，当 TCP 和 UDP 同时提供某种知名服务时，两个协议还是会选择相同的端口号。这纯粹是为了使用方便，而不是协议本身的要求。

UDP 长度字段指的是 UDP 报首和 UDP 数据的字节长度。该字段的最小值为 8 字节（发送一份 0 字节的 UDP 数据报是 0KB）。这个 UDP 长度是有冗余的。IP 数据报长度指的是数据报全长，因此 UDP 数据报长度是全长减去 IP 包头的长度（该值在报首长度字段中指定）。

UDP 的校验和与 IP 的校验和不同。UDP 的校验和覆盖 UDP 报首和 UDP 数据，TCP 也是这样，但 UDP 的校验和是可选的，而 TCP 的校验和是必要的。

UDP 数据报的长度可以为奇数字节，但是校验和算法是把若干个 16 位字相加。解决方法是，必要时在最后增加填充字节 0，这只是为了方便校验和的计算（也就是说，可能增加的填充字节不会被传送）。

2.5.3　基于 TCP 的 Socket 通信及其在 SCADA 数据通信中的应用

在 SCADA 系统中，上位机与服务器多是客户机/服务器结构，这些承担不同功能的网络节点之间广泛使用以太网通信。由于有专门的驱动，因此，一般不需要对这些设备之间的通信进行单独编程。但是，在现场控制层，控制器之间的通信需求会比较多样。一般来讲，某个厂家的自身控制器产品之间的通信方式都比较完善，不需要复杂的编程就可以实现。但当不同厂家之间的控制器进行通信时，一般要在控制器中进行一定的编程，这时 Socket 通信就是一种可以采用的以太网通信方式。特别是当控制器与第三方应用（如 MES）之间有大量数据交换时，更适合采用 Socket 通信。这是因为这种方式具有通信效率高、稳定性好的特点。

1．Socket 的含义

可将 Socket（套接字）看作虚拟出来的应用层与 TCP/IP 协议族通信的中间软件抽象层，它是一组接口。通过 Socket，可以方便地调用 TCP/IP 协议。也就是说，Socket 把复杂的 TCP/IP 协议族隐藏在 Socket 接口后面，对用户来说，用户通过接口就可以实现 Socket 通信，让 Socket 组织数据，以符合指定的协议。

当两台主机的程序要通过网络进行通信时，首先要知道如何识别这两台主机。因此，首先用主机的 IP 地址来识别主机。然而，由于主机中的不同应用程序都可能通过这个 IP 地址与另外的主机通信，因此，还需要识别具体要通信的程序。解决方法就是在 IP 地址上增加端

口号。因此，当通信双方的套接字都有自己的 IP 地址和端口号后，就可以实现网络中的两台主机上相关的应用程序之间的以太网通信了，而实现这种网络通信的一个关键就是 Socket。可以看出，客户机和服务器端都存在 Socket。

网络中的节点无论是利用 UDP 还是利用 TCP 通信，都可以利用 Socket 进行数据传输，但通信双方要约定好协议内容。由于 UDP 是非面向连接的，因此两者的编程是有所不同的。

2．基于 TCP 的 Socket 通信流程

基于 TCP 的 Socket 通信流程如图 2.29 所示。此时，服务器端和客户端两侧各有一个 Socket。在服务器端，首先创建 Socket，然后把 IP 地址和端口号进行绑定，先对端口进行侦听，再调用 Accept 阻塞，以等待客户端连接。如果收到客户端的连接，则建立连接，根据客户端的请求进行数据传输。数据传输完后关闭 Socket，结束会话。

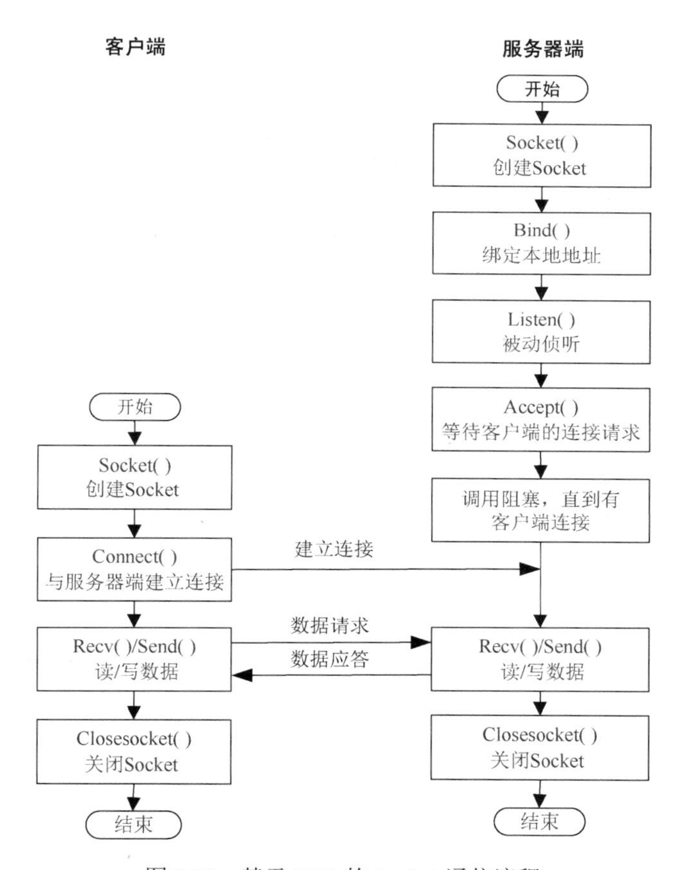

图 2.29　基于 TCP 的 Socket 通信流程

在客户端，首先创建 Socket，然后用 Connect 初始化 Socket，对于 TCP 通信，当经过 3 次握手建立了与服务器的连接后，就可以与服务器进行数据通信了。通信完成后，关闭 Socket，结束会话。

与服务器端在 Listen()之前会调用 Bind()不同，客户端不会调用 Bind()，而是在 Connect()时由系统随机生成一个端口号，这个自动分配的端口号和自身的 IP 地址组合，就完成了客户

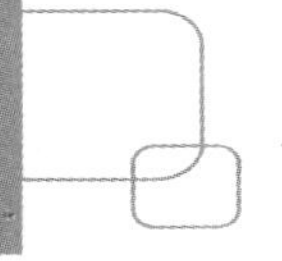

端 Socket 的初始化。

当服务器端与客户端之间通信时，对于要发送出去的数据，都要先从内存复制到发送缓冲区，再通过 DMA 等方式把数据复制到网卡中。同样，对于要接收的数据，也是先从网卡复制到接收缓冲区，再从接收缓冲区复制到内存中用户进程的缓冲区中。

Socket 通信是在应用程序的线程实现的，由于控制器可能会响应多个客户机（上位机）的通信请求，同时，客户机会与多个控制器通信，因此，应用软件一般都要支持多线程。简便起见，图 2.29 中给出的是客户端与服务器端一对一的情况。

3．三菱电机 PLC 的 Socket 通信实例

三菱电机 FX5U 系列控制器的 Socket 通信通过专用指令与通过以太网连接的对方设备（变频器、仪表、控制器等）以 TCP 及 UDP 收发任意数据。要采用 TCP 进行 Socket 通信时，需要设置以下参数。

（1）通信对方侧的 IP 地址及端口号。

（2）CPU 模块（集成以太网接口）的 IP 地址及端口号。

（3）通信对方侧与 CPU 模块侧中的开放侧（Active 开放及 Passive 开放）。

TCP 连接有 Active 开放与 Passive 开放两种动作。在等待 TCP 连接的一侧所指定的端口号中，执行 Passive 开放。TCP 连接侧指定以 Passive 开放等待的端口号后，执行 Active 开放。设置完成后，可以执行 TCP 连接，建立连接后，即可实施通信。这里以 TCP 连接、Active 开放为例加以说明。

首先对 FX5UC 本机自带的以太网端口进行配置，把 Active 连接设备拖拉到窗口中。FX5UC PLC Socket 通信服务器侧以太网配置如图 2.30 所示。设置完通信参数后，就可以在主站（PLC）编写 Socket 通信程序了，如图 2.31 所示。这里，要发送的数据是 6 个字节，放在 D301～D303。要接收的数据长度和数据放在从 D500 开始的寄存器中。通信结束时调用 Socket 关闭函数。程序中的 M3000 是发送数据的指令，在实际系统编程时可以是定时器触点等。Socket 通信函数的详细说明可以参考三菱电机 FX5U 控制器以太网通信手册。

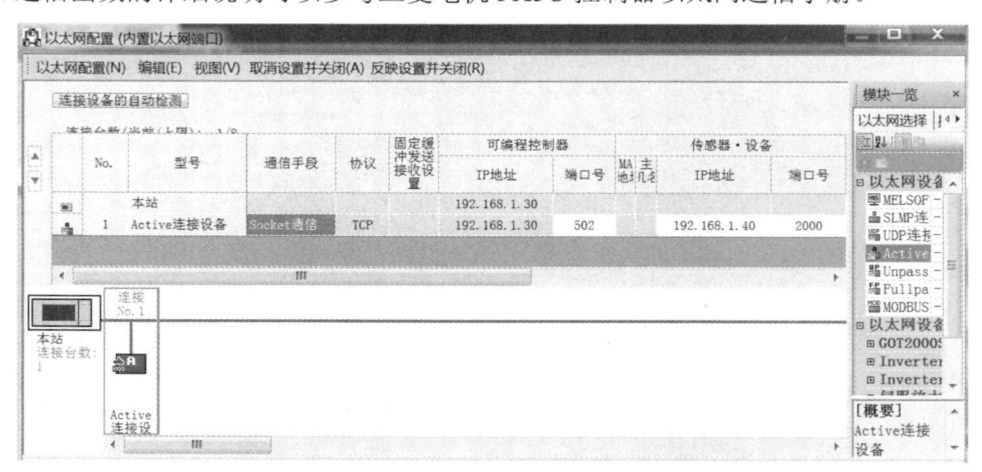

图 2.30　FX5UC PLC Socket 通信服务器侧以太网配置

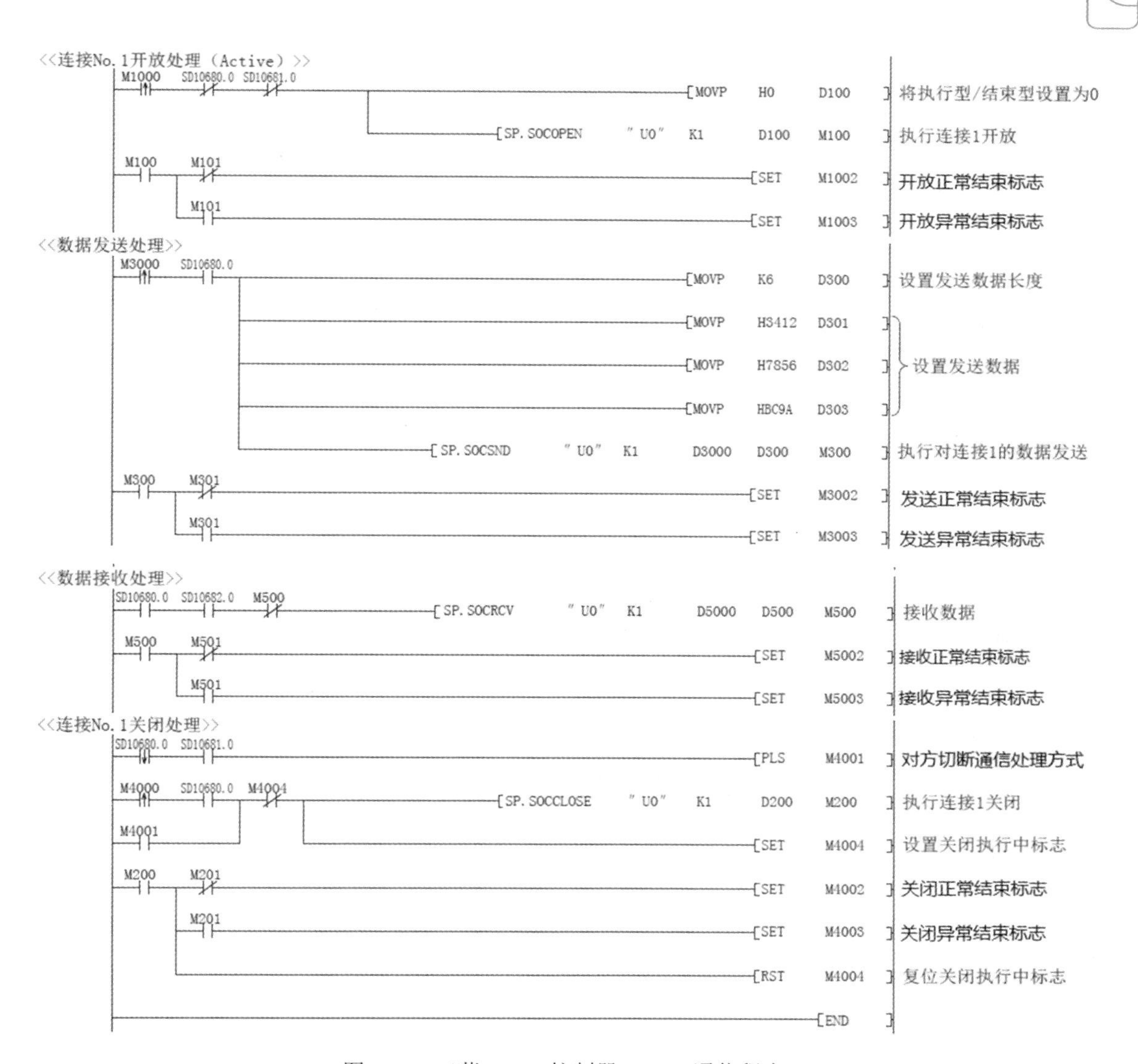

图 2.31　三菱 FX5U 控制器 Socket 通信程序

2.5.4　SCADA 系统中的 TCP 与 UDP 通信

1．三菱 FX5UC PLC 的 TCP 与 UDP 通信

以三菱 FX5UC PLC 为例，通过 Wireshark 抓取应用软件与控制器以太网通信时的数据包来直观了解 TCP 与 UCP 通信。FX5UC 是三菱比较新型的微型 PLC 产品，集成以太网和 RS-485 通信接口，通信能力较以往的产品有大幅提高。

利用 GX Work3 编程软件对 PLC 的通信方式进行配置，设置模块参数中的以太网端口，包括 IP 地址、子网掩码、默认网关设置，如图 2.32 所示。

在控制器组态中，在对象设备连接配置设置中拖入 Modbus TCP 连接，即 FX5UC PLC 可以与一个外部设备进行 Modbus TCP 通信。这里最多可以拖入 8 个 Modbus TCP 连接，即 FX5UC PLC 最多支持同时与 8 个客户端通信。添加通信连接配置，如图 2.33 所示。

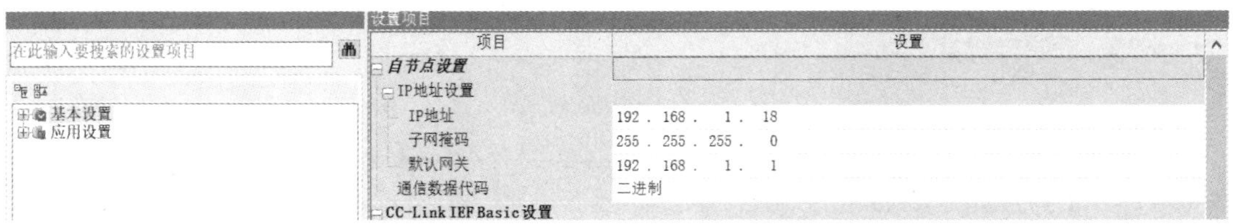

图 2.32　PLC 网络地址设置

设置完成后，在连接方式中选择直接连接，将参数与数据写入 PLC 中。把编程软件 GX Work3 切入监控模式，这时 GX Work3 与 PLC 之间进行数据通信，利用 Wireshark 抓取数据包，如图 2.34 所示，可以看出，PLC 与主机的数据包的目的地址都是广播地址，通信方式是基于 UDP 的广播模式，也就是说，当运行 GX Work3 的主机与控制器进行直接连接时，采用 UDP 通信。

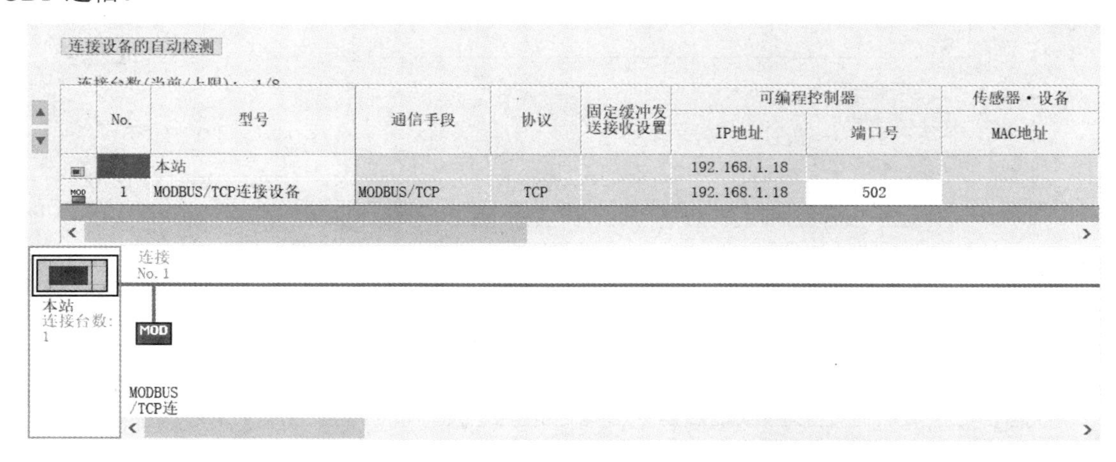

图 2.33　PLC 通信组态增加连接

No.	Time	Source	Destination	Protocol	Length	Info
631	144.198373288	192.168.1.18	255.255.255.255	UDP	70	5560 → 60306 Len=28
632	144.199134282	192.168.1.39	255.255.255.255	UDP	95	60307 → 5560 Len=53
633	144.200082072	192.168.1.18	255.255.255.255	UDP	119	5560 → 60307 Len=77
634	144.200604146	192.168.1.39	255.255.255.255	UDP	98	60308 → 5560 Len=56
635	144.201536224	192.168.1.18	255.255.255.255	UDP	99	5560 → 60308 Len=57
636	144.201980741	192.168.1.39	255.255.255.255	UDP	115	60309 → 5560 Len=73
637	144.203541799	192.168.1.18	255.255.255.255	UDP	99	5560 → 60309 Len=57
638	144.204148698	192.168.1.39	255.255.255.255	UDP	115	60310 → 5560 Len=73
639	144.206107646	192.168.1.18	255.255.255.255	UDP	891	5560 → 60310 Len=849

图 2.34　直连通信数据包

把参数设置下载到 PLC 中，就可以设置通过 TCP 连接的方式了，在连接方式中选择其他连接方式，如图 2.35 所示。输入刚刚设置的 IP 地址，单击搜索，就可以查找到网络上的 PLC，这里发现了 FX5UC PLC。

进行通信测试，在主机中运行 Modbus 客户机模拟软件，实现与 PLC 的 Modbus TCP 通信。利用 Wireshark 抓取数据包，如图 2.36 所示，在数据包中可以看到主机和 PLC 互相 ping 了一下，后续都是 TCP 数据包，读者可以把数据包与 2.5.1 节的内容结合起来看，从而对 TCP 通信有更加直观的了解。

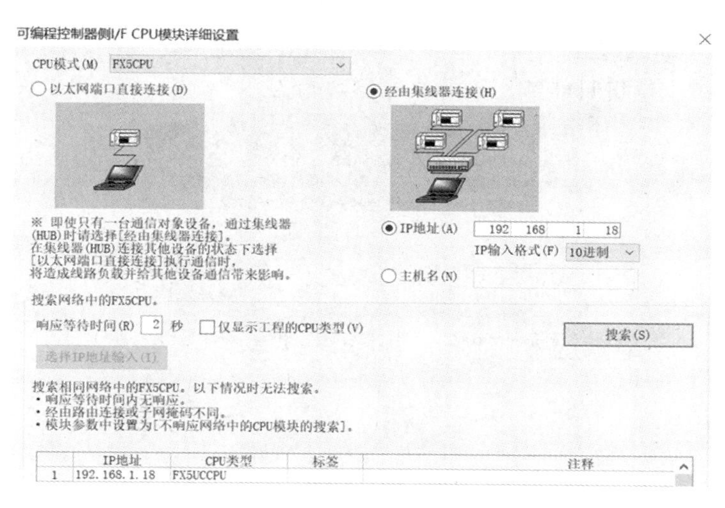

图 2.35　控制器连接设置

ip.addr==192.168.1.18

No.	Time	Source	Destination	Protocol	Length	Info
14	9.313725244	192.168.1.39	192.168.1.18	ICMP	60	Echo (ping) request id=0x0001, seq=171/43776, ttl=64 (reply in 15)
15	9.313908746	192.168.1.18	192.168.1.39	ICMP	60	Echo (ping) reply id=0x0001, seq=171/43776, ttl=64 (request in 14)
16	9.315365630	192.168.1.39	192.168.1.18	TCP	66	57639 → 5562 [SYN] Seq=0 Win=64240 Len=0 MSS=1460 WS=256 SACK_PERM=1
19	9.316195972	192.168.1.18	192.168.1.39	TCP	60	5562 → 57639 [SYN, ACK] Seq=0 Ack=1 Win=5840 Len=0 MSS=1460
20	9.316337686	192.168.1.39	192.168.1.18	TCP	60	57639 → 5562 [ACK] Seq=1 Ack=1 Win=64240 Len=0
21	9.317171647	192.168.1.39	192.168.1.18	TCP	60	57639 → 5562 [PSH, ACK] Seq=1 Ack=1 Win=64240 Len=4
22	9.318181286	192.168.1.18	192.168.1.39	TCP	82	5562 → 57639 [PSH, ACK] Seq=1 Ack=5 Win=5840 Len=28
23	9.319391077	192.168.1.39	192.168.1.18	TCP	107	57639 → 5562 [PSH, ACK] Seq=5 Ack=29 Win=64212 Len=53
24	9.320748899	192.168.1.18	192.168.1.39	TCP	131	5562 → 57639 [PSH, ACK] Seq=29 Ack=58 Win=5840 Len=77
25	9.321529585	192.168.1.39	192.168.1.18	TCP	110	57639 → 5562 [PSH, ACK] Seq=58 Ack=106 Win=64135 Len=56
26	9.323080618	192.168.1.18	192.168.1.39	TCP	111	5562 → 57639 [PSH, ACK] Seq=106 Ack=114 Win=5840 Len=57
27	9.327606331	192.168.1.39	192.168.1.18	TCP	60	57639 → 5562 [FIN, ACK] Seq=114 Ack=163 Win=64078 Len=0
28	9.327988671	192.168.1.18	192.168.1.39	TCP	60	5562 → 57639 [ACK] Seq=163 Ack=115 Win=5840 Len=0
29	9.328563437	192.168.1.18	192.168.1.39	TCP	60	5562 → 57639 [FIN, ACK] Seq=163 Ack=115 Win=5840 Len=0
30	9.328680923	192.168.1.39	192.168.1.18	TCP	60	57639 → 5562 [ACK] Seq=115 Ack=164 Win=64078 Len=0
31	9.479694912	192.168.1.39	192.168.1.18	ICMP	60	Echo (ping) request id=0x0001, seq=172/44032, ttl=64 (reply in 32)
32	9.479904401	192.168.1.18	192.168.1.39	ICMP	60	Echo (ping) reply id=0x0001, seq=172/44032, ttl=64 (request in 31)

图 2.36　TCP 通信数据包

2．组态软件和 PLC 的 TCP/UDP 通信配置

在工业控制系统中，在进行以太网通信时，用户一般可以选择采用 TCP 或 UDP。但由于采用 UDP 一般不需要对端口等进行专门配置，使用方便，因此在传输层大量使用 UDP。这里以三菱 Q 系列 PLC 与组态王及 InTouch 之间的通信组态为例加以说明。

（1）组态王与三菱 Q 系列 PLC 的 UDP 通信配置。

要实现组态王与三菱 Q 系列 PLC 的 UDP 通信，需要对 Q PLC 的以太网通信参数进行配置。这里，PLC 机架的 2 号插槽安装了 QJ71E71-100 以太网通信模块，通过该模块进行通信。添加以太网模块，选择网络类型，填写该模块占用的起始 I/O 号、网络号、组号和站号等，如图 2.37 所示。

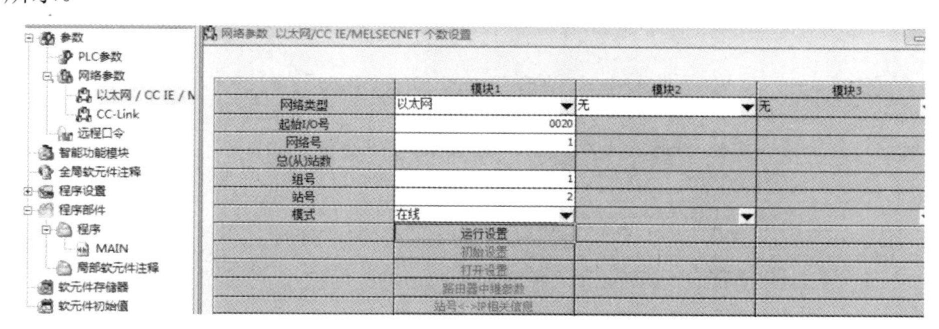

图 2.37　以太网模块参数设置

进行运行设置，如图 2.38 所示。在这里要填写 IP 地址等。其中，要勾选“允许 RUN 中写入”，否则通信时上位机只能读，不能执行参数写入。

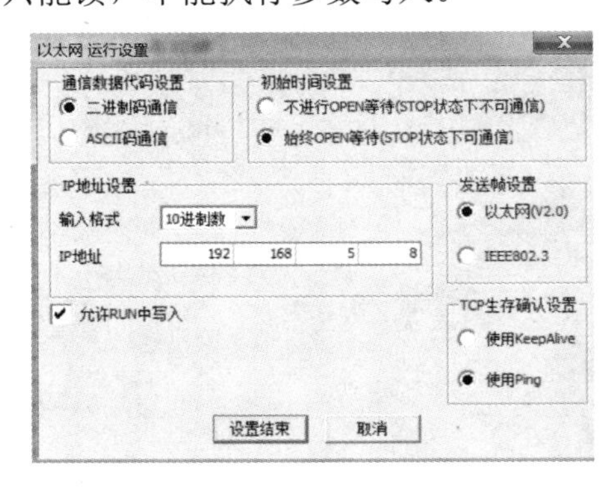

图 2.38　以太网通信运行设置

若采用组态王进行通信，还需要在三菱以太网模块中进行打开设置，如图 2.39 中的第 3 条和第 4 条内容，就是用于组态王与 PLC 进行 UDP 通信的设置。这里需要填写以本站端口号、通信对方 IP 地址和通信对方端口号。把上述设置下载到 PLC 中，PLC 侧的参数设置就完成了。

端口号输入格式　16进制

	协议	打开方式	固定缓冲区	固定缓冲区通信顺序	成对打开	生存确认	本站端口号	通信对方IP地址	通信对方端口号
1	TCP	MELSOFT连接							
2	TCP	MELSOFT连接							
3	UDP		接收	有顺序	成对	不确认	0800	192.168. 5.169	0401
4	UDP		发送	有顺序	成对	不确认	0800	192.168. 5.169	0401
5	TCP	Unpassive	接收	有顺序	成对	确认	1389		
6	TCP	Unpassive	发送	有顺序	成对	确认	1389		

图 2.39　以太网通信的打开设置

需要在组态王软件中添加设备并进行设备参数配置。在本例中，选用的是组态王 7.50SP3，自带的驱动只有以太网 UDP。添加的设备名称是“QJ71E71”，设备添加的关键一步是填写设备地址，如图 2.40 所示。这里填写的是 192.168.5.8:800:401:3，最后的“3”表示连接超时（单位：s），对于其他参数，读者对比 PLC 中的参数设置就可以理解其意义。

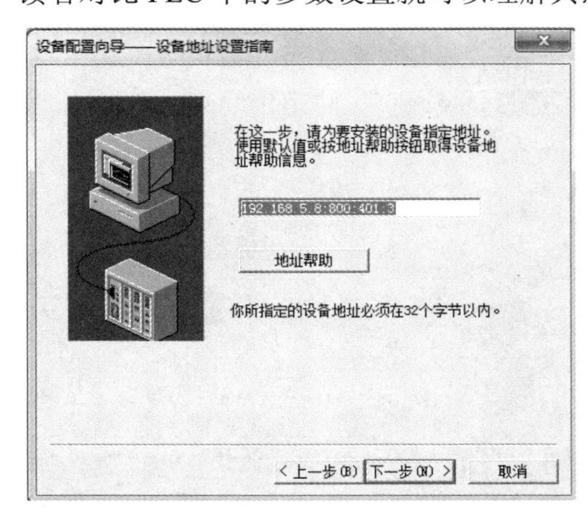

图 2.40　在组态王驱动中设置地址

设备添加完成后，就在数据词典中添加变量。添加一个地址为 D500 的变量，变量名也是 D500，在数据字典中定义设备中的变量，如图 2.41 所示。变量定义的关键是变量类型、连接设备及其寄存器和数据类型要准确，否则即使添加的设备驱动没问题，通信也不会成功。由于该变量要与 PLC 中的寄存器建立映射，因此是 I/O 类型的变量。关于设备添加和变量类型等可以看组态王的驱动帮助文件。

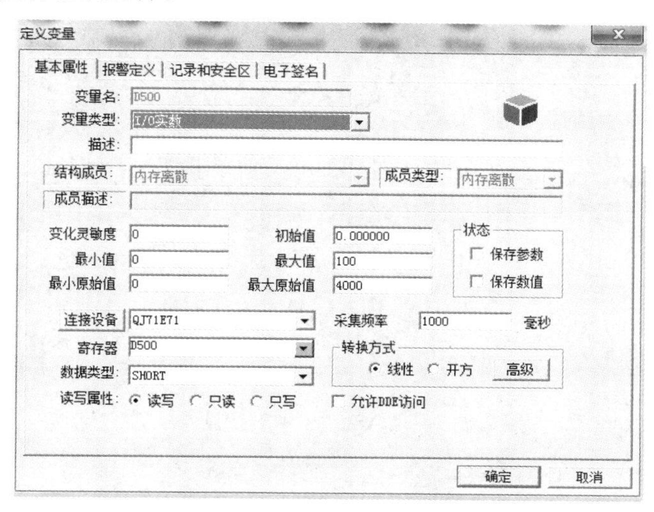

图 2.41　在数据字典中定义设备中的变量

当组态王由开发环境切入运行环境时，若与 PLC 通信成功，则组态王的信息窗口会有以下提示。

```
2021/01/24 15:29:57.332   运行系统: 打开通信设备 "中型PLC以太网" 成功!
2021/01/24 15:29:57.332  Connecting PLC ... Addr:192.168.5.8 Port:2048 Sock:3096
2021/01/24 15:29:57.332   运行系统: 设备初始化成功---QJ71E71  in thread_id=3104
2021/01/24 15:29:57.438   运行系统: comthread线程3104关联了设备: QJ71E71
```

其中，端口号 2048（十进制）对应 PLC 参数中设置的 800（十六进制）。从提示中可以看出，组态王驱动与 PLC 的以太网通信是成功的，而且关联了 QJ71E71 设备。

（2）InTouch 组态软件与三菱 Q 系列 PLC 的 UDP 通信配置。

当采用 InTouch 组态软件（2014R2 版本）与三菱 Q 系列 PLC 通过以太网进行通信时，若采用 UDP 通信，则不需要对 PLC 的以太网通信参数进行打开设置，在上位机的 DAServer 中可以选用默认的参数，即 UDP，端口号为 5000。

若采用 TCP，则需要对 PLC 的端口等进行设置，图 2.42 中的第 5 条和第 6 条就是为与 InTouch 的 TCP 通信而设置的。

在上位机的 DAServer 中进行驱动配置，添加三菱以太网驱动（DASMTEthernet），在该驱动下进行配置，包括添加通道（QPLC）、设备（S1APLC 等）。添加通道时要选择所用的计算机网卡。在 DAServer 中进行设备配置如图 2.42 所示，这里包括 PLC 参数配置和协议配置，这些参数配置都要与 PLC 中的设置一致。在协议配置中，选择 TCP，填写端口号 5001（十进制），该端口号与 PLC 中的打开设置中的 1389（十六进制）是一致的。

DAServer 设置好后，还需要在 InTouch 中添加访问名，如图 2.43 所示。其中，访问名必须与 DAServer 中的设备一致，对于三菱 PLC，应用程序名是 DASMTEthernet，主题名可以与访问名一致，也可以是其他名字。

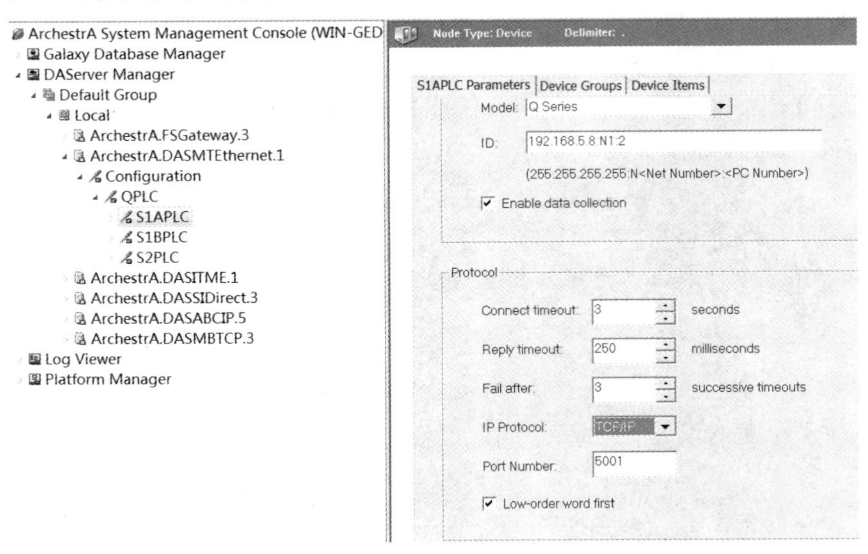

图 2.42　在 DAServer 中进行设备配置

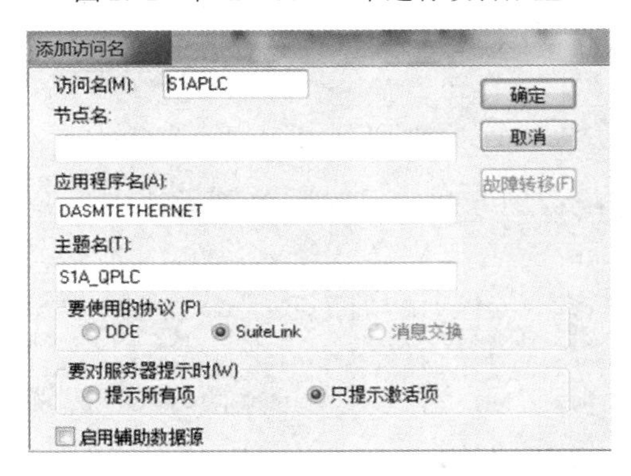

图 2.43　在 InTouch 中添加访问名

在 InTouch 中定义变量时，若是外部变量，则当有多个设备时，需要选对访问名，如图 2.44 所示。

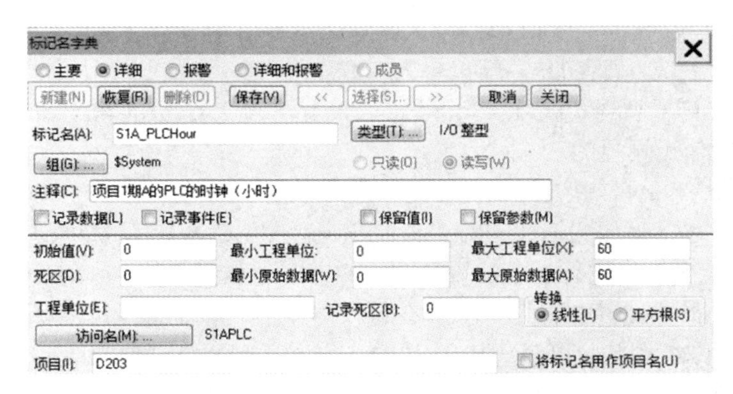

图 2.44　在 InTouch 中进行变量定义

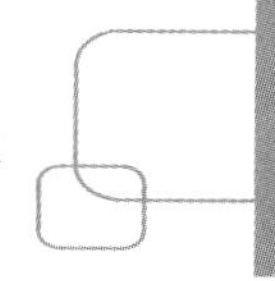

2.6　现场总线与工业以太网

2.6.1　现场总线的体系结构与特点

现场总线原本是指现场设备之间公用的信号传输线。根据 IEC/ISA 定义，现场总线是连接智能现场设备和自动化系统的数字式、双向传输、多分支的通信网络。在过程控制领域，它就是从控制室延伸到现场测量仪表、变送器和执行器的数字通信总线。它取代了传统模拟仪表单一的 4～20mA 传输信号，实现了现场设备与控制室设备间的双向、多信息交换。在控制系统中应用现场总线，一是可以大大减少现场电缆及相应接线箱、端子板、I/O 卡件的数量；二是为现场智能仪表的发展提供了必要的基础条件；三是大大方便了自控系统的调试及对现场仪表运行工况的监视管理，提高了系统运行的可靠性。

现场总线将当今网络通信与管理的概念带入控制领域，代表了自动化控制体系结构发展的一种方向。2003 年 4 月，IEC61158 第 3 版现场总线标准正式成为国际标准，规定 10 种类型的现场总线。根据 2007 年 IEC61158 第 4 版本，已经有 20 种现场总线国际标准，可见标准之多。

现场总线是以 ISO 的 OSI 参考模型为基本框架，并根据实际需要进行简化的体系结构系统，它一般包括物理层、数据链路层、应用层、用户层。物理层向上连接数据链路层，向下连接介质。物理层规定了传输介质（双绞线、无线和光纤等）、传输速率、传输距离、信号类型等。在发送期间，物理层对来自数据链路层的数据流进行编码和调制。在接收期间，它用来自传输介质的控制信息将接收到的数据信息解调和解码，并传送给数据链路层。数据链路层负责执行总线通信规则，处理差错检测、仲裁、调度等。应用层为最终用户的应用提供一个简单接口，它定义了如何读、写、解释和执行一条信息或命令。用户层实际上是一些应用软件，它规定了标准的功能块、对象字典和设备描述等应用程序，给用户一个直观、简单的使用界面。现场总线除具有一对多结构、互换性、互操作性、控制功能分散、互联网络、维护方便等优点外，还具有如下特点。

（1）网络体系结构简单：其结构模型一般仅有 4 层，这种简化的体系结构具有设计灵活、执行直观、价格低廉、性能良好等优点，同时保证了通信速率。

（2）综合自动化功能：把现场智能设备作为网络节点，通过现场总线来实现各节点之间、节点与管理层之间的信息传递与沟通，易于实现各种复杂的综合自动化功能。

（3）容错能力强：现场总线通过使用检错、自校验、监督定时、屏蔽逻辑等故障检测方法，大大提高了系统的容错能力。

（4）提高了系统的抗干扰能力和测控精度：现场智能设备可以就近处理信号并采用数字通信方式与主控系统交换信息，不仅具有较强的抗干扰能力，而且其精度和可靠性得到了大幅提高。

现场总线的这些特点不仅保证了它完全可以适应目前工业界对数字通信和传统控制的要求，而且为综合自动化系统的实施打下了基础。

在现场总线控制系统中，人们通常按通信帧的长短，把数据传输总线分为传感器总线、设备总线和现场总线。传感器总线的通信帧长度只有几个或十几个数据位，属于位级的总线，典型的传感器总线就是 ASI 总线。设备总线的通信帧长度一般为几个到几十个字节，属于字节级的总线，CAN 总线就属于设备总线。

2.6.2 几种典型的现场总线

1．基金会现场总线

基金会现场总线（Foundation Fieldbus，FF）是国际上几家现场总线经过激烈竞争后形成的一种现场总线，由现场总线基金会推出，已经被列入 IEC61158 标准。FF 是为适应自动化系统，特别是过程自动化系统在功能、环境与技术上的需求而专门设计的。FF 适合在流程工业的生产现场工作，能适应防爆安全的要求，还可以通过通信总线为现场设备提供电源。为了适应离散过程与间歇过程控制的要求，近年来还扩展了新的功能块。

FF 的核心技术之一是数字通信。为了实现通信系统的开放性，其通信模型参照了 ISO 的 OSI 参考模型，并在此基础上根据自动化系统的特点进行演变。FF 的参考模型具备 ISO/OSI 参考模型中的 3 层，即物理层、数据链路层和应用层，并按照现场总线的实际要求，把应用层划分为两个子层——总线范围子层与总线报文规范子层。此外，FF 增加了用户层，因此可以将通信模型看作 4 层。物理层规定了信号如何发送；数据链路层规定了如何在设备间共享网络和调度通信；应用层规定了在设备间交换数据、命令、事件信息及请求应答的信息格式；用户层用于组成用户所需要的应用程序，如规定标准的功能块、设备描述，以及实现网络管理、系统管理等。

FF 总线提供了 H1 和 H2 两种物理层标准。H1 是用于过程控制的低速总线，传输速率为 31.25kbps，传输距离分为 200m、450m、1200m、1900m 4 种，支持本质安全设备和非本质安全总线设备。H2 为高速总线，传输速率为 1Mbps（此时传输距离为 750m）或 2.5Mbps（此时传输距离为 500m）。H1 和 H2 每段节点数可达 32 个，使用中继器后可达 240 个，H1 和 H2 可通过网桥互连。

2．过程现场总线（Profibus）

Profibus 是 Process Fieldbus 的缩写，是由 Siemens 公司提出并极力倡导的现场总线，它以 EN50170 和 IEC61158 标准为基础，在制造业自动化、流程工业自动化、楼宇自动化、交通监控、电力自动化等领域得到广泛应用。Profibus-DP（Decentralized Periphery）和 Profibus-PA（Process Automation ）是目前常用的 Profibus 兼容总线协议。

（1）Profibus-DP。

一种高速低成本通信协议，用于设备级控制系统与分散式 I/O 通信。其基本特性同 FF 的 H2 总线，可实现高速传输，适用于分散的外部设备和自控设备之间的高速数据传输，也可用于连接 Profibus-PA 和加工自动化。Profibus-DP 定义了第 1 层、第 2 层和用户接口，未对第 3 层到第 7 层加以描述。用户接口规定了用户、系统及不同设备可调用的应用功能，并详细说明了各种不同 Profibus-DP 设备的设备行为。Profibus 协议层次结构如图 2.45 所示。

Profibus-DP 支持主-从系统、纯主站系统、多主多从混合系统等传输方式。主站周期性地读取从站的输入信息并周期性地向从站发送输出信息。除周期性用户数据传输外，Profibus-DP 还提供智能化设备所需的非周期性通信，以进行组态、诊断和报警处理。

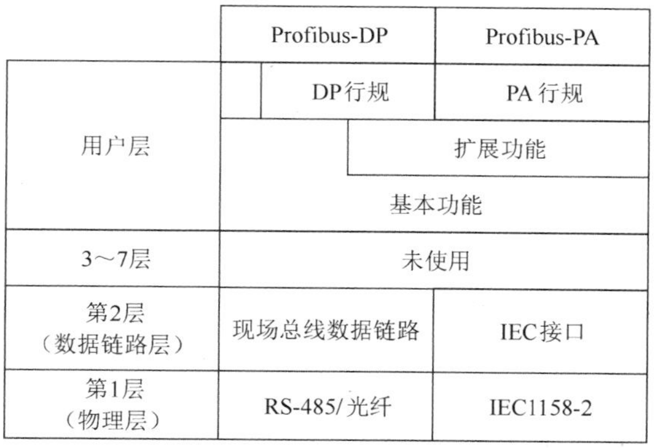

	Profibus-DP	Profibus-PA
用户层	DP行规	PA行规
	扩展功能	
	基本功能	
3～7层	未使用	
第2层（数据链路层）	现场总线数据链路	IEC接口
第1层（物理层）	RS-485/光纤	IEC1158-2

图 2.45　Profibus 协议层次结构

Profibus-DP 允许构成单主站系统或多主站系统。在同一总线上最多可连接 126 个站点。系统配置的描述包括：站数、站地址、输入/输出地址、输入/输出数据格式、诊断信息格式及所使用的总线参数等。每个 Profibus-DP 系统可以包括以下 3 种不同类型的设备。

① 一级 DP 主站（DPM1）：一级 DP 主站是中央控制器，它在预定的周期内与分散的站（如 DP 从站）交换信息。典型的 DPM1 有 PLC 或 PC。

② 二级 DP 主站（DPM2）：二级 DP 主站是编程器、组态设备或操作面板，在 DP 系统组态操作时使用，完成系统操作和监视。

③ DP 从站：DP 从站是进行输入/输出信息采集和发送的外围设备（如 I/O 设备、驱动器、HMI、阀门等）。

（2）Profibus-PA。

Profibus-PA 专为过程自动化设计，可使传感器（变送器）和执行器连在一根总线上，可通过总线供电。其基本特性同 FF 的 H1 总线，十分适合防爆安全要求高、通信速率低的过程控制场合。该协议定义了第 1、2、7 层，未对第 3～6 层加以描述，如图 2.45 所示。Profibus-PA 物理层采用 IEC61158-2 标准，通信速率固定为 31.25kbps。Profibus-PA 数据传输采用扩展的 Profibus-DP，还使用了描述了现场设备行为的 PA 行规。Profibus-PA 通过耦合器就可以和 Profibus-DP 网络连接，由通信速率较快的 Profibus-DP 作为网络主干，将信号传递给控制器。

3. HART

可寻址远程传感器（Highway Addressable Remote Transducer，HART）协议是由位于美国 Austin 的通信基金会制定的总线标准。它可使用工业现场广泛存在的 4～20mA 模拟信号导线传输数字信号。HART 最早是美国 Rosement 公司于 1985 年推出的一种用于现场智能仪表和控制室设备之间的通信协议，它采用半双工通信方式，属于模拟系统向数字系统转变过程中的过渡性产品，因此适应了市场的需求，在美国得到了快速发展，并成为全球过程自动化仪表的工业标准和使用最广泛的总线设备。目前多数过程自动化仪表都支持 HART 通信，多数 DCS 的过程 I/O 接口卡件也支持与仪表进行 HART 通信。

HART 协议采用基于 Bell202 标准的 FSK 频移键控信号，在低频的 4～20mA 模拟信号上叠加幅度为 0.5mA 的音频数字信号进行双向数字通信，数据传输速率为 1.2Mbps。由于 FSK 信号的平均值为 0，不影响传送给控制系统的模拟信号的大小，因此保证了与现有模拟系统的

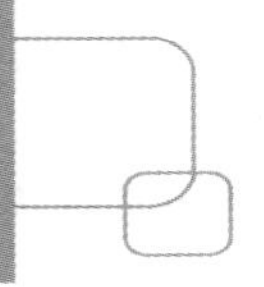

兼容性。在 HART 通信中，主要的变量和控制信息由 4～20mA 模拟信号传送，在需要的情况下，其他测量、过程参数、设备组态、校准、诊断信息等通过 HART 协议访问。

HART 协议参考 ISO/OSI（开放系统互联模型），采用了它的简化三层模型结构，即第 1 层物理层，第 2 层数据链路层和第 7 层应用层。物理层规定了信号的传输方法、传输介质，以实现模拟通信和数字通信同时进行又互不干扰。传输介质的选择视传输距离长短而定。通常采用双绞同轴电缆作为传输介质，最大传输距离可达 1500m。线路总阻抗应在 230～1100Ω 之间。数据链路层规定了 HART 帧的格式，实现建立、维护、终结链路通信功能。HART 协议根据冗余检错码信息，采用自动重复请求发送机制，消除由线路噪声或其他干扰引起的数据通信错误，实现通信数据无差错传送。现场仪表要执行 HART 指令，操作数必须合乎指定的大小。每个独立的字符包括 1 个起始位、8 个数据位、1 个奇偶校验位和 1 个停止位。由于数据的有无和长短并不恒定，因此 HART 数据的长度也是不一样的，最长的 HART 数据包含 25 个字节。应用层为 HART 命令集，用于实现 HART 指令。按命令方式分类，有三类 HART 命令：第一类称为通用命令，这是所有设备都理解、执行的命令；第二类称为一般行为命令，所提供的功能可以在许多现场设备（尽管不是全部）中实现，这类命令包括常用的现场设备的功能库；第三类称为特殊设备命令，以便工作在某些设备中实现特殊功能，这类命令既可以在基金会中开放使用，又可以为开发此命令的公司所独有。在一个现场设备中，通常可发现同时存在这 3 类命令。

HART 采用统一的设备描述语言 DDL。现场设备开发商采用这种标准语言来描述设备特性，由 HART 基金会负责登记管理这些设备描述，并把它们编为设备描述字典，主站运用 DDL 技术来理解这些设备的特性参数，而不必为这些设备开发专用接口。但这种模拟数字混合信号制导致难以开发出一种能满足各公司要求的通信接口芯片。HART 能利用总线供电，可满足本质安全防爆要求，并可组成由手持编程器与管理系统主机作为主站的双主站系统。

目前流程工业大量使用 HART 总线仪表，实现了通过资产管理系统（AMS）对现场仪表进行远程维护和诊断。

2.6.3　工业以太网

1．以太网技术

（1）以太网概述。

以太网是一种局域网协议，它是在 20 世纪 60 年代夏威夷大学开发的 ALOHA 网络的基础上，由 Xerox、Intel 等公司于 20 世纪 70 年代中期联合开发的一种采用载波侦听多址访问/冲突检测（CSMA/CD）的网络协议，用来连接办公室的计算机、打印机等办公设备，并将该网络命名为以太网。

以太网经历了几十年的发展，期间出现了各种类型的以太网版本和标准，目前使用的以太网都是指符合 IEEE802.3 标准的以太网，该标准已经成为国际上最流行的局域网标准之一。在以太网 802.3 标准中，规定了 OSI 参考模型中物理层和数据链路层中的 MAC 子层的网络协议。其中，物理层定义了传输介质、连接器、电信号类型和网络拓扑结构，用于完成数据编码和信道访问。数据链路层规定了介质访问控制协议和数据传输的帧格式，主要实现对数据拆装和链路的管理，保证数据帧在链路上无差错、可靠传输。

以太网采用星形或总线型结构，传输速率为 10Mbps、100Mbps、1000 Mbps 或更高。以太网物理层传输电缆常用的是双绞线电缆和光纤，细缆和粗缆等已很少使用。网络机制从早期的共享式发展到目前盛行的交换式，工作方式从单工发展到全双工。数据编码采用曼彻斯特编码（Manchester Encoding）或差分曼彻斯特编码。

在 OSI 层协议中，以太网本身只定义了物理层和数据链路层，作为一个完整的通信系统，它需要高层协议的支持。自从 APARNET 将 TCP/IP 和以太网捆绑在一起之后，以太网便采用 TCP/IP 作为其高层协议，TCP 用来保证传输的可靠性，IP 用来确定传输路线。

（2）以太网的数据链路层帧格式。

以太网的数据链路层分为介质访问控制（MAC）子层和逻辑链路控制（LLC）子层。MAC 子层的任务是解决由网络上所有节点共享一个信道带来的信道争用问题；LLC 子层的任务是把要传输的数据组成帧，并且解决差错控制和流量控制的问题，从而在不可靠的物理链路层上实现可靠的数据传输。以太网 CSMA/CD 的介质访问控制方式见 2.4.4 节内容。这里对以太网帧格式做简单介绍。

由于历史原因，以太网帧格式较多。但目前大多数应用的以太网数据包是 Ethernet II 格式的帧（如 HTTP、FTP、SMTP、POP3 等），而交换机之间的 BPDU（桥协议数据单元）数据包是 IEEE802.3 格式的帧，VLAN Trunk 协议（如 802.1Q 和 Cisco 的 CDP 等）采用 IEEE802.3 SNAP 格式的帧。现在大部分的网络设备都支持这几种以太网帧格式。

Ethernet II 的帧格式由前导码（7 字节）、帧起始定界符（1 字节）、目的地址（6 字节）、源地址（6 字节）、类型（2 字节）、MAC 客户数据（46～1500 字节）、帧校验序列（FCS，4 字节）等组成，如图 2.46 所示。

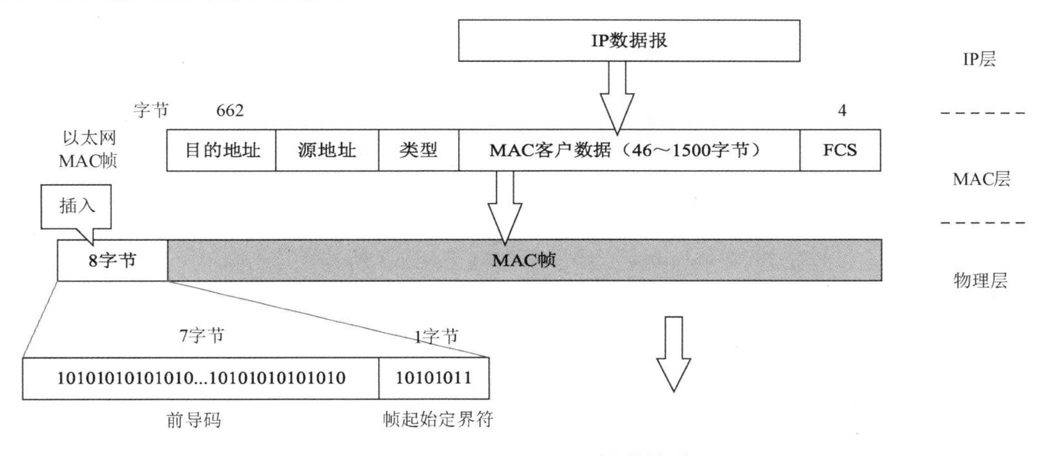

图 2.46　Ethernet II/V2 的帧格式

前导码（Preamble）包括 7 字节同步码和 1 字节帧起始定界符。同步码是 7 字节十六进制数 0xAA，帧起始定界符为 0xAB，它标识着以太网帧的开始。前导码其实是在物理层添加上去的，并不是帧（正式的）的一部分，其目的是允许物理层在接收到实际的帧起始定界符之前检测载波，并且与接收到的帧时序达到稳定同步。

目的地址（DA）表示帧准备发往目的站的地址，可以是单址（代表单站）、多址（代表一组站）或全地址（代表局域网上的所有站）。当目的地址出现多址时，表示该帧被一组站同时接收，称为“组播”（Multicast）。当目的地址出现全地址时，表示该帧被局域网上的所有站同

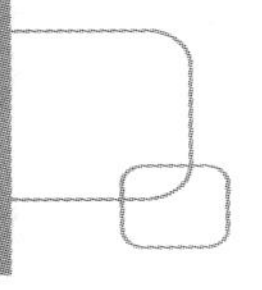

时接收，称为“广播”(Broadcast)，通常以 DA 的最高位来判断地址类型，若为“0”，则表示单址；若为“1”，则表示组播；若目的地址的内容全为“1”，则表示该帧为广播帧。

源地址（SA）表明该帧的数据是由哪个网卡发出的，即发送端的网卡地址。网卡地址是唯一的。为了标识以太网上的每台主机，需要给每台主机上的网络适配器（网络接口卡）分配一个唯一的通信地址，即以太网地址或称为网卡的物理地址、MAC 地址。IEEE 负责为网络适配器制造厂商分配以太网地址块，各厂商为自己生产的每块网络适配器分配一个唯一的以太网地址。因为在每块网络适配器出厂时，其以太网地址就已被烧录到网络适配器中，所以，有时我们也将此地址称为烧录地址（Burned In Address，BIA）。以太网地址长度为 6 字节，其中，前 3 字节为 IEEE 分配给厂商的厂商代码，后 3 字节为网络适配器编号。

类型字段用于标识数据字段中包含的高层协议，该字段长度为 2 字节。类型字段值为 0x0800 的帧代表 IP 帧；类型字段值为 0806 的帧代表 ARP 协议帧。

数据字段是网络层数据，最小长度为 46 字节，以保证帧长至少为 64 字节，数据字段的最大长度为 1500 字节。

FCS 是 32 位冗余检验码（CRC），用于检验除前导码和 FCS 外的其他内容。当发送端发出帧时，一边发送，一边逐位进行 CRC 检验。最后形成一个 32 位 CRC 校验和并填在帧尾 FCS 位置，一起在介质上传输。接收端接收帧后，从 DA 开始边接收边逐位进行 CRC 检验。若最后接收站形成的校验和与帧的校验和相同，则表示传输介质上的传输帧未被破坏。反之，若接收端认为帧被破坏，就会通过一定的机制要求发送端重发该帧。

2. 工业以太网及其实时性

（1）工业以太网的产生。

工业控制设备的数字化和通信的数字化导致了工业控制系统的数字化。为了实现现场设备和控制器之间的现场通信，不同的工业自动化厂商推出了不同的现场总线解决方案。但目前现场总线种类繁多、互不兼容，工业控制领域迫切需要一种实现监控层/控制层/现场层统一、高效、实时的通信标准，工业以太网就是为适应这一需求而迅速发展起来的新的工业控制网络通信标准。

常规的工业以太网在技术上与商用以太网（IEEE802.3 标准）兼容，在进行产品设计时，在材质、产品强度、适用性、实时性、可互操作性、可靠性、抗干扰性和本质安全等方面能满足工业现场的需求，但是，如果不解决商用以太网实时性不足的问题，工业以太网就很难在工业现场大量使用。

（2）工业控制与通信中的实时性。

在工业控制系统中，实时可定义为系统对某事件的反应的可测性。也就是说，在一个事件发生后，系统必须在一个可以准确预见的时间范围内做出反应。工业现场层对数据传递的实时性的要求十分严格。例如，对某些数据的收发要有严格的先后时序要求，某些数据要以固定的时间间隔定时刷新等。要确保这些数据的正确传送，就要求网络通信满足实时性、确定性、时序性等方面的要求。而传统以太网由于采用 CSMA/CD 这种随机介质访问控制方式，使多个节点以平等竞争的方式争夺总线使用权，当发生冲突时，就需要重新发送数据，很明显这种解决冲突的机制是以时间为代价的，很难满足工业控制领域对实时性的要求。因此，在实践中，通过采用减轻以太网负荷、提高传输速率、采用交换式以太网和全双工通信、采

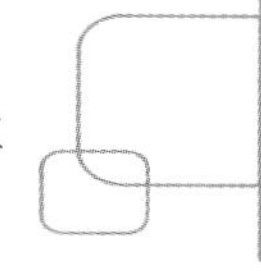

用流量控制及虚拟局域网等技术来提高工业以太网的实时性。

一般来说，对通信的实时性要求包括如下几个方面。

（1）周期时间或响应时间应有上限，即数据发送必须在既定的时间内完成或开始，不能超过规定的上限。

（2）抖动随传输精度增加而降低，即在更高的数据传输精度的要求下，时间抖动必须更小。

（3）要求的数据在一定的时间内必须传输完毕，即数据的传输须在既定的时间内完成。

（4）用特殊网络组件保证通信不冲突，即保证在各类特殊情况下都能有序通信。

（5）时隙协议保证数据适时传输，即针对各类实时性要求，对不同数据采用不同的发送策略。

（6）时钟同步与应用同步触发，即整个网络存在时钟同步机制，各站点应用可进行同步触发。

3. 实时以太网

1）实时以太网的类型

为了满足高实时性能应用的需要，各大公司和标准组织纷纷提出各种提升工业以太网实时性的技术解决方案。这些方案建立在 IEEE802.3 标准的基础上，通过对其和相关标准的实时扩展提高实时性，并且做到了与标准以太网的无缝连接，从而产生了实时以太网（Real Time Ethernet，RTE）。实时以太网是工业以太网针对实时性、确定性问题的解决方案，属于工业以太网的特色与核心技术。从控制网络的角度来看，实际上可以将工作在现场控制层的实时以太网看作一种新型的现场总线。

当前实时以太网种类繁多，仅在 IEC61784-2 中就囊括了 11 个实时以太网的 PAS 文件。它们是 Ethernet/IP、Profinet、P-NET、Interbus、VNET/IP、TCnet、EtherCAT、Ethernet Powerlink、EPA、Modbus-RTPS、SERCOS-Ⅲ。

根据实时以太网实现的方式和特点，市场上主流的实时以太网可以分为以下几类。

（1）完全基于 TCP/UDP/IP，硬件层未更改，采用经典的以太网控制器，通过上层合理的控制（合理调度以减少冲突；定义数据帧的优先级，为实时数据分配最高的优先级；使用交换式以太网等）来应对通信中的非确定因素。典型示例有 Profinet、Ethernet/IP 和 Modbus TCP。

（2）部分基于 TCP/IP，硬件层未更改，具有专门的过程数据处理（Process Data）协议，使用特定以太网类型的以太网帧进行传输，但增加了实时处理通道，以提高处理实时数据的能力，典型示例有 Profinet RT、Ethernet Powerlink 和我国提出的 EPA。

（3）硬件层更改，使用专用的实时以太网控制器，对以太网协议进行了修改，具备通信能力强、实时性好等特点。典型示例有 Profinet IRT、CC-Link IE、SERCOS III 和 EtherCAT 等。

其中，EtherCAT 和 SERCOS III 网络用一个主站控制网络上的时隙，主站授权每个节点独立发送数据，集束帧报文的传输跟随主站的时钟。Profinet IRT 采用为实时以太网开发的专用通信芯片，实现等时同步实时通信机制。

目前，正在制定 TSN（时间敏感网络）的国际标准 IEEE802.1，这是数据链路层的协议，通过应用层 OPC UA 的配合，成为主流的工业实时通信解决方案。

2）实时以太网的应用

实时以太网最初被用在控制级与监控级，目前，现场控制站与远程控制站已大量采用实时以太网，传统的采用现场总线的方式已逐步被淘汰。例如，西门子工业控制系统中以往采用 Profibus-DP 总线实现主站与远程 I/O 站及变频器等的通信，现在逐步采用实时以太网 Profinet 取代。罗克韦尔自动化用 Ethernet/IP 实时以太网代替以往的设备层总线 Devicenet，连接控制器主站、远程 I/O 从站和变频器等驱动设置。由于实时以太网的快速发展，其市场份额已大幅增加，根据 HMS 等的调研，2022 年，工业控制网络市场份额如图 2.47 所示，可以看出，实时以太网已成为主流的工业控制网络协议。

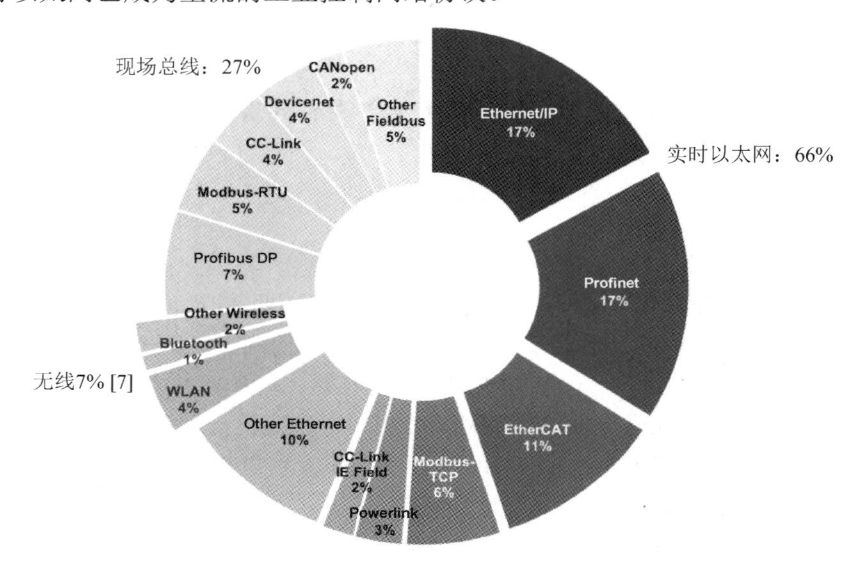

图 2.47　工业控制网络市场份额

从目前的发展情况来看，Ethernet/IP、Profinet、EtherCAT、Ethernet Powerlink、EPA 和 Modbus-IDA 是 6 个主要的竞争对手，其中，大约四分之三的实时以太网使用 Ethernet/IP、Profinet 和 Modbus TCP，而 Powerlink 和 EtherCAT 这两个系统特别适合硬实时性要求；SERCOS-Ⅲ尽管市场份额较小，但它在高速运动控制领域扮演着非常重要的角色。

4．Ethernet/IP 工业以太网

1）概述

从 1998 年开始，Controlnet 国际组织 CI 的一个特别兴趣小组开始尝试将 Devicenet（设备网）和 Controlnet（控制网）所使用的 CIP（Common Industrial Protocol，通用工业协议）移植到以太网上。于是，在 2000 年，CI、工业以太网协会（IEA）和开放的 Devicenet 供应商协会 ODVA 推出了 Ethernet/IP。Ethernet/IP 采用了应用广泛的以太网通信芯片及物理介质，又在 TCP/IP 上附加 CIP 实时扩展功能，在应用层进行实时数据交换并运行实时应用。CIP 的控制部分用于实时 I/O 报文或隐形报文，CIP 的信息部分用于报文交换，也称作显性报文。Controlnet、Devicenet 和 Ethernet/IP 都使用该协议通信，这 3 种网络分享相同的对象库，对象和装置行规使得多个供应商的装置能在上述 3 种网络中实现即插即用。Ethernet/IP 能够用于处理多达每个包 1500 字节的大批量数据，它以可预报方式管理大批量数据。

Ethernet/IP 工业以太网具有许多优点，如由其组成的系统兼容性和互操作性好，资源共享能力强，可以很容易地实现控制现场的数据与信息系统上的资源共享；数据传输距离长、传输速率高；易与 Internet 连接，低成本，易组网，与计算机、服务器的接口十分方便，受到了广泛的技术支持。

2003 年，ODVA 组织将 IEEE1588 精确时钟同步协议用于 Ethernet/IP，制定了 CIP Sync 标准，以进一步提高 Ethernet/IP 的实时性。该标准要求每秒钟由主控制器广播一个同步化信号到网络上的各个节点，要求所有节点的同步精度达到微秒级。为此，芯片制造商增加了一个“加速”线路到以太网芯片上，从而将性能改善到 500 毫微秒的精度。

Modbus 协议中迄今没有协议来完成功能安全、高精度同步和运动控制等功能，而 Ethernet/IP 有 CIP Safety、CIP Sync 和 CIP Motion 来完成上述功能。目前，施耐德也加入 ODVA 并作为核心成员来推广 Ethernet/IP，这有利于促进 Ethernet/IP 的广泛应用。

2）Ethernet/IP 模型及协议内容

Ethernet/IP 像其他的 CIP 网络（如 Controlnet 和 Devicenet）一样，也遵从 OSI 7 层模型。Ethernet/IP 在传输层以上执行 CIP， CIP 包括用户层和应用层， Ethernet/IP 包括传输层、数据链路层和物理层。Ethernet/IP 的网络结构如图 2.48 所示。

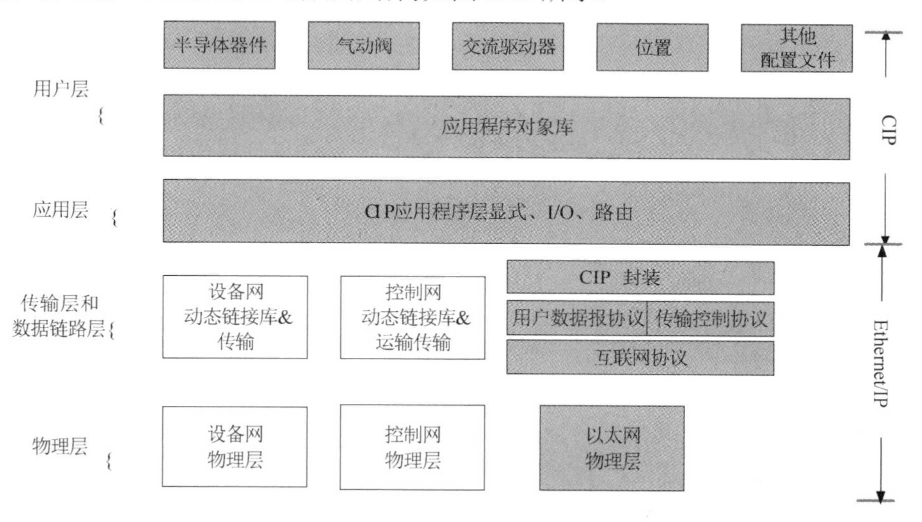

图 2.48　Ethernet/IP 的网络结构

（1）物理层。

在 Ethernet/IP 中，物理层主要为它提供了电气、机械等特性描述。Ethernet/IP 在物理层和数据链路层使用标准的 IEEE802.3 技术。Ethernet/IP 网络采用有源星形拓扑结构，所有设备以点对点的方式直接与交换机建立连接。星形拓扑结构的优势在于可以同时支持 10Mbps 和 100Mbps 的节点设备。因此，可以在网络中混合使用 10Mbps 和 100Mbps 的节点设备，以太网交换机都能与它们进行通信。另外星形拓扑结构使得节点设备间的连线更为简捷，为故障诊断和后期维护带来了便利。Ethernet/IP 在物理层和数据链路层采用以太网，其主要由以太网控制器芯片来实现。

Ethernet/IP 采用同轴电缆、双绞线和光纤作为传输介质。使用双绞线的传输距离为 100m，其中，10Base-T 用于 10Mbps 网段的连接；l00Base.TX 用于 100Mbps 网段的连接和快速以太

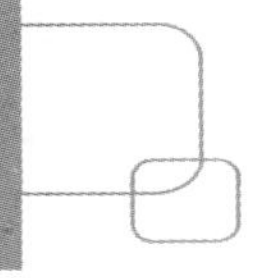

网运行。光纤为长距离传输提供了解决方案，它的传输距离为 2000m。

（2）数据链路层。

IEEE802.3 规范也是 Ethernet/IP 数据链路层上设备间传输数据的标准。以太网使用 CSMA/CD 机制来解决通信介质的竞争问题。当节点想传送数据时，它先侦听网络，如果侦听到两个或更多个节点之间的冲突，那么此节点要停止传送并等待一段随机时间后重传。此随机时间由标准的二进制指数回退（Binary Exponential Back-off，BEB）算法决定。在达到 10 次碰撞后，此随机时间固定在 1023 个时隙，在 16 次碰撞之后，节点不再试图传送并向节点微处理器报告传送失败，由更高层协议决定是否重传。

（3）网络层和传输层。

在网络层和传输层，Ethernet/IP 利用 TCP/IP 在一个或多个设备之间发送信息。在这些次层中，所有 CIP 网络使用封装技术封装标准 CIP 报文。CIP 定义了显式报文和隐式报文两种报文类型。CIP 报文被封装到 TCP/IP 报文中。这样，通过使用 TCP/IP，Ethernet/IP 能够发送显式报文。由于 TCP 是一种面向连接的点对点传输机制，这种机制提供数据流控制、分裂重组及报文应答功能，能实现可靠的数据传输。因此，Ethernet/IP 使用 TCP 传输显式报文，这些显式报文通常为组态、诊断和事件数据，而 UDP 主要用来传输 I/O 数据等对实时性要求高的隐式报文。

（4）应用层。

Ethernet/IP 的应用层协议为 CIP。CIP 是一个端到端的面向对象的协议，提供了工业设备和高级设备之间进行协议连接的数据通信机制。CIP 主要由对象模型、通信机制、通信对象、服务、设备描述、对象库等组成，各个部分都对应着相应的功能实现。CIP 中的节点访问都是通过对象来完成的。

CIP 分为三种类型，包括 UCMM 未连接报文管理器（Unconnected Messaging）、Class3 连接报文管理器（Connected Messaging）和 Class1 实时连接报文管理器（Connected Real-time Transfer）。通过 TCP/IP 传输到应用层的数据由 UCMM 或 Class3 协议管理，而通过 UDP/IP 传输到应用层的数据由 Class1 协议管理。UCMM 协议是客户端与服务器端未建立连接的传输方式，需要由客户端发起数据传输，服务器端响应请求，接收数据。这种传输方式的优点在于传输数据前无须建立连接机制，同时支持多对多的数据传输，但相较其他两类协议，其传输效率比较低。Class3 协议是客户端和服务器端的定时传输方式，其传输机制与 UCMM 协议相似，但传输效率较高，比较适用于对传输时间要求苛刻的 I/O 数据。Class1 协议则基于生产者/消费者模式，可支持多点收发数据并行传输，传输效率较高，同样适用于 I/O 数据的实时传输。

在发送 CIP 数据之前要完成封装，即将其封装到 TCP（UDP）帧中。CIP 报文的通信分为无连接的通信和基于连接的通信。无连接的通信是 CIP 定义的基本通信方式。CIP 数据包所请求的服务属性决定了报首的内容，如隐式报文的报首是源地址和目的地址，而显式报文的报首是标志符 CID。这种方式使得 CIP 数据包通过 TCP 或 UDP 传输，并能够由接收端解包。

3）Ethernet/IP 的生产者/消费者（Producer/Consumer）模式

不同于源/目的通信模式（每个报文都要指定源端和目的端，属于点对点通信），生产者/消费者模式允许网络上的节点同时存取同一个源端的数据。在生产者/消费者模式中，数据被分配一个唯一的标志，每个数据源一次性将数据发送到网络上，其他节点选择性地读取这些数据，从而提高了系统的通信效率。在该模式下，数据之间不是由具体的源、目的地址联系起来的，而是以生产者和消费者的形式关联的，允许网络上所有节点同时从一个数据源存取同一数据，因此使数据的传输效率达到了最优，每个数据源只需要一次性把数据传输到网络上，其他节点就可以选择性地接收这些数据，避免了带宽浪费，提高了系统的通信效率，能够很好地支持系统的控制、组态和数据采集。需要说明的是，Ethernet/IP 的隐式报文采用生产者/消费者模式，而显式报文仍采用传统的源/目的通信模式。

在生产者/消费者通信模式中，生产者与消费者之间不直接进行通信，数据是通过缓存区进行交换的，即生产者与消费者不产生直接的依赖关系。当一方发生变化时，另一方无须进行相应的变动，节省了网络资源。假如生产者在短时间内发出了大量的数据，那么缓存区能够将这些数据存储，消费者无须在短时间内接收大量的信息，以免造成数据阻塞。同时，缓存区能够很好地对网络异常进行调整，使得系统在发生阻塞的时候，消费者和生产者仍能独立工作，不会造成长时间的等待，不影响操作时间。

4）Ethernet/IP 的数据封装

Ethernet/IP 规范为 CIP 提供承载服务，在发送 CIP 数据包之前必须对其进行封装。Ethernet/IP 的报文封装如图 2.49 所示。所有封装好的信息都是通过 TCP（UDP）端口 0XAF12（44818）来传送的，也适用于其他支持 TCP/IP 的网络。

Ethernet 报文 （14字节）	IP 报文 （20字节）	TCP 报文 （20字节）	CIP 报文 封装	CRC

图 2.49　Ethernet/IP 的报文封装

这里以罗克韦尔自动化的 CCW 编程软件与 Micro850 控制器的通信为例来对 CIP 报文封装进行简单的说明。CCW 与控制器在线连接，在 CCW 上可以强制规定控制器中的数字量变量。CCW 作为客户机（这里用的是 VM 虚拟机），控制器作为服务器。客户机的 IP 地址为 192.168.1.75，控制器的 IP 地址为 192.168.1.6。为简便起见，CCW 的在线连接程序中只有三个变量，其别名分别是 TESTDO1、TESTDO2 和 TESTSTOP。

运行 Wireshark，启动 CCW 的在线监控，从 Wireshark 抓取 2 帧数据包，如图 2.50（a）所示。客户机首先在网络中以 ARP 广播方式发出一个建立显式连接的请求报文，当服务器发现是发给自己时（IP 地址与自己的 IP 地址相符），其 UCMM 就以广播方式发送一个包含 CID 的未连接报文，服务器收到并得到 CID 后，客户机与服务器的显式连接就建立了。从后续的报文来看，网络中没有 UDP 报文，显然，两者之间是 TCP 通信而非 UDP 通信，即服务器与客户机间建立的确实是显式连接。这里还可以看到，Ethernet/IP 的以太网帧格式是 Ethernet II，其他的信息读者可以自己解读。

由于在客户机中，CCW 软件处于在线监控状态，因此，客户机定时发起读别名的请求（Request），每发出一个读 1 个别名的请求，控制器就会响应。对于客户机读 TESTDO1 的请求数据包，从 Wireshark 抓取数据帧，如图 2.50（b）所示。CIP 数据包共 64 字节，其中，CIP 报首是 24 字节，CIP 命令相关数据是 40 字节。CIP 报首包括命令字、数据长度、Session Handle、状态代码、发送方上下文和选项标志等。需要注意的是 CIP 数据包的字节顺序，如发送单元数据请求命令字 0x7000，实际上是 0x0070，即高低字节要调换一下。

```
129 7.392494    VMware_e6:d7:80    Rockwell_9a:48:0e   ARP    42 Who has 192.168.1.6? Tell 192.168.1.75
130 7.393678    Rockwell_9a:48:0e  VMware_e6:d7:80     ARP    64 192.168.1.6 is at f4:54:33:9a:48:0e
```

（a）ARP 广播方式建立显式连接

```
No.   Time          Source          Destination    Protocol Length Info
 1380 58.785386     192.168.1.75    192.168.1.6    CIP      118 'TESTDO1' - Service (0x52)
 1381 58.787742     192.168.1.6     192.168.1.75   CIP      107 Success: 'TESTDO1' - Service (0x52)

Frame 1380: 118 bytes on wire (944 bits), 118 bytes captured (944 bits) on interface \Device\NPF_{2B5C1D84-BCF0-416D-B50C-7D219F6A2B1F}, id 0
Ethernet II, Src: VMware_e6:d7:80 (00:0c:29:e6:d7:80), Dst: Rockwell_9a:48:0e (f4:54:33:9a:48:0e)
Internet Protocol Version 4, Src: 192.168.1.75, Dst: 192.168.1.6
Transmission Control Protocol, Src Port: 51547, Dst Port: 44818, Seq: 8417, Ack: 7021, Len: 64
EtherNet/IP (Industrial Protocol), Session: 0xF2F7542B, Send Unit Data, Connection ID: 0x5AAE55F4
  Encapsulation Header
    Command: Send Unit Data (0x0070)
    Length: 40
    Session Handle: 0xf2f7542b
    Status: Success (0x00000000)
    Sender Context: 0000000000000000
    Options: 0x00000000
  Command Specific Data
    Interface Handle: CIP (0x00000000)
    Timeout: 0
    Item Count: 2
      Type ID: Connected Address Item (0x00a1)
      Type ID: Connected Data Item (0x00b1)
    [Response In: 1381]
  [Connection Information]
Common Industrial Protocol

0030  f6 74 83 fc 00 00 70 00  28 00 2b 54 f7 f2 00 00   .t····p· (·+T····
0040  00 00 00 00 00 00 00 00  00 00 00 00 00 00 00 00   ········ ········
0050  00 00 00 00 02 00 a1 00  04 00 f4 55 ae 5a b1 00   ········ ···U·Z··
0060  14 00 82 00 52 05 91 07  54 45 53 54 44 4f 31 00   ····R··· TESTDO1·
0070  01 00 00 00 00 00                                  ······

Ethernet/IP (Industrial Protocol) (enip), 64 byte(s)    分组: 2005 · 已显示: 2005 (100.0%)    配置: Default
```

（b）客户机读服务器中的变量/别名的报文

图 2.50　Wireshark 抓包分析 Ethernet/IP 报文

图 2.51 细化了 CIP 数据包的内容，可以更清楚地了解 CIP 的内容，如服务是 0x52，请求路径大小是 5 个字（0x05）等。这里还能看到要读取的控制器变量/别名 TESTDO1 等。当然，要完全弄清协议的细节，还需要参考相关标准和厂商信息。

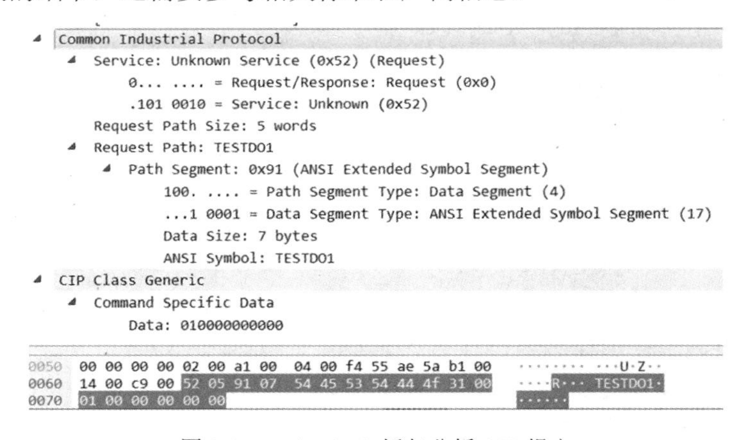

图 2.51　Wireshark 抓包分析 CIP 报文

5. Profinet 工业以太网

1）概述

Profinet 工业以太网是由 Profibus International（PI）组织提出的基于以太网的自动化标准，可以用 Profinet=Profibus+Ethernet 来理解该协议，即把 Profibus 的主从结构移植到以太网上。由于 Profinet 是基于以太网的，因此有以太网的星形、树形、总线型等拓扑结构，而 Profibus

只有总线型拓扑结构。Profinet 基于工业以太网技术，使用 TCP/IP 和 IT 标准，是一种实时以太网技术，同时无缝集成现有的现场总线控制系统。作为完整、先进的工业通信解决方案，Profinet 包括 8 个主要功能块，分别为实时通信、分布式现场设备、运动控制、分布式智能、网络安装、IT 标准和网络安全、故障安全、过程自动化。

由于 Profinet 兼容标准以太网且能够通过代理方式兼容现有的现场总线，因此 Profinet 可以实现控制系统从底层到上层联网，即企业 IT 层级的应用能通过 Profinet 直接与现场级的设备进行数据交互。同时，Profinet 可以用于同层级上设备的横向通信。

2）Profinet 的网络模型

Profinet 的网络模型如图 2.52 所示，其物理层采用了快速以太网的物理层，数据链路层参考了 IEEE802.3、IEEE802.1Q、IEC61784-2 等标准，分别保证了全双工、优先级标签、网络扩展等能力，从而能够实现 RT（实时通信）、IRT（等时实时通信）和 TSN（时间敏感网络）等通信形式。TCP/IP 针对 Profinet CBA 及工厂调试，其反应时间约为 100ms。RT 通信协议是针对 Profinet CBA 及 Profinet IO 的应用，其反应时间小于 10ms。IRT 通信协议是针对驱动系统的 Profinet IO 通信协议，其反应时间小于 1ms。

传输层和网络层采用了 TCP/UDP/IP，未使用 OSI 模型中的第 5 层、第 6 层。根据分布式系统中 Profinet 控制对象的不同，应用层有多种协议标准，如 IEC61784、IEC61158 确保了 Profinet IO 服务，IEC61158 Type 10 确保了 Profinet CBA 服务等。应用层分为无连接的 RPC 和有连接的 RPC 两种。

ISO/OSI				
7b	Profinet IO设备 Profinet IO设备 （IEC61158和IEC61784准备中）		Profinet CBA （根据IEC61158类型IO）	
7a		无连接的RPC	DCOM 适应RPC的连接	
6				
5				
4		UDP(RFC 764)	TCP(RFC 793)	
3		IP(RFC 791)		
2	根据IEC61784-2的实时增强型 IEEE802.3全双工，IEEE802.1q优先标识			
1	IEEE802.3 100BASE-TX，100BASE-FX			

图 2.52　Profinet 的网络模型

3）Profinet 的通信方式

Profinet 中的通信采用的是生产者/消费者模式，数据生产者（如现场的传感器等）把信号传送给消费者（如 PLC 主站），消费者根据控制程序对数据进行处理后，把输出数据返回给现场的消费者（如执行器等）。

由于 TCP/IP 或 UDP/IP 都不能满足过程数据循环更新时间小于 10ms 的要求，因此必须对以太网中影响实时性和确定性的因素进行改进，以满足工业自动化领域的要求。Profinet 通信通道模型如图 2.53 所示。从图 2.53 中可以看出，在 Profinet 设备的一个通信循环周期内，Profinet 提供一个标准通信通道和两类实时通信通道。标准通信通道是使用 TCP/IP 的非实时

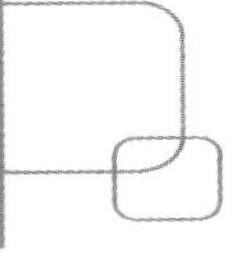

通信通道，主要用于设备参数化、组态和读取诊断数据。实时通信通道 RT 是软实时 SRT（Software RT）方案，主要用于过程数据的高性能循环传输、事件控制的信号与报警信号等。旁路通信协议模型的第 3 层和第 4 层提供精确通信能力。为优化通信功能，Profinet 根据 IEEE 802.1p 定义了报文的优先级，最多可用 7 级。模型中的标准 IT 应用层协议可用于 Profinet 和 MES、ERP 等上层网络数据交换。

RT 通信不仅使用了带有优先级的以太网报文帧，而且优化掉了 OSI 协议栈的第 3 层和第 4 层。这样大大缩短了实时报文在协议栈的处理时间，进一步提高了实时性能。由于没有 TCP/IP 的协议栈，因此 RT 的报文不能路由。

采用 IRT 实现的实时通信通道是基于以太网的扩展协议栈，能够同步所有的通信伙伴并使用调度机制。IRT 通信需要在 IRT 应用的网络区域内使用 IRT 交换机。在 IRT 域内可以并行传输 TCP/IP 包。

采用等时同步实时（Isochronous Real Time，IRT）的 ASIC 芯片解决方案，以进一步缩短通信栈软件的处理时间，特别适用于高性能传输、过程数据的等时同步传输及快速时钟同步运动控制应用，在 1ms 的时间周期内，可以实现对 100 多个轴的控制，而抖动不足 1μs。

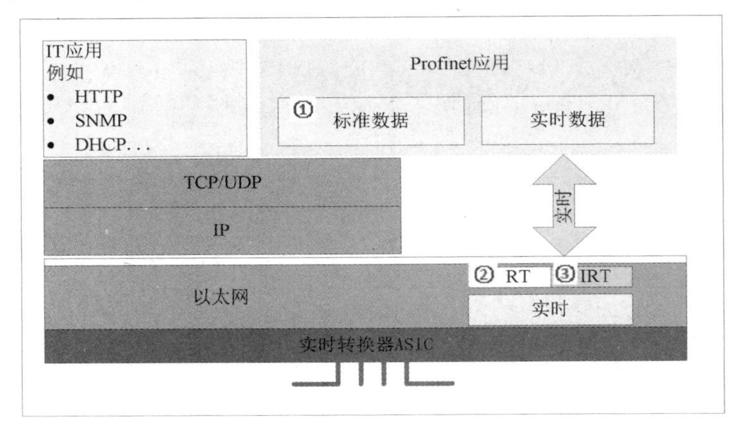

图 2.53 Profinet 通信通道模型

由于 IRT 基于一个建立在快速以太网第 2 层上的时间触发协议，即对标准以太网第 2 层协议进行了修改，因此，采用该协议进行实时数据交换时不能采用标准的交换机和以太网芯片。在与标准以太网相连时需要特殊的网关，添加和删除节点都需要重新组态网络和重新启动网络。

2.6.4 工业网关

1. 网关及其作用

1）网关的作用

网关（Gateway）的概念最早出现在计算机网络中。网关又称网间连接器、协议转换器。一般默认网关不仅能在网络层上实现网络互联，还可以用于两个高层协议不同的网络互联。网关既可以用于广域网互联，也可以用于局域网互联。

例如，有网络 A 和网络 B，网络 A 的 IP 地址范围为“192.168.5.1～192.168.5.254”，子网

掩码为 255.255.255.0；网络 B 的 IP 地址范围为“192.168.6.1～192.168.6.254”，子网掩码为 255.255.255.0。在没有网络转换设备时，两个网络之间是不能进行 TCP/IP 通信的，即使是两个网络连接在同一台交换机上，TCP/IP 也会根据子网掩码（255.255.255.0）和主机的 IP 地址作与运算的结果不同，而判定两个网络中的主机处在不同的网络中。为了实现这两个网络之间的通信，需要增加网关。如果网络 A 中的主机发现数据包的目的主机不在本地网络中，就先把数据包转发给它自己的网关，再由网关转发给网络 B 的网关，网络 B 的网关再转发给网络 B 的某个主机。

2）网关的种类

网关的种类较多，按功能大致可以分为以下 3 类。

（1）协议网关：此类网关的主要功能是在不同协议的网络之间实现协议转换。由于不同的网络协议具有不同的数据封装格式，数据分组大小和传输速率也不同。为了实现这些网络之间的互联互通，就需要设置协议网关。

（2）应用网关：主要是针对一些专门的应用而设置的网关，其主要作用是将某个服务的一种数据格式转化为该服务的另外一种数据格式，从而实现数据交流。这种网关常作为某种特定服务的服务器，但是兼具网关的功能。常见的此类服务器是邮件服务器。电子邮件有好几种格式，如 POP3、SMTP、FAX、X.400、MHS 等，如果 SMTP 邮件服务器提供了 POP3、SMTP、FAX、X.400 等邮件的网关接口，那么就可以通过 SMTP 邮件服务器向其他服务器发送邮件了。

（3）安全网关：安全网关具有重要的保护作用，如协议解析、过滤到安全保护等。常用的安全网关就是包过滤器，实际上就是对数据包的源地址、目的地址、端口号和网络协议进行授权。通过对这些信息的过滤处理，让有许可权的数据包传输通过网关，而对那些没有许可权的数据包进行拦截，甚至丢弃。

3）网关与路由器

网关工作在 ISO 模型的应用层，而路由器（Router）工作在网络层。网关可以是路由器、交换机或 PC。无论是传输型网关还是应用型网关，都主要实现转换任务。

路由器是连接因特网中各局域网、广域网的设备，路由器的作用如下。

（1）网络互联功能：路由器支持各种局域网和广域网接口，主要用于互联局域网和广域网，实现不同网络数据格式的转换，从而进行通信。它会根据信道的情况自动选择和设定路由，以最佳路径按前后顺序发送信号。

（2）数据处理：提供分组过滤、分组转发、优先级、复用、加密、压缩和防火墙等功能。

（3）网络管理：路由器提供配置管理、性能管理、容错管理和流量控制等功能。

可将网关看作网络连接的基础，路由器是网络连接的桥梁。路由器是一个设备，而网关是一个节点。

2．工业网关

工业控制系统的应用范围非常广泛，每个应用领域又有其自身的特点，使用的工业控制技术、产品等会有所不同。另外，由于工业控制设备厂家众多，不同的厂家都有其技术和产品的解决方案。特别是当工业控制设备、系统从模拟时代过渡到数字时代，并大量使用通信技术实现控制网络后，工业控制系统通信协议众多，导致异构系统的互联互通成本很高。在

IT 和 OT 融合时代，特别是数据的集中汇总存储与分析需求大量增加的今天，解决这个问题的重要产品就是各类工业网关。

在工业控制系统集成中，网关起着承上启下的作用，把现场侧不同协议的控制设备连接到控制系统主干控制器或控制网络上。例如，某过程控制系统使用了 CotrolLogix 控制器完成主要控制任务，但现场还使用了一些测控仪表，仪表具有 RS-485 接口，支持 Modbus 通信。这时，可以使用 Modbus 转 Ethernet/IP 网关，把仪表联网接入网关，而网关接入控制系统 Ethernet/IP 以太网的交换机，就可以实现控制系统与现场测控仪表的通信了。

传统的工业网关单纯实现简单的不同物理接口的网络连接功能，如串口服务器，可以将其看作串口设备联网的网关。目前工业网关的种类越来越多，功能也越来越强。新型的工业网关一般具有完备的数据采集、边缘计算、协议解析、协议转换、安全保护等功能。

瑞典的 HMS 公司就是著名的工业网关厂家，其 Anybus 系列网关（包含工业互联网网关）在各类不同通信协议的系统集成中得到广泛应用。其产品可使用的工业以太网包括 BACnet/IP、CC-Link IE Field、EtherCAT、Ethernet/IP、Modbus TCP、Powerlink 和 Profinet。可以使用的现场总线/串行总线包括 CAN/CANopen、CC-Link、Controlnet、Devicenet、M-Bus、Modbus RTU（RS-232/RS-422/RS-485）和 Profibus DP 等。

华辰智通是国内专注生产工业网关的企业，HINET-G 系列边缘计算网关是其最新推出的一款面向工业现场设备接入、数据采集、设备监控的工业网关。该系列网关根据使用场景作为工业互联网智能网关、无线数据采集网关、通信采集网关、工业通信网关来使用，具备数据采集、协议解析、边缘计算和 4G/5G/Wi-Fi 数据传输等功能，并可接入工业云平台。该网关支持 MQTT 、HTTP 等北向协议（面向上层应用接口），以及 Modbus 协议（串行和以太网）、主流 PLC 通信协议等南向协议（面向设备层接口）。设备采用 ARM Cortex-A7 800MHz 高性能 CPU，拥有以太网、串口、CAN 口、I/O 口等丰富接口，支持以太网、3G/4G/5G 网络接入方式，可满足大部分工业应用场景及工业设备接入。

由于工业网关可以实现不同协议的转换，而工业通信协议种类繁多，因此在进行工业网关选型时，一定要根据要实现哪些协议转换来进行产品选型。通常所说的某公司的产品支持几十种协议，实际上是指其整个产品系列，而不是一个产品实现几十种通信协议转换。实际上，这也是不现实和不必要的，现场层设备的物理通信接口不一样，出于成本和实现方面的考虑，不可能一个产品上有几十种物理接口，不会使应用软件同时实现这么多协议转换。

3．工业安全网关

随着工业控制系统信息安全需求的增加，国内一些传统的信息安全生产商也切入这个市场，推出了各种工业安全网关。工业安全网关一般要具有如下特征。

（1）基础访问层保护功能，具备多元组过滤、IP/MAC 绑定、白名单安全保护策略。

（2）通用网络协议保护能力，支持 ISO 的 4～7 层包过滤、支持对通用协议数据包进行访问控制和安全过滤。

（3）工业协议深度过滤功能，要支持对典型工业控制网络协议的深度解析与包过滤。这些协议包括 Ethernet/IP、Modbus TCP、IEC-104、DNP3 等标准协议，以及西门子、三菱、欧姆龙等工业控制设备厂家的私有协议。

（4）安全攻击防护功能，支持对 DoS/DDoS 攻击、异常数据包攻击、扫描攻击和中间人

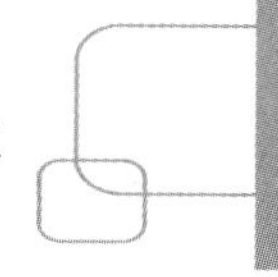

攻击等的防护功能。

（5）广泛的网络适应性，支持桥接、静态路由和策略路由，支持 SNAT（源地址转换）和 DNAT（目的地址转换），支持 IPsec VPN 等。

国内著名网络安全公司绿盟科技生产的 ISG 系列工业安全网关不但支持传统防火墙的基础访问控制功能，而且能针对工业协议的指令进行深度检测，实现了对 Modbus、OPC DA、DNP3 等主流工业协议和规约的细粒度检查和过滤，帮助用户防护来自网络的病毒传播、黑客攻击等行为，避免其对控制网络的影响和对生产流程的破坏，同时具备 ByPass 及全透明无间断部署功能，可以保证业务的连续性；规则报警功能可以有效对异常操作进行处理，避免因未及时处理而造成损失和危害；采用的白名单机制可以较少升级甚至不用升级，符合工业现场的特点。

第3章　工业数据采集技术与应用

3.1　工业数据采集基础

3.1.1　工业数据采集系统组成与结构、I/O接口功能与分类

1．工业数据采集系统组成与结构

数据采集面极广，而本章专注于工业数据采集（后面简称数据采集）。数据采集（Data AcQuisition，DAQ），一般是指从位于测控现场的传感器等设备收集信息。传感器输出模拟形式的电量信号（电流、电压、电阻等），这些信号通常要经过调理等，变换为标准化的电流或电压信号，如4～20mA、0～10V的信号。

对于开关量信号，一般都是从现场开关量设备采集，如从接触器或过热继电器的辅助触点采集设备通断或故障状态信号，从液位开关采集液位是否达到某位置的信号。由于在工业等领域，温度、应变等信号采集点较多，针对这类情况，许多厂家的数据采集设备可以直接从温度或应变传感器采集电阻等非标准信号。除了AI、DI这类信号采集，通常还将把AO与DO等信号输出转换为现场设备可以接收的模拟信号的过程归并到数据采集系统中。

数据采集系统的一般结构如图3.1所示。其中，图3.1（a）所示为集中式数据采集，包括传感器（输出模拟信号）、信号调理（Signal Condition）、采样/保持（Sample/Hold）、模/数转换，最终把转换后的数字信号传输到计算机等内存中，从而用于显示、控制、报警、记录等。随着分布式数据采集的兴起，带通信接口的数据采集设备可以安装在现场，出现了如图3.1（b）所示的基于分布式采集模块的数据采集。随着现场传感器的智能化，现场传感器等智能设备具有串口或总线通信接口，此时模/数转换等在智能传感器内部完成，数据采集主控设备（PC、PLC等）可以通过与智能仪表数字化通信采集现场数据。网络化数据采集如图3.1（c）所示。当然，网络化数据采集方式能读/写的参数范围更加多样和广泛。

数据采集系统一般不是独立存在的，通常它是整个测控系统（如SCADA系统、DCS、航天测控网等）与外部物理世界的输入/输出通道。输入/输出通道除了有A/D、D/A、DI、DO等I/O设备，通常还包括一些辅助部件，如多路转换开关、放大器、采样/保持器、热电偶冷端温度补偿装置等。在防爆等级高的石化等应用中，还大量使用安全栅与继电器进行安全隔离。有些辅助部件既可以部分与I/O设备做在一起，构成相对独立的数据采集设备，也可以做成独立的卡件（如端子板形式），再将这些卡件通过并行电缆与I/O设备连接，构成输入/输出通道。在SCADA系统中，现场的各种参数由输入通道进入计算机，而SCADA系统的各种控制命令通过输出通道传递给执行器，实现对被控过程的监控。

目前，智能制造的实施对工业数据有了新需求，企业生产数据、管理数据、设备数据、财务数据等要能纵向和横向交换。根据所交换数据的不同，各类数据采集和通信技术被广泛使

用。对于工业数据，目前主要是主控设备先通过不同方式采集现场设备数据，再传输到中控室实时数据库，供上层 MES 等上级功能软件使用，所有的上层应用都不直接访问现场设备。同时，实时数据会被转存到企业大型关系数据库，也供管理系统调用。

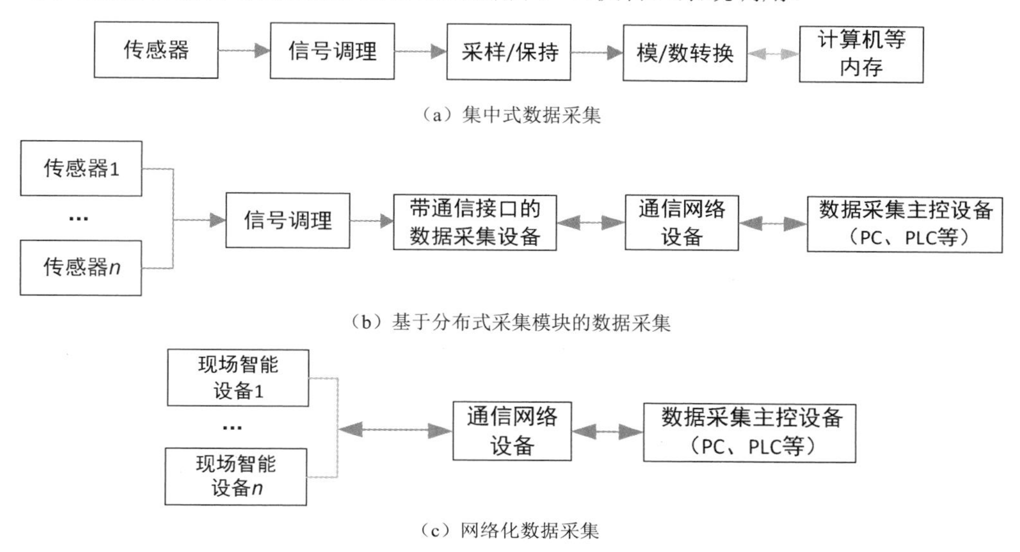

（a）集中式数据采集

（b）基于分布式采集模块的数据采集

（c）网络化数据采集

图 3.1　数据采集系统的一般结构

2．工业数据采集系统的 I/O 接口及其功能

各类测控系统（本节后面都以 SCADA 系统为例进行说明，但此内容也适合其他各类测控系统）的输入/输出通道有时也称为计算机接口（Interface），在本书中称为 I/O 接口。

I/O 接口不仅实现了计算机与监控过程的信号传输，还解决了计算机与外部设备连接时存在的各种矛盾，如输入/输出信号形式的不同、速度的不匹配、串/并联转换及信号隔离等。I/O 接口的功能归纳起来主要有以下几点。

（1）数据缓冲功能——计算机的工作速度快，而外部设备的工作速度比较慢，为了避免因速度不一致导致数据丢失，I/O 接口中一般都设置有数据寄存器或锁存器。

（2）信号转换功能——由于外部设备所需要的控制信号和所能提供的状态信号与计算机能识别的信号往往是不一致的，特别是在连接不同公司生产的设备时，进行信号之间的转换是不可避免的。信号转换包括时序的配合、电平的转换、信号类型的转换、数据宽度的转换（如并行变串行或串行变并行）等。

（3）驱动功能——由于计算机总线的信号驱动能力有限，当要连接多台外部设备时，总线可能会不堪重负，因此，可以通过扩展的 I/O 接口来连接多台外部设备。

（4）中断管理功能——当外部设备需要及时得到计算机的服务时，就要求 I/O 接口设备具有中断控制管理功能。

（5）隔离功能——I/O 接口上的光电隔离或电气隔离等隔离措施可以确保计算机系统的安全。

虽然在选择 SCADA 系统的 I/O 设备时并不需要深入研究各种 I/O 通道的组成、工作原理及实现过程，但对 SCADA 系统的设计人员来说，了解相关 I/O 通道的组成、电路、典型芯片及其编程方法有助于设计和开发高质量的数据采集系统。

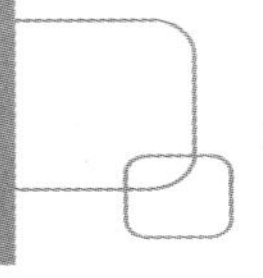

3．工业数据采集系统分类

几乎任何现代的信息系统都存在数据采集，而本书主要针对基于各类计算机的数据采集。即使这样，数据采集所涵盖的内容也很广。这里，采用不同的分类标准对数据采集进行分类，如图 3.2 所示。

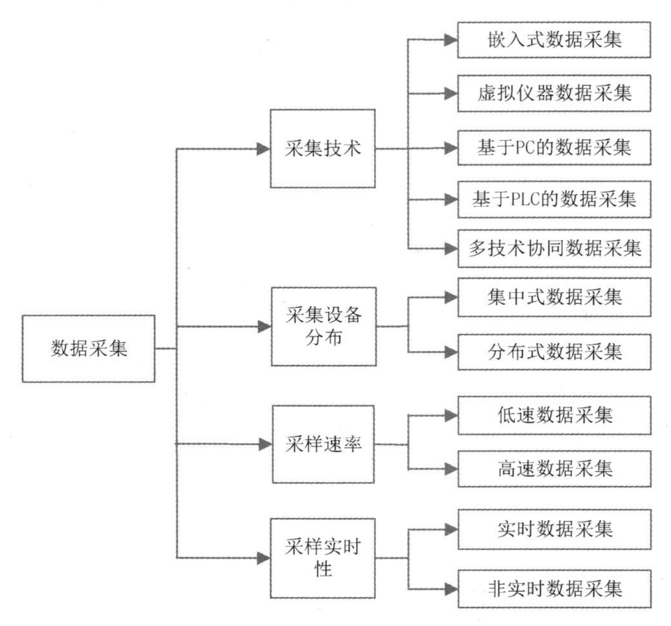

图 3.2　数据采集分类

图 3.2 中的分类可以进一步细分。例如，可以增加按照应用领域、采样周期、采集设备、数据采集软件平台、信号强度等进行分类。此外，即使是根据采集设备分布进行分类，还有兼具集中和分散的混合式数据采集；而基于 PC 的数据采集还可以分为基于板卡及 USB 设备的集中式数据采集和基于总线的分布式数据采集等。

需要说明的是，一些特殊用途的数据采集系统通常不属于常规的 SCADA 系统范畴。例如，对于高速旋转设备（大型冷冻机、鼓风机等）的数据采集，其目的是监控设备的运行状态，这类数据采集有特殊的要求，因此，通常都配置设备厂家自带的数据采集与状态监测系统，这类系统一般是独立于 SCADA 系统运行的。当然，这些数据是可以汇总到企业级的数据库中的，甚至可以上传到云平台进行远程监控。

此外，还可以在常规控制系统配置特殊的数据采集模块，实现专门的数据采集，可将这类数据采集看作特定领域的数据采集，不纳入本章内容。例如，在发电厂，用于控制用途的 DCS 可配置专门的高速数据采集模块，以实现对汽轮机的数据采集。通常这类采集模块的采样周期可以达到 2ms。DCS 上的其他常规数据采集模块主要用于慢变参数（如温度、压力、流量等）的采集，500ms 的采样周期已经可以满足要求了。

3.1.2　采样定律与数据采集卡的性能指标

1．采样定律

数据采集是指利用数据采集设备实现对连续模拟信号的采样。采样是指将一个信号（时间或空间上的连续函数）转换成一个数值序列（时间或空间上的离散函数）。数据采集的一个理论问题就是如何确保数字化的采样值能真实反映原始的模拟信号，即能根据采样值来重构原来的连续信号。香农采样定律（也称奈奎斯特定理）回答了这个问题，即为了不失真地恢复模拟信号，采样频率应该大于模拟信号频谱中最高频率的 2 倍。采样定律说明了采样频率与信号频谱之间的关系，是连续信号离散化的基本依据。该定律也是信息论中的一个重要基本结论。虽然根据采样定律，采样频率是被采集信号最高频率的 2 倍即可，但在实际工程应用中，一般会选 5～10 倍，采样频率过高会增加采集、传输、处理及存储数据的负荷。

从信号处理的角度来看，采样定律描述了两个过程：其一是采样，这一过程将连续时间信号转换为离散时间信号；其二是信号重建，这一过程将离散信号还原成连续信号。

连续信号在时间（或空间）上以某种方式变化着，而采样过程是在时间（或空间）上，以 T 为单位间隔来测量连续信号的值。T 称为采样间隔或采样周期。在实际应用中，如果信号是时间函数，那么通常其采样间隔很小，一般为毫秒、微秒的量级。采样过程会产生一系列的数字，称为样本。样本代表了原来的信号。每个样本都对应着测量这一样本的特定时间点，而采样间隔的倒数 $1/T$ 为采样频率 f_s，其单位为样本/秒，即赫兹（Hertz，Hz）。

实际系统由于存在各种干扰，可能导致高频干扰信号存在，因此常常引入低通滤波器或提高低通滤波器的参数，从而限制信号的带宽，以满足采样定律的条件。

2．数据采集卡的性能指标及参数含义

在设计数据采集系统时要满足采样定律，与之对应的参数就是 A/D 采集卡的采样速率，除了该参数，随着应用需求的不同，还需要了解数据采集卡的组成、性能指标及参数含义。由于 D/A、DI 和 DO 卡的参数比较少，这里不再介绍。图 3.3 所示为研华多功能数据采集卡 PCI1711U，一般的数据采集卡包括多路采样开关（Multiplexer）、放大器、A/D 触发器与转换器、板载存储器、晶振、定时器与计数器等，A/D 采集卡的一些性能参数主要与这些组件有关。

（1）放大器。

由于现场传感器会输出非标的小信号，因此，一般 A/D 采集卡配有放大器，从而把信号增强到 A/D 转换器可以接受的量程范围。放大器的参数主要是放大倍数、放大器建立时间及其设置方式等。放大倍数一般有 1、2、4、8，也有 1、10、100、1000 等，主要看选用的放大芯片类型，例如，前者适用 AD8251，后者可用 AD8253。放大器建立时间是指定放大器增益时，在阶跃输入信号的作用下，输出电压全部进入指定误差范围内所需要的时间。指定误差范围通常为阶跃信号的±1%、±0.05%、±0.01%。放大器建立时间一般为微秒级或纳秒级。放大倍数一般通过硬件跳线或程控方式设置。

（2）A/D 转换器。

A/D 转换器一般是指包括 A/D 转换芯片、采样/保持放大器、内部晶振及各类通信接口的集成封装模块，如 AD7889 和 AD7656 等，ADI 公司是全球著名的该类产品的制造商。相关的参数有转换时间、转换速率、转换精度、采样速率、输入信号量程等。一般异步采集的卡件只有一个 A/D 转换器，以轮询方式对不同的输入通道进行转换。同步采集卡一般会配多个独立的 A/D 转换芯片及配套的放大器等，可对多个通道同步进行转换。一般转换时间为微秒级，转换精度有 8 位、12 位、14 位、16 位，甚至更高。输入信号的种类比较多，有电流、电压等。电压信号可以是 mV 规格的信号，也可以是 0～5V 等规格的信号，甚至可以是双极性信号。

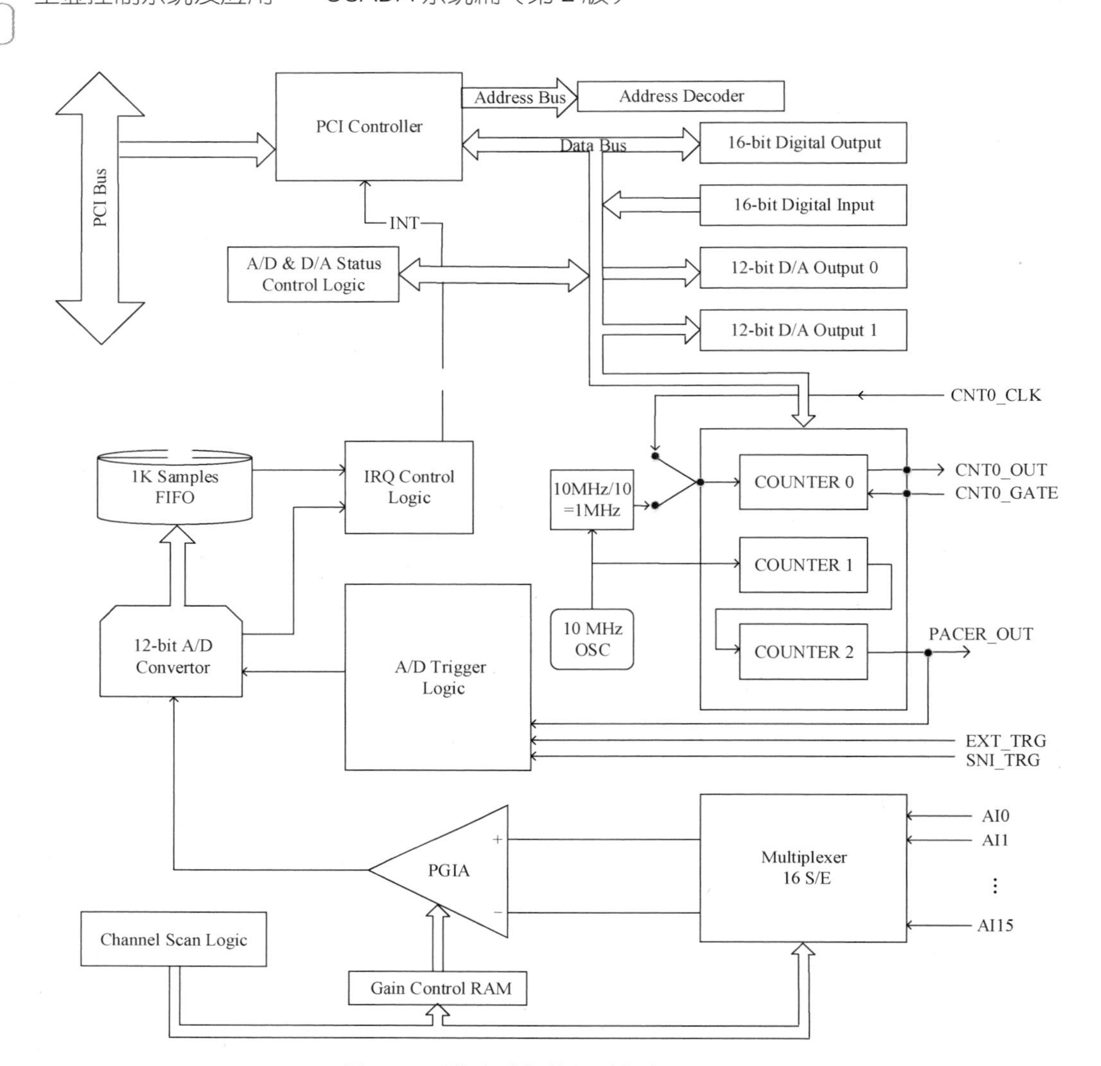

图 3.3　研华多功能数据采集卡 PCI1711U

板卡标注的采样速率一般是指所有通道的采样速率之和。某板卡标注的采样速率为 400kHz，假设有 16 个通道进行异步采集，则每个通道的实际采样速率为 400kHz/16= 25kHz，相当于每个通道 40μs。若是同步采集，则该通道的实际采样速率是 400kHz，因为同步采样时不进行通道轮询。板卡的采样速率是主频除以分频得来的，其中，主频是指板卡上自带的时钟振荡器的频率。不同板卡的分频不同。

有些板卡用采样率（SPS）指标，即用每秒的采样点数来表示 A/D 转换器的性能。SP 代表采样点数，S 表示秒。因此，采样速率和采样率在数值上相等，但单位不同。如某 A/D 转换器的最高采样率为 250kSPS，也就是说，每秒钟最多采样 250000 个点，其采样速率是 250kHz。

（3）触发方式与时钟源。

只有通过软硬件触发才能进行 A/D 转换，触发方式的多样性对于板卡的使用十分重要。与触发 A/D 转换有关的主要概念如下。

触发模式：分为软件内部触发和硬件外部触发。对于硬件外部触发，还分为模拟量触发、脉冲量触发等类型。对于模拟量和脉冲量触发，按照触发方向，包括正向、负向、正负向触发

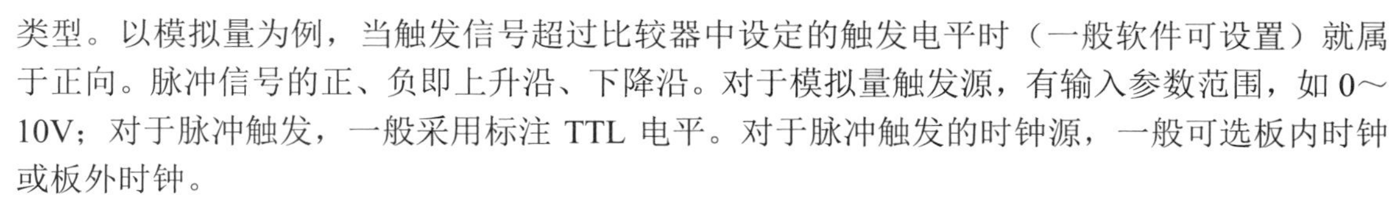

类型。以模拟量为例，当触发信号超过比较器中设定的触发电平时（一般软件可设置）就属于正向。脉冲信号的正、负即上升沿、下降沿。对于模拟量触发源，有输入参数范围，如0～10V；对于脉冲触发，一般采用标注 TTL 电平。对于脉冲触发的时钟源，一般可选板内时钟或板外时钟。

（4）数据读取方式。

当 A/D 转换完成后，要把转换好的数据提取到计算机内存中。数据读取方式就是指采用何种方式实现此功能。一般有查询、DMA 或中断。通常情况下，DMA 的速度最快。

（5）板载存储器容量。

板载存储器包括板载缓存和 FIFO。板载缓存可以达到 128MB 甚至更高的容量。典型的 FIFO 容量是 8KB、16KB 等。高速数据采集板卡的板载存储器容量更高。

（6）其他参数。

其他参数包括板卡的通道数、输入方式（单端或差动）、通道输入阻抗、转换精度、非线性误差、板卡的使用环境等。

3.1.3　SCADA 系统中的数据采集

1．数据采集的多样性与广泛性

由于所有的科学、工程等定量研究都要基于各类数据，因此，数据采集系统的应用范围极广，对于数据采集系统的需求也千差万别，从而造成了数据采集设备及解决方案的多样性。以数据采集的核心设备——数据采集卡为例，除了 ISA、PCI、PCIe、PXI、PXIe、PC104、PC104+等不同内部总线的板卡，还有 USB、现场总线模块及以太网模块等外部总线模块，这些不同的数据采集卡件随着性能的不同而价格差异极大，用户需要根据自己的应用需求合理选择。由于应用具有广泛性，因此要求解决方案具有多样性。例如，用于大型旋转设备监控的振动数据采集，要求同步整周期高速采样，采样信号的触发来自外部信号，一般要求使用支持外部多种类型信号触发、采样速率高、具有大容量板载 FIFO 和缓存、支持 DMA 等数据传输方式的同步数据采集卡，才能满足要求。对于温室大棚的数据采集，则可以使用基于现场总线的数据采集模板，实现远程分布式数据采集。对于航空、航天及军工领域测控系统的数据采集，一般使用 PXI 总线设备，满足其苛刻的实验条件和性能要求。在多轴定位等伺服控制领域，一般要采用同步采集板卡。

数据采集系统的应用从简单到复杂，除了硬件上的不同，在数据采集软件及软件平台方面也有较大的差别。对于简单的应用，多数现有的采集卡都能满足要求；在软件实现上，用户无须关心硬件的细节，只要调用厂商的 API 函数就能实现数据采集；而对于复杂的应用，除了硬件构成复杂，软硬件的协同及软件的编写对于数据采集系统的功能和性能也有很大的影响。例如，在 Windows 多任务环境下，如何编写多线程的应用软件，确保数据采集、传输与处理（存储、显示、控制等）不受其他任务的影响，对于普通开发人员来说是个挑战。

任何现代的工业生产、生活过程都离不开数据采集。没有数据采集就没有自动化，更没有现代智能制造，没有数据也谈不上工业大数据。因此，数据采集在现代信息系统中处于源头地位，其重要性不言而喻。为此，在进行数据采集系统设计时，设计者应根据测控系统的技术要求合理选择数据采集技术，以及合适的数据采集硬件设备（包括通道的类型、精度等性能参数）和软件平台等。

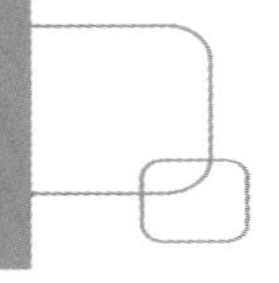

受篇幅限制，在生产线自动化和物流运输等领域广泛使用的射频识别（Radio Frequency IDentification，RFID）数据读/写技术，基于单片机等嵌入式设备的数据采集，互联网领域广泛应用的 WebService 和 WebApi 等远程数据交换技术，以及近年来兴起的大数据采集技术等，本书都不做介绍，本书内容专注于传统的工业数据采集，特别是基于 PC 的数据采集和以 PLC 为主控设备的混合式数据采集。

2. SCADA 系统中的数据采集与数据交换

SCADA 系统中的数据采集与数据交换可以细分为以下 5 个方面。

（1）下位机的数据采集，即下位机与 I/O 设备的数据交换。本章所介绍的数据采集实际上属于这类，也是数据采集中最为复杂与多样的。

（2）下位机之间的数据交换，目前同一个厂商的下位机之间的实时数据交换比较简单。

（3）上位机与下位机之间的数据交换，目前广泛使用 OPC 规范。

（4）上位机之间（服务器与服务器、客户机与服务器）的数据交换，一般上位机软件系统是一个开发平台（如 WinCC），用户只需要进行一定的配置就可以解决此类问题。

（5）上位机与其他应用系统（如 MES）的交换数据，有几种不同的实现方式。

SCADA 系统的应用领域广泛，使用的硬件设备种类繁多，导致硬件接口不同，总线类型与通信协议等不同，还有不少私有协议，如西门子 S7 协议等。软件平台的不同和硬件的不同造成了数据采集时的复杂性，增加了成本。虽然存在这些情况，但是从数据采集通信的实现方式来讲，基本上不超出图 3.4 的范畴。即图 3.4 可以涵盖 SCADA 系统的 5 种数据交换内容。在图 3.4 中，硬件可以是 I/O 设备，也可以是各种智能数据采集装置、数字显示仪表、控制仪表或其他形式的下位机。相比较而言，上位机与下位机，以及上位机与其他应用系统的数据交换要简单很多，目前多采用 OPC 等标准技术进行实时数据交换。对于历史数据交换，多采用标准的数据库接口来实现。

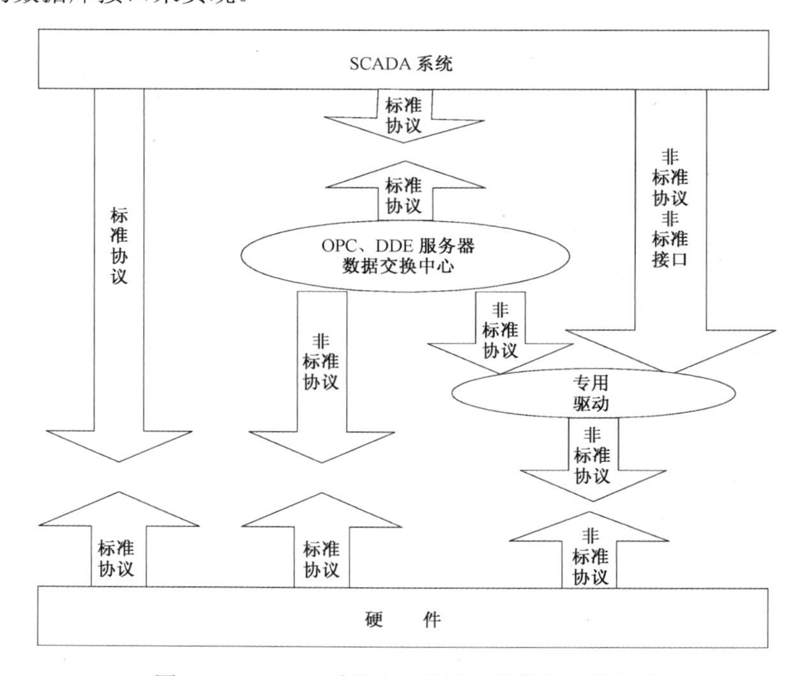

图 3.4　SCADA 系统中几种不同的数据通信方式

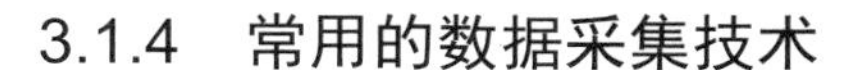

3.1.4　常用的数据采集技术

1．基于嵌入式技术的数据采集

采用单片机、ARM、DSP 和 FPGA 等微处理器，配备相关的 I/O 接口、通信接口等，即可构成嵌入式数据采集装置，是一类广泛使用的数据采集方式，特别是对于特定领域或特定应用来说，这是一类主要的数据采集方式。各类智能仪表、执行器、传感器在 I/O 的处理上也采用这种方式。许多手持式设备（如信号发生器）也采用这种方式进行数据采集与处理。

对于一些复杂的应用，如旋转机械设备状态监测，要采集机械振动信号，对振动信号进行分析，并进行状态监测与故障诊断。由于要进行高速数据采集，普通的采集设备不一定能满足要求，此时，可以构建分布式数据采集与状态监测系统。上位机进行状态监测、报警与故障诊断，下位机配置专门的嵌入式数据采集设备，进行数据采集。由于普通单片机的数字信号处理能力较弱，多数高速数据采集设备都采用专用数字信号处理器（DSP）作为快速采集板的 CPU，它与 PC 在功能上采用主从方式，由 PC 负责启动或中止从机，并设定从机启动时的初始值，如采样速率、通道选择、报警参数等。同时，DSP 与 PC 在结构上采用并行处理、独立运行方式，采用存储器共享技术，由双端口 RAM 或其他方式实现双机高速通信。

DSP 技术的引入不仅可以实现高速数据采集，还能充分发挥其实时信号处理的优势，使监控系统的性能在很大程度上得到改善。快速数据采集板虽然可以采用市场上出售的现成的开发板，但这种开发板的硬件结构较复杂，要想利用它来开发高速数据采集系统，首先要了解 DSP 芯片及其相关电路的硬件工作原理，然后要熟悉大量的 DSP 汇编指令，根据需求进行软件编程及调试，难度较大，需要较多的时间来完成此项工作。

FPGA 器件具有高时钟频率、内部延时小、时序简便、控制精确、编程配置灵活等优点，常作为数据采集的主控单元构成数据采集卡，特别适合高速数据采集。

2．基于网络技术的数据采集

基于网络技术的数据采集包括图 3.1（b）和图 3.1（c）两种方式，其中，图 3.1（b）中的方案更加典型。该方案需要配置具有各类通信接口的数据采集模块，依据通信接口物理层及应用层协议的不同，设备呈现多样化，不同行业的设备不同。例如，楼宇自动化领域大量使用 BACnet MS/TP 和 BACnet/IP 通信接口模块，在制造业大量使用 Profinet 接口的 I/O 模块。根据对采样速率的不同要求，还可以分为高速采集模块和低速采集模块。英国输力强（Solartron）公司早在 20 世纪 90 年代就推出了在线实时监测及联网监测管理系统，其数据采集模块包括 IMP 和 VIMP 两类。IMP 和 VIMP 分别用于对工艺量数据及振动量数据的采集，采用 S 网络（一种具有自定义网络协议的网络）进行数据通信，在诊断中心与各监测点之间建立起信息高速公路，将各监测点的数据实时地送往诊断中心，由诊断中心进行数据管理、频谱分析和数据处理。一般来说，VIMP 模块适用于现场环境比较恶劣的场合，它将模拟量转换成数字量传输，因此抗干扰性能好。VIMP 系统的技术比较成熟，国内曾有不少大中型企业都采用这种系统。但是 VIMP 系统的 S 网络属于串行通信，速率较慢，影响了数据采集的实时性。

近年来，物理层基于 RS-485 总线、应用层采用各类现场总线协议的数据采集模块大量涌现，其中，支持 Modbus（串行和以太网）协议的数据采集模块的种类最多，这类数据采集模块已成为分布式/网络式数据采集的主流。中国台湾研华科技、泓格科技等公司有种类比较齐全的各种 I/O、通信及辅助模块，可以构成分布式数据采集系统。为了方便客户在不同的开发

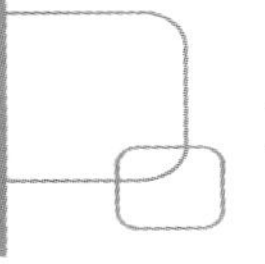

环境下开发应用程序，他们提供了多种形式的驱动程序。

3. 基于虚拟仪器技术的数据采集

虚拟仪器（Virtual Instrumentation）指的是具有虚拟仪器面板的个人计算机仪器。虚拟仪器由计算机、仪器模块和软件三部分组成。仪器模块部分的数据采集卡、GPIB 卡等仅用于信号的输入/输出，仪器的功能主要由软件实现。操作人员通过友好的图形用户界面及面向虚拟仪器的编程语言来控制仪器的运行，以完成对被测量的采集、分析、判断、显示、存储及数据生成。虚拟仪器强调软硬件的可复用性，强调软件在仪器中的作用。

虽然虚拟仪器的概念主要针对各种仪器开发，但是随着虚拟仪器产品的不断丰富和其理念的深入，该项技术也被推广到各种测控应用系统中，也可以用于数据采集。用虚拟仪器技术设计数据采集系统的好处主要体现在以下几个方面。

（1）设计灵活——现有丰富的虚拟仪器软硬件产品，能满足各种设计要求。

（2）系统可靠性和稳定性高——由于直接采用可靠的软硬件设计数据采集系统，与采用单片机的数据采集系统相比，不仅集成度有所提高，可靠性与稳定性也大大提高。

（3）开发周期短——在基于虚拟仪器的数据采集系统中，各类硬件设备通常集成度较高，厂家会为硬件设备配置各类驱动。此外，典型的虚拟仪器开发软件集成丰富的信号采集、处理、分析、显示等工具库，因此可以实现较短的开发周期。

美国国家仪器公司（NI）是虚拟仪器领域的大型生产商，在硬件方面，有不同种类的总线产品，满足不同类型的用户的需求，特别是在高端数据采集领域，其产品更具有优势。在软件方面，其图形化的虚拟仪器开发软件 LabVIEW 大受欢迎，形成了强大的用户生态。从 2020 年开始，个人用户可以从该公司官网下载该软件，无须授权就能使用。

由于 LabVIEW 几乎成为测控领域最流行的应用软件开发平台，因此，几乎所有主流的数据采集设备（板卡、模块等）都专门开发了 LabVIEW 驱动，同时，LabVIEW 支持许多标准的通信协议，因此，LabVIEW 在数据采集系统软件开发中被广泛使用。除了 LabVIEW 这种图形化编程语言，NI 公司的 LabWindows/CVI 还支持利用 C 语言进行测控软件开发。

基于虚拟仪器的数据采集主要用在各类测试系统、测量系统与测控系统中，典型行业包括航空航天、汽车、移动通信、新能源等。

4. 基于物联网技术的数据采集

目前，基于物联网技术的数据采集随着应用场景的不同，有不同的解决方案。

1）对大规模企业的数据采集

这类应用主要针对制造业等行业的数字化改造，更合适的叫法是工业互联网应用。这些企业在基础层已有比较完善的数据采集系统，但这些系统设备种类多、通信协议多，还存在私有协议。对于这类企业的数据采集，目前主要的解决方案如下。

（1）利用嵌入式工业网关接入工业现场，通过以太网、串口等接口进行数据采集，多使用 OPC 服务器把数据汇聚到企业实时/历史数据库，还可上传到云平台。或者通过网关把各类工业协议设备采集来的数据转换成 JSON 等格式，通过 MQTT 上传到云平台。云平台包括私有云和公有云。

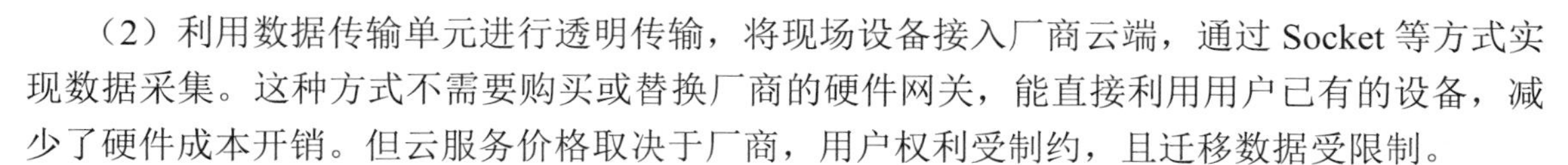

（2）利用数据传输单元进行透明传输，将现场设备接入厂商云端，通过 Socket 等方式实现数据采集。这种方式不需要购买或替换厂商的硬件网关，能直接利用用户已有的设备，减少了硬件成本开销。但云服务价格取决于厂商，用户权利受制约，且迁移数据受限制。

2）对大量分布式测量点的数据采集

在服务业、物流运输业、农业、林业、交通业等应用中，存在大量分散的数据采集点，但每个采集点的数据量少。对于这类应用，一般现场汇聚节点与传感器节点之间可以采用短程无线通信，如 ISA100.11a、WirelessHart、WIA-PA、ZigBee 和蓝牙等。汇聚节点与远程终端可以采用有线或无线通信。另外一类应用是现场传感节点配置 NB-IoT 模块或 LoRa 模块，通过专用网络或自建网络进行传输。

在物联网应用中，存在对功耗低、距离远、连接大的 LPWAN（Low-Power Wide-Area Network，低功耗广域网络）技术的需求，因此产生了 NB-IoT（Narrow Band Internet of Things ）和 LoRa（Long Range）两大阵营。

NB-IoT 聚焦于低功耗广覆盖（LPWA）物联网市场，是一种可在全球范围内广泛应用的新兴技术，具有覆盖广、连接多、速率快、成本低、功耗低、结构优等特点。NB-IoT 使用授权频段，可采取带内、保护带或独立载波三种部署方式，与现有网络共存。NB-IoT 在全球范围内受到了电信运营商的大力支持。

LoRa 具有功耗低、传输距离远、组网灵活等诸多特性。LoRa 主要在全球免费频段（非授权频段）运行。LoRa 网络构架由终端节点、网关、网络服务器和应用服务器四部分组成，应用数据可双向传输。此外，LoRa 技术不需要建设基站，一个网关便可以控制较多设备，并且布网方式较为灵活，可大幅降低建设成本。

目前，上述两种类型的物联网在智慧城市、智能家居和楼宇、交通指挥、智能表计、智慧农业、智能物流等领域都有成功的应用案例。

物联网数据采集内容多，超出了传统 SCADA 系统的知识范围，本书只在 3.6 节进行简单介绍。

3.2　数据采集系统的 I/O 接口模块

3.2.1　数字量接口模块

在 SCADA 系统中，数字信号有编码数字（二进制数或十进制数）、开关量、脉冲序列等。各种按键、继电器和无触点开关（如晶体管、晶闸管等）是典型的开关量，而控制步进电机的是脉冲序列信号。这些信号有高电平和低电平两种状态，相当于二进制数中的“1”和“0”，计算机处理起来较为方便。由于数字信号是计算机直接能接收和处理的信号，因此数字输入/输出通道比较简单，主要用于解决信号的缓冲和锁存问题。

SCADA 系统通过开关量输入通道引入被控对象开关量信息，进行必要的逻辑运算后，将输出的数字信号通过开关量输出通道发出，驱动发光二极管、继电器或其他开关量设备，以实现诸如越限声光报警、双位式阀门的开关及电动机的启停等。

如果开关量信号按照一定的周期变化，那么这样的信号也称为脉冲信号。对频率、转速

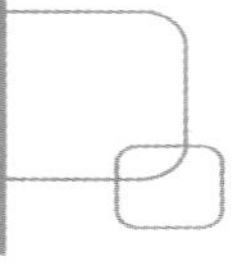

的测量一般通过对传感器输出的脉冲计量来实现。在运动控制中，编码器输出的信号也是脉冲信号，根据脉冲的数目，可以知道电机的角位移和转速，还可以输出脉冲信号来控制步进电机的角位移和转速。对于不规则的脉冲信号，通常要进行电路整形，以利于测量。脉冲信号一般频率较高，一般的 DI、DO 接口不支持脉冲信号的采集与输出，需要专门的接口模块。一体化 PLC 上一般会集成几路这样的接口。

由于在工业现场存在电场、磁场、噪声等干扰，因此在输入/输出通道中往往需要设置隔离器件，以抑制干扰的影响。开关量输入/输出通道的主要技术指标是抗干扰能力和可靠性，而不是精度。这里主要以 PLC 的 I/O 模块为例进行介绍。

1. 数字量输入模块

根据外接电源的不同，可以把数字量输入模块分为直流输入模块和交流输入模块。通常情况下，如果现场接点与模块的接线端子距离较小，那么可以用直流输入模块；如果距离较远，那么应该用交流输入模拟。直流输入模块的输入电路如图 3.5 所示。

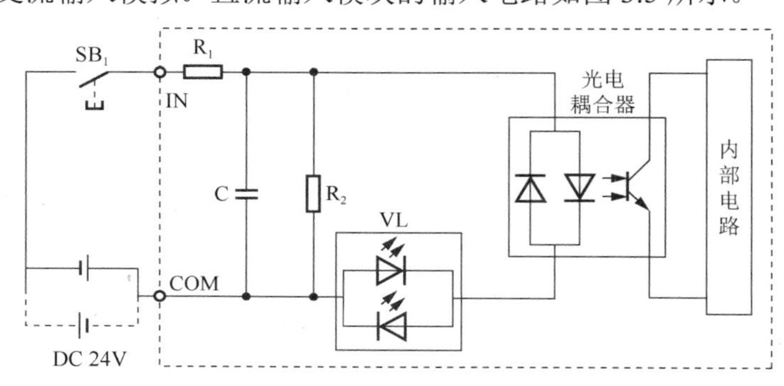

图 3.5 直流输入模块的输入电路

直流输入模块中的光电耦合器隔离了输入电路与 PLC 内部电路的电气连接，使外部信号通过光电耦合器变成内部电路能接收的标准信号。当现场开关闭合后，外部电压经过电阻 R_1 和阻容滤波后加到双向光电耦合器的发光二极管上，经过光电耦合器，光敏晶体管接收光信号，并将接收的信号送入内部电路，在输入采样时送至输入映像寄存器。现场开关的通/断状态对应输入映像寄存器的 I/O 状态，即当现场开关闭合时，对应的输入映像寄存器为“1”状态；当现场开关断开时，对应的输入映像寄存器为“0”状态。当输入端的发光二极管（VL）点亮时，指示现场开关闭合。外部直流电源用于检测输入点的状态，其极性可以任意接入。电阻 R_2 和电容 C 构成滤波电路，可过滤掉输入信号的高频抖动。双向光电耦合器起整流和隔离的双重作用，双向发光二极管 VL 用于状态指示。

2. 数字量输出模块

数字量输出模块分为直流输出模块和交流输出模块，每个输出点能控制一个用户的数字型（ON/OFF）负载。典型的负载包括继电器线圈、接触器线圈、电磁阀线圈、指示灯等。每个输出点与一个且仅与一个输出电路相连，通过输出电路把 CPU 运算处理的结果转换成驱动现场执行器的各种大功率开关信号。

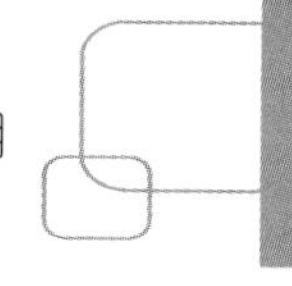

（1）直流输出模块。

直流输出模块采用晶体管或场效应晶体管（MOSFET）驱动。图 3.6 所示为场效应晶体管的输出电路。

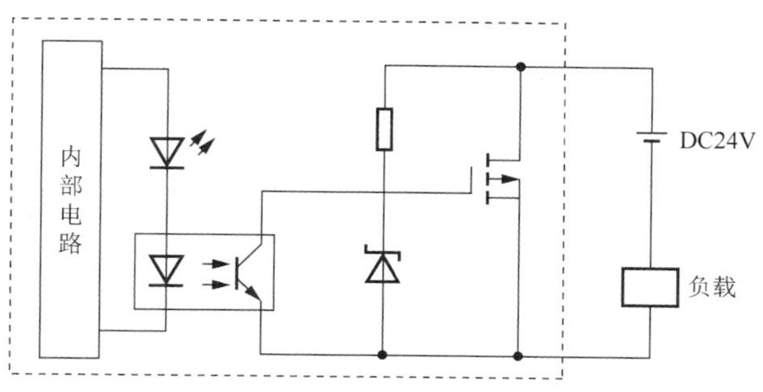

图 3.6　场效应晶体管的输出电路

当 PLC 进入输出刷新阶段时，通过数据总线把 CPU 的运算结果由输出映像寄存器集中传送给输出锁存器；输出锁存器的输出使光电耦合器的发光二极管发光，光敏晶体管受光导通后，使场效应晶体管饱和导通，相应的直流负载在外部直流电源的激励下通电工作。当对应的输出映像寄存器为“1”状态时，负载在外部电源的激励下通电工作；当对应的输出映像寄存器为“0”状态时，外部负载断电，停止工作。光电耦合器实现光隔离，场效应晶体管作为功率驱动的开关器件，稳压管用于防止输出端过电压，以保护场效应晶体管，发光二极管用于指示输出状态。

场效应晶体管的输出方式的特点是输出响应速度快。场效应晶体管的工作频率可达 20kHz。因此，在需要驱动步进电机、固态继电器时，需要选用该类模块，而不能选用继电器类型的输出模块。

（2）交流输出模块。

交流输出模块的工作电源包括 AC 120V 或 AC 230V。交流输出模块是晶闸管输出方式，其特点是输出启动电流大。图 3.7 所示为交流输出模块的内部电路。

当 PLC 有信号输出时，通过输出电路使发光二极管导通，通过光电耦合器使双向晶闸管导通，交流负载在外部交流电源的激励下得电。发光二极管 VL 被点亮，指示输出有效。在图 3.7 中，固态继电器（AC SSR）作为功率放大开关器件，也是光电隔离器件，电阻 R_2 和电容 C 组成高频滤波电路，压敏电阻起过电压保护作用，可以消除尖峰电压。

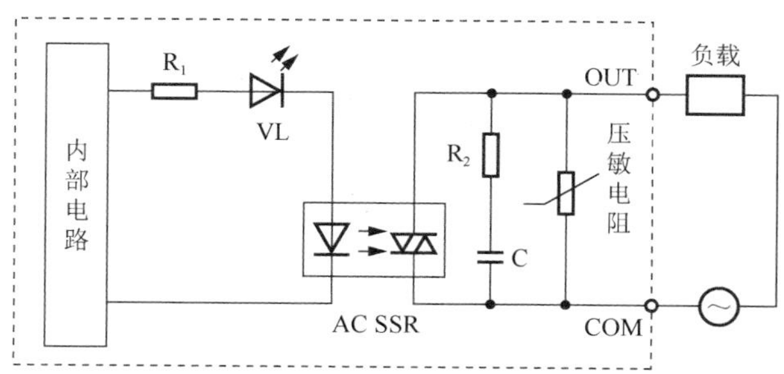

图 3.7　交流输出模块的内部电路

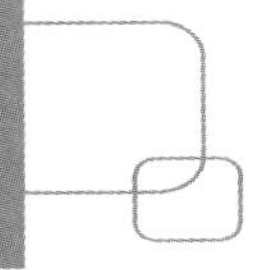

3.2.2 模拟量接口模块

1. 模拟量输入模块

1）模拟量输入模块的组成与作用

模拟量信号是一种连续变化的物理量，如电流、电压、温度、压力、位移、速度等。在工业控制中，要对这些模拟量进行采集并传送给 PLC 的 CPU，必须先对这些模拟量进行模数（A/D）转换。模拟量输入模块就是用来将模拟信号转换成 PLC 所能接收的数字信号的。生产过程的模拟信号是多种多样的，类型和参数大小也不相同，因此，一般先用现场信号变送器把它们变换成统一的标准信号（如 4～20mA 的直流电流信号、0～5V 的直流电压信号等），再送入模拟量输入模块将模拟量信号转换成数字量信号，以便 PLC 的 CPU 进行处理。模拟量输入模块一般由滤波器、A/D 转换器、光电耦合器等组成。光电耦合器有效防止了电磁干扰。对多通道的模拟量输入单元，通常设置多路转换开关进行通道切换，且在输出端设置信号寄存器。

模拟量输入模块设有电压信号和电流信号输入端。图 3.8 所示为西门子 8 路模拟量输入模块 331-1KF01-0AB0 的结构及接线图。可以看出，该模块支持电压（包括毫伏级的热电偶）、电流、热电阻等输入信号，适用性较广。不过，在使用中，用户需要在软件和硬件上根据输入信号的形式进行配置。

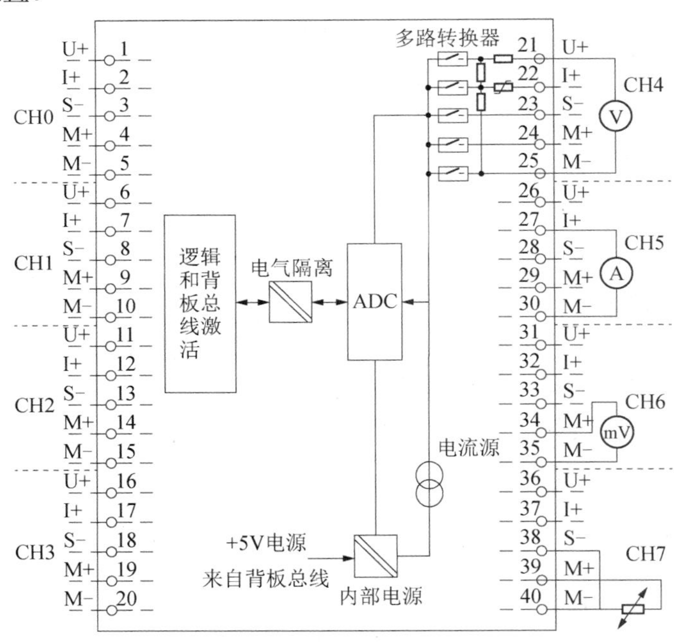

图 3.8 西门子 8 路模拟量输入模块 331-1KF01-0AB0 的结构及接线图

此外，由于工业现场大量使用热电偶、热电阻测温，因此，控制设备厂家都会生产相应的模块。热电偶模块具有冷端补偿电路，以消除由冷端温度变化带来的测量误差。热电阻的接线方式有 2 线、3 线和 4 线 3 种。通过合理的接线方式可以消除由连接导线的电阻变化带来的影响，提高测量精度。

在选择模拟量输入模块时，除了要明确信号类型，还要注意模块（通道）的精度、转换时间等是否满足实际数据采集系统的要求。在使用模拟量模块时要特别注意信号屏蔽，防止各种干扰，特别是当其和变频器等设备的安装距离近时。

2）嵌入式装置模拟量输入模块的电路分析

嵌入式装置的 A/D 转换电路的原理图如图 3.9 所示。A/D 转换电路选用 ADS124S08 集成芯片实现 A/D 转换，它是 TI 公司的一款低功耗、低噪声、高集成度、12 通道、24 位的 A/D 转换器（ADC 芯片），能够在−50℃～+125℃的环境下工作，还具有故障检测、自偏移校准、系统校准等功能。

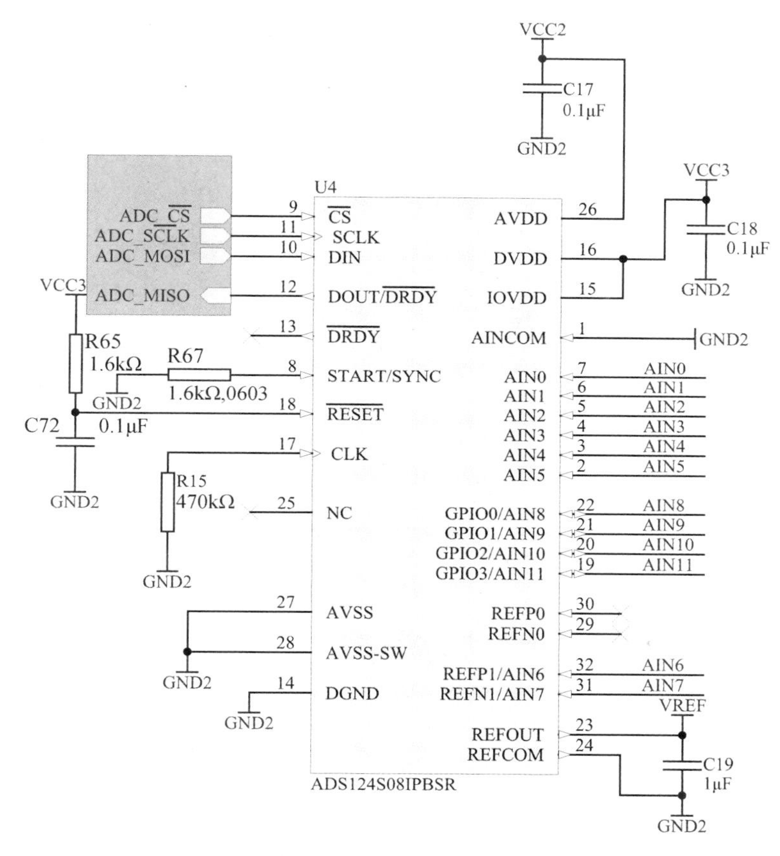

图 3.9　嵌入式装置的 A/D 转换电路的原理图

ADC 芯片内部主要集成了以下 7 部分。

（1）一个可编程增益放大器（PGA），具有低噪声、低幅值的特性，信号增益能够达到 1～128，数据传输速率可以达到 2.5SPS～4kSPS。

（2）一个可配置的数字滤波器，具有低延迟转换的特点，能够快速提供转换结果，同时能抑制 50Hz 和 60Hz 的工业噪声。

（3）一个模拟多路复用器，支持 12 路独立可选输入，能够以任何形式组合连接到 ADC 芯片上，具有很高的灵活性。

（4）两个可编程传感器激励电流源（IDAC），有助于提供准确的 RTD 偏置，量程范围为 10～2000μA。

（5）一个精密、低漂移的2.5V电压基准，最大漂移为10ppm/℃，能够有效减小PCB的面积。

（6）一个振荡器，频率为4.096MHz，精度为1.5%。

（7）一个温度传感器。

除了多种集成特性，ADS124S08集成芯片还有4个通用I/O，并外设SPI串行接口。SPI串行接口有4个输出引脚：$\overline{\text{CS}}$、SCLK、DIN和DOUT/$\overline{\text{DRDY}}$，引出4根控制线：ADC_$\overline{\text{CS}}$、ADC_$\overline{\text{SCLK}}$、ADC_MOSI和ADC_MISO，通过数字隔离电路后连接至主控芯片STM32的SPI接口，实现ADC芯片与STM32主控芯片之间的双向数字通信。

3）模拟量输入模块中的数字隔离电路

A/D转换电路与主控芯片之间通常要设置数字隔离电路，来消除各类噪声和干扰。数字隔离电路的原理图如图3.10所示。示例中的数字隔离电路选用ISO7341C隔离芯片，它连接ADS124S08芯片的SPI串行接口与STM32主控芯片的SPI串行接口。ISO7341C隔离芯片输入端的4个引脚V_OA、V_OC、V_OB、V_ID分别接收来自ADS124S08芯片的SPI串行接口的4个输出信号，再通过输出端的4根控制线SPI1_$\overline{\text{CS}}$、SPI1_SCK、SPI1_MOSI和SPI1_MISO连接至STM32的SPI1接口。

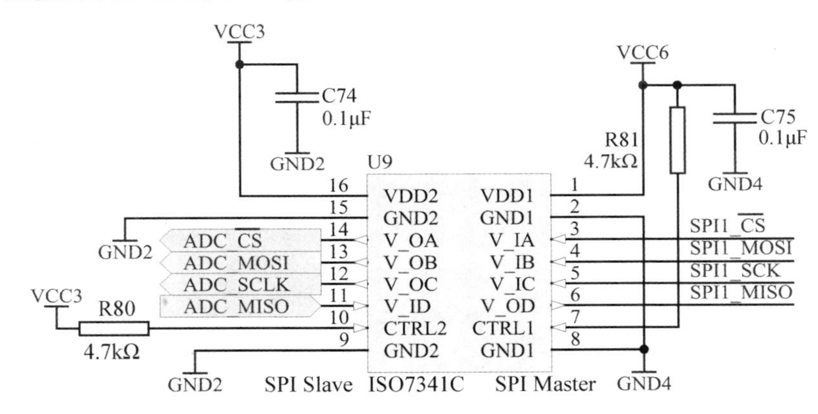

图3.10 数字隔离电路的原理图

SPI串行通信接口支持高速全双工的同步通信，采用主从方式实现数字通信。SPI通信方式通常有一个主站，可以有一个或多个从站。示例中，STM32主控芯片作为主站发送命令指示，ADS124S08芯片作为从站接受主机命令并响应。因此，STM32芯片至ADS124S08芯片为正向通道，ADS124S08芯片至STM32芯片为反向通道。电路中有3个正向通道：ADC_$\overline{\text{CS}}$为片选信号、ADC_MOSI为串行输入、ADC_SCLK为时钟信号。电路中有一个反向通道：ADC_MISO为串行输出。通过这4根控制线就能实现A/D转换芯片与STM32主控芯片之间的双向数字通信。

2. 模拟量输出模块

现场的执行器，如电动调节阀、气动调节阀、变频器等都需要模拟量来控制，所以模拟量输出通道的任务就是将计算机计算的数字量转换为可以推动执行器动作的模拟量。模拟量输出模块一般由光电耦合器、数模（D/A）转换器和信号驱动器等组成。

模拟量输出模块输出的模拟量可以是电压信号，也可以是电流传号。电压或电流信号的输出范围通常可调整，如电流信号，可以设置为0～20 mA或4～20 mA。不同厂家的设置方式不同，有些需要通过硬件进行设置，有些需要通过软件设置，而且输出电压或输出电流时，外部接线也不同，需要特别注意。

图 3.11 所示为西门子 4 路模拟量输出模块 332-5HD01-0AB0 的结构及接线图。可以看出，该模块内部采用了光电隔离，以提高电绝缘和抗干扰能力。使用 AO 模块时，要注意每路通道的驱动能力，即不能过载。

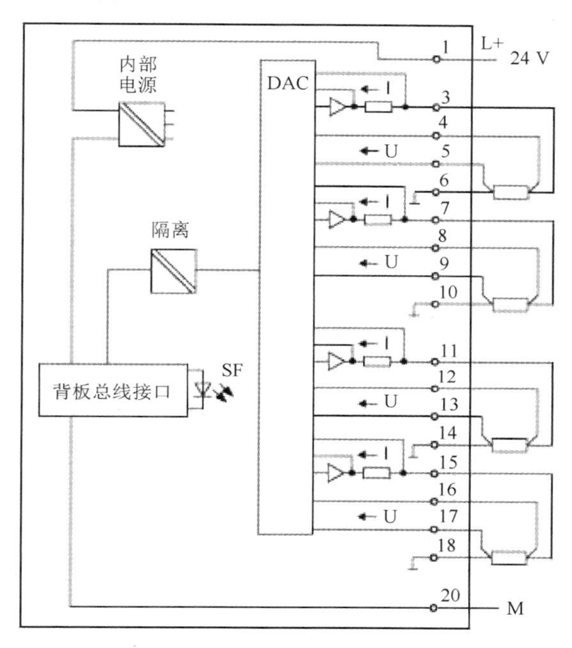

图 3.11　西门子 4 路模拟量输出模块 332-5HD01-0AB0 的结构及接线图

3.2.3　多功能接口模块

实际工业系统中通常存在一定数量的 AI、AO、DI 和 DO 信号需求，而且这种需求并不平衡，若设备厂家都生产高密度的各类模块，则可能存在通道浪费现象，从而增加用户成本，因此，除了这些数字量模块和模拟量模块，设备厂家还会生产一定的混合信号类型的模块。在 SCADA 系统中，一些测控现场的信号类型多，但每个信号的点数不多，因此，RTU 厂家通常会提供不同 I/O 类型混合的模块。对于 PLC 系统，一般把 AI 与 AO 通道混合，把 DI 与 DO 通道混合等。对于板卡与各类总线式模块来说，这种配置更加多样，I/O 点的集成度更好。例如，中国台湾研华公司的 PCI1711U 多功能数据采集卡，具有 32 路单端 AI、2 路 AO、16 路 DI 和 16 路 DO。ADAM-6024 以太网接口数据采集模块具有 6 路 AI、2 路 AO、2 路 DI 和 2 路 DO，这样用户在选型时，可能只需要配置一个这样的模块，而不是多个不同信号类型的模块。I/O 类型混合的模块增加了用户进行 I/O 模块配置的灵活性，在实际应用中十分常见。

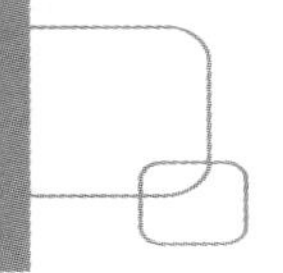

3.3 基于 PC 的数据采集

3.3.1 数据采集中的 I/O 控制方式

基于 PC 的数据采集是应用最为广泛的一类数据采集技术。各类卡件式的数据采集卡，都要和 PC 等宿主机联合应用才能实现数据采集。各类总线式数据采集模块通常也以 PC 为主站/主机来进行数据采集。这里主要讨论基于板卡的数据采集。

在计算机 CPU 的控制下将 I/O 卡的输入数据与输出数据转换，把计算机内存中的数据输出，或将外部的模拟量转换为数字量后输入内存。要实现对信号的采集，必须掌握数据采集的基本原理和实现技术。通常，数据采集软件的编写主要是对各种数据采集卡（A/D 转换器）进行的。在开发数据采集系统前，首先要对卡件进行各种软硬件设置，如通道地址、占用的系统资源、通道增益、通道选择等，而这些都是通过对采集卡中相关的寄存器进行设置而实现的。这些设置有些通过硬件方式进行，有些可以动态改变，即通过软件进行设置。虽然在实际应用中，信号种类千差万别，可供选择的板卡也有很多，但就原理来说，这些设置大同小异。

根据采样定理，如果信号的截止频率很高，那么采样频率必须相应提高，才能保证频率不失真，而采样频率的最大值是由 A/D 转换器的转换时间决定的。通常每个数据采集卡都有它固定的转换频率，要进行振动量等高速数据采集，就要选择转换率高的卡件。

在进行数据采集程序设计前，要选择合适的 A/D 采集卡，计算机总线不同，因此要选择自己的计算机或数据采集主机所支持的卡件。目前，多数计算机都是 PCI 总线，旧的 ISA 总线的数据采集卡与 PCI 总线的不同，在使用上有较大差别。但从数据采集原理上来看，两者是相通的。图 3.12 所示为 A/D 转换的详细过程，这里共包括 7 个环节。

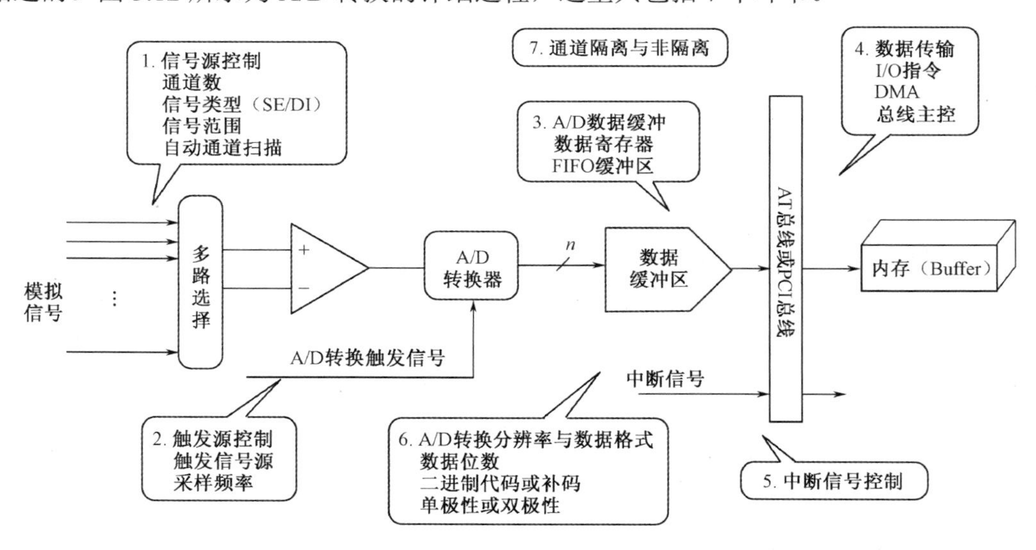

图 3.12　A/D 转换的详细过程

1）信号源控制

信号源控制是指根据传感器的类型和信号等级选择合适的 A/D 采集卡。如果信号不规

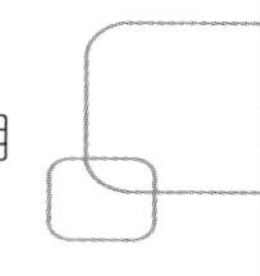

范，且干扰多，建议将传感器的输出信号接入调理卡，用电缆将调理卡与 A/D 采集卡连接。

2）触发源控制

这里的触发源可以是以下信号。

- 计算机软件触发：由 PC 的 CPU 发出指令启动 A/D 转换，通过向启动 A/D 转换器的端口地址写某个整数即可启动 A/D 转换器，开始转换。
- 外部模拟量触发：当外部某模拟量数值超过一定数值时，触发 A/D 转换。
- 外部开关量：当外部某开关信号有效时，触发 A/D 转换。
- 定时器、计数器触发：将定时器或计数器的输出与 A/D 转换器的启动信号相连，它们产生的输出脉冲信号启动 A/D 转换。

在一般的数据采集中，多采用软件触发，即在数据采集程序中通过软件来触发 A/D 转换。典型的就是通过软定时器来启动数据采集。但是在一些特殊场合，数据采集必须由特定的信号来触发，如在某些旋转机械的状态监测中，对于振动信号的采集要受转速传感器得到的键相信号控制；在定时数据采集中，A/D 转换信号要由定时器来触发。

并非所有的数据采集卡都支持上述外部触发，因此，若对 A/D 触发有特殊要求，则一定要看清楚硬件的使用说明书。

3）A/D 数据缓冲

对于高速数据采集，当启动 A/D 转换后，会产生大量的数据，这些数据必须暂时存储在板卡上的 FIFO 缓冲区中，若 PC 来不及将转换后的数据送入计算机内存，则这些数据会被后转换来的数据覆盖。

4）数据传输

数据传输是指如何将 A/D 转换后的数据送入计算机内存中，由计算机加工、处理和存储。A/D 转换后的数据通常保存在板卡的寄存器或 FIFO 缓冲区中，这些数据必须及时取出。数据传输主要有 3 种方式。

（1）查询管理——所有的数据采集卡的寄存器中都有一定的位信号 ECO（End of COnversion，转换结束），该信号反映了 A/D 转换的状态。ECO=1 表示 A/D 转换仍在进行；ECO=0 表示 A/D 转换已结束。所谓查询管理，即通过程序读该位的状态来对 A/D 转换的数据进行管理，若 ECO=1，则等待并继续查询；若 ECO=0，则表示 A/D 转换已完成，可以读取 A/D 转换结果。

（2）中断管理——把 A/D 转换芯片的状态线 STS 与中断请求线相连，用于中断管理，只要 A/D 转换完毕，A/D 转换芯片的 STS 线就发出中断申请，进入中断服务程序，完成对转换数据的读取、处理等。

采取中断管理可以显著提高系统的实时性，使系统有足够的时间响应其他的任务请求。所谓实时性，是指要求计算机在规定的时间范围内完成规定的任务。采取中断管理方式，在外围设备没有做好数据交换准备时，CPU 可以运行与数据交换无关的其他任务，当外围设备做好了数据交换的准备时，主动向 CPU 发出中断请求，只要条件合适，CPU 就会中断正在进行的工作，转入数据交换的中断服务程序。完成了中断服务程序后，CPU 又自动返回执行原来的任务。通过这种方式，可以比较好地解决慢速外围设备与 CPU 高速运行的矛盾，也使系统有更好的实时性。

（3）DMA 管理——把 A/D 转换的结束信号 ECO 与 DMA 的请求信号 DREQ 相连，当 A/D 转换结束后，ECO 信号产生向 DMA 的请求信号 DREQ，由 DMA 控制将 A/D 转换的数

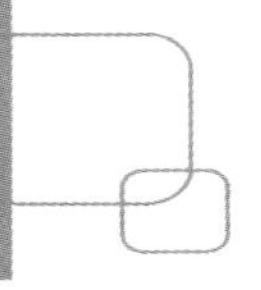

据传输到内存单元。这种方式实际上是计算机的内存 RAM 与高速外围设备之间的直接数据交换，数据不必再经过 CPU，而是在 DMA 控制器的控制下，在内存与高速外围设备之间进行高速、大量的数据交换。这种数据交换方式主要用于一些计算机测控系统中，而计算机监控系统中较少采取这种方式。

根据 A/D 的启动方式和管理方式的不同组合，可以获得不同的数据采集方法，一般的组合如下。

（1）软件启动，查询管理——这种方式在编程的实现上极为简单，但是程序可移植性差，采样频率对机器速度的依赖性强，在一台计算机上调整好的频率参数，移植到另一台速度不同的计算机上，其决定采样频率的参数仍需要重新调整。

（2）定时启动，中断管理——这种方式从根本上克服了上一种方式的缺点，实现了采样频率的精确设定，程序对计算机的依赖性大大降低。但这种方式编程复杂，如果数据采集终端程序写得不好，会影响系统的稳定性。

（3）定时启动，DMA 管理——这种方式在传输数据时完全由硬件电路实现，可以实现更高的采样速率，占用更少的系统资源，适用于高速数据采集的场合。

当然，不同的应用可以有其他组合。

5）中断信号控制

这里主要指的是在 A/D 转换完成后，采用中断方式传输数据时的中断信号管理与控制，在前面已有说明。

6）A/D 转换分辨率与数据格式

现在 A/D 转换分辨率越来越高，选择什么样的分辨率依需要而定，虽然选择高分辨率的数据采集卡可以提高测量精度，但其价格相对昂贵，且会造成系统在数据传输和存储上的负荷增加。

7）通道隔离与非隔离

通道隔离与非隔离也与应用要求和现场信号条件有关。有些板卡可以实现信号成组隔离，有些板卡可以实现每个通道隔离。对隔离的要求越高，信号采集质量越高，但成本也越高。

3.3.2 基于 PC 的板卡类设备集中数据采集

1. 基于 PC 的数据采集概述

基于 PC 的数据采集是指 PC 控制数据采集的过程，数据采集的 I/O 接口设备可以是集中式的数据采集板卡，也可以是分布式的数据采集模块，这些模块之间可以采用厂家自定义的通信协议，也可以采用现场总线协议。利用 PC 中的串口或安装的通信卡件实现数据采集设备与计算机的硬件接口。在 PC 中编写数据采集软件，完成数据采集功能。在此基础上，还可以增加数据记录、控制、报警、报表等功能，构成以计算机为核心的数据采集系统。显然，在这类系统中，数据采集是核心，即必须把数据从输入设备中采集上来，或把控制命令通过输出模块送到执行设备。

至于 PC 中的数据采集应用软件，可以用高级语言（如 C++等）来编写，也可以用组态软件或 LabVIEW 等进行二次开发来实现。

基于 PC 的数据采集深受微软操作系统及软件结构、编程语言的影响，随着微软操作系统及应用软件技术的升级，传统的 DLL、COM/DCOM 等技术已逐步被淘汰，PC 平台基于这些技术的数据采集解决方案同样受到较大限制。特别是板卡类设备的数据采集，受影响最大。此外，基于PC的数据采集受到编程环境及编程语言的影响，深受工业控制人员欢迎的VB、Delphi等编程语言逐步被淘汰，Visual Studio、QT等新的编程环境支持多种编程语言，具有集成度高、支持多语言、可跨平台等优势，在数据采集系统中的应用越来越多。

需要说明的是，由于工业控制系统属于专用计算机系统，各类工业控制软件与目前大量的互联网应用软件有较大的不同，究其原因，主要表现在以下几个方面。

（1）工业控制软件，特别是与物理对象关联紧密的底层数据采集和控制软件，多数工作于桌面操作系统（如Windows 10），因此，工业控制软件的开发语言与互联网，特别是移动互联网应用软件的开发语言不同，如C、C++编程语言在工业控制系统仍然被广泛使用，而Java在移动互联网应用中十分流行。

（2）工业控制应用对软件的跨平台需求没有互联网应用软件那么高，因此，一些不能很好地支持跨平台移植的开发环境和编程语言在工业控制系统中仍可得到应用。

（3）工业控制软件对于稳定性的要求极高，工业控制软件的生命周期远远超过互联网应用，工业控制软件的升级换代速率远远低于互联网应用。

当然，目前大量出现的物联网类应用的功能需求与工业控制系统的底层控制软件有较大不同，因此其应用软件的开发与传统工业控制软件也有所不同，更加趋向于目前的移动互联网应用。

2. 采用高级语言进行板卡类设备的数据采集

1）板卡类数据采集设备及其驱动

伴随PC的兴起，各类板卡（如AI、AO、DI、DO等）类数据采集设备大量出现，在计算机中安装各类板卡进行数据采集曾是一类十分流行的数据采集方法。工控机具有更多的总线插槽，对于I/O点数多的采集任务，可以采用工控机。

中国台湾研华公司是著名的工控机和板卡生产厂家，是伴随PC的产生而兴起的工业控制设备制造商。中国台湾的鸿格、威达、凌华等公司和研华一样，都是伴随PC的产生而兴起的，这些公司抓住了PC在全球信息化，特别是自动化发展中的支撑作用，因此能发展壮大，并不断跟随工业自动化的发展推出新的产品，通过技术创新在竞争激烈的工业控制市场中屹立不倒。

对于板卡类数据采集设备，其编程方式经历了不同的发展阶段，概括如下。

（1）直接采用高级语言对板卡类设备的寄存器进行读/写操作。在板卡类设备使用的早期，这种方式很流行，厂家都会提供板卡类寄存器地址及其作用的说明文件，以及程序例程。这种方式要求十分熟悉数据采集过程，程序相对复杂。

（2）对板卡类设备厂家提供的库函数进行调用，实现数据采集。这类库函数一般是以动态链接库的形式出现的。厂家的库函数封装了底层的寄存器读/写，用户不需要了解板卡类寄存器地址等，不需要对寄存器进行操作。因此，这类方式明显简化了数据采集的I/O接口部分。

（3）把数据采集的接口部分封装成ActiveX控件，这样用户在Visual Studio等集成环境下进行数据采集就十分简单了。

由于微软操作系统对用户直接操作计算机硬件的限制不断增加，因此，在开发一般的数

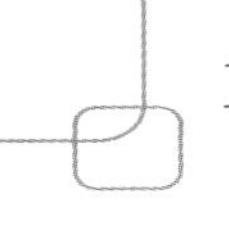

据采集程序时，目前主要是利用厂家提供的驱动来实现的。

为了便于对板卡类设备的数据采集方式进行介绍，这里以研华公司的 PCI1711U 板卡为例，说明针对板卡的基于 PC 的数据采集。

PCI1711U 的主要特点是，具有 16 个通道、12 位模拟输入，采样速率可达 100kHz。此外，还具有 2 通道 12 位模拟输出、16 通道数字输入和 16 通道数字输出。该板卡还有 1KB FIFO 缓冲。要使用板卡，计算机至少要有一个空余的 PCI 插槽可以安装 PCI1711U 板卡。由于目前商用机富余的插槽很少，所以当需要更多的插槽时，可以采用工控机。

2）板卡等硬件设备的驱动方式

一般的板卡设备厂家都会提供相应的驱动，这里以研华的板卡为例进行说明。研华的板卡驱动是 DAQNavi，安装好这个驱动后，可以对研华的设备（如 PCI、USB、PCI104 等）进行配置、测试和调试。研华数据采集系统的驱动解决方案如图 3.13 所示。该驱动纵向包括 3 层，由底向上是内核（Core）、解释器（Interpreter）和用户应用程序（Apps）。内核是各类设备的驱动组合，该集成的 DLL 名称是 BioDAQ，可用于多个微软操作系统，如 32 位或 64 位的 Windows XP、Windows 7、Windows 8、Windows 10，以及 Linux 等。解释器把 BioDAQ 这个动态库进行进一步的封装，以便各类应用软件直接调用数据采集函数。

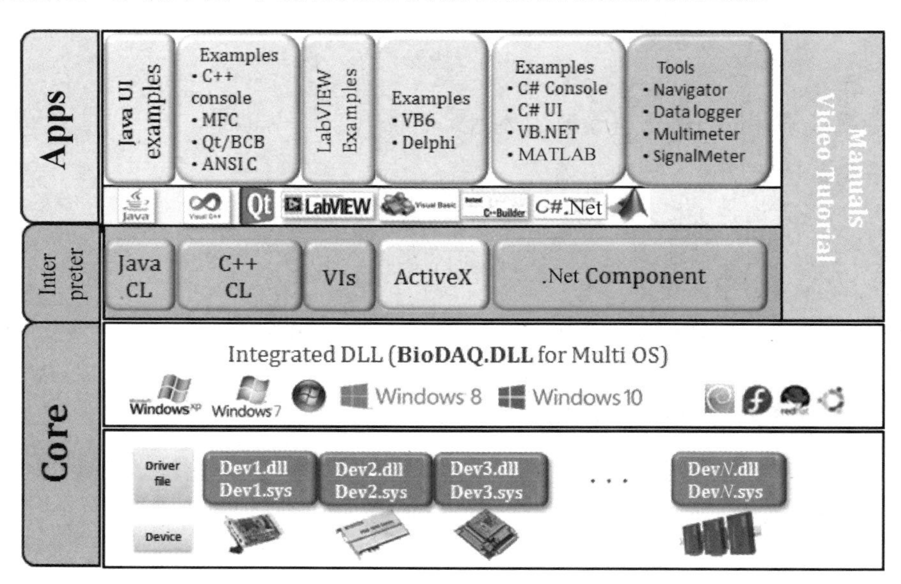

图 3.13　研华数据采集系统的驱动解决方案

（1）封装成 VI（虚拟仪器控件），供 LabVIEW 使用。

（2）DAQNavi C++ 类库支持 C++编程环境。

（3）DAQNavi Java 类库 CSCL 支持利用 Java 语言进行数据采集编程。

（4）ActiveX 支持 VB 和 Delphi 等编程语言。

（5）Net 组件库支持在.Net 环境下的编程，包括 Visual C#.Net 和 Visual Basic .Net。

上层是各类软件开发环境。这些软件开发环境透过解释器对硬件进行操作，完成数据采集。

可以看出，用户可以根据自己的需要选择相应的驱动方式。一般情况下，板卡厂家还提供大量数据采集例程，用户可以直接利用，或者在例程的基础上开发自己的数据采集程序。

3. MATLAB 环境下板卡设备的数据采集

MATLAB 软件对硬件的支持越来越强，MATLAB 软件包中已支持一些厂家的板卡设备，可以在 MATLAB 中直接调用这些设备的数据采集函数进行数据采集。如果 MATLAB 中没有相应的设备，也可以编写相关的 MATLAB 驱动来实现数据采集。这里仍以研华公司的 PCI1711U 板卡为例进行说明。为了节省篇幅，这里只介绍了模拟量采集的实现方式。

该函数名为 AI，保存在 AI.m 文件中，该函数有 2 个参数，其中，startChannel 表示开始采样的通道号（0～15），channelCount 表示连续采样的通道数量。例如，在 MATLAB 的命令行输入命令 AI(0,2)，其含义是从板卡的第 1 个 AI 通道开始，一共读 2 个 AI 通道。

与该 AI 函数类似，还可以开发在 Simulink 中使用的该板卡的 S 函数进行数据采集。

需要说明的是，要利用这里介绍的方法在 MATLAB 中进行数据采集，必须在计算机中安装研华对应的板卡驱动程序，并使用该驱动对板卡的输入/输出信号类型进行配置。将计算机断电后在其 PCI 插槽安装板卡，计算机上电后会自动识别该设备，用户可以在控制面板中查看该设备的信息。

```
function y=AI(startChannel， channelCount)
 % Make Automation.BDaq assembly visible to MATLAB.
BDaq = Net.addAssembly('Automation.BDaq');
% Set the 'deviceDescription' for opening the device.
% device can be checked using the control panel of Windows operating system
deviceDescription = 'PCI-1711， BID#0';
% Step 1: Create a 'InstantAiCtrl' for Instant AI function.
instantAiCtrl = Automation.BDaq.InstantAiCtrl();
try
% Step 2: Select a device by device number or device description and specify the access mode.
    % AccessWriteWithReset(default) mode is used to fully control configuring， sampling， etc.
    instantAiCtrl.SelectedDevice = Automation.BDaq.DeviceInformation(deviceDescription);
    data = Net.createArray('System.Double'， channelCount);
    % Step 3: Read samples and do post-process.
    errorCode = instantAiCtrl.Read(startChannel， channelCount， data);
    if BioFailed(errorCode)
        throw Exception();
    end
    for i=1:channelCount
        y(1， i) = data(i);
    end
catch e
    % Dealing with something wrong.
    if BioFailed(errorCode)
        errStr = 'Some error occurred. And the last error code is ' + errorCode.ToString();
    else
        errStr = e.message;
```

```
    end
    disp(errStr);
end
% Step 4: Close device and release any allocated resource.
instantAiCtrl.Dispose();
end
function result = BioFailed(errorCode)
  result =    errorCode < Automation.BDaq.ErrorCode.Success && ...
    errorCode >= Automation.BDaq.ErrorCode.ErrorHandleNotValid;
end
```

3.3.3 基于 OPC DA 的分布式数据采集

通过 OPC 进行数据采集是常用的数据采集方法，现有的组态软件、LabVIEW、MATLAB 或高级语言编程环境都支持 OPC 规范，可以作为数据采集的客户端。限于篇幅，对 OPC 数据采集客户程序仅以 MATLAB 为例进行说明，其他高级语言作为客户端编程，没有进行介绍。

要使用该方法，需要有相关设备的 OPC 服务器。由于现有的数据采集模块大多采用标准通信协议，因此，除了厂家提供的 OPC 服务器，主流的 OPC 服务器软件（如 Kepware OPC 服务器等）都可以和各类数据采集模块通信。

这里仍以研华公司的 ADAM-6024 为例加以说明。实际上，这里介绍的方法适合市场上多数的分布式数据采集模块，也适合支持 Modbus 等通信协议的其他设备（如变频器）。ADAM-6024 模块是带以太网接口的 I/O 模块，包含 6AI/2AO/2DI/2DO，接收标准的电流和电压输入信号，并能输出标准的电流和电压信号，在各类数据采集与远程测控方案中被广泛使用。

1. 模块配置与测试

在使用该模块前，要根据用户需求进行配置。包括设置 IP 地址、输入信号类型、输出信号类型等。其中，在使用较早型号的模块前需要打开模块进行硬件跳线，设置 AI 输入信号类型、AO 输出信号类型。在本实验中，模块的 AI、AO 都设置为电压类型。2021 年后购买的 AMAD-6024 模块已不再需要对 AI 进行硬件跳线。

研华公司提供了 Advantech Adam/Apax.Net Unitility 工具软件对该模块进行配置与测试。把该模块 DC 24V 工作电源接好，同时，用网线把该模块与计算机连接，设置好计算机的 IP 地址为 192.168.1.*网段。选中 Ethernet 并右击，在弹出的菜单中选择“Search Device”，如图 3.14 所示。如果网络、模块正常，会搜索到该模块（即使该模块的 IP 地址在其他网段），可以修改模块的 IP 地址。在本实验中，模块的 IP 地址为 192.168.1.100。

在本实验中，搜索到该模块，并把 IP 地址改为 192.168.1.100 后，可以看到该 IP 地址下的设备“6024”，如图 3.15 所示。选中该设备，右侧窗口会出现该模块的输入、输出等信息。在该窗口中，可以测试模块。

首先单击“Input”，在窗口中，选中通道（Channel index），然后把“Input range”改为“+/−10V”，单击“Apply”确认设置，其他参数不变。对该模块的 6 个输入通道进行同样的设置。可以采用同样的方式设置模块的输出类型，将该模块的 2 个输出通道都设置为“0～10V”。

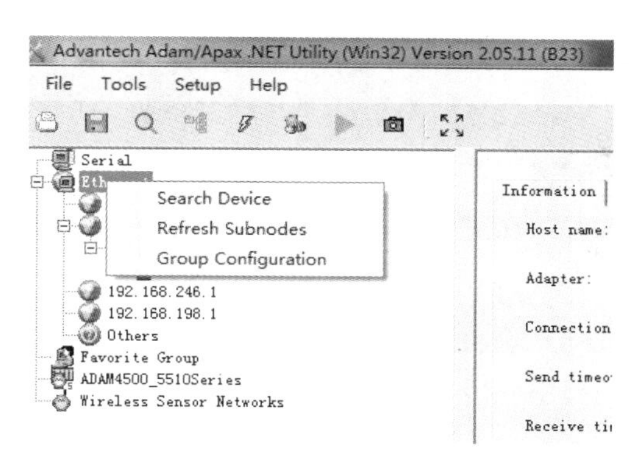

图 3.14　搜索 ADAM-6024 模块并改变其 IP 地址

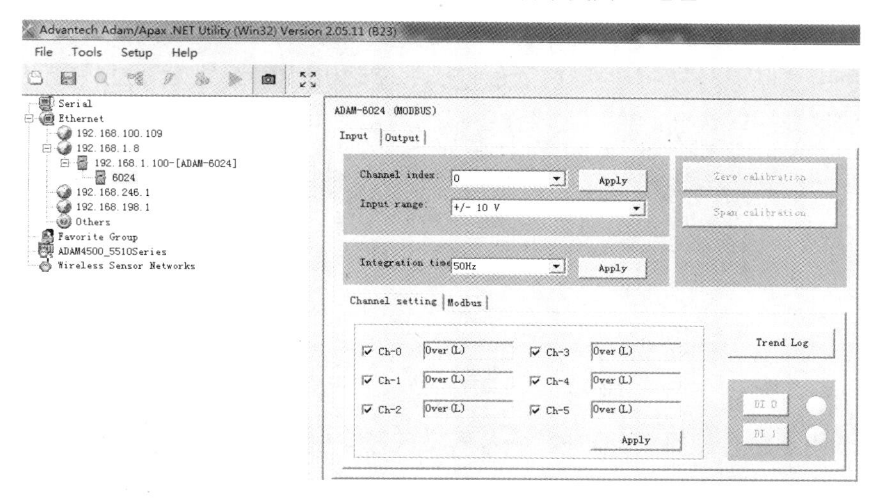

图 3.15　设置 ADAM-6024 模块的通道参数

测试模块的输入和输出，如图 3.16 所示。这里用标准信号源在模块的 AI0 输入端子加 0V 电压，可以看到 40001 地址对应的数值为 32767。这是因为模块的输入范围是-10～+10V。该输入量程对应的转换后的数字量为 0～65536。0V 正好在量程的中间位置。施加 5V 电压，转换后的数字量是 49162。加 10V 电压后，转换后的数字量是 65536。当然，测试过程中会有一定的偏差，只要偏差在允许范围内就可以。

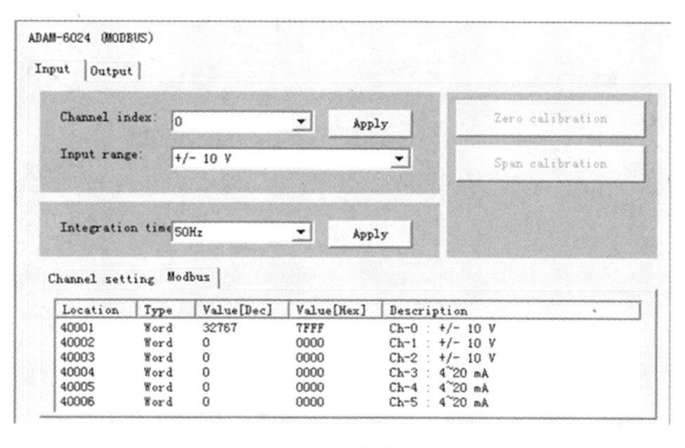

图 3.16　ADAM-6024 模块的 AI0 通道测试

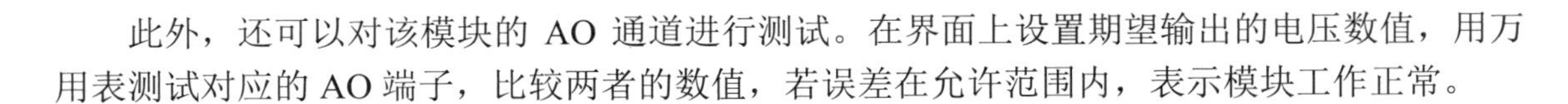

此外，还可以对该模块的 AO 通道进行测试。在界面上设置期望输出的电压数值，用万用表测试对应的 AO 端子，比较两者的数值，若误差在允许范围内，表示模块工作正常。

2. OPC 服务器配置与测试

要通过 OPC 进行数据采集，首先要安装支持该模块的 OPC 服务器，这里选用了 Kepware 公司的 KEPServerEX V6。安装完成后，运行该软件，进行 OPC 服务器的配置。OPC 服务器的配置包括增加通道，在通道中增加设备，并在设备里增加变量（OPC 项）。该软件提供了配置向导，上述步骤可以在向导中完成。

1）添加/新建通道

选中项目下的“连接性”，单击鼠标右键，选中新建通道，出现添加通道向导，在向导中选择的通道类型为 Modbus TCP/IP Ethernet。后续用默认参数，在网卡设置步骤中，选中与模块通信的计算机中的网卡（该网卡的网段要设置成与模块相同的网段，如 192.168.1.*），如图 3.17 所示。随后的参数用默认值，直到完成设备添加为止。

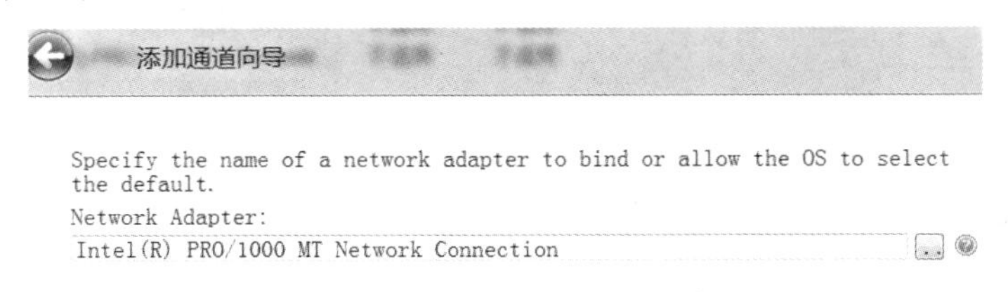

图 3.17　在 OPC 服务器中设置网卡

需要注意的是，若配置好的 OPC 服务器文件被复制到另外的计算机中，则需要重新配置其中的网卡为新计算机中的网卡，否则 OPC 服务器启动后，会找不到网卡，OPC 通信不成功。

2）新建设备

选中刚才建立的通道，单击鼠标右键，选中新建设备，出现添加设备向导，在向导中输入设备名称 6024。在第三步中要输入 6024 模块的 ID，这里输入<192.168.1.100>.1。其中，“.1”表示节点地址（一般默认是 1）。向导后面都用默认参数，直到结束为止。在 OPC 服务器中添加通道和设备后的界面如图 3.18 所示。

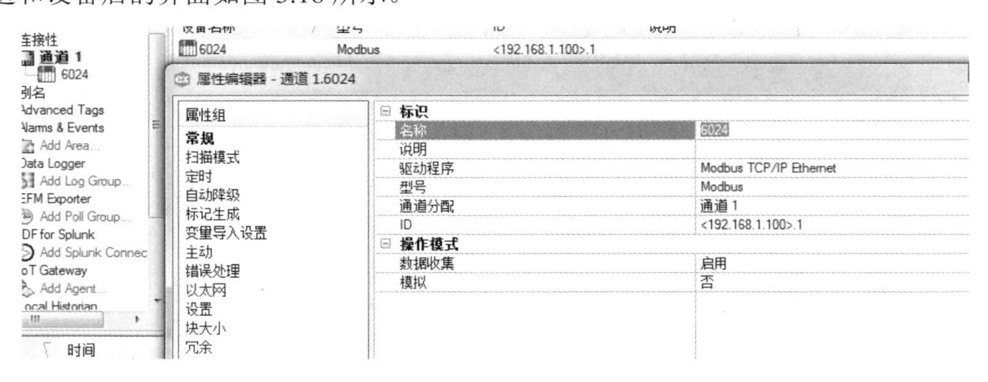

图 3.18　在 OPC 服务器中添加通道和设备后的界面

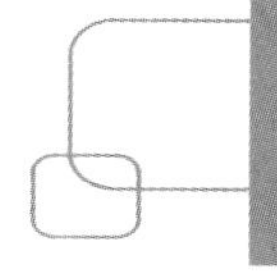

3）新建变量（OPC Item）

上述 2 步完成后，即可在 6024 设备中新建变量。这里，6 个模拟量输入的 Modbus 寄存器地址为 400001～400006，2 个模拟量输出的 Modbus 寄存器地址为 400011～400012。

选中项目下的 6024 设备，可以在窗口右侧添加设备，这里分别添加 AI0 和 AO0。在变量添加窗口中，输入变量名 AI0、地址、数据类型，如图 3.19 所示。这里，客户端访问可以是只读，也可以是读/写。还可以采取类似的方法在 OPC 服务器中添加其他模拟量输入通道。

同样，可以在 OPC 服务器中建立 AO0（客户端访问要设置成读/写）。还可以采取类似的方法在 OPC 服务器中添加其他模拟量输出通道。

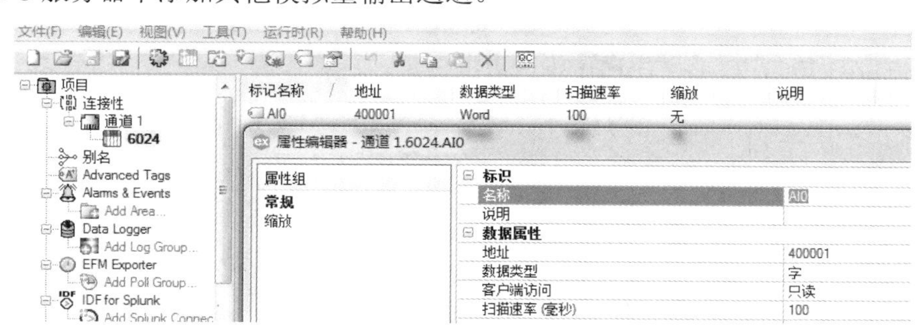

图 3.19　在 OPC 服务器中建立变量 AI0

4）测试 OPC 服务器与 ADAM-6024 设备的通信

在 OPC 服务器配置完成后，就可以测试其与设备的通信是否正常了。单击菜单“运行时”下的连接，建立 OPC 服务器与设备的连接。为了观察数据，可以单击菜单“工具”下的“启动 OPC Quick Client”，即运行一个 OPC 客户程序，如图 3.20 所示。

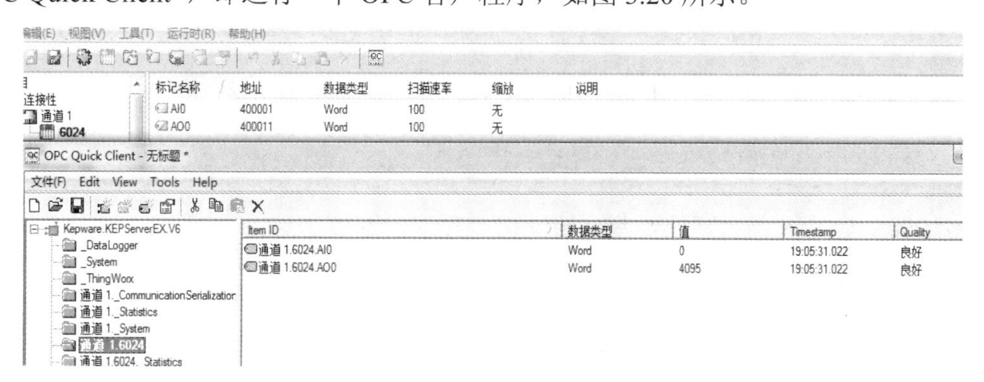

图 3.20　在 OPC Quick Client（OPC 客户程序）测试 OPC 服务器与模块的通信

在 6024 的 AI0 端加电压（信号正极接 AI0+，负极接 AI0−），可以看到，AI0 的数值在变化，当输入−10～10V 时，显示的数值是 0～65536。

对于 AO0，可以在客户端进行强制输出，来测量模块上 AO0 的电压。选中 AO0 变量，单击鼠标右键，在弹出的菜单中选中同步写或异步写，这时弹出一个窗口，如图 3.21 所示。在弹出的窗口中的“写入值”下输入数值，单击“Apply”。这里用户输入的数值范围应该为 0～4095（超过这个范围会报错），对应的 AO0 输出电压是 0～10V。如果写入 2048，那么在 AO0 的输出端子可以测量到大约 5V 的电压。

OPC 通信的质量可以从变量的属性“Quality”得到反映。这里是成功的，显示“良好”，否则会报错。这也是 OPC 通信与传统驱动程序方式相比的一个优势。

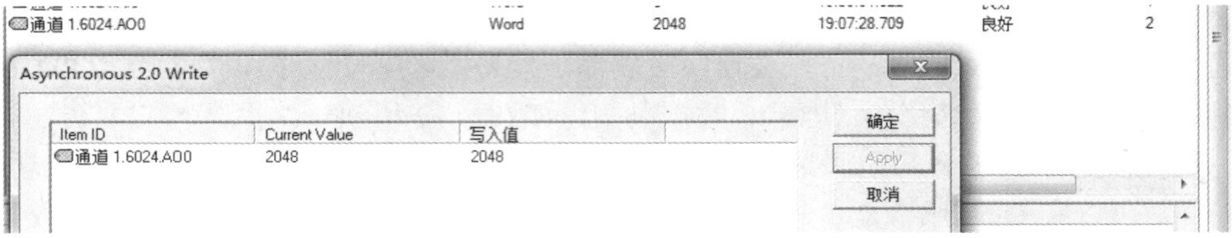

图 3.21　在 OPC Quick Client 中对 AO0 设置数值（输出）

3．MATLAB 与 OPC 服务器通信进行数据采集

OPC 服务器配置完成后，就可以利用 OPC 工具箱在 MATLAB 程序中添加 Kepware OPC 服务器（操作过程类似添加组态王 OPC 服务器）和读/写函数了，读/写其中的变量，从而实现 MATLAB 中的测控程序与 ADAM-6024 模块的通信，即通过 ADAM-6024 这个 I/O 接口模块建立 MATLAB 程序与传感器和执行器的连接，从而在 MATLAB 实现对物理过程的测控。当然，也可以利用其他高级语言编写 OPC 客户程序，与 OPC 服务器通信，从而实现数据采集。

这里采用在 MATLAB 中编写 m 文件的方式实现 MATLAB 与 OPC 服务器的连接，进而完成数据采集。编程时，首先要知道 OPC 服务器的 ID 及其所在的主机名。经查询可以得到 OPC 服务器是“Kepware.KEPServerEX.V6”，其所在的主机名为“localhost”（OPC 服务器与客户机在一台计算机上）。这样就可以通过 m 文件中的语句建立相关对象，并与 OPC 服务器建立连接，具体操作及对应的程序如下。

（1）创建一个 OPC 数据访问客户端对象：

```
da=opcda('localhost'，'Kepware.KEPServerEX.V6');
```

（2）建立 MATLAB 与指定 OPC 服务器之间的连接：

```
connect(da);
```

（3）创建一个 OPC 数据访问组对象：

```
grp=addgroup(da，'Group6024');
```

（4）将需要的 OPC 项名存储到数组 itmIDs 中：

```
itmIDs={'通道 1.6024.AI0'，'通道 1.6024.AI1'，'通道 1.6024.AO0'，'通道 1.6024.AO1'};
```

（5）将项添加到先前创建的组对象中，执行后，itmCollection 数组中存放着 Group6024 中所有项的集合：

```
itmCollection=additem(grp，itmIDs);
```

完成上述步骤后，就建立了 MATLAB 与 OPC 服务器之间的通信连接。

如果要将 MATLAB 中的变量值写入 OPC 服务器，那么需要用到 write 语句。例如，将 m_AO1 写入 OPC 服务器，用以下语句：

```
    write(itmCollection(4)，m_AO1);
```

若要从 OPC 服务器中读取变量值，则要用到 read 语句。例如，把 OPC 服务器中的 AI1 读入 MATLAB，用以下语句实现：

```
r_Data=read(itmCollection(2)，'device'); %从站缓冲区读
m_AI1=r_Data.Value; % m_AI1 是 MATLAB 中对应的变量
```

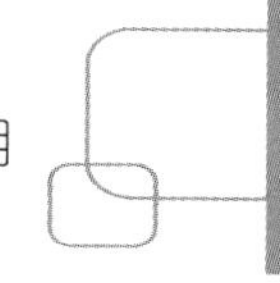

OPC 客户程序结束前执行以下语句，以断开连接，删除对象，清除内存占用的资源：

```
disconnect(da)
delete(da)
clear da grp itmIDs
```

关于在 MATLAB 中使用 OPC 服务器的详细内容，读者可以参考 MATLAB 的帮助。

3.3.4　基于 PC 的 Modbus TCP 网络分布式数据采集

对于大量定制的、运行于 PC 平台的测控系统，用户多委托第三方或自己采用高级语言进行开发。对于这类运用，首先要解决的就是数据采集问题。目前微软的 Visual Studio 平台和开源的 QT 是常用的开发平台，所以需要在这样的开发平台编写数据采集程序。随着现场测控设备越来越开放，标准的通信协议被广泛使用。即使是一些私有协议，设备厂商也会提供通信库，如三菱的 MX Component、西门子的 S7.Net 等。一些第三方也开发了通信库，支持更多的硬件设备。因此，编写 PC 与控制器的通信程序变得越来越简单了。

由于 Modbus 是使用广泛的通信协议，因此市场上有不少开源或商业的 Modbus 通信库，如 EasyModbus（可从 www.easymodbustcp.net 网址下载），该库有.Net/Java 版本和 Python 版本。EasyModbus 支持 Modbus TCP、Modbus UDP 及 Modbus RTU，开源协议为 MIT。

这里仍以研华公司的 ADAM-6024 为例加以说明，选用 EasyModbus 库，在 PC 中利用 Visual Studio2022 编程环境，采用 C#语言编写数据采集程序，实现对该模块的 6 个模拟输入和 2 个数字输入的读操作，以及对 2 个模拟输出和 2 个数字输出的写操作。

为了节省篇幅，示例程序只保留 Modbus 通信必要的部分，没有用户界面，采用控制台操作。完整的代码如下：

```
using System;
using EasyModbus;
namespace MODBUS_WITH_LIB
{
    //命令对象类型的枚举
    public enum Type
    {
        AI,  DI,  AO, DO,
    }
    // 读/写命令的枚举
    public enum Command
    {
        Read,  Write,
    }
    internal class Program
    {
        static void Main(string[] args)
        {
```

```
            // 实例化对象、配置地址并连接
            ModbusClient modbusClient = new ModbusClient("192.168.1.100", 502);
            modbusClient.Connect();
            // 在此处选择本次命令的读/写类型、命令的对象类型，程序示例就是 AI 读
            Type type = Type.AI;  //AI 类型
            Command cmd = Command.Read;  //读命令
    // 根据设备定义，40001～40006 为 AI，40011～40012 为 AO，10001～10002 为 DI，10017～10018 为
DO，配置起始地址与读取数量后发送相应的命令即可
            if (cmd == Command.Read)
            {
                if (type == Type.AI || type == Type.AO)
                {
                    int start = type == Type.AI ? 0 : 10;  //AI 偏址为 0，AO 偏址为 10
                    int count = type == Type.AI ? 6 : 2; //AI 共 6 个通道，AO 共 2 个通道
                    int[] readHoldingRegisters = modbusClient.ReadHoldingRegisters(start, count);
                    for (int i = 0; i < readHoldingRegisters.Length; i++)
                        Console.WriteLine("Data" + i + ":" + readHoldingRegisters[i].ToString());
                }
                else if(type == Type.DI || type == Type.DO)
                {
                    int start = type == Type.DI ? 0 : 16; //DI 偏址为 0，DO 偏址为 10
                    int count = 2;  //DI、DO 各 2 个通道
                    bool[] readCoils = modbusClient.ReadCoils(start, count);
                    for (int i = 0; i < readCoils.Length; i++)
                        Console.WriteLine("Data " + i + ":" + readCoils[i].ToString());
                }
            }
            else if (cmd == Command.Write)
            {
                if (type == Type.AO)
                {
                    // 测试命令：写 1000 到 AO0
                    modbusClient.WriteMultipleRegisters(10, new int[] { 1000 });
                }
                else if(type == Type.DO)
                {
                    // 测试命令：将 DO0 打开，将 DO1 关闭
                    modbusClient.WriteMultipleCoils(16, new bool[] { true, false });
                }
            }
            modbusClient.Disconnect();
            Console.Write("Press any key to continue . . . ");
```

```
            Console.ReadKey(true);
        }
    }
}
```

3.4　PLC与数据采集设备串行通信协同数据采集

3.4.1　PLC与智能模块协同数据采集技术

很多小型的数据采集或测控系统常选用 PLC 作为主控制器，特别是当 I/O 点以数字量为主且可以进行一定的逻辑控制或顺序控制时。一般来说，小型的 PLC 主机单元没有模拟量通道，如果扩展 PLC 的模拟量模块，则价格会比较贵，而且模块具有的 I/O 点不多，扩展模块的数量有限制。对于这种既想利用 PLC 作为主要的测控设备来处理逻辑控制功能，又要控制系统硬件成本的应用来说，可以采取 PLC 与模拟量数据采集模块结合的方式来开发测控系统。这些模拟量模块通常通道数多，种类较多，通道的平均价格比 PLC 扩展模拟量模块便宜。

在这样的应用中，PLC 可以选配串行通信接口模块，将该模块的通信接口和模拟量数据采集模块连接，而模拟量的输入通道可以与外部的传感器连接，输出通道可以与外部的执行器连接。注意正确设置外接的数据采集模块的通信参数，特别是总线地址。通信协议可以是标准 Modbus RTU 协议、简单方便的 ASCII 协议或设备厂家自定义的协议。只需要编写 PLC 与模块的通信程序，将模拟量数据采集模块和 PLC 无缝连接，即可实现模拟量的低成本采集。

对于 Modbus 串行通信，一般有主从之分。Modbus 通信一般设计为“请求-应答”方式，通常请求方为主站，应答方为从站，并且一个网络中只设一个主站。由于从站只能做应答，因此从站之间不可以通信。主站一般通过轮询方式访问各个从站。主从关系的确定是由设计者决定的，一般较重要的作为主站。例如，工业控制系统中的人机界面与现场控制器、变频器或仪表串行通信，一般选人机界面作为主站。若该现场设备有多个串口，则该设备可能既是人机界面的从站，又是其他设备的主站。例如，假设与人机界面通信的现场设备是 PLC，该 PLC 还有一个串口与数据采集模块进行串行通信，则在这个串行通信网络中，PLC 是主站，数据采集模块是从站。

把 PLC 与各种总线式数据采集模块混合使用的另外一个优点是对于模拟量数据采集，可以把模块放到现场传感器或执行器附近，构成分布式数据采集系统，从而节约大量的屏蔽电缆，降低系统成本，而且维护起来较方便。不过，由于位于现场的这些数据采集模块都要依靠外部供电，因此要增加电源电缆的消耗。当然，也可以利用 PLC 厂家的远程 I/O 模块构成分布式数据采集系统，但是其成本要比这里介绍的方案稍高。

这里以研华公司的模块为例进行介绍。研华公司生产的 ADAM-4100 强固型模块具有 8 路模拟量采集模块，16bit 分辨率，采集精度可以达到±0.1%或更高。它专为恶劣环境下的可靠操作而设计，能够在宽温度工作范围、宽电源输入范围，甚至强噪声干扰环境下工作。此外，特别设计的自动滤波器的功能可根据噪声的最大频率来自动调整滤波参数，进而保证信号采集的准确性和稳定性。通常而言，普通的 PLC 模拟量扩展模块达不到这么高的性能指标。ADAM-4100 强固型 RS-485 接口 I/O 模块支持 Modbus 通信。

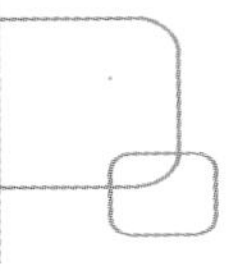

目前，ADAM-4100 强固型模块可以和以下 PLC 进行通信，进行模拟量数据采集，其具体配置如下。

（1）PLC 主机不带 RS-485 接口，需要外配 RS-485 通信模块。例如，三菱 FX_{2N} CPU 需要配接 FX2NC-485ADP 通信适配器，不过这种方式的通信程序稍复杂。还可以用 FX3U 控制器配接 FX3U-485-ADP-MB 模块，由于这个模块面向 Modbus 串行通信，因此，PLC 程序极为简单。

（2）PLC 主机带有 RS-485 接口，可以直接与模块进行通信。目前主流的 PLC 厂家推出的小型 PLC（如西门子 S7-1200 系列、三菱 FX5U 和 FX5UC 等）都带有 RS-485 接口。

需要说明的是，由于 PLC 与数据采集模块是通过串行通信进行数据采集的，因此，数据采集的周期受到通信速率的限制，不可能实现高速数据采集。而 PLC 与其自身的扩展模块连接时，它们的连接采用的是 PLC 的内部总线，通信速率要远远高于 PLC 与模块之间的串行通信，因此，对模拟量的读/写速度可以很快，部分能实现较高速的数据采集。

PLC 除了可以与智能模块通信，还可以与其他具有通信接口的设备（如智能仪表、变频器等）进行通信，实现监督控制与数据采集功能。

3.4.2　西门子 S7-1200 与研华 ADAM-4117 模块协同数据采集

这里首先以西门子 S7-1200 与研华 ADAM-4117 模块配接为例来详细说明其编程，并对相关的指令与应用进行简单介绍。完成硬件连接和配电，把 PLC 的通信接口与数据采集模块的通信端口连接，数据采集模块一般需要接直流工作电源。若数据采集模块超过一个，则需要利用模块厂家提供的工具软件，把模块的地址设置为不同的数值，而串行通信参数需要一致。否则，PLC 与数据采集模块的通信可能会异常。本书的示例选用了研华具有串行接口的 ADAM-4117 模块，实际上，任何支持串行通信的模块、仪表、控制器等都可以采用这里介绍的方法。

利用研华的工具软件 ADAM.Net Utility 将 ADAM-4117 的通信协议设置为 Modbus 协议，地址为 2。串行通信参数设置为波特率 9.6kbps、无奇偶校验、8 个数据位、1 个停止位。ADAM-4117 信号采集的 7 个 AI 通道的 Modbus 地址为 40001～40007。将 ADAM-4117 设为主站，将 S7-1200 控制器设为从站。S7-1200 控制器型号为 CPU 1215C（V4.2）、通信模块为 CM1241（V2.2）。

在进行通信参数配置与程序设计时，在 PLC 硬件组态中，要进行 CM1241 模块端口组态。将操作模式设为半双工（二线制），串行通信参数与 ADAM-4117 一致。虽然在 CM1241 的属性里可以设置停止位，但是当该模块用于 Modbus 通信时，此处设置的停止位无效，需要在 Modbus_Comm_Load 指令的背景 DB 里静态修改 STOP_BITS 停止位数值为 1。对 S7-1200 通信模块 CM1241 组态并编程调用 MB_COMM_LOAD 指令，可将其设置为 Modbus RTU 通信模式。通过编程调用 MB_MASTER 指令，S7-1200 通信模块 CM1241 可作为 Modbus RTU 主站；或调用 MB_SLAVE 指令，S7-1200 通信模块 CM1241 可作为 Modbus RTU 从站，这里的例程采用了前者。需要说明的是，无论 S7-1200 通信模块 CM1241 作为 Modbus RTU 的主站还是从站，都需要调用 MB_COMM_LOAD 指令进行编程。西门子 S7-1200 与研华 ADAM-4117 模块的 Modbus RTU 串行通信如图 3.22 所示。

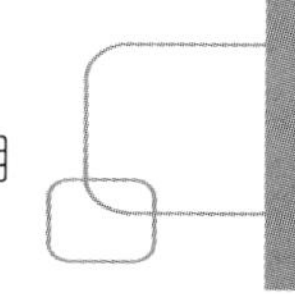

网络 1：设置通信端口模式=4 Modbus 通信

在 S7-1200 启动的第一个扫描周期，将数值 4 传送到"Modbus_Comm_Load.DB"MODE，将工作模式设置为半双工 RS-485 二线模式

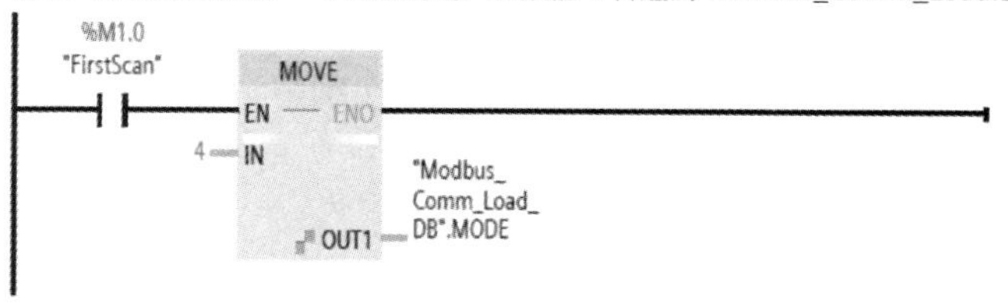

网络 2：Modbus 主站初始化

在 S7-1200 启动的第一个扫描周期，将 Modbus RTU 通信的 RS-485 端口参数初始化为波特率：9.6kbps，无奇偶校验，无流控，响应超时 1000ms（Modbus RTU 默认为数据位：8 位，停止位：1 位）
MB_DB 指向"Modbus_Master"指令所使用的背景数据块引用

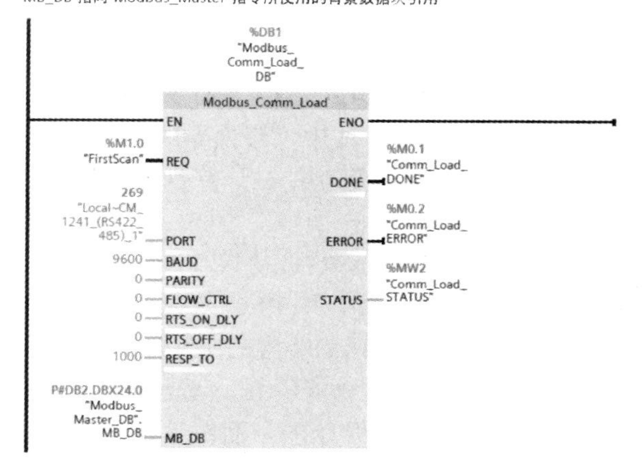

网络 3：Modbus 主站读取保持寄存器数据

周期脉冲触发"Modbus_Master"指令，读取 Modbus RTU 从站地址 2 保持寄存器 40001 地址开始的 7 个字长的数据，将其存放于"DATA_PTR"指定的地址中

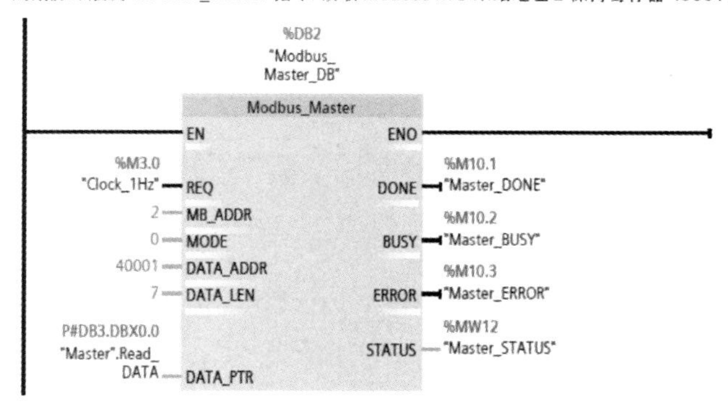

图 3.22　西门子 S7-1200 与研华 ADAM-4117 模块的 Modbus RTU 串行通信

在上述程序中，DB1 是 Modbus_Comm_Load 指令的背景数据块。Modbus_Master 指令的 REQ 输入参数必须上升沿触发。PORT 是通信端口的硬件标志符。PARITY 的数值设定如下：0—无；1—奇校验；2—偶校验。Modbus_Comm_Load 指令的 MB_DB 参数必须连接到 Modbus_Master 指令的静态 MB_DB 参数。其他输入可用默认参数。如果上一个请求完成并且没有错误，那么 DONE 位将变为 TRUE 并保持一个周期。如果上一个请求执行时出错，那么 ERROR 位将变为 TRUE 并保持一个周期。用 STATUS 存储端口组态错误代码，具体含

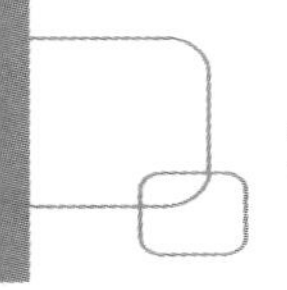

义可参考 TIA 软件的在线帮助或 S7-1200 的系统手册。STATUS 参数中的错误代码仅在 ERROR = TRUE 的周期内有效。因此，可以这样编程来保存该代码，即当 ERROR 为 TRUE 时，把 STATUS 值移动（MOV 指令）到某个寄存器或 DB 中。

Modbus_Master 指令 REQ 用 1Hz 的时钟脉冲触发定时采样，主站（控制器）读从站（4117 模块）保持寄存器，地址从 40001 开始，一共 7 个，将数据保存在 DB3 中。指令执行结果可以通过 ERROR 等反映。

3.4.3 FX5UC 与 Modbus 从站仿真软件模拟数据采集

1. PLC 读/写 Modbus 从站的线圈

为了一般性起见，这里没有采用具体的从站硬件设备，而是采用 Modbus 从站仿真软件来模拟各类 Modbus 从站设备（如 PLC、模块、智能仪表、变频器等）。由于运行 Modbus 从站的计算机没有 RS-485 接口，因此，采用了 RS-485/USB 转换器，其中，转换器的 RS-485 接口连接 PLC 上的 RS-485 端子，转换器的 USB 端子连接计算机，用软件在计算机上虚拟出一个串口，该串口号在软件中使用。

三菱 PLC FX5UC 通过主机自带的 RS-485 接口，通过 Modbus RTU 协议与 Modbus 从站通信。FX5UC 作为主站，利用 Modbus 从站软件模拟 Modbus 从站，即 PLC 读/写 Modbus 从站软件模拟的 Modbus 从站。先测试线圈的读/写，Modbus 从站中通信参数的定义如图 3.23 所示。主要设置参数：从站号 2（RS-485 总线网络上从站的地址）、功能码 01（读线圈）、地址从 0 开始，读 10 个。有些 PLC 及模块等设备线圈的地址是从 1 开始的，而在软件中默认是从 0 开始的，因此，在某些情况下要勾选“PLC Addresses [Base 1]”选项。

定义好 Modbus 从站后，就要定义从站中的连接参数。由于是 Modbus RTU 串行通信，因此要选择串行连接。然后设置串行通信参数，包括串口号（本实验中采用了 USB 接口的串口转换设备，因此串口号是 3）、通信模式（选 RTU）及波特率、停止位、校验位等参数，如图 3.24 所示。

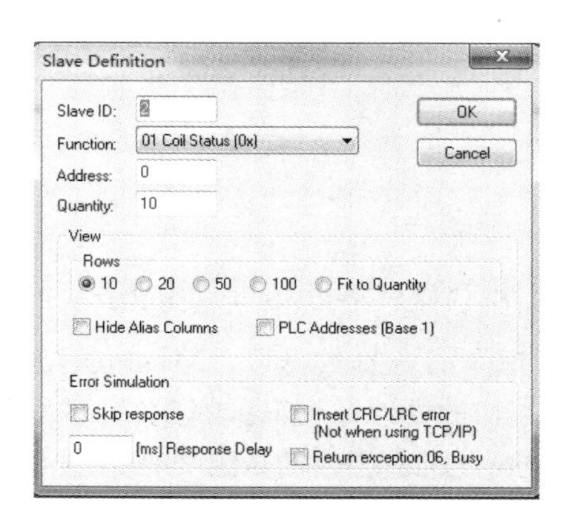

图 3.23　Modbus 从站中通信参数的定义

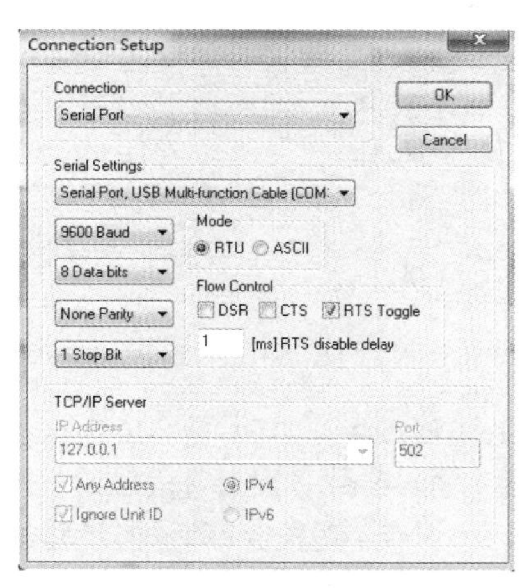

图 3.24　Modbus 从站中的连接设置

还需要在 Modbus 主站，即 PLC 侧进行通信参数设置和程序编写。在 GX Works3 工程窗口中的“模块参数”→“485 串口”中定义，包括选择协议格式为 Modbus RTU，进行通信参数设置。该参数的设置要和 Modbus 从站中一致。PLC 侧的通信参数设置如图 3.25 所示。

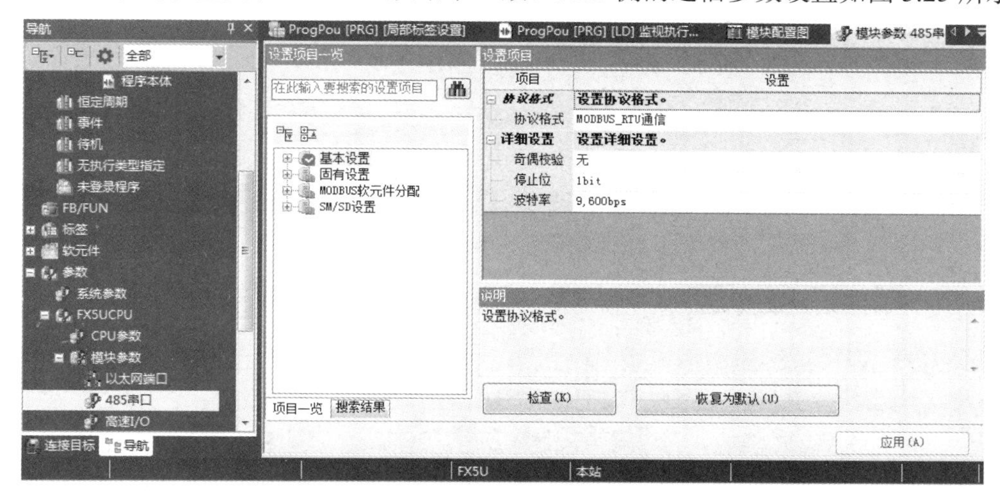

图 3.25　PLC 侧的通信参数设置

FX5U 与 Modbus 从站的串行通信程序及结果（线圈读/写）如图 3.26 所示。三菱提供了 ADPRW 指令来简化通信程序的编写。这里主站向从站线圈写入的值存在 PLC 的 D10 寄存器中，其数值是 13（二进制数为 00001101），然后主站读从站，即把线圈状态读出来，放在 D0 中，可以看出 D0 和 D10 是相同的。Modbus 从站中线圈的数值也是 00001101（见图 3.26 的下半部分，这里只显示了 5 位），因此，可以看出通信是成功的。修改 D10 的值后，D0 和 Modbus 从站中的数值也相应变化，且保持一致，说明通信是成功的。

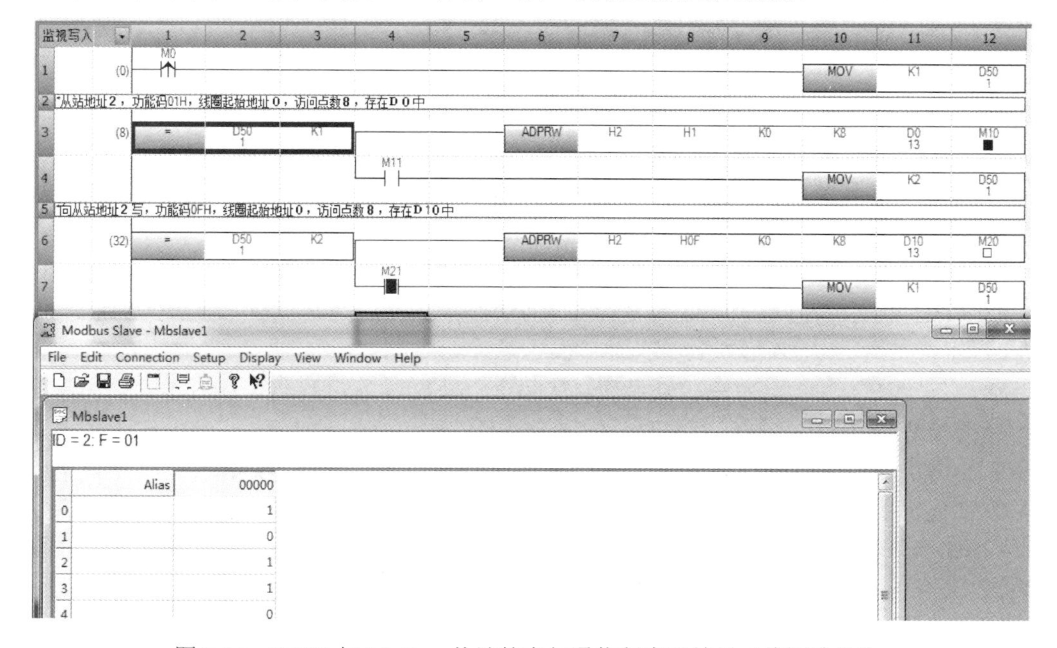

图 3.26　FX5U 与 Modbus 从站的串行通信程序及结果（线圈读/写）

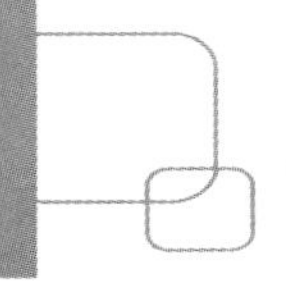

2．PLC 读/写 Modbus 从站的寄存器

为了实现寄存器读/写，把 Modbus 从站的 Function（功能码）改为 03（在与图 3.23 相同的窗口中更改），其他参数可以用默认值。

在完成参数配置后，需要编写 PLC 程序，如图 3.27 所示。这里把要写到 Modbus 从站的数据放在 PLC 的 D10 寄存器开始的 8 个寄存器中（D10～D17）。从 PLC 程序的监控结果及 Modbus 从站中的参数来看，读寄存器的读/写操作是成功的。

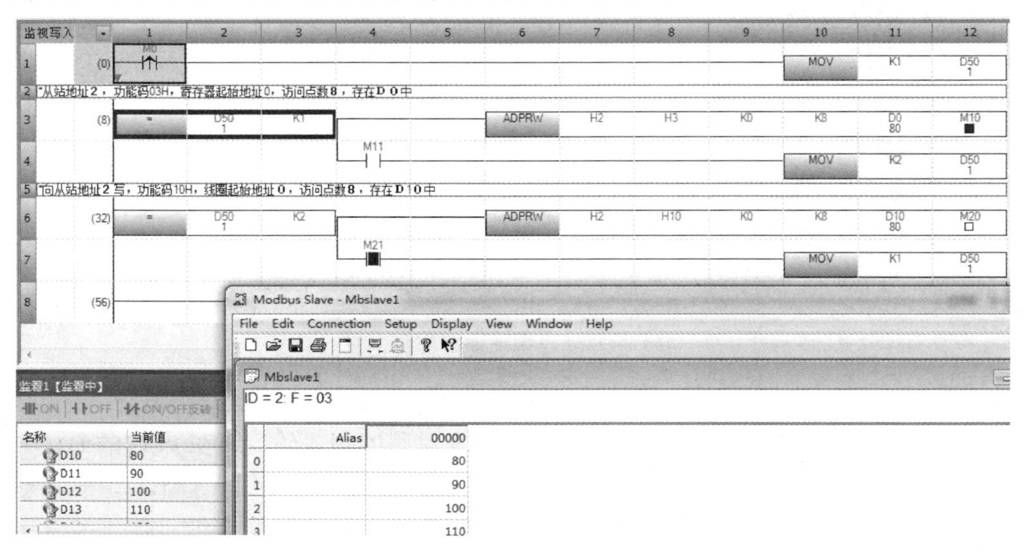

图 3.27　FX5U 与 Modbus 从站的串行通信程序及结果（寄存器读/写）

3.4.4　FX5UC 与智能仪表协同数据采集

随着通信技术和嵌入式软硬件技术的发展，智能仪表的性能已经有了很大的提升，多数智能仪表都具有比较先进的控制算法，并具有较强的通信能力，可以较容易地通过 RS-485 接口或其他通信接口将智能仪表组成集散控制系统。在中小型过程控制系统中，智能仪表是一类广泛使用的控制装置。然而，智能仪表本身并不善于处理数字量信号和逻辑控制，因此，在测控点数较少但 I/O 种类较多的系统中，可以将 PLC 与智能仪表结合起来使用，这样可以建立具有较高性价比的测控系统。特别是在要求现场有仪表显示的情况下，这种方式更加合理、有效。

当然，下面以智能仪表为例加以说明，实际上，只要现场的智能设备有串口，无论是智能仪表、分析仪表，还是变频器，都可以采用该技术。

图 3.28 所示为智能仪表与 PLC 结合进行过程测控的系统结构。根据系统数字量信号的多少及对数字输出的要求，可以确定 PLC 的配置，模拟量的数据显示和采集可以通过智能控制（或显示）仪表来实现，这样可以构建一个基于 PLC 和上位机的两级测控系统，PLC 主要进行逻辑控制和与上位机通信，智能仪表可以完成模拟量的显示和控制。下面以三菱新型 FX5UC 系列小型 PLC 和宇电 AI-501 数字显示仪表为例加以说明，显示仪表与检测仪表配接可以显示温度、压力、流量和液位等信号。本系统中假设有 4 台仪表，将仪表地址设置为 0～3。这样设计的系统还有一个好处是显示仪表显示的数值与 PC 上的数值完全一致，因为计算

机中显示的数值就是从显示仪表中采集来的。而且这种方式节省了购买 PLC 的 A/D 模块的费用。如果不采取这种方式，将检测仪表的输出信号分为两路，一路进 PLC 的 A/D 模块通道，一路进显示或控制仪表，而进入计算机中的数值是从 PLC 中采集的，由于两个不同通道处理相同的电流信号，其结果必然会有一定偏差，造成的结果是计算机中显示的数值与仪表显示的数值有偏差，这样容易造成操作人员对数据采集的结果有所怀疑，他们会问到底哪个是准确的。

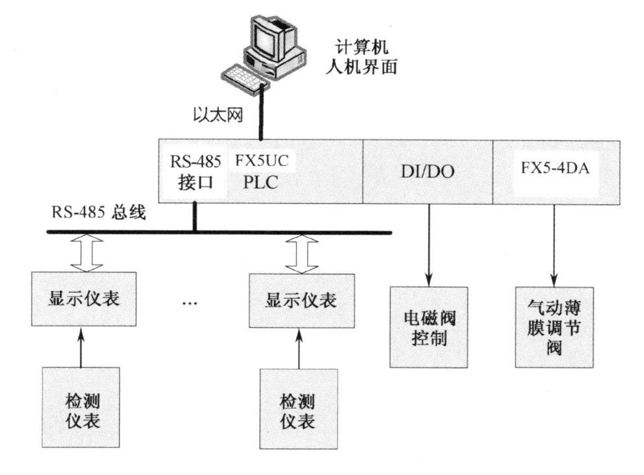

图 3.28　智能仪表与 PLC 结合进行过程测控的系统结构

早期的三菱小型 PLC（如 FX_{2N} 系列）的通信能力较弱，不带 RS-485 接口，需要配置 FX_{2N}-485-BD 串行通信扩展模块，FX5UC 主机内置 RS-485 接口（通道 1）和以太网接口，此外，可以外扩 RS-485 等通信接口。为了实现 PLC 与显示仪表的通信，需要根据显示仪表的通信协议来编程。本节介绍的显示仪表的通信协议详见本书 2.2.5 节。为了更具一般性，这里选用了带控制功能的 AI518 智能仪表，PLC 不仅可以读仪表中的测量值等参数，还可以写设定值等参数。

在编程软件 GX Works3 中对通道 1 的 RS-485 接口进行设置，本系统中的通信参数是波特率 9.6kbps、无奇偶效验、8 个数据位、2 个停止位。智能仪表的串行通信参数也要如此设置。

设置好通信参数后，就可以进行编程了。该程序包括两个程序组织单元，一个属于初始化类型，一个属于周期执行。通信初始化参数如图 3.29 所示，采用 ST 语言编写。该程序上电后只执行一次，主要完成 PLC 与仪表首次通信进行读操作的发送指令的构造，还包括接收缓冲初始化和仪表台数设定等。

```
1  sendbuff[0] := H81;//仪表地址1
2  sendbuff[1] := H81;
3  sendbuff[2] := H52;//读操作
4  sendbuff[3] := H00;
5  sendbuff[4] := H00;
6  sendbuff[5] := H00;
7  sendbuff[6] := H53;
8  sendbuff[7] := H00;
9  polling_quantity := 4;//轮询数量，这里是4台仪表
10 FOR idx:=0 TO 9 BY 1 DO
11     rcvbuff[idx] := 0;
12 END_FOR;
13 Z0:=0; //将变址初始化为0
```

图 3.29　通信初始化参数

定时扫描（恒定周期执行）程序如图 3.30 所示。在这个程序中，完成了利用 RS2 指令与仪表通信，以对仪表参数进行读/写操作。RS2 指令包括 5 个参数，分别是发送数据首地址 sendbuff、发送数据长度（K8 表示 8 个字节）、接收数据首地址 rcvbuff、接收数据长度（K10 表示 10 个字节）和通道编号（1）。

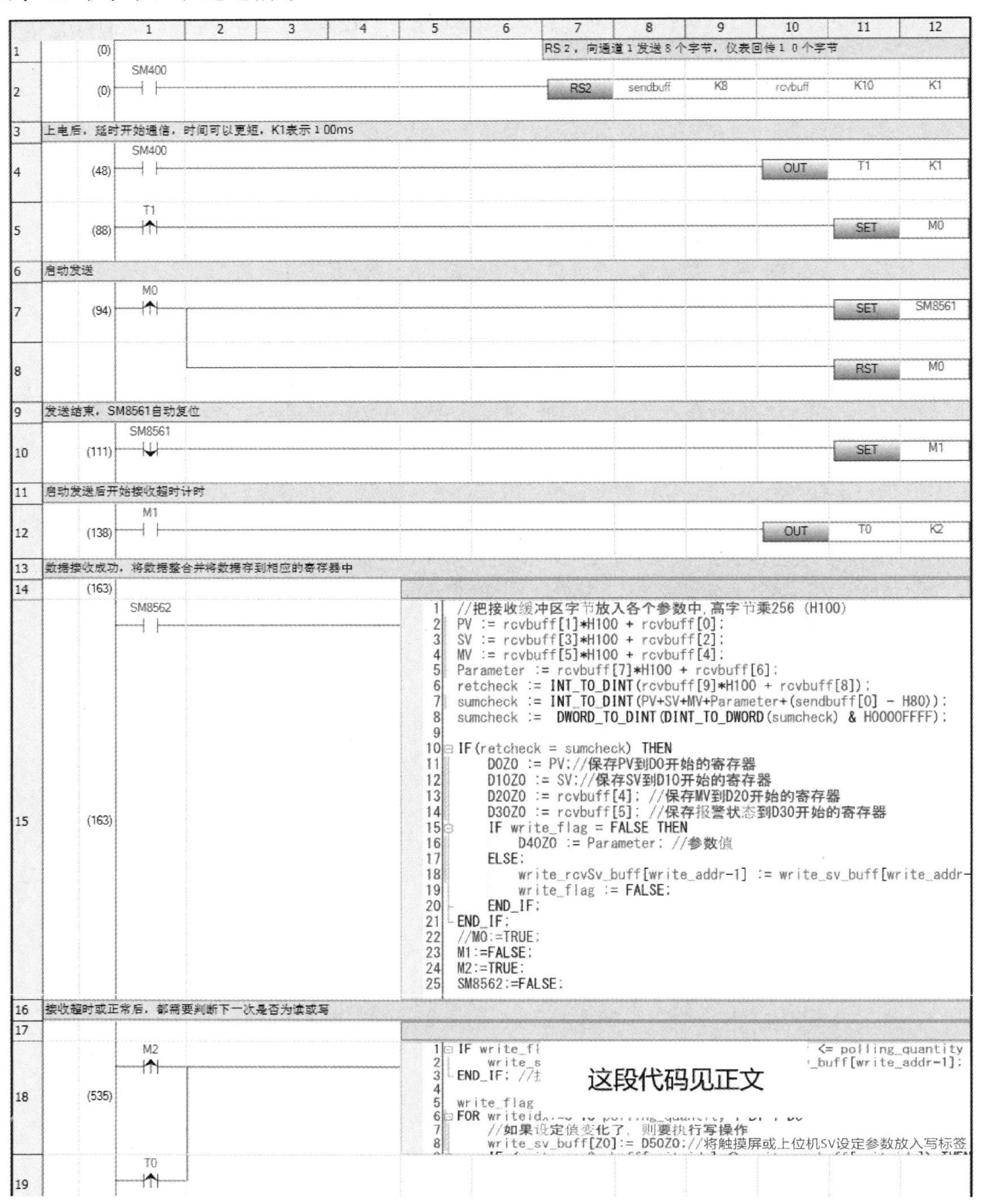

图 3.30　定时扫描（恒定周期执行）程序

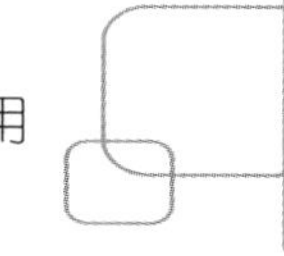

这里，数据接收操作和对仪表的读/写过程都使用了梯形图程序内嵌 ST 语言。梯级 18 的内嵌 ST 代码如图 3.31 所示。

```
1  IF write_flag AND write_addr>=1 AND write_addr <= polling_quantity THEN
2      write_sv_buff[write_addr-1] := write_rcvSv_buff[write_addr-1];
3  END_IF; //执行写入未成功，需将值写入原寄存器
4
5  write_flag := FALSE;
6  FOR writeidx:=0 TO polling_quantity-1 BY 1 DO
7      //如果设定值变化了，则要执行写操作
8      write_sv_buff[Z0]:= D50Z0;//将触摸屏或上位机SV设定参数放入写标签
9      IF (write_rcvSv_buff[writeidx] <> write_sv_buff[writeidx]) THEN
10         write_addr := writeidx+1;
11         //把设定值存放到M寄存器中，便于后续计算校验码和放入写指令中
12         K4M16 := write_sv_buff[writeidx];
13         write_flag := TRUE;
14         EXIT;
15     END_IF;
16 END_FOR;
17
18 //需要写时，将发送数据置为写入的命令
19 IF write_flag THEN
20     sendbuff[0] := H80 + write_addr;
21     sendbuff[1] := H80 + write_addr;
22     sendbuff[2] := H43;//表示写指令
23     sendbuff[3] := 0;
24     sendbuff[4] := K2M16;//设定值低8位
25     sendbuff[5] := K2M24;//设定值高8位
26     writecheck := K4M16+H43+write_addr;//计算写参数时的校验码
27     K4M32 := writecheck;
28     sendbuff[6] := K2M32;//校验码低8位
29     sendbuff[7] := K2M40;//校验码高8位
30 ELSE
31 //读命令
32     sendbuff[0] := H81 + Z0;
33     sendbuff[1] := H81 + Z0;
34     sendbuff[2] := H52;
35     sendbuff[3] := 0;
36     sendbuff[4] := 0;
37     sendbuff[5] := 0;
38     sendbuff[6] := H53+Z0;
39     sendbuff[7] := H0;
40     Z0:= Z0+1;
41     IF Z0 >= polling_quantity THEN
42         Z0 := 0;
43     END_IF;
44 END_IF;
45 M1:=FALSE;
46 M2:=FALSE;
47 M0:=TRUE;
```

图 3.31 梯级 18 的内嵌 ST 代码

PLC 上电延时 100ms 后启动发送，即将三菱 FX5U 通道 1（内置 RS-485 通信接口）发送请求标志位 SM8561 置位，开始发送数据。当将通道 1 接收结束标志位 SM8562 置位后，接收完成，把接收缓冲区的字节对应的参数（测量值 PV、设定值 SV 等）存入 PLC 的寄存器中。当接收完成标志位 SM8562 被置位或超时判断标志位 SM8565 被置位时，复位各个标志位，完成一次收发控制。同时，无论数据接收正常还是超时，都要进行一段逻辑处理，主要处理写入不成功的情况，并对读/写指令进行判断。若上位机传下来的设定值与仪表返回的设定值不同，则下个周期要进行写操作，把设定值写到仪表中。在整个过程中，程序执行的每个

周期都要对所有仪表轮询一次。这里大家要注意对校验码的处理。程序中利用了三菱 PLC 的变址寻址方式，简化了程序的处理过程。例如，当 Z0=1 时，D20Z0 就表示地址为 D21 的寄存器，依次类推，从而可以采用循环指令进行数据处理。

这里还要注意的是，write_sv_buffer 和 write_rcvsv_buffer 分别表示实际要写入仪表的设定值（由上位机传来）和从仪表返回的设定值，都被定义成全局字（有符号）数组，其维数要不少于轮询的仪表数量。发送缓冲 sendbuff 和接收 rcvbuff 全局字（有符号）数组，维数分别为 8 和 10。因为根据该仪表通信规则，发送指令是 8 个字节，返回数据是 10 个字节。

图 3.31 中的程序 K4M16 := write_sv_buff[writeidx]表示把 write_sv_buff[writeidx]存入从 16 开始的 M 寄存器中，一共占用 16 个位（K4 表示 2 个字节），即 M16～M31 都用来存放该数值。而程序 sendbuff[4] := K2M16 表示把 M16 开始的 8 个位放入 sendbuff[4]中。

该仪表规定，当采取通信方式时，PLC 从仪表中所读出的测量值是整数。在计算机上进行显示、存储时，要根据预先设置的仪表小数点位数进行转换。此外，当对采样速率和采样精度要求较高时，受到仪表采样速率、采样精度和通信速率的限制，这种方法可能满足不了实时性和精度方面的要求。

3.5　PLC 与数据采集设备基于 Modbus TCP 协同数据采集

3.5.1　基于以太网的协同数据采集

随着工业以太网的广泛使用，具有以太网接口的智能设备越来越多，传统的小型 PLC 除了串口，还配置了以太网接口。具有以太网接口的智能设备大量出现，各类远程 I/O 更多地支持以太网通信。目前，支持 Modbus TCP 的智能 I/O 设备的数量最多，本节重点介绍三菱 FX5UC PLC 及西门子 S7-1200 与智能设备的 Modbus TCP 通信技术及其编程。

Modbus TCP 结合了以太网物理网络、TCP/IP 和 Modbus 作为应用层协议标准的数据表示方法。Modbus TCP 报文被封装在以太网 TCP/IP 数据包中。Modbus TCP 使用 TCP/IP 和以太网在节点之间传送 Modbus 报文。

与串行通信不同，Modbus TCP 通信中一般不用“主从”说法，而是称作服务器和客户机。通常提供服务的是服务器，发出请求的是客户机。通信网络上的客户机主动发送请求报文给服务器，两者建立连接，服务器响应客户机的请求，并根据其要求发送响应报文，然后客户机接收报文，通信结束后，客户机关闭与服务器的通信。可以把 Modbus 串行通信的主站看作客户机，而被动的从站是服务器。

在大型的工业控制系统中，由于 PLC 或数据采集模块可能会和多个上位机通信，因此，一般上位机程序都作为客户机，而 PLC 或数据采集模块作为服务器。当 PLC 与数据采集模块通信时，一般数据采集模块作为服务器，而 PLC 作为客户机。由于通过以太网通信时可以通过不同的端口，因此，PLC 可以同时作为服务器及客户机，与其他的客户机及服务器通信，连接数量取决于 PLC 的规定。

在本书的示例中，选用了研华公司的 ADAM-6017 以太网模块。实际上，任何带以太网接口、支持 Modbus TCP 的控制器、仪器仪表、数据采集模块都可以采用同样的方式进行编程。编程中要注意的就是这些设备的 Modbus 寄存器地址和示例介绍的模块会有所不同。

3.5.2 FX5UC 与研华 ADAM-6017 以太网模块协同数据采集

三菱的 PLC 产品丰富，FX5UC 是较新的带以太网接口的微型 PLC。三菱的 PLC 支持多种以太网通信方式，具体如下。

（1）SLMP（Seam Less Message Protocol），该协议是用于三菱 PLC 的 CPU 模块或外部设备（个人计算机或触摸屏等）使用以太网对 SLMP 的对应设备进行访问的协议。

（2）通信协议支持功能（内置以太网），该协议用于 PLC 与对象设备侧（条形码阅读器等）的通信（两者的协议相一致），可以在对象设备与 CPU 模块间发送接收数据。

（3）Socket 通信，通过专用指令与通过以太网连接的设备以 TCP 及 UDP 收发任意数据。

另外，还可用三菱专用 MC 协议（MELSEC 通信协议）来实现控制器与计算机等设备的串行通信、以太网通信等。

这里采用第（2）种方式，实现 FX5UC PLC 通过以太网与研华以太网模块进行 Modbus TCP 通信。这里，PLC 作为客户机（在 PLC 项目中，配置以太网时用 Active 连接设备），研华 ADAM-6017 作为服务器。当 FX5UC 与人机界面通信时，一般作为服务器（在 PLC 项目中，配置以太网时用 Modbus TCP 连接设备）。当采用该方式进行通信时，主要步骤如下。

（1）通过通信协议支持功能选择、创建或编辑协议，写入协议设置数据，协议的设置可以从预先准备好的通信协议库（如 SLMP 或 Modbus TCP 等）中选择，或任意创建及编辑。

（2）设置模块参数，设置好后将参数写入 CPU 模块。

（3）进行打开处理，确定 CPU 模块与对象设备的连接状态。

（4）通过专用指令（SP.ECPRTCL 指令）执行协议，若通信结束，则关闭连接。

1．通信参数配置

首先要添加协议（这里以协议号 2 为例），并选择协议名（这里选 Modbus TCP），如图 3.32 所示。

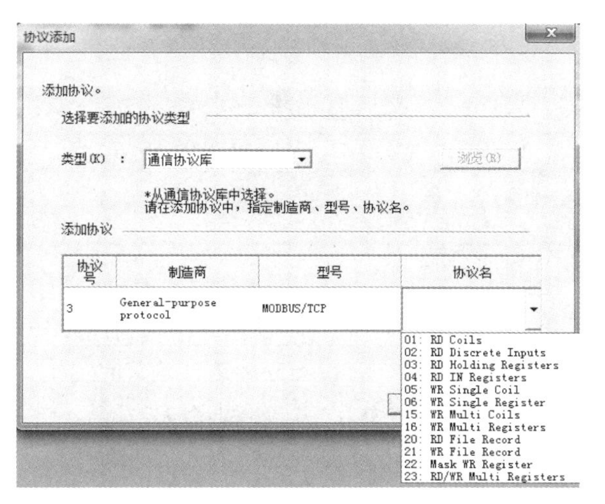

图 3.32　添加并选择通信协议

然后可以看到如图 3.33 所示的协议设置界面，在此界面设置参数。这里要读模块的模拟量，因此，进行 2 号协议（读保持寄存器）的设置。

分别对 2 号协议的 Request、Normal response 和 Error response 的数据包进行设置，如图 3.34～图 3.36 所示。

设置好后可以保存成文件，上述通信参数配置完成，通过“在线”菜单下的“模块写入”把配置写到 PLC 中。

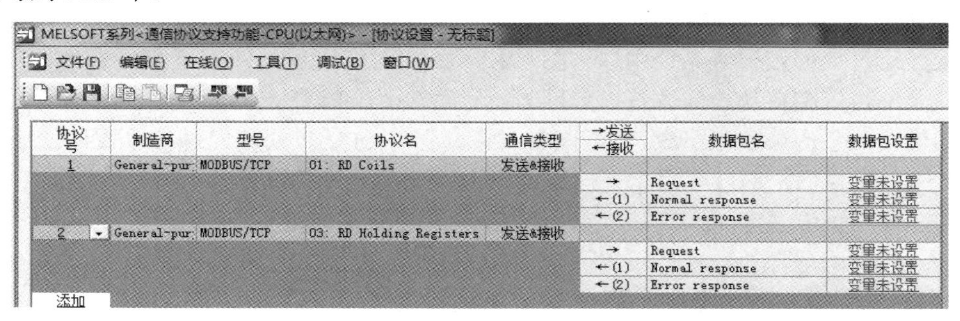

图 3.33 协议设置界面

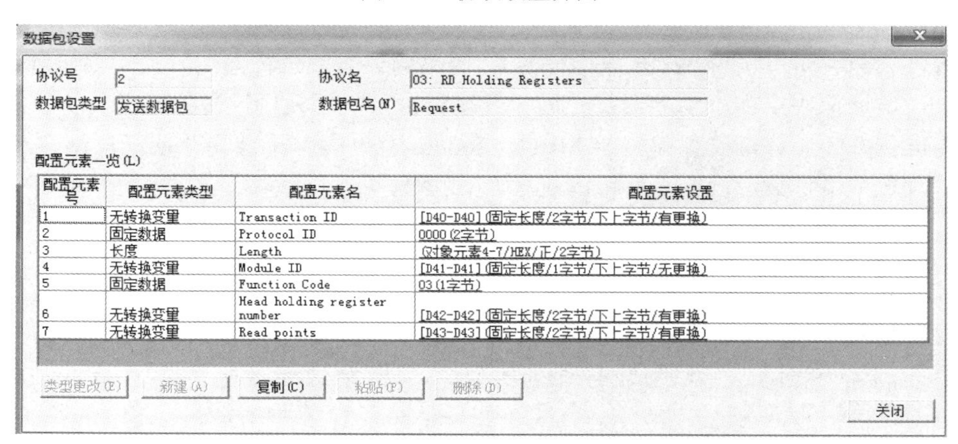

图 3.34 Request 数据包的通信参数设置

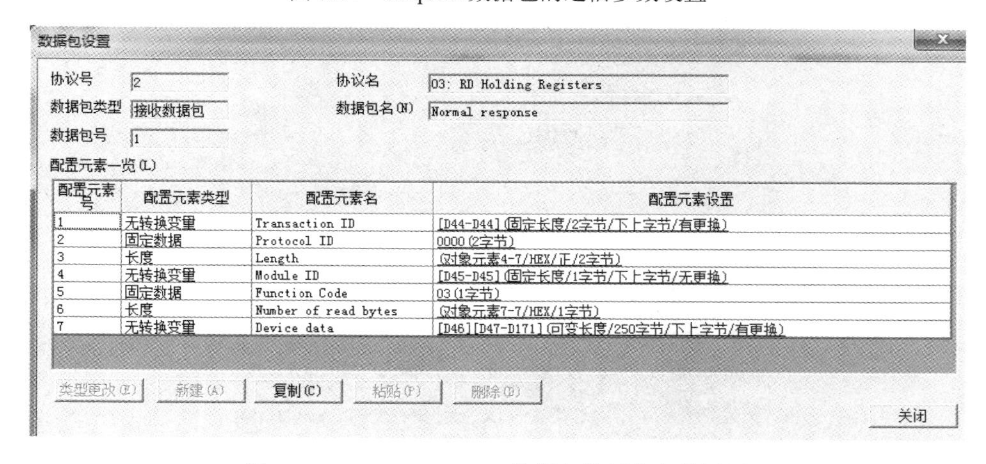

图 3.35 Normal response 数据包的通信参数设置

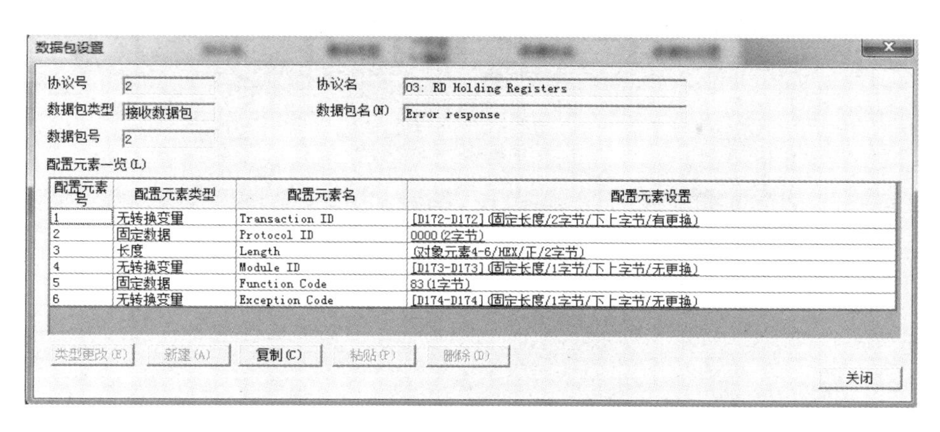

数据包设置
协议号 2
协议名 03: RD Holding Registers
数据包类型 接收数据包
数据包名(N) Error response
数据包号 2
配置元素一览(L)
配置元素号 | 配置元素类型 | 配置元素名 | 配置元素设置
1 | 无转换变量 | Transaction ID | [D172-D172] (固定长度/2字节/下上字节/有更换)
2 | 固定数据 | Protocol ID | 0000 (2字节)
3 | 长度 | Length | (对象元素4-6/HEX/正/2字节)
4 | 无转换变量 | Module ID | [D173-D173] (固定长度/1字节/下上字节/无更换)
5 | 固定数据 | Function Code | 83 (1字节)
6 | 无转换变量 | Exception Code | [D174-D174] (固定长度/1字节/下上字节/无更换)
类型更改(E)
新建(A)
复制(C)
粘贴(P)
删除(D)
关闭

图 3.36　Error response 数据包的通信参数设置

2．通信程序编写

FX5UC 与研华 ADAM-6017 模块 Modbus TCP 的通信梯形图程序如图 3.37 所示。这里在梯形图中插入了内嵌 ST 框，可以看出，对于一般的数据传送等指令，用 ST 语言编写很简洁。如果用梯形图语言，程序明显更加冗长。

SP.SOCOPEN 是内置以太网口设备的以太网通信打开指令，SP.SOCOPEN U0 K1 D100 M100 的含义：U0 是虚拟的（固定）；K1 代表连接编号，是在通信组态中设置好的；D100 表示该命令的控制数据，D100～D109、M100 和后续的 M101 表示命令结束寄存器，M100 为 1 表示正常，M101 为 1 表示异常。

打开处理(H0表示通过工程工具的"对方设备连接构成设置"中设置的内容进行打开处理)
将执行型/结束型设为0.
SM402
SD10680.0
SD10681.0
(0)
RUN后1次扫描ON
打开完成状态
打开请求状态
MOVP
H0
D100
执行以太网连接设置中的连接1开放
M500
SP.SOCOPEN
"U0"
K1
D100
M100
判断端口建立连接是否成功
正常结束
M100
M101
(111)
SET
M102
异常结束
M101
SET
M103

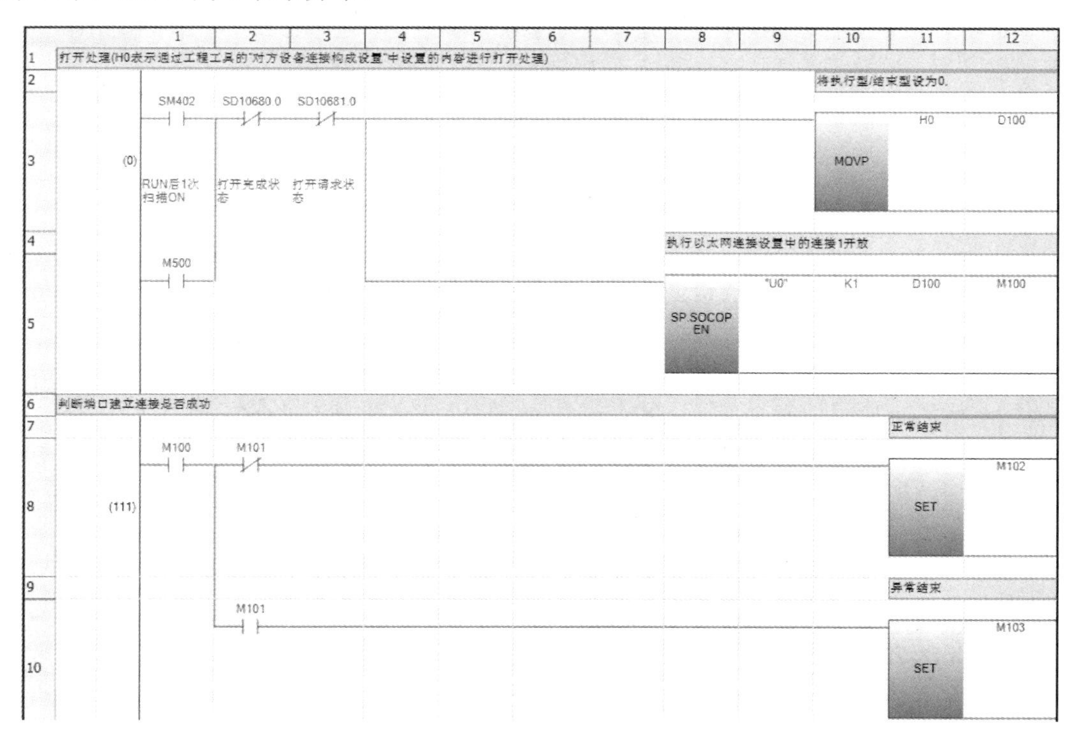

图 3.37　FX5UC 与研华 ADAM-6017 模块 Modbus TCP 的通信梯形图程序

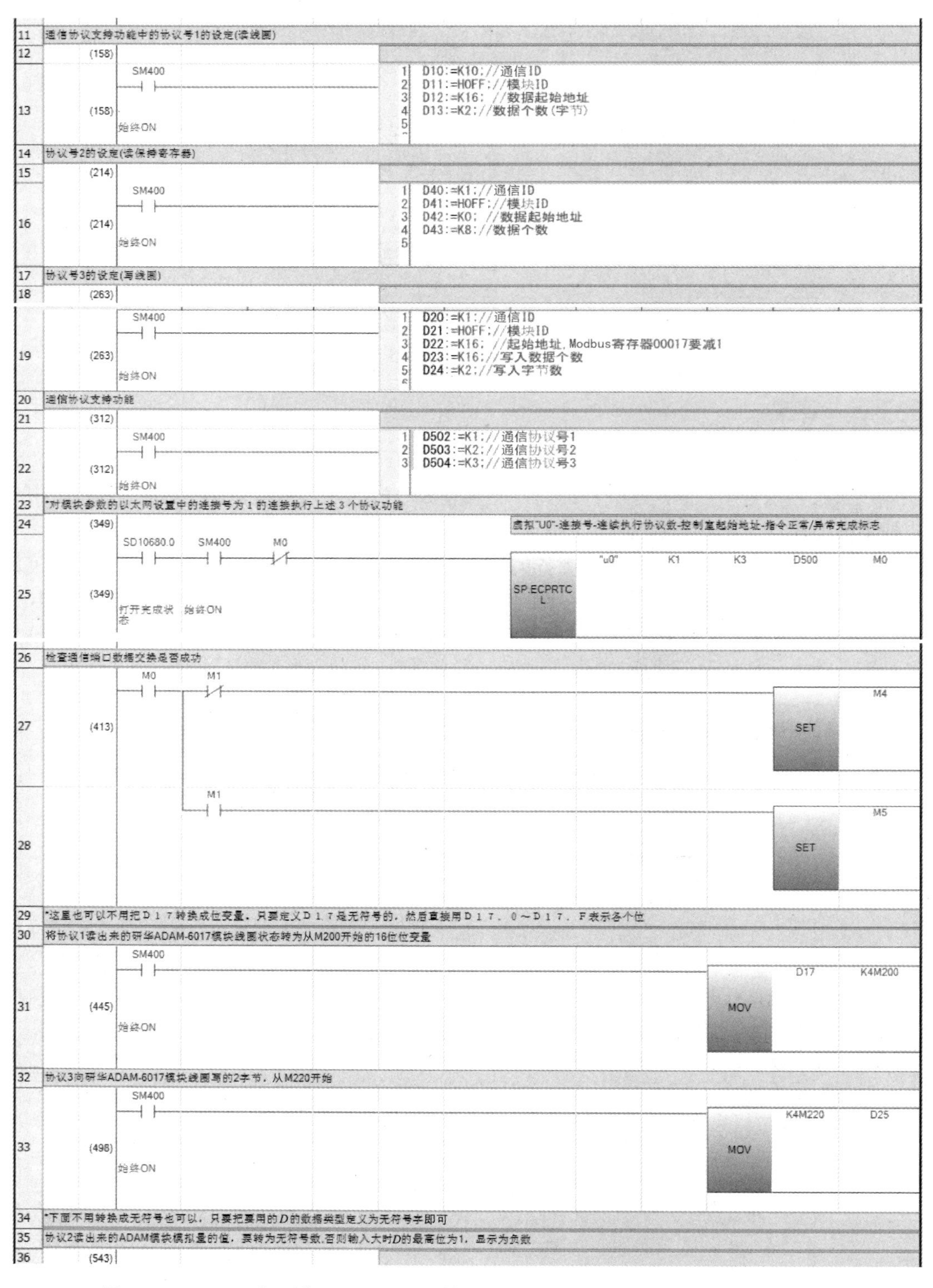

图 3.37　FX5UC 与研华 ADAM-6017 模块 Modbus TCP 的通信梯形图程序（续）

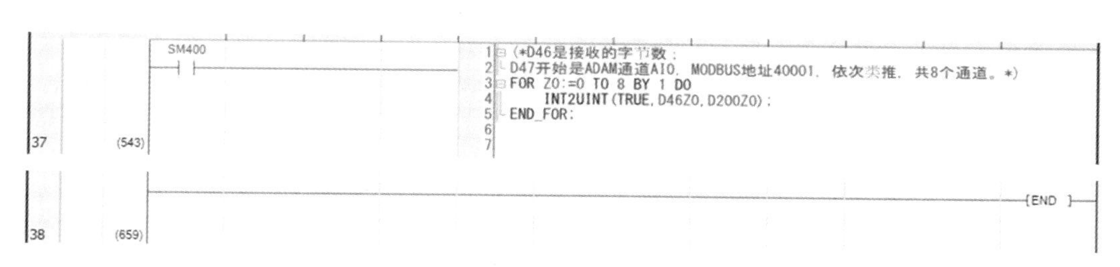

图 3.37　FX5UC 与研华 ADAM-6017 模块 Modbus TCP 的通信梯形图程序（续）

SP.ECPRTCL U0 K1 K3 D500 M1 的含义如下：U0 是虚拟的（固定）；K1 代表连接编号；K3 表示执行一次指令最多可以连续执行的协议数量，一般最大是 8，这里表示 3 个（协议 1 读 DI，协议 2 读 AI，协议 3 写 DO）；D500 表示一次执行指令中多次执行的几个协议是在从 D500 起始的控制位里设定的，这里是 D502～D504；M1 及后续的 M2 寄存器反映了 ECPRTCL 指令的执行状态，正常时状态不变，异常时 M1、M2 会接通一个扫描周期。

对照梯形图 14～16 级梯级中的参数赋值及其注释与图 3.34 中的参数设置，可以发现两者的参数（D40～D43）及作用是一致的。在编程时，一定要注意这一点，否则程序的运行结果会出错，导致通信不成功。

由于程序中的每个梯级都加了注释，这里就不再对其他程序进行解释了。

3.5.3　S7-1200 与研华 ADAM-6024 以太网模块协同数据采集

西门子的 S7 系列控制器及专门的以太网模块都有 Profinet 通信接口。该物理接口是支持 10Mbps/100Mbps 的传输速率的 RJ45 接口，支持电缆交叉自适应，因此一个标准的或是交叉的以太网线都可以用于这个接口。该通信接口支持与控制器、人机界面、编程设备的 Profinet IO、S7（西门子私有协议）、TCP、ISO on TCP、UDP、Modbus TCP 等通信。为了支持这些通信程序的开发，西门子的编程软件，特别是 TIA 博图（Portal）全集成自动化环境，有完备的库函数。这样，不仅西门子设备之间的以太网通信容易实现，西门子控制器与第三方设备的通信编程难度也减小。西门子官方网站上有大量的文档和程序示例可供下载学习。

在协同式数据采集方式中，PLC 既可以作为客户机，也可以作为服务器。这里以集成以太网口的 S7-1200 PLC 与研华 ADAM-6024 智能模块的 Modbus TCP 通信为例来说明协同数据采集技术。其中，ADAM-6024 作为服务器，而 S7-1200 PLC 作为客户机。编程环境为博图 V16。

S7-1200 PLC 的 MB_CLIENT 指令作为 Modbus TCP 客户端通过 S7-1200 CPU 的 Profinet 连接进行通信。使用该指令，无须其他任何硬件模块。通过 MB_CLIENT 指令，可以在客户机和服务器之间建立连接、发送请求、接收响应并控制 Modbus TCP 服务器的连接终端。

MB_CLIENT 指令及其参数说明如图 3.38 所示。

这里，不直接调用 MB_CLIENT 指令来与 ADAM-6024 通信，而是编写一个专门的功能块 ADAM6024_Poll 来统一对该模块的 6 个 AI、2 个 AO、2 个 DI 和 2 个 DO 进行轮流的读/写操作。

首先定义该功能块的输入参数，如图 3.39 所示。这些输入参数主要是用于输入服务器的 IP 地址、要写的 AO 和 DO 值等。

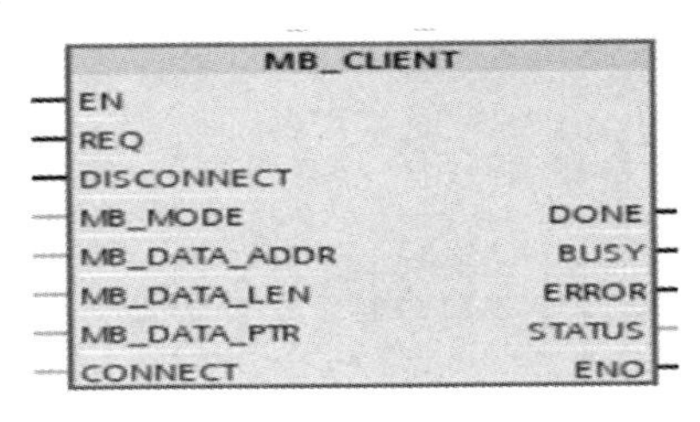

输出参数：

DONE：只要最后一项作业成功完成，立即将该参数置1。

BUSY:0：当前没有正在处理的“MB_CLIENT”作业，0表示没有。

1：“MB_CLIENT”作业正在处理中。

ERROR：0表示无错误，1表示有错误，错误信息见STATUS。

STATUS：指令的错误代码。

输入参数：

REQ：为1就向服务器发出通信请求。

DISCONNECT：建立与指定 IP 地址和端口号的通信连接。

CONNECT_ID：确定连接的唯一 ID。

MB_MODE：选择请求模式（读取、写入或诊断）。

MB_DATA_ADDR：由“MB_CLIENT”指令所访问的数据的起始地址。

DATA_LEN：数据长度，数据访问的位数或字数。

MB_DATA_PTR：指向 Modbus 数据寄存器的指针。

图 3.38　MB_CLIENT 指令及其参数说明

	名称	数据类型	偏移量	默认值
1	▼ Input			
2	IP_1	Byte	0.0	16#0
3	IP_2	Byte	1.0	16#0
4	IP_3	Byte	2.0	16#0
5	IP_4	Byte	3.0	16#0
6	ID	CONN_OUC	4.0	16#0
7	AO1	Word	6.0	16#0
8	AO2	Word	8.0	16#0
9	DO1	Bool	10.0	false
10	DO2	Bool	10.1	false

图 3.39　ADAM6024_Poll 功能块的输入参数

然后定义该功能块的输出参数，如图 3.40 所示。这些输出参数主要用于 AI、DI 等采集参数的回传，以及通信错误信息的回传等。

11	▼ Output			
12	AI1	Word	12.0	16#0
13	AI2	Word	14.0	16#0
14	AI3	Word	16.0	16#0
15	AI4	Word	18.0	16#0
16	AI5	Word	20.0	16#0
17	AI6	Word	22.0	16#0
18	DI1	Bool	24.0	false
19	DI2	Bool	24.1	false
20	Error	Bool	24.2	false

图 3.40　ADAM6024_Poll 功能块的输出参数

最后定义该功能块的静态参数，如图 3.41 所示。这些参数主要是与 MB_CLIENT 指令相关的，包括 MB_CLIENT 的参数实例 MB_CLIENT_Instance、TCON_IP_v4 类型的引脚变量 CONNECT、MB_CLIENT 指令要用的变量（如 DONE 数组、BUSY 数组、STATUS 数组等）、用于保存 Modbus 通信采集到的模块数据的变量（如 AI_Buffer、AO_Buffer 等）和其他编程需要的变量等。

	名称	数据类型	偏移量	起始值
23	▼ Static			
24	▸ MB_CLIENT_Instance	MB_CLIENT		
25	Pulse	Bool	290.0	false
26	Step	USInt	291.0	0
27	MB_MODE	USInt	292.0	0
28	DATA_ADDR	UDInt	294.0	40001
29	DATA_LEN	UInt	298.0	26
30	▸ CONNECT	TCON_IP_v4	300.0	
31	▸ AI_Buffer	Array[0..5] of Word	314.0	
32	▸ DI_Buffer	Array[0..1] of Bool	326.0	
33	▸ AO_Buffer	Array[0..1] of Word	328.0	
34	▸ DO_Buffer	Array[0..1] of Bool	332.0	
35	▸ DISCONNECT	Array[0..3] of Bool	334.0	
36	▸ DONE	Array[0..3] of Bool	336.0	
37	▸ BUSY	Array[0..3] of Bool	338.0	
38	▸ MBERROR	Array[0..3] of Bool	340.0	
39	▸ STATUS	Array[0..3] of Word	342.0	

图 3.41 ADAM6024_Poll 功能块的静态参数

定义好参数后，就写功能块的代码部分，如图 3.42 所示。其中，网络 1 用 SCL 编程语言，主要进行输入参数的赋值、参数回传等。这里服务器的 IP 地址是用户可以设置的，但其端口号 502 预先在数据块的 CONNECT 的属性 RemotePort 中设置好了。网络 2 用梯形图编程语言。当系统上电运行后，把 Step 变量赋值 1，即要进行 AI 读操作。网络 3 是调用 MB_CLIENT 指令进行 Modbus TCP 通信，读 AI 数值。AI 读操作的周期由程序中定义的变量 M1.7 确定。由于 PLC 刚上电，DONE[0]和 MBERROR[0]都为 0，因此，当 M1.7 周期触发时，与功能块（“&”）的输出为 1，或功能块（“>=1”）的输出也为 1，因此当 REQ 的输入为 1 时，表示 PLC 向服务器 ADAM-6024 发起了通信请求，要读 ADAM-6024 的 6 个模拟量。MB_CLIENT 实例的参数根据说明进行赋值。若通信过程有错误，则或功能块（“>=1”）的输入 MBERROR[0]为 1，输出也为 1，即始终触发通信。当然，若通信故障一直存在，则程序会在这里进入死循环。为了避免这种情况发生，可以对读 AI 操作进行定时，即若 Step=1 的时间超过限定时间，则把 2 赋值给 Step，进入后续的 DI 读操作。

网络 4 的作用是判断前一步操作是否成功，若成功，则把 2 赋值给 Step，进行 DI 读操作。网络 5 与网络 3 梯形图类似，这里不再对程序进行解释。

由于通过 MB_CLIENT 指令进行 Modbus TCP 通信对模块的 AO 和 DO 进行写操作程序与 AI 和 DI 类似，这里不再具体介绍。

在本自定义功能块中，4 个 MB_CLIENT 功能块指令公用一个静态参数实例 MB_CLIENT_Instance。这样，在程序运行中进行 4 次调用时，该参数实例中的输出参数是有变化的，为了保留每次调用的结果，对一些主要参数，如 DONE、BUSY 和 MBERROR 等定义了数组，来保存每次调用的中间结果。若需要，也可以对此进行简化，即不定义数组，而公用一组非数组变量。例如，4 次调用 MB_CLIENT 时，其 BUSY 输出只关联定义的 BUSY 变量，而不是 BUSY[1…4]这个数组中的元素。当然，这时要对程序做一些修改。

当 ADAM6024_Poll 功能块编写完成后，就可以对其进行调用了，完成 AI、AO、DI 和 DO 等参数读/写，如图 3.43 所示。在实际应用中，如果只对 ADAM-6024 进行一类操作，如读 AI，那么不用编写功能块，参照这里的程序，直接调用 MB_CLIENT 指令进行编程就可以了。

网络 1：MB_CLient en 参数赋值，采集结果回传

```
0001 //给 MB_Client 赋值模块 IP 地址
0002 #CONNECT.RemoteAddress.ADDR[1] := #IP_1;
0003 #CONNECT.RemoteAddress.ADDR[2] := #IP_2;
0004 #CONNECT.RemoteAddress.ADDR[3] := #IP_3;
0005 #CONNECT.RemoteAddress.ADDR[4] := #IP_4;
0006 #CONNECT.ID := #ID;//给 MB_Client 赋值模块 ID
0007 //保存采集的 AI 值
0008 #AI1 := #AI_Buffer[0];
0009 #AI2 := #AI_Buffer[1];
0010 #AI3 := #AI_Buffer[2];
0011 #AI4 := #AI_Buffer[3];
0012 #AI5 := #AI_Buffer[4];
0013 #AI6 := #AI_Buffer[5];
0014 //传递要写的 AO 数值
0015 #AO_Buffer[0] := #AO1;
0016 #AO_Buffer[1] := #AO2;
0017 #DO_Buffer[0] := #DO1;//传递要写的 DO 值
0018 #DO_Buffer[1] := #DO2;
0019 #DI1 := #DI_Buffer[0];//保存 DI
0020 #DI2 := #DI_Buffer[1];
0021 #Error:= #MBERROR[0]OR #MBERROR[1]OR #MBERROR[2]OR #MBERROR[3];//错误输出
```

网络 2：启动采样信号有效后，设置 Step 为 1

%M2.0
"Start_Poll"
P
#Pulse
MOVE
EN
1 IN
OUT1 #Step
ENO

网络 3：读 ADAM 的 6 个 AI，Modbus 地址为 40001 和 40006

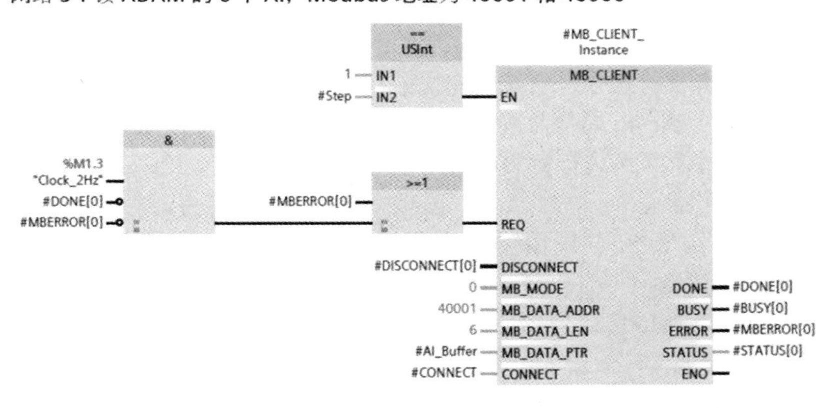

网络 4：前一步 AI 读成功，进入后续步骤，给 Step 赋值 2

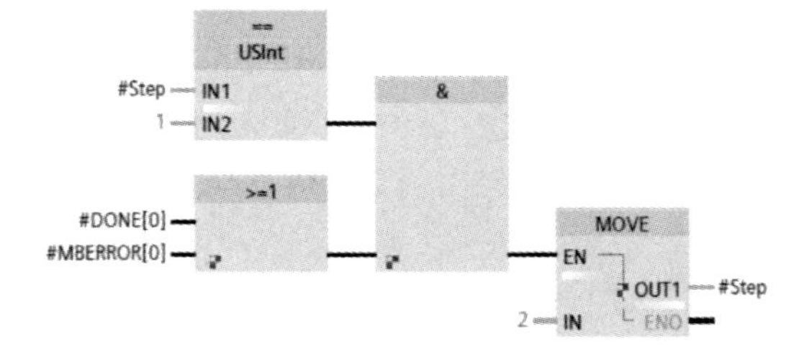

图 3.42 ADAM6024_Poll 功能块的部分代码

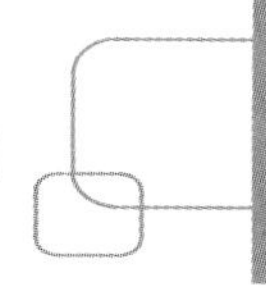

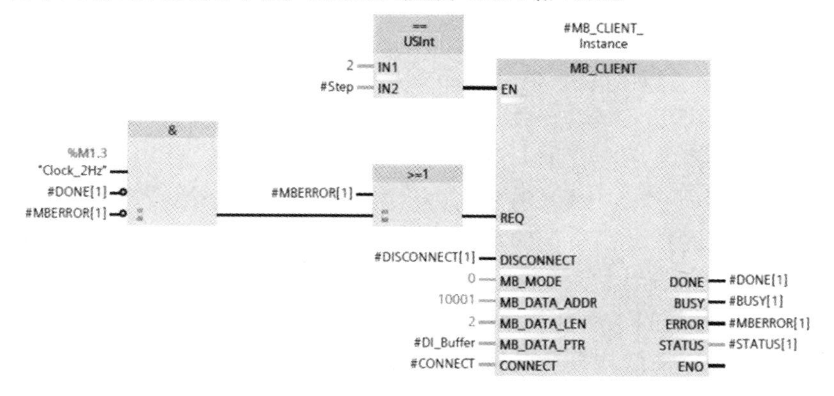

图 3.42　ADAM6024_Poll 功能块的部分代码（续）

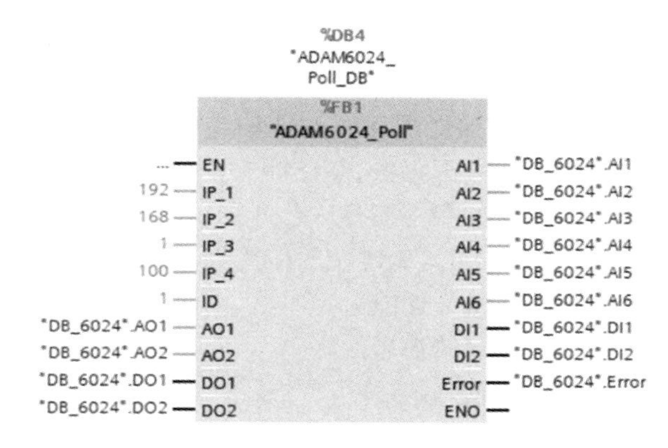

图 3.43　在 OB1 组织块中调用 ADAM6024_Poll 功能块进行数据采集

3.6　基于物联网 MQTT 通信的数据采集

3.6.1　物联网通信协议 MQTT

1．MQTT 协议及其特点

MQTT（Message Queuing Telemetry Transport，消息队列遥测传输协议）是 ISO/IEC PRF 20922 标准下的发布/订阅（Publish/Subscribe）消息传输协议，由 IBM 于 1999 年发布，现在的常用版本是 3.1.1，经过多年发展，到 2021 年，已经是 5.0 版本。由于该协议构建于 TCP/IP 之上，要求基础传输层能够提供有序的、可靠的、双向传输（从客户端到服务器端和从服务器端到客户端）的字节流，因此，不支持无连接的网络传输协议，如 UDP。

MQTT 的优点在于以极少的代码和有限的带宽，为连接远程设备提供实时、可靠的消息服务。这种轻量、简单、开放和易于实现的特点使它在物联网、移动互联网、智能硬件、车联网等领域得到广泛应用。MQTT 是 TCP/IP 层的一个简单协议，适用于仅含基本功能的设备之间的报文传输，以及不可靠网络之间的传输，其主要特性如下。

- 使用发布/订阅消息模式，提供一对多的消息发布/订阅模式，解除应用程序耦合。

- 对负载内容屏蔽的消息进行传输。
- 主流的 MQTT 使用 TCP/IP 提供网络连接。
- 有 3 种消息发布服务质量：“至多一次”，消息发布完全依赖底层 TCP/IP 网络，会发生消息丢失或重复，这一级别可用于环境参数（温度、压力、湿度等）监控场景，数据丢失一次的影响不大，因为不久后会有第二次推送；“至少一次”，确保消息到达，但可能会发生消息重复；“只有一次”，确保消息到达一次，在一些要求比较严格的计费系统中，可以使用此级别，这种最高质量的消息发布服务可以用于计费系统、即时通信类的 App 的推送等场景中。在计费系统中，消息重复或丢失都会导致计费故障。
- 小型传输，开销很小（固定长度的头部是 2 字节），协议交换最小化，以减少网络流量。
- 使用 Last Will 和 Testament 特性通知有关各方客户端异常中断的机制。Last Will 是遗言机制，用于通知同一主题下的其他设备发送遗言的设备已经断开了连接。Testament 是遗嘱机制，其功能类似于 Last Will。

2. MQTT 协议实现方式

实现 MQTT 协议需要客户端和服务器端间的通信完成。MQTT 会建立客户端到服务器端的连接，提供两者之间的一个有序的、无损的、基于字节流的双向传输。当应用数据通过 MQTT 网络发送时，MQTT 会把与之相关的服务质量（QoS）和主题名（Topic）相关联。

MQTT 客户端可以是一个使用 MQTT 协议的应用程序或设备，它总是建立客户端到服务器端的网络连接。客户端可以实现以下功能。

（1）发布其他客户端可能会订阅的消息。

（2）订阅其他客户端发布的消息。

（3）退订或删除应用程序的消息。

（4）断开与服务器的连接。

MQTT 服务器也称为“消息代理”（Broker），可以是一个应用程序或一台设备。它位于消息发布者和订阅者之间，可以实现以下功能。

（1）接收来自客户端的网络连接。

（2）接收客户端发布的应用信息。

（3）处理来自客户端的订阅和退订请求。

（4）向订阅的客户转发应用程序的消息。

在通信过程中，MQTT 协议中有三种身份：发布者（Publish）、代理者（Broker，如服务器）、订阅者（Subscribe）。其中，消息的发布者和订阅者都是客户端，消息代理者是服务器，消息发布者同时可以是订阅者。

MQTT 传输的消息分为主题（Topic）和负载（Payload）两部分。主题可以理解为消息的类型，一个主题可以有多个级别，级别之间用斜杠字符分隔。可将负载看作消息订阅者接收的具体内容。

订阅者订阅（Subscribe）后，就会收到该主题的消息内容（Payload）。主题名（Topic Name）是连接到一个应用程序消息的标签，该标签与服务器的订阅相匹配。服务器会将消息发送给订阅所匹配标签的每个客户端。

订阅包含主题筛选器（Topic Filter）和最大服务质量（QoS）。订阅会与一个会话（Session）

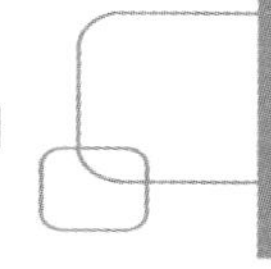

关联。每个客户端与服务器端建立连接后就是一个会话，客户端和服务器端之间有状态交互。会话存在于一个网络之间，也可能在客户端和服务器端之间跨越多个连续的网络连接。一个会话可以包含多个订阅。每个会话中的每个订阅都有一个不同的主题筛选器。主题筛选器是一个主题名通配符筛选器，在订阅表达式中使用，表示订阅所匹配到的多个主题。

3．MQTT 协议中的方法

MQTT 协议中定义了一些方法（也称为动作），用于表示对确定资源所进行的操作。这个资源可以代表预先存在的数据或动态生成数据，这取决于服务器的实现。通常来说，资源指服务器上的文件或输出，主要方法如下。

- Connect，等待与服务器建立连接。
- Disconnect，等待 MQTT 客户端完成所做的工作，并与服务器断开 TCP/IP 会话。
- Subscribe，等待完成订阅。
- UnSubscribe，等待服务器取消客户端的一个或多个主题订阅。
- Publish，客户端发送消息请求，完成后返回应用程序线程。

4．MQTT 协议通信流程说明

为了让大家对 MQTT 通信有直观了解，这里给出了一个通过 MQTT 进行通信的示例，如图 3.44 所示。在该例子中，假设客户 A 为移动端的应用程序，客户 B 为温室监控的应用程序。移动端应用可以通过 MQTT 协议获取温室的温度等参数，也可以控制温室加热设备的运行。首先，客户 A 给服务器（消息代理）发送了一个 Connect 登录请求。然后，服务器回应一个 ACK 确认消息，表示登录成功。客户 B 发布温室温度是 25℃的消息，客户 A 订阅温室温度，于是消息代理把消息推送给客户 A，客户 A 就获得了温室温度数值。客户 A 发布了打开温室加热设备的消息，客户 B 订阅该消息，消息代理把该消息推送给客户 B，客户 B 获得该消息后把加热开关打开，对温室进行加热。客户 B 又发布了温室湿度是 80%的消息，但客户 A 没有订阅，则消息代理不推送此消息。加热设备工作后，温室温度上升，客户 B 发布温室温度是 32℃的消息，由于客户 A 订阅了温室温度，因此消息代理把消息推给客户 A，客户 A 就获得了温室温度是 32℃的消息。最后，客户端断开连接。可以看出，在整个通信过程中，客户 A、客户 B 和消息代理之间以约定的语言通信，客户 A 和客户 B 同时是发布者和订阅者。消息发布者、订阅者和消息代理之间的这种约定就是随后介绍的 MQTT 协议内容。

简便起见，图 3.44 中省略了订阅确认、发布确认等消息。在图 3.44 中，Retain 表示持久消息，客户端订阅带有持久消息的主题，会立即收到这条消息。另外，服务器端必须存储这个应用消息和它的 QoS 等级，以便它可以被分发给未来的订阅者。

5．MQTT 协议控制报文格式

在 MQTT 协议中，一个 MQTT 控制报文由固定报首（Fixed Header）、可变报首（Variable Header）和消息体（Payload）三部分构成，如图 3.45 所示。

- 固定报首（Fixed Header），所有控制报文都包含固定报首，表示数据包类型及数据包的分组类标志。
- 可变报首（Variable Header），部分控制报文包含可变报首，数据包类型决定了可变报首是否存在及其具体内容。

- 消息体（Payload），部分控制报文包含消息体，表示客户端收到的具体内容。

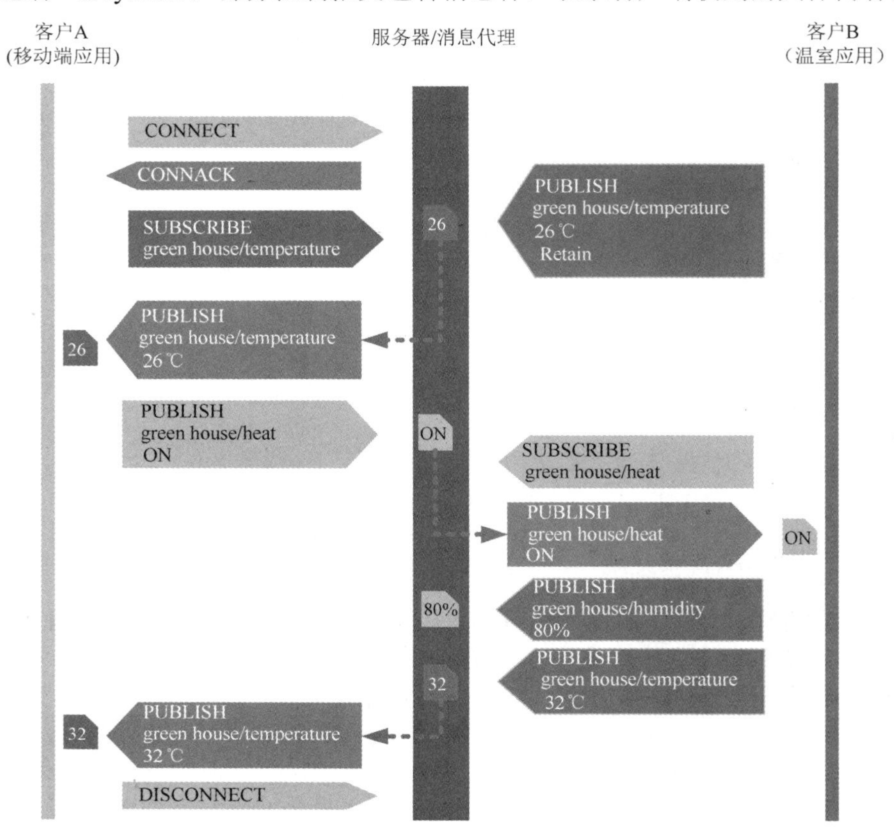

图 3.44　MQTT 协议通信流程

固定报首，存在于所有MQTT控制报文中
可变报首，存在于某些MQTT控制报文中
消息体，存在于某些MQTT控制报文中

图 3.45　MQTT 控制报文的结构

1）固定报首

每个 MQTT 控制报文都包含一个固定报首，如图 3.46 所示。

bit	7	6	5	4	3	2	1	0
Byte 1	MQTT 控制报文的类型标志				用于指定控制报文类型的标志位			
Byte 2...	剩余长度							

图 3.46　固定报首的格式

其中，控制报文的类型标志（Connect Flags）位于第 1 个字节的二进制位 7～4 位，为 4 位无符号值，用来区分 MQTT 的报文类型。指定控制报文类型的标志位位于 Byte 1 位 3～0。在不使用标志位的消息类型中，标志位作为保留位。如果收到无效的标志，那么接收端必须

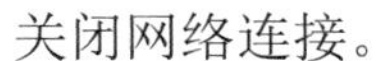

关闭网络连接。

MQTT 协议拥有 15 种不同的报文类型，如表 3.1 所示。这些报文类型可简单分为连接及终止、发布和订阅、QoS 2 消息的机制及各种确认 ACK。固定报首中的第 1 个字节包含连接标志，连接标志用来区分 MQTT 协议的报文类型。

表 3.1　MQTT 协议的报文类型

名　称	值	流　向	描　述
Reserved	0	禁止	保留
CONNECT – 连接服务器端	1	C→S	建立客户端到服务器端的网络连接后，客户端发送给服务器端的第一个报文必须是 CONNECT 报文
CONNACK – 确认连接请求	2	S→C	服务器端发送 CONNACK 报文，响应从客户端收到的 CONNECT 报文。服务器端发送给客户端的第一个报文必须是 CONNACK
PUBLISH – 发布消息	3	C→S 或 S→C	PUBLISH 控制报文是指从客户端向服务器端或从服务器端向客户端传输一个应用消息
PUBACK –发布确认	4	C→S 或 S→C	PUBACK 报文是对 QoS 1 等级的 PUBLISH 报文的响应
PUBREC – 发布收到（QoS 2，第一步）	5	C→S 或 S→C	PUBREC 报文是对 QoS 2 的 PUBLISH 报文的响应。它是 QoS 2 等级协议交换的第二个报文
PUBREL – 发布释放（QoS 2，第二步）	6	C→S 或 S→C	PUBREL 报文是对 PUBREC 报文的响应。它是 QoS 2 等级协议交换的第三个报文
PUBCOMP – 发布完成（QoS 2，第三步）	7	C→S 或 S→C	PUBCOMP 报文是对 PUBREL 报文的响应。它是 QoS 2 等级协议交换的第四个报文，也是最后一个报文
SUBSCRIBE – 订阅主题	8	C→S	客户端向服务器端发送 SUBSCRIBE 报文，用于创建一个或多个订阅。每个订阅注册客户端关心的一个或多个主题。为了将应用消息转发给与那些订阅匹配的主题，服务器端发送 PUBLISH 报文给客户端。SUBSCRIBE 报文也为每个订阅指定了最大的 QoS 等级，服务器端根据这个发送应用消息给客户端
SUBACK – 订阅确认	9	S→C	服务器端发送 SUBACK 报文给客户端，用于确认它已收到并且正在处理 SUBSCRIBE 报文
UNSUBSCRIBE – 取消订阅	10	C→S	客户端发送 UNSUBSCRIBE 报文给服务器端，用于取消订阅主题
UNSUBACK – 取消订阅确认	11	S→C	服务器端发送 UNSUBACK 报文给客户端，用于确认收到 UNSUBSCRIBE 报文
PINGREQ – 心跳请求	12	C→S	客户端发送 PINGREQ 报文给服务器端，用于： 1. 在没有任何其他控制报文从客户端发送给服务器端时，告知服务器端客户端还“活着”； 2. 请求服务器端发送响应确认它还“活着”； 3. 使用网络以确认网络连接没有断开
PINGRESP – 心跳响应	13	C→S 或 S→C	服务器端发送 PINGRESP 报文响应客户端的 PINGREQ 报文，表示服务器端还正常
DISCONNECT – 断开连接	14	C→S 或 S→C	DISCONNECT 报文是客户端发给服务器端的最后一个控制报文，表示客户端正常断开连接

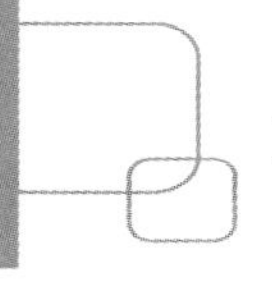

固定报首第 1 个字节剩余的 4 位[3～0]包含每个 MQTT 控制报文类型特定的标志。在 PUBLISH 控制报文中，DUP、QoS 和 Retain 标志的意义如下。

（1）DUP：控制报文的重复分发标志，用来保证消息的可靠传输，如果设置为 1，则在下面的变长中增加 MessageId，并且需要回复确认，以保证消息传输完成，但不能用于检测消息重复发送。

（2）QoS：PUBLISH 报文的服务质量等级，即保证消息传递的次数。

（3）Retain：PUBLISH 报文的保留标志，表示服务器要保留这次推送的信息，如果有新的订阅者出现，就把此消息推送给它，如果没有，就推送至当前订阅者后释放。

剩余长度位于固定报首的第 2 个字节，用来保存变长头部和消息体的总大小，但不是直接保存的。此字节是可以扩展的，其保存机制为前 7 位用于保存长度、后 1 位用作标志。当最后 1 位为 1 时，表示长度不足，需要使用两个字节继续保存。

2）可变报首

MQTT 数据报文中包含一个可变报首，位于固定报首和消息体之间。可变报首的内容因控制报文类型的不同而不同，可变报首的报文标志符（Packet Identifier）字段存在于多个类型的报文里。很多类型的报文中都包括一个 2 个字节的报文标志字段，这些类型的报文有 PUBLISH（QoS>0）、PUBACK、PUBREC、PUBREL、PUBCOMP、SUBSCRIBE、SUBACK、UNSUBSCRIBE、UNSUBACK。

SUBSCRIBE、UNSUBSCRIBE 和 PUBLISH（QoS>0）控制报文必须包含一个非 0 的 16 位报文标志符。客户端每次发送一个新的这些类型的报文时都必须分配一个当前未使用的报文标志符。如果一个客户端要重发这个特殊的控制报文，那么在随后重发那个报文时，它必须使用相同的报文标志符。当客户端处理完这个报文对应的确认后，这个报文标志符就可以释放复用。

QoS 1 的 PUBLISH 对应的是 PUBACK，QoS 2 的 PUBLISH 对应的是 PUBCOMP，与 SUBSCRIBE 和 UNSUBSCRIBE 对应的分别是 SUBACK 和 UNSUBACK。

发送一个 QoS 0 的 PUBLISH 报文时，相同的条件也适用于服务器端。QoS 设置为 0 的 PUBLISH 报文不能包含报文标志符。PUBACK、PUBREC、PUBREL 报文必须包含与最初发送的 PUBLISH 报文相同的报文标志符。类似地，SUBACK 和 UNSUBACK 必须包含对应的 SUBSCRIBE 和 UNSUBSCRIBE 报文中使用的报文标志符。

3）消息体

消息体位于 MQTT 控制报文的第三部分，包含 CONNECT、SUBSCRIBE、SUBACK、UNSUBSCRIBE 四种类型的消息。

- CONNECT，消息体的内容主要是客户端的 ClientID、订阅的 Topic、Message、用户名和密码。
- SUBSCRIBE，消息体的内容是一系列的订阅主题及 QoS。
- SUBACK，消息体的内容是服务器对 SUBSCRIBE 所申请的主题及 QoS 进行确认和回复。
- UNSUBSCRIBE，消息体的内容是要订阅的主题。

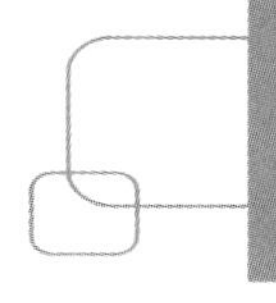

3.6.2 MQTT 在工业数据采集中的应用

1. MQTT 在工业数据采集中的应用方式

为了实现人工智能赋能传统工业，首先要进行数据采集，以获得足够多的数据资源。目前，一个典型的应用方式就是把数据汇总到云平台，在云平台对海量的实时数据和历史数据进行分析和处理，指导工业生产。工业现场大量使用 PLC、变频器、仪表等测控设备，通信协议多样。为了方便这些不同类型的工业控制设备的数据通过 MQTT 传输到云平台，产生了 MQTT 网关。MQTT 网关可以用软件实现，也可以用硬件实现。MQTT 网关可以向上连接 MQTT 格式或 JSON 格式的云服务器，向下连接各种 Modbus、非标 RS-485/RS-232 协议、现场总线或工业以太网协议的设备，或者 4～20mA 模拟量、数字 I/O 信号等，帮助用户快速连接物联网云平台，实现安全可靠的数据传输、远程管理和通信。可将 MQTT 网关看作当地设备和 MQTT 云服务器之间的桥梁。

目前，MQTT 在工业数据采集中的应用方式较多，主要包括从传感器、执行器通过 MQTT 进行数据采集；从控制器通过 MQTT 进行数据采集；从监控软件通过 MQTT 进行数据采集。考虑到 JSON（Java Script Object Notation）数据可读性强、编写简洁、网络传输效率高的特点，JSON 在 MQTT 协议数据传输时被广泛使用。JSON 是一种轻量级的数据交换格式，可以在多种编程语言之间进行数据交换，同时易于机器解析和生成。

2. PLC 使用 MQTT 进行数据发布与订阅

随着物联网、大数据及人工智能的迅速发展，自动化厂商也在加速推进工业互联网发展。作为主流物联网协议的 MQTT 协议成为各自动化设备厂商关注的重点，各大厂商纷纷开始在 PLC 中集成 MQTT 协议，以方便 PLC 数据的采集。例如，倍福公司推出了 TF6701 IOT 通信库，通过 MQTT 协议可以将 PLC 数据直接发往各大公有云物联网平台及 MQTT 服务器；西门子已经将 MQTT 客户端功能封装成 PLC 的库文件 LMQTT_Client，通过 S7-1200、S7-1500 可以实现基于 MQTT 3.1.1 协议的数据上报，完成 PLC 与 MQTT 消息服务器的连接。

LMQTT_Client 库是实现 SIMATIC S7 控制器的 MQTT 协议通信的功能块，LMQTT_CLIENT 使用的是 MQTT3.1.1 协议。功能块 LMQTT_Client 集成了 MQTT 客户机的所有功能，允许用户将 MQTT 消息传输到代理（发布者角色）和创建订阅（订阅者角色）。同时可以通过 TLS 来保证通信安全。S7-1200 PLC 和 S7-1500 PLC 使用 LMQTT_Client 库可以实现与 MQTT 服务器的通信，MQTT 服务器可以是互联网云端的设备，也可以是局域网内的设备。

与 MQTT 网关数据采集方式相比，将 MQTT 客户端集成到 PLC 后，自动化工程师通过在 PLC 中编程就能实现数据采集和上报，无须购买边缘网关，而且可以提高数据通信的实时性，数据点的配置更加灵活，从而使工业数据采集变得简单、高效。

3. 组态软件使用 MQTT 进行数据发布和订阅

1）WinCC V7.5 的云连接可选件 Cloud Connector

自 WinCC V7.5 起，其可选件 Cloud Connector 提供了一种将变量从 WinCC 变量发送到云端的方法，用户可以使用存储在云端的数据进行进一步分析或输出变量值。

Cloud Connector 使用 MQTT 协议传送变量值。中央服务器（MQTT 代理）用于数据传

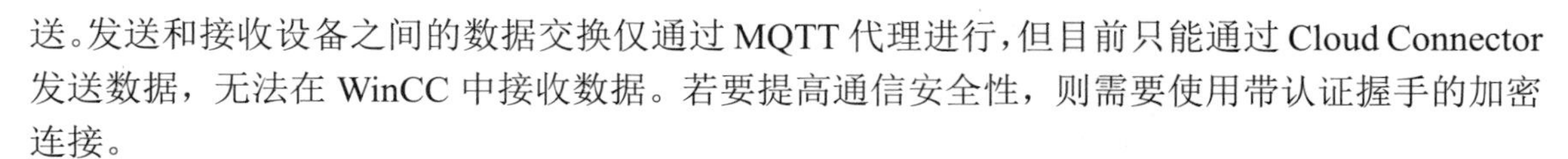

送。发送和接收设备之间的数据交换仅通过 MQTT 代理进行，但目前只能通过 Cloud Connector 发送数据，无法在 WinCC 中接收数据。若要提高通信安全性，则需要使用带认证握手的加密连接。

WinCC/Cloud Connector 支持以下提供商作为 MQTT 代理。

（1）Siemens MindSphere - MindConnect IoT Extension。

（2）Amazon: AWS。

（3）Microsoft: Azure。

（4）通用 MQTT。

只有购买单独的 WinCC/Cloud Connector 许可证 SIMATIC WinCC Cloud Connect 能使用该服务。若没有许可证，则最多可以传送 5 个变量以进行测试。当然，想要使用上述云服务，也需要购买授权。

2）通过 MQTT 将数据传送到云端

Windows 服务 CCCloudConnect 用于在 WinCC 项目和云系统之间建立连接。CCCloudConnect 服务是一个 MQTT 客户端，可连接到云端的 MQTT 代理，以通过标准端口 8883 或 443 发送数据。在 WinCC 中，CCCloudConnect 服务会记录 WinCC 变量的数值更改，数值会被写入云端。若 CCCloudConnect 从变量管理接收值更改的请求，则该服务将创建消息，服务会将此消息传送给 MQTT 代理。

可以在 WinCC Cloud Connector 设置对话框中组态所用云的 URL 和访问设置。

详细的配置过程可参考西门子文档“WinCC data connection to the cloud（Entry ID: 109760955）”。

第 4 章　SCADA 系统应用软件编程与组态

4.1　SCADA 系统应用软件

由 SCADA 系统的组成可以知道，SCADA 系统的应用软件开发包括人机界面软件（中控室上位机和触摸屏）、下位机应用软件及通信网络组态三部分。除了驱动定制开发，通信网络组态部分一般较少涉及程序开发，主要是在上位机和下位机进行驱动配置与参数组态，以及对网络设备进行配置等。

4.1.1　下位机（控制器）应用软件

与上位机人机界面开发不同，下位机由于种类繁多，应用软件开发平台与控制器捆绑，因此，下位机应用软件开发平台比较多。但随着控制器标准化和编程环境一致性的增强，下位机应用软件开发逐步标准化，软件的可读性、可复用性等也有了很大程度的提升。

由于下位机承担现场直接控制功能，对现场设备进行数据采集和控制，如果下位机程序出现异常，可能导致系统停机，甚至发生严重事故，因此，下位机应用软件的可靠性非常重要，这就对下位机应用软件的开发提出了更高的要求。下位机应用软件开发的内容很多，而本书只对与下位机编程软件相关的 IEC61131-3 国际标准进行介绍，并通过一些例子来说明如何利用该标准的编程语言进行控制器程序开发。

在 IEC61131-3 标准中，没有把顺序功能图（SFC）作为编程语言，而是将其作为公用元素。实际上，SFC 是一种强大的描述控制程序的具有顺序行为特征的图形化语言，可对复杂的过程或操作由顶到底进行辅助开发，适用于有固定流程的工艺过程。SFC 允许将一个复杂的问题逐层分解为执行明确动作的步和实现步转换的条件，进而根据这种分解进行程序设计。因此，用 SFC 进行程序设计与实现具有结构清晰、系统性强、程序的可读性好和可靠性高等特点，避免了梯形图编程依赖经验和结构化差的问题。此外，在 DCS 中也采用 SFC 完成开车、停车及一些顺序控制过程的编程，DCS 的批处理过程中也大量使用 SFC。因此本章对 SFC 进行重点介绍。

需要说明的是，受计算机技术的发展和互联网开放性的推动，现在的控制器编程已变得非常灵活，与 30 年前甚至 10 年前比有了极大的不同，特别表现在编程语言使用的灵活性、程序的结构化和可复用上。目前一些小型甚至微型 PLC 也能支持更多的编程语言，一个工程采用一种编程语言的情况已较少。即使是一个简单的工程，也可能采用多种编程语言。除了基本的指令系统，不同厂家的编程环境还具有丰富的库函数可以调用，编程人员在进行具体的程序设计时，要进行程序总体设计和细化，在具体实现中，不用从底层开始进行程序设计，更多的是要熟悉各种库函数，了解其功能、接口参数及使用。对于行业专用的一些控制要求，还可以开发自定义功能块进而以库形式封装，实现可复用。此外，具有丰富 IT 知识的年青一

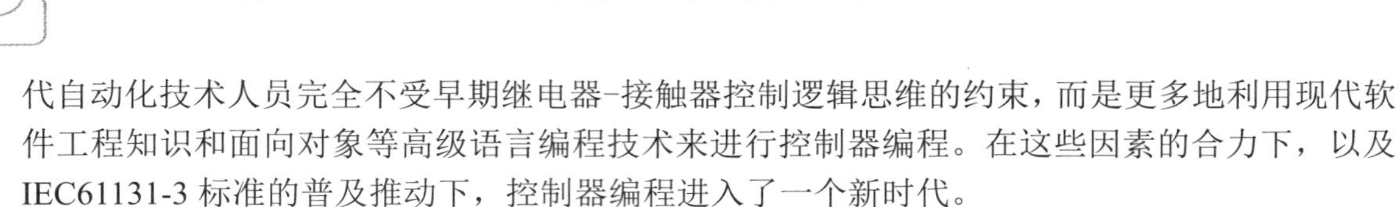

代自动化技术人员完全不受早期继电器-接触器控制逻辑思维的约束，而是更多地利用现代软件工程知识和面向对象等高级语言编程技术来进行控制器编程。在这些因素的合力下，以及IEC61131-3 标准的普及推动下，控制器编程进入了一个新时代。

本章的 4.2 节和 4.3 节重点介绍 IEC61131-3 编程语言规范，并结合实例介绍利用 5 种编程语言进行控制器编程的知识。

4.1.2 人机界面软件

人机界面是指人和机器在信息交换和功能上接触或互相影响的人机结合界面，英文称作 Human Machine Interface（HMI），有些地方称为 Man Machine Interface（MMI）。目前信息技术已经深深地影响了人们的生活与工作，特别是随着各种移动设备的广泛应用，人们几乎时时刻刻都要通过人机界面进行人机操作。例如，在手机 App 上购物、在银行 ATM 机上存取款等操作。

在工业自动化领域，除了控制器、变频器等大量控制设备上集成的人机界面，还有两种类型的人机界面被广泛使用。

1）现场操作员面板/终端/触摸屏

在制造业流水线及机床等单体设备上，大量采用了 PLC 作为控制设备，但是 PLC 自身没有显示、键盘输入等人机交互功能，因此，通常需要配置触摸屏或嵌入式工业计算机作为人机界面。它们通过与 PLC 通信，实现对生产过程的现场监视和控制，方便现场操作人员操作，还可利用触摸屏完成参数设置、参数显示、报警确认、打印等功能。图 4.1 所示为终端人机界面应用。

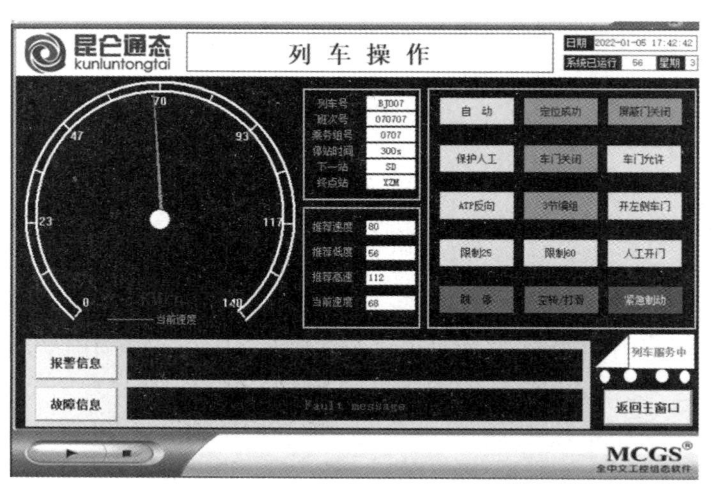

图 4.1 终端人机界面应用

针对触摸屏这类嵌入式人机界面，或称操作员面板（Operator Interface Panel）应用，通常需要在 PC 上利用设备配套的人机界面开发软件，按照系统的功能要求进行组态，形成工程文件，对该文件进行功能测试后，将工程文件下载到触摸屏存储器中运行，就能实现监控功能。为了与位于控制室的人机界面应用相区别，这种类型的人机界面也常称作终端（以下用此简称）。

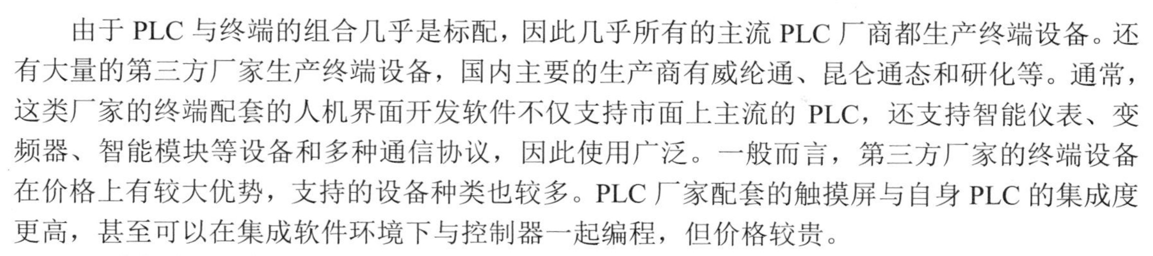

由于 PLC 与终端的组合几乎是标配，因此几乎所有的主流 PLC 厂商都生产终端设备。还有大量的第三方厂家生产终端设备，国内主要的生产商有威纶通、昆仑通态和研化等。通常，这类厂家的终端配套的人机界面开发软件不仅支持市面上主流的 PLC，还支持智能仪表、变频器、智能模块等设备和多种通信协议，因此使用广泛。一般而言，第三方厂家的终端设备在价格上有较大优势，支持的设备种类也较多。PLC 厂家配套的触摸屏与自身 PLC 的集成度更高，甚至可以在集成软件环境下与控制器一起编程，但价格较贵。

2）中控室上位机人机界面

SCADA 工业控制系统通常是分布式控制系统，各种控制器在现场设备附近安装，为了实现全厂的远程集中监控和管理，需要设立一个统一监视、监控和管理整个生产过程的中央监控系统。中央监控系统的服务器与现场控制站进行通信，工程师站、操作员站等需要安装、配置对生产过程进行监视、控制、报警、记录等功能的工业控制应用软件，具有这样功能的工业控制应用软件也称为人机界面，这一类人机界面通常用工业控制组态软件（后简称组态软件）开发。和终端相比，上位机人机界面不存在工程下载（Download）的问题，而是直接运行在工作站（通常是商用机器、工控机、工作站或服务器）上。

限于篇幅，本书不对终端的人机界面组态进行介绍。但本书中的上位机组态软件的相关知识同样适用于终端人机界面的编程。本章的 4.4～4.7 节结合实例重点介绍了上位机组态软件及其应用技术。

4.2　SCADA 系统下位机编程规范 IEC61131-3

4.2.1　传统的控制器编程语言的不足

由于 PLC 的 I/O 点数可以从十几点到几千点，甚至上万点，因此其应用范围极广，大量用于从小型设备到大型系统的控制，是用量最大的一类通用控制器设备，且有众多的厂家生产各种类型的 PLC 产品或与之配套的产品。由于大量的厂商在 PLC 的生产、开发上各自为战，因此 PLC 产品从软件到硬件的兼容性很差。在编程语言上，从低端产品到高端产品都支持的就是梯形图，它虽然遵从了广大电气自动化从业人员的专业习惯，具有易学易用等特点，但是也存在许多难以克服的缺点。虽然一些中高端的 PLC 还支持一些其他编程语言，但总体上来讲，传统的以梯形图为代表的 PLC 编程语言存在许多不足之处，主要表现在以下几个方面。

（1）梯形图语言规范不一致。虽然不同厂商的 PLC 产品都可采用梯形图编程，但各自的梯形图符号和编程规则不一致，各自的梯形图指令数量及表达方式相差较大。

（2）程序可重用性差。为了减少重复劳动，现代软件工程特别强调程序的可重用性，而传统的梯形图程序很难通过调用子程序实现相同的逻辑算法和策略的重复使用，更不用说在不同的 PLC 之间使用相同的功能块。

（3）缺乏足够的程序封装能力。一般要求将一个复杂的程序分解为若干个不同功能的程序模块。或者说，人们在编程时希望用不同的功能块组合成一个复杂的程序，但传统的梯形图编程难以实现程序模块之间具有清晰接口的模块化，也难以对外部隐藏程序模块的内部数据，难以实现程序模块的封装。

（4）不支持数据结构。梯形图编程不支持数据结构，无法实现将数据组织成像 Pascal、C 语言等高级语言中的数据结构那样的数据类型。对于一些复杂控制应用的编程，它几乎无能为力。

（5）程序执行具有局限性。由于传统 PLC 按扫描方式组织程序的执行，因此整个程序的指令代码完全按顺序逐条执行。这对于要求即时响应的控制应用（如执行事件驱动的程序模块）来说，具有很大的局限性。

（6）对顺序控制功能进行编程，只能为每一个顺序控制状态定义一个状态位，因此难以实现选择或并行等复杂顺序控制操作。

（7）传统的梯形图编程在算术运算处理、字符串或文字处理等方面均不能提供强有力的支持。

传统编程语言的不足影响了 PLC 技术的应用和发展，在此背景下，IEC 开始制定 PLC 的国际标准，而编程语言是其中的重要部分。

4.2.2 IEC61131-3 标准的产生与特点

1．IEC61131-3 标准的产生

IEC 的英文全称是 International Electrotechnical Commission，中文名称是国际电工技术委员会。IEC 成立于 1906 年，是世界上最早的国际性电工标准化机构，总部设在瑞士日内瓦，负责有关电工、电子领域的国际标准化工作。IEC61131-3 是 IEC61131 标准的第三部分，是第一个为工业自动化控制系统的软件设计提供标准化编程语言的国际标准。该标准得到了世界范围的众多厂商的支持，但又独立于任何一家公司。该国际标准的制定，是 IEC 工作组在合理地吸收、借鉴世界范围的各 PLC 厂家的技术和编程语言等的基础之上，形成的一套编程语言国际标准。

IEC61131-3 的制定背景：PLC 在标准的制定过程中正处在其发展和推广应用的鼎盛时期，而编程语言越来越成为其进一步发展和应用的瓶颈之一；另一方面，PLC 编程语言的使用具有一定的地域特性：在北美和日本，普遍运用梯形图语言编程；在欧洲，则使用功能块图和顺序功能图编程；在德国和日本，又常常采用指令表对 PLC 进行编程。为了扩展 PLC 的功能，特别是加强它的数据与文字处理及通信能力，许多 PLC 还允许使用高级语言（如 BASIC、C 语言等）编程。同时，计算机技术，特别是在软件工程领域，有了许多重要成果。因此，在制定标准时要做到兼容并蓄，既要考虑历史传承，又要把现代软件的概念和现代软件工程的机制应用于新标准中。IEC61131-3 规定了两大类编程语言：文本化语言和图形化编程语言。前者包括指令表（Instruction List，IL）语言和结构化文本语言（Structured Text，ST），后者包括梯形图语言（Ladder Diagram，LD）和功能块图（Function Block Diagram，FBD）语言。至于顺序功能图（Sequential Function Chart，SFC），该标准未把它单独列为编程语言的一种，而是将它在公用元素中予以规范。这就是说，无论是在文本化语言中，还是在图形化语言中，都可以运用 SFC 的概念、句法和语法。于是，在现在所使用的编程语言中，可以在梯形图语言中使用 SFC，也可以在指令表语言中使用 SFC。

IEC61131-3 国际标准得到了包括美国罗克韦尔自动化公司、德国西门子公司等世界知名大公司在内的众多厂家的共同推动和支持，它极大地提高了工业控制系统的编程软件质量，

也提高了采用符合该规范的编程软件编写的应用软件的可靠性、可复用性和可读性，提高了应用软件的开发效率。它定义的一系列图形化编程语言和文本化语言不仅对系统集成商和系统工程师的编程带来了很大的便利，还给最终用户带来了很多的好处。IEC61131-3 标准最初主要用于可编程控制器的编程系统，由于其具有显著优点，因此目前在过程控制、运动控制、基于 PC 的控制和 SCADA 系统等领域也得到越来越多的应用。总之，IEC61131-3 标准的推出，创造了一个软件制造商、硬件制造商、系统集成商和最终用户等多赢的结局。

2. IEC61131-3 标准的特点

IEC61131-3 允许在同一个 PLC 中使用多种编程语言，允许程序开发人员对每个特定的任务选择最合适的编程语言，还允许在同一个控制程序中不同的软件模块用不同的编程语言编程，以充分发挥不同编程语言的应用特点。IEC61131-3 的多语言包容性很好地正视了 PLC 发展历史中形成的编程语言多样化的现实，为 PLC 软件技术的进一步发展提供了足够的技术空间和自由度。

IEC61131-3 的优势还在于它成功地将现代软件的概念和现代软件工程的机制和成果用于 PLC 传统的编程语言。IEC61131-3 的优势具体表现在以下几个方面。

（1）采用现代软件模块化原则，主要内容如下。

① 编程语言支持模块化，将常用的程序功能划分为若干个单元，并加以封装，构成编程的基础。

② 进行模块化时，只设置必要的输入和输出参数，尽量减少交互作用和内部数据交换。

③ 模块化接口之间的交互作用均采用显性定义。

④ 将信息隐藏于模块内，对使用者来讲，只需要了解该模块的外部特性（如功能、输入和输出参数），而无须了解模块内的算法的具体实现方法。

（2）IEC61131-3 支持自顶而下（Top Down）和自底而上（Bottom Up）的程序开发方法。自顶而下的开发过程是用户首先进行系统总体设计，将控制任务划分为若干个模块，然后定义变量和进行模块设计，编写各个模块的程序；自底而上的开发过程是用户先从底部开始编程，如先导出功能和功能块，再按照控制要求编制程序。无论选择哪种开发方法，IEC61131-3 所创建的开发环境均会在整个编程过程中给予强有力的支持。

（3）IEC61131-3 所规范的编程系统独立于任意一个具体的目标系统，它可以最大限度地在不同的 PLC 目标系统中运行。这样不仅创造了一种具有良好开放性的氛围，奠定了 PLC 编程开放性的基础，而且可以有效规避标准与具体目标系统关联而引起的利益纠葛，体现标准的公正性。

（4）将现代软件概念浓缩，并加以运用。例如，数据使用 DATA_TYPE 声明机制；功能使用 FUNCTION 声明机制；数据和功能的组合使用 FUNCTION _BLOCK 声明机制。

在 IEC61131-3 中，功能块是面向对象组件的结构基础。一旦完成了某个功能块的编程，并通过调试和验证证明了它的确能正确执行所规定的功能，就不允许用户再将它打开，改变其算法。即使是一个功能块的执行效率有必要再提高，或者在一定的条件下其功能执行的正确性存在问题，需要重新编程，只要保持该功能块的外部接口（输入/输出定义）不变，就能照常使用。同时，许多原始设备制造厂（OEM）将他们的专有控制技术压缩在用户自定义的功能块中，既可以保护知识产权，又可以反复使用，不必一再地为同一个目的而编写和调试

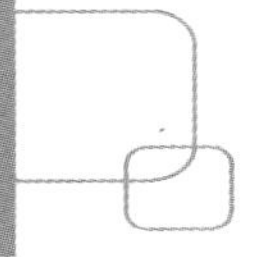

程序。

（5）完善的数据类型定义和运算限制。软件工程师很早就认识到许多编程的错误往往发生在程序的不同部分，其数据的表达和处理方式不同。IEC61131-3 从源头上注意防止这类低级错误，虽然采用的方法可能会导致效率降低一些，但是换来的价值是程序的可靠性有所提高。IEC61131-3 采用以下方法防止这些错误。

① 限制功能与功能块之间互联的范围，只允许兼容的数据类型与功能块之间的互联。

② 限制运算，只可在其数据类型已明确定义的变量上进行。

③ 禁止隐含的数据类型变换。例如，实型数不可执行按位运算。若要运算，编程者必须通过显式变换函数 REAL-TO-WORD，把实型数变换为 WORD 型位串变量。标准中规定了多种标准固定字长的数据类型，包括位串、带符号位和不带符号位的整数型（如 8、16、32 和 64 位字长）。

（6）对程序执行具有完全的控制能力。传统的 PLC 只能按扫描方式顺序执行程序，对事件驱动某一段程序的执行、程序的并行处理等均无能为力。IEC61131-3 允许程序的不同部分在不同的条件（包括时间条件）下以不同的比率并行执行。

（7）结构化编程。对于循环执行的程序、中断执行的程序、初始化执行的程序等可以分开设计。此外，循环执行的程序还可以根据执行周期分开设计。

虽然 IEC61131-3 标准借鉴和吸收了控制技术、软件工程和计算机技术的许多发展成果和历史经验，但是它还存在一些不足，这是因为它在体系结构和硬件上依赖于传统的 PLC，具体表现在以下两方面。

（1）IEC61131-3 沿用了直接表示与硬件有关的变量的方法，这就妨碍了均符合标准的 PLC 系统之间做到真正意义上的程序可移植。由于不同机种有各自与硬件紧密相关的不同的输入/输出的定义（如对于内部寄存器变量，在三菱电机 PLC 中用 M#表示，#是依赖于 PLC 型号的一定范围内的整数；而在西门子 S7 系列 PLC 中用 M#.×表示，其中，#是依赖于 PLC 型号的一定范围内的整数，而×是 0～7 内的任意数），如果想把一个在某个厂商的 PLC 中运行得很好的程序原封不动地搬到另一个 PLC 厂商的机器上，必须先从技术文件中找到硬件相关变量的定义，在另一个机型中对此重新定义。

（2）IEC61131-3 只给出一个单一的集中 PLC 系统的配置机制，这显然不能适应分布式结构的软件要求，这也是制定 IEC61499 的原因。

4.2.3　IEC61131-3 标准的基本内容

1. IEC61131-3 标准内容概述

由于目前绝大多数 PLC 的编程软件都符合 IEC61131-3 标准，因此，本章介绍的内容并非针对某种型号的 PLC，而是对 PLC 的编程具有普遍适用性。

IEC61131-3 标准分为两个部分：公共元素和编程语言，如图 4.2 所示。

公共元素部分规范了数据类型定义与变量，给出了软件模型及软件模型元素，引入配置（Configuration）、资源（Resources）、任务（Tasks）和程序（Program）的概念，还规范了程序组织单元（程序、功能、功能块）和顺序功能图。

在 IEC61131-3 中，编程语言部分规范了 5 种编程语言，并定义了这些编程语言的语法和句法。这 5 种编程语言包括文本化语言 2 种，即指令表语言 IL 和结构化文本语言 ST；图形化语言 3 种，即梯形图语言 LD、功能块图语言 FBD 和连续功能图语言 CFC。其中，CFC 是 IEC61131-3 标准修订后新加入的，是西门子的 PCS7 过程控制系统中主要的控制程序组态语言，也是一些 DCS 常用的编程语言。

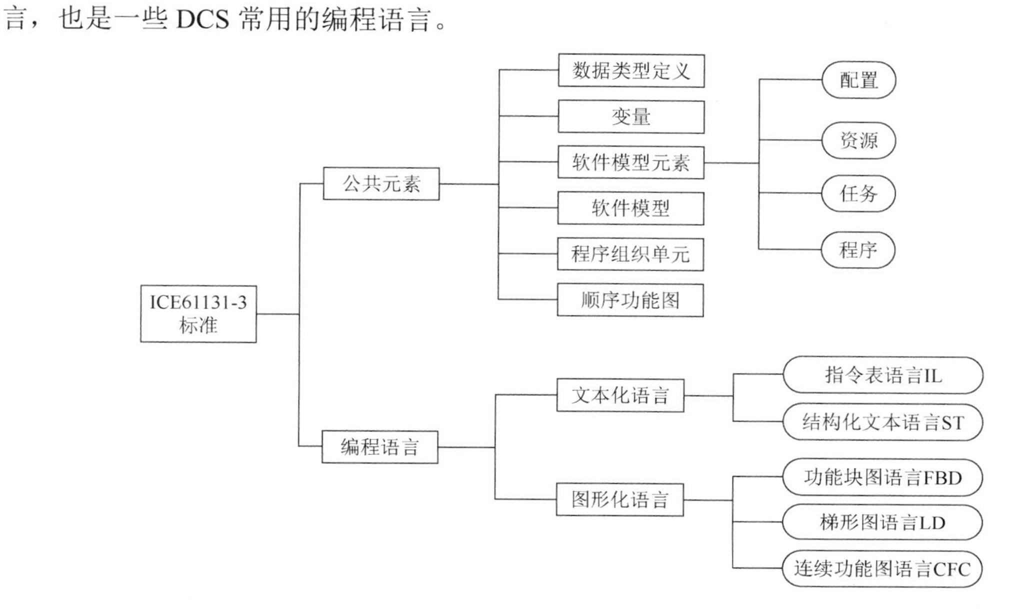

图 4.2　IEC61131-3 标准的层次与结构

通常，中大型 PLC 支持比较多的编程语言，而小微型 PLC 支持的编程语言相对较少。随着控制器硬件功能的增强，目前，一些小微型 PLC 也支持 SFC 语言，甚至支持其他编程语言。

2．语言元素

可将每个 PLC 程序看作各种语言元素的集合。IEC61131-3 标准为编程语言提供语言元素，如分界符、关键字、直接量和标志符。语言元素示例如表 4.1 所示。

表 4.1　语言元素示例

语 言 元 素	含　　义	示　　例
分界符	具有不同含义的专用字符	,、=、+、-、*、$、;、:=、#、空格符等
关键字	标准标志符，作为编程语言中的“字”	RETAIN，CONFIGURATION，END_VAR，FUNCTION，PROGRAM
直接量	用于表示不同数据类型的数值	78、4.372E-5、16#a5
标志符	字母、数字、字符串组合，用于用户指定的变量名、标号或 POU 等	MW212、Doutput1、SwitchIn、Realyout、P1_V3

1）分界符

分界符（Delimiter）用于分隔程序语言元素的字符或字符组合。它是专用字符，不同分界符具有不同的含义。表 4.2 所示为分界符及其应用场合。

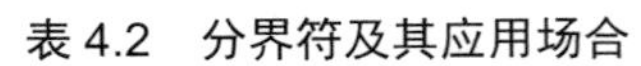

表 4.2　分界符及其应用场合

分 界 符	应 用 场 合	示例和备注
空格	允许在 PLC 中插入空格	不允许在关键字、文字和枚举值中插入空格
（*	注释开始符号	用户注释。可设置在程序允许的任何位置，不允许注释嵌套，如不允许（*（*A=2*）*）
*）	注释结束符号	
+	十进制数的前缀符号	+529
	加操作	3+7
-	十进制数的前缀符号	-920
	年-月-日的分隔符	D#2007-04-35
	减操作	9-2
	水平线	在图形化语言中表示水平连接线
#	基底数的分隔符	2#1111_1110 或 16#FE（表示十进制数 254）
	时间文字的分隔符	T#19ms，T#14h_51m，TOD#17:24:35.25
.	整数和分数的分隔符	3.1416
	分级寻址分隔符	%IW2.5.7.1
	结构元素分隔符	MOD_5_CONFIG.CHANNEL[5].RANGE
	功能块结构分隔符	TON_1.Q
e 或 E	实指数分隔符	1.0e+6，1.2345E6
‘	字符串的开始和结束符号	‘SWITCH’
$	字符串中特殊字符的开始	‘$L’表示换行，‘$R’表示回车，‘$P’表示换页
:	时刻文字分隔符	TOD#15：36：35.25
	类型名称/指定分隔符	REAL：1.0;
	变量/类型分隔符	ANALOG_DATA:INT（-4095..4095）
	步名称终结符	STEP STEP5:END_STEP
	程序名/类型分隔符	PROGRAM P1 WITH PER_2:
	存取名/路径/类型分隔符	ABLE: STATION_1.%IX1.1: BOOL REAAD_ONLY
	指令标号终结符	L1：　LD %IX1
	网络标号终结符	NEXT1：后接梯形图程序
:=	初始化操作符	MIN_SCALE:ANALOG_DATA:=-4095
	输入连接操作符	TASK INT_2（SINGLE:=Z2，PRIORITY:=1）
	赋值操作符	J：=J+2
（）	枚举表分界符	V:（BI_10V，UP_10V，UP_1_5V）:=UP_1_5V
	子范围分界符	ANALOG_DATA:INT（-4095..4095）
	多重初始化	ARRAY（1..2，1..3）OF INT:=1，2，3（4），6
	指令表操作符	（A>B）
	功能自变量	A+B-C*ABS（D）
	子表达式分级	（A*（B-C）+D）
	功能块输入表分界符	CMD_TMR（IN:=%IX5.1，PT:=T#100ms）
[ ]	数组下标分界符	MOD_5_CFG.CH[5].RANGE:=BI_10V
	串长度分界符	A_ARAY[%MB6，SYM]=I_ARAY[2]+I_ARAY[5]

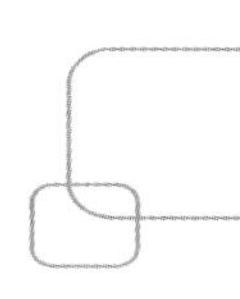

续表

分界符	应用场合	示例和备注
,	枚举表分隔符	V:（BI_10V，UP_10V，UP_1_5V）:=UP_1_5V
	初始值分隔符	ARRAY（1..2，1..3）OF INT:=1，2，3（4），6
	数值下标分隔符	ARRAY（1..2，1..3）OF INT:=1，2，3（4），6
	被说明变量的分隔符	VAR_INPUT A，B，C:REAL;END_VAR
	功能块初始值分隔符	TERM_2（RUN:=1，A1:=AUTO，XIN:=START）
	功能块输入表分隔符	SR_1（S1:=%IX1，RESET:=%IX2）
	操作数表分隔符	ARRAY（1..2，1..3）OF INT:=1，2，3（4），6
	功能自变量表分隔符	SR_1（S1:=%IX1，RESET:=%IX2）
	CASE 值表分隔符	CASE TW OF 1，5: DISPLAY:=OVEN_TEMP
;	类型分隔符	TYPE R:REAL;END_TYPE
	语句分隔符	QU:=5*（A+B）;QD:=4*（A-B）
..	子范围分隔符	ARRAY（1..2，1..3）
	CASE 范围分隔符	CASE TW OF 1..5:DISPLAY:=OVEN_TEMP
%	直接表示变量的前缀	%IX1，%QB5
=>	输出连接操作符	C10（CU:=%IX10，Q=>OUT）
|或!	垂直线	在图形化语言中表示垂直线
	中间操作符	用于逻辑运算和算术运算等
	时间文字分界符	用于表示时间、时刻等时间文字

2）关键字

关键字（Keyword）是语言元素特征化的词法单元。关键字是标准标志符。在 IEC61131-3 标准中，关键字是结构声明和语句的固定符号表示法，其拼写和含义均由 IEC61131-3 标准明确规定。因此，关键字不能用于用户定义的变量或其他名称。这一点与高级编程语言是一致的。

关键字对大小写不敏感。例如，关键字“FOR”和“for”是等价的。为了更好地进行区分，关键字通常以大写字母表示。

关键字主要包括基本数据类型的名称、标准功能名、标准功能块名、标准功能的输入参数名、标准功能块的输入和输出参数名、图形化语言中的 EN 和 ENO 变量、指令表语言中的运算符、结构化文本语言中的语言元素、顺序功能图语言中的语言元素。

3）直接量

直接量用来表示常数变量的数值，其格式取决于变量的数据类型。直接量有 3 种基本类型。

（1）数字直接量。

数字直接量可以用于定义一个数值，它可以是十进制数或其他进制的数。数值文字分为整数和实数。在用十进制符号表示的数中，用是否存在小数点表示它是实数还是整数。通常有二进制数、八进制数、十进制数、十六进制数。为了说明数值的基，可用元素数据类型名称和“#”符号表示，但十进制数的基数 10# 可以省略。

对十进制数，为了表示数值的正负，可在数值文字前添加前缀分界符，如-15、-126.83。但对数值的基（2、8、10 和 16）不能添加类型前缀的分界符。因此，-8#456 是错误的数据外部表示，应表示为 8#-456。

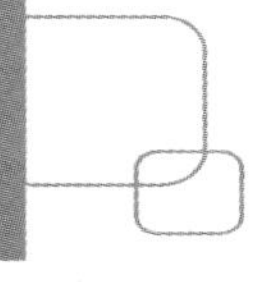

布尔数据用整数 0 和 1 表示，也可以用 FALSE 和 TRUE 关键字表示。

（2）字符串直接量。

字符串直接量是在单引号之间的表示形式，由单字节字符串或双字节字符串组成。

单字节字符串文字由一系列通用的字节表示或$'、英文单引号'、$与十六进制数组成，如“ABC”“"”“$D7”等。当美元符号$用作前缀时，应使特殊字符能包含在一个字符串内。非印刷体的特殊字符用于显示或打印输出的格式化文本。因此，美元符号和引号本身必须用附加的前缀“$”标志。

双字节字符串文字由一系列通用的字节表示或由$"、英文双引号"、$与十六进制数组成。它们用双引号在其前后标志，如“A”“'”“$"”“$UI8T”等。

需要注意的是单字节字符串不能用单引号开始，双字节字符串不能用双引号开始。字符串可以是空串，如" "和' '。

（3）时间直接量。

时间直接量用于表示时间、持续时间和日期的数值。时间直接量分为两种类型：持续时间直接量和日时直接量。持续时间直接量由关键字 T#或 TIME#在左边界定，支持按天、小时、秒和毫秒或其他任意组合表示的持续时间数据。持续时间直接量的单位由下划线字符分隔。允许持续时间直接量最高有效位“溢出”（Overflow）。例如，持续时间值 t#135m_12s 是有效的，编程系统会将该时间转换成“正确”的表达，即 t#2h_15m_12s。时间单位可用大写或小写字母表示。持续时间的正值和负值都是被允许的。

时间直接量的前缀关键字如表 4.3 所示，它分为长前缀和短前缀格式。无论采用长前缀格式还是短前缀格式，表示的时间和日期都是有效的。

表 4.3　时间直接量的前缀关键字

持 续 时 间	日　　期	一天中的时间	日期和时间
TIME#	DATE#	TIME_OF_DAY#	DATE_AND_TIME#
T#	D#	TOD#	DT#
time#	date#	time_of_day#	Date_and_time#
t#	d#	tod#	dt#
Time#	Date#	Time_of_Day#	dAtE_aNd_TiMe#

4）标志符

标志符（Identifier）是字母、数字和下划线字符的组合。其开始必须是字母或下划线字符，并被命名为语言元素（Language Element）。标志符对字母的大小写不敏感，所以标志符 ABCD 和 abcD 具有相同的意义。标志符用于表示变量、标号，以及功能、功能块、程序组织单元等的名称。

在标志符中，下划线是有意义的，如 EF_34 和 E_F34 是两个不同的标志符。应注意下划线在标志符中的使用，标志符不允许以多个下划线开头或存在多个连续内嵌的下划线。标志符也不允许以下划线结尾。

在支持使用标志符的所有系统中，为便于识别，至少应支持 6 个标志符，即当一个编程系统允许每个标志符有 16 个字符时，程序员应确保所编写的标志符的前 6 个字符是唯一的。需要注意的是，不允许字母、数字和下划线以外的字符作为标志符，如空格、钱币符号、小数

点和各种括号等。因此，VALVE.1 和 SUM$50(2)是无效标志符。

3．数据类型

IEC61131-3 对数据类型进行了定义，从而防止因对数据类型的不同设置而发生错误。数据类型的标准化是编程语言开放性的重要标准。

在 IEC61131-3 中定义一般数据类型和非一般数据类型两类。非一般数据类型又可分为基本数据类型和衍生数据类型。数据类型与它在数据存储器中所占用的数据宽度有关。

1）基本数据类型

基本数据类型（Elementary Data Type，EDT）是在标准中预先定义的标准化数据类型，它有约定的数据允许范围和约定初始值，如表 4.4 所示。约定初始值是指，在对该类数据进行声明时，如果没有赋初始取值，就用系统提供的约定初始值。

表 4.4　IEC61131-3 标准的基本数据类型

数 据 类 型	关 键 字	位数（N）	数据允许范围	约定初始值
布尔	BOOL	1	0 或 1	0
短整数	SINT	8	−128～+127	0
整数	INT	16	−32 768～+32 767	0
双整数	DINT	32	$-2^{31}\sim2^{31}-1$	0
长整数	LINT	64	$2^{63}\sim2^{63}-1$	0
无符号短整数	USINT	8	0～+255	0
无符号整数	UINT	16	0～+65 535	0
无符号双整数	UDINT	32	$0\sim+2^{32}-1$	0
无符号长整数	ULINT	64	$0\sim+2^{64}-1$	0
实数	REAL	32	按 IEC60559 基本单精度浮点格式的规定	0.0
长实数	LREAL	64	按 IEC60559 基本双精度浮点格式的规定	0.0
持续时间	TIME	—	—	T#0s
日期	DATE	—	—	D#0001_01_01
时刻	TOD	—	—	TOD#00:00:00
日期和时刻	DT	—	—	DT#0001_01_01_00:00:00
可变长单字节字符串	STRING	8	与执行有关的参数	''单字节空串
8 位长度的位串	BYTE	8	0～16#FF	
16 位长度的位串	WORD	16	0～16#FFFF FFFF	
32 位长度的位串	DWORD	32	0～16#FFFF FFFF FFFF	
64 位长度的位串	LWORD	64	0～16#FFFF FFFF FFFF FFFF	
可变长双字节字符串	WSTRING	16	与执行有关的参数	“”双字节空串

2）一般数据类型

一般数据类型（Generic Data Type，GDT）用前缀“ANY”标志，它采用分级结构，如表 4.5 所示。使用一般数据类型时应该遵循以下原则。

（1）一般数据类型不能用于由用户说明的程序组织单元。

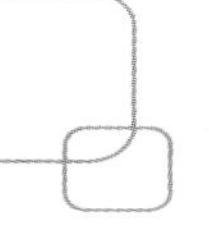

（2）子范围衍生类型的一般数据类型应为“ANY_INT”。

（3）直接衍生数据类型的一般数据类型与由此基本元素衍生的一般数据类型相同。

（4）所有其他衍生类型的一般数据类型为“ANY_DERIVED”。

表 4.5　一般数据类型的分级

ANY				
ANY_BIT	ANY_NUM		ANY_DATE	TIME
BOOL	ANY_INT	ANYY_REAL	DATE	STRING
BYTE	INT，UINT	REAL	TIME_OF_DAY	
WORD	SINT，USINT	LREAL	DATE_AND_TIME	
DWORD	DINT，UDINT			
LWORD	LINT，ULINT			

3）衍生数据类型

衍生数据类型（Derived Data Type，DDT）是用户在基本数据类型的基础上建立的由用户定义的数据类型，因此，也称为导出数据类型。这种类型定义的变量是全局变量，可使用与基本数据类型相同的方法来进行对变量的声明。

对衍生数据类型的定义必须采用文本表达方式，IEC61131-3 标准并没有提及图形表达方式。类型定义由关键字 TYPE 和 END_TYPE 构成。

衍生数据类型有 5 种，分别是从基本数据类型直接衍生的直接衍生数据类型、枚举数据类型、子范围数据类型、数组数据类型和结构化数据类型，如表 4.6 所示。

表 4.6　衍生数据类型示例

序　号	衍生数据类型特性	示　例	说　明
1	直接衍生数据类型	TYPE LRL:LREAL; END_TYPE	LRL 衍生数据类型用于表示 LREAL 长实数数据
2	枚举数据类型	TYPE Medal:（Gold，Silver，Bronze）; END_TYPE	Medal 是枚举数据类型，能够由 3 种数据类型组成
3	子范围数据类型	TYPE SensorCurrent：INT（4..20）; END_TYPE	SensorCurrent 数据类型是整数数据类型，其允许范围是 4～20
4	数组数据类型	TYPE AI_IN :ARRAY[1..8，1..6] OF SensorCurrent; END_TYPE	AI_IN 是 8×6 维数组数据类型，其数据元素的数据由类型 SensorCurrent 确定
5	结构化数据类型	TYPE MotorControl: STRUCTURE AutoEnable:BOOL; Revolution:SensorCurrent; Startit:BOOL; END_STRUCTURE END_TYPE	定义了一个结构化数据类型 MotorControl，由 AutoEnable、Revolution、Startit 组成，它们的数据类型分别是 BOOL、SensorCurrent 和 BOOL

（1）直接衍生数据类型。如用户用缩写的 LRL 来表示数据类型 LREAL。因此，采用这种方式的数据类型衍生，在以后的应用中就可以直接用 LRL 表示长实数数据类型。

（2）枚举数据类型。实际上，一个枚举数据类型不是一个导出数据类型，因为它不是从任何基本数据类型中导出得到的。在表 4.6 中，序号 2 中的衍生数据类型 Medal_Type 由 3 种奖牌组成，它们是 Gold、Silver 和 Bronze。因此，变量可以用枚举中的一个名称作为其值。

（3）子范围数据类型。当数据的范围在该数据类型允许的范围内部时，需要定义子范围数据类型。例如，基本数据类型 INT 的允许取值范围是-32768～32767，若某类数据只允许取值范围为-4096～4095，则需要定义子范围数据类型。

（4）数组数据类型。一个数组由多个相同数据类型的数据元素组成。因此，数组定义为衍生数据类型。在规定的数组界限内，借助于数组注脚（索引）可存取数组元素，注脚的值指示要寻址哪个数组元素。数组数据类型用 ARRAY 表示，用方括号内的数据定义其范围。当维数大于一维时，用逗号分隔。

（5）结构化数据类型。采用关键字 STRUCT 和 END_STRUCT 可以分层建立数据结构，这如同高级编程语言中的数据结构。这些数据结构包括任何基本的或导出的数据类型作为子元素。在数据结构中，同样不允许使用 FB 实例名。

除了上述 5 种衍生数据类型，还可以定义混合数据类型。混合数据类型包括（多个）导出的或基本的数据类型。通过这种方法，PLC 程序员可优化地适配其数据结构，以满足应用要求。

4．变量

与数据的外部表示相反，变量提供能够改变其内容的数据对象的识别方法。例如，可改变与 PLC 输入/输出或存储器有关的数据。变量可以被声明为基本数据类型、一般数据类型和衍生数据类型。

在 IEC61131-3 标准中，变量分为单元素变量和多元素变量。

1）单元素变量

单元素变量（Single-element Variable）用于表示基本数据类型的单一数据元素、衍生的枚举数据类型或子范围数据类型的数据元素，或上述数据类型的衍生数据元素。单元素变量可以是直接变量或符号变量。

（1）直接变量（Direct Variable）。

直接变量以百分号“%”开始，随后是位置前缀符号和大小写前缀符号。若有分级，则用整数表示分级，并用小数点“.”分隔表示直接变量。表 4.7 所示为直接表示变量中前缀符号的定义，表 4.8 所示为直接表示变量示例。

表 4.7　直接表示变量中前缀符号的定义

位置前缀	定　义	大小前缀	定　义	约定数据类型
I	输入单元位置	X	单个数	BOOL
Q	输出单元位置	None	单个数	BOOL
M	存储单元位置	B	字节数	BYTE
注：在 VAR_CONFIG…END_VAR 结构说明中，用“*”表示还没有特定位置的内部变量，它位于大小前缀的位置，用无符号整数串联，表示位置未定		W	字位	WPRD
		D	双字位	DWORD
		L	长字位	LWORD

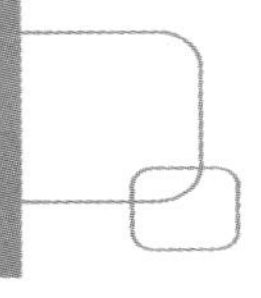

表 4.8　直接表示变量示例

变 量 示 例	说　明
%IX1.5 或%I1.5	表示输入字单元 1 的第 5 位
%IW3	表示输入字单元 3
%QX37 或%Q37	表示输出位 37
%MD48	表示双字，位于存储器 48
%Q*	表示输出在一个未特定的位置
%IW3.4.5.6	表示 PLC 系统第 3 块 I/O 总线的第 4 机架（Rack）上第 5 模块的第 6 通道的字输入

直接变量可用于程序、功能块、配置和资源的声明。一个可编程控制器系统的程序存取另一个可编程控制器中的数据时，采用分级寻址的方式，这应被认为是一种语言的扩展。

直接变量类似于传统可编程控制器中的操作数，它对应于一个可寻址的存储器单元。在 IEC61131-3 标准中，将存储器的地址分为输入单元、输出单元和存储器单元，并且用直接变量的方法来表示变量，直接变量的值可根据变量的地址直接存取。

（2）符号变量（Symbolic Variable）。

符号变量是用符号表示的变量。其地址对不同的可编程控制器可以不同，从而为程序的移植创造条件。例如，在 VAR_INPUT SW_1 AT %IX2.3:BOOL;END_VAR 中，用符号变量 SW_1 表示从%IX2.3 地址读取布尔量。当实际地址改变时，在程序的其他部分仍使用该符号变量，因此，只需要对该地址进行修改，不对程序的其他部分进行修改，就可以完成整个程序的移植。

直接变量和符号变量借助于分级地址指令表语言中的应用，给一个标志或 I/O 地址指定一个数据类型，这样能使编程系统检查是否正在正确地存取该变量。例如，一个被说明为“AT %QD5:DINT”的变量不会因疏忽而以 UINT 或 REAL 类型被存取。用直接变量代替至今还在程序中经常使用的直接 PLC 地址，在这种情况下，地址的作用与变量名（如%IW4）一样。

符号变量的声明及其使用方法与正常变量的声明和使用方法一样，只不过其存取位置不能由编程系统自由指定，而限于由用户以“AT”指定的地址。这些变量对应于预先由分配表或符号表指定的地址。

在程序、资源和配置中，直接变量和符号变量可以用于变量类型 VAR、VAR_GLOBAL、VAR_EXTERRNAL 和 VAR_ACCESS 的声明。在功能块中，它们只能用 VAR_EXTERNAL 输入。

2）多元素变量

多元素变量（Multi-element Variable）包括衍生数据类型中的数组数据类型的变量和结构化数据类型的变量。

数组数据类型的变量也称为数组变量，它用符号变量名和随后的下标表示。下标包含在一对括号内，用逗号分隔。例如，数组变量 AI:ARRAY[1..3，1..8] OF REAL 表示数组变量 AI，它是由 3×8 个实数数据类型的变量组成的，各组成变量是：AI[1,1],AI[1,2],…,AI[1,8],AI[2,1],AI[2,2],…,AI[2,8],AI[3,1],AI[3,2],…,AI[3,8]。

结构化数据类型的变量也称为结构变量，它用结构变量名表示。

可以通过选择方括号内整数的数组注脚（索引）的方法访问数组中的元素。对结构变量

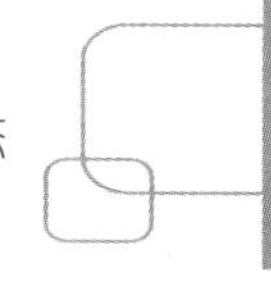

寻址可以采用“结构变量名.结构部件名”的形式。

4.2.4 IEC61131-3标准的程序组织单元

1．程序组织单元及其组成

1）程序组织单元概述

IEC61131-3标准很重要的一个目的就是限制块的多样性，并隐含块类型的含义，统一并简化块的用法。IEC61131-3引入构成程序和项目的块，即程序组织单元（Program Organization Unit，POU）。程序组织单元由程序组织单元的说明部分和程序组织单元的本体两部分组成，它对应于传统PLC编程领域的程序块、组织块、顺序块和功能块。程序组织单元彼此之间能够带有或不带有参数地相互调用，程序组织单元是用户程序中最小的、独立的软件单元。程序组织单元的标准部分，如标准功能、标准功能块等由PLC制造商提供。用户可以根据程序组织单元的定义设计用户的程序组织单元，并对其进行调用和执行。

IEC61131-3将PLC制造商的块类型的种类减少为3种统一的基本类型，它们分别是功能（Function，FUN）、功能块（Function Block，FB）和程序（Program，PROG），IEC61131-3标准的3种POU及其含义如表4.9所示。根据IEC61131-3标准，程序、功能和功能块都被称为POU。

表4.9 IEC61131-3标准的3种POU及其含义

类　型	关键字	含　义
Program	PROGRAM	主程序，包括I/O的分配、全局变量和存取路径
Function Block	FUNCTION_BLOCK	带输入和输出变量的块
Function	FUNCTION	具有功能值的块，用于扩展PLC的基本预算和操作集

在IEC61131-3中，不允许其他高级语言应用局部子程序。这样在对一个程序组织单元编程后，其名称及其调用接口将为此项目中所有的其他程序组织单元所认知，也就是说，程序组织单元名称总是全局的。程序组织单元的独立性有利于自动化任务的模块化扩展，以及已实现和已测试的软件单元的重复使用。

2）程序组织单元的组成

程序组织单元由3部分组成，即程序组织单元类型和名称、变量声明部分（包含接口部分）、带有程序组织单元指令的主体（代码部分），程序组织单元的元素构成如图4.3所示。

（1）变量声明部分。

定义程序组织单元内所使用的变量，应注意区别程序组织单元的接口变量和程序组织单元的局部变量。在程序组织单元的代码部分，使用编程语言对逻辑电路或算法进行编程。在IEC61131-3中，变量用于初始化、处理和存储用户数据。在每个程序组织单元的开始部分必须声明变量，变量赋予的数据类型必须是已知的。对不同的数据类型，程序组织单元的变量声明部分分为不同的段，每个变量声明部分对应一种变量类型，可以包括一种或多种变量。

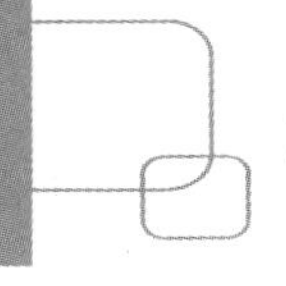

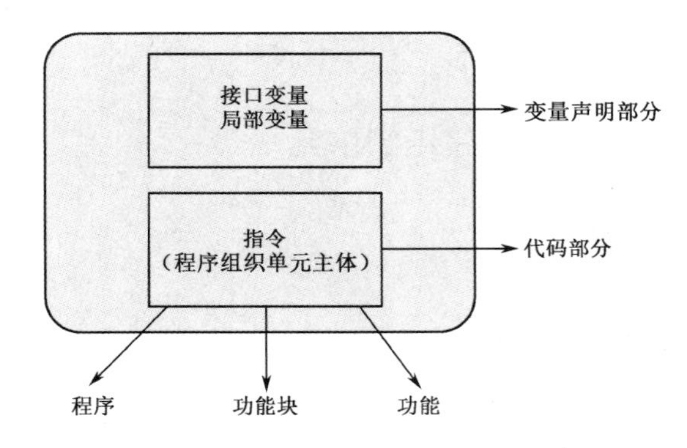

图 4.3　程序组织单元的元素构成

（2）接口部分。

程序组织单元接口及在程序组织单元中使用的局部变量是借助于在声明块中将程序组织单元变量赋予变量类型进行定义的。程序组织单元的接口分为以下几个部分。

① 调用接口：形式参数（输入参数和输入/输出参数）。

② 返回值：输出参数或功能返回值。

③ 全局接口：带有全局/外部变量和存取路径。

④ 调用接口的变量也称为形式参数。调用一个程序组织单元时，形式参数被实际参数代替，形式参数被赋予实际值或常数。

（3）代码部分。

程序组织单元的代码部分紧接变量声明部分，它包含 PLC 执行的指令。可以利用 IEC61131-3 提供的 5 种编程语言来编写代码，根据程序要完成的不同功能要求和任务特点，合理利用这些编程语言来编写代码，从而完成适合不同控制任务和应用领域的程序编写。

3）几种类型的程序组织单元的相互调用

根据 IEC61131-3 标准，3 种类型的程序组织单元间可以相互调用，如图 4.4 所示。但在调用时要注意以下几点。

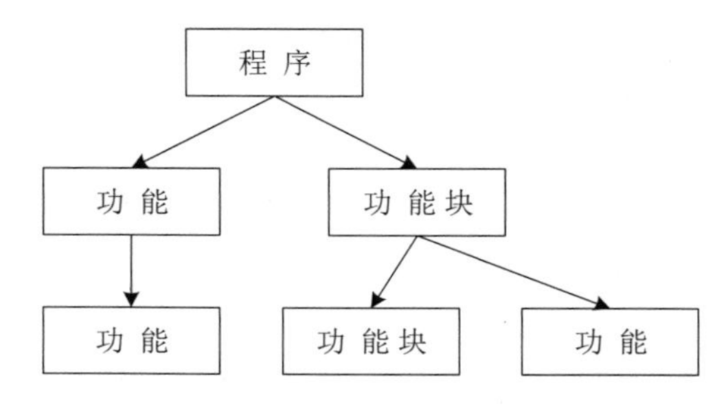

图 4.4　3 种类型的程序组织单元间的相互调用

（1）程序可调用功能块和功能，但功能和功能块不能调用程序。

（2）功能块和功能块可以互相调用。

（3）功能块可以调用功能，但功能不能调用功能块。

（4）3 种类型的程序组织单元不能直接或间接地调用自身的一个实例。

2．功能

功能是一种可以赋予参数，但没有静态变量的程序组织单元。有些书籍或文献也称功能为函数。当用相同的输入参数调用某一功能时，该功能总能够生成相同的结果作为其功能值。功能有多个输入变量，没有输出变量，但有一个功能值作为该功能的返回值。功能由功能名和一个表达式组成。功能分为标准功能和用户定义功能（衍生功能）。

1）标准功能

IEC61131-3 标准定义了 8 类标准功能，具体如下。

（1）类型转换功能——用于数据类型的转换。例如，整数数据转换为实数数据（调用 INT_TO_REAL 函数），在进行数据类型转换时，可能会引起误差。

（2）数值类功能——数值类功能用于对数值变量进行数学运算。该功能的图形表示是将数值功能的名称填写在功能图形符号内，并连接有关的输入变量和输出变量。

（3）算术类功能——算术类功能用于计算多个输入变量的算术运算，包括 ADD（加）、SUB（减）、MUL（乘）、DIV（除）、MOD（模除）、SQRT（平方根）、SIN（正弦）、COS（余弦）、MIN（最小）、MAX（最大）等。

（4）位串类功能——位串类功能包括串移位运算和位串的按位布尔运算。

（5）选择和比较类功能——选择和比较类功能用于根据条件来选择输入信号作为输出返回值。选择的条件包括单路选择，或者输入信号本身的最大值、最小值、限值和多路选择等。

（6）字符串类功能——字符串类功能用于对输入的字符串进行处理，如确定字符串的长度、对输入的字符串进行截取，处理后的新字符串作为该功能的返回值。

（7）时间数据类功能——时间数据类功能是当数据类型是时间数据类型时，上述有关功能的扩展，如时间数据类型的转换、时间数据的算术运算等。

（8）枚举数据类型功能——在选择和比较功能中可以看到，SEL 和 MUX 的输入变量是 ANY 类型，因此，它适用于衍生数据类型。当用于枚举数据时，输入和输出的枚举数据个数应相同。枚举数据类型也适用于比较类功能的 EQ 和 NE 功能。

2）用户定义功能

用户定义功能是用户自行定义的功能，一旦做了定义，该功能就可以反复使用。

下面举一个用户定义功能的例子，定义一个功能实现 $(A\times B/C)^2$，其功能名是 SIMPLE_FUN，功能主体用 ST 语言编写：

```
FUNCTION SIMPLE_FUN：REAL
    VAR_INPUT
        A，B：REAL；
            C：REAL：=1.0；
    END_VAR
    SIMPLE_FUN：=（A*B/C）**2；
END_FUNCTION
```

3．功能块

功能块是在执行时能够产生一个或多个值的程序组织单元。

变量的实例化是编程人员在变量声明部分用指定变量名和相应数据类型来建立变量的过

程。同样，功能块实例化是编程人员在功能块说明部分用指定功能块名和相应的功能块类型来建立功能块的过程。每个功能块实例有它的功能块名、内部变量、输出变量及可能的输入变量数据结构。该数据结构的输出变量和必要的内部变量的值能够从这次执行保存到下一次执行。功能块实例的外部只有输入变量和输出变量是可存取的。功能块内部变量对用户来说是隐藏的。

功能块包括标准功能块、衍生功能块和用户定义功能块。衍生功能块是利用标准功能块创造的新功能块。IEC61131-3 允许用户利用已有的功能块和功能生成新的功能块。任意功能块均可采用便于管理且功能更简单的功能和功能块进行编程。

功能块有以下两个主要特征。

（1）定义一组输入/输出参数，用来与其他功能块或内部变量交换数据。

（2）每个功能块均有其特定的算法，可通过对输入参数值和内部变量值的处理，生成相应的输出。这就是说，功能块具有完善定义的输入和输出界面，以及隐含的内部结构。软件设计人员可以定义、修改功能块，而软件维护人员只能使用功能块。

功能块一旦被定义，就可反复使用。功能块可以用任意一种 IEC61131-3 标准的编程语言来编写，但在大多数情况下用结构化文本语言编写。

功能和功能块的主要区别在于，功能没有“记忆”特性，功能只支持临时变量，而功能块支持静态变量。因此，当进行对相同输入参数的调用时，功能总是产生相同的结果（功能值），而功能块的输出可能是不同的。在西门子 Portal 中，功能块有背景数据块，而功能没有。

功能块段的文字形式可以表示为

```
FUNCTION_BLOCK   功能块名
    功能块声明
    功能块体
END_FUNCTION_BLOCK
```

IEC61131-3 中定义了 5 种标准功能块。

（1）双稳元素（Bistable Element）功能块——双稳元素功能块有两个稳态，根据两个输入变量都为 1 时输出稳态值的不同，可分为置位优先（SR）和复位优先（RS）两类。

（2）边缘检测（Edge Detection）功能块——边缘检测功能块用于对输入信号的上升沿和下降沿进行检测。因此，分为上升沿检测（R_TRIG）功能块和下降沿检测（F_TRIG）功能块两类。

（3）计数器（Counter）功能块——计数器功能块有 3 种基本类型。它们是加计数器、减计数器和加减计数器，用于计数器的变量是整数类型。

（4）定时器（Timer）功能块——定时器功能块用定时器实现接通延时、断开延时和定时脉冲。

（5）通信功能块——通信功能块详见 IEC61131-5 的定义。它为可编程控制器提供远程寻址、设备检测、轮询数据采集、编程数据采集、参数控制、互锁控制、编程报警报告、连接管理和保护等功能，其中，除了远程寻址是功能，其他都是功能块。

4．程序

程序是程序组织单元之一，它由功能和功能块组成。PROGRAM 类型的程序组织单元称为主程序。在一个多 CPU 的 PLC 中，能同时执行多个主程序，这一点体现了程序与功能块的

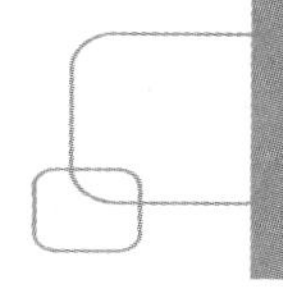

不同。

程序以 PROGRAM 关键字开始，随后是程序名、程序声明和程序体，最后以 END_PROGRAM 关键字结束。与功能或功能块的声明类似，程序声明包括对整个程序中所使用变量的声明。

除了具有功能块的性能，程序还具有以下性能。

（1）可对 VAR_ACCESS 和 VAR_GLOBAL 变量进行说明和存取。

（2）可对 VAR_GLOBAL 和 VAR_EXTERNAL 变量添加 CONSTANT 属性，并对这些变量进行限定。

（3）可对 VAR_TEMP 变量进行说明和存取。

（4）允许说明存取 PLC 物理地址的直接变量。

（5）程序不能由其他程序组织单元显式调用。但程序可与配置中的一个任务结合，使程序实例化，形成运行期程序，便可由资源调用。

（6）程序仅能在资源中实例化。而功能块仅能在程序或其他功能块中实例化。

在一般的计算机编程语言中，是允许递归调用的，但 IEC61131-3 标准规定程序组织单元不能直接或间接调用其自身，以保护程序，防止程序出错。

4.2.5　IEC61131-3 标准的软件模型

IEC61131-3 标准的软件模型用分层结构表示。每一层隐含其下一层的许多特性，从而构成优于传统可编程控制器软件的理论基础。图 4.5 所示为 IEC61131-3 标准的软件模型，该模型描述了基本的高级软件元素及其相互关系，它由标准定义的编程语言可以编程的软件元素构成，包括程序和功能块；组态元素，即配置、资源和任务；全局变量；存取路径和实例特定的初始化。

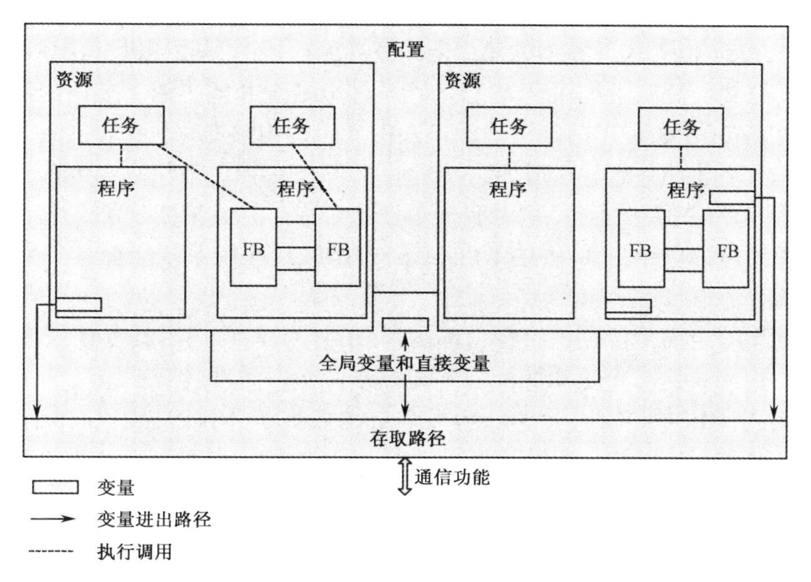

图 4.5　IEC61131-3 标准的软件模型

IEC61131-3 标准的软件模型从理论上描述了如何将一个复杂程序分解为若干小的、不同的可管理部分，规定了每部分的规范及它们进行连接的方法。软件模型描述一台可编程控制器如何实现多个独立程序的同时装载和运行，如何实现对程序执行的完全控制等，如何实现对资源的共享，以及如何实现信息通信。软件模型也体现了任务分解的思想和软件工程中面向对象特性带来的许多优点，使得处理复杂的控制任务变得更加容易，程序的开发、调试、维护、移植与复用等也具有了许多高级语言所具有的特性，更方便具有高级语言编程经验的人员开发控制程序。

1. 配置

配置（Configuration）是语言元素或结构元素，它相当于 IEC61131-3 所定义的可编程控制系统。

配置位于软件模型的上层，它等同于一个 PLC 软件。在一个复杂的由多台 PLC 组成的自动化系统中，每台 PLC 中的软件是一个独立的配置。一个配置可以与其他 IEC 配置通过通信接口进行通信。因此，可以将配置看作一个特定类型的控制系统，它包括硬件装置、处理资源、I/O 通道的存储地址和系统能力，即等同于一个 PLC 的应用程序。在一个由多台 PLC 构成的控制系统中，每台 PLC 的应用程序就是一个独立的配置。

在 PLC 系统中，配置将系统内的所有资源结合成组，它为资源提供数据交换的手段。在一个配置中，可定义在该 PLC 项目中全局有效的全局变量。在配置中可以设置配置之间的存取路径，并说明直接变量。

配置用关键字 CONFIGURATION 开始，随后是配置名称及配置声明，最后用 END_CONFIGURATION 结束。配置声明包括定义该配置的有关类型和全局变量声明，以及在配置内的资源声明和存取路径声明等。

2. 资源

资源（Resource）位于软件模型的第二层。资源为运行的程序提供支持系统，它反映可编程控制器的物理结构，资源为程序和 PLC 的物理输入通道和输出通道之间提供一个接口。因此，资源具有 IEC61131-3 定义的信号处理、人机接口、传感器和执行器接口功能。一个 IEC 程序只有装入资源后才能执行。一般而言，资源放在 PLC 内，当然它也可以放在其他系统内（只要该系统支持 IEC 程序执行）。资源有一个资源名称，它通常被赋予一个 PLC 中的 CPU。因此，可将资源理解为一个 PLC 中的 CPU。若一个 PLC 应用系统配置有多个 CPU，则该配置下有多个资源。

在资源内定义的全局变量在该资源内部是有效的。资源可调用具有输入/输出参数的运行期（Run-Time）程序，给一个资源分配任务和程序，并声明直接变量。

资源用关键词 RESOURCE 开始，随后是资源名称和 ON 关键字、资源声明，最后用 END_RESOURCE 关键字结束。在资源声明段中，ON 关键字用于限定“处理功能”类型、“人机接口”类型和“传感器和执行器接口”功能。

3. 任务

任务（Task）位于软件模型的第三层，用于规定程序组织单元在运行期的特性。任务是一个执行控制元素，它具有调用能力。

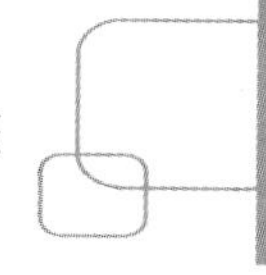

一个资源内可以定义一个或多个任务。任务被配置以后可以控制一组程序或功能块。任务可以周期性地被执行，也可以由一个事件驱动而予以执行。

任务有任务名称，并有 3 个输入参数，即 SIGNAL、INTERVAL 和 PRIORITY：

（1）SIGNAL——单任务输入端，在该事件触发信号的上升沿，触发与任务相关联的程序组织单元执行一次任务。

（2）INTERVAL——周期性地执行任务的时间间隔。当其值不为零，并且 SIGNAL 信号保持为零时，表示该任务的有关程序组织单元被周期性地执行，周期性地执行任务的时间间隔由该端输入的数据确定。

（3）PRIORITY——当多个任务同时被执行时，对任务设置优先级。0 级表示最高优先级，优先级越低，数值越高。当同时执行有优先级和无优先级的任务时，先执行优先级高的任务。

4．存取路径

存取路径用于将全局变量、直接变量与功能块的输入、输出和内部变量联系起来，实现信息存取。它提供了不同配置直接交换数据和信息的方法。每个配置内的变量可被其他远程配置存取。存取方法有两种：读/写（READ_WRITE）方式和只读（READ）方式。读/写方式表示通信服务能够改变变量的值，只读方式表示能够读取变量的值，但不能改变变量的值。当不规定存取路径方式时，约定的存取方式是只读方式。

存取路径用 VAR_ACCESS 开始，用 END_VAR 结束，中间是存取路径的声明段。存取路径的声明段由存取路径名、外部存取变量、存取路径的数据类型和存取方式等组成。存取路径名、外部存取变量、存取路径的数据类型和存取方式间用冒号分隔。

4.3　IEC61131-3 标准编程语言及应用

4.3.1　IEC61131-3 标准编程语言概述

在 IEC61131-3 标准编程语言部分规范了 5 种编程语言：2 种文本化语言，即指令表语言 IL 和结构化文本语言 ST；3 种图形化语言，即梯形图语言 LD、功能块图语言 FBD 和连续功能图语言 CFC。在 IEC61131-3 标准中，顺序功能图 SFC 被定义为编程语言的公用元素，因此，有许多文献表明 IEC61131-3 标准中含有 6 种编程语言，而 SFC 是其中的第 4 种图形编程语言。一般而言，即使是一个很复杂的任务，采用这 5 种编程语言的组合，也是能够编写出满足控制任务功能要求的程序的。因此，IEC61131-3 标准中的 5 种编程语言充分满足了控制系统应用程序的开发需求。一般来说，选择何种语言编程，与程序设计人员的背景、所面对的控制问题、对这个控制问题的描述程度、控制系统的结构等有关。通常而言，梯形图、顺序功能图更适合离散制造的逻辑顺序控制，而功能块图和连续功能图更适合处理流程工业的控制要求。

目前，市场上 IEC61131-3 标准的产品较多，如德国 KW 公司的 MultiProg（被德国菲尼克斯公司收购）、德国 Infoteam 的 OpenPCS、德国 3S 公司的 CODESYS 等，其中，CODESYS 的市场占有率最高。三菱电机、欧姆龙、施耐德、研华、和利时、汇川等国内外控制器生产商都和这些厂家有所合作，并推出面向自家产品的编程平台。除了这些商业软件，市场上还出现了符合 IEC61131-3 标准的开源软件，如 Beremiz。Beremiz 的 PLC 平台包含 PLCOpen 编辑

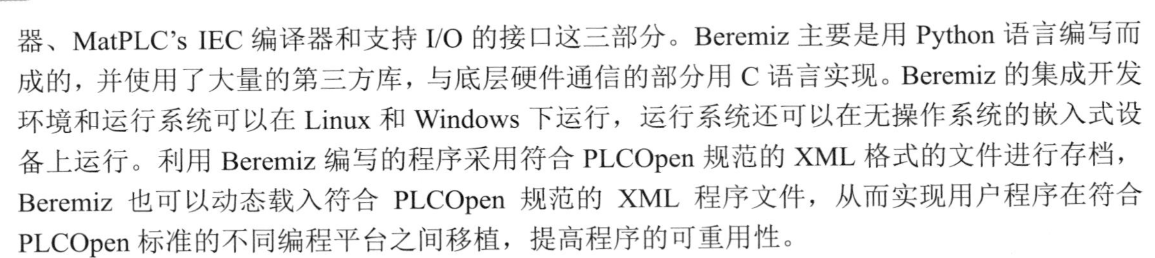

器、MatPLC's IEC 编译器和支持 I/O 的接口这三部分。Beremiz 主要是用 Python 语言编写而成的，并使用了大量的第三方库，与底层硬件通信的部分用 C 语言实现。Beremiz 的集成开发环境和运行系统可以在 Linux 和 Windows 下运行，运行系统还可以在无操作系统的嵌入式设备上运行。利用 Beremiz 编写的程序采用符合 PLCOpen 规范的 XML 格式的文件进行存档，Beremiz 也可以动态载入符合 PLCOpen 规范的 XML 程序文件，从而实现用户程序在符合 PLCOpen 标准的不同编程平台之间移植，提高程序的可重用性。

由于目前国内外在 PLC 编程中实际很少使用指令表，在新版标准中，该编程语言将被删除，因此，本书重点介绍除指令表编程语言外的其他常用编程语言。

4.3.2 梯形图语言及其应用

1．梯形图语言基础

梯形图语言是从继电器-接触器控制基础上发展起来的一种编程语言，其特点是易学易用，历史悠久。特别是对于具有电气控制背景的人而言，可将梯形图看作继电器逻辑图的软件延伸和发展。虽然两者的结构非常类似，但是梯形图软件的执行过程与继电器硬件逻辑的连接是完全不同的。IEC61131-3 标准定义了梯形图中用到的元素，包括电源轨线、连接元素、触点、线圈、功能和功能块等。

（1）电源轨线——电源轨线的图形元素也称为母线。它的图形表示是位于梯形图左侧和右侧的两条垂直线。在梯形图中，能流从左侧电源轨线开始，向右流动，经过连接元素和其他连接在该梯级的图形元素到达右侧电源轨线。

（2）连接元素——梯形图中连接各种触点、线圈、功能和功能块的线路，包括水平线路和垂直线路。连接元素的状态是布尔量。连接元素将最靠近该元素左侧的图形元素的状态传递到最靠近该元素右侧的图形元素。

（3）触点——梯形图的图形元素。梯形图的触点沿用电气逻辑图的触点术语，用于表示布尔变量的状态变化。触点是向其右侧水平连接元素传递状态的梯形元素。按静态特性分，触点可分为常开触点和常闭触点。在正常工况下，常开触点断开，状态为 0；常闭触点闭合，状态为 1。此外，当处理布尔量的状态变化时，要用到触点的上升沿和下降沿。

（4）线圈——梯形图的图形元素。梯形图的线圈也沿用电气逻辑图的线圈术语，用于表示布尔量的状态变化。线圈是将其左侧水平连接元素的状态毫无保留地传递到其右侧水平连接元素的梯形图元素。在传递过程中，将左侧连接的有关变量和直接地址的状态存储到合适的布尔量中。线圈按照其特性可分为瞬时线圈、锁存线圈和跳变线圈等。

（5）功能和功能块——梯形图语言支持功能和功能块的调用。

2．梯形图语言编程技术及应用

1）梯形图语言编程技术

PLC 的早期应用是替代继电器控制系统，根据典型电气设备的控制原理图及设计经验进行 PLC 程序设计。这个设计过程有时需要反复调试和修改梯形图，不断增加中间编程元件和触点，才能得到较为满意的结果。这种方法没有普遍的规律可以遵循，设计所用的时间、设计质量与编程者的经验有很大的关系，所以有人把这种设计梯形图程序的方法称为经验设计

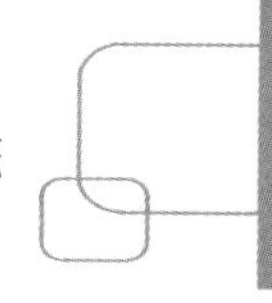

法。用经验设计法设计PLC应用程序的一般步骤如下。

（1）根据控制要求，明确输入/输出信号。对于开关量输入信号，一般建议用常开触点（在安全仪表系统中，要求用常闭触点）。

（2）明确各输入信号和各输出信号之间的逻辑关系，即对应一个输出信号，哪些条件与其是逻辑与的关系，哪些是逻辑或的关系。

（3）对于复杂的逻辑，可以将上述关系中的逻辑条件作为线圈，进一步确定哪些信号与其是逻辑与的关系，哪些信号与其是逻辑或的关系，直到该信号可以对应最终的输入信号或其他触点或变量。这些逻辑关系既包括数字量逻辑、定时器等时间逻辑，也包括模拟量比较等逻辑条件。

（4）确定程序中包括哪些典型的PLC逻辑，对程序进行逻辑分解，直到可以通过典型的PLC逻辑实现为止。

（5）根据上述得到的逻辑表达式确定程序结构，设计合适的功能或功能块，选择合适的编程语言实现。

（6）检查程序是否符合逻辑要求，结合经验设计法进一步修改程序。

经验设计法一般只适合较简单的或与某些典型系统相类似的控制系统的设计，或者用于某些复杂程序的局部设计（如设计一个功能块）。如果用来设计复杂系统的梯形图，存在以下问题。

（1）考虑不周、设计麻烦、设计周期长。

用经验设计法设计复杂系统的梯形图程序时，要用大量的中间元件来完成记忆、联锁、互锁等功能，由于需要考虑的因素很多，它们往往又交织在一起，分析起来非常困难，并且很容易遗漏一些问题。修改某一局部程序时，很可能会对系统的其他部分程序产生意想不到的影响，往往花了很长时间，还得不到一个满意的结果。此外，采用经验设计法设计的程序一般系统性、整体性差。

（2）程序的可读性差、可复用性差、可维护性差。

采用经验设计法设计程序一般都采用梯形图编程语言。这些梯形图是按设计者的经验和习惯的思路进行设计的。因此，即使是设计者的同行，要分析这种程序也非常困难，更不用说维修人员了，这给PLC系统的维护和改进带来了许多困难。采用梯形图设计的程序一般结构较差，影响了程序的可复用性。

2）梯形图语言编程实例1

下面以送料小车自动控制的梯形图程序设计为例进行说明。

（1）控制要求。

某送料小车开始时停止在左边，左限位开关Right_LS的常开触点闭合，要求其按照以下顺序工作：

① 按下启动按钮StartCar，开始装料，20s后装料结束，开始右行；

② 在右行过程中，经过中间位置时要停留10s，继续右行；

③ 碰到右限位开关Right_LS后停下来卸料，25s后左行；

④ 碰到左限位开关 Left_LS 后停下来装料，这样不停地循环工作，直到按下停止按钮StopCar为止。

在本程序中，启动和停止都是点动，位置信号是常开类型，过载信号来自过热继电器常开触点。被控对象的具体控制要求与信号如图 4.6 所示。

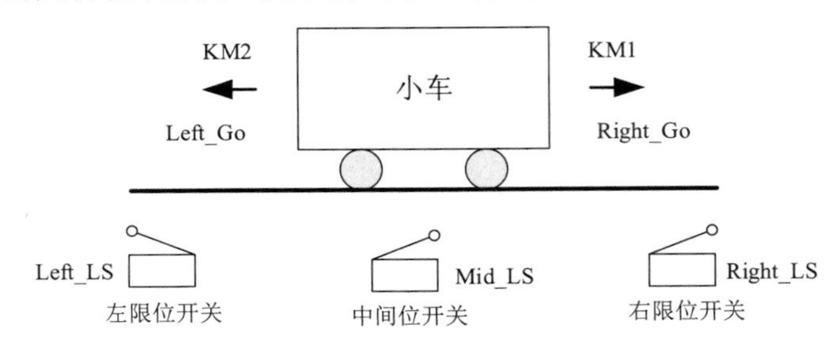

图 4.6　被控对象的具体控制要求与信号

（2）编程环境。

采用施耐德 SoMachine V4.3 编程环境，选用施耐德 TM218LDAE24DRHN 可编程控制器。SoMachine 软件是一款施耐德 OEM 解决方案型的软件平台，在同一个编程环境中，提供逻辑运算、电机控制、HMI 设置及相关的各种网络自动化功能。SoMachine 符合 IEC61131-3 规范，内核版本是 CODESYS3.5。

（3）程序设计与说明。

程序设计思路以电动机正反转控制的梯形图为基础，该程序实质上就是一个启保停程序逻辑。确定与该控制有关的输入和输出变量。输入变量包括限位开关信号、过载信号、启动和停止信号。输出信号是小车正反转的驱动信号，驱动小车右行或左行。输入和输出信号分配如图 4.7 所示。

变量	映射	通道	地址	类型
输入				
iwIO_IW0		IW0	%IW0	WORD
StartCar		I0	%IX0.0	BOOL
StopCar		I1	%IX0.1	BOOL
Left_L		I2	%IX0.2	BOOL
Mid_L		I3	%IX0.3	BOOL
Right_L		I4	%IX0.4	BOOL
Overload		I5	%IX0.5	BOOL
		I6	%IX0.6	BOOL
输出				
		QW0	%QW0	WORD
Left_Go		Q0	%QX0.0	BOOL
Right_Go		Q1	%QX0.1	BOOL

图 4.7　输入和输出信号分配

小车右行的控制条件是一个启动信号和使其停止的逻辑条件。由于右行途中要停止一次，而且连续运行时，到达左侧后按要求继续工作。因此，右行的启动条件可以分解为以下 3 种情况：

① 按下启动按钮，小车在最左侧，且装料时间到；

② 小车在运行中，经过中间位置时，停留 10s；

③ 小车连续运行，到达左侧后，按照运行要求继续工作。

而小车的停止要求，对于第①种和第③种情况是过载信号、停止信号、右限位信号和中间位信号。对于第②种情况是过载信号、停止信号和右限位信号。

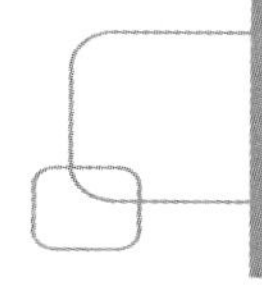

小车左行的逻辑比较简单，左行的启动条件是卸料计时时间到，左行的停止条件是过载信号、停止信号、左限位信号。

由于通过一个电机的正反转来控制小车的左行和右行，因此需要增加一个互锁信号，即在右行和左行的逻辑中分别加入互锁信号 Left_Go 和 Right_Go 的常闭触点，防止两个输出接触器 KM1 和 KM2 同时得电。

按照这样的思路，就可以进一步完成程序的实现。送料小车控制梯形图程序如图 4.8 所示。程序的具体解释如下。

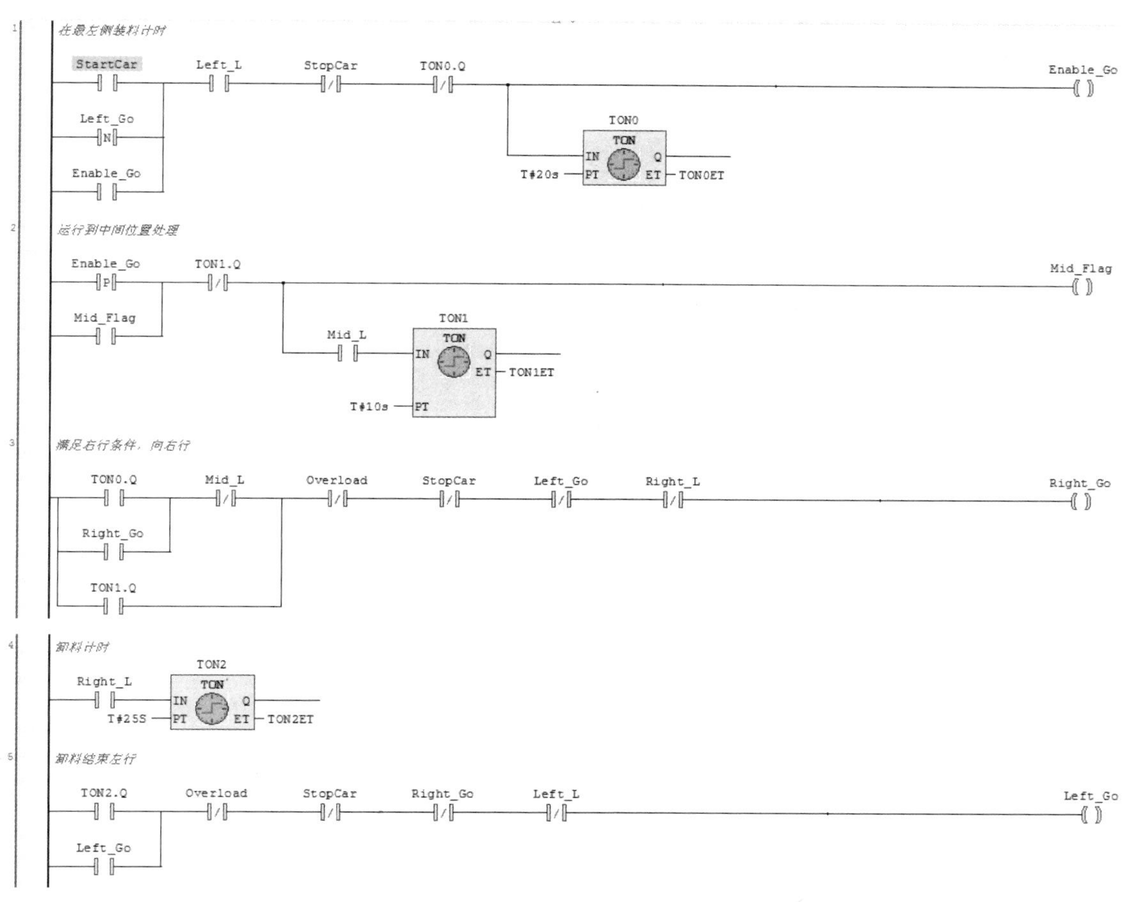

图 4.8　送料小车控制梯形图程序

第 1 个梯级是小车在最左侧，且按下启动按钮（点动）后开始计时，TON0 计时时间到，触发小车右行（见梯级 3 中的 TON0.Q，这对应小车右行情况①）。由于 TON0 计时时间到后，Enable_Go 信号断开，因此，采用左行信号 Left_Go 的下降沿触发小车连续运行，即小车到最左侧后，Left_L 信号接通，触发 Enable_Go 接通并自保，小车可以继续装料运行（这对应小车右行情况③）。

第 2 个梯级是处理小车右行到中间位置的逻辑，用 Enable_Go 信号上升沿触发中间位标志 Mid_Flag 接通并自保。一旦小车运行到中间位置，根据梯级 3 程序，小车会停止，因此在这个位置，Mid_L 这个位置信号一直接通。一旦到中间位置，TON1 就开始计时，时间到后，

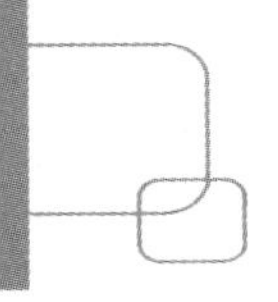

TON1.Q 为 ON，这时 Mid_Flag 变为断开，为处理小车下一个周期到这个位置做准备。由梯级 3 可知，TON1.Q 的上升沿再次触发小车右行，且此右行是不受 Mid_L 这个位置信号的限制的（这对应小车右行情况②）。

第 4 个梯级是小车到达最右侧后的卸料计时，TON2 计时到后，触发小车左行，输出 Left_Go 接通并自保，直到运行到最左侧才停止，见梯级 5 的程序。

对梯级 3 要做个说明，即 TON1.Q 为 ON 时，Right_Go 立即接通，小车立即右行，Mid_L 信号立即变为 OFF，Right_Go 的自保回路立即接通。假设小车启动后，位置开关不灵敏，Mid_L 要延时一会儿才断开，则 Right_Go 的自保回路无法建立。在实际应用中，若出现这种情况，可以用 TON1.Q 触发一个中间变量，这个变量在 TON1.Q 接通后也接通，在 TON1.Q 断开后延时断开，采用这个中间变量来代替梯级 3 中的 TON1.Q。

梯形图语言编程的初学者容易犯的一个错误是会编写多线圈输出的程序。对于本例，满足 3 种相或逻辑条件时小车都要右行，在用梯形图语言编程时，不能把这 3 种逻辑条件分别编写 3 个梯级，每个梯级的输出线圈都是 Right_Go，因为这时 Right_Go 线圈在程序中出现了 3 次。根据梯形图编程规范要求，线圈一般只能出现一次（对于 RS 或 SR 等指令例外），而触点使用的次数不受限制。因为梯形图程序运行采用的是扫描方式，当有 3 个同样的线圈，且其状态不一致时，扫描运行结果会导致该线圈的状态难以确定，从而影响程序逻辑结果。当设备有多种工作模式（如手动、半自动或全自动）时，要特别避免多线圈输出。

读者在学习后续的 SFC 编程后，也可以尝试采用 SFC 语言编写该小车的控制程序。

3）梯形图语言编程实例 2

某信号灯控制系统要求 3 个信号灯按照图 4.9 所示点亮和熄灭。当开关 S1 闭合后，首先信号灯 L1 点亮 10s 并熄灭，然后信号灯 L2 点亮 20s 并熄灭，最后信号灯 L3 点亮 30s 并熄灭。该循环过程在 S1 断开时结束。

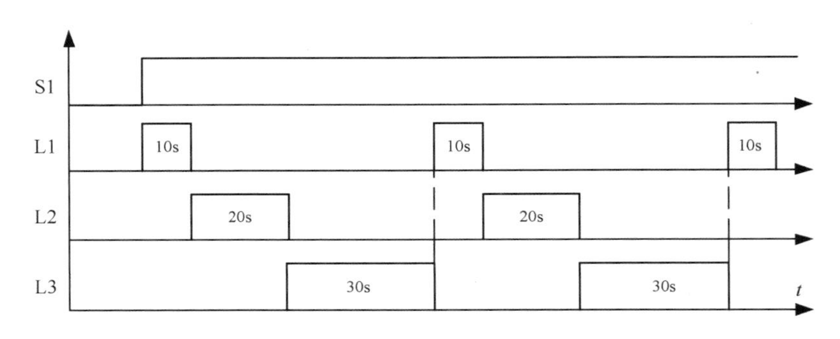

图 4.9　信号灯的控制时序

对于这类顺序逻辑的编程，可以在程序中设计 3 个定时器 TON1、TON2 和 TON3，用于对信号灯 L1、L2 和 L3 进行定时，设定时间分别为 10s、20s 和 30s。TON1 的启动条件是 S1 为 ON 与 TON3.Q 为 FALSE，因此，用逻辑与实现；TON2 的启动条件是 TON1.Q 为 ON，TON3 的启动条件是 TON2.Q 为 FALSE。

采用上述常规的梯形图语言编程方法，虽然能实现控制要求，但程序的结构化比较差，可复用性低。因此，可以考虑把灯的点亮和熄灭逻辑用扩展多谐振荡电路实现，如图 4.10 所示。该电路的输入信号有效后，不仅通断时间可调，输出与输入脉冲信号的时间间隔 T1 也可调，图 4.10（a）所示为时序图。可以编写自定义功能块 FB_CYCLETIME 来实现该扩展多谐振荡电路。该功能块在输入信号为 ON 后，输出先延时 T1 时间，再以 T2 时间闭合（点亮），T3 时间断开（熄灭），并以此循环闭合和断开，当输入信号为假时，输出断开。该功能块有 1 个布尔变量输入、3 个 TIME 类型的输入和一个布尔变量输出。该功能块的变量定义如图 4.11（a）所示，功能块的程序本体如图 4.11（b）所示。

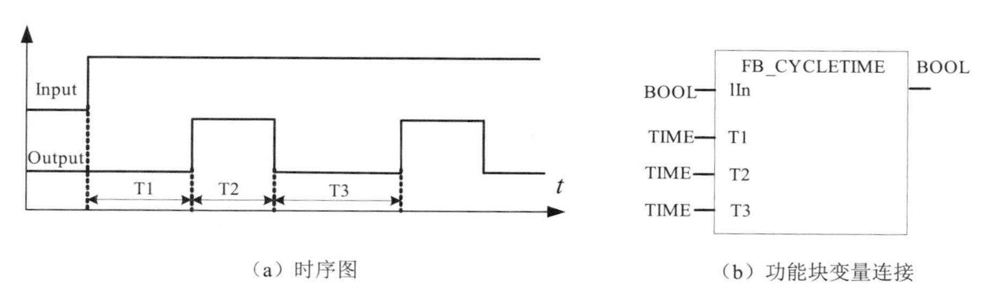

（a）时序图　　　　（b）功能块变量连接

图 4.10　扩展多谐振荡电路时序图及其功能块

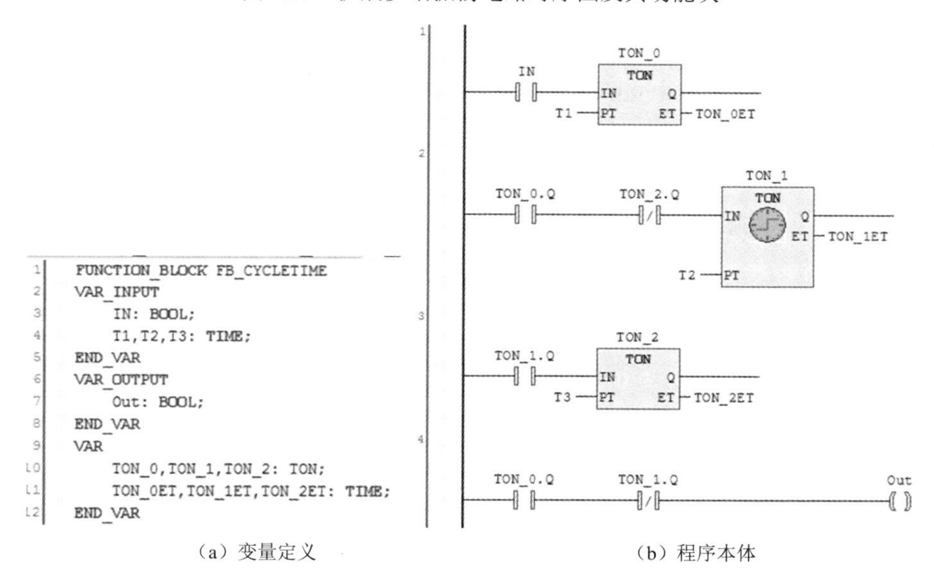

（a）变量定义　　　　（b）程序本体

图 4.11　自定义功能块 FB_CYCLETIME

可以利用 3 个 FB_CYCLETIME 功能块来实现对上述 3 个信号灯的控制。3 个输入信号都对应 S1（程序变量名为 Start），只是定时器的时间设置不同，如表 4.10 所示。在该系统中，每个信号灯的通断时间和是 60 秒，即 T2 与 T3 之和为 60 秒。L1 灯（程序变量名为 Lamp1）控制的主程序如图 4.12 所示。另外两个灯的控制逻辑类似，为节省篇幅，这里不再给出。

表 4.10　L1～L3 信号灯控制用功能块对应的定时器的时间设置

信　号　灯	输　　入	T1	T2	T3
L1	S1	T#0s	T#10s	T#50s
L2	S1	T#10s	T#20s	T#40s
L3	S1	T#30s	T#30s	T#30s

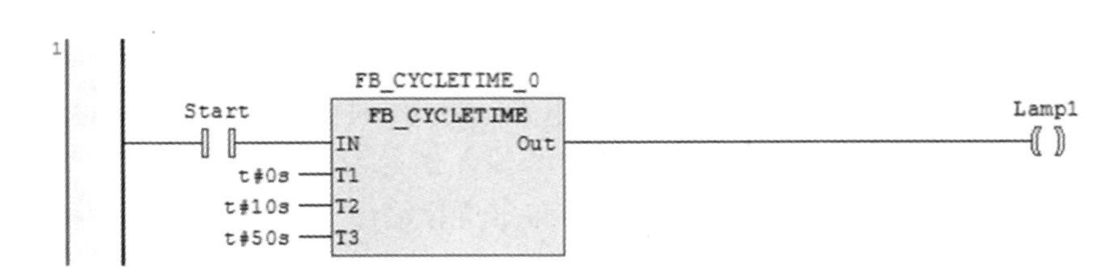

图 4.12　L1 灯控制的主程序

该功能块可以用于多种时间循环的顺序控制，只需要设置有关时间和启动信号即可，还可以用于交通信号灯的控制。采用该功能块，由于 T#0s 也需要一定的扫描时间，因此可以保证不同 FB_CYCLETIME 功能块的同步。

4.3.3　顺序功能图及其应用

1．顺序功能图语言

1）顺序功能图基础

顺序功能图（Sequence Function Chart，SFC）最早由法国国家自动化促进会提出。它是一种强大的描述控制程序的顺序行为特征的图形化语言，可对复杂的过程或操作由顶到底地进行辅助开发，允许一个复杂的问题逐层分解为步和较小的能够被详细分析的顺序，因此，该方法十分精确、严密。

顺序功能图把一个程序的内部组织结构化，在保持其总貌的前提下将一个控制问题分解为若干个可管理的部分。它由 3 个基本要素构成：步（Steps）、动作块（Action Blocks）和转换（Transitions）。每一步表示被控系统的一个特定状态，它与动作块和转换相关联。转换与某个条件（或条件组合）相关联，当条件成立时，转换前的上一步便处于非激活状态，而转换至的那一步处于激活状态。与被激活的步相关联的动作块执行一定的控制动作。步、转换和动作块这 3 个要素可由任意一种 IEC 编程语言编程，包括 SFC 本身。

（1）步。

用顺序功能图设计程序时，需要将被控对象的工作循环过程分解成若干个顺序相连的阶段，这些阶段称为“步”。例如，在机械工程中，每一步表示一种特定的机械状态。步用矩形框表示，描述了被控系统的每一种特殊状态。SFC 中的每一步的名字应当是唯一的，并且应当在顺序功能图中仅出现一次。一个步可以是活动的，也可以是非活动的。只有当步处于活动状态时，与之相应的动作才会被执行；而非活动步不能执行相应的命令或动作（但是当步活动时，执行的动作可以保持，即当该步非活动时，在该步执行的动作或命令可以保持，具体见动作限定符）。每个步都会与一个或多个动作或命令有联系。若一个步没有连接动作或命令，则称为空步。它表示该步处于等待状态，等待后级转换条件为真。至于一个步是否处于活动状态，则取决于上一步及其转换条件是否满足。

（2）动作块。

动作或命令在状态框的旁边，用文字来说明与状态相对应的步的内容就是动作或命令，用矩形框围起来，以短线与状态框相连。动作与命令旁边往往会标出实现该动作或命令的电器执行元件的名称或动作编号。一个动作可以是一个布尔变量、LD 语言中的一组梯级、SFC

语言中的一个顺序功能图、FBD语言中的一组网络、ST语言中的一组语句或IL语言中的一组指令。在动作中可以完成变量置位或复位、变量赋值、启动定时器或计算器、执行一组逻辑功能等。

动作控制功能由限定符、动作名、布尔变量和动作本体组成。动作控制功能块中的限定符的作用很重要，它限定了动作控制功能的处理方法，表4.11所示为动作控制功能块的限定符及其含义。当限定符是L、D、SD、DS和SL时，需要一个TIME类型的持续时间。需要注意的是，非存储是指该动作只在该步活动时有效；存储是指该动作在该步非活动时仍然有效。例如，当动作是存储的启动定时器时，即使该步非活动了，该定时器也在工作；若是非存储的启动定时器，则一旦该步非活动了，该定时器就被初始化。

表4.11　动作控制功能块的限定符及其含义

序　号	限　定　符	功能说明（中文）	功能说明（英文）
1	N	非存储	Non-Stored
2	R	复位优先	Overriding Reset
3	S	置位（存储）	Set Stored
4	L	时限	Time Limited
5	D	时延	Time Delayed
6	P	脉冲	Pulse
7	SD	存储和时延	Stored and Time Delayed
8	DS	时延和存储	Delayed and Stored
9	SL	存储和时限	Stored and Time Limited
10	P1	脉冲（上升沿）	Pulse Rising Edge
11	P0	脉冲（下降沿）	Pulse Falling Edge

时限（L）限定符用于说明动作或命令执行时间的长短。例如，动作冷却水进水阀打开30s表示该阀门打开的时间是30s。

时延（D）限定符用于说明动作或命令在获得执行信号到执行操作之间的时间延迟，即时滞时间。

（3）转换。

步的转换用有向线段表示。两个步之间必须用转换线段连接，也就是说，在两个相邻步之间必须用一个转换线段隔开，不能直接相连。转换条件用与转换线段垂直的短划线表示。每个转换线段上必须有一个转换条件短划线。在短划线旁，可以用文字或图形符号或逻辑表达式注明转换条件的具体内容，当满足相邻两步之间的转换条件时，两步之间的转换得以实现。转换条件可以是简单的条件，也可以是具有一定复杂度的逻辑条件。

（4）有向连线。

有向连线是水平或垂直的直线，在顺序功能图中，起到连接步与步的作用。当有向连线连接到相应转换符号的前级步是活动步时，该转换是使能转换。当转换是使能转换时，若相应的转换条件为真，则实现向后续步的转换。

当程序在复杂的图中或在几张图中表示时会导致有向连线中断，应在中断点处指出下一步名称和该步所在的页号，或者来自上一步的步名称和步所在的页号。

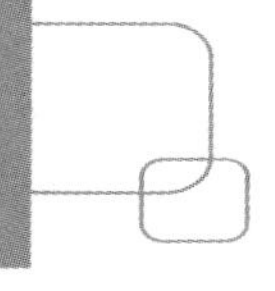

2）顺序功能图的结构形式与结构转换

（1）顺序功能图的结构形式。

按照结构的不同，顺序功能图可分为以下几种形式：单序列、选择性序列、并行序列和混合结构序列等。

① 单序列。

单序列是顺序控制中最常见的一种流程结构，其结构特点是程序顺着工序步，步步为序，向后执行，中间没有任何分支，是顺序功能图的编程基础，如图 4.13 所示。

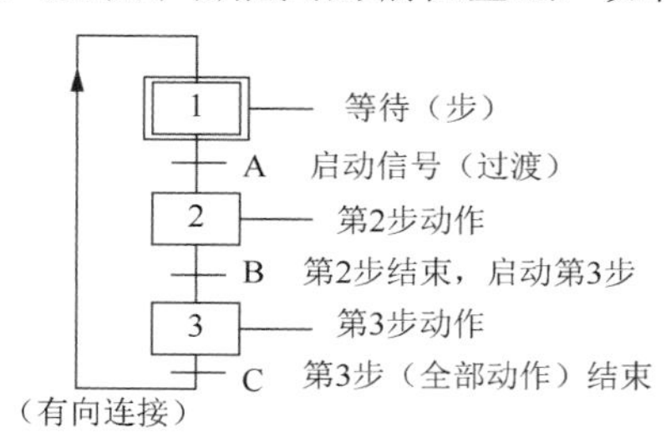

图 4.13　单序列顺序功能图

② 选择性系列。

选择性序列表示从多个分支状态或分支状态序列中只选择执行某一个分支状态或分支状态序列，如图 4.14（a）所示。选择性分枝的转换条件短划线画在水平单线之下的分支上。每个分支上必须具有一个或一个以上的转换条件。

在上述分支中，如果某一个分支后的状态或状态序列被选中，那么当转换条件满足时，会发生状态转换。而没有被选中的分支，即使转换条件已满足，也不会发生状态转换。需要注意的是，若只选择一个序列，则在同一时刻与若干个序列相关的转换条件中，只有一个为真，应用时应防止发生冲突。可在注明转换条件时规定对序列进行选择的优先次序。

选择性分支汇合于水平单线。在水平单线以上的分支上，必须有一个或一个以上的转换条件，而在水平单线以下的干支上不再有转换条件。在选择性分支中，会有跳过某些中间状态不执行而执行后边的某状态的情况，这种转换称为跳步。跳步是选择性分支的一种特殊情况。在完整的顺序功能图中，会有依一定条件在几个连续状态之间的局部循环运行的情况。局部循环也是选择性分支的一种特殊情况。

③ 并行序列。

当转换条件成立，导致几个序列同时激活时，这些序列称为并行性序列，如图 4.14（b）所示。它们被同时激活后，每个序列活动步的进展是独立的。并行性分支画在水平双线之下。在水平双线之上的干支上必须有一个或一个以上的转换条件。当干支上的转换条件满足时，各分支的转换得以实现。干支上的转换条件称为公共转换条件。在水平双线之下的分支上，也可以有各分支自己的转换条件。在这种情况下，要实现某分支的转换，除了公共转换条件，还必须具有特殊转换条件。

并行性分支汇合于水平双线。转换条件短划线画在水平双线以下的干支上，而在水平双线以上的分支上不再有转换条件。此外，还有混合结构的顺序功能图，即把通常的单序列、选择性序列、并行性序列等形式的流程图结合起来的情况，如图 4.14（c）所示。

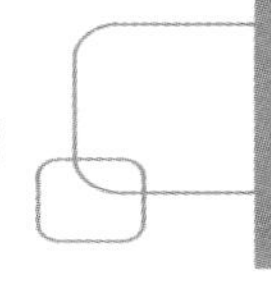

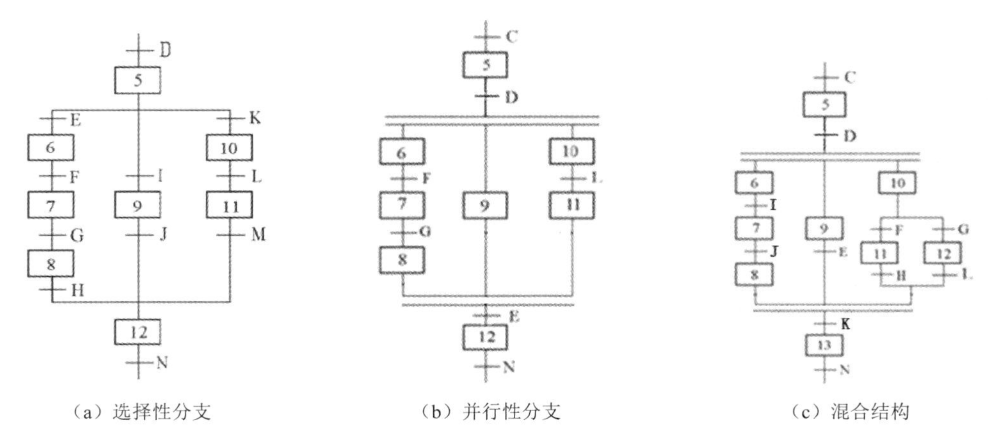

（a）选择性分支　　（b）并行性分支　　（c）混合结构

图 4.14　几种不同类型分支的状态转换图

在用顺序功能图编程时，要防止出现不安全序列或不可达序列结构。在不安全序列结构中，会在同步序列外出现不可控制和不能协调的步调。在不可达序列结构中，可能包含始终不能激活的步。

（2）顺序功能图的结构转换。

在用顺序功能图初步分析控制流程时，可能会出现如图 4.15 所示的情况，前面的状态连续地直接从汇合线转换到下一个分支线，而没有中间状态。这样的流程组合既不能直接编程，又不能采用以转换为中心的编程方法。此时，可以在流程图中插入不存在的虚设状态，如图 4.16 所示（与图 4.18 中的 4 个图一一对应）。这个状态并不影响原来的流程，但加入它之后就便于编程了。

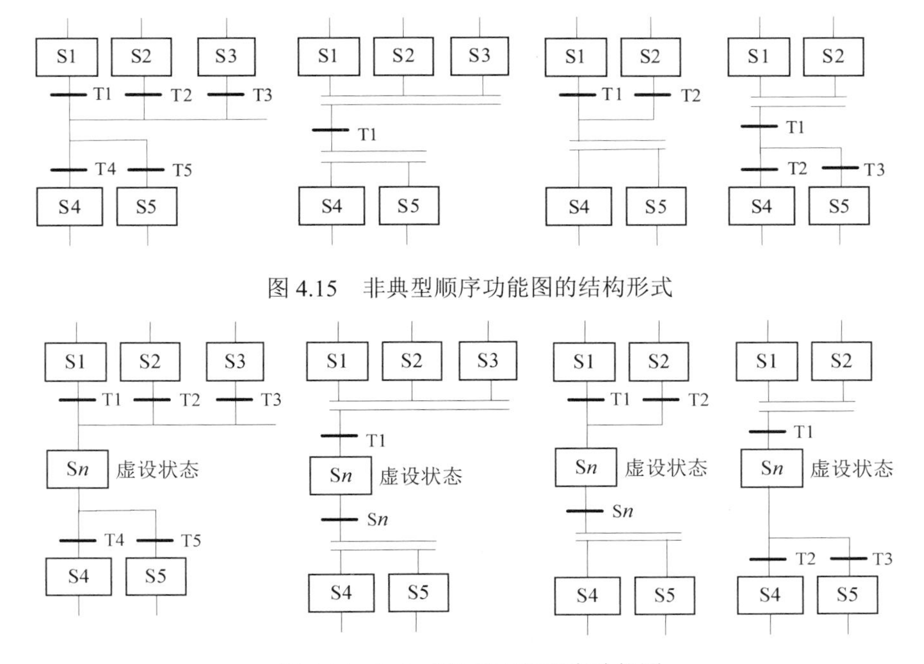

图 4.15　非典型顺序功能图的结构形式

图 4.16　加入虚设状态的顺序功能图

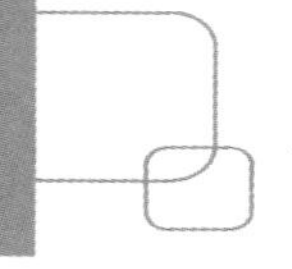

（3）顺序功能图程序与梯形图程序的转换。

当采用顺序功能图思想设计好程序后，可能会面临所选择的控制器不支持 SFC 编程的情况，这时需要把顺序功能图程序转换为梯形图程序或其他语言的程序。一般顺序功能图的典型环节都可以转换为梯形图程序。这里以顺序功能图程序与梯形图程序的转换为例进行说明。

以转换为中心的编程方式如图 4.17 所示。在该程序中，有 2 步、3 个转换条件和 2 个动作。在梯形图中，大家可以看到这种转换的实现方式是一致的，即当每一步状态为 ON 并且向下一步转换的条件满足时，通过对本步复位和对下一步置位实现状态向下一步切换。同时在每一步激活时执行所要求的动作（包含激活定时或计数等，也可以不做动作）。为了避免多线圈输出，在 M0 和 M2 状态都要求输出 Y0 接通，因此，把 M0 和 M2 并联作为激活 Y0 的条件。

此外，还可以采用“启保停”逻辑来实现顺序功能图程序与梯形图程序的转换。也可以采用 ST 语言编写专门的状态转换功能块，用梯形图等语言调用该功能块，来实现顺序控制功能。

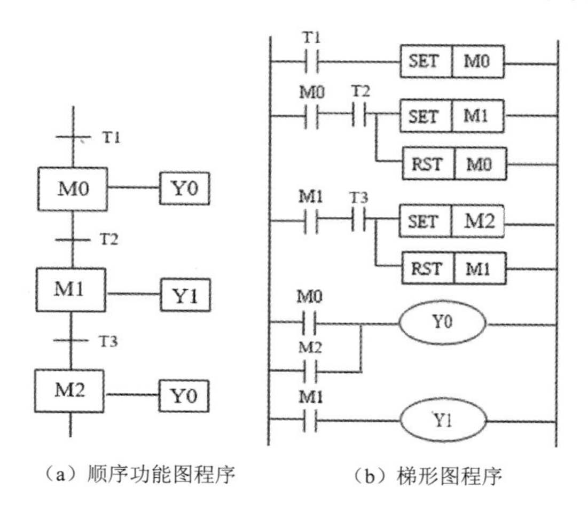

（a）顺序功能图程序　　（b）梯形图程序

图 4.17　以转换为中心的编程方式

2．顺序功能图编程实例

如图 4.18 所示，某专用钻床用两只钻头同时钻两个孔，自动运行之前，两个钻头在最上面，上限位开关 DI03 和 DI05 为 ON，操作人员放好工件后，按下启动按钮 DI01，工件被夹紧（DI00）后，两个钻头同时开始工作，钻到由限位开关 DI02 和 DI04 设定的深度时分别上行，回到限位开关 DI03 和 DI05 设定的起始位置后分别停止上行，两个钻头都到位后，工件被松开（DO05），松开到位后（DI06），加工结束，系统返回初始状态。钻床控制 I/O 分配表和顺序功能图程序如图 4.19 所示。

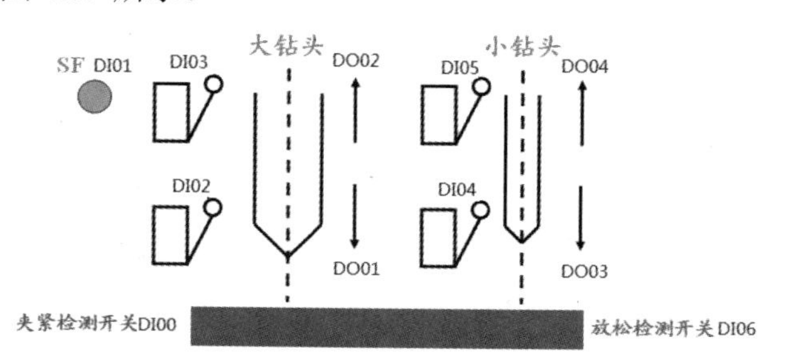

图 4.18　某钻床的工作过程示意图

变量	映射	通道	地址	类型
iwIO_IW0		IW0	%IW0	WORD
PartTight		I0	%IX0.0	BOOL
Start		I1	%IX0.1	BOOL
BLowLimit		I2	%IX0.2	BOOL
BUpLimit		I3	%IX0.3	BOOL
SLowLimit		I4	%IX0.4	BOOL
SUpLimit		I5	%IX0.5	BOOL
PartLoosen		I6	%IX0.6	BOOL

输出				
		QW0	%QW0	WORD
TightPart		Q0	%QX0.0	BOOL
BDrillUp		Q1	%QX0.1	BOOL
BDrillDown		Q2	%QX0.2	BOOL
SDrillUp		Q3	%QX0.3	BOOL
SDrillDown		Q4	%QX0.4	BOOL
LoosenPart		Q5	%QX0.5	BOOL

（a）钻床钻头控制 I/O 分配表

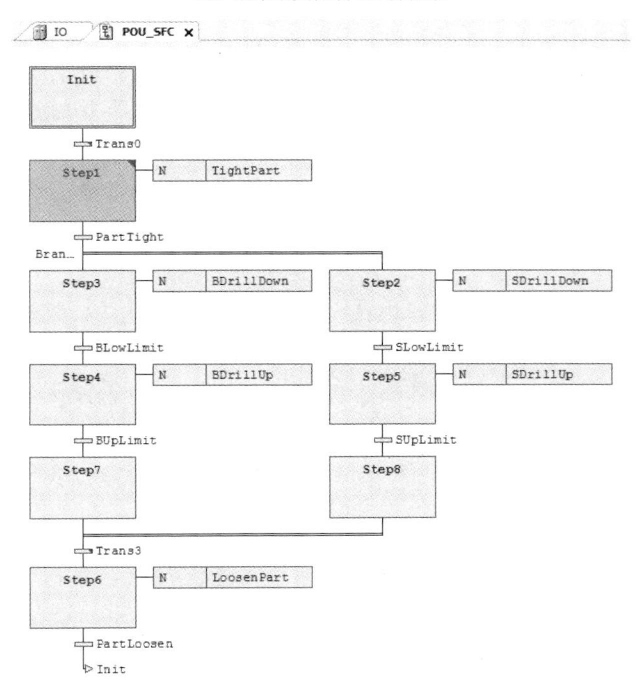

（b）顺序功能图程序

图 4.19　钻床控制 I/O 分配表和顺序功能图程序

4.3.4　功能块图语言及其应用

1．功能块图语言的介绍

功能块图（Function Block Diagram，FBD）语言源于信号处理领域，是一种较新的编程方法，功能块图语言是在 IEC61499 标准的基础上诞生的。功能块图的基础是功能块。该编程方法用方框图的形式来表示操作功能，类似于数字逻辑门电路的编程语言，有数字电路基础的人很容易掌握。该编程语言用类似与门、或门的方框来表示逻辑运算关系，方框的左侧为逻辑运算的输入变量，右侧为输出变量；信号的流向也是由左向右，各个功能方框之间可以串联，也可以插入中间信号。在每个最后输出的方框前面的逻辑操作方框数是有限的。功能块图经过扩展，不仅可以表示各种简单的逻辑操作，还可以表示复杂的运算、操作功能。

功能块图语言在德国十分流行，西门子公司的“LOGO!”微型可编程控制器就是使用的这种编程语言。在德国的许多介绍 PLC 的书籍中，介绍程序例子时多用该语言。和梯形图及

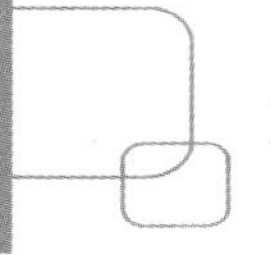

顺序功能图一样，功能块图也是一种图形编程语言。

2. 功能块图程序的组成与执行

1）功能块图的组成

功能块图由功能、功能块、执行控制元素、连接元素和连接线组成。功能和功能块用矩形框图图形符号表示。连接元素的图形符号是水平或垂直的连接线。连接线用于将功能或功能块的输入和输出连接起来，也用于将变量与功能和功能块的输入和输出连接起来。执行控制元素用于控制程序的执行次序。

功能和功能块的输入和输出的显示位置不影响其连接。在不同的 PLC 系统中，其位置可能不同，应根据制造商提供的功能和功能块显示参数的位置进行正确连接。

2）功能块图的编程和执行

在功能块图语言中，采用功能和功能块编程，其编程方法类似于单元组合仪表的集成方法。它将控制要求分解为各自独立的功能或功能块，并用连接元素和连接将它们连接起来，实现所需的控制功能。

功能块图语言中的执行控制元素有跳转、返回和反馈等类型。跳转和返回分为条件跳转和返回及无条件跳转和返回。反馈并不改变执行控制的流向，但它影响下次求值中的输入变量。标号在网络中应该是唯一的，标号不能再作为网络中的变量使用。在编程系统中，由于受到显示屏幕的限制，当网络较大时，显示屏的一行内不能显示多个有连接的功能或功能块，这时，可以采用连接符连接，连接符与标号不同，它仅表示网络的接续关系。

3. 功能块图语言的编程示例

假设某水箱液位采用 ON-OFF 方式进行控制。当实际液位测量值小于或等于所设定的最低液位时，输出一个 ON 信号；当测量值大于或等于最高液位时，输出一个 OFF 信号。

这样的 ON-OFF 控制在许多场合会用到。因此，可以首先编写一个 ON-OFF 控制的自定义功能块 FB_LCON，然后在程序中可反复调用该功能块。示例的编程环境是罗克韦尔自动化 CCW12.0。图 4.20（a）所示为功能块的局部变量定义，图 4.20（b）所示为功能块的代码部分，图 4.20（c）所示为用 ST 语言调用该功能块的实例，该实例描述了一个水箱液位的控制实现。由于液体不可能同时低于最低位和高于最高位，因此图 4.20（b）中用“RS”或“SR”功能块指令都可以。调用该功能块时，用实参代替形参，程序中，Actual_L、Min_L 和 Max_L 都是全局变量。Actual_L 是液位传感器信号转换后的液位，而 Min_L 和 Max_L 是在上位机或终端上可以设置的水箱运行控制参数。Start_Motor 是一个与水泵运行控制有关的局部变量，不是水泵的启动信号，水泵的运行还受工作方式、是否有故障等逻辑条件的限制。

在安全仪表系统中，联锁逻辑一般都是用功能块图语言开发的。图 4.21 所示为黑马 SILworX 开发环境中“小于或等于”逻辑功能块 LE_E 的内部逻辑。其中，“>=1”表示逻辑或。可以看出，当没有执行旁通（ByPass 为 0）和复位（Reset 为 0），且输入（Instrument1）小于或等于设定值（SP，一般是报警值）时（条件为真），LE_E 功能块的输出（O_1）为 0；当输入（Instrument1）大于设定时（条件为假），LE_E 功能块的输出（O_1）为 1。从这里大家也可以看出安全仪表的编程逻辑与常规控制系统逻辑的不同。采用常规控制系统（如 PLC）编程时，类似 LE_E 功能块，当输入小于设定时，输出为 1（True）；反之为 0（False）。这是因为安全仪表系统是负逻辑原则，当条件满足时要执行联锁，输出应为 0。当对该 SIF 执行旁通时，就要使 ByPass 为 1，此时，无论输入 Instrument1 与 SP 的大小关系如何，LE_E 功能块的输出（O_1）始终为 1，从而可以实现对该路输入信号的旁通。

名称	别名	数据类型	方向	维度	初始值
Actual_L		REAL	VarInput		
Max_L		REAL	VarInput		
Min_L		REAL	VarInput		
Out		BOOL	VarOutput		
+ RS_1		RS	Var		...

（a）功能块的局部变量定义

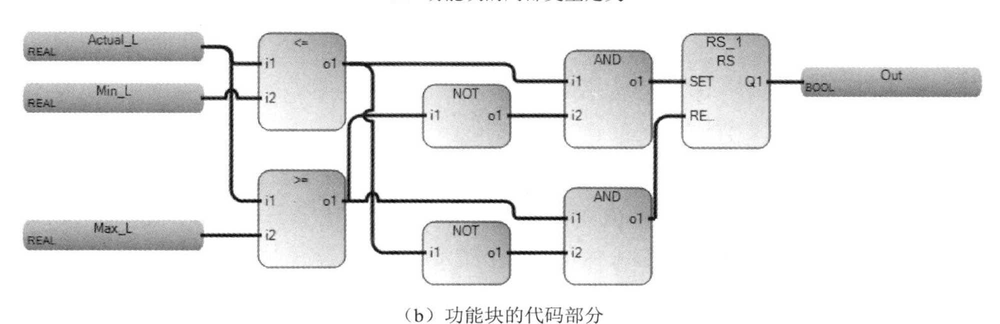

（b）功能块的代码部分

FB_LCON_1(Actual_L:=TankLevel,Max_L:= MaxLevel,Min_L:= MinLevel,Out=>MotorCon);

（c）用 ST 语言调用该功能块的实例

图 4.20　功能块图编程实例

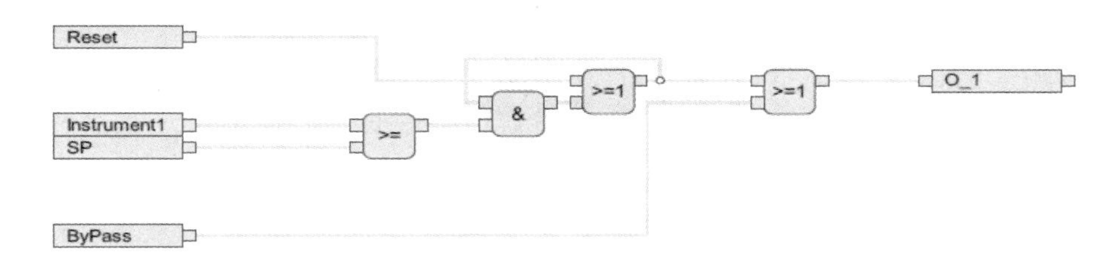

图 4.21　黑马 SILworX 开发环境中“小于或等于”逻辑功能块 LE_E 的内部逻辑

该功能块的“>=1”指令后有一个输出反馈回路到“&”指令的输入端口，其目的是实现自锁功能，也就是若达到联锁条件，则 LE_E 功能块的输出（O_1）始终为 0，执行联锁。即使不满足联锁条件，LE_E 功能块的输出（O_1）也为 0，只有执行复位（Reset=1）才对联锁复位，使得 LE_E 功能块的输出（O_1）为 1。

4.3.5　结构化文本语言及其应用

1．结构化文本语言概述

结构化文本语言（ST）是高层编程语言，类似于 PASCAL 编程语言。它不采用底层的面向机器的操作符，而是采用高度压缩的方式提供大量抽象语句来描述复杂控制系统的功能。一般而言，它可以用来描述功能、功能块和程序的行为，也可以在 SFC 中描述步、动作块和

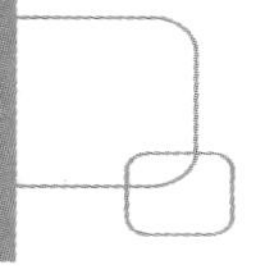

转换的行为。由于该语言具有很强的编程能力，可方便地对变量赋值，调用功能和功能块，创建表达式，编写条件语句和迭代程序，因此特别适合定义复杂的功能块。结构化文本语言编写的程序格式自由，可在关键词与标志符之间的任何地方插入制表符、换行符和注释。它还具有易学易用、易读易理解的特点。在拥有了更多高级编程语言的特点的同时，它失去了一些面向机器的操作符的特点，结构化文本语言编写的程序执行效率较低，因为源程序要编译为机器语言才能执行。

熟悉高级编程语言的工程师会喜欢用结构化文本语言，用该语言编程的程序与梯形图程序相比十分简捷，特别是在处理包含数学运算的逻辑时，更具有优越性。根据美国 automation.com 网站与 PLCOpen 国际组织在 2020 年的调查，ST 语言已成为使用最多的 PLC 编程语言，从目前的趋势看，越来越多的工程技术人员采用 ST 语言开发控制程序。

2．结构化文本语言的编程示例

1）启保停电路结构化文本语言编程

这里以最简单的启保停电路为例，启保停梯形图逻辑如图 4.22（a）所示。这里，Start_Button 和 Stop_Button 都为点动按钮。对于该典型逻辑，这里采用三菱电机 GX Works3 编程环境，用结构化文本语言编写功能块 Fb_SandS，如图 4.22（b）所示。这里，Start_Button 和 Stop_Button 的状态组合有 4 种，但只要处理程序中的 2 种情况就可以，在其他 2 种情况下，设备状态保持不变。可以看出，功能块中的逻辑是停止优先，即当 Start_Button 和 Stop_Button 同时为 1 时，设备是停止的。对该逻辑稍加改动，就可以变换为启动优先。

图4.22（b）中的程序本体也可以用以下结构化文本语言代码表示：

```
Dev_Run:=Start_Button OR Dev_Run AND NOT Stop_Button;
```

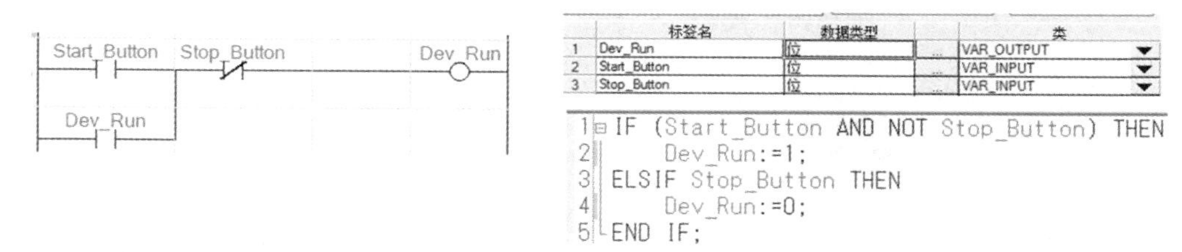

（a）启保停梯形图逻辑　　（b）结构化文本语言编写的启保停逻辑功能块

图 4.22　启保停电路的梯形图与结构化文本语言程序

编写好Fb_SandS的功能块后，对于同类设备的控制就可以调用这个功能块了。例如，采用结构化文本语言对该功能块调用的语句如下：

```
Fb_SandS_1(Dev_Run=> Dev1_Run,Start_Button:=Dev1_Start,Stop_Button:= Dev1_Stop);
```

其中，Fb_SandS_1 是 Fb_SandS 的一个实例，Dev1_Start 和 Dev1_Stop 是某个设备的启动和停止全局变量，Dev1_Run 是设备的运行控制全局变量。

2）一阶滤波环节功能块

在工业生产过程中需要进行滤波处理，常用的一阶滤波环节数学模型在频域为

$$X_{\mathrm{OUT}}(s)=\frac{1}{T_1 s+1}X_{\mathrm{IN}}(s)$$

对上述模型进行离散化，用差分近似微分，可以得到离散化算式：

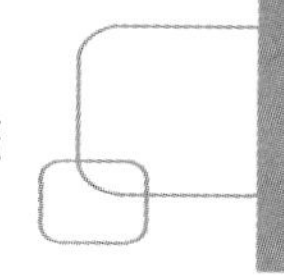

$$X_{\mathrm{OUT}}(k+1)=M\times X_{\mathrm{IN}}(k)-(1-M)\times X_{\mathrm{OUT}}(k)$$

其中，$M=\dfrac{T_{\mathrm{S}}}{T_{\mathrm{S}}+T_1}$，$T_{\mathrm{S}}$ 为采样周期。此模型不仅可以用于信号的一阶滤波，在控制系统仿真时，还可以作为被控对象的数学模型，也可以作为干扰通道的数学模型，还可以串联组成高阶模型，作为控制系统的仿真对象。

在SoMachine V4.3编程环境中用结构化文本语言编写上述功能块。首先新建一个结构化文本语言的自定义功能块，名称为FB_LAG1。然后完成功能块变量的定义和代码的编写，如图4.23（a）所示。再用FBD语言来调用该功能块进行测试，用FBD程序调用一阶滞后过程功能块如图4.23（b）所示。测试程序中用了选择功能块，当Start由OFF变为ON时，功能块的输出从0变为1。可以看出，结构化文本语言在处理数学运算时具有很大优势。

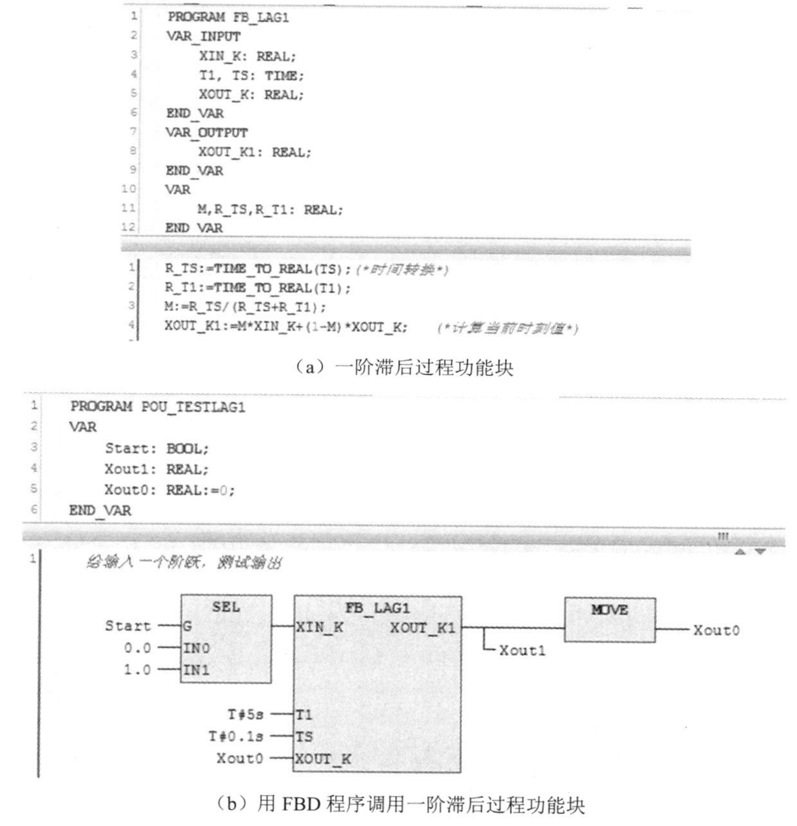

```
1  PROGRAM FB_LAG1
2  VAR_INPUT
3      XIN_K: REAL;
4      T1, TS: TIME;
5      XOUT_K: REAL;
6  END_VAR
7  VAR_OUTPUT
8      XOUT_K1: REAL;
9  END_VAR
10 VAR
11     M,R_TS,R_T1: REAL;
12 END_VAR
```

```
1  R_TS:=TIME_TO_REAL(TS); (*时间转换*)
2  R_T1:=TIME_TO_REAL(T1);
3  M:=R_TS/(R_TS+R_T1);
4  XOUT_K1:=M*XIN_K+(1-M)*XOUT_K;    (*计算当前时刻值*)
```

（a）一阶滞后过程功能块

```
1  PROGRAM POU_TESTLAG1
2  VAR
3      Start: BOOL;
4      Xout1: REAL;
5      Xout0: REAL:=0;
6  END_VAR
```


（b）用 FBD 程序调用一阶滞后过程功能块

图 4.23　一阶滞后过程功能块的编程与测试

3）设备状态转换功能块编程

在施耐德 SoMachine V4.3 编程环境下编写一段程序（功能块 FB），如图 4.24（a）所示，其功能是把布尔变量代表的几种设备工作状态在 PLC 中转换为用 1 个整型数表示，这样，可以简化上位机和下位机通信的变量数目，而且便于上位机或触摸屏组态时进行动画演示等操作。

该功能块有 4 个布尔型输入变量、1 个输出变量（见变量声明部分）。功能块的代码见图 4.24（a）中的代码部分。由于通常会有多个这样的设备，因此编写一个功能块后，可以定义该功能块的 n 个实例用在 n 个设备的状态转换上。POU_HMI 程序中定义了 StateToHMI 的一个实例 StateToHMI_1，其他变量都是全局变量，因此在该 POU 中就没有定义，如图 4.24（b）所示。实际上，用户开发的功能块还可以以库形式保存，用于其他的工程项目，实现更大程度的代码复用。图 4.24（c）演示了利用上述变换后的整型数的 5 个状态对污水处理厂转刷设备 R2 的状态指示进行组态。可以看出，这大大简化了触摸屏设备的状态组态。虽然在触摸屏上写脚本也能实现这种变换，但是实现起来更加烦琐，而且脚本执行增加了触摸屏的负荷。

（a）StateToHMI 功能块变量声明与代码部分

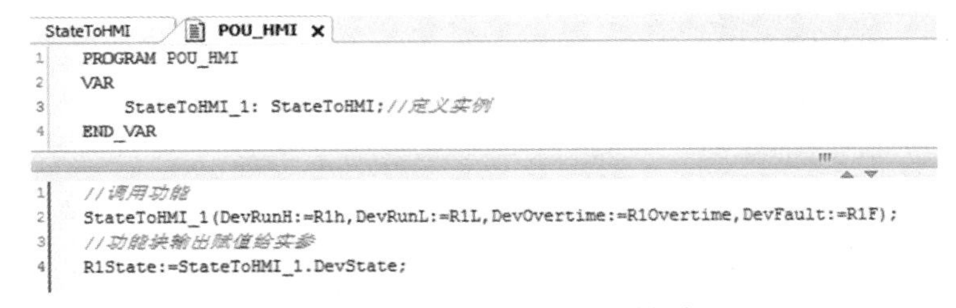

（b）在 POU 中调用 StateToHMI 功能块

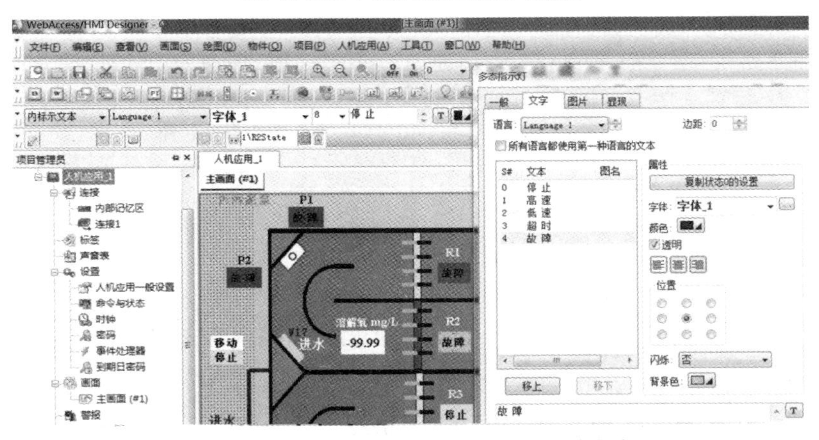

（c）在研化 WebAccess 触摸屏组态软件中进行组态

图 4.24　用结构化文本语言编写控制程序和在人机界面组态

可以看到，结构化文本语言写的程序代码非常简捷，如果用梯形图编写同样的功能，程序看起来会比较复杂，可读性也差。读者若尝试比较一下，会对此有更加深刻的体会。

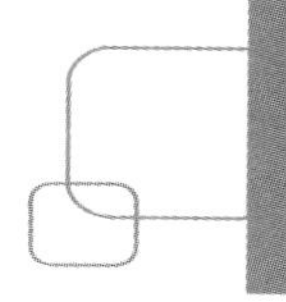

4.3.6　连续功能图语言及其应用

连续功能图（CFC）语言是一种基于功能块图的图形化编程语言（IEC61131-3 标准的扩展），是控制系统的基本构件，可以是任意 IEC 语言。包括由连续功能图本身编写的逻辑或策略包装而成的元素。连续功能图语言是西门子 SIMATIC PCS7 集散控制系统的主要组态语言，如图 4.25 所示。

连续功能图程序包含输入、输出、跳转、返回、标号、注释等图形元素，它通过调用功能、功能块来实现程序控制。调用的功能和功能块都要根据特定的算法和输入/输出控制参数对输入信号进行处理。元素之间用连线建立连接，其中，除了注释元素，还可以自动或手动设置元件顺序号，以表明运行顺序和数据传递。与功能块图相比，连续功能图没有网络的限制，可任意放置编程元素，允许插入反馈回路。每个功能块的输入位于左侧，输出位于右侧。可以将功能块输出链接到其他功能块的输入，以创建复合表达式。

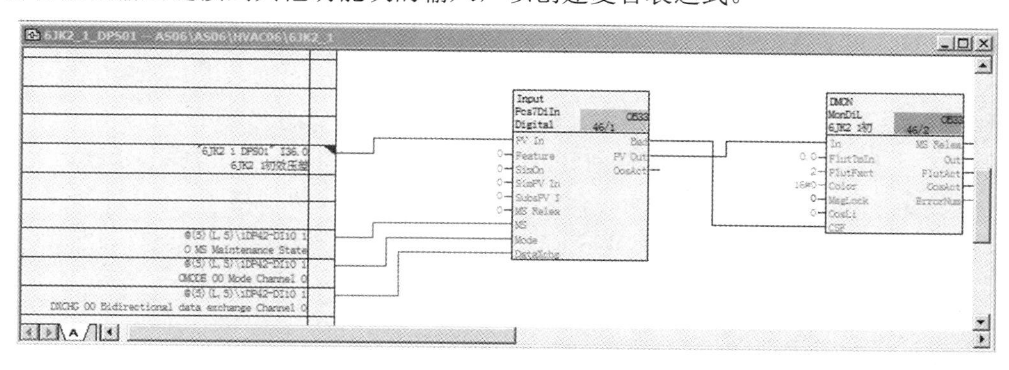

图 4.25　PCS7 数字量监控回路连续功能图程序示例

以施耐德 M218 控制器之间的 ModbusTCP 通信程序为例来说明连续功能图程序。这里作为 ModbusTCP 服务器的 M218 控制器只需要配置一下 IP 地址。在客户端 M218 控制器上编写程序，如图 4.26 所示。由于 M218 控制器支持 Modbus 功能代码 23，因此可以使用全双工功能块 WRITE_READ_VAR。

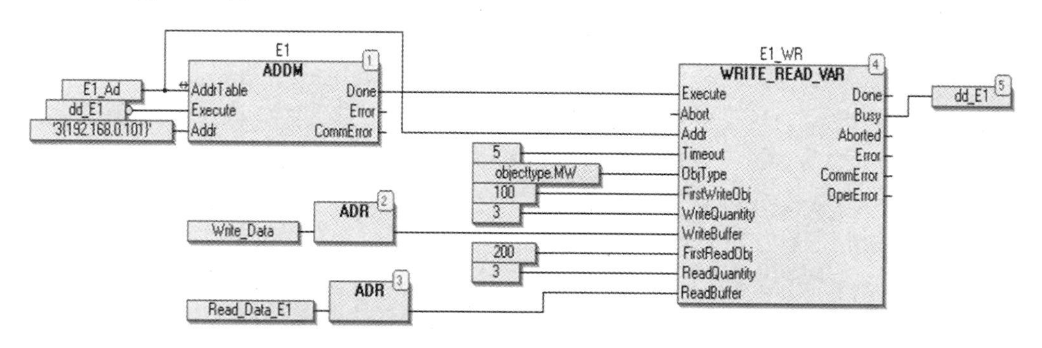

图 4.26　用连续功能图语言编写的 M218 控制器以太网通信程序

该程序的具体说明如下。

（1）ADDM：管理通信地址表。在本例中，在 Addr 参数中写入'3{192.168.0.101}'，其中，3 表示本控制器的以太网端口，192.168.0.101 表示 ModbusTCP 服务器的 IP 地址。Modbus TCP

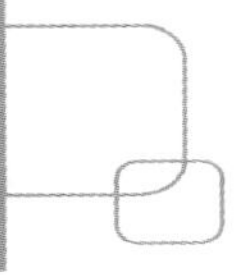

标准从站使用 Modbus 地址 255（UnitId 默认值），但是，Modbus TCP 设备的值可能不同，在这种情况下，要求添加 UnitId 值。

（2）WRITE_READ_VAR：写入读取功能块。将功能块的写入数据发送缓冲区（本例为数组 Write_Data）中的多个数据发送到目标设备的寄存器区，并从目标设备的寄存器区读取多个数据到功能块的读取数据接收缓冲区（本例为数组 Read_Data_E1）。读取和写入操作在同一个事务中完成。

（3）ADR：取地址指令。由于 WRITE_READ_VAR 功能块的引脚 WriteBuffer 和 ReadBuffer 是指针变量，因此用 ADR 功能块来取数组的首地址来指向相应指针。

（4）dd_E1 变量必须在第一个循环后设置为 TRUE（由用户在线设置或由应用程序设置），才能启动连续读/写。

（5）M218 作为服务器时的最大访问连接为 4。在以太网通信中，M218 可作为客户端访问一个或多个服务器，同时可作为服务器被一个或多个客户端访问。但访问的服务器和被访问的客户端的总和不能超过 4。

在连续功能图语言中，运算块、输出、跳转、返回和标签元素的右上角的数字显示了在线模式下连续功能图中的元素的执行顺序。执行流程从编号为 0 的元素开始。移动元素时，它的编号保持不变。添加一个新元素时，按照拓扑序列（从左到右，从上到下），该元素将自动获得一个编号。执行顺序会影响结果，在一定情况下可以改变执行顺序。SoMachine V4.3 可以通过置首、置尾、向上移动、向下移动、设置执行顺序、按数据流排序、按拓扑排序等方式来改变元素的执行顺序。

4.4 SCADA 系统上位机组态软件

4.4.1 上位机组态软件的产生及发展

工业控制的发展经历了手动控制、仪表控制和计算机控制等阶段。随着集散控制系统的发展和在流程工业控制中的广泛应用，集散控制中采用组态工具来开发控制系统应用软件的技术得到了广泛的认可。随着 PC 的普及和计算机控制在众多行业应用中的增加，以及人们对工业自动化的要求不断提高，传统的工业控制软件已无法满足应用的需求和挑战。在开发传统的工业控制软件时，一旦工业被控对象有变动，就必须修改其控制系统的源程序，导致开发周期延长；已开发成功的工业控制软件又因控制项目的不同而重复使用率很低，导致其价格非常昂贵；在修改工业控制软件的源程序时，若原编程人员因工作变动而离去，则必须由其他人员或新手进行源程序的修改，因此相当困难。

随着微电子技术、计算机技术、软件工程和控制技术的发展，作为用户无须改变运行程序源代码的软件平台工具，组态软件（Configuration Software）逐步产生并不断发展。由于组态软件在实现工业控制的过程中免去了大量烦琐的编程工作，解决了长期以来控制工程人员缺乏丰富的计算机专业知识与计算机专业人员缺乏控制工程现场操作技术和经验的矛盾，极大地提高了自动化工程的开发效率及工业控制软件的可靠性。可以说，工业控制组态软件是工业控制界 30 年前就开展的低代码/无代码应用软件开发的成功实践。

近年来，组态软件不仅在中小型工业控制系统中得到广泛应用，也成为大型 SCADA 系统开发人机界面和监控应用最主要的应用软件，在配电自动化、智能楼宇、农业自动化、能源监测等领域也得到了众多应用。图 4.27 所示为组态软件开发的人机界面示例。

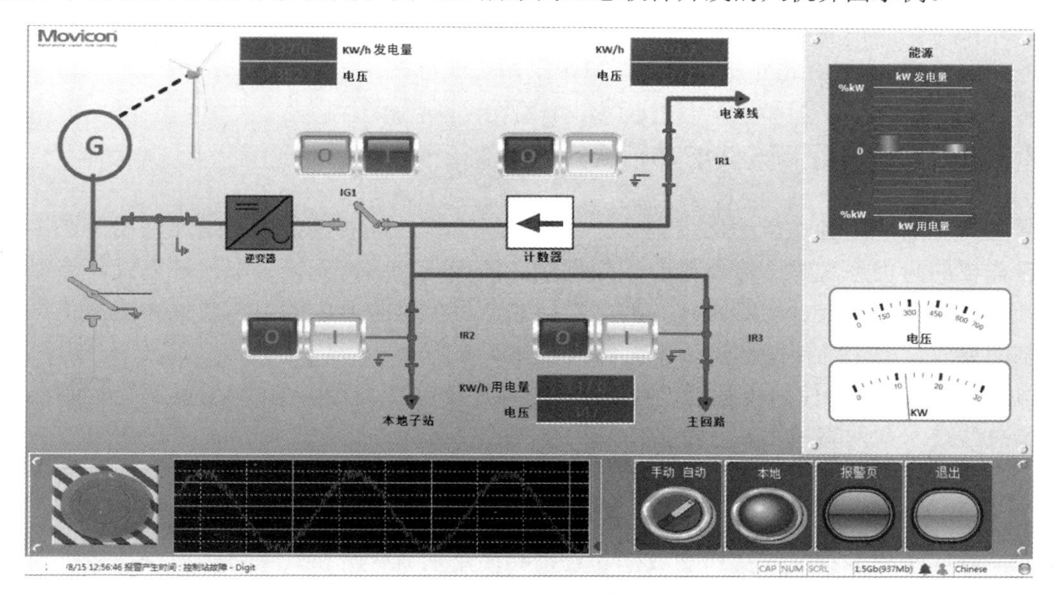

图 4.27　组态软件开发的人机界面示例

“组态”的概念最早来自英文 Configuration，其含义是使用软件工具对计算机及软件的各种资源进行配置（包括进行对象的定义、制作和编辑，并设定其状态特征属性参数），达到使计算机或软件按照预先设置，自动执行特定任务，满足使用者要求的目的。在控制界，“组态”一词首先出现在 DCS 中。组态软件自 20 世纪 80 年代初期诞生至今，已有 40 多年的发展历史。应该说组态软件作为一种应用软件，是随着 PC 的兴起而不断发展的。20 世纪 80 年代的组态软件，像 Paragon 500、早期的 FIX 等都运行在 DOS 环境下，图形界面的功能不是很强，软件中包含着大量的控制算法，这是因为 DOS 具有很好的实时性。20 世纪 90 年代，随着微软的图形界面操作系统 Windows 3.0 风靡全球，以 Wonderware 公司的组态软件 InTouch 为代表的人机界面开发软件开创了 Windows 下运行工业控制软件的先河，Wonderware 因此在一段时间内成为全球最大的独立自动化软件厂商（该公司后来被英国 Invensys 收购，Invensys 又被施耐德收购）。这些组态软件的主要特点如下。

（1）延续性和扩充性好。用组态软件开发的应用程序，当现场硬件设备有增加、系统结构有变化或用户需求发生改变时，通常不需要进行很多修改就可以通过组态的方式顺利完成软件的更新和升级。

（2）封装性高。将组态软件所能完成的功能都用一种方便用户使用的方法包装起来，对于用户，不需要掌握太多的编程语言技术（甚至不需要编程技术），就能很好地完成一个复杂工程所要求的所有功能。

（3）通用性强。不同行业的用户可以根据工程的实际情况，利用组态软件提供的底层设备（如 PLC、智能仪表、智能模块、板卡、变频器等）的 I/O 驱动程序、开放式的数据库和画面制作工具，完成一个具有生动图形界面、动画效果、实时数据显示与处理、历史数据、报警和记录、多介质功能和网络功能的工程，不受行业限制。

（4）人机界面友好。用组态软件开发的监控系统人机界面具有生动、直观的特点，动感强烈，画面逼真，深受现场操作人员的欢迎。

（5）接口趋向标准化。例如，组态软件与硬件的接口过去普遍采用定制的驱动程序，现在普遍采用 OPC 规范。此外，数据库接口也采用工业标准。

4.4.2　上位机组态软件的功能需求

组态软件的使用者是自动化工程设计人员。组态软件包的主要目的是使使用者在生成适合自己需要的应用系统时不需要修改软件程序的源代码，因此无论采取何种方式设计组态软件，都要面对和解决设计控制系统时的公共问题，满足这些要求的组态软件才能真正符合工业控制的要求，被市场接受和认可。具体问题如下。

（1）如何与采集、控制设备进行数据交换，即广泛支持各种类型的 I/O 设备、控制器和各种现场总线技术和网络技术？

（2）多层次的报警组态和报警事件处理、报警管理和报警优先级等。如支持模拟量、数字量及系统报警等；支持报警内容设置，如限值报警、变化率报警、偏差报警等。

（3）存储历史数据并支持历史数据的查询和简单的统计分析。工业生产操作数据（包括实时数据和历史数据）是分析生产过程状态、评价操作水平的重要信息，对优化和加强生产操作管理具有重要作用。

（4）各类报表的生成和打印输出。组态软件不仅支持简单的报表组态和打印，还支持采用第三方工具开发的报表与组态软件数据库的连接。

（5）为使用者提供灵活、丰富的组态工具和资源。这些工具和资源可以适应不同应用领域的需求，此外，在注重组态软件通用性的情况下，还能支持行业应用。

（6）最终生成的应用系统运行稳定、可靠，无论是对于单机系统还是多机系统，都要确保系统能长期、安全、可靠、稳定地工作。

（7）具有与第三方程序的接口，方便数据共享。

（8）简单的回路调节；批次处理；SPC 过程质量控制。

（9）如果内嵌软逻辑控制，那么软逻辑编程软件要符合 IEC61131-3 标准。

（10）安全管理，即系统对每个用户都具有操作权限的定义，系统对每个重要操作都可以形成操作日志记录，同时有完备的安全管理制度。

（11）对 Internet 的支持，可以提供基于 Web 的应用。

（12）多机系统的时钟同步，系统可由 GPS 全球定位时钟提供标准时间，同时向全系统发送对时命令，包括监控主机和各个客户机、下位机等。可实现与网络上其他系统的对时服务，支持人工设置时间功能。

（13）开发环境与运行环境切换方便，支持在线组态功能。在运行环境下也可以进行一些功能修改和组态，刷新后修改的功能即可生效。

自动化工程设计技术人员在组态软件中只需要填入一些事先设计的表格，利用图形功能把被控对象（如反应罐温度计、锅炉趋势曲线、报表等）形象地画出来，通过内部数据连接对被控对象的属性与 I/O 设备的实时数据进行逻辑连接。当由组态软件生成的应用系统投入运

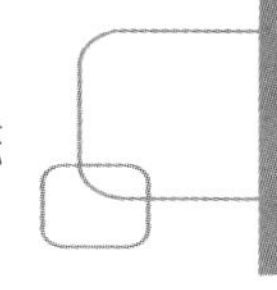

行后，与被控对象连接的 I/O 设备的数据发生变化，直接带动被控对象的属性发生变化。

为了设计出满足上述要求的组态软件系统，要特别注意系统的结构设计和关键技术的使用。在设计中，一方面要兼顾一般性与特性，另一方面要遵从通用软件的设计思想，注重安全性、可靠性、标准化、开放性和跨平台操作等。

4.4.3　组态软件的总体结构及其相似性

组态软件主要作为 SCADA 系统及其他控制系统的上位机人机界面的开发平台，为用户提供快速地构建工业自动化系统监督控制与数据采集功能服务。而无论是什么样的过程监控，总有相似的功能要求。因此，无论是什么样的组态软件，它们在整体结构上都具有相似性，只是不同的产品实现这些功能的方式有所不同。对于如图 4.27 所示的组态王提供的演示版面运行界面，如果不是有上面的文字提示，很难看出该监控界面是用什么组态软件开发的。

从目前主流的组态软件产品看，组态软件由开发环境与运行环境组成，如图 4.28 所示。开发环境是自动化工程设计师为实施其控制方案，在组态软件的支持下进行应用程序的系统生成工作所必须依赖的工作环境，通过建立一系列用户数据文件，生成最终的图形目标应用系统，供运行环境运行时使用。

运行环境由若干个运行程序支持，如图形界面运行程序、实时数据库运行程序等。在系统运行环境中，系统运行环境将目标应用程序装入计算机内存并投入实时运行。不少组态软件都支持在线组态，即在不退出系统运行环境的前提下修改组态，使修改后的组态在运行环境中直接生效。当然，若修改了图形界面，则必须刷新该界面，新的组态才能显示。维系组态环境与运行环境的纽带是实时数据库，如图 4.28 所示。

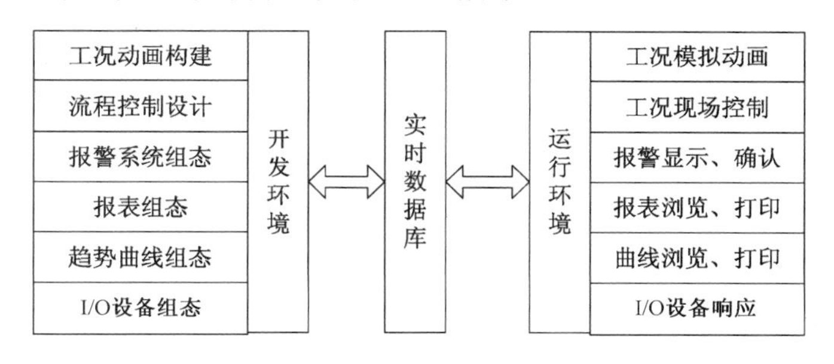

图 4.28　组态软件结构

运行环境系统由任务来组织，每个任务包括一个控制流程，由控制流程执行器来执行。任务可以由事件中断、定时时间间隔、系统出错或报警及上位机指令来调度。每个任务有优先级，高优先级的任务能够中断低优先级的任务。同优先级的程序若时间间隔设置不同，则可通过竞争抢占 CPU 使用权。在控制流程中，可以进行逻辑或数学运算、流程判断和执行、设备扫描及处理、网络通信等。此外，运行环境还包括以下服务。

（1）通信服务：实现组态软件与其他系统之间的数据交换。

（2）存盘服务：实现对所采集数据的存储、处理操作。

（3）日志服务：实现系统运行日志的记录功能。

（4）调试服务：辅助实现开发过程中的调试功能。

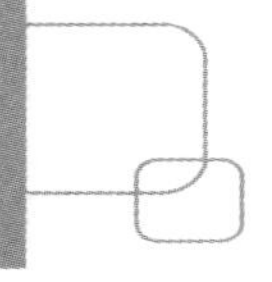

组态软件的功能相似性还表现在以下几个方面。

（1）目前绝大多数工业控制组态软件都可以运行在 Windows 操作系统下，部分还能运行在 MacOS、Linux 或其他具有 Java 环境的操作系统上。这些软件界面友好、直观、易于操作。

（2）现有的组态软件多数以项目（Project）的形式来组织工程，在该项目中，包含了实现组态软件功能的各个模块，包括 I/O 设备、变量、图形、报警、报表、用户管理、网络服务、系统冗余配置和数据库连接等。

（3）组态软件的相似性还表现在目前的组态软件都采用 Tag 数据来组织其产品和进行销售，同一公司产品的价格主要根据点数的多少而定；而软件加密多数采用硬件狗。部分产品也支持软件 License。

4.4.4 组态软件的功能部件

为了解决 4.4.2 节指出的问题，完成监督控制与数据采集等功能，简化程序开发人员的组态工作，易于用户操作和管理。一个完整的组态软件基本上包含以下几个部件，只是对于不同的系统，这些构件所处的层次、结构会有所不同，名称也会不一样。

1. 人机界面系统

人机界面系统实际上就是工况模拟动画。在人机界面组态中，要利用组态软件提供的工具，制作出友好的图形界面给控制系统使用，其中包括被控过程流程图、曲线图、棒状图、饼状图、趋势图，以及各种按钮、控件等元素。在人机界面组态中，除了开发出满足系统要求的人机界面，还要注意运行系统中画面的显示、操作和管理。

在组态软件中进行工程组态的第一步是制作工况模拟动画，动画制作分为静态图形设计和动态属性设置两个过程。静态图形设计类似于“画画”，用户利用组态软件中提供的基本图形元素，如线、填充形状、文本及设备图库，在组态环境中“组合”成工程的模拟静态画面。静态图形设计在系统运行后保持不变，与组态时一致。动态属性设置则完成图形的动画属性，与实时数据库中定义的变量建立相关性的连接关系，作为动画图形的驱动源。动态属性与确定该属性的变量或表达式的值有关。表达式可以是来自 I/O 设备的变量，也可以是由变量和运算符组成的数学表达式，它反映图形的大小、颜色、位置、可见度、闪烁性等状态的特征参数，随着表达式的值的变化而变化。人机界面系统的设计还包括报警组态及输出、报表组态及打印、历史数据检索与显示等功能。各种报警、报表、趋势的数据源都可以通过组态作为动画连接的对象。

组态软件给用户印象最深刻的就是图形用户界面。在组态软件中，图形主要包括位图与矢量图。所谓位图，就是由点阵组成的图像，一般用于照片品质的图像处理。位图的图形格式多采用逐点扫描、依次存储的方式。位图可以逼真地反映外界事物，但放大时会引起图像失真，并且占用的空间较大。即使是现在流行的 jpeg 图形格式，也不过是采用对图形隔行隔列扫描而进行存储的，虽然所占用的空间变小，但是在放大时仍会引起失真。矢量图是由轮廓和填空组成的图形，保存的是图元各点的坐标，其构造原理与位图完全不同。矢量图在数学上的定义为一系列由线连接的点。矢量文件中的图形元素称为对象，每个对象都是一个自成一体的实体，它具有颜色、形状、轮廓、大小和屏幕位置等属性。因为每个对象都是一个自成一体的实体，所以可以在维持它原有的清晰度和弯曲度的同时，多次移动和改变它的属性，而不影响图例中的其他对象。矢量图的优点主要表现在以下 3 个方面。

（1）克服了位图所固有的缺陷，文件体积小，具有无级缩放、不失真的特点，方便修改、编辑。

（2）基于矢量图的绘图同分辨率无关，这意味着它们可以按照最高分辨率显示到输出设备上，并且现场操作员站显示器的升级等不影响矢量图的画面。

（3）可以和位图图形集成在一起，也可以把它们和矢量信息结合在一起，以产生更加完美的图形。

正因为如此，在组态软件中大量使用矢量图。

2．实时数据库系统

实时数据库是组态软件的数据处理中心，特别是对于大型分布式系统，实时数据库的性能在一定程度上决定了监控软件的性能。它负责实时数据运算与处理、历史数据存储、统计数据处理、报警处理、数据服务请求处理等。实时数据库实质上是一个可统一管理、支持变结构、支持实时计算的数据结构模型。在系统运行过程中，各个部件独立地向实时数据库输入和输出数据，并完成自己的差错控制，以减少通信信道的传输错误，通过实时数据库交换数据，形成互相关联的整体。因此，实时数据库是系统各个部件及其各种功能性构件的公用数据区。主要的大型实时数据库有 PI、IP.21 和 PHD 等。主要的组态软件厂商（如施耐德电气和通用电气等）也有类似的数据库产品。这些实时数据库广泛支持主流工业通信协议（如 Modbus、DNP3、IEC60870-104、西门子 S7 协议等）与控制设备。随着企业 IT 与 OT 融合的加速，实时数据库不仅能将原来分散的海量过程数据采集并存储下来，解决了关系数据库的应用难题，还为企业实现智能工厂、智能制造提供了稳定、可靠的数据支持。

组态软件实时数据库系统的含义已远远超过了一个简单的数据库或一个简单的数据处理软件，它是一个实际可运行的，按照数据存储方式存储、维护，向应用程序提供数据或信息支持的复杂系统。组态软件实时数据库的主要特征是实时、层次化、对象化和事件驱动。所谓层次化，是指不仅记录一级是层次化的，属性一级也是层次化的。属性的值不仅可以是整数、浮点数、布尔量和定长字符串等简单的标量数据类型，还可以是矢量和表。采取层次化结构便于操作员在一个熟悉的环境中对受控系统进行监视和浏览。对象是数据库中一个特定的结构，表示监控对象实体的内容，由项和方法组成。项是实体的一些特征值和组件。方法表示实体的功能和动作。事件驱动是 Windows 编程中最重要的概念，在组态软件中，一个状态变化事件能引起系统产生所有报警、时间、数据库更新，以及任何关联这一变化所要求的特殊处理。

近年来，国产实时数据库不断崛起，主要的工业控制厂商都有较为成熟的实时数据库产品，如北京亚控科技的 KingHistorian 拥有着强大的性能，其开放的数据访问接口可以满足不同层次人员的数据库二次开发。KingHistorian 的主要特性：单台服务器支持 100 万个数据点；在线支持连续存储，并可达到 30 万条记录/秒的存储速度；单客户端单点查询速度为 20 万条记录/秒；稳定支持 256 个客户端并发查询，每秒可达 2 万条记录；支持集群冗余和镜像功能；支持数据缓存、后续追加与在线备份；支持用户与权限双重安全管理等。

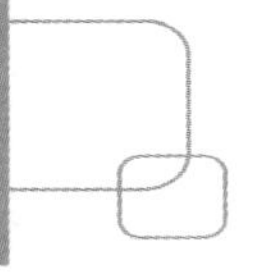

3．设备组态与管理

在组态软件中，实现设备驱动的基本方法是，在设备窗口内配置不同类型的设备构件，并根据外部设备的类型和特征设置相关的属性，将设备的操作方法和硬件参数配置、数据转换、设备调试等封装在设备构件中，以对象的形式与外部设备建立数据的传输特性。

组态软件对设备的管理是通过对逻辑设备名的管理实现的，具体而言，就是每个实际的 I/O 设备都必须在工程中指定一个唯一的逻辑名称，此逻辑名称对应一定的信息，如设备的生产厂家、实际设备名称、设备的通信方式、设备地址等。在系统运行过程中，设备构件由组态软件运行系统统一调度管理。通过通道连接，它可以向实时数据库提供从外部设备采集到的数据，供系统其他部分使用。

采取这种结构形式使得组态软件成为一个“与设备无关”的系统，对于不同的硬件设备，只需要定制相应的设备构件放置到设备管理子系统中，并设置相关的属性，系统就可以对此设备进行操作，而不需要对整个软件的系统结构做任何改动。

4．网络应用与通信系统

广义的通信系统是指传递信息所需要的一切技术设备的总和。这里的通信系统是指组态软件与外界进行数据交换的软件系统，对于组态软件来说，包含以下几个方面的通信。

（1）组态软件实时数据库等与 I/O 设备的通信。

（2）组态软件与第三方程序的通信，如与 MES 组件的通信、与独立的报表应用程序的通信等。

（3）在复杂的分布式监控系统中，不同 SCADA 节点之间的通信，如主机与从机间的通信（系统冗余时）、网络环境下 SCADA 服务器与 SCADA 客户机间的通信、基于 Internet 或 Intranet 应用中的 Web 服务器与 Web 客户机的通信等。

在设计组态软件时，一般要考虑解决异构环境下不同系统之间的通信。用户需要自己的组态软件与主流 I/O 设备及第三方厂商提供的应用程序之间进行数据交换，应使开发设计的软件支持目前主流的数据通信、数据交换标准。组态软件通过设备驱动程序与 I/O 设备进行数据交换，包括从下位机采集数据和发送来自上位机的设备指令。设备驱动程序是由高级语言编写的 DLL（动态链接库）文件，其中包含符合各种 I/O 设备通信协议的处理程序。组态软件负责在运行环境中调用相应的 I/O 设备驱动程序，将数据传送到工程的各个部分，完成整个系统的通信过程。组态软件与 I/O 设备之间通常通过以下几种方式进行数据交换：串行通信方式（支持 Modem 远程通信）、板卡方式（ISA 和 PCI 等总线）、网络节点方式（各种现场总线接口 I/O 及控制器）、适配器方式、DDE（快速 DDE）方式、OPC 方式、ODBC 方式等。可采用 NetBIOS、TCP/IP、NetBEUI、IPX/SPX 联网。

自动化软件正逐渐成为协作生产制造过程中不同阶段的核心系统，无论是用户还是硬件供应商都依赖自动化软件实现信息集成，这就要求自动化软件大量采用“标准化技术”，如 OPC、DDE、ActiveX 控件、COM/DCOM 等，这样可以使自动化软件演变成软件平台，在软件功能不能满足用户的特殊需求时，用户可以根据自己的需求进行二次开发。例如，组态王中提供了 4 个开发工具包，就是为了使用户可以进行二次开发。自动化软件采用标准化技术还便于将局部功能互连。在全厂范围内，不同厂家的自动化软件也可以实现互连，避免了“信息孤岛”现象。

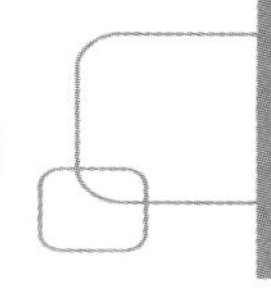

5．控制系统

组态软件控制系统的控制功能主要表现在弥补传统设备（如基于 PLC、DCS、智能仪表或 PC 的控制）控制能力的不足上。目前实际运行中的工业控制组态软件都是引入“策略”的概念来实现组态软件的控制功能的。策略相当于高级计算机语言中的函数，是经过编译后可执行的功能实体。控制策略构件由一些基本功能块组成，一个功能块实质上是一个微型程序（但不是一个独立的应用程序），代表一种操作、一种算法或一个变量。在很多组态软件中，控制策略是通过动态创建功能块类的对象实现的。功能块是策略的基本执行控制元素，控制策略以功能块的形式来完成对实时数据库的操作及对现场设备的控制等功能。在设计策略控件的时候我们可以利用面向对象的技术，把对数据的操作和处理封装在控件内部，而提供给用户的只是控件的属性和操作方法。用户只需要在控件的属性页中正确设置属性值和选定控件的操作方法，就能满足大多数工程项目的需要。由于目前工业控制系统的控制功能主要通过下位机来实现，因此，对组态软件的控制功能需求减少，控制系统已不作为组态软件的主要组件。

6．系统安全与用户管理

组态软件提供了一套完善的安全机制。用户能够自由组态控制菜单、按钮和退出系统的操作权限，只允许有操作权限的操作员对某些功能进行操作和对控制参数进行修改，防止意外地或非法地关闭系统、进入开发环境修改组态或对未授权数据进行更改等操作。图 4.29 所示为西门子 WinCC 组态软件的用户管理窗口。

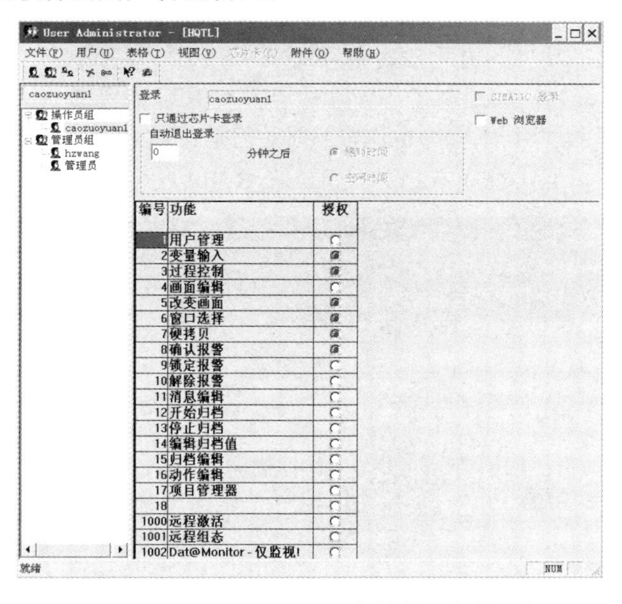

图 4.29　西门子 WinCC 组态软件的用户管理窗口

组态软件的操作权限机制和 Windows 操作系统类似，采用用户组和用户的机制来进行操作权限的控制。在组态软件中可以定义多个用户组，每个用户组可以有多个用户，而同一用户可以隶属于多个用户组。操作权限的分配是以用户组为单位进行的，即规定某种功能的操作哪些用户组有权限，而某个用户能否对这个功能进行操作取决于该用户所在的用户组是否

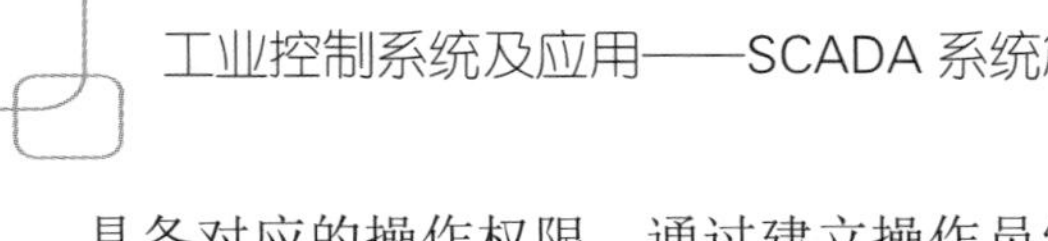

具备对应的操作权限。通过建立操作员组、工程师组、负责人组等不同操作权限的用户组，可以简化用户管理，确保系统安全运行。

iFIX 还可以将这种用户管理和操作系统的用户管理关联起来，以简化应用软件的用户管理。一些组态软件（如组态王、MCGS）还提供了工程密码、锁定软件狗、工程运行期限等功能，来保护使用组态软件的开发商所得的成果，开发者还可以利用这些功能保护自己的合法权益。

7．脚本语言

脚本语言的起源要追溯到 DCS 支持的高级语言。早期，多数 DCS 支持 1～2 种高级语言（如 Fortran、Pascal、Basic、C 等）。1991 年，Honeywell 公司新推出的 TDC3000LCN/UCN 系统支持 CL（Control Language），这既简化了语法，又增强了控制功能，把面向过程的控制语言引入了新的发展阶段。所谓脚本语言，是指组态软件内置的编程语言。在组态软件中，脚本的统称为 Script。

虽然采用组态软件开发人机界面把控制工程师从烦琐的高级语言编程中解脱出来了，它们只需要通过鼠标的拖、拉等操作就可以开发监控系统。但是，采取这种类似图形编程语言的方式开发系统有其局限性。在监控系统中，有些功能的实现还是要依赖一些脚本程序来实现。例如，可以在按下某个按钮时，打开某个窗口；或当某一个变量的值变化时，用脚本程序触发系列的逻辑控制，改变变量的值、图形对象的颜色和大小，控制图形对象的运动等。

所有的脚本程序都是由事件驱动的。事件可以是数据更改、条件、单击鼠标、计时器等。在同一个脚本程序内按照程序语句的先后顺序执行。不同类型的脚本决定在何处以何种方式加入脚本控制。目前组态软件的脚本语言主要有以下几种。

（1）自行开发脚本语言，如组态王等。这些语言类似 C 语言或 BASIC 语言，这种语言总体上比较简单，易学易用，控制工程师也比较熟悉。但是总体上这种编程语言的功能比较有限，能提供的库函数也不多，但实现成本相对较低。图 4.30 所示为组态王的脚本语言编辑窗口。

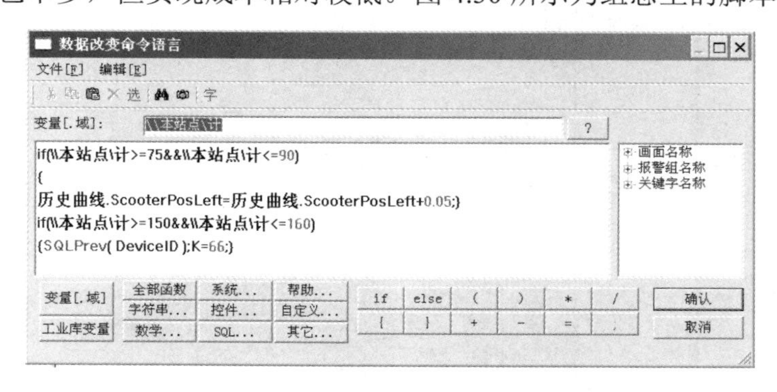

图 4.30　组态王的脚本语言编辑窗口

（2）采用 VBA，如 iFIX 等组态软件。VBA 比较简单、易学。采用 VBA 后，整个系统的灵活性大大提高，控制工程师编程的自由度也扩大了很多，一些组态软件本身不具有的功能可以通过 VBA 实现，控制工程师还可以开发一些针对特定行业的应用。

（3）支持多种脚本语言，目前来看，只有西门子的 WinCC。图 4.31 和图 4.32 所示为 WinCC 的脚本语言编辑窗口（C++语言）和 WinCC 的脚本语言编程窗口（VBA）。

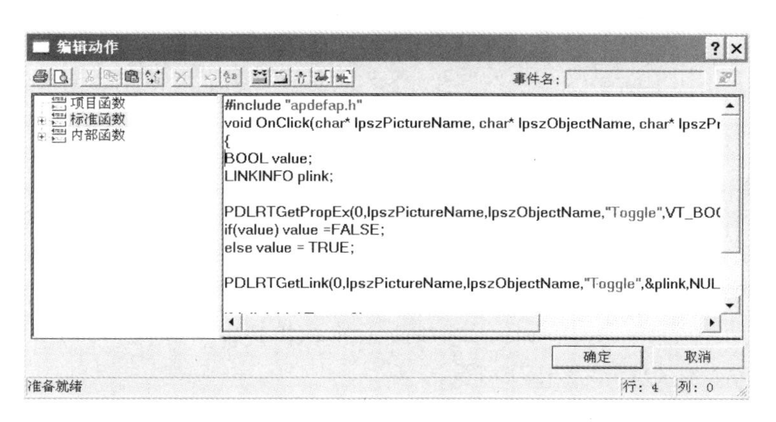

图 4.31　WinCC 脚本语言编辑窗口（C++语言）

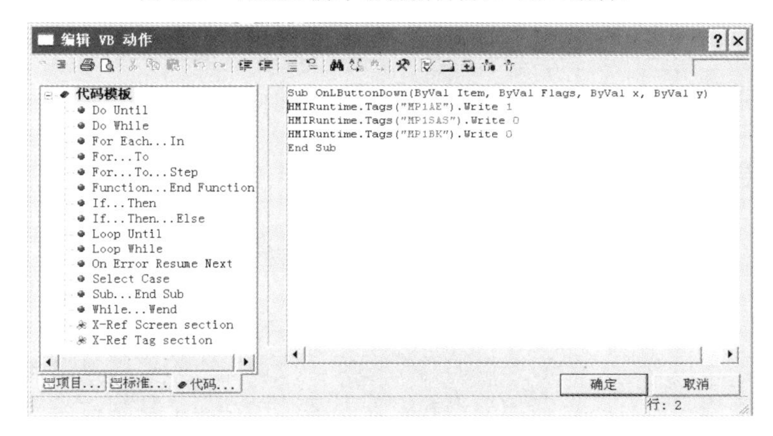

图 4.32　WinCC 的脚本语言编辑窗口（VBA）

脚本程序不仅能利用脚本编程环境提供的各种字符串函数、数学函数、文件操作等库函数，而且可以利用 API 函数来扩展组态软件的功能。

脚本程序的使用极大地增强了软件组态时的灵活性，使组态软件具有了部分高级语言编程环境的灵活性和功能。例如，可以引入事件驱动机制，当有窗口装入、卸载事件、鼠标左/右键的单击/双击事件、某键盘事件及其他事件发生时，就可以执行对应的脚本程序。

脚本程序一般具有语法检查等功能，方便开发人员检查和调试程序，并通过内置的编译系统将脚本编译成计算机可以执行的运行代码。

8．运行策略

所谓运行策略，是指用户为实现对运行系统流程的自由控制所组态生成的一系列功能块的总称。运行策略的建立使系统能够按照设定的顺序和条件操作实时数据库，控制用户窗口的打开、关闭及设备构件的工作状态，从而达到对系统工作过程精确控制及有序调度的目的。通过对运行策略的组态，用户可以自行完成大多数复杂工程项目的监控软件，而不需要烦琐的编程工作。

按照运行策略的不同作用和功能，一般把组态软件的运行策略分为启动策略、退出策略、循环策略、报警策略、事件策略、热键策略及用户策略等。每种策略都由一系列功能块组成。

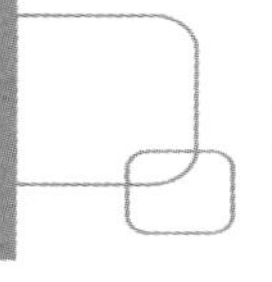

启动策略是指在系统运行时自动被调用一次，通常完成一些初始化工作等。

退出策略在退出时自动被系统调用一次。退出策略主要完成系统退出时的一些复位操作。有些组态软件的退出策略可以组态为退出监控系统运行环境转入开发环境、退出运行系统进入操作系统、退出操作系统并关机 3 种形式。

循环策略是指在系统运行时按照设定的时间循环运行的策略，在一个运行系统中，用户可以定义多个循环策略。

报警策略是用户在组态时创建的，在报警发生时该策略自动运行。

事件策略是用户在组态时创建的，当对应表达式的某种事件状态为真时，事件策略被自动调用。事件策略里可以组态多个事件。

热键策略由用户在组态时创建，在用户按下某个热键时该策略被调用。

用户策略由用户在组态时创建，在系统运行时供系统其他部分调用。

当然，需要说明的是，不同的组态软件对运行策略功能的实现方式是不同的，运行策略的组态方法也相差较大。

4.4.5　组态软件技术特色

不同的组态软件在系统运行方式、操作和使用上都有自己的特色，但它们总体上都具有以下特点。

1）简单灵活的可视化操作界面

组态软件多采用可视化、面向窗口的开发环境，符合用户的使用习惯和要求。以窗口或画面为单位，构造用户运行系统的图形界面，使组态工作既简单直观，又灵活多变。用户可以使用系统的默认结构，也可以根据需要自己组态配置，生成各种类型和风格的图形界面及组织这些图形界面。

2）实时多任务特性

实时多任务特性是工业控制组态软件的重要特点和工作基础。在实际工业控制中，同一台计算机往往需要同时对实时数据进行采集、处理、存储、检索、管理、输出，算法调用，实现图形、图表的显示，报警输出，实时通信等多个任务。实时多任务特性是衡量系统性能的重要指标，特别是对于大型系统，这一点尤为重要。

3）强大的网络功能

可支持 C/S 模式，实现多点数据传输；能运行于基于 TCP/IP 的网络上，利用 Internet 浏览器技术实现远程监控；提供基于网络的报警系统、基于网络的数据库系统、基于网络的冗余系统；实现以太网与不同的现场总线之间的通信。

4）高效的通信能力

简单地说，组态软件的通信就是上位机与下位机的数据交换。开放性是指组态软件能够支持多种通信协议，能够与不同厂家生产的设备互连，从而实现完成监控功能的上位机与完成数据采集功能的下位机之间的双向通信，它是衡量工业控制组态软件通信能力的标准。能够实现与不同厂家生产的各种工业控制设备的通信是工业控制组态软件得以广泛应用的基础。

5）接口的开放特性

接口的开放特性包括两个方面的含义。

（1）用户可以很容易地根据自己的需要对组态软件的功能进行扩展。由于组态软件是通用软件，而用户的需要是多方面的，因此用户或多或少都要扩展通用版软件的功能，这就要求组态软件留有这样的接口。例如，现有的不少组态软件允许用户用 VB 或 VC++等编程工具自行编制或定制所需要的设备构件，装入设备工具箱，不断充实设备工具箱。有些组态软件提供了一个高级开发向导，自动生成设备驱动程序的框架，为用户开发 I/O 设备驱动程序工作提供帮助。用户还可以使用自行编写动态链接库的方法在策略编辑器中挂接自己的应用程序模块。

（2）组态软件本身是开放系统，即采用组态软件开发的人机界面要能够通过标准接口与其他系统通信，这一点在目前强调信息集成的时代特别重要。人机界面处于综合自动化系统的底层，它要向制造执行系统等上层系统提供数据，同时接受其调度。此外，用户自行开发的一些先进控制或其他功能程序也要通过与人机界面或实时数据库的通信来实现。

现有的组态软件一方面支持 ODBC 数据库接口，另一方面普遍符合 OPC 规范，它们既可以作为 OPC 服务器，也可以作为 OPC 客户机，这样可以方便地与其他系统进行实时数据或历史数据交换，确保监控系统是开放系统。

6）多样化的报警功能

组态软件提供多种不同的报警方式，具有丰富的报警类型，方便用户进行报警设置，系统能够实时显示报警信息，对报警数据进行存储与应答，并且可以定义不同的应答类型，为工业现场安全、可靠运行提供有力的保障。

7）良好的可维护性

组态软件由几个功能块组成，主要的功能块以构件形式来构造，不同的构件有着不同的功能，且各自独立，易于维护。

8）丰富的设备对象图库和控件

对象图库是分类存储的各种对象（图形、控件等）的图库。组态时，只需要把各种对象从图库中取出，放置在相应的图形画面上。也可以自己按照规定的形式制作图形并加入图库。通过这种方式，可以解决软件复用的问题，提高工作效率，也方便定制许多面向特定行业应用的图库和控件。

9）丰富、生动的画面

组态软件多以图像、图形、报表、曲线等形式为操作员及时提供系统运行中的状态、品质及异常报警等相关信息；用大小变化、颜色变化、明暗闪烁、移动翻转等多种方式增加画面的动态显示效果；对图元、图符对象定义不同的状态属性，实现动画效果，还为用户提供了丰富的动画构件，每个动画构件都对应一个特定的动画功能。

4.5　主要的组态软件介绍

4.5.1　组态软件产品概述

组态软件经过近 40 年的发展，无论是技术、产品，还是市场，都逐渐趋向稳定。多数组态软件产品初期都是由一些小公司开发的，随着产品逐步成熟，被一些大公司收购，如 iFIX、

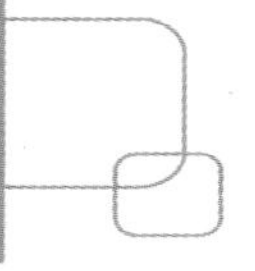

InTouch、Movicon 等。目前市场上主要的组态软件有施耐德公司的 InTouch 和 AVEVA Plant SCADA（原来的 Citect）、西门子公司的 WinCC、通用电气的 iFIX、罗克韦尔自动化的 FactoryTalk View、三菱电机的 GENESIS64（2019 年从美国 Iconics 公司收购）、艾默生的 Movicon（2020 年从意大利 Progea 公司收购）、法国彩虹的 PcVue 和俄罗斯 ADASTRA 公司的 TraceMode 等。国内的主要产品有组态王（KingView 和 KingScada）、紫金桥、力控等。总体来看，这些组态软件都可以作为 SCADA 系统的上位机软件开发平台，满足 SCADA 系统上位机的功能需求。

目前组态软件产品已比较成熟，一些组态软件厂商的业务重心向实时数据库、上层的 MES 等发展。为了满足物联网和工业互联网的需求，多数厂家把原来面向单一平台的产品扩展到嵌入式平台，并支持构建综合自动化软件平台及工业云平台。技术上还融合了互联网、虚拟化和人工智能等来提高产品的功能和适用性。

除了传统的组态软件，市场上还出现了开源的组态软件和一些不同于传统组态软件的产品。我国台湾研华公司的 WebAccess 系列组态软件基于 HTML5 技术，实现跨平台、跨浏览器的数据访问体验，具有一定特色。美国 Inductive Automation 公司的 Ignition 产品是近年来非常具有特色和发展潜力的新一代组态软件，在特斯拉的大型电动车组装工厂等领域得到了应用，超过 46%的全球 100 强企业和超过 30%的全球 500 强企业应用了 Ignition 产品。通过 Ignition 这个集成开发环境，用户可以无缝地收集数据，轻松设计各类工业应用程序，包括 SCADA、IIoT 和 MES 等。由于以服务器为中心和基于 Web 部署的模型，系统结构具有较好的灵活性和可扩展性，可以快速将客户端 Web 部署到任何地方或任何用户。Ignition 可以运行在 Windows、MacOS、Linux 或其他具有 Java 环境的操作系统上。由于支持 ARM 处理器，因此 Ignition 可以运行在网络边缘设备上。此外，与传统的组态软件授权方式不同，用户只需要购买一个 Ignition 服务器许可，运行的客户端数量不受限制。

限于篇幅，本节简单介绍 InTouch、SIMATIC WinCC 和组态王软件。由于组态软件的相似性，一般掌握一种组态软件的使用方法后，很容易学会使用其他组态软件。

4.5.2 施耐德的 InTouch 组态软件

InTouch 组态软件最早由 Wonderware 公司开发，经过两次收购，目前为施耐德所有，在施耐德收购 AVEVA 后，被称作 AVEVA InTouch。InTouch 是一个套件组合，包含历史数据库、批处理软件和 MES 等组件，HMI 是其中的人机界面。作为全球第一个 Windows 平台的组态软件，该产品的市场占有率较高。

InTouch 的智能符号使用户可以快速创建并部署自定义的应用程序，连接并传递实时信息。其灵活的结构可以确保 InTouch 应用程序满足客户目前的需求，并可根据将来的需求进行扩展。InTouch 应用程序可以从移动设备、瘦客户端、计算机节点，甚至通过 Internet 进行访问。InTouch 支持微软集成安全设置、活动目录（AD）和智能卡技术。在受管制和需要验证的行业中，InTouch 应用程序可帮助客户满足 FDA 21 CFR 第 11 部分等最严格的安全要求。InTouch 支持微软 Hyper-V 和 VMware 虚拟化技术，从而最大限度地缩短停机时间，并确保业务保持在可控范围内。图 4.33 所示为 InTouch 组态软件的开发环境。

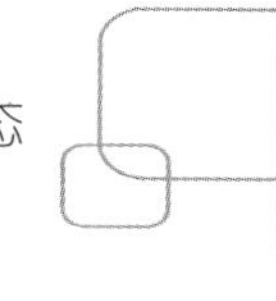

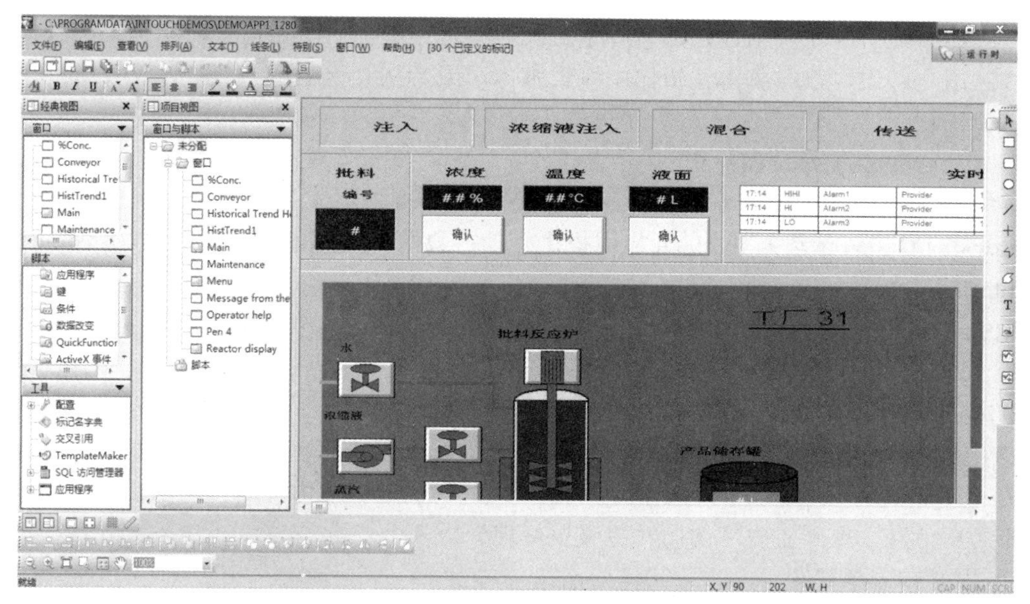

图 4.33　InTouch 组态软件的开发环境

InTouch 的技术特色主要表现在以下 6 个方面。

1）分布式应用特点

InTouch 软件功能丰富、运行稳定，是单独运行的应用程序的理想选择；在分布式“网络应用程序开发”（NAD）环境中，它也可以扩展到成百上千的节点上。通过使用一个网络服务器，NAD 功能集中了 InTouch 主应用程序的维护。每个客户端节点制作一个主应用程序的就地备份，从而可以提供强大的冗余。即使没有服务器，客户端节点也可以保持运行，即使用应用程序的就地备份来运行。有了服务器后的再连接是透明和无缝的。NAD 允许用户不关掉运行的 InTouch 应用程序就能接受客户端节点的 InTouch 应用程序改变。

2）图形用户界面（GUI）

InTouch 软件支持用户为其过程快速、方便地开发定制的图形界面。用户可以在 InTouch Window Maker 中使用多种工具开发图形，这些工具包括标准的图形组件、位图图像、ActiveX 控件及符号工厂（Symbol Factory），Symbol Factory 是一个高级图形库，它包含数以千计的预先配置的工业图形。所有这些工具都非常易于使用且直观，因此，用户可以快速开发和部署可视化应用。

3）强大的 QuickScript

可以根据众多的参数配置脚本，如特定的工艺条件、数据变化、应用事件、窗口事件、键盘敲击事件、ActiveX 事件等，使用 QuickScript 编辑器扩展和定制 InTouch 应用，以满足特定的系统需求。QuickScript 环境还支持 QuickFunctions，它们允许用户开发一个可复用的脚本库，从而简化应用，减少初始工程和应用维护时间，简化应用部署。

QuickScript 编辑器简单易用，它允许用户制定所有的应用过程。在生成脚本时，用户可以在带有常用表达式和结构（如>、<、for…next 和 if…then else）的按钮上点按。可以通过向导调用高级功能（如数学函数、字符串转换函数等），在调用这些高级功能时，系统会提示用户输入必要的参数，保证函数语法的正确性。

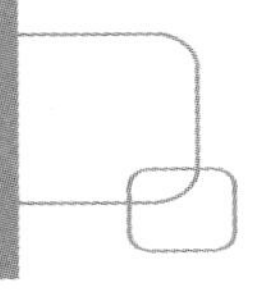

内嵌的验证引擎允许用户在部署脚本之前对其进行验证，防止运行时出错。另外，对于更高级的用户，还可以在脚本编辑器中编辑脚本，或者从其他应用中剪切，这样有助于复用和节省设计时间。

4）广泛的 I/O 驱动支持

InTouch 提供了大量的 I/O 服务器，支持用户连接任何工业自动化控制设备。所有的 Wonderware I/O Server 都为 InTouch 应用提供了动态数据交换（DDE）通信能力及 Wonderware 的 SuiteLink 协议。FactorySuite 工具包支持开发新的或私有的 I/O 或 SuiteLink 服务器。Wonderware 支持 OPC 规范，InTouch 和其他的 FactorySuite 组件都能够作为 OPC 客户机。

5）分布式的历史信息

InTouch 软件包括一个分布式的历史趋势系统，该系统允许用户动态地为每个趋势图表笔指定一个特定的历史文件数据源。这样，操作员可以在同一个趋势图中观察本地 InTouch 历史和 IndustrialSQL Server 上的历史信息。分布式的历史趋势能力使用户可以在一个屏幕上快速分析历史信息，在节省时间的同时能够更好地分析多个变量。

6）报警的 3 个视图

（1）分布式的报警显示——分布式的报警显示支持操作员在运行时选择和预先配置报警视图。这种显示给出摘要（当前）的报警信息。

（2）数据库观察器控件——数据库观察器控件显示已经记录到 InTouch 报警日志数据库（Alarm Logger Database）中的报警信息。

（3）报警观察器控件——报警观察器控件是一个 ActiveX 控件，它同时提供摘要（当前）报警信息和历史（会话）报警信息。报警观察器控件支持操作员按照运行时的优先级排序报警信息，且用户对系统中的摘要报警和历史报警信息的检索具有控制能力。

4.5.3 西门子的 SIMATIC WinCC 和 WinCC OA

作为工业自动化巨头，西门子不断收购与工业控制相关的软件，通过整合形成了丰富的产品线。在组态软件/SCADA 平台上，SIMATIC 家族的产品有面向中小型应用的 WinCC Professional（集成在 Portal 套件中）、面向中大型应用的 WinCC 及面向广域分布式应用的 WinCC OA 等，全面覆盖了机器级、厂线级、工厂级和特定行业/客户的应用范围。

1. SIMATIC WinCC

SIMATIC WinCC（视窗控制中心）是西门子公司在自动化领域中的先进技术和 Microsoft 的强大功能相结合的产物。它有各种有效功能用于自动化过程，是用于个人计算机上的，按价格和性能分级的人机界面和 SCADA 系统。目前 WinCC 的最新版本是 7.5SP2，增加了云连接等新特性。图 4.34 所示为 WinCC 开发环境窗口。SIMATIC WinCC 是第一个使用 32 位技术的过程监视系统，具有良好的开放性和灵活性。可以容易地结合标准和用户程序生成人机界面，准确满足实际要求。WinCC 具有以下系统特性。

（1）SIMATIC WinCC 是一个通用的系统。WinCC 在自动化领域中可用于所有的操作员控制和监控任务。WinCC 可将过程和生产中发生的事件清楚地显示出来。它显示当前状态并按顺序记录。所记录的数据可以全部显示或选择简要形式显示，可连续编辑或按要求编辑，并且可以输出。

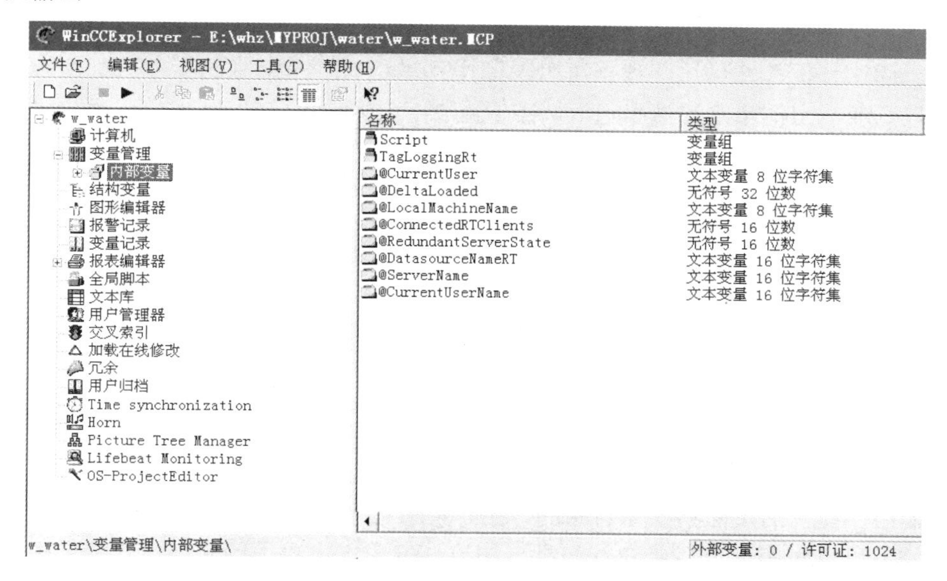

图 4.34　WinCC 开发环境窗口

（2）SIMATIC WinCC 功能可随任务增加。将软件的特殊功能做成可选软件包，客户可以单独选购，适用于数据和功能的扩展。例如，通过服务器可选软件包，可以将已有的单用户组态系统扩展成一个多用户系统。

（3）SIMATIC WinCC 人机界面和 SCADA 系统是为全球用户开发的具有自动化领域的先进技术的产品。SIMATIC 人机界面产品具有在线语言切换功能，这种功能在过程操作中不但对图表信息和测量值有效，而且对配置软件有效。WinCC 有 5 种语言可供选择，允许用户在系统安装中选择合适的语言。此外，用户能在合适的语言环境中设计运行界面，很容易适应各个国家的用户需求。

（4）SIMATIC WinCC 保证数据的完整性。通过两个冗余的工作站，WinCC 提供连续的文档数据选择和系统操作的安全保证。在一个服务器受干扰后，系统切换客户机到其他服务器上，以确保连续操作。当故障的服务器重新启动时，两台服务器的文档自动匹配，以保证文档数据不中断。

SIMATIC WinCC 主要包括计算机（Computer）、标签管理（Tag Management）、数据类型（Data Type）和编辑器（Editor）四大部分。其中，计算机一项是指对计算机进行有关的设置；标签管理是指对标签进行初始化定义；数据类型是指对标签所代表的数据类型进行定义；编辑器是指最为主要的部分，它主要包括以下几个部分。

（1）图形编辑器（Graphics Designer）。WinCC 的图形编辑器用来处理过程操作中所有屏幕上的输入信号和输出信号。图形编辑器提供了一个标准图库，用户也可以自己制作图形，还可以在图形中使用 OLE 对象将在其他软件中设计的对象或图库中的对象调到图形编辑器中。所有图形对象的外观都可动态控制。图形的几何形状、颜色、式样、层次都可通过过程制定或直接通过程序来定义和修改。

（2）报警存档（Alarm Logging）。报警存档用于监控生产过程事件，来自自动化系统事件

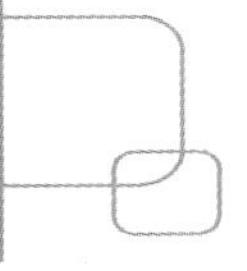

及 WinCC 系统事件，并进行处理。它用可视和可听的方式显示所记录的事件，并可以打印下来。WinCC 的报警存档可以自由定义，因此，它可以满足特殊系统的特殊要求。

（3）标签存档（Tag Logging）。WinCC 除了可以显示当前状态，还能根据需要记录经济、技术数据。通过分析和评估这些数据可以保证操作进程有一个清晰的全貌。标签存档可以记录单个测量点或一组测量点的测量值。为安全起见，数据被存储于硬盘中。用户可以用不同的方法记录测量值，如可以循环记录或由事件触发来记录。存档值可以用趋势图或表格形式来表示，既可以在屏幕上表示，也可以打印成报表。

（4）全局脚本。全局脚本就是 C 语言函数和动作的统称，用于给对象组态动作并通过调用系统内部 C 语言编译器来处理。它为用户提供一个 C 语言的编程环境。利用它编辑的 C 函数可以用于 WinCC 内的任何地方，如连接到监控画面的对象上或用于数据记录。

（5）用户管理器。用户管理器用于分配和控制用户的单个组态和运行系统编辑器的访问权限，对于一个生产过程，登录和 WinCC 操作可以被禁止，以防止非法访问。每建立一个用户，就设置 WinCC 功能的访问权限并独立分配给此用户，至多可分配 999 个不同的授权。

（6）报表系统（Report Designer）。WinCC 提供了一套集成的报表系统，能将 WinCC 里的数据打印输出，输出的页面格式是自由的，用户可进行自定义。可以同时设定 3 个打印机，每个打印任务可以对应一个自己的打印机，如果该打印机失败，预先设定的打印机就会接替该打印机进行打印任务。

2．SIMATIC WinCC OA

SIMATIC WinCC OA（Open Architecture），以下简称为 WinCC OA，是西门子于 2007 年收购而来的，并被逐步整合到 SIMATIC WinCC 产品族中。WinCC OA 具有以下特点。

（1）适用于大型和超大型应用场合。WinCC OA 可以处理大于 15 000 000 个外部信号点，操作 2048 个分布式系统服务器，主要适用于广域分布式的大型复杂应用。

（2）WinCC OA 具有跨平台特性。WinCC OA 可以运行在 Windows、Linux、UNIX 等服务器/桌面操作系统上，也支持 IOS、Android 等嵌入式平台。

（3）高可用性。WinCC OA 采用了冗余与模块化设计等分布式技术，支持多种冗余结构，具有高可用性和高稳定性。

（4）较高的功能安全等级。WinCC OA 是全球首个通过 SIL3 认证的 SCADA 系统。

（5）开放性高，支持高度定制。WinCC OA 支持大量主流网络技术和开源软件进行二次开发，可以深度定制个性化的 SCADA 系统。

（6）广泛的设备支持。WinCC OA 具有各种主流产品的驱动，支持大量私有和标准通信协议。还可以通过 Socket、WebService 等方式进行数据通信和交换。

4.5.4 亚控科技组态王软件

北京亚控科技公司具有较为丰富的工业自动化软件，包括工业互联网平台 KingIOBox、监控软件 KingView 与 KingSCADA、工业实时/历史数据库 KingHistorian 和数据采集平台 KingIOServer 等。KingView 是中国第一款商品化的组态软件产品。目前常用的组态软件版本是 KingView 6.6 和 KingView 7.5，KingView 6.6 版本可以看作老版本的升级，而 KingView 7.5

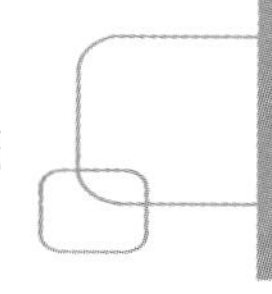

版本比 KingView 6.6 版本增加了移动端的开发等功能，且这两个版本在工程上不兼容。

组态王系列产品是国产组态软件中市场占有率最高的产品，适用于从单机到大型且网络结构复杂的工程需求。组态王具有模型应用、远程集中管理部署、多人同时开发、分层分布式网络、强大数据采集和处理等功能。其主要技术特色如下。

- 具有可视化操作界面、真彩显示图形、支持渐进色、图库丰富、支持动画连接。
- 强大的灵活性，拥有全面的脚本与图形动画功能。可以对画面中的一部分进行保存，以便以后分析或打印。
- 变量导入/导出功能，变量可以导出到 Excel 表格中，方便对变量名称等属性进行修改，并导入新工程，实现了对变量的二次利用，节省了开发时间。
- 强大的分布式报警、事件处理功能，支持对实时数据、历史数据的分布式保存。
- 内置脚本，支持多种形式的定时、事件触发，便于用户扩展应用而提供自定义函数功能，可以实现复杂的逻辑操作与决策处理。
- 全新的 WebServer 结构，全面支持画面发布、实时数据发布、历史数据发布及数据库数据发布。同时支持 C/S、B/S 结构模式。
- 强大的实时和历史报警功能。报警方式丰富，包括越限报警、变化率报警、偏差报警等方式；产生报警后，支持通过画面、语音、短信、E-mail 等方式通知操作人员；报警和事件管理提供多种管理功能，包括基于事件的报警、报警分组管理、报警优先级、报警过滤；提供多种报警记录保存方式，如文件、数据库、打印机等。
- 内置各行业的专业控件，同时支持 Windows 标准 ActiveX 控件（主要为可视控件）和用户自制的 ActiveX 控件。
- 丰富的设备支持库，支持常见的 PLC 设备、智能仪表、智能模块。支持多种协议数据采集，包括 GPRS、短信、以太网、OPC 等通信。
- 提供硬加密及软授权两种授权方式。具有二次授权功能，并且增加了二次授权 App，使得授权激活更加方便。
- 可将 SVG（可缩放矢量图形）图形文件一键导入组态画面，转换为组态王的基本图形元素，导入之后的图形可以关联变量及配置动画连接。免去组态工程师在组态王中重复设计、开发相同的图形，大大降低组态工作量。同时，可以从网上搜索合适的 SVG 图形或自定义编辑 SVG 图形，让组态画面更加友好、契合现场。
- 丰富的冗余功能，支持双机冗余、双设备冗余、双网冗余等，冗余切换性能高，响应速度可达 1 秒。
- 内置报表系统，可定制实时、历史报表。提供向导式报表开发，无须脚本，可快速配置生成组态王历史库、亚控工业实时数据库和关系型数据库的数据报表。
- 支持 SOAP 和 Restful 两种协议的 WebService 服务，将 WebService 服务集成在运行系统上。WebService 是一种跨编程语言和跨操作平台的远程调用技术。使用 SOAP 协议的 WebService 服务时，可通过.Net、Java 两种语言编写客户端；使用 Restful 协议的客户端可通过.Net、Java、Nodejs 3 种语言编写。启动运行系统后，跨平台、跨语言的客户端就可以访问组态王 WebService，以达到获取变量列表、获取变量、设置变量、获取变量比特值的功能。

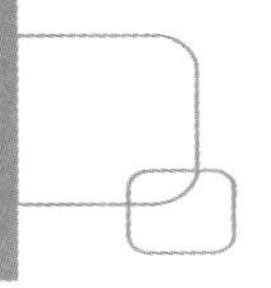

4.6 用组态软件开发 SCADA 系统上位机人机界面

无论选用什么样的组态软件开发 SCADA 系统的人机界面，通常都包括以下内容。当然，具体组态工作除了与监控系统的要求有关，还取决于所选用的组态软件，不同的组态软件在完成类似功能时会有不同的操作方法和步骤。

4.6.1 组态软件选型

目前组态软件种类繁多，各具特色，任意组态软件都有其优点和不足。通常进行组态软件选型时，要考虑如下几个方面。

1. 系统规模

系统规模的大小在很大程度上决定了可选择的组态软件的范围。各种组态软件的价格是按照系统规模来定的。组态软件的基本系统通常是以点数来计算，并以 64 点的整数倍来划分的，如 64 点、128 点、256 点、512 点、1024 点及无限点等。这里，点数实际上表示组态软件中的变量，而组态软件中有以下两种类型的变量。

（1）外部变量，也称为 I/O 变量。凡是组态软件数据字典/实时数据库中定义的与现场 I/O 设备连接的变量，包括模拟量和数字量等，都是外部变量。对模拟输入和输出设备而言，对应模拟 I/O 变量；对数字设备而言，如电机的启、停和故障等信号，对应数字 I/O 变量。I/O 变量还有另外一种情况，即 PLC 中用于控制等目的而用到的大量寄存器变量，如三菱电机 PLC 中的 M 和 D 寄存器等，西门子 PLC 的 M*.*位寄存器和 MD、DB 块等，这些寄存器都要与组态软件进行通信，也属于外部变量。

（2）内部变量。内部变量是在人机界面开发时要用到的一些变量，这些内部变量也在数据字典中定义，但它们不和现场设备连接。

这里要特别注意的是，不同的组态软件对点的定义不同，有些软件的点仅指 I/O 变量，如 iFIX、WinCC；而有些组态软件把内部变量和外部变量都统计为点，如组态王和 InTouch。通常在选型中，考虑到系统扩展等，点数要有 20%的裕量。

2. 组态软件的稳定性和可靠性

组态软件应用于工业控制时要在现场长期运行，其稳定性和可靠性十分重要。一些组态软件应用于小型 SCADA 系统，其性能不错，但随着系统规模变大，其稳定性和可靠性就会下降，有些甚至不能满足要求。例如，某些组态软件的冗余功能存在不足，当一台服务器出现故障时，不能切换到冗余服务器上。目前考察组态软件的稳定性和可靠性主要根据该软件在工业过程，特别是大型工业过程的应用情况。目前，随着国产组态软件的性能不断提升，工程案例不断增加，在一些大型工程中，国产组态软件的使用也越来越多了。

3. 软件价格

软件价格也是在组态软件选型中要考虑的重要方面。组态软件的价格随着点数的增加而增加。不同的组态软件，价格相差较大。在满足系统性能要求的情况下，可以选择价格较低的产品。购买组态软件时，还应注意该软件开发版和运行版的使用。有些组态软件，其开发

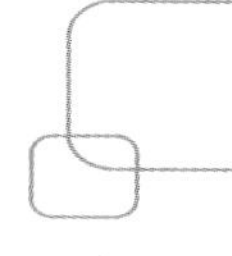

版只能用于开发，不能在现场长期运行，如组态王。而有些组态软件，其开发版也可以在现场运行。因此，若用组态王开发 SCADA 系统的人机界面，就要同时购买开发版（I/O 点数大于 64 时）和运行版。目前多数组态软件授权还分服务器和客户机版本，服务器与现场设备通信，并为客户机提供数据。而客户机本身不与现场设备通信，只与 SCADA 服务器进行数据交换。一般客户机授权价格比服务器授权价格要便宜不少，在像 WinCC 这样的客户机上只需要安装最少点数的运行版授权（RT 128），不用管服务器的 I/O 点数是多少。因此，对于大型工程，可以根据服务器数量及客户机数量购买授权，从而降低软件成本。当然，目前不少组态软件除了基本版本，许多功能组件是要另外购买的，用户要根据自己的功能需求与销售商确定要购买哪些授权，否则某些功能无法使用。

4．对 I/O 设备的支持

对 I/O 设备的支持是驱动问题，这一点对组态软件十分重要。再好的组态软件，如果不能和已选型的现场设备通信，也不能选用，除非组态软件供应商同意替客户开发该设备的驱动，当然，这很可能要付出一定的经济代价。目前组态软件支持的通信方式如下。

（1）专用驱动程序，针对各种板卡、串口、以太网口设备及采用私有协议的设备。

（2）DDE、OPC 等方式，DDE 属于被淘汰的技术，但仍然在大量使用。

（3）ActiveX 形式的驱动。

相对而言，国产的组态软件对板卡、仪表与模型等设备的驱动极其丰富，而国外组态软件由于市场定位在高端，因此对这些硬件设备的支持能力较差。

5．软件的开放性

由于现代工厂不再是自动化“孤岛”，非常强调信息共享，因此组态软件的开放性变得十分重要。组态软件的开放性包含两个方面的含义：一是指它与现场设备的通信；二是指它作为数据库服务器，与管理系统等其他信息系统的通信能力。一般来说，SCADA 软件的上层是 MES，要求组态软件能通过多种方式与 MES 进行数据交换。

目前随着移动互联网的普及，要求组态软件支持移动客户端的监控功能。若用户有这方面的需求，则要确定欲选用的组态软件是否支持该功能。

6．服务与升级

由于组态软件在使用中都会碰到或多或少的问题，因此能否得到及时的帮助变得十分重要。另外，还要考虑系统升级要求，系统要能够平滑过渡到未来的新版本，甚至新的操作系统。在这方面，不同的公司有不同的市场策略，购买前一定要向软件供应商询问清楚，否则，将来会有麻烦。

4.6.2　组态软件设计 SCADA 人机界面的原则与步骤

1．人机界面设计的基本原则

SCADA 系统上位机人机界面是操作人员对生产过程进行监控的窗口，因此，一个好的人机界面对于操作人员准确监控生产状态、处理各类报警和异常事件具有重要的作用。

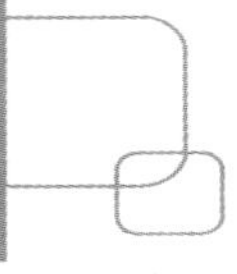

人机接口的应用范围越来越广泛，ISA 组织制定了人机接口标准——ISA101 规范，其第一个标准是 ANSI/ISA101.01（2015），主要针对过程自动化系统中的人机界面，主要内容包括菜单结构、屏幕导航规范、图形和色彩规范、动态元素、报警规范、安全方法和电子签名属性、具有后台编程和历史数据库的接口、弹出窗口规范、帮助屏幕和报警关联的方法、编程对象接口、数据库、服务器和网络组态接口等方面。

一般来说，进行人机界面设计时，要遵循以下原则。

（1）针对用户的需求进行设计。系统设计要以用户为中心，以用户的需求为出发点，满足用户对系统功能、操作习惯、操作优先级等的要求，同时与工作和应用环境相协调。因此，在人机界面的开发过程中，要不断征求企业或操作人员的意见，通过反馈来提高用户的满意度，减少后期的修改工作量。

（2）功能原则。人机界面实现的功能按照重要性分为主要功能、次要功能和辅助功能；按照使用频率分为常用功能和非常用功能；按照功能的可达性可分为快速可达功能和非快速可达功能。因此，在功能设计上，要按照对象应用环境和场合（如流水线上、中控室中等）的具体使用功能要求，针对不同类型的功能特点，通过功能分区、菜单分级、提示分层、对话栏并举等多种技术手段，设计出满足并行处理和交互实时性要求的功能界面。

（3）顺序原则。按照操作人员处理事件的顺序、执行各类访问操作或查看操作的顺序来进行人机界面设计。例如，操作人员一般先看整体流程，再看子系统流程这种由大到小、由顶层到底层的顺序，以及报警等异常操作优先处理的顺序等。了解了这些操作顺序后，就能更好地设计人机界面的各类主界面及次级界面。

（4）一致性原则。主要体现在同一个工程中，如色彩的一致（如设备正常状态与故障状态的颜色、动画）、文本的一致、同类介质管线的一致、同类设备操作方式的一致、同类指令界面的一致、界面布局的一致等。如果有企业或相关行业标准，那么应该遵循这些标准，从而达到更好的一致性。这种一致性不仅可以提高人机界面的美观程度，使操作人员和管理人员看界面时感到舒适，而且能减少紧急情况下的操作失误。

（5）重要性原则。按照人机界面中各种功能的重要性来设计人机界面的交互方式，如人机界面的主次菜单和对话窗口的位置和突显性，有助于操作人员实施操作、监控、调度和管理功能，特别是应急处理。由于安全的重要性，为了及时监控报警信息，一般无论人机界面窗口的内容如何切换，报警条或报警窗口总是出现在当前的人机界面上。

2. 人机界面设计的主要内容与步骤

在完成了 SCADA 系统的设计（详细内容见第 7 章），确定了 SCADA 系统的结构，细化了每个客户机上人机界面的功能后，就能进行具体的人机界面设计了。这里以单机应用为例，介绍 SCADA 系统人机界面的设计步骤。

1）数据库组态、添加设备、定义变量等

根据统计的系统 I/O 点数，首先进行数据库（SCADA 软件内置）组态。数据库组态主要体现在添加 I/O 设备和定义变量。要注意添加的设备类型，选择正确的设备驱动。设备添加工作并不复杂，但在实际操作中，经常会出现问题。虽然采取组态方式来定义设备，但是如果参数设置不恰当，通信常会不成功，因此参数设置要特别小心，一定要按照 I/O 设备用户手册来操作。

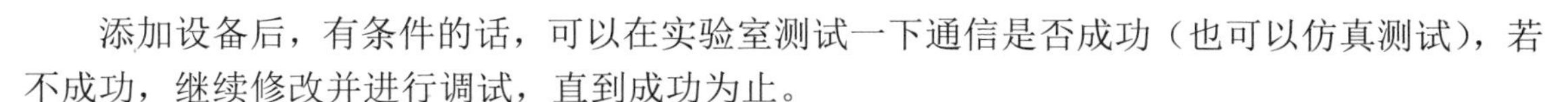

添加设备后，有条件的话，可以在实验室测试一下通信是否成功（也可以仿真测试），若不成功，继续修改并进行调试，直到成功为止。

设备添加成功后，就可以添加变量了，有 I/O 变量和内存变量。添加变量前一定要进行规划，不要随意增加变量。比较好的做法是做出一个完整的 I/O 变量列表，标明变量名称、地址、类型、报警特性和报警值、标签名等，对模拟量而言，还有量程、单位、标度变换等信息。对于一些具有非线性特性的变量进行标度变换时，需要做一个表格或定义一组公式。给变量命名最好有一定的实际意义，以方便后续的组态和调试，还可以在变量注释中写上具体的物理意义。对内存变量的添加也要谨慎，因为有些组态软件会把这些点数计入总的 I/O 点。

对于大型系统，变量有很多，如果一个个定义变量十分麻烦，现有的一些组态软件可以直接从 PLC 中读取变量作为标签，简化了变量定义的工作；或者可以在 Excel 中定义变量，再导入组态软件。

2）显示画面组态

显示画面组态就是为计算机监控系统设计一个方便操作员使用的人机界面。画面组态要遵循人机工程学。画面组态前一定要确定现场运行的计算机的分辨率，最好保证设计时的分辨率与现场一样，否则会造成软件在现场运行时画面失真，特别是当画面中有位图时，很容易导致画面失真问题。画面组态常常因人而异，不同的人因其不同的审美观对同样的画面有不同的看法，有时意见较难统一。一个比较好的办法是把初步设计的画面组态给最终用户看，征询其意见。画面组态做好后再修改比较麻烦。画面组态包括以下内容。

（1）根据监控功能的需要划分计算机显示屏幕，使得不同的区域显示不同的子画面。这里没有统一的画面布局方法，但有两种方法比较常用，如图 4.35 所示。由于目前大屏幕显示器多数是宽屏，因此图 4.35（b）中的布局更加合理。总览区主要有画面标题、当前报警行等。而按钮区主要有画面切换按钮和依赖于当前显示画面的显示与控制按钮。最大的窗口区域用于显示各种过程画面、放大的报警画面、趋势画面等。

LOGO	总览区	时钟 用户名
各种流程等 画面切换区		
按钮区		

（a）显示画面布局一

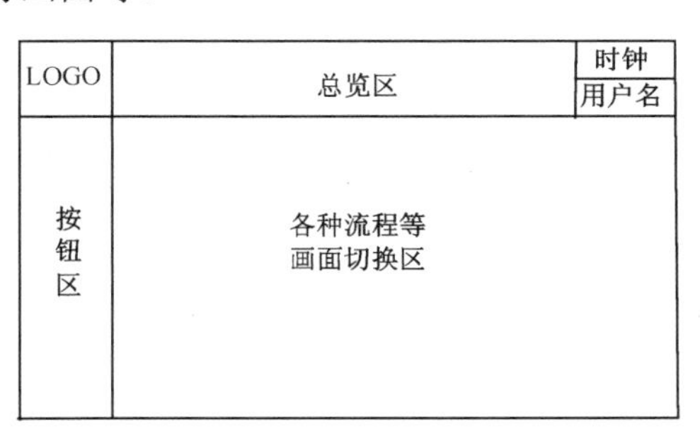

（b）显示画面布局二

图 4.35　显示画面的两种布局方式

（2）根据功能需要确定流程画面的数量、每个流程画面的具体设计，包括静态设计与动态设计，各个图形对象的属性，如大小、比例、颜色、亮度等。现有的组态软件都提供了丰富的图形库和工具箱，多数图形对象可以从中取出。动态画面一直是人机界面吸引操作人员注意力的常用方式。但是，必须谨慎使用动态画面，以避免恼人或分散注意力的移动、闪烁和弹出窗口。进行图形设计时要正确处理画面美观度、立体感、动画与画面占用资源的矛盾。

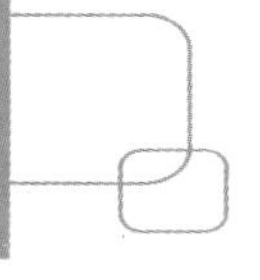

在人机界面设计开发中，要谨慎使用颜色。在一个项目中，要保持颜色的一致性。颜色的使用应使运行人员将注意力放在可操作的数据上，即通过有目的地使用颜色，来引起对部分数据的注意，或用于突出显示，或区分不同的数据点。对于国际化的工程，还需要考虑不同民族对于颜色的喜好。例如，在西方文化中，红色常被用来表示警告或危险，而在中国，红色代表好运和成功。

在设计显示模块（如仪表盘）时，可以多使用深色数据，尤其是带有柔和色或霓虹色调色板的深色背景。深色数据显示模板可以延长显示设备的电池寿命，减少眼睛疲劳，且能根据当前光线条件自动调整亮度，便于在黑暗环境中使用，更符合视觉人体工程学。

（3）把画面中的一些对象与具体的参数连接起来，即做所谓的动画连接。通过这些动画连接，可以更好地显示过程参数的变化、设备状态的变化和操作流程的变化，并且方便人工操作。动画连接实际是把画面中的参数与变量标签连接的过程。变量标签包括以下几种类型：I/O 设备连接（数据来源于 I/O 设备的过程）、网络数据库连接（数据来源于网络数据库的过程）、内部连接（本地数据库内部同一点或不同点的各参数之间的数据传递过程）。

显示画面中的不少对象在进行组态时，可以设置相应的操作权限和密码，这些对象对应的功能实现只对满足相应权限的用户有效。

3）报警组态

报警功能是 SCADA 系统人机界面的重要功能之一，对确保安全生产起重要作用。它的作用是当被控的过程参数、SCADA 系统通信参数及系统本身的某个参数偏离正常数值时，以声音、光线、闪烁等方式发出报警信号，提醒操作人员注意并采取相应的措施。报警组态的内容包括报警级别、报警限、报警方式、报警处理方式等。当然，这些功能的实现对于不同的组态软件会有所不同。

4）实时和历史趋势曲线组态

由于计算机在不停地采集数据，形成了大量的实时和历史数据，这些数据的变化趋势对了解生产情况和安全追忆等有重要作用。因此，组态软件都提供实时和历史曲线控件，只要做一些组态就可以了。并非所有的参数都能查询到历史趋势，只有选择进行历史记录的参数才会保存在历史数据库中，才可以观察它们的历史趋势曲线。

对于一个大型系统，参数有很多，如果每个参数都设置较小的记录周期，那么历史数据库的容量会很大，会影响系统的运行。因此，一定要根据监控要求合理设置参数的记录属性及保存周期等。

5）报表组态及设计

报表组态包括日报、周报或月报的组态，报表的内容和形式由生产企业确定。报表可以统计实时数据，但更多的是对历史数据的统计。绝大多数组态软件本身都不能做出很复杂的报表，一般的做法是采用 Crystal Report（水晶报表）等专门的工具做报表，数据本身通过 ODBC 等接口从组态软件的数据库中提取。

6）控制组态和设计

由于多数人机界面只是起监控的作用，而不直接对生产过程进行控制，因此，用组态软件开发人机界面时没有复杂的控制组态。这里说的控制组态主要是指当进行远程监控时，相应的指令如何传递到下位机中，以通过下位机来执行。常用的做法是定义一些起信息传递作

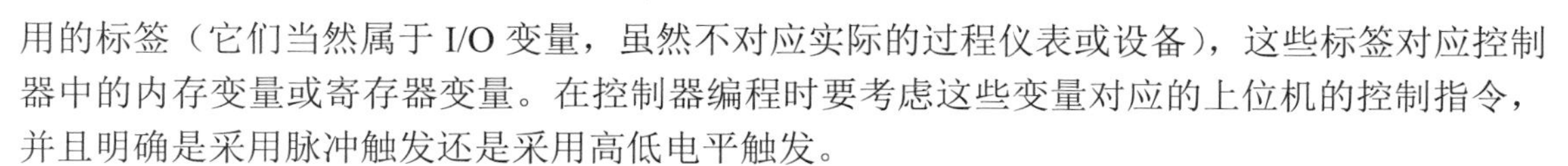
用的标签（它们当然属于 I/O 变量，虽然不对应实际的过程仪表或设备），这些标签对应控制器中的内存变量或寄存器变量。在控制器编程时要考虑这些变量对应的上位机的控制指令，并且明确是采用脉冲触发还是采用高低电平触发。

7）策略组态

根据系统的功能要求、操作流程、安全要求、显示要求、控制方式等，确定该进行哪些策略组态及每个策略的组态内容。

8）用户管理

对比较大型的监控系统而言，用户管理十分重要，会影响安全操作，甚至系统的安全运行。可以设置不同的用户组，它们有不同的权限，并把用户归入相应的用户组中。例如，工程师组的操作人员可以修改系统参数，对系统进行组态和修改；普通用户组的操作人员只能进行基本操作。当然，根据需要可以进一步细化。

4.6.3　SCADA 系统人机界面的调试

在整个组态工作完成后，可以进行离线调试，检验系统的功能是否满足要求。调试中要确保机器连续运行数周时间，以观察是否有机器速度变慢、死机等现象。在反复测试后，在现场进行联机调试，直到满足系统设计要求为止。

组态软件人机界面的调试是非常灵活的，为了验证所设计的功能是否与预期一致，可以随时由开发环境转入运行环境。可以对每个开发好的人机界面进行调试，而不是等所有界面开发完成后才对每个界面进行调试。

人机界面调试的主要内容如下。

（1）I/O 设备配置：有条件的可以把 I/O 硬件与系统连接，进行调试，以确保设备正常工作。若有问题，要检查设备驱动是否正确、参数设置是否合理、硬件连接是否正确等。

（2）变量定义：外部变量定义与 I/O 设备联系紧密，要检查变量连接的设备、地址、类型、报警设置、记录等是否准确。

（3）初始画面设置是否合理：一般的组态软件都要设置启动运行画面，即组态软件从开发状态进入运行状态后就被加载的画面。这些画面通常包括主菜单栏、主流程显示、LOGO 条等。

（4）画面切换是否正确及流畅：组态软件工程中包括许多不同功能的画面，用户可以通过各种按钮来切换画面，要测试这些画面切换是否正确和流畅，切换方式是否简捷、合理。考虑到系统的资源约束，在系统运行中，不可能把所有的画面都加载到内存中，若某些画面切换不流畅，可能是这些画面占用的资源较多，应该进行功能简化。

（5）数据显示：主要包括数据链接是否正确、数据的显示格式和单位等是否准确。当工程中的变量多了以后，常会出现变量链接错误，特别是采取复制等方式操作时，常会出现这样的错误。

（6）动画显示：动画显示是组态软件开发的人机界面最吸引人眼球的特性之一，要检查动画功能是否准确、表达方式是否恰当、占用资源是否合理、效果是否逼真等。

（7）其他方面，包括报警、报表、策略组态等。

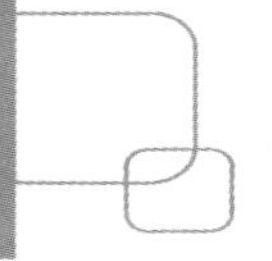

4.7 组态王软件开发人机界面实例分析

这里以亚控科技的组态王 7.5 版本为例加以说明。组态王 7.5 或 6.6 一般用于中小型 SCADA 系统，属于 KingView 类。对于大型 SCADA 系统，亚控科技主推 KingSCADA 产品。用组态王开发人机界面，主要包括以下步骤和内容。

4.7.1 设备添加与构建数据词典

数据库是“组态王”软件的核心和联系上位机与下位机的桥梁。工业现场的生产状况要以动画的形式反映在屏幕上，操作者在计算机上发送的指令要迅速送达生产现场，这些都以实时数据库为中介环节。在切换到 TouchView 运行环境时，实时数据库含有全部数据变量的当前值。变量在画面制作系统（组态王画面开发系统）中定义，定义时要指定变量名和变量类型，某些类型的变量需要一些附加信息。组态王把数据库中变量的集合形象地称为“数据词典”，数据词典记录了所有用户可使用的数据变量的详细信息。

组态王除了具有基本数据类型，还具有特殊变量类型。特殊变量类型包括报警窗口变量、历史趋势曲线变量、系统预设变量 3 种。这几种特殊类型的变量正好体现了“组态王”系统面向工业控制软件、自动生成人机接口的特色。

1. 组态王数据类型

组态王中变量的数据类型与一般程序设计语言中的变量类似，其基本数据类型有以下几种。

（1）实型变量：类似一般程序设计语言中的浮点型变量，用于表示浮点（Float）型数据，取值范围为 10E−38～10E+38，有效值为 7 位。

（2）离散变量：类似一般程序设计语言中的布尔（BOOL）变量，只有 0、1 两种取值，用于表示一些开关量。

（3）字符串型变量：类似一般程序设计语言中的字符串变量，可用于记录一些有特定含义的字符串，如名称、密码等，该类型的变量可以进行比较运算和赋值运算。字符串型变量长度的最大值为 128 个字符。

（4）整数变量：类似一般程序设计语言中的有符号长整数型变量，用于表示带符号的整型数据，取值范围为−12147483648～2147483647。

（5）结构变量：在工程实际中，往往一个被控对象有很多参数，而这样的被控对象有很多，且都具有相同的参数。如一个储料罐，可能有压力、液位、温度、上下限报警等参数，而这样的储料罐可能在同一工程中有很多。如果用户对每个对象的每个参数都在组态王中定义一个变量，有可能会造成使用时查找变量不方便，定义变量所耗费的时间很长，而且大多数定义的是有重复属性的变量。如果将这些参数作为一个对象变量的属性，在使用时直接定义对象变量，就会减少大量的工作，提高效率。因此，采用结构变量可以很好地处理这一问题。结构变量是指利用定义的结构模板在组态王中定义变量，该结构模板包含若干成员，当定义的变量的类型为该结构模板时，该模板下所有的成员都成为组态王的基本变量。一个结构模板下最多可以定义 64 个成员。在结构变量中，结构模板允许两层嵌套，即在定义了多个结构模板后，在一个结构模板的成员数据类型中可嵌套其他结构模板的数据类型。当组态王工程中定义了结构变量时，在变量类型的下拉列表框中会自动列出已定义的结构变量，一个结构变量作为一种变量类型，结构变量下可包含多个成员，每个成员就是一个基本变量，成员类型可以为内存变量，也可以为 I/O 变量。

2. 组态王中的变量定义

在工程浏览器中左边的目录树中选择“数据词典”项，右侧的内容显示区会显示当前工程中所定义的变量。双击“新建”图标，弹出“定义变量”属性对话框，如图 4.36 所示。组态王的变量属性由基本属性、报警定义、记录和安全区三个属性页（选项卡）组成。基本属性中的各项用来定义变量的基本特征，报警定义用于设置变量是否需要进行报警及对报警的属性进行设置，记录和安全区用于记录和安全区设置。采用这种卡片式管理方式，用户只要用鼠标单击卡片顶部的属性标签，该属性卡片就有效，用户可以定义相应的属性。

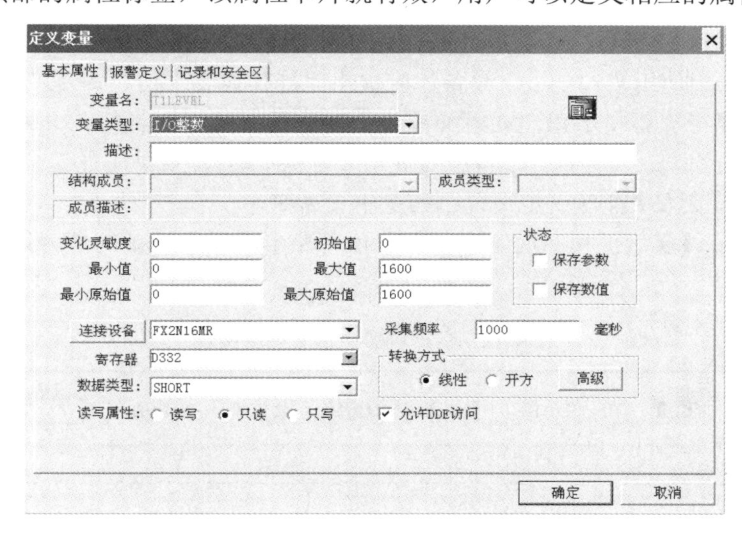

图 4.36　“定义变量”属性对话框

基本属性选项卡中各项的含义如下。

（1）变量名：唯一标识一个应用程序中数据变量的名字，同一应用程序中的数据变量不能重名，变量名区分大小写，最长不能超过 31 个字符。用鼠标单击编辑框的任何位置进入编辑状态，工程人员此时可以输入变量名，变量名可以是汉字或英文字符，第一个字符不能是数字。例如，温度、压力、液位、var1 等均可以作为变量名。

（2）变量类型：在对话框中只能定义 8 种基本类型中的一种，用鼠标单击变量类型下拉列表框列出可供选择的数据类型。当定义了结构模板时，一个结构模板就是一种变量类型。

（3）描述：用于输入对变量的描述信息，最长不超过 39 个字符。例如，若想在报警窗口中显示某变量的描述信息，可在定义变量时，在描述编辑框中加入适当说明，并在报警窗口中加上描述项，在运行系统的报警窗口中就能看见该变量的描述信息了。

（4）变化灵敏度：数据类型为模拟量或整型时此项有效。只有当该数据变量的值变化幅度超过“变化灵敏度”时，“组态王”才更新与之相连接的画面显示（默认为 0）。

（5）最小值与最大值：指该变量值在数据库中的下限与上限。

（6）最小原始值与最大原始值：变量为 I/O 模拟量时，驱动程序中输入原始模拟值的下限与上限。第（5）项和第（6）项是对 I/O 模拟量进行工程值自动转换所需要的。组态王将采集到的数据按照定义的对应关系自动转为工程值。

（7）保存参数：在系统运行时，若变量的域值（可读可写型）发生了变化，则组态王运行系统退出时，系统会自动保存该值。组态王运行系统再次启动后，变量的初始域值为上次运行系统退出时保存的值。

（8）保存数值：系统运行时，如果变量的值发生了变化，组态王运行系统退出时，系统自动保存该值。组态王运行系统再次启动后，变量的初始值为上次运行系统退出时保存的值。

（9）初始值：这项内容与所定义的变量类型有关，定义模拟量时出现编辑框可输入一个数值，定义离散量时出现开或关两种选择，定义字符串变量时出现编辑框可输入字符串，它们规定软件开始运行时变量的初始值。

（10）连接设备：只对 I/O 类型的变量起作用，开发人员只需要从下拉式“连接设备”列表框中选择相应的设备即可。此列表框所列出的连接设备名是组态王设备管理中已安装的逻辑设备名。用户要想使用自己的 I/O 设备，应单击“连接设备”按钮，“变量属性”对话框自动变成小图标出现在屏幕左下角，同时弹出“设备配置向导”对话框，开发人员根据安装向导完成相应设备的安装，当关闭“设备配置向导”对话框时，“变量属性”对话框又自动弹出；开发人员也可以直接从站管理中定义自己的逻辑设备名。

表 4.12 列出了该演示工程中所定义的部分内部整形变量及设定的部分属性。其他参数的定义与之类似。

表 4.12　数据词典中的整型变量表

变量名	初始值	最小值	最大值	报警组	优先级	低限值	低报警文本	高限值	高报警文本
钢包位置	170 cm	0	800		1				
原料罐液位	265 cm	0	500	液位	200	50		450	
反应罐液位	100 cm	0	800	液位	237	200	低	600	高
反应罐温度	81.2132℃	0	200	温度	400	60	低	150	高
叶片旋转状态	1	0	1000		1				
生产量	30 件	0	100		1				
历史曲线卷动量	14 %	0	9999		1				
钢包状态	63	0	200		1				
螺旋桨	2	0	800		1				
钢锭位置	250	0	800		1				
泵出液流	60m³/h	0	60		1				

4.7.2　图形界面设计

1．图形画面的基本概念

在人机界面中，用户直观看到的就是各种各样的图形界面。图 4.37 所示为用组态王软件开发的上位机人机界面。该演示工程包括化工反应器和炼钢车间两个生产流程监控界面，以

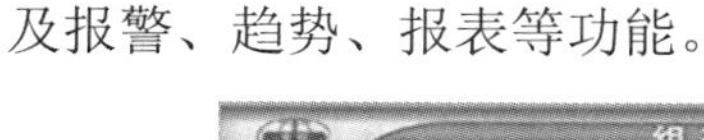
及报警、趋势、报表等功能。

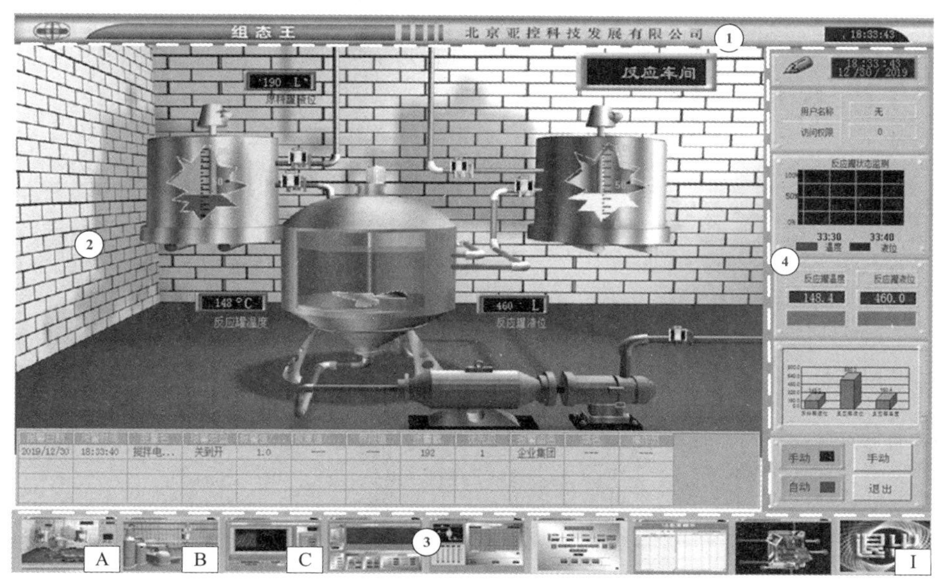

图 4.37　用组态软件开发的上位机人机界面

在人机界面开发时，开发人员要预先确定主界面、各个子界面如何设计，系统不同界面之间如何切换等。通常，一个人机界面工程包含几十个甚至上百个画面，如何把这些画面有机组合和调用，便于操作人员操作，便于操作人员快速实时监控，是需要与用户认真沟通的。

为了给操作人员一个总貌，总体流程画面是不可缺少的。一般要求操作人员可以从总貌界面切入其他功能界面。总貌确定后，需要确定具体的画面数量和功能，再进行每个画面的流程设计。通常可以根据设备的地理布置或流程的走向来分解工艺流程画面。流程画面中通常包括各种各样的图形元素，为了简化图形界面的开发，“组态王”采用面向对象的编程技术，使用户可以方便地建立画面的图形界面。用户构图时可以像搭积木那样利用系统提供的图形对象完成画面的生成。同时支持画面之间的图形对象复制，可重复使用以前的开发结果。工业过程有许多共性，各种组态软件都提供了图库。组态王把图库中的每个成员称为“图库精灵”，之所以称为“精灵”，是因为它们具有自己的“生命”。图库精灵在外观上类似于组合图素，但内嵌了丰富的动画连接和逻辑控制，开发人员只需要把它放在画面上，做少量的文字修改，就能动态控制图形的外观，同时能完成复杂的功能。

为了便于用户更好地使用图库，组态王提供图库管理器，如图 4.38 所示。图库管理器集成了图库管理操作，可以在统一的界面上完成新建图库、更改图库名称、加载用户开发的“精灵”、删除“图库精灵”。

用户可以根据自己的工程的需要，将一些需要重复使用的复杂图形做成“图库精灵”，加入图库管理器。组态王提供两种方式供用户自制图库。一种是编制程序方式，即用户利用亚控公司提供的图库开发包，自己利用 VC++开发工具和组态王开发系统中生成的“精灵”描述文本制作，生成*.dll 文件。关于这种方式，详见亚控公司提供的图库开发包。另一种是利用组态王开发系统中建立动画连接并合成图素的方式直接创建“图库精灵”。

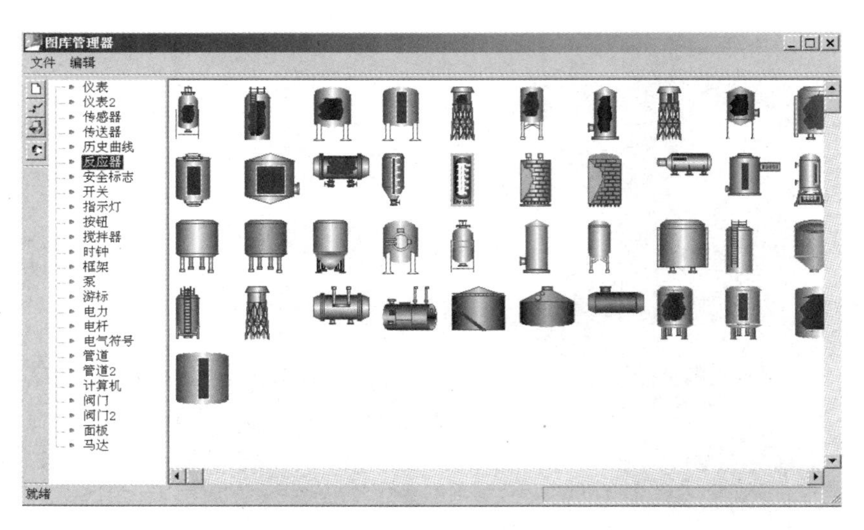

图 4.38　组态王图库管理器

在进行画面编辑时，除了常规的图形元素，还可以插入各种控件。控件是可复用的对象，用来执行专门的任务。每个控件实质上都是一个微型程序，但不是一个独立的应用程序，通过控件的属性、方法等控制控件的外观和行为，接收输入并提供输出。例如，Windows 操作系统中的组合列表框就是一个控件，通过设置属性可以决定组合列表框的大小、要显示文本的字体/类型/显示颜色。组态王的控件（如棒图、温控曲线等）就是一种微型程序，它们能提供各种属性和丰富的命令语言函数来完成各种特定的功能。

控件在外观上类似于组合图素，开发人员只需要把它放在画面上，然后配置控件的属性，进行相应的函数连接，控件就能完成复杂的功能。

当所实现的功能由主程序完成时需要制作很复杂的命令语言，或者当根本无法实现时，可以采用控件。主程序只需要向控件提供输入，而剩下的复杂工作由控件完成，主程序无须关心具体过程，只要控件提供所需要的结果即可。另外，控件的可复用性也提供了方便。比如，画面上需要多个二维条图，用以表示不同变量的变化情况，若没有棒图控件，则首先要利用工具箱绘制多个长方形框，然后对它们分别填充连接，每个变量对应一个长方形框，最后把这些复杂的步骤合在一起，才能完成棒图控件的功能。而直接利用棒图控件，工程人员只要把棒图控件复制到画面上，对它进行相应的属性设置和命令语言函数的连接，就可实现用二维条图或三维条图来显示多个不同变量的变化情况。显然，使用控件极大地提高了开发人员进行工程开发和工程运行的效率。

组态王本身提供很多内置控件，如列表框、选项按钮、棒图、温控曲线、视频控件等，这些控件只能通过组态王主程序来调用，其他程序无法使用，这些控件的使用主要是通过组态王相应控件函数或与之连接的变量实现的。

2．组态王演示工程图形画面制作

演示工程中的图形画面如图 4.39 所示。这些画面包括流程类、设备页眉类、控制类、用户管理类、报警显示类、趋势显示类、报表类、菜单类等。由于大型工程的画面很多，因此除了主菜单调用主要的画面（如一段生产过程），这些主要的画面中还有按钮或菜单可以调用与

该画面功能联系紧密的画面。每个画面可以设置不同的属性，包括背景、大小、显示位置、窗口类型等。设计好画面后，可以以文件形式存储。在运行环境中，通过菜单等指令可以调用这些画面的显示和关闭。

在组态王开发系统中可以为每个工程建立数目不限的画面，在每个画面上设计互相关联的静态或动态对象。在图 4.37 中，主界面中有 4 个图形画面在显示（对这 4 个画面用虚线进行了分割），它们分别是①页眉（画面最上面的细长画面）、②反应车间（画面左中侧，包括报警窗口）、③SL（画面最下面的长窗口，由 9 个图形按钮组成，为便于读者观看，用 A、B、C 等做标记）、④副菜单（画面右侧）。以下以反应车间为例详细说明单个画面的设计。

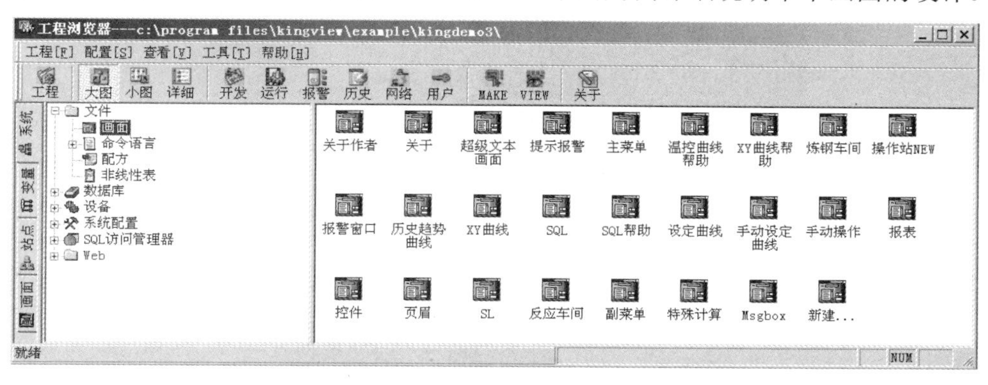

图 4.39　演示工程中的图形画面

反应车间画面的位图文件如图 4.40 所示。利用开发系统工具箱中的“点位图”控件，将用图形编辑软件画的图形粘贴而来。一般而言，组态软件画面制作工具箱本身提供的工具几乎不可能制作出这么美观的画面来。好的图形画面设计依旧依赖美工人员进行修饰。

图 4.40　反应车间画面的位图文件

在图 4.40 图形画面的基础上，添加各种图形元素，包括文本、图形、报警控件等，并进行相应的属性设置，得到如图 4.41 所示的反应车间画面。在画面编辑中，常常会把简单的几个图形元素组合成一个功能较强的图形对象，如图 4.42 所示。图 4.42（b）所显示的图形实际上是由图 4.42（a）中的图形元素组合而成的，在组合过程中，还要进行图形元素前后位置的设置、图形元素的对齐等。

图 4.41　反应车间画面

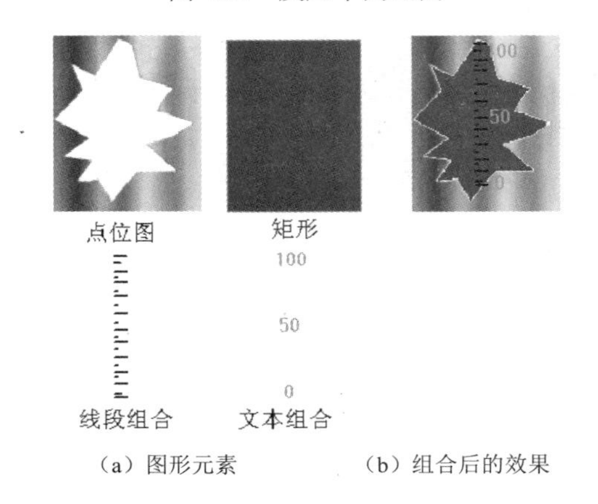

（a）图形元素　　　　（b）组合后的效果

图 4.42　把简单的图形元素组合成功能较强的图形对象

在完成了图形界面静态元素的设计后，接下来就要将相关的图形对象与数据库中的变量建立连接，组态王中把这个过程称为动画连接。通过这个操作，当变量的值改变时，图形的特性在画面上就会以图形对象的动画效果表示出来。“组态王”提供了 22 种动画连接方式，它们可以分为七类，如表 4.13 所示。

表 4.13　组态王的动画连接

动画名称	内　容
属性变化	线属性变化、填充属性变化、文本色变化
位置与大小变化	填充、缩放、旋转、水平移动、垂直移动
值输出	模拟值输出、离散值输出、字符串输出
值输入	模拟值输入、离散值输入、字符串输入
特殊	闪烁、隐含、流动（仅适用于立体管道）
滑动杆输入	水平、垂直
命令语言	按下时、弹起时、按住时

图 4.41 中的液位动画是通过对图 4.42（a）中的矩形的高度进行“缩放”实现的，即把矩形的垂直高度与变量“原料罐液位”进行动画关联，矩形框的填充色是深绿。矩形的大小在垂直方向上随“原料罐液位”变量的数值变化，当其数值为 0 时，绿色矩形框最小，只能见到灰色的背景。当液位达到满量程时，矩形框最大。而搅拌器的搅拌动画的实现采用的是最典型的几个图片（搅拌器的不同位置与形状）的隐藏动画。

一个图形对象可以同时定义多个连接，组合成复杂的效果，以便满足实际中任意的动画显示需要。如要进行某参数（模拟值）的输入和显示，就需要同时定义模拟值输入和模拟值输出的动画连接。若只定义一个模拟值输入动画连接，则当系统改变该数值时，画面窗口显示数值将仍保持原来的输入数值，不能显示变化后的数值。

在该演示工程的炼钢车间画面有一个钢锭，在系统运行时，该钢锭进行斜向运行，且随着其离视线越来越远，该钢锭也逐步变小。为了实现该效果，就对其进行了 3 个动画连接（缩放、水平移动和垂直移动），如图 4.43 所示。进行动画连接时，一定要把每个属性与变量关联起来。在进行缩放动画连接时，把对象的缩放特性与变量“钢锭位置”相互关联（单击表达式文本框右侧的“？”可以直接连接到实时数据库，用户可以选择相应的变量），同时要求正确设置该缩放连接窗口中的相关参数，如最小值、最大值、缩放方向等，否则出现的动画效果会不正常。

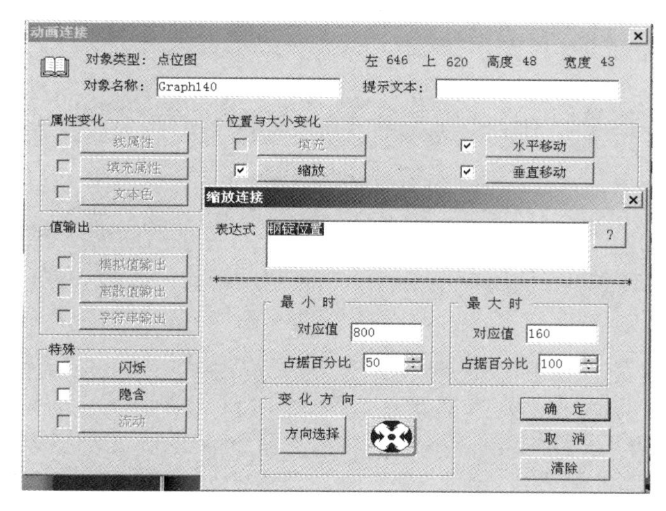

图 4.43　钢锭的动画连接定义

下面以图 4.37 为例说明如何实现画面窗口切换。系统一旦运行，就按照运行系统配置出现如图 4.37 所示的画面。要实现单击“炼钢车间”图形按钮（图中 B）切换到炼钢车间，首先双击“SL”画面中的该按钮，出现如图 4.44 所示的动画连接窗口。选中“命令语言连接”下的“按下时”按钮，出现如图 4.45 所示的命令语言编辑窗口。在该窗口中，输入对应的命令语言，单击“确认”退出。这样当组态王切换到运行系统时，单击“炼钢车间”图标，原来的反应车间和副菜单两个画面被覆盖，出现了炼钢车间的画面，原来的“页眉”和“SL”两个画面仍然存在。需要注意的是，画面在整个计算机屏幕上显示的位置，是通过在画面属性中定义显示位置参数实现的。

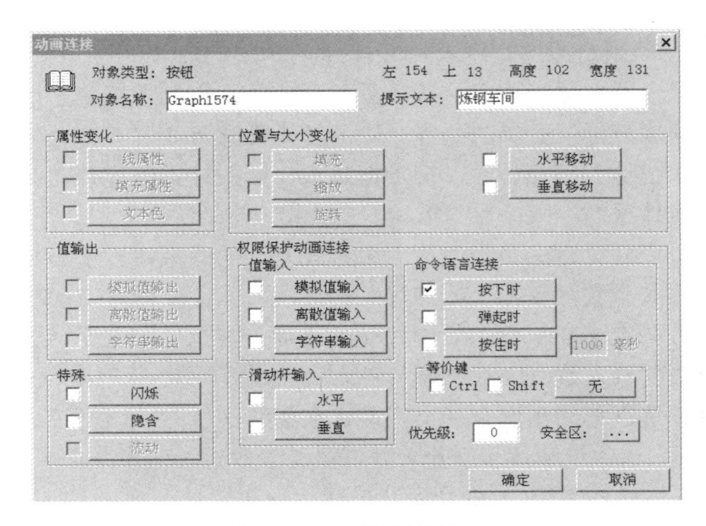

图 4.44　动画连接窗口

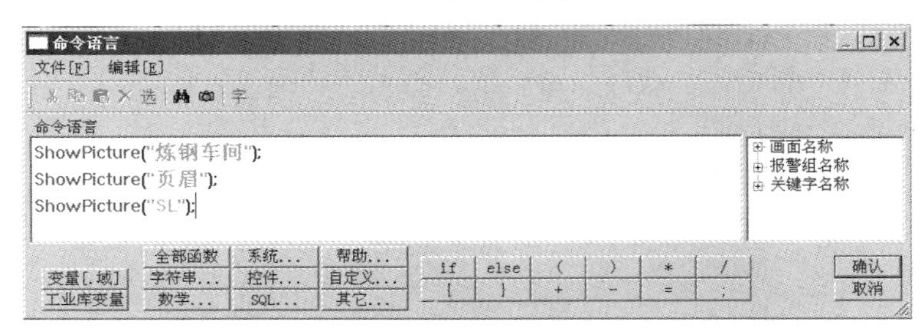

图 4.45　命令语言编辑窗口

命令语言编辑窗口中可以使用组态王提供的函数，也可以使用 API 函数，这样可以扩展组态软件的功能和灵活性。在使用命令语言编辑窗口时，要按照组态王定义的语法进行编辑，否则会报错。

读者也许会问，为什么组态王的演示版本运行时设备状态会变化，液位等参数在不断变化，搅拌器也在不停搅拌。该人机界面并没有和任何 I/O 设备连接，参数为什么会变化？实际上，由于系统使用的都是内部变量，组态王使用了命令语言来改变这些变量。

命令语言都是靠事件触发执行的，如定时、数据的变化、键盘按键的按下、鼠标的单击等，根据事件和功能的不同，可分为应用程序命令语言、热键命令语言、事件命令语言、数据改变命令语言、自定义函数命令语言、动画连接命令语言和画面命令语言等。命令语言具有完备的词法语法查错功能和丰富的运算符、数学函数、字符串函数、控件函数、SQL 函数和系统函数。各种命令语言通过“命令语言编辑器”编辑输入，在“组态王”运行系统中被编译执行。

应用程序命令语言、热键命令语言、事件命令语言、数据改变命令语言可以称为“后台命令语言”，它们的执行不受画面打开与否的限制，只要符合条件就可以执行。另外可以使用运行系统中的菜单“特殊/开始执行后台任务”和“特殊/停止执行后台任务”来控制这些命令语言是否执行。画面命令语言和动画连接命令语言的执行不受影响。也可以通过修改系统变量“$启动后台命令语言”的值来实现上述控制功能，该值置 0 时停止执行，该值置 1 时开始执行。

在组态王的工程浏览器的目录显示区，选择“文件→命令语言→应用程序命令语言”，在右边的内容显示区会出现“请双击这儿进入<应用程序命令语言>对话框…”。双击后出现如图 4.46 所示的应用程序命令语言编辑窗口。图 4.46 中为 100ms 周期性执行一次的任务（实际上这么短的周期在上位机中是无法得到保障的），窗口内容为对变量“钢锭位置”进行操作的一段命令。这样通过对该内存变量的修改，使得演示程序在运行时，人机界面上的钢锭会有动画效果。用户也可以通过命令语言实现其他功能。一般来说，组态软件运行时要执行的一些初始化和退出时的复位操作都是通过命令语言实现的。对于一些突发事件的处理等，也可以编写事件命令语言。

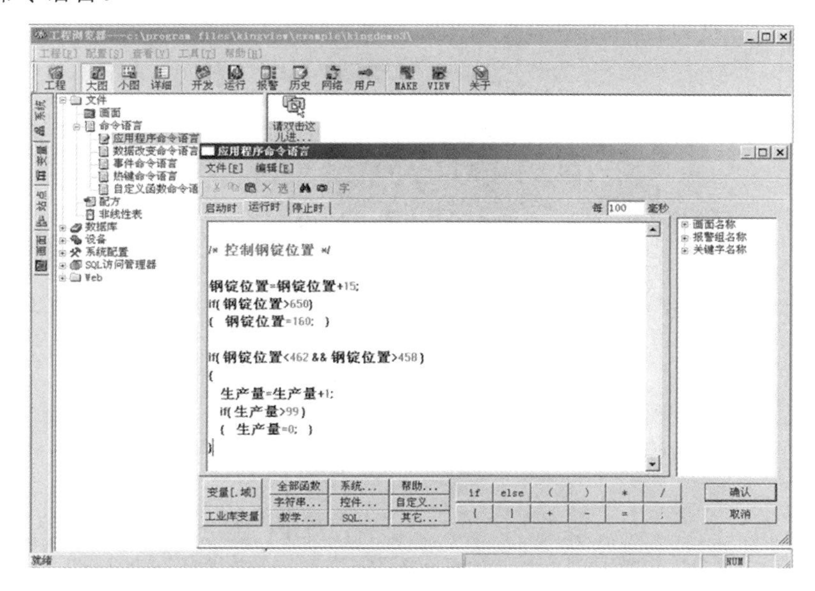

图 4.46　应用程序命令语言编辑窗口

除了数据库中的变量，自定义变量在命令语言中可以随时定义，随时使用，且不占系统点数。

4.7.3　趋势曲线功能设计

趋势分析是控制软件必不可少的功能，组态王的曲线有趋势曲线、温控曲线和超级 *X-Y* 曲线。“组态王”对该功能提供了强有力的支持和简单的控制方法。趋势曲线有实时趋势曲线和历史趋势曲线两种，曲线外形类似于坐标纸，*X* 轴代表时间，*Y* 轴代表变量值。实时趋势曲线最多可显示 4 条曲线；历史趋势曲线最多可显示 16 条曲线，且一个画面中可定义数量不限的趋势曲线（实时趋势曲线或历史趋势曲线）。在趋势曲线中，工程人员可以规定时间间距、数据的数值范围、网格分辨率、时间坐标数目、数值坐标数目及绘制曲线的“笔”的颜色属性。画面程序运行时，实时趋势曲线可以自动卷动，以快速反映变量随时间的变化；历史趋势曲线不能自动卷动，它一般与功能按钮一起工作，共同完成历史数据的查看工作。这些按钮可以完成翻页、设定时间参数、启动/停止记录、打印曲线图等复杂功能。

温控曲线反映实际测量值按设定曲线变化的情况。在温控曲线中，纵轴代表温度值，横轴对应时间的变化，同时将每个温度采样点显示在曲线中，主要适用于温度控制、流量控制等。

超级 *X*-*Y* 曲线主要用曲线来显示两个变量之间的运行关系，如电流-转速曲线等，支持多 *Y* 轴曲线。

在进行趋势曲线设计时，只需要把相应的趋势曲线控制拉到画面窗口中，调整其位置、大小，双击该控件，就会出现属性窗口，用户可以对控制的属性进行设置。组态王历史趋势曲线控件如图 4.47 所示。可以通过其属性设置窗口（历史曲线向导）来进行设置，包括给控件命名、添加或删除曲线、设定曲线与变量的关联、定义曲线的颜色和类型等，如图 4.48 所示。组态王中还可以通过插入控件的方式在人机界面插入其他形式的历史趋势曲线。

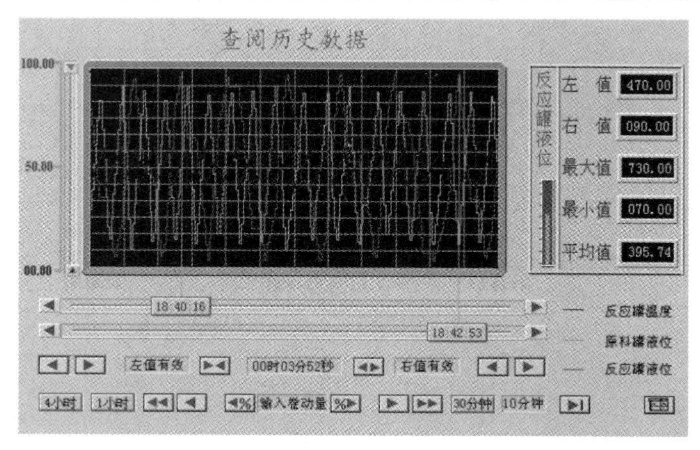

图 4.47　组态王历史趋势曲线控件

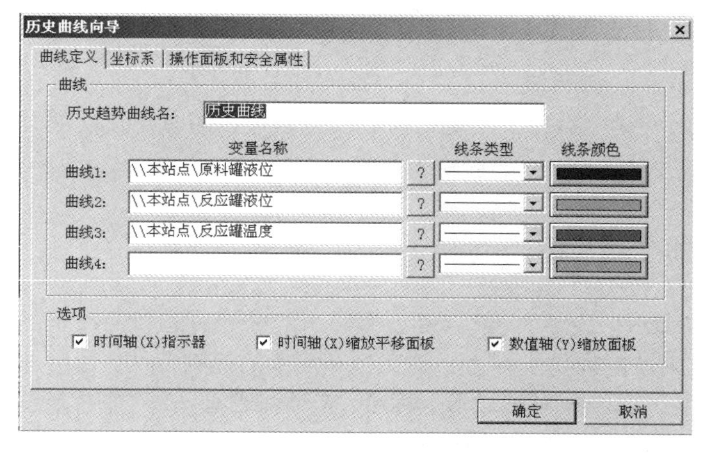

图 4.48　历史趋势曲线控件的曲线定义窗口

4.7.4　报警和事件等功能设计

报警是指当系统中某些量的值超过了所规定的界限时，系统自动产生相应的警告信息，表明该量的值已经超限，提醒操作人员。报警允许操作人员通过报警控件窗口进行应答。组态软件一般会提供报警控件，用户可以在此基础上组态自己的报警功能。一般的组态软件都支持 IEC62862 标准（以 ISA18.2 过程工业中的报警系统管理为基础）。

事件是指用户对系统的行为、动作，如修改了某个变量的值，用户的登录、注销，站点的启动、退出等。事件不需要操作人员应答。

组态王中报警和事件的处理方法：当报警和事件发生时，组态王把这些信息存储于内存的缓冲区中，报警和事件在缓冲区中是以先进先出的队列形式存储的，所以只有最近的报警和事件在内存中。当缓冲区达到指定数目或记录定时时间到时，系统自动将报警和事件信息记录。报警记录可以是文本文件、开放式数据库或打印机。另外，用户可以从人机界面提供的报警窗口中查看报警和事件信息。

组态王中根据操作对象和方式等的不同，把事件分为以下几类。

（1）操作事件：用户对变量的值或变量其他域的值进行修改。变量要生成操作事件，必须先定义变量的“生成事件”属性（在变量定义窗口中的记录和安全选项卡下设置）。

（2）登录事件：用户登录系统，或从系统中退出登录。

（3）工作站事件：单机或网络站点上组态王运行系统的启动和退出。

（4）应用程序事件：来自 DDE 或 OPC 的变量发生了变化。若变量是 I/O 变量，变量的数据源为 DDE 或 OPC 服务器等应用程序，则对变量定义“生成事件”属性，当采集到的数据发生变化时，产生该变量的应用程序事件。

事件在组态王运行系统人机界面的输出显示是通过历史报警窗口实现的。

在组态王中设计报警功能时，首先要对需要报警的变量进行正确的属性设置（在变量定义时进行），并对相关的事件属性进行设置，然后把报警控件加入某画面，双击该控件，对其属性进行设置。图 4.49 所示为报警控件运行状态。图 4.50 所示为报警控件配置属性页，在该窗口，有通用属性、列属性、操作属性、条件属性、颜色和字体属性选项卡，用户可以分别设置相关的属性。

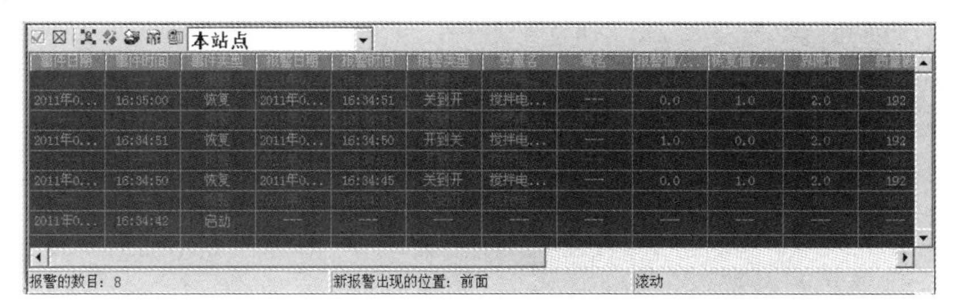

图 4.49　报警控件运行状态

组态王运行系统中报警的实时显示是通过报警窗口实现的。报警窗口分为两类：实时报警窗口和历史报警窗口。实时报警窗口主要显示当前系统中存在的符合报警窗口显示配置条件的实时报警信息和报警确认信息，当某一报警恢复后，就不再在实时报警窗口中显示了。实时报警窗口不显示系统中的事件。历史报警窗口显示当前系统中符合报警窗口显示配置条件的所有报警信息和事件信息。报警窗口中最多能显示的报警条数取决于报警缓冲区的设置大小。

相对而言，组态王的报警控件功能较弱，WinCC 等组态软件的报警功能更加强大，可以实现一系列复杂的报警功能。还可以通过脚本语言实现用户自定义的一些报警功能。

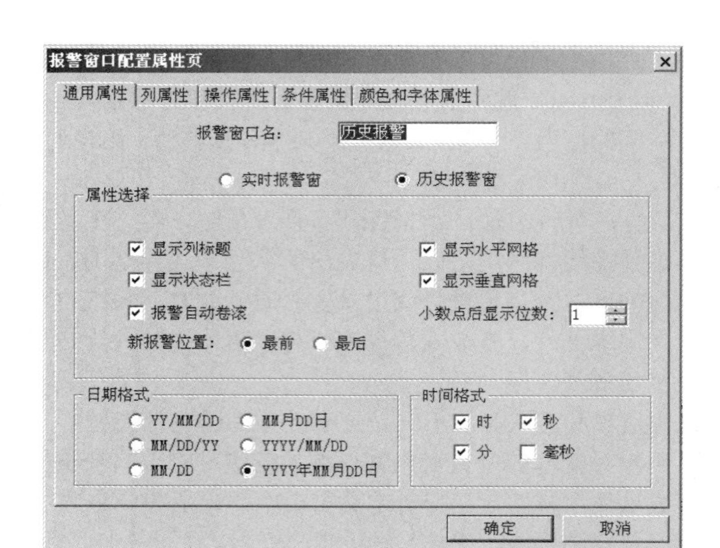

图 4.50　报警控件配置属性页

4.7.5　报表功能

数据报表是反应生产过程中的数据、状态等，并对数据进行记录的一种重要形式，是生产过程必不可少的一部分。它既能反映系统实时的生产情况，也能对长期的生产过程进行统计、分析，使管理人员能够实时掌握和分析生产情况。

组态王提供内嵌式报表系统，开发人员可以任意设置报表格式，对报表进行组态。组态王为开发人员提供了丰富的报表函数，实现各种运算、数据转换、统计分析、报表打印等。既可以制作实时报表，也可以制作历史报表。组态王还支持运行状态下单元格的输入操作，在运行状态下通过鼠标拖动改变行高、列宽。另外，工程人员可以制作各种报表模板，实现多次使用，以免重复工作。组态王提供了内嵌式报表系统开发功能，该报表可以汇总实时数据和历史数据。其报表菜单提供了历史数据查询、预览、打印设置和打印功能，以及保存实时报表和修改报表名等功能。

然而，由于对报表形式要求的多样性，组态软件很难提供一个符合不同用户要求的高效的报表模板。通常情况下，要用专门的报表开发工具来开发符合企业要求的各种报表，而报表中的数据来源于上位机监控软件的数据库。

4.7.6　系统配置

完成了上述功能设计后，还需要对系统进行配置（工程浏览器→文件→系统配置）。主要包括以下几个方面。

（1）设置运行系统：运行系统设置窗口如图 4.51 所示。该窗口中包括运行系统外观、主画面配置和特殊 3 个选项卡。运行系统外观主要定义窗口外观、标题、启动状态等。主画面配置选项卡列出了当前工程中所有有效的画面，选中的画面加亮显示，此属性页规定 TouchView 运行系统启动时自动加载的画面。若几个画面互相重叠，则最后调入的画面在前

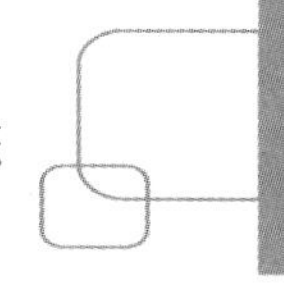

面显示。特殊选项卡用于设置运行系统的基准频率等特殊属性。

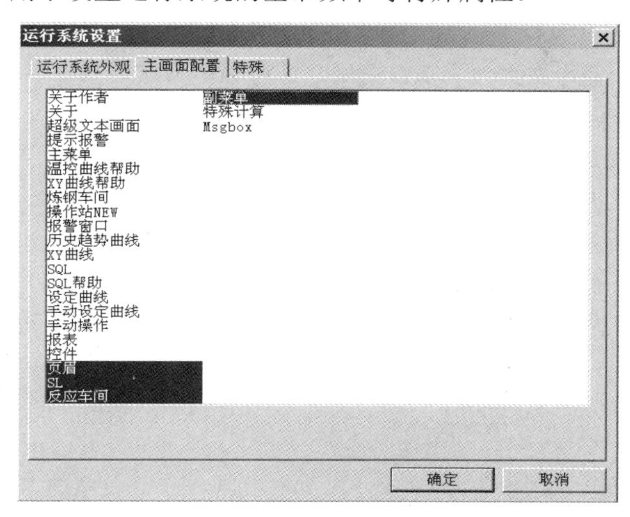

图 4.51　运行系统设置窗口

（2）报警配置：报警配置属性页如图 4.52 所示。此菜单命令用于将报警和事件信息输出到文件、数据库和打印机等配置。

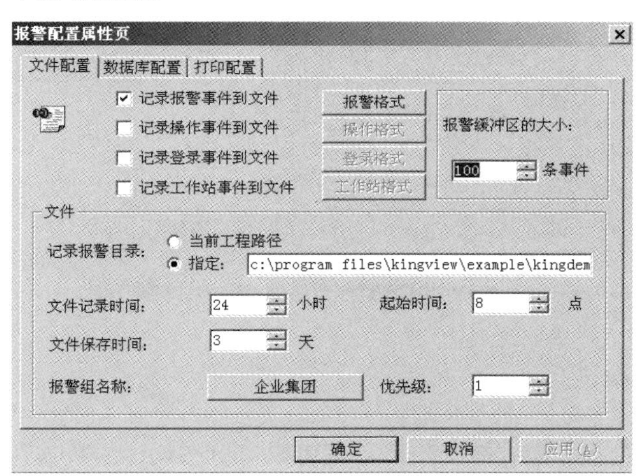

图 4.52　报警配置属性页

（3）用户配置：安全保护是应用系统不可忽视的问题，对于可能有不同类型的用户共同使用的大型复杂应用，必须解决好授权与安全性方面的问题，系统必须能够依据用户的使用权限允许或禁止其对系统进行操作。组态王提供一个强有力的先进的基于用户的安全管理系统。在“组态王”系统中，为了保证运行系统安全运行，对画面上的图形对象设置访问权限，同时给操作者分配访问优先级和安全区，当操作者的操作优先级小于对象的访问优先级或不在对象的访问安全区内时，该对象不可访问，即要访问一个有权限设置的对象，要求先具有访问优先级，而且操作者的操作安全区要在对象的安全区内，才能访问。操作者的操作优先级级别为 1～999，每个操作者和对象的操作优先级级别只有一个。系统安全区共 64 个，用户在进行配置时，每个用户可选择除“无”外的多个安全区，即一个用户可有多个安全区权限，每个对象也可有多个安全区权限。除“无”外的安全区名称可由用户按照自己的需要进行修改。在软件运行过程中，优先级大于 900 的用户还可以配置其他操作者，为他们设置用户名、口令、访问优先级和安全区。

组态王的用户配置是通过如图 4.53 所示的用户和安全区管理及配置窗口进行的。开发人员可以添加用户组或用户，对用户的属性进行设置。在人机界面中都设计有用户登录窗口，用户需要输入正确的用户名和密码，且用户具有要求的权限才能登录。用户登录系统后，其操作权限与系统配置一致。同样，可以对退出按钮设定权限，普通用户不能随意退出组态软件的运行系统，因为退出运行系统后，就无法进行监督控制与数据采集任务了。

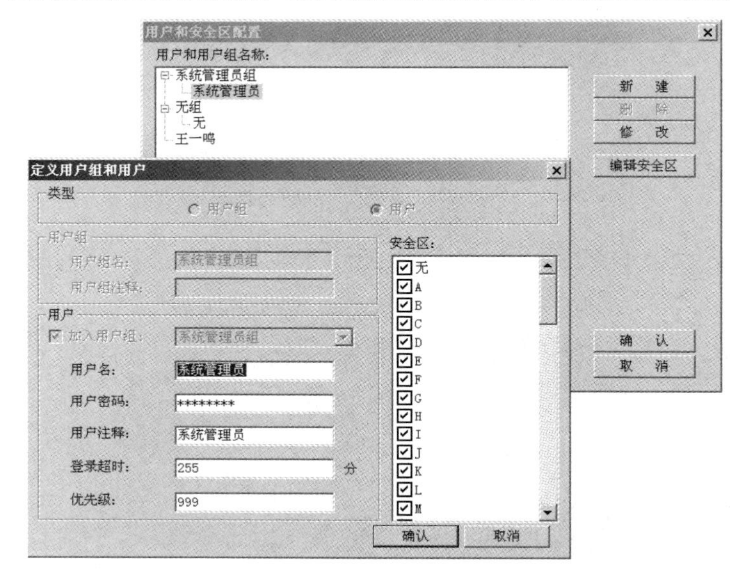

图 4.53　用户和安全区管理及配置窗口

4.7.7　运行和调试

完成了上述软件组态和配置等工作后，就可以对组态软件的整体功能进行调试了。实际上，在设备添加、数据库变量定义、每个子画面设计、应用程序命令语言编写等阶段，都可以由开发环境切换到运行环境，以测试每个功能是否正常，如果不正常，就进行修改和调试。这里的运行和调试实际上是指对整个系统的功能调试。每个子画面的功能等已经在先前的开发过程中调试过了。这样，在系统总体调试阶段就可以侧重系统功能的一致性和完整性。即通过加强软件开发过程的质量控制，保证最终的人机界面功能和性能。

对于组态软件可以和仿真 PLC/下位机通信的情况，可以在组态软件开发过程中不断进行这样的联机测试，了解人机界面参数的动态变化情况。

组态软件开发的人机界面是整个计算机控制系统的上位机应用软件，因此，要充分测试人机界面功能，必须把上位机和下位机连接好，这样就可以对整个计算机控制系统的功能进行充分的调试。上位机中的许多参数都是与现场控制设备关联的，因此，在调试中，要确保

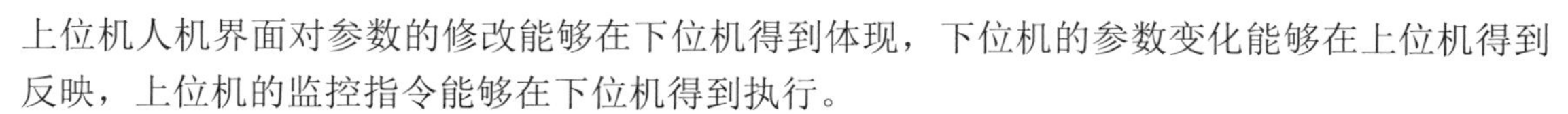

上位机人机界面对参数的修改能够在下位机得到体现，下位机的参数变化能够在上位机得到反映，上位机的监控指令能够在下位机得到执行。

对于大型分布式、冗余的 SCADA 系统，在进行人机界面测试前，首先要确保整个网络系统运行正常，然后进行 SCADA 服务器测试、冗余服务器切换测试、客户机人机界面与主服务器及后备服务器通信测试、远程手持人机界面终端测试等。若有上层 MES 等应用软件与 SCADA 系统进行数据交换，则要进行这方面的测试；若有历史数据库与 SCADA 系统实时数据库进行数据存取备份，也要进行这方面的测试。

第5章　经典OPC与OPC UA标准及其应用

5.1　经典OPC标准概述

5.1.1　OPC的开发背景和历史

1．工业控制系统数据交换需求

在工业控制系统中，除了DCS或SCADA系统中服务器与操作员站等设备之间的数据交换，还存在以下数据交换问题。

（1）控制系统监控层如何与现场硬件设备（如PLC、各种数据采集模块、智能仪表等）进行实时数据交换。

（2）用户自行开发的先进控制、在线优化等应用软件如何与DCS或SCADA系统进行实时数据交换。

（3）综合自动化系统厂级应用及MES层的调度、管理、监控等应用如何读/写底层工业控制系统的数据。这种情况对实时性的要求要低于前面两种情况。

对于第一个问题，一个广泛使用的解决方案就是采用如图5.1（a）所示的基于驱动程序的客户机/服务器模型。在此模型中，分别为不同的数据源（包括现场设备及软件数据库）开发不同的驱动程序（服务器），在各个应用程序（客户机）中分别为不同的服务器开发不同的接口程序。

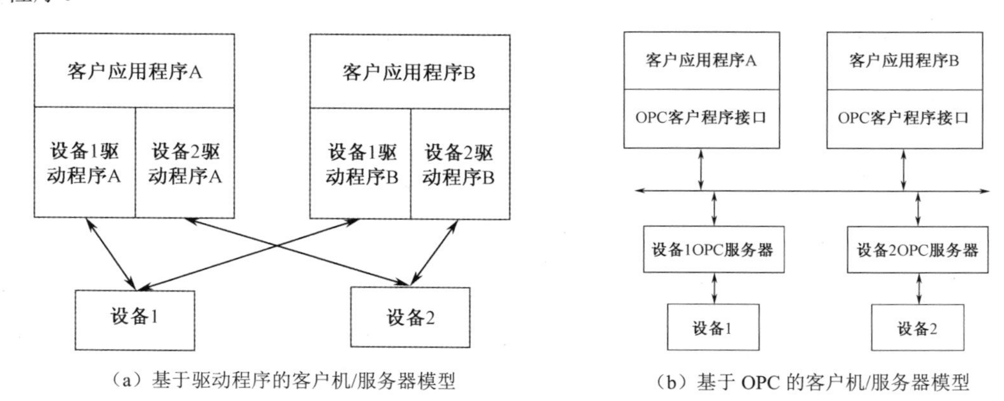

（a）基于驱动程序的客户机/服务器模型　（b）基于OPC的客户机/服务器模型

图5.1　两种客户机/服务器模型

对于第二个问题，在DCS的开放性问题得到解决前是较难处理的。目前主要通过OPC标准来解决。

对于第三个问题，通过配置实时/历史数据库，把工业控制底层数据归档到该数据库，可通过标准的数据库接口访问实现。因为此层次的数据访问可看作历史数据访问，与第一个和第二个问题不同，其对实时性的要求较高，要通过 OPC 接口进行通信。实际上，目前多数的实时数据库（如 IP.21 等）是通过 OPC 来采集控制器等硬件设备的数据的。

2．组件技术与 COM

随着软件技术的迅速发展，传统的程序升级已经无法满足用户需求，而且程序升级需要大量人力成本，解决这一问题的方法就是将应用程序分割成一些小的应用或组件，将这些组件在运行时组装起来，以形成所需的应用程序，每个组件都可以在不影响其他组件的情况下升级。组件技术是基于面向对象的、支持拖放（Drag and Drop）、即插即用（Plug and Play）的软件开发概念，基于组件技术的开发方法，具有开放性、易升级、易维护等优点。目前主要有 CORBA、COM 和 JavaBeans 3 种组件技术标准，具体实现时可自由选择。COM（Component Object Model）技术是在微软公司的对象链接与嵌入技术（OLE）的基础上发展而来的，该技术提供了各个软件部件以标准模式在一起工作的框架和技术标准，此标准提供了为保证互操作，客户和组件应遵循的一些二进制和网络标准，在此标准下，任意两个组件之间可以在不同的操作环境下进行通信，甚至使用不同的开发语言开发的组件也能实现。因此，COM 是一种软件组件间进行数据交换的有效方法。

COM 接口是 COM 标准中最重要的部分，COM 标准的核心内容就是对接口的定义，COM 都是以接口的形式出现的。组件与组件之间、组件与客户程序之间都要通过接口进行交互。接口成员函数将负责为客户或其他组件提供服务。对于 COM 来说，接口是一个包含一个函数指针数组的内存结构。每个数组元素包含的是一个由组件实现的函数的地址。对于 COM 而言，接口就是组件内存结构。对于客户来说，一个组件就是一个接口集，任何一个具备相同接口的组件都可对此组件进行相对于其他组件透明的替换。只要接口不发生变化，就可以在不影响整个由组件构成的系统的情况下自由更换组件。COM 接口的内存结构与 C++编译器为抽象基类所生成的内存结构是相同的，因此可以用抽象基类来定义 COM 接口。

3．OPC 标准的提出

采用如图 5.1（a）所示的解决方案，对于由多种硬件和软件系统构成的复杂系统而言，其缺点是显而易见的：对客户应用程序开发方，要处理大量与接口有关的任务，不利于系统开发、维护和移植，因此这类系统的可靠性、稳定性及扩展性较差；对硬件开发商，要为不同的客户应用程序开发不同的硬件驱动程序。使技术人员专注于系统功能的开发而不被复杂的数据接口问题困扰是亟待解决的问题。

在这样的背景下，OPC 标准被提出来。OPC 是 OLE（Object Linking and Embedding） for Process Control 的简称，即用于过程控制的对象链接与嵌入。早期的 OPC 标准是由 Fisher-Rosement、Intellution、Rockwell Software、Intuitive Technology 及 OPTO 22 五家公司组成的 OPC 特别工作小组在 1995 年开发的，微软作为技术顾问也给予了支持。之后为了普及和进一步改进，于 1996 年 8 月完成了 OPC 数据访问标准版本 1.0。OPC 基金会（OPC Foundation）于 1996 年 9 月 24 日在美国达拉斯举行了第一次理事会，并于同年 10 月 7 日在美国的芝加哥举行的第一次全体大会上宣告正式成立。中国于 2001 年 12 月正式成立了中国 OPC 促进会。

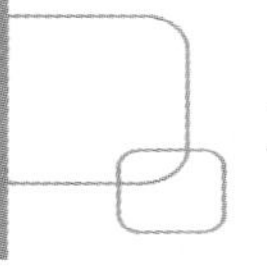

OPC 基金会从成立开始，会员逐年增加，到目前为止，在全球范围内已有众多公司加入了这个国际标准组织。同时，由控制设备厂商和控制软件供应商提供的 OPC 产品日益增加，目前已有几千种的 OPC 服务器产品和 OPC 应用程序产品出现在由 OPC 基金会发行的 OPC 产品目录上。符合 OPC 标准的产品的大量开发和使用推动了该标准在更大范围内被接受，极大地促进了该标准的普及和应用。

由于目前有了新的 OPC 标准（OPC UA），因此把早期的 OPC 标准都称作经典 OPC（OPC Classic）标准。经典 OPC 标准及其内容如表 5.1 所示。本章前 2 节的内容都属于经典 OPC 标准。

表 5.1 经典 OPC 标准及其内容

标 准	版 本	内 容
Data Access	1.0A，2.0，3.0	数据访问的标准
Alarm and Events	1.0，2.0	警报和事件的标准
Historical Data	1.0，1.2	历史数据访问的标准
Batch	1.0 ，2.0	批处理的标准
Security	1.0	安全性的标准
Compliance	1.0	数据访问标准的测试工具
OPC XML	1.01	过程数据的 XML 标准
OPC Data Exchange	1.0	服务器间数据交换的标准
OPC Complex Data	1.0	OPC 复杂数据类型

OPC 标准定义了一个工业标准接口，它基于微软的 OLE/COM 技术，采用基于 OPC 标准的客户机/服务器模型，如图 5.1（b）所示。它使控制系统、现场设备与工厂管理层应用程序之间具有更高的互操作性。OLE/COM 是一种客户机/服务器模式，具有语言无关性、代码可复用性、易于集成等优点。OPC 标准化了接口函数，不管现场设备以何种形式存在，客户程序都以统一的方式访问，从而保证了软件对客户程序的透明性，使得用户完全从底层开发中脱离出来。OLE/COM 的扩展远程 OLE 自动化与 DCOM（Distributed COM）技术支持 TCP/IP 等多种网络协议，可以将客户程序、服务器在物理上分开，分布于网络的不同节点上。OPC 把硬件供应商和软件开发商分离开来，硬件开发商通过提供带 OPC 接口的服务器，使得任何带有 OPC 接口的客户程序都可采用统一方式存取不同硬件厂商的设备。正是因为 OPC 技术的标准化和适用性，其在短短的几年内得到了工业控制领域硬件和软件制造商的承认和支持，已经成为工业控制软件业界公认的事实上的标准。

目前，国内外研究最多和需求最大的就是 OPC DA（OPC Data Access）数据存取标准，很多公司只提供其硬件产品的 DA 服务器，并没有 OPC 报警与事件服务器等产品。

5.1.2 工业控制系统采用 OPC 标准的好处

COM 技术的出现为控制设备和控制管理系统之间的数据交换的简单化提供了技术基础。但是，如果不提供一个工业标准化的 COM 接口，各个控制设备厂家开发的 COM 组件之间的相互连接仍然是不可能的。

OPC标准描述了OPC服务器需要实现的COM对象及其接口。OPC客户可以连接由一个或多个硬件设备供应商开发的OPC服务器。开发商提供的代码决定了每一个OPC服务器访问的设备和数据，以及服务器在物理上如何访问数据的详细内容。服务器按进程模型可划分为进程内和进程外两种。其中，进程外服务器和客户运行在不同的进程中，服务器和客户间采用本地过程调用和远程过程调用的方法通过代理、占位进行进程间的通信。DCOM把COM的技术扩展到网络，支持不同的计算机上服务器与客户之间的相互通信。这些计算机可以在局域网内，也可以在广域网上，甚至可以通过Internet进行连接。所有底层网络协议的细节由DCOM负责处理，可以很方便地开发适合分布式环境的客户机/服务器程序。采用该标准后，硬件制造商、用户和系统集成商都能获利，具体表现在以下几个方面。

（1）硬件制造商：可以使设备驱动程序的开发更加简单，即只要开发一套OPC服务器即可，而不是为不同的客户程序开发不同的设备驱动程序。这样它们可以更加专注于设备自身的开发，当设备升级时，只要修改OPC服务器的底层接口就可以。采用该标准后，设备开发者可以从驱动程序的开发中解放出来。

（2）系统集成商：可以从繁杂的应用程序接口中解脱出来，更加专注于应用程序功能的开发和实现，而且使应用程序的升级更加容易，不再受制于设备驱动程序。此外，开发人员可以在没有下位机硬件时通过OPC服务器的仿真功能来进行上位机系统功能测试，还可以通过OPC服务器仿真中的参数读/写功能测试通信功能。而采用一般的设备驱动程序方式是无法开展上述测试的。

（3）用户：可以选用各种各样的商业软件包和硬件设备，使得系统构建的成本大大降低，性能更加优化，系统升级更加容易。

随着基于OPC标准的控制组件的推广和普及，控制系统功能的增减和组件的置换更加简单，对过程数据的访问变得更容易。例如，符合OPC标准的过程控制程序可以直接和数据分析软件包或电子表格应用程序连接，从而为实现先进控制功能和管控一体化创造基础。例如，在化工企业广泛采用集散控制系统，而在集散控制系统上开发一些先进控制算法或应用比较困难，因此，可以利用OPC技术编写一个OPC客户程序来实现先进控制功能，该客户程序与DCS通过OPC接口实时交换数据。

5.2　经典OPC接口与数据访问方法

5.2.1　OPC分层模型结构

OPC数据访问提供从数据源读取和写入特定数据的手段。OPC分层模型如图5.2所示，即一个OPC服务器（OPCServer）对象具有一个作为子对象的OPC组集合（OPCGroups）对象。在这个OPC组集合对象里可以添加多个OPC组（OPCGroup）对象。各个OPC组对象具有一个作为子对象的OPC项集合（OPCItems）对象。在这个OPC项集合对象里可以添加多个OPC项（OPCItem）对象。此外，作为选用功能，OPC服务器对象可以包含一个OPC浏览器（OPCBrowser）对象。

OPC对象中最上层的对象是OPC服务器。一个OPC服务器里可以设置一个以上的OPC

组。OPC 服务器常对应于某种特定的控制设备。例如，某种 DCS 控制系统或某种 PLC 控制装置。

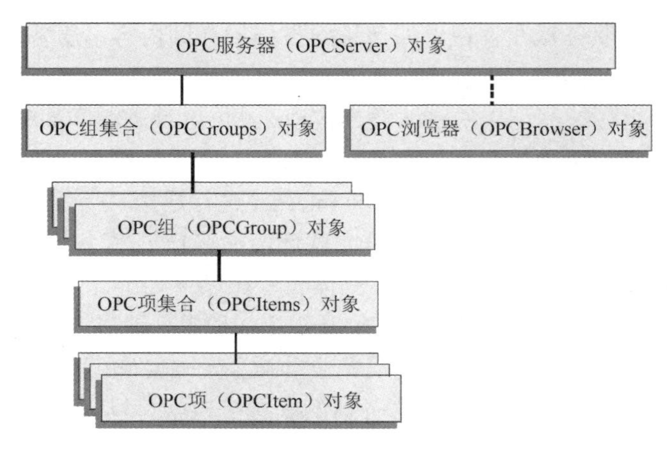

图 5.2　OPC 分层模型

OPC 组是可以进行某种目的数据访问的多个 OPC 项的集合，如某监视画面里所有需要更新的变量，或者与某个设备监控相关的所有变量等。正因为有了 OPC 组，OPC 应用程序才可以同时访问一批需要的数据，也可以以 OPC 组为单位启动或停止数据访问。此外，当组内任何 OPC 项的数值发生变化时，OPC 组还向 OPC 应用程序发出数据变化事件的通知，OPC 数据访问对象模型如表 5.2 所示。

表 5.2　OPC 数据访问对象模型

名　　称	对 象 名	说　　明
OPC 服务器	OPCServer	在使用其他 OPC 对象前必须生成 OPC 服务器对象。OPC 服务器自动含有一个 OPC 组集合对象，并可在其基础上生成一个 OPC 浏览器对象
OPC 组集合	OPCGroups	OPC 服务器中添加的所有 OPC 组的集合
OPC 组	OPCGroup	OPC 组对象是用于组的状态管理及利用项集合为单位的数据访问
OPC 项集合	OPCItems	在对应 OPC 组中添加的所有 OPC 项的集合
OPC 项	OPCItem	含有 OPC 项的定义、现在值、状态及最后更新时间等信息的对象
OPC 浏览器	OPCBrowser	用于浏览 OPC 服务器的名称空间的对象

OPC 组有两种类型：公共组（Public）和局部组（Local or Private）。公共组可以被多个客户程序共享，而局部组只为某一个客户程序所有。在每个 OPC 组里，客户程序可以定义多个 OPC 项。

OPC 对象里的基本对象是 OPC 项。OPC 项是 OPC 服务器可认识的数据标志，通常相当于下位机的某个变量标签，并和数据源（如 SCADA 系统中的下位机的 I/O）相连接。OPC 项具有多个属性，但是，其中最重要的属性是 OPC 项标志符。OPC 项标志符是在控制系统中可识别 OPC 项的字符串。

OPC 项代表了与服务器里数据源的连接。从定制接口（Custom Interface）的角度来看，一个 OPC 项不能被 OPC 客户程序作为一个对象来进行操作，因此，在 OPC 项中没有定义外部接口。所有对 OPC 项的操作都是利用 OPC 项的包容器（OPC 组）或 OPC 项的定义来进行

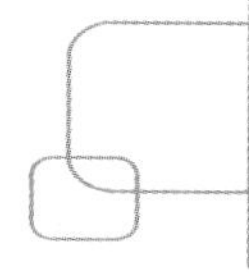

的。每个 OPC 项包含值（Value）、品质（Quality）和时间戳（Time Stamp）。值的类型是 VARIANT，品质的类型是 SHORT。值表示实际的数值，品质标志数值是否有效，时间戳反映从站读取数据的时间或服务器刷新其数据存储区的时间。

应当注意的是项不是数据源，而是与数据源的连接。应将 OPC 项看作数据地址的标志，而不是数据的物理源。OPC 标准中定义了两种数据源，即内存数据和设备数据（Device Data）。每个 OPC 服务器都有数据存储区，存放着值、品质、时间戳及相关设备信息，这些数据称为内存数据。而现场设备中的数据是设备数据。OPC 服务器总是按照一定的刷新频率通过相应驱动程序访问各个硬件设备，将现场数据送入数据存储区。这样对 OPC 客户而言，可以直接读/写服务器存储区中的内存数据。这些数据是服务器最近一次从现场设备获得的数据，但并不能代表现场设备中的实时数据。为了得到最新的数据，OPC 客户可以将数据源指定为设备数据，这样服务器将立刻访问现场设备并将现场数据反馈给 OPC 客户。由于需要访问物理设备，所以 OPC 客户读取设备数据时速度较慢，往往用于某些特定的重要操作。

5.2.2　OPC 接口

OPC 标准是一种硬件和软件的接口标准。OPC 标准定义了两套接口：定制接口（Custom Interface）和自动化接口（Automation Interface）。若客户的应用程序使用 Microsoft VB 之类的“脚本语言”（Scripting Languages）编写，则选用自动化接口。OPC 定制接口用于以 C++来创建客户应用程序。当然，编程选用何种接口还取决于 OPC 服务器所能提供的接口类型，并非所有的 OPC 服务器都支持这两种接口。使用 OPC 定制接口可以达到最佳的性能，而 OPC 自动化接口较简单。OPC 服务器具体确定了可以存取的设备和数据、数据单元的命名方式及设备存取数据的细节，并通过 OPC 标准接口开放给外部应用程序。各个 OPC 客户程序通过 OPC 标准接口对各 OPC 服务器管理的设备进行操作，而无须关心服务器实现的细节。数据存取服务器一般包括服务器、组和数据项 3 种对象。OPC 服务器负责维护服务器的信息，它还是组对象的容器。组对象维护自己的信息并提供容纳和组织 OPC 数据单元的结构。

OPC 标准可以应用在许多应用程序中，如它们可以应用于从 SCADA 或 DCS 的物理设备中获取原始数据的底层，它们同样可以应用于从 SCADA 或 DCS 中获取数据到应用程序中，如图 5.3 所示的 OPC 的客户端/服务器关系图描述了 OPC 在自动化系统中的应用。

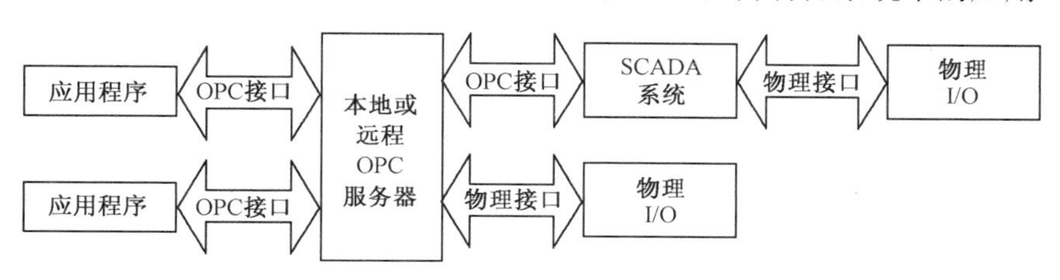

图 5.3　OPC 的客户端/服务器关系图

5.2.3　OPC 数据访问方法

首先，OPC 客户端连接到 OPC 服务器上，并且建立 OPC Group 和 OPC Item，这是 OPC 数据访问的基础，如果没有这个机制，数据访问的其他机能不可能实现；其次，客户端通过其建立的 Group 和 Item 进行访问，实现对过程数据的访问；最后，当服务器响应客户端的过程数据访问请求并且处理完毕时通知客户。以上 3 方面的机制是 OPC 数据访问服务器必须要实现的。客户端的过程数据访问包括过程数据的读取、更新、订阅、写入等，过程数据的读/写还分同步读/写和异步读/写。建立 OPC 连接后，客户应用程序一般可以通过以下 3 种方式从 OPC 服务器读取数据。

1）使用 IOPCASyncIO 接口同步读/写

图 5.4 所示为同步数据访问，OPC 服务器把按照 OPC 应用程序的要求得到的数据访问结果作为方法的参数返回给 OPC 应用程序，OPC 应用程序在结果被返回之前必须一直处于等待状态。

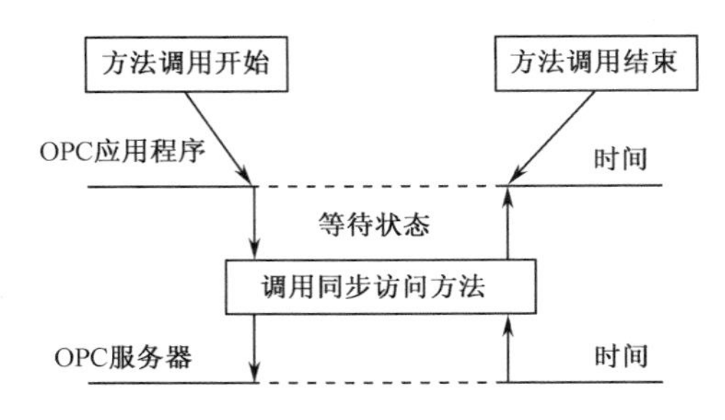

图 5.4　同步数据访问

2）使用 IOPCASyncIO 和 IOPCASyncIO2 接口异步读/写

图 5.5 所示为异步数据访问，OPC 服务器接到 OPC 应用程序的要求后，几乎立即将方法返回。OPC 应用程序随后可以进行其他处理。当 OPC 服务器完成数据访问时，触发 OPC 应用程序的异步访问完成事件，将数据访问结果传送给 OPC 应用程序。OPC 应用程序在事件处理程序中接收从 OPC 服务器传送来的数据。

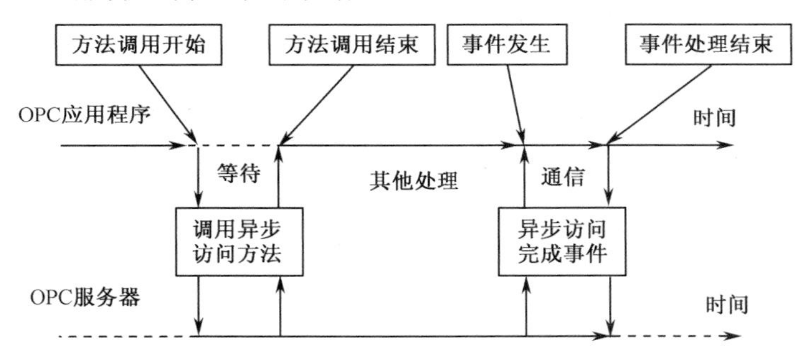

图 5.5　异步数据访问

3）使用 IOPCCallback 接口订阅式访问

除了上述的同步数据访问和异步数据访问，还有如图 5.6 所示的订阅式数据访问。订阅式数据访问方式实际上也属于异步读取方式的一种。这种访问方式并不需要 OPC 应用程序向 OPC 服务器发送要求，就可以自动接到 OPC 服务器送来的变化通知，从而完成订阅（Subscription）式数据采集。在这种方式中，服务器按一定的更新周期（UpdateRate）更新 OPC 服务器的数据缓冲器的数值时，如果发现数值有变化，就会以数据变化事件（DataChange）通知 OPC 应用程序。如果 OPC 服务器支持不敏感带（DeadBand），而且 OPC 项的数据类型是模拟量，那么只有当前值与前次值的差的绝对值超过一定限度时，才更新数据缓冲器的数值并通知OPC应用程序。通过设置不敏感带可以忽略模拟值的微小变化，从而大大降低OPC服务器和OPC应用程序的负荷，并减少网络流量。

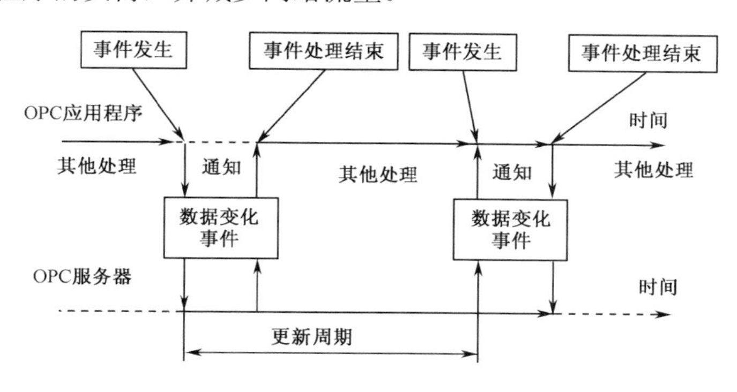

图 5.6　订阅式数据访问

订阅式数据访问方式基于“客户端/服务器/硬件设备”模型，在服务器内部建立预定数据的动态缓存，当数据发生变化时对动态缓存予以刷新，并向订阅了这些数据的客户端发送。这种处理方式对于模拟量多的SCADA系统十分有用。

上述OPC数据访问功能并非必须全部实现，其中，有一部分功能是选用的。这些选用功能是否被支持将随供应厂商的具体服务器类型而定。OPC数据访问的功能如表5.3所示。OPC同步数据访问和异步数据访问的比较如表5.4所示。OPC应用程序的开发者可按照应用程序的用途和目的选择合适的数据访问方式。

表 5.3　OPC 数据访问的功能

功　能	方　式	说　明
过程数据读取（是独立的、互不影响的4种读取方式）	同步读取	读取指定OPC项对应的过程数据。应用程序一直等待，直到读取完成为止
	异步读取	读取指定OPC项对应的过程数据。应用程序发出读取要求后立即返回，读取完成时发生读取完成事件，OPC应用程序被调出
	刷新	读取所有活动的OPC项对应的过程数据。 应用程序发出更新要求后立即返回，更新完成时发生数据变化事件，OPC应用程序被调出
	订阅式数据采集（Subscription）	服务器用一定的周期检查过程数据，当发现数据变化超过一定的限度时，更新数据缓冲器的数值，并自动通知OPC应用程序
过程数据写入	同步写入	写入指定OPC项对应的过程数据。应用程序一直等待，直到写入完成为止

表 5.4　OPC 同步数据访问和异步数据访问的比较

特　征	同步数据访问	异步数据访问
访问性能	因为在访问完成之前应用程序必须一直等待，对大量数据的访问或直接向设备的访问对访问性能的影响很大	因为在访问完成之前应用程序不必等待，可以并行处理，所以对访问性能的影响不大
程序开发	处理程序比较简单，开发容易	因为发出要求和访问完成事件处理是分别进行的，所以必须有事务识别功能，开发比较困难
远程连接的分布式COM设置	只需要分布式 COM 启动权限和访问权限就可以运行，设置比较简单	除了分布式COM启动权限和访问权限，还必须设置身份标志，设置比较复杂

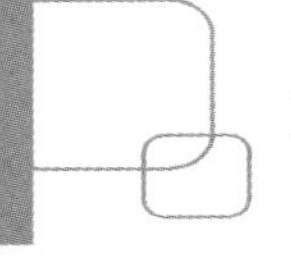

5.2.4 OPC DA 服务器使用示例

美国 Kepware 公司（已被 PTC 收购）的 KEPServerEX 是行业先进的连接平台，该平台的设计使用户能够通过一个直观的用户界面来连接、管理、监视和控制不同的自动化设备和软件应用程序。KEPServerEX 利用 OPC 和以 IT 为中心的通信协议（如 SNMP、ODBC 和 Web 服务）来为用户提供单一来源的工业数据。该平台能较好地满足客户对性能、可靠性和易用性的要求。KEPserverEX 提供 170 多种设备驱动程序、客户端驱动程序和高级插件，这些驱动程序和插件支持连接成千上万台设备和其他数据源。KEPServerEX 平台的 OPC Connectivity Suite 让系统和应用程序工程师能够从单一应用程序中管理他们的 OPC 数据访问（DA）和 OPC 统一结构（UA）服务器。通过减少 OPC 客户端与 OPC 服务器之间的通信数量，可确保 OPC 客户端应用程序按预期运行。

以下说明如何利用 KEPServerEX 创建罗克韦尔公司的 Micro820 控制器的 OPC 连接。首先运行该 OPC 服务器软件“KEPServerEX 6 Configuration”。在项目下的 Connectivity 下建立新的通道（Channel），这里命名为“Micro820Ethernet”，在 Micro820Ethernet 这个通道下建立设备（Device），这里命名为“1#Micro820”，如图 5.7 所示。通道和设备都可以利用软件的向导生成，生成后若有错误，可以在属性页加以修改。

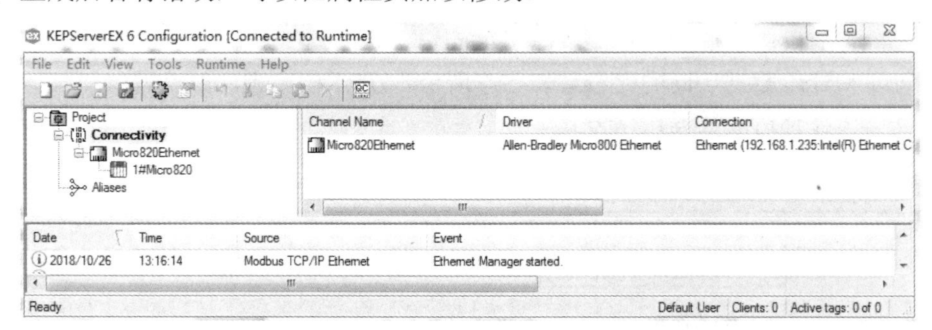

图 5.7　KEPServerEX 配置主界面

在建立新的通道时，要指定计算机中选用的网卡，其他参数可以是默认的，如图 5.8 所示。在建立设备的过程中，要选定所连接的设备及其与 OPC 服务器的通信协议类型，这里选的是“Allen-Bradley Micro800 Ethernet”。此外，要填写设备的 IP 地址和端口，这里为 192.168.1.2。这里的 IP 地址与端口号要与 Micro820 控制器中组态的 IP 地址一致，如图 5.9 所示。

图 5.8　通道的属性设置界面

建立好通道、设备后，就可以在设备下建立标签，这里，标签就是具体的要通信的变量。

一般的 OPC 服务器与罗克韦尔控制器通信时，必须把控制器与外部通信的变量放置在控制器标签（全局变量）中，控制器中的程序组织单元的局部变量不能与外部设备通信。这里首先添加了一个 I/O 变量，变量名称定义为“DO_06”，然后设置变量的地址为“_IO_EM_DO_06”，变量类型为布尔型，具有读/写属性，如图 5.10 所示。定义一个全局变量，名称为“Start”，地址为“START”（控制器标签中的全局变量别名），变量类型为布尔型，具有读/写属性，如图 5.11 所示。

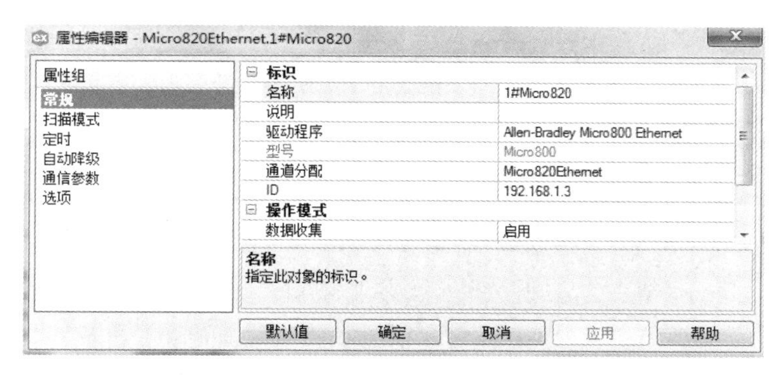

图 5.9　设备的属性设置界面

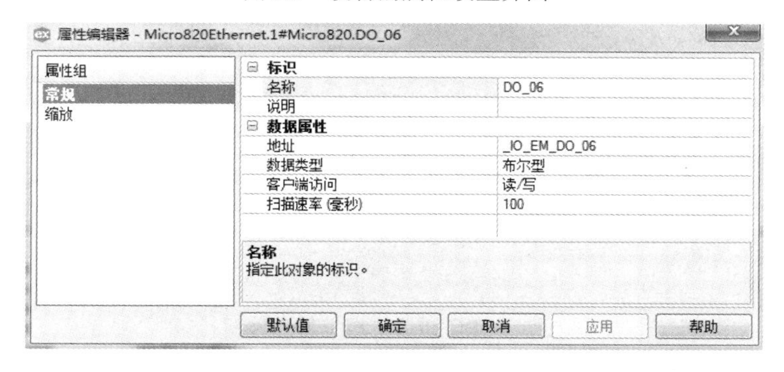

图 5.10　I/O 变量的标签定义页面

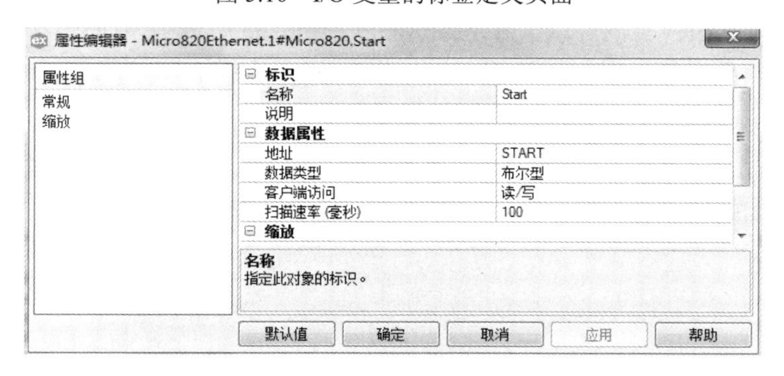

图 5.11　全面变量的标签定义页面

在所有的标签定义完成后，就可以进行测试了（一般首先定义几个不同类型的标签，测试通信是否成功，若成功，则说明之前的操作都是正确的，可以添加更多变量）。单击软件“Tools”菜单下的“Launch OPC Quick Client”，就能在此 OPC 客户端检查通信，如图 5.12 所示。

可用鼠标单击图 5.12 界面中标签侧（窗口右侧）中的标签，了解具体的通信情况。例如，单击“DO_06”标签，若通信是正常的，则会出现 OPC 通信时标签的属性窗口，如图 5.13 所示。从项目质量可以了解通信是否成功，若该值为 192，则表示通信成功。从图 5.13 中还可以看出采用 OPC 标准通信的优势，即除了可以了解通信是否成功，还能看到时间戳，即数据通信刷新的时间，而采用驱动程序方式通信是无法了解相关信息的。

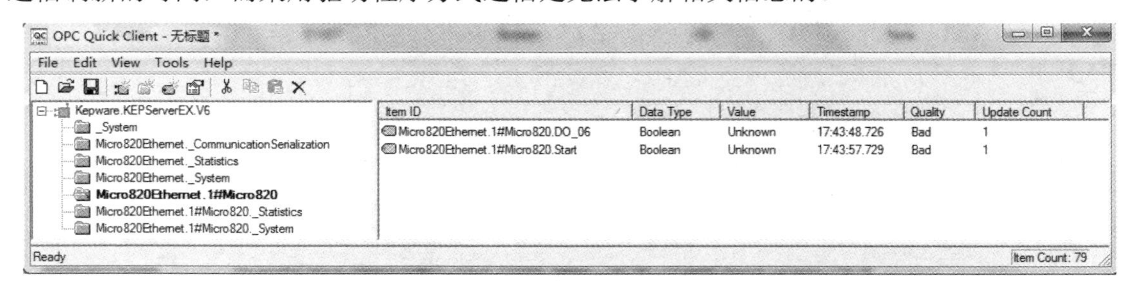

图 5.12　在 OPC 客户端测试 OPC 服务器与设备通信

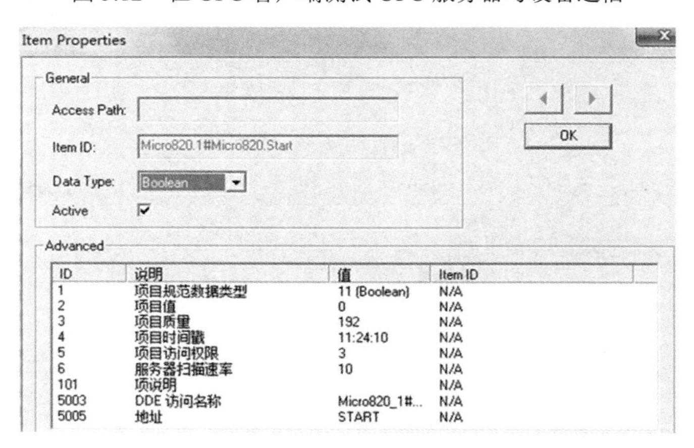

图 5.13　OPC 通信时标签的属性窗口

在该客户端，还可以对标签值进行修改，如选中“DO_06”，单击鼠标右键，选中“Asynchronous 2.0 Write”（也可以选 Synchronous 2.0 Write），会出现如图 5.14 所示的窗口，在该窗口可以修改具有写属性标签的值。如果修改成功，在客户端中该标签的当前值就会发生变化，在控制器中该全局标签值也会发生变化。

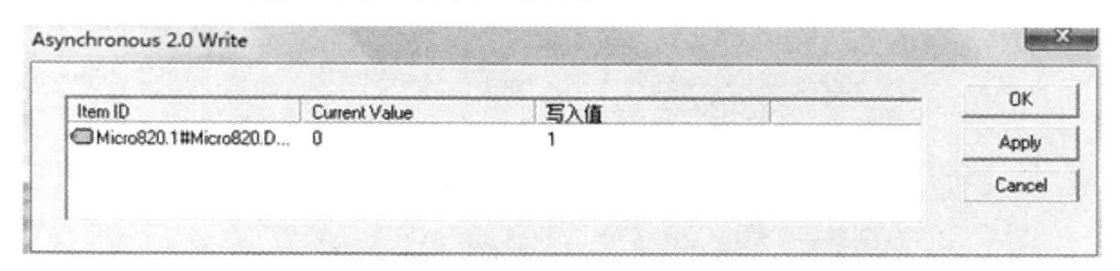

图 5.14　修改标签的值

配置好的 OPC 服务器可以保存成 opf 等格式的文件，这样可以把该配置复制到其他计算机中。不过，如果采用这种方式，需要在新的计算机中修改 OPC 服务器配置中的通道设置，即把图 5.8 中的网络适配器选择为新计算机的网络适配器。此外，OPC 服务器中配置的标签也可以导出为 csv 格式的文件，保存后再导入其他 OPC 服务器。也可以先在 csv 文件中定义

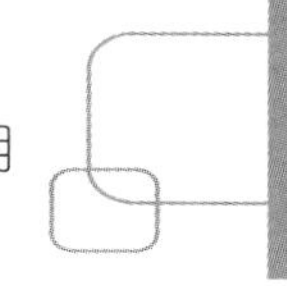

标签或在 csv 文件中修改标签，再导入 OPC 服务器。在 Excel 中修改标签要比在 OPC 服务器中定义标签效率更高，特别是当标签数量很多时。

5.3　OPC UA 标准及其应用

5.3.1　OPC UA 标准提出的背景及其特点

OPC 标准的核心是互通性（Interoperability）和标准化（Standardization）。传统的 OPC 技术在控制级别很好地解决了监控软件与硬件设备的互通性问题，并且在一定程度上支持了软件之间的实时数据交换。然而，传统的 OPC 标准在面向更大规模的企业级应用时还存在不足，具体表现在以下几个方面。

1）微软 COM/DCOM 技术的局限性

由于要实现 DCOM 功能，需要对计算机系统进行一定的设置，从而满足分布式控制系统应用需求，但这种设置比较烦琐，而且会带来较大的安全隐患。此外，由于从 2002 年开始，微软发布了新的.Net 框架并且宣布停止对 COM 技术的研发，这影响了传统 OPC 标准的应用前景。

2）缺乏统一数据模型

例如，如果用户需要获取一个压力的当前值、一个压力超过限定值的事件和一个压力的历史平均值，那么他必须发送 3 个请求，访问传统的数据存取服务器、报警与事件服务器和历史数据访问服务器这 3 个 OPC 服务器。这不仅会导致用户使用不便，还影响了访问效率。

3）缺少跨平台通用性

由于 COM 技术对 Microsoft 平台具有依赖性，其平台可移植性较差，因此基于 COM/DCOM 的 OPC 接口很难被应用到其他系统的平台上。

4）较难与 Internet 应用程序集成

由于 OPC 通信很难穿过网络防火墙，因此基于 COM/DCOM 的 OPC 接口无法与 Internet 应用程序进行正常的交互。虽然基于 Web Service 技术，OPC XML 已经较好地实现了数据在互联网上的通信，但其单位时间内所读取的数据项个数要比基于 COM/DCOM 方式少两个数量级左右，导致这种方式很难推广。

OPC 统一结构（Unified Architecture，UA）标准是在传统 OPC 技术取得巨大成功之后的又一个突破。它以统一的结构与模式，既可以实现设备底层的数据采集、设备互操作等横向信息集成，还可以实现设备到 SCADA、SCADA 到 MES、设备与云端的垂直信息集成，让数据采集、信息模型化及工厂底层与企业层面之间的通信更加安全、可靠。图 5.15 所示为 OPC UA 应用结构。

相对于传统 OPC 标准，OPC UA 的改进主要体现在以下几个方面。

1）OPC UA 的标准化通信机制

OPC 基于应用层的 DOM/COM，处于应用层顶层，而 OPC UA 处于 TCP（传输层）之上。OPC UA 消息的编码格式可以是二进制格式或 xml 文本，这样可以采用多种传输协议进行传输，如 TCP 和 HTTP 协议。允许在防火墙中打开一个端口，而集成的安保机制确保了通过因特网也能安全通信，即 OPC UA 标准实现了通过因特网和通过防火墙的标准化和安全通信。

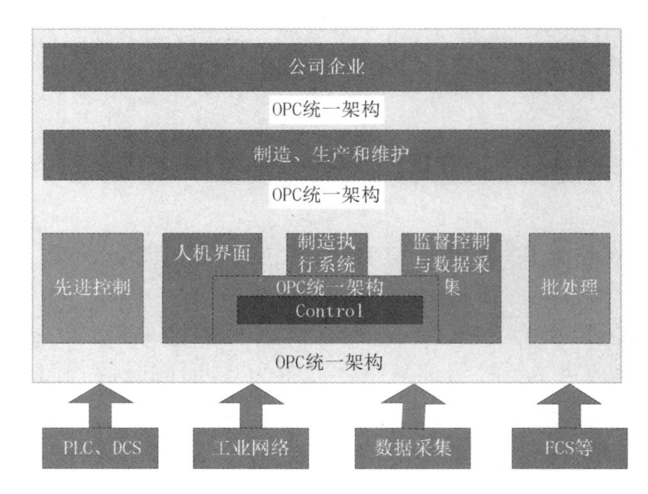

图 5.15　OPC UA 应用结构

2）防止非授权的数据访问

OPC UA 技术使用一种成熟安保理念，防止非授权的数据访问、过程数据损坏及由误操作带来的错误。OPC UA 安保理念基于 World Wide Web 标准，通过用户鉴权、签名和加密传输等项目来实现。

3）数据安全性和可靠性

OPC UA 使用可靠的通信机制、可配置的超时、自动错误检查和自动恢复等机制，定义了一种可靠、坚固的结构。可以对 OPC UA 客户机与服务器之间的物理连接进行监视，随时发现通信中的问题。OPC UA 具有冗余特性，可以在服务器和客户机应用中实施，防止数据丢失，实现高可用性系统。

4）平台独立和可伸缩性

OPC UA 基于消息传递，消息采用 WSDL 定义，而非二进制数据传输，从而实现了平台无关性。由于使用了基于面向服务的技术，OPC UA 具有平台独立的属性，因此可以从以往的 Windows 平台扩展到各种嵌入式平台，如 Linux、VxWorks、QNX、RTOS，以及桌面和服务器平台，如 Solaris、UNIX 等。OPC UA 的组件功能是可伸缩的，小到一个嵌入式设备的瘦应用，大到公司级别的大型 SCADA 系统。

5）全新的集成 API（应用程序接口）

OPC UA 定义了全新的集成 API，是一个服务集，可以在同一个 OPC 服务器下更方便地访问实时数据、历史数据、报警信息等，避免了通过不同 OPC 服务器各自的 API 访问不同的数据，同时简化了服务器开发时 API 重叠的问题。与传统 OPC 标准相比，使用 OPC UA，仅用一个组件就能非常容易地完成对一个压力的当前值、一个压力超过限定值的事件和一个压力的历史平均值的访问。

6）OPC UA 服务器便于部署

OPC UA 可以方便地从 OPC DA 服务器和客户端升级到 OPC UA 服务器和客户端，这样大大降低了 OPC UA 推广和部署的难度。

5.3.2　OPC UA 标准主要内容

1．OPC UA 标准概述

OPC UA 是在传统 OPC 标准的基础上发展的，IEC62541 对 OPC UA 协议进行了标准化。IEC62541 分为十三部分，其中，第一部分到第七部分属于核心标准，第八部分到第十一部分属于数据存取标准，最后两个部分属于工具（Utility）部分。核心标准部分包括 OPC UA Data Access、OPC UA Alarms and Conditions、OPC UA Programs 及 OPC UA Historical Access 标准；数据存取标准部分包括 OPC UA Security Model、OPC UA Address Space Model、OPC UA Services、OPC UA Information Model、OPC UA Service Mappings 和 OPC UA Profiles 等。

2．OPC UA 系统结构

和现行 OPC 一样，OPC UA 系统结构包括 OPC UA 服务器和客户端两个部分，每个系统允许多个服务器和客户端相互作用。

1）OPC UA 中的两种数据交换机制

为了满足多种数据交换需要，OPC UA 结合两种机制来实现各种场景。

（1）客户端/服务器模式。OPC UA 客户端访问 OPC UA 服务器的专用服务。这种对等方式保证了信息安全和确定的信息交换，但对连接数量有限制。

（2）发布者/订阅者模式。其中，OPC UA 服务器通过配置信息子集可供任意数量的订阅者使用。这种广播机制提供了一种无须信息确认的“即发即弃”的信息交换方式。

OPC UA 提供的这两种通信机制是独立于实际通信协议的。TCP 和 HTTPS 协议可用于客户端/服务器模式，而 UDP、AMQP 和 MQTT 协议可用于发布者/订阅者模式。

2）OPC UA 客户端

OPC UA 客户端的体系结构包括客户终端的客户端/服务器交互。它包括 OPC UA 客户端应用程序、OPC UA 通信栈 API、OPC UA 客户端 API，如图 5.16 所示。它使用 OPC UA 客户端 API 与 OPC UA 服务器发送和接收 OPC UA 服务请求和响应。

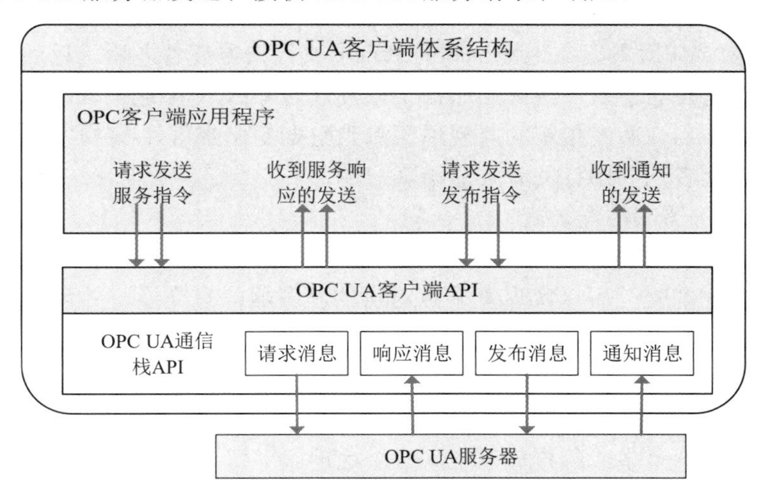

图 5.16　OPC UA 客户端结构

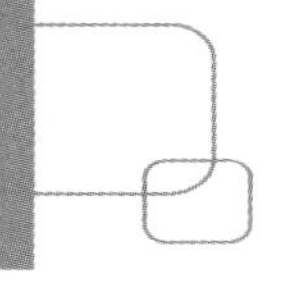

3）OPC UA 服务器

OPC UA 服务器代表客户端/服务器相互作用的服务器端点。它主要包括 OPC UA 服务器应用程序、真实对象、OPC UA 地址空间、发布者/订阅者实体、OPC UA 服务器 API、OPC UA 通信栈 API 等，如图 5.17 所示。它使用 OPC UA 服务器 API 从 OPC UA 客户端传送和接收消息。

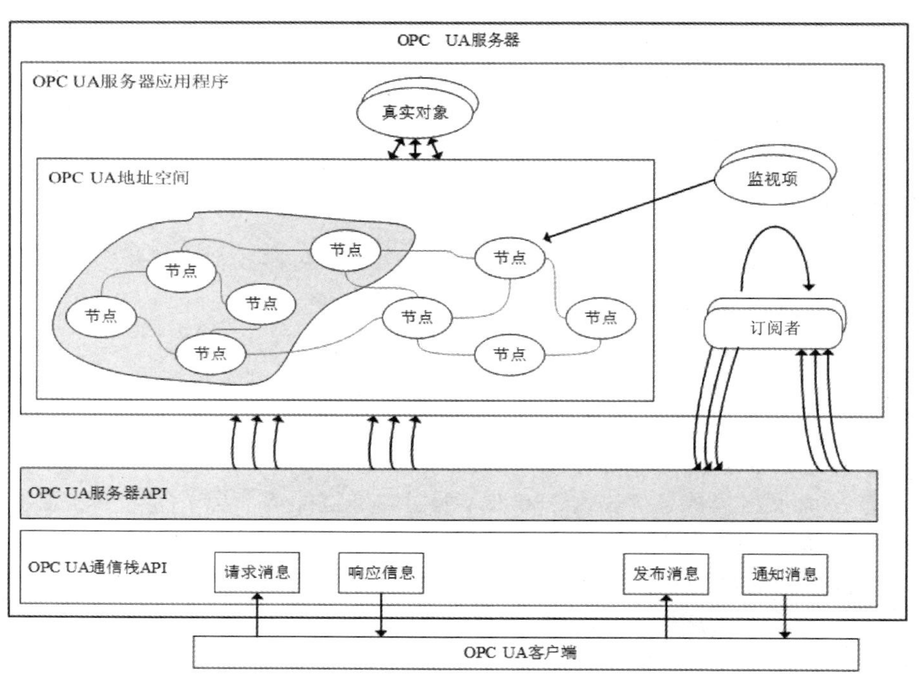

图 5.17　OPC UA 服务器结构

OPC UA 客户端与服务器主要的交互形式和过程如下。

（1）通过客户端发送服务请求，经底层通信实体发送给 OPC UA 通信栈 API，并通过服务器接口调用请求/响应服务，在地址空间的节点上执行指定任务之后，返回一个响应。

（2）客户端发送发布请求，经底层通信实体发送给 OPC UA 通信栈 API，并通过服务器接口发送给订阅者，当订阅者指定的监视项探测到数据变化或事件/警报发生时，监视项生成一个通知发送给订阅者，并由订阅者发送给客户端。

4）OPC UA 服务器间的互访问

新的 OPC UA 技术支持服务器间的相互访问，也就是一台服务器作为另一台服务器的客户端。通过服务器间的交互可以实现基于点对点的服务器信息交换，并可以连接服务器实现分层体系，具体提供以下功能。

（1）对低层服务器的数据聚集。

（2）构造更高层次的数据给客户端。

（3）向用户提供一个集成的接口以访问多个底层服务器。

3．OPC UA 的模型和服务

OPC UA 提供一致的、集成的地址空间及服务模型。它允许一个单独的 OPC UA 服务器

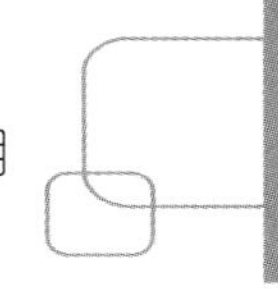

来集成数据、警报、事件及历史数据到它的地址空间，用一个集成的服务集提供对它们的存取。

1）OPC UA 信息模型

OPC UA 提供统一的建模功能“信息模型”，用来表示信息和功能。信息模型是节点的网络，由节点和引用组成，这种结构图也称为 OPC UA 的地址空间。这种图形结构可以描述各种各样的结构化信息。信息模型将要交换的信息分门别类并赋予其含义，像模板一样，作为整体、模块来表示。例如，符合 IEC61131-3（PLCOpen）标准的控制器可以用结构体变量来表示。结构体的名称是要作为模板的模块的名称，模块处理的数据通过结构体的成员名称、数据类型来表示。实际数据会指定结构体变量名称和成员名称，进行数据交换。

2）OPC UA 对象模型

现有 OPC API 定义的对象是相互分离、独立的，OPC UA 通过其对象模型实现了对各个对象服务的集成。OPC UA 对象模型集成了对象的变量、方法、事件及其相关服务，如图 5.18 所示。

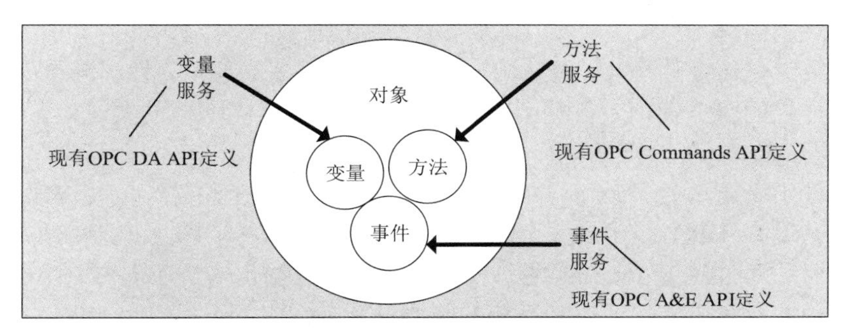

图 5.18　OPC UA 对象模型

变量表示对象的数据属性，它可以是简单值或构造值。变量有值特性、质量特性和时间戳特性，值特性表示变量的值，质量特性表示生成的变量值的可信度，时间戳特性表示变量值的生成时间。

方法是被客户调用执行的操作，它分为状态和无状态。无状态是指方法一旦被调用，必须执行到结束，而状态是指方法在调用后可以暂停、重新执行或中止。

事件表示发生了系统认为的重要事情，而其中表现异常情况的事件被称为报警。通过对象模型实现了数据、报警、事件及历史数据集成到一个单独的 OPC UA 服务器中，客户端只需要一次调用，即可获得数据、警报和事件应用，不需要使用不同的 API 来调用。

3）集成地址空间模型

在现有 OPC 标准中，各个标准都有独立的地址空间与服务，因此，在处理复杂问题时通常要使用不同的地址空间，降低了程序运行效率。为了解决这个问题，OPC UA 提出了集成地址空间的概念。即将各个标准的地址空间集成在一个平台上，这样可以使不同标准在同一地址空间中调用服务。

在地址空间中，模型的元素称为节点，为节点分配节点类来代表对象模型的元素。对象及其组件在地址空间中表示为节点的集合，节点由属性描述并由引用相连。为了提高客户端与服务器的互操作性，OPC UA 地址空间的节点都是以层次结构进行组织的。

为了简化客户访问地址空间，OPC UA 服务器创建了一个视点（View）。视点就是地址空

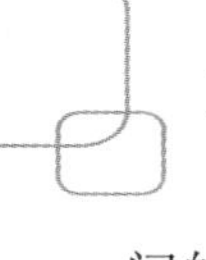

间的一个子集，其默认值就是整个地址空间。视点就是简化了地址空间的层次结构，其将地址空间分成若干块。视点与地址空间一样，被组织成一个层次结构，并包含节点间的引用。视点对客户可视，客户通过浏览节点确定其结构。服务器可以在地址空间里定义自己的视点，或者视点可以通过客户调用 OPC UA 服务来创建。

4）OPC UA 集成服务

OPC UA 把客户端和服务器之间的接口定义为一组服务。这些服务被组织到称为服务集的逻辑组中。OPC UA 服务器对客户端提供两个功能。它们允许客户端向服务器发出请求并从服务器接收响应，也允许客户端向服务器发送通知。服务器使用通知来报告事件，如警报、数据值变化、事件和程序的执行结果等。

服务集的采用解决了现有 OPC 标准在应用时服务重叠的问题。它包括安全信息服务集、会话服务集、节点管理服务集、视图服务集、属性服务集、方法服务集、监视服务集、订阅服务集、查询服务集等。

5）OPC UA 安全模型

由于企业数字化转型的需要，企业的内部网络系统已实现互联，管理网络与 Internet 也实现了联通，有授权的企业管理人员甚至可以通过 Internet 掌握工厂的实时运营状态。因此，OPC UA 服务器或客户端必须要采用一定的安全策略保证系统的安全。特别是在工业控制系统信息安全事件不断出现的背景下，如何确保数据传输的安全性已经成为构建数据网络要重点考虑的问题。现有 OPC 技术的安全性单纯依靠 COM 本身的安全机制来保证，但是基于 COM 的 OPC 技术不能通过 Internet 进行安全、可靠的数据传输。而 OPC UA 采用了会话建立、审核、传输安全等措施保证控制系统的网络安全。OPC DA 标准与 OPC UA 标准的比较如表 5.5 所示。

OPC UA 安全模型包括客户端和服务器的认证、用户认证、数据保密性等操作。考虑到在互联网上进行数据传输的安全性，OPC UA 服务器或客户端必须采用一定的安全策略保证数据在互联网环境下的安全。OPC UA 采用了以下机制来保证数据采集和传输的可靠性。

表 5.5　OPC DA 标准与 OPC UA 标准的比较

	OPC DA 标准	OPC UA
安全性	完全基于 COM/DCOM 的安全性，无自身的安全设计	有一系列安全机制
可靠性	完全基于 DCOM 的可靠性	消息序列号、生存期保持
冗余性	无冗余设计	冗余服务器和客户端

（1）OPC UA 定义了一个 Getstatus 服务，客户端可以周期性地知道服务器的状态，同时定义了与状态相关的一系列诊断变量。通过这些诊断变量就可以知道服务器各个方面是否正常，此外允许客户端程序订阅服务器的状态变化。

（2）定义了一个生存期保持（Keep-Alive）的间隔，服务器周期性地发出生存期保持的消息，客户端可以及时检测服务器和通信的状态。

（3）传输的消息都有序列号，客户端程序可以根据序列号检测数据是否丢失。如果丢失，可以根据序列号重传。

（4）为服务器和客户端设计了冗余机制。

5.3.3 OPC UA应用示例

1. Open62541开发工具

IEC组织不仅制定了IEC62541的OPC UA标准，为方便开发者开发OPC UA相关的服务器与客户端，还提供了一个开源的名为Open62541的软件开发工具（实质上是库文件），该库采用C99和C++98语言的通用子集编写。OPC UA SDK实现了IEC62541中定义的所有服务、协议栈、消息终端、安全协议和传输协议。Open62541库可与所有主要编译器一起使用，并提供实现专用OPC UA客户端和服务器的必要工具，或将基于OPC UA的通信集成到现有应用程序中。Open62541库与平台无关，所有特定于平台的功能都是通过可交换的插件实现的。

Open62541根据Mozilla Public License V2.0获得许可，因此该库可用于非开源项目。只有对Open62541库本身的更改才需要在同一许可下发布。插件及服务器和客户端示例都属于公共域（CC0许可证），因此可以在任何许可下重复使用，并且不必发布更改。

网络上有利用Open62541开发OPC UA服务器和客户端，以及进行通信测试的资料，有兴趣的读者可以自行检索。此外，基于Python的free OPC UA开源库遵从IEC62541，可以开发OPC UA客户端软件和服务器软件。

2. OPC UA UaExpert应用示例

德国Unified Automation公司是主要的OPC UA SDK供应商之一，其用户遍布全世界的重点自动化企业，提供基于C、C++、.Net、Java开发语言的SDK开发包。

除了OPC基金会官网提供的OPC UA的客户端Quickstart Data Access Client，以及用户自行开发的客户端，许多公司也有客户端软件。UaExpert是Unified Automation公司设计开发的OPC UA客户端，支持DataAccess、Alarms & Conditions、Historical Access及UA Method的调用。UaExpert是使用C ++编程的通用测试客户端，适用于Windows和Linux，软件框架支持插件扩展，UaExpert包含以下插件。

- OPC UA Data Access View。
- OPC UA Alarms&Conditions View。
- OPC UA Historical Trend View。
- Server Diagnostics View。
- Simple Datalogger CSV Plugin。
- OPC UA Performance Plugin。
- GDS Push-Model Plugin。
- XMLNodeSet-Export View。

UaExpert的基本框架包括一些通用功能，如证书管理、发现UA服务器、与UA服务器连接、浏览信息模型、显示特定UA节点的属性和引用等。

首先运行Unified Automation公司的OP CUA服务器UaServerCpp。然后运行UA客户端UaExpert。单击工具栏的“+”按钮，在弹出的“Enter URL”对话框中输入Server的URL（这里是UaServerCpp），按回车键后该URL已经添加在列表中，展开树形结构，可以看到相应的Server和可用的Endpoint，如图5.19所示。这里选择不加密的访问方式，即“None-None”，单击OK按钮，该Server将出现在UaExpert的Project窗口中。如果希望与Server建立真正的连接，需要单击工具栏中的插头连接器按钮，或从菜单中选择Server→Connect。此时，会弹出用于验证 Server 证书的新对话框。检查证书后，选择“Trust Server Certificate”，将证书永久添加到 UaExpert 的信任列表中，也可勾选临时接受证书选项，这样证书将不被保存在信任列表中。然后选择继续，当 UaExpert 和 UaServer 互相验证证书后，UaExpert 连接到 Server，Project 窗口中的连接图标（插头状态）变为连接状态，如图 5.20 所示。

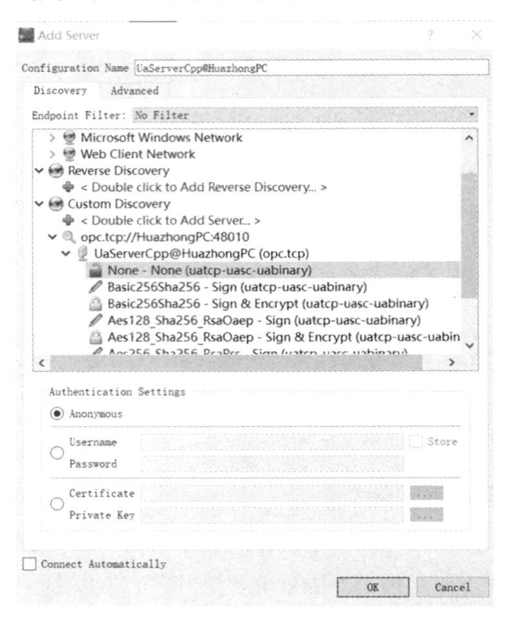

图 5.19　为 OPC UA 客户端添加服务器对象

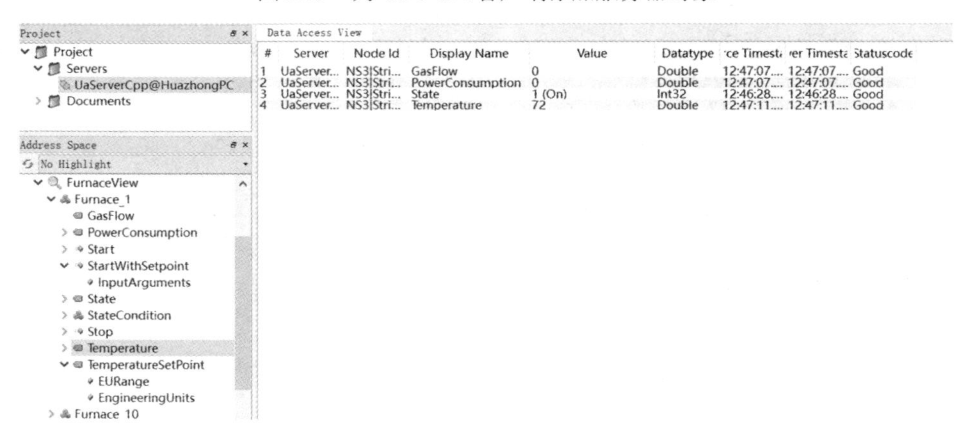

图 5.20　OPC UA 客户端与服务器建立连接后的视图

在 UaExpert 窗口的地址空间，单击左侧的扩展箭头，可以查看该地址空间下所有的节点。节点前面的符号用来标记节点的不同类别（如对象、变量、方法等）。可以看到在该 UA 服务器的演示版本中建立了一些节点，在“BuildingAutomation”节点下建立了空调、锅炉等设备对象，其中，锅炉对象有若干个实例，展开 Furnace1 实例，可以可看到该对象实例的属性、方法和事件；可以把要监视的 Furnace1 实例的属性从左侧地址空间拖拉到中间的“Data Access View”子窗口，即完成对变量的订阅。例如，该子窗口在监视锅炉的蒸汽流量、功率消耗、运行状态和温度，还可以看到，锅炉处于运行（ON）状态，如图 5.20 所示。如果需要将锅炉停止，只需要调用（Call）停止（Stop）方法，调用成功，会返回成功指示，可以看到“Data Access View”子窗口中的运行状态变为 Off，如图 5.21 所示。反之，若要启动锅炉，则可以调用“Start”方法。在锅炉运行过程中还可以调用 StartWithSetpoint 方法改变温度设定值，如图 5.22 所示。

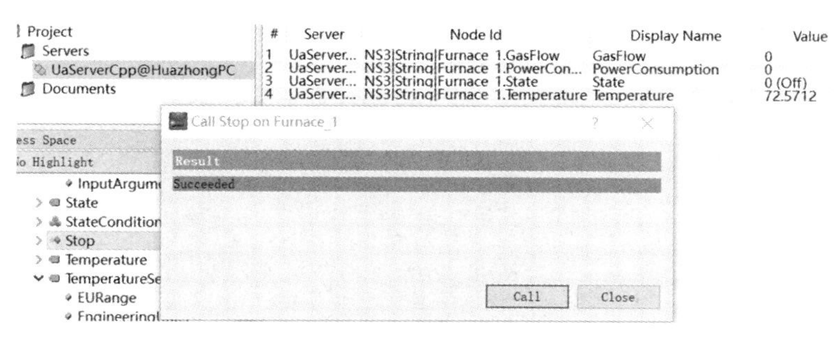

图 5.21　在 OPC UA 客户端中调用锅炉对象实例的 Stop 方法

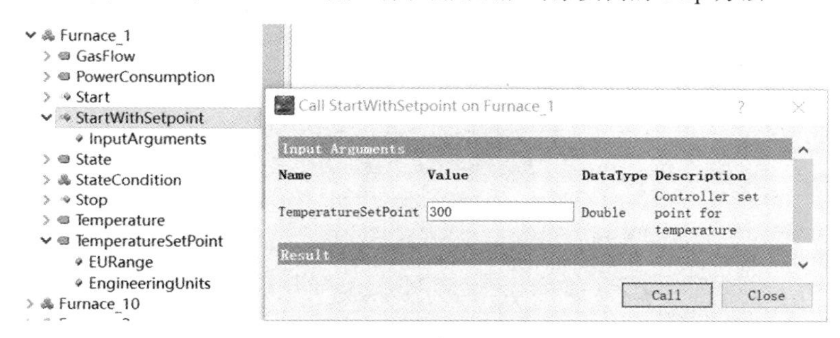

图 5.22　在 OPC UA 客户端中调用锅炉对象实例的改变设定值方法

单击菜单“Documents”，增加“History Trend View”视图，把地址空间的“DoubleWithHistory”添加到该视图中，可以在“Configuration”子窗口修改采样方式为循环更新，修改历史曲线横坐标时间和更新间隔等配置参数，从图 5.23 中的“History Data”子窗口中可以监视到以曲线方式展示的该变量的历史数据。

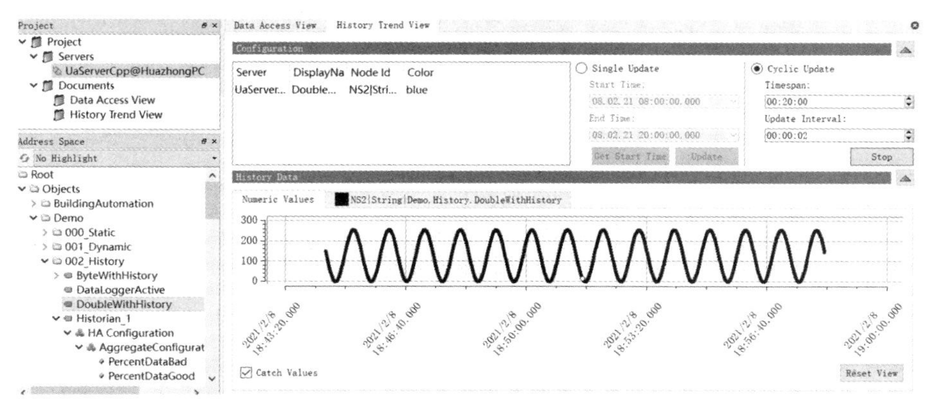

图 5.23　在 OPC UA 客户端中添加历史数据监视

单击菜单“Documents”，增加“Event View”视图，把地址空间的“Server”添加到该视图中，在“Configuration”里可以修改想要观察的事件类型，如图 5.24 所示。事件视图包括

“Configuration（配置）”“Events（事件）”“Details（细节）”3 个子窗口。当有事件发生时，就会在事件窗口显示，单击该事件，在细节子窗口可以了解该事件的详细信息，如图 5.25 所示。用户可以在事件窗口的事件、报警、事件历史三者之间切换。对于事件，还支持确认等操作，如图 5.26 所示。

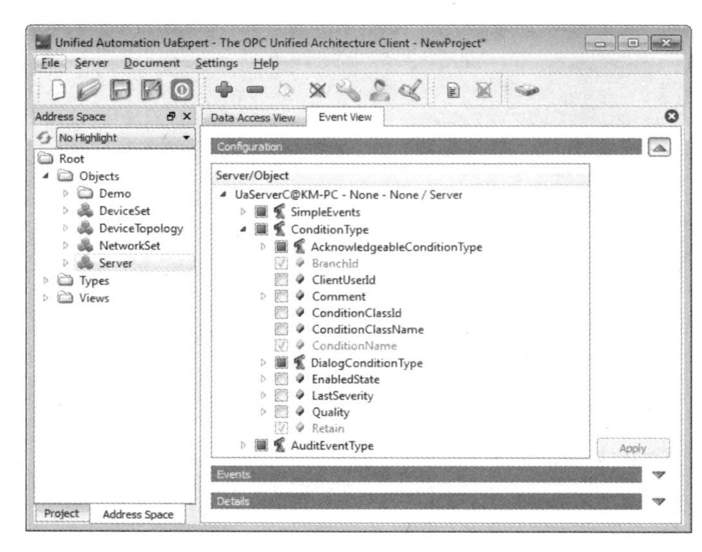

图 5.24　在 OPC UA 客户端中配置事件类型

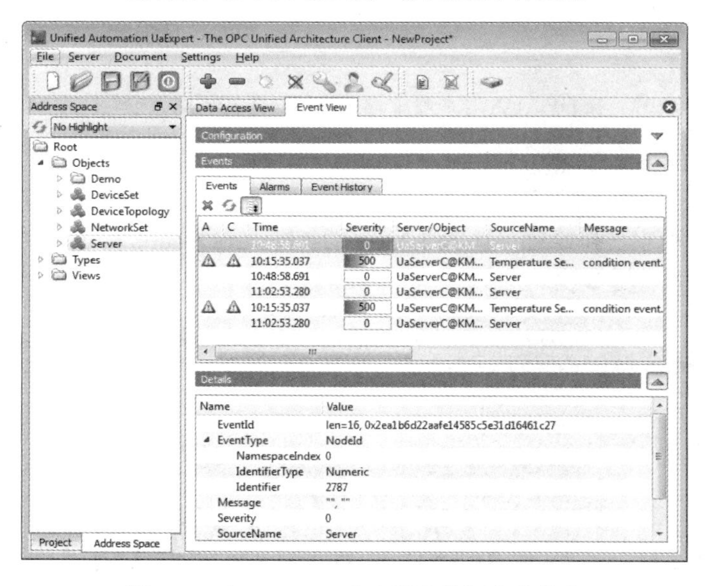

图 5.25　在 OPC UA 客户端中监视事件信息

通过该例子可以看出 OPC UA 标准的强大，通过统一的、集成的地址空间及服务模型，结合面向对象编程的思想，实现了强大的数据交换功能，简化了客户程序与硬件设备的实时数据交换过程，使得用户可以专心于具体控制任务的实现，而不被数据采集困扰。这里的演示是在 Windows 平台上实现的，实际上，OPC UA 支持跨平台数据交换，还可以在嵌入式系统上运行，很好地支持了移动互联网时代对数据交换的要求。

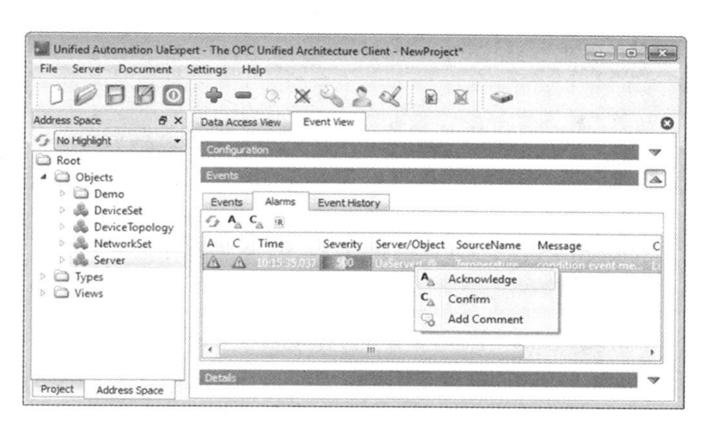

图 5.26　在 OPC UA 客户端中对事件应答与确认

3. 三菱电机的 OPC UA 服务器模块

三菱电机 MELSEC iQ-R 系列 OPC UA 服务器模块 RD81OPC96 具有 OPC UA 强大的安全性能和通信性能。搭载了 OPC UA 服务器模块的控制系统可与上层 SCADA 系统及 ERP 系统间实现安全、可靠的数据交换。可根据系统的需要进行任意的安全设置。模块配置了两个以太网端口，通信速率最高可达 1Gbps。两个以太网端口可分别连接 OT 网络和 IT 网络，从而实现网络分隔，强化了网络安全。三菱电机 MELSEC iQ-R 系列 OPC UA 服务器模块的软件规格如表 5.6 所述。

表 5.6　三菱电机 MELSEC iQ-R 系列 OPC UA 服务器模块的软件规格

项　目		规　格
配置文件		Embedded UA Server Profile 1.03
加密设置（安全对策）		•None：无安全模式 •Basic128Rsa15：128bit加密 •Basic256：256bit加密 •Basic256Sha256：256bit加密（使用Sha256算法）
签名设置（安全模式）		•None：无安全模式 •Sign：数据签名 •Sign & Encrypt：数据签名和加密
用户认证设置		•Anonymous •用户名/密码 •通过证明书的认证
基本操作规格		
连接方式		Ethernet IPv4
设置工具同时可连接数		1
软元件存储器输入/输出规格		
最大标签数		10000
访问目标设备	最大数	8
	类型	•RCPU •QCPU（Q模式） •LCPU
数据收集周期	最大定义数	8
	设置周期	200ms～24h
OPC UA客户端连接数规格		
最大连接数		15
可连接的以太网端口		CH1

像 PLC 的其他模块一样，OPC UA 服务器模块可安装于 MELSEC iQ-R 系列的基板模块上，即在嵌入式模块中实现 OPC UA 服务器。与运行于计算机中的 OPC UA 服务器相比，降

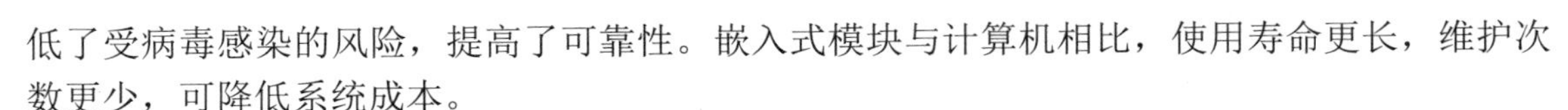

低了受病毒感染的风险，提高了可靠性。嵌入式模块与计算机相比，使用寿命更长，维护次数更少，可降低系统成本。

OPC UA 服务器模块内通过标签名和分层构造，保存和管理对外公开的数据。在构建上层系统时，仅需要选择保存在模块内的标签，即可轻松地订阅所需的数据。

MELSEC iQ-R 系列 OPC UA 服务器模块支持 CC-Link IE、CC-Link 和以太网，支持 MELSEC iQ-R/Q/L 系列的 PLC。使用一台 OPC UA 服务器模块即可通过无缝通信将这些联网 PLC 的信息汇总至 OPC UA 服务器模块中。

三菱电机提供了专用设置工具 MX OPC UA Module Configurator-R，可通过向导式和选择式的设置画面实现直观的操作，削减开发时间。此外，通过导入 GX Works3 的工程，工程中的标签可作为 OPC UA 的标签照旧使用。

5.3.4　S7-1500 控制器 OPC UA 服务器的配置与测试

目前越来越多的设备支持 OPC UA 通信，自 TIA Portal V14 及 S7-1500 V2.0 版本以后开始支持 OPC UA 服务器功能，除 S7-1500 标准 CPU/控制器外，这一特性同样适用于 S7-1500F、S7-1500T、S7-1500C、S7-1500 Pro CPU、ET 200SP CPU、SIMATIC S7-1500 软件控制器和 PLCSIM Advanced 专用仿真软件。S7-1500 CPU 上所有集成的 Profinet 接口均可用于访问该 CPU 的 OPC UA 服务器。S7-1200 从 V4.4 版本开始也支持 OPC UA 功能。S7-1500 自固件 V2.6 后，也支持 OPC UA 功能，这样，这些控制器也可分别作为 OPC UA 服务器和客户端来进行 OPC UA 通信。不过，一般不建议控制器之间采用 OPC UA 通信。OPC UA 主要用于控制器与上层软件间的安全通信，实现数据采集，甚至将数据传送到云端。

要使 OPC UA 客户端能访问 PLC 中内置的 OPC UA 服务器，需要对 UA、服务器和客户端都进行设置。为节省篇幅，现以 S7-1500 系列 CPU1511-1PN（V2.8）为例，介绍非安全通信时在博途软件中进行 OPC UA 服务器的设置。安全通信的设置可参考相关手册。在本例中，没有实物 S7-1500，是在虚拟机中安装 Portal 16、S7-PLCSIM Advanced V4.0SP1 软件及 UaExpert 这个 OPC UA 客户端进行测试的。PLC 中的工程名称是 PLC_PIDSIM，采用 CPU1513-1PN，在 PLC 中建立数据块 DB_OPCUA 用于通信测试。

（1）对控制器而言，需要激活 UA 服务器，在 TIA 博图中导航至 CPU 属性的常规界面，激活 OPC UA 服务器，如图 5.27 所示。当然，激活 OPC UA 服务器后，降低了从内部或外部访问该 PLC 中的功能和数据的保护等级。

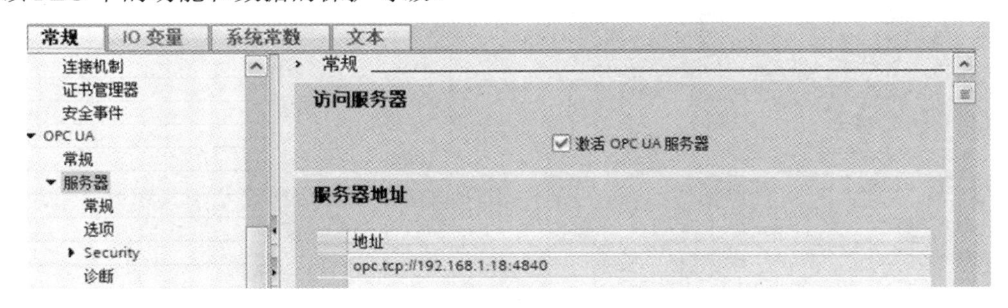

图 5.27　激活 S7-1500 CPU 中内置的 OPC UA 服务器

（2）导航至“CPU属性→OPC UA→常规”选项设置OPC UA应用名称，也可以使用默认名称，如图5.28所示。

图5.28　在S7-1500 CPU中设置 OPC UA 应用名称

（3）导航至“CPU属性→运行系统许可证→OPC UA”选择“所需要的许可证类型”，可从三个中选一个，如图5.29所示。目前用户不需要购买许可证就可以使用OPC UA功能。

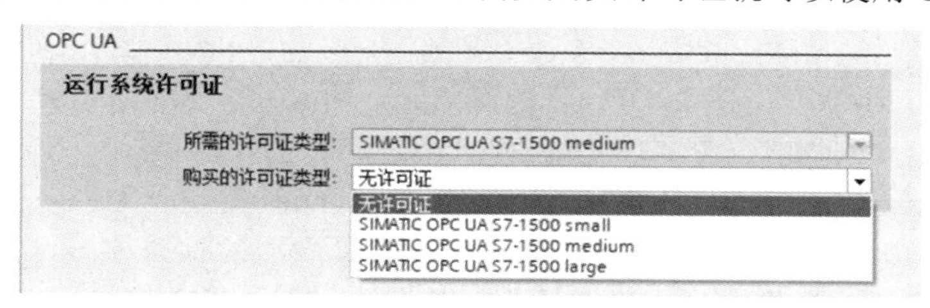

图5.29　在S7-1500 CPU中设置OPC UA许可证类型

（4）导航至“CPU属性→OPC UA→服务器”选项设置“最大OPC UA会话数量”“最短采样间隔”“最短发布间隔”，无特殊需求也可以使用默认设置，如图5.30所示。

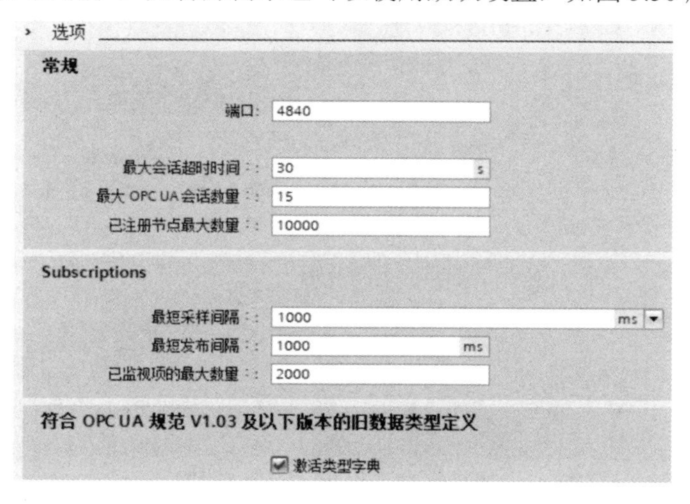

图5.30　S7-1500 CPU中 OPC UA服务器的常规参数设置窗口

① 常规参数设备，包括端口、最大会话超时时间、最大OPC UA会话数量、已注册节点最大数量等。其中，OPC UA 服务器的默认端口号为 4840，用户可以根据需要使用 1024～49151之间的端口，只要不与其他程序的端口冲突即可；其他参数可以采用默认值。

② Subscriptions参数如下。

- 最短采样间隔：是指OPC UA服务器对CPU变量进行采样的最短时间间隔；如果最短采样间隔的时间小于最短发布间隔的时间，则CPU在最短发布间隔时间内进行多次采样，并将采集的数据存放在内部队列中。等到发布时间后，一起发送给客户端。

- 最短发布间隔：是指 OPC UA 服务器向客户端发送新值的时间间隔。若客户端要求的更新时间间隔大于最短发布间隔，则以客户端的更新时间间隔发送新值；如果客户端的更新时间间隔小于服务器的最短发布间隔，则按照服务器的最短发布间隔发布新值。
- 已监视项的最大数量。在该字段中指定该 CPU 的 OPC UA 服务器可同时监视值更改的最大元素数量。监视会占用资源，已监视项的最大数量取决于所用的 CPU。

（5）硬件组态编译并下载到 CPU 中，就可以启用一个简单的 OPC UA 服务器。需要注意的是，这里是仿真 PLC，因此在 Portal 中下载时，在 PG/PC 接口中不能选择 Portal 自带的仿真软件 PLCSIM，而是选择“Simens PLCSIM Virtual Ethernet Adaper”。PLCSIM 不支持对 OPC UA 通信的仿真功能。

为了测试 OPC UA 与该 OPC UA 服务器的通信，以 UaExpert 这个 OPC UA 客户端为例来说明。启动 UaExpert，要添加 OPC UA 服务器，输入 IP 地址和端口号，这里输入的是 opc.tcp://192.168.1.18:4840，与 PLC 程序中的设置是一样的；进行连接，在添加的 OPC UA 服务器中选中“None-None…”，即无安全校验，在 Anonmous 处进行无密码登录。最后接受证书，就完成了客户端与服务器的连接了。可以在客户端的地址空间中看到控制器对象 PLC_PIDSIM，以及控制器中的全局数据块、数据块实例、输入和输出等，用鼠标把 PLC 中建立的数据块 DB_OPCUA 中的三个变量拖到 Data Access View 中，就可以监视变量了，如图 5.31 所示。

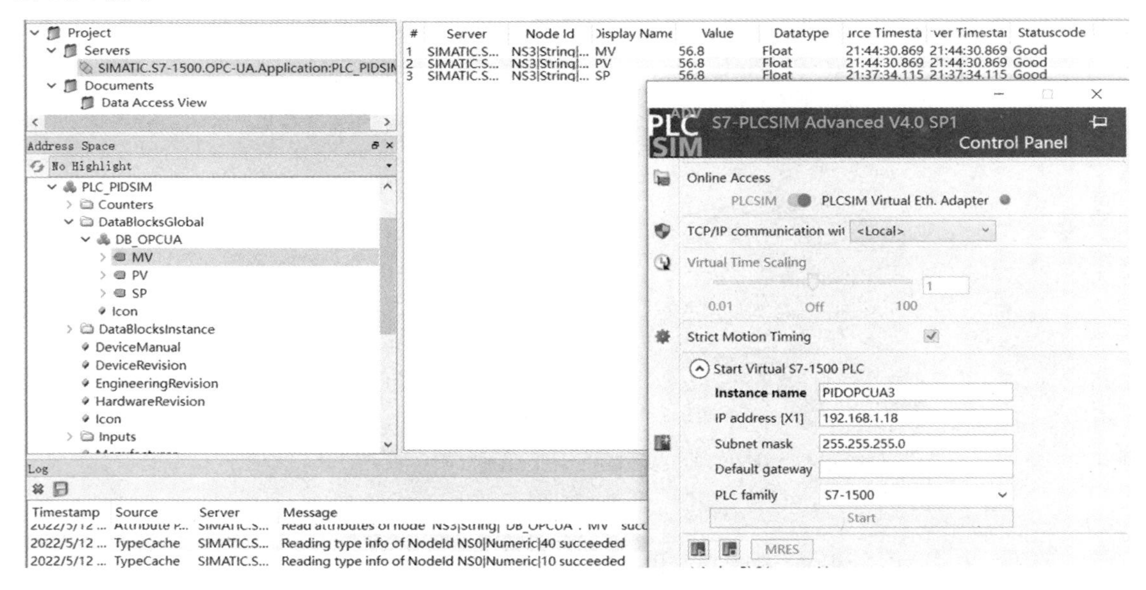

图 5.31　OPC UA 客户端与 S7-1500 OPC UA 服务器通信

在图 5.31 的 S7-PLCSIM Advanced V4.0 SP1 界面中，在 Online Access 中要选择“PLCSIM Virtual Eth. Adapter”，TCP/IP 通信可以用默认设置。在 Start Virtual S7-1500 PLC 这里，IP 地址等通信参数要和 PLC 中的以太网端口一样。下载前要在计算机（这里是虚拟机）的控制面板中为 PLCSIM Virtual Eth. Adapter 设置一个和 PLC 在同样网段的 IP 地址，否则下载程序时会出现“节点不兼容”的错误提示。

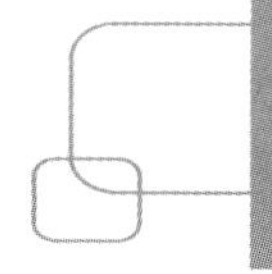

5.4　基于经典 OPC 通信的 CSTR 过程工业控制系统数字化仿真

5.4.1　CSTR 及其数学模型

1．CSTR

连续搅拌釜式反应器（Continuous Stirred Tank Reactor，CSTR）在燃料、试剂、药品、食品及合成材料等工业中得到广泛应用。CSTR 结构示意图如图 5.32 所示。反应器有一个进料口和一个出料口，按照一定的时间间隔进料、反应和出料，因此，CSTR 属于典型的间歇过程。在 CSTR 反应过程中，一般通过控制其工艺参数（如温度、浓度等）来保证反应正常进行。由于是批次生产，不同批次的操作点会发生变化，因此，其控制问题受到广泛研究。CSTR 反应过程的控制效果会影响化学反应所得产品的质量、生产效率和原料消耗等。

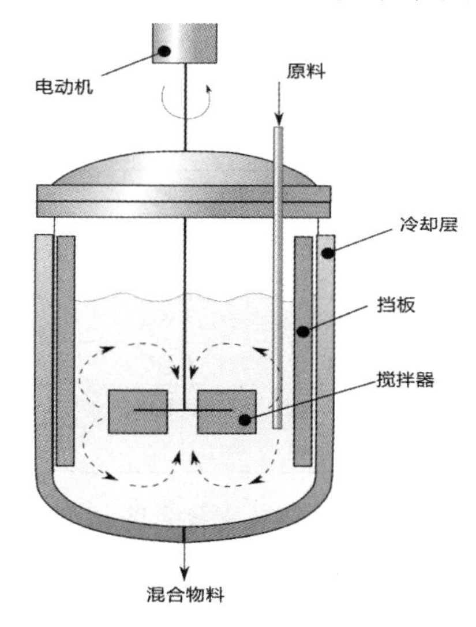

图 5.32　CSTR 结构示意图

2．CSTR 数学模型

这里介绍的 CSTR，化学反应原料为环戊二烯（物料 A），反应的主产品为环戊烯（物料 B），会生成副产品二环戊二烯（物料 C），环戊烯继续反应会生成副产品环戊酮（物料 D）。化学反应方程为

$$A \to B \to C，2A \to D$$

由于存在化学反应过程，而反应动力学存在非线性特性，因此 CSTR 过程模型具有非线性特性。根据物料与能量守恒定律，可以得到用非线性微分方程组描述的 CSTR 过程数学模型：

$$\frac{\mathrm{d}C_{\mathrm{A}}}{\mathrm{d}t}=\frac{V}{V_{\mathrm{R}}}(C_{\mathrm{A0}}-C_{\mathrm{A}})-k_1(T)C_{\mathrm{A}}-k_3(T)C_{\mathrm{A}}^2$$

$$\frac{\mathrm{d}C_{\mathrm{B}}}{\mathrm{d}t}=\frac{V}{V_{\mathrm{R}}}C_{\mathrm{B}}+k_1(T)C_{\mathrm{A}}-k_2(T)C_{\mathrm{B}}$$

$$\frac{dT}{dt}=\frac{V}{V_R}(T_0-T)-\frac{(k_1(T)C_A\Delta H_{RAB}+k_2(T)C_B\Delta H_{RBC}+k_3(T)C_A^2\Delta H_{RBD})}{\rho C_\rho}+\frac{k_W A_R}{\rho C_\rho V_R}(T_K-T)$$

$$k_i(T)=k_{i0}e^{\left(\frac{E_i}{T+273.15}\right)}$$

CSTR 模型中的参数说明如表 5.7 所示。

表 5.7　CSTR 模型中的参数说明

参数名称	说　明
C_A	反应器中物质 A 的浓度
C_B	反应器中物质 B 的浓度
C_{A0}	A 的进料浓度
k_1，k_2，k_3	三个化学反应的反应速率
V	物料 A 的进料体积流量
V_R	反应器的体积
T	反应器的温度
T_K	冷却剂的温度
T_0	反应器的入口温度
ΔH_{RAB}，ΔH_{RBC}，ΔH_{RAD}	k_1、k_2、k_3 反应放出的热量
ρ	反应器中液体的密度
C_ρ	反应器中液体的热容
K_W	冷却夹套的传热系数
A_R	冷却夹套的传热面积
E_i	第 i 个反应的活化能

在本节介绍的 CSTR 过程控制中，操纵变量为冷却剂温度 T_K，被控量是反应器中物质 A（环戊二烯）的浓度 C_A。反应器的入口温度 T_0、物料 A 的初始进料浓度 C_{A0} 及物料 A 的进料体积流量 V 作为扰动变量。

CSTR 模型常微分方程组中的参数值如表 5.8 所示。

表 5.8　CSTR 模型常微分方程组中的参数值

变量名	变量符号	参数值	单位
物料 A 的进料体积流量	V	14.19	L/h
反应器的入口温度	T_0	79.7	℃
物料 A 的初始进料浓度	C_{A0}	5.1	mol/L
k_1 反应放出的热量	ΔH_{RAB}	−4.2	kJ/mol
k_2 反应放出的热量	ΔH_{RBC}	11	kJ/mol
k_3 反应放出的热量	ΔH_{RAD}	41.85	kJ/mol
反应器中液体的密度	ρ	0.9342	kg/L
反应器中液体的热容	C_ρ	3.01	kJ/(kg·K)
冷却套的传热系数	K_W	4032	kJ/(h·m²·K)
冷却套的传热面积	A_R	0.215	m²

续表

变 量 名	变 量 符 号	参 数 值	单 位
反应器的体积	V_R	10	L
k_1 反应速率系数	k_{10}	1.287×10^{12}	h^{-1}
k_2 反应速率系数	k_{20}	1.287×10^{12}	h^{-1}
k_3 反应速率系数	k_{30}	9.0432×10^{9}	$m^3/(mol \cdot h)$
k_1 反应的活化能	E_1	−9758.3	K
k_2 反应的活化能	E_2	−9758.3	K
k_3 反应的活化能	E_3	−8560	K

5.4.2　数字化仿真系统方案

1. 数字化仿真系统方案与计算机仿真环境配置

要对一个工业控制系统进行数字化仿真，就需要同时对被控对象、工业控制系统进行仿真，并确保被控对象与工业控制系统之间的实时数据交换，即当控制器发出控制指令后，被控过程要能根据该指令进行动态仿真，使得被控过程达到一个期望的状态；当上位机操作人员发出指令后，被控过程能响应这个指令。

这里在一台计算机（物理机）中安装了两个 VMware 虚拟机，分别进行过程动态仿真和工业控制系统仿真，从而构建 CSTR 过程工业控制系统数字化仿真系统。CSTR 过程工业控制系统数字化仿真方案如图 5.33 所示，其组成和虚拟机配置、软件配置如下。

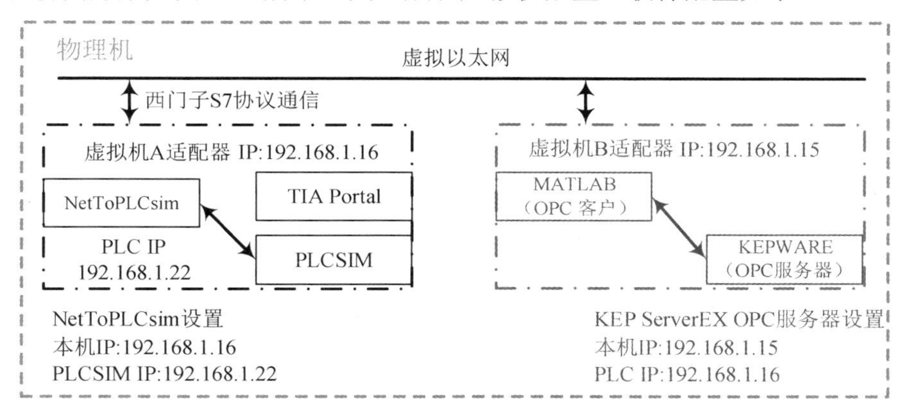

图 5.33　CSTR 过程工业控制系统数字化仿真方案

1）虚拟机 A 的配置与应用软件

在虚拟机 A 中安装西门子 TIA Portal V16 软件（包括仿真软件 PLCSIM）和 NetToPLCsim 软件。虚拟机 A 适配器的 IP 地址设为 192.168.1.16。该工业控制系统的控制器为西门子 S7-1500（由于 S7-1200 系列控制器不支持 PID 控制功能仿真，因此要选 S7-1500），控制器的 CPU 模块自带 Profinet 网口，该网口的 IP 地址设为 192.168.1.22。

Portal 软件的作用是开发该 CSTR 过程的控制器程序和人机界面程序，并进行工业控制系统的控制程序和人机界面仿真。NetToPLCsim 的作用是沟通 KEPServerEX OPC 服务器和仿真 PLC（PLCSIM），即把仿真 PLC 的以太网端口映射成虚拟机的端口。

2）虚拟机 B 的配置与应用软件

虚拟机 B 中安装有 MATLAB 2021b 软件，可实现对 CSTR 过程的动态仿真。安装 KEPServerEXV6.0 OPC 服务器软件，主要是为了支持 MATLAB 与 PLCSIM 的通信，把 CSTR 过程动态仿真得到的工艺参数实时传送到控制器中并接受控制器的输出。虚拟机 B 适配器的 IP 地址为 192.168.1.15。

KEPServerEX OPC 服务器软件也可以安装在虚拟机 A 中，但此时 MATLAB 与 OPC 服务器就在两台计算机中，即 OPC 客户机与服务器分布在网络的不同节点中，需要对两个虚拟机进行 DCOM 配置，否则 OPC 客户机不能访问 KEPServerEX OPC 服务器。简便起见，就没有采用这种方式。此外，由于该仿真中的虚拟机 A 和虚拟机 B 要进行通信，因此，要正确配置虚拟机的网络，确保两者能通信（可用 Ping 指令测试）。

2. OPC 通信在数字化仿真系统中的作用

从数字化仿真系统方案中可以看出，实现工业控制仿真系统与 CSTR 过程动态仿真系统的关键是两套仿真软件之间的实时通信，为此，这里采用了经典 OPC 标准进行通信。若两套软件之间通过数据块或数据文件进行数据交换，则达不到实时性的要求。

由于 KEPServerEX OPC 服务器不能直接与 PLCSIM 通信，因此，要通过 NetToPLCsim 起桥梁作用来实现。CSTR 过程工程系统数字化仿真方案中的动态数据交换如图 5.34 所示，具体内容与步骤如下。

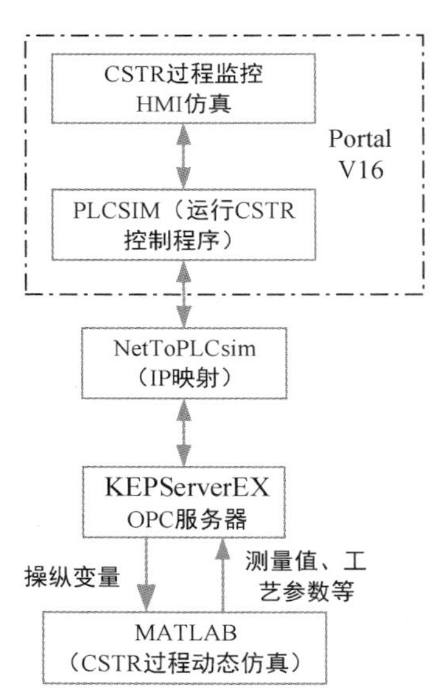

图 5.34　CSTR 过程工业控制系统数字化仿真方案中的动态数据交换

（1）MATLAB 作为 OPC 客户程序，从 KEPServerEX OPC 服务器中读取 PLCSIM 中的操纵变量（这里是冷却剂的温度），根据该数值进行一步（一个采样周期）动态过程仿真，把仿真得到的工艺参数（包括 C_A，作为被控变量）写入 OPC 服务器。这相当于在物理工业控制系统中，在一个采样周期内，控制器根据被控变量的测量值计算输出，从而改变操纵变量，使得被控变量发生期望的变化（如趋向设定值）。

（2）由于 OPC 服务器中连接的设备是 S7-1500PLC，因此，写入 OPC 服务器中的 C_A 值作为 PLC 中的 PID 指令的输入（相当于物理系统从传感器获得了新的被控变量，并送入 PLC 的输入通道，作为控制器 PID 指令的输入参数），PLCSIM 执行 PID 指令，该指令的输出作为操纵变量，该变量的变化在 OPC 服务器中同步反映。

至此，完成了一个采样周期的动态仿真。之后反复进行步骤（1）和（2），直到停止该仿真系统为止。

3．NetToPLCsim 的配置

1）设置网络 IP 地址

以管理员身份运行 NetToPLCsim，单击图 5.35 中的①“Add”按钮，出现窗口②，在该窗口中单击③，出现窗口④，选择通信用的本机计算机网卡⑤，单击⑥确认，最后的窗口为⑦，单击“OK”按钮，网络的 IP 地址就设置好了。

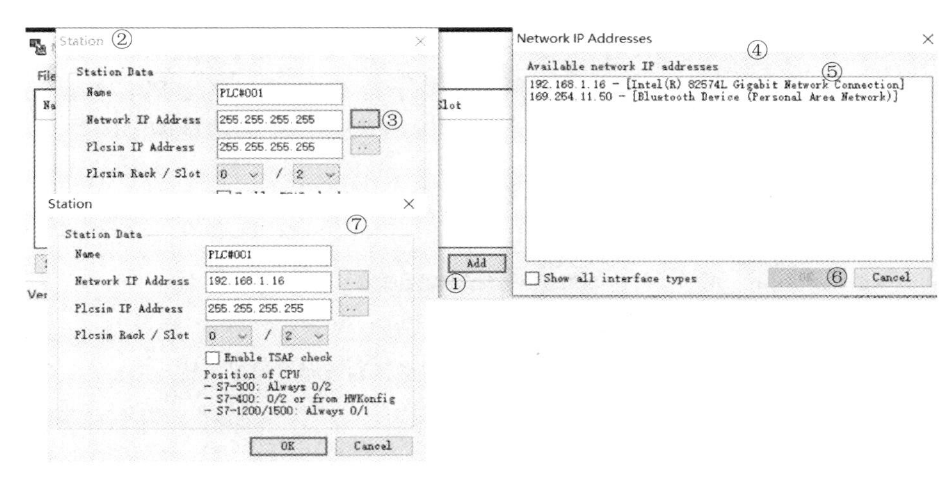

图 5.35　NetToPLCsim 中的网络 IP 地址配置

2）设置 PLCSIM 的 IP 地址

PLC 仿真启动后，能看到仿真控制器中 X1 右侧的 IP 地址。单击图 5.36 中的①，可能会出现“没有可以达到的 PLC 的 TCP/IP”报错窗口（Portal 第一次启动并仿真，很可能这样）。这时要单击仿真 PLC 的②“MERS”按钮进行复位，并单击“RUN”按钮③来启动 PLC 运行，PLC 启动完成后（RUN 绿灯常亮），单击①，就能找到 PLC，见④，选中该 PLC 后单击“OK”按钮确认。

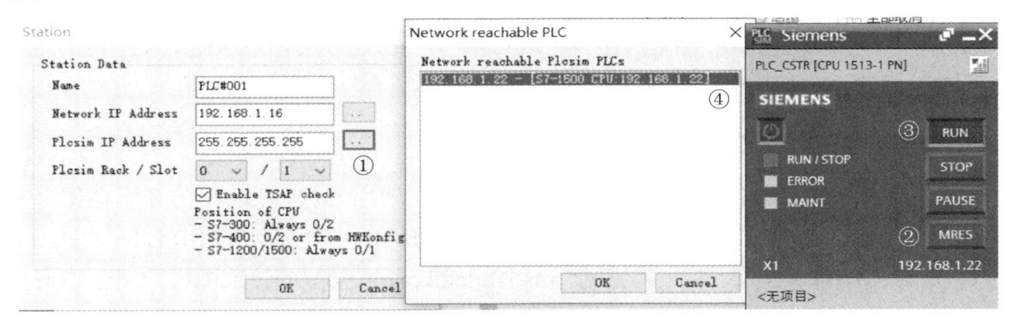

图 5.36　NetToPLCsim 中 PLCSIM 的 IP 地址配置

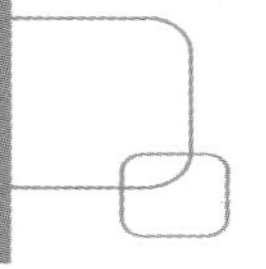

配置好的 NetToPLCsim 如图 5.37 所示，单击“Start Server”即可启动服务器。

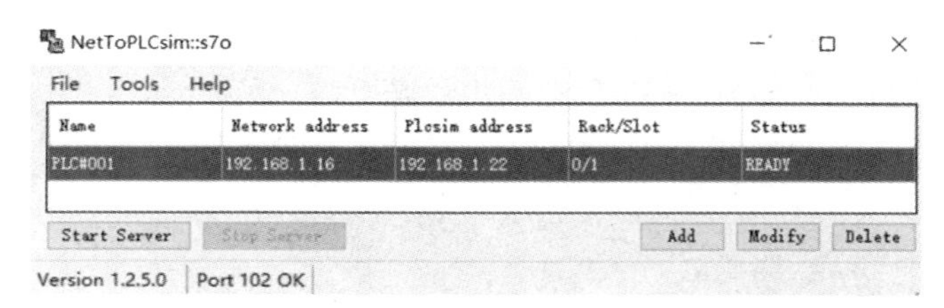

图 5.37 配置好的 NetToPLCsim

4. OPC 服务器的配置

（1）运行 KEPServerEX V6.6，增加西门子 S7-1500 以太网驱动，如图 5.38 所示。增加 OPC 服务器的通道 S7CH1，在 S7CH1 属性设置中，以太网通信选择虚拟机 B 的网络适配器，其 IP 地址为 192.168.1.15。在 S7CH1 通道下增加设备 S7-1500 时，PLC 的 IP 地址填写虚拟机 A 的 IP 地址 192.168.1.16，如图 5.39 所示，而不是 PLCSIM 中的 PLC 网口的 IP 地址 192.168.1.22。即 NetToPLCsim 把虚拟机网卡地址与 PLCSIM 的 IP 地址做了映射。

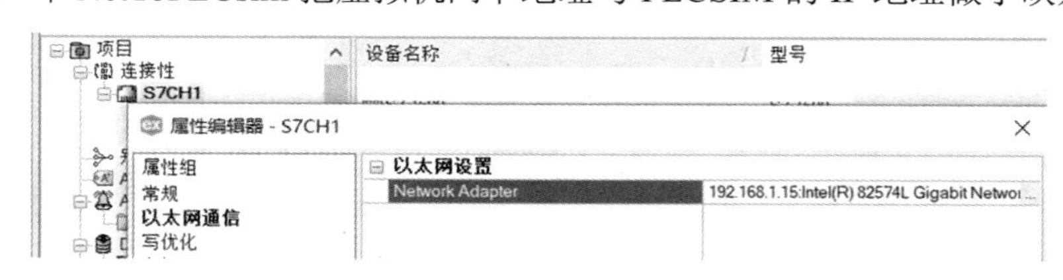

图 5.38 KEPServerEX OPC 服务器通道属性配置

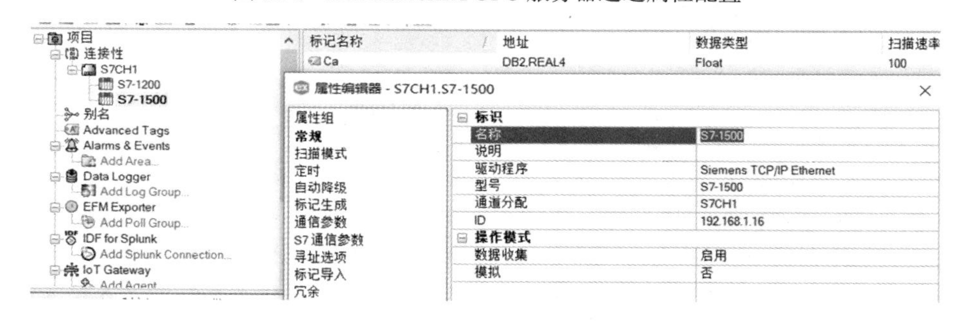

图 5.39 KEPServerEX OPC 服务器中设备的属性配置

（2）在 OPC 服务器中定义与 S7-1500 通信的标签/变量，要注意变量地址的写法。由于在 PLC 中建立了名为 TO_MATLAB 的数据块（DB4）用于 OPC 通信，因此，在 OPC 服务器中建立标签时，就把 DB2 中的变量加入，如图 5.40 所示。

5. KEPServerEX OPC 服务器与 MATLAB 通信

运行 MATLAB 2021b 软件并配置 OPC 通信，首次使用 OPC 时，在选择服务器（Select）时，如图 5.41 所示，通常会出现错误提示：OPC COULD NOT GET SERVER LIST。此时，需在本地计算机的 MATLAB 软件安装路径 matlab/toolbox/opc/opc/private/OPC Core Components Redistributable (x64)下自己安装 OPC 核心组件。安装完成后就可以选择 MATLAB 要通信的 OPC 服务器了。

图 5.40　在 KEPServerEX OPC 服务器中增加变量

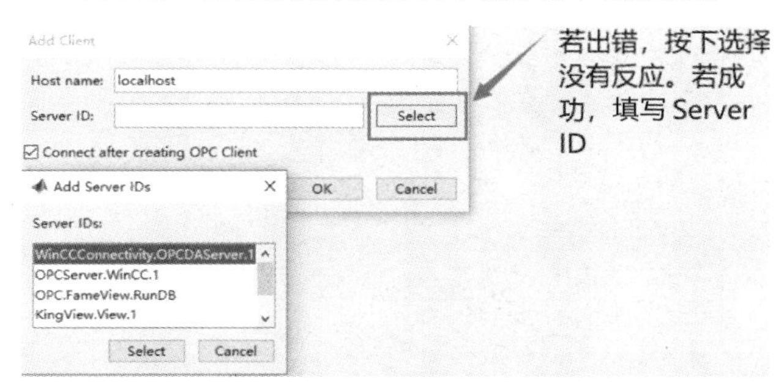

图 5.41　在 MATLAB 中配置与 KEPServerEX OPC 服务器通信

5.4.3　数字化仿真系统开发

1. MATLAB 环境下 CSTR 过程的动态仿真

1）建立 CSTR 模型

由于 CSTR 模型是非线性常微分方程组，在 MATLAB 中，微分方程数值解的函数一般用 ode 函数，四阶龙格-库塔法（Runge-Kutta Methods）所对应的 MATLAB 函数为 ode45。四阶龙格-库塔法是求解微分方程近似数值解的一种常用方法，它用四阶的方法提供微分方程近似数值解，用五阶的方法来控制数值的误差。在一般工程仿真中，该算法精度是能满足应用要求的。

根据该函数的调用规则，需要把微分方程组用 m 文件表示。因此，建立一个文件名为 funCSTR 的函数，依据 5.4.1 中 CSTR 的三个常微分方程模型，把该模型转换成程序代码，该文件程序如下：

```
function dydt = funCSTR(t,y)
global deltH1 deltH2 deltH3 QIn Ca0 T0 Tk rou Kw AR VR k1o k2o k3o E1 E2 E3 Cp
dydt = [ (QIn/VR*(Ca0-y(1))-k1o*exp(E1/(y(3)+273.15))*y(1)-k3o*exp(E3/(y(3)+273.15))*y(1)*y(1))/3600; ...
    (-QIn/VR*y(2)+k1o*exp(E1/(y(3)+273.15))*y(1)-k2o*exp(E2/(y(3)+273.15))*y(2))/3600; ...
    (QIn/VR*(T0-y(3))-(k1o*exp(E1/(y(3)+273.15))*y(1)*deltH1+k2o*exp(E2/(y(3)+273.15))*y(2)*deltH2+...
    k3o*exp(E3/(y(3)+273.15))*y(1)*y(1)*deltH3)/(rou*Cp*1000)+Kw*AR/(rou*Cp*VR)*(Tk-y(3)))/3600];
```

其中，CSTR 常微分方程中的三个状态变量与程序中的变量名对应如下：

温度 T—y(1)；物质 A 的浓度 C_A—y(2)；物质 B 的浓度 C_B—y(3)。

由于要在主 m 文件中把 CSTR 模型的参数传递给该 funCSTR 函数，因此用全局变量关键字 global 来表征这些全局变量。

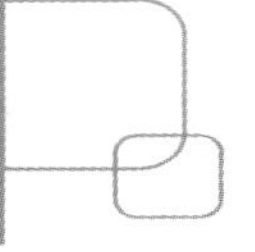

2）建立仿真主程序文件和参数初始化

在仿真主程序文件中给参数赋初值，确定仿真周期，调用 ode45 建立 CSTR 过程工业控制系统动态仿真，与 KEPServerEX 进行 OPC 通信，并在 CSTR 过程的 MATLAB 界面上显示数据和曲线。

首先要对该程序中的全局变量进行赋值，全局变量包括初始进料浓度、反应器的体积、反应器中液体的密度等，具体数值如表 5.8 所示。程序代码如下：

```
global deltH1 deltH2 deltH3 QIn Ca0 T0 Tk rou Kw AR VR k1o k2o k3o E1 E2 E3 Cp
% 过程模型参数
deltH1=-4.2;            % k1 反应放出的热量
deltH2=11;              % k2 反应放出的热量
deltH3=41.85;           % k3 反应放出的热量
rou=0.9342;             % 反应器中液体的密度
Kw=4032;                % 冷却夹套的传热系数
AR=0.215;               % 冷却夹套的传热面积
VR=10;                  % 反应器的体积
Cp=3.01;                % 反应器液体的热容
k1o=1.287*10^12;        % k1 反应速率系数
k2o=1.287*10^12;        % k2 反应速率系数
k3o=9.0432*10^9;        % k3 反应速率系数
E1=-9758.3;             % k1 反应的活化能
E2=-9758.3;             % k2 反应的活化能
E3=-8560;               % k3 反应的活化能
%工艺参数初值
QIn_Ini=14.19;          % 物料 A 的进料体积流量
T0_Ini=79.7;            % 反应器的入口温度
Ca0_Ini=5.10;           % 物料 A 的初始进料浓度
Tk_Ini=80.6;            % 反应器的温度 T
```

3）在主程序中进行 CSTR 动态仿真

首先确定控制系统仿真的采样周期、总的仿真时间，具体程序如下所示：

```
dt=100;                 %每次调用 ode45 时的仿真时间单位
tSimstart=0;            %从时间 0 开始
tSimstop=8000;          %到 8000 结束
ts=tSimstart;           % ode45 中每个仿真周期的起始时间
te=ts+dt;               % ode45 中每个仿真周期的结束时间
tspan=[ts,te];          % ode45 中的仿真时间区间
y0=[Ca0;0;T0];          % y0 表示三个状态变量 CA、CB 和 T 的初始值的矩阵形式
[t y] = ode45('funCSTR',tspan,y0); % 调用 ode45 进行仿真
% 动态改变下一步仿真时间区间
ts=te;                  %将上次结束时间赋值到下次仿真起始时间
te=te+dt;               %仿真结束时间加“dt”
tspan=[ts,te];          %新的仿真时间区间
%获得当前的状态变量值“y”，把最后一组值作为下一步仿真的初始值
[row col]=size(y);      %获得 ode45 仿真返回矩阵“y”（微分方程解）的维数
```

```
y1=y(:,1);
y2=y(:,2);
y3=y(:,3);
y0=[y1(row);y2(row);y3(row)]; last_t=t(row);   %最后一行作为下次调用 ode45 的初始值
 %保存结果，把每一步仿真的结果保存，这样可以画动态曲线
SaveY=[SaveY; y0'];
SaveTime=[SaveTime; last_t];
SaveTk=[SaveTk; Tk];
SaveErr=[SaveErr; Out_Err];
```

这里求矩阵“y”的维数的原因是，每次调用 ode45 进行“dt”时间周期的仿真，ode45 会自动进行变步长仿真（也有进行定步长仿真的，但变步长仿真求解快）。例如，一般当模型离开静态点（平衡点）远时，步长小（如只有“dt”的十分之一，刚性方程一般步长更小）；当接近静态时，步长大，所以在“dt”这个指定的仿真周期到底有多少组“y”值，并不确定。因此要动态求解“y”的维数，以从“y”中提取出最后一步状态值，并把该值作为下次仿真的初始值。

这里，“dt”的值为 100，相当于实际物理控制系统的一个采样周期内。在这个周期，完成从传感器采样测量值，然后 PID 计算控制输出，通过执行器作用于被控对象。在本仿真系统中，C_A 就是来自 MATLAB 动态仿真的被控对象的采样值，T_K 就是 S7-1500 控制器输出的操纵变量，CSTR 模型就是被控对象。动态仿真过程模拟实际 CSTR 中的化学反应。一个稳定的控制系统，当 T_K 变化后，C_A 趋向设定值，经过一段时间的运行（仿真），最终控制系统稳定（达到静态），表征被控对象的微分方程组变为代数方程组。当然，实际系统有扰动存在，不可能完全静态。

4）KEPServerEX V6.0 与 MATLAB 的 OPC 通信程序

在本仿真系统中，所需要控制的 CSTR 仿真模型主体是 MATLAB 中的 CSTR 模型，而作为闭环控制系统仿真，在 CSTR 模型仿真一个“dt”周期后，必须把新的被控变量 C_A 值从 MATLAB 写入 PLC，作为 PLC 中 PID 控制器的输入；从 PLC 中获取新的操纵变量（PID 控制器的输出 T_K），在下一个时间周期的仿真中要根据这个新的 T_K 进行动态仿真。这里的数据交换需要在 MATLAB 中编写 OPC 客户程序来实现。MATLAB 与 PLC 的通信转换为 MATLAB 与 KEPServerEX OPC 服务器的通信。MATLAB 与 OPC 服务器通信有以下两种方式。

（1）MATLAB 客户程序用 Simulink 图形化方式开发，则可以用 MATLAB 工具箱中的 OPC 通信图形函数。

（2）MATLAB 客户程序用文本形式的 m 文件，则用文本方式编写通信程序比较方便。

这里由于数字仿真系统全部用文本化语言，因此 OPC 通信也用文本化语言。在编写这些程序前，与 S7-1500 通信的 OPC 服务器已配置好，通信程序及说明如下。

① 建立 MATLAB 获取数据对象，输入 KEPServerEX V6.0 主机名称和 ID：

```
da=opcda('localhost','Kepware.KEPServerEX.V6');
```

② 建立 MATLAB 与 KEPServerEX V6.0 之间的通信连接：

```
connect(da);
```

③ 建立一个 MATLAB 与 KEPServerEX V6.0 数据交互访问组对象；

```
grp=addgroup(da,'Group1');
```

④ 将需要的 KEPServerEX V6.0 标签的对应参数或变量数值存储到 itmIDs：

```
itmIDs={'S7CH1.S7-1500.Ca','S7CH1.S7-1500.Cb','S7CH1.S7-1500.R_TEMP','S7CH1.S7-1500.Jac_Tk','S7CH1.S7-1500.PID_Out'};
```

⑤ 项的添加需要创建组，创建组 itmCollection，执行后，itmCollection 中将存放 Group1 中所有的项：

```
itmCollection=additem(grp,itmIDs);
```

完成上述内容后，MATLAB 与 KEPServerEX V6.0 的通信连接就建立好了。

需要把 MATLAB 中的反应器中物质 A 的浓度 C_A 写入 KEPServerEX OPC 服务器，可以用 write 语句：

```
write(itmCollection(4),y1(row));    % 表示反应器中物质 A 的浓度的实时数值
```

需要从 KEPServerEX OPC 服务器中读取操纵变量 T_K 到 MATLAB 中，可用 read 语句：

```
R_PID_Out=read(itmCollection(5));
```

2. 在 Portal 中开发 CSTR 过程的控制程序

简便起见，该 CSTR 过程的控制系统没用加入进料、出料阀门等控制要求，只有一个 PID 控制模块。只要对该控制器参数进行配置就可以了。在 PID 参数调试时，可以利用功能块自带的调试工具。此外，在 Portal 中定义一个专门用于 OPC 通信的 DB4 块，这样更方便进行数据管理和操作。需要注意的是，不能勾选 DB 块常规选项下的“优化的块访问”属性，否则 OPC 服务器会出现无法从站读取数据的错误提示。若要支持 OPC UA 通信，还要选“数据块从 OPC UA 可访问。”

3. 系统运行结果

运行整个 CSTR 仿真模型，设置初始条件：物质 A 的初始进料浓度：2.00mol/L；物质 B 的初始进料浓度：1.05 mol/L；反应器温度初始值：82.5℃。设置入口温度扰动为 0.1。CSTR 数字化仿真系统的 GUI 界面如图 5.42 所示。该图形界面是在 MATLAB 中用 GUIDE 开发的（新版本 MATLAB 的人机界面开发已有变化）。在该界面可以输入扰动、启停动态仿真、动态显示仿真曲线和仿真结果，从而看出控制效果。

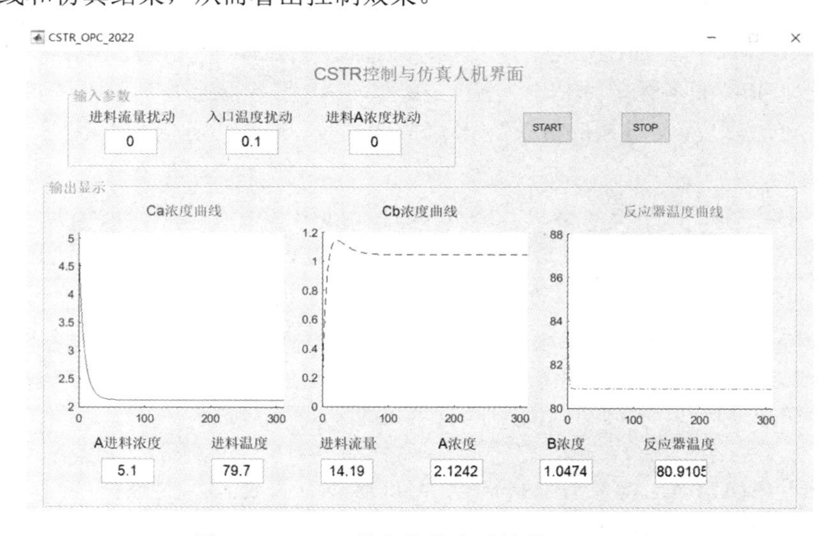

图 5.42　CSTR 数字化仿真系统的 GUI 界面

MATLAB 与 PLC 实现 OPC 通信后，将测量值传输到 PLC，PLC 的 PID 控制模块进行计算，得到控制输出，PID 控制模块的在线监控结果如图 5.43 所示。

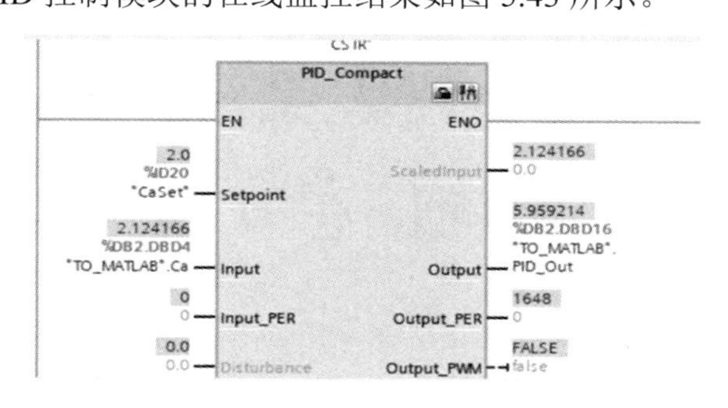

图 5.43　PID 控制模块的在线监控结果

PLC 中数据块 TO_MATLAB（DB4）的在线监控结果如图 5.44 所示。

TO_MATLAB

名称	数据类型	偏移量	起始值	监视值	保持	从 HMI/OPC
▼ Static						
R_Temp	Real	0.0	0.0	80.91047	☐	☑
Ca	Real	4.0	0.0	2.124166	☐	☑
Cb	Real	8.0	0.0	1.047359	☐	☑
Jac_Tk	Real	12.0	0.0	85.31786	☐	☑
PID_Out	Real	16.0	0.0	9.4978	☐	☑

图 5.44　PLC 中数据块 TO_MATLAB 的在线监控结果

KEPServerEX V6.0 中通过 OPC Quick Client 监视的 MATLAB 与 PLC 之间的数据通信结果如图 5.45 所示。从“Quality”中可以看出通信正常。

- Kepware.KEPServerEX.V6
  - _DataLogger
  - _System
  - _ThingWorx
  - S7CH1._Statistics
  - S7CH1._System
  - S7CH1.S7-1200
  - S7CH1.S7-1200._Statistics
  - S7CH1.S7-1200._System
  - S7CH1.S7-1500
  - S7CH1.S7-1500._Statistics

Item ID	数据类型	值	Timestamp	Quality	Update C
S7CH1.S7-1500._CurrentPDUSize	Word	960	22:15:39.123	良好	1
S7CH1.S7-1500._Rack	Byte	0	22:15:39.123	良好	1
S7CH1.S7-1500._Slot	Byte	1	22:15:39.123	良好	1
S7CH1.S7-1500.Ca	Float	2.12417	22:15:39.126	良好	1
S7CH1.S7-1500.Cb	Float	1.04736	22:15:39.127	良好	1
S7CH1.S7-1500.Jac_Tk	Float	89.1668	22:15:39.127	良好	1
S7CH1.S7-1500.PID_Out	Float	17.3199	22:15:39.127	良好	1
S7CH1.S7-1500.R_TEMP	Float	80.9105	22:15:39.127	良好	1

图 5.45　KEPServerEX V6.0 中通过 OPC Quick Client 监视的 MATLAB 与 PLC 之间的数据通信结果

由于 CSTR 人机界面比较简单，这里就不展示其上位机人机界面的仿真效果了。

从图 5.42～图 5.45 中可以看出，整个 CSTR 过程工业控制系统数字化仿真的效果，实时数据在各个仿真单元中是一致的，这得益于 OPC 通信的实时性能。通过在 MATLAB 的 GUI 界面、Portal 的控制器仿真界面和上位机人机界面的仿真界面可以分别改变被控对象特性、控制器参数和进行监控操作，从而模拟在不同的生产工艺条件下，如何调节控制参数，取得更好的控制效果。这样在实体工厂建设前，就可以建立数字化工厂来指导实际工厂的工艺与控制规划和建设了；在实体工厂投运后，通过数字化仿真来指导生产。这也是近年来各类仿真技术和仿真软件快速发展的原因，进而催生了数字孪生等新兴技术。

第 6 章　安全仪表系统与工业控制系统信息安全

6.1　功能安全基础

6.1.1　功能安全相关的基本概念与标准

1．安全功能与功能安全

在现代工业史上，博帕尔毒气泄漏、切尔诺贝利核电站爆炸等重大事故给了人们深刻、惨痛的教训，使人们深刻认识到安全问题永远都不能被忽视。通过各种安全功能（Safety Function）来降低风险，减少生命财产损失是非常有必要的。目前，安全功能在各种行业都得到了广泛应用，对保证生命财产安全起到了很重要的作用。基于安全功能在众多领域被广泛使用，因此，相应的国际组织开展了有关的标准化工作。作为最主要的功能安全（Functional Safety）国际标准——IEC61508 把安全功能定义为为了应对特定的危险事件（如灾难性的可燃性气体释放），由电气、电子、可编程电子（E/E/PE）安全相关系统，其他技术安全相关系统和外部风险降低措施实施的功能。为了实现合理有效的安全功能，非常有必要了解功能安全。根据 IEC61508 标准，功能安全的定义是与被控设备（Equipment Under Control，EUC）和 EUC 控制系统有关的、整体安全的一部分，取决于电气、电子、可编程电子安全相关系统，其他技术安全相关系统和外部风险降低措施的正确执行。

由此可见，功能安全是包括安全仪表系统在内的安全子系统是否能有效执行其安全功能的体现。通俗地理解，就是当受控系统出现安全风险，需要 E/E/PE、安全相关系统、其他安全相关系统和外部风险降低措施执行安全功能（如安全仪表系统在容器压力达到联锁值时打开放空阀）时，它们是否由于故障（如阀门黏滞）或其他原因而不能正确执行期望的安全功能，不能实现预期的风险降低，并且这种不能正常工作的可能性有多大。

功能安全是一种基于风险的安全技术和管理模式。风险评估是实施功能安全管理的前提，安全完整性等级（Safety Integrity Level，SIL）是功能安全技术的体现，安全生命周期是功能安全管理的方法。

2．功能安全评估

功能安全是与 EUC 和 EUC 控制系统有关的整体安全的组成部分，它取决于 E/E/PE 安全相关系统、其他技术安全相关系统和外部风险降低措施的正确执行。它包含安全相关系统的安全功能和安全功能的执行能力两层含义。E/E/PE 安全相关系统的功能安全评估就是对 E/E/PE 安全相关系统的安全功能是否正确，以及其执行预期的安全功能的能力进行评估，即判断 E/E/PE 安全相关系统的功能和性能是否符合要求。

功能安全评估需要由具有相应资质的机构完成。目前国外比较著名的评估和认证机构和公司有德国的TÜV和美国的Exida。功能安全评估和认证主要有产品安全评估和认证、过程评估和认证、管理过程评估、人员资格认证、应用项目安全和服务评估等。安全产品既包括各种硬件设备（如压力变送器、调节阀、继电器、安全PLC或控制器），也包括软件（如西门子WinCC OA就通过了功能安全认证，达到了SIL3等级）。一般的E/E/PE安全相关系统都选用了符合一定SIL等级的软硬件进行系统集成而构成的功能安全系统，如安全仪表系统。

3．功能安全标准

1996年，美国仪器仪表协会完成了第一个关于过程工业安全仪表系统的标准ANSL/ISA-S84.01。随后，国际电工委员会于2000年出台了功能安全国际标准IEC61508：E/E/PE安全相关系统的功能安全。该标准是功能安全的通用标准，是其他行业制定功能安全标准的基础。2003年，IEC发布了适用于石油、化工等过程工业的标准IEC61511。随即，美国用IEC61511取代了ANSI/ISA-S84.01成为国家标准。IEC61508标准发布之后，适用于其他行业的功能安全标准相继出台，如核工业的IEC61513标准、机械工业的IEC62021标准等。我国已于2006年、2007年分别等同采用了IEC61508标准和IEC61511标准，发布了GB/T20438和GB/T21109两个国家推荐功能安全标准。

6.1.2 风险评估与风险降低

1．风险

要判断受控过程是否需要采用功能安全系统，首先要对受控系统进行风险分析与评估。根据评估结果，若需要采用安全相关系统来降低安全风险，则要进一步评估安全相关系统的功能安全。因此，在功能安全中，危险的识别及分析与后续的风险分析和评估是基础。

根据IEC61508的定义，危险是导致人们生命财产安全及环境受到损害的主要潜在因素，这种损害或者是化学方面的，或是物理方面的。通常用风险的概念来评估危险事件。风险被定义为两个方面的组合，一方面是指造成伤害的概率，另一方面是指该伤害的严重程度，即

$$风险（R）=严重程度（S）\times 频率（P） \tag{6-1}$$

IEC61508标准定义了4种严重程度和6类频率，进而确定了不同的风险等级。

IEC61508标准定义了4种类型的风险：过程风险、允许风险、残余风险和必要的风险降低，具体含义如下。

过程风险：由于设备、基本过程控制系统（BPCS）和有关人为因素的特定危险事件中存在的风险，在确定这一风险时，暂不考虑想采用的安全防护措施。

允许风险（过程安全目标水平）：根据当今社会、国家、地方的法规、经济、道德、环境等多方面因素，在给定的环境内能够接受的风险。

残余风险：在使用了外部风险降低措施、E/E/PE安全相关系统和其他安全相关系统后，仍存在的过程风险。

必要的风险降低：即通过风险降低措施所必须达到的风险降低水平，从而使系统风险降低到可接受的程度。

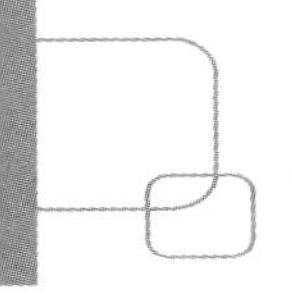

2．风险评估

根据 IEC61508 标准，功能安全管理的第一步就是对受控系统进行风险分析和评估，以确定需要采取哪些措施（E/E/PE 安全相关系统、其他安全相关系统和外部风险降低措施）将受控系统的初始风险降低至可接受的水平。风险评估可以是定性的，也可以是定量的。定性的风险评估主观地将风险从低到高进行分级。定量风险评估为风险定出数值的量化指标，如死亡或事故率、泄漏的实际大小等。

风险评估是对生产过程中的风险进行识别、评估和处理的系统过程。风险评估包括对在危险分析中可能出现的危险事件的风险程度进行分级。风险评估的主要目的是建立一个风险界定的标准，划分风险的来源及影响范围，决定风险是否可以容忍，若不能容忍，应采取怎样的措施来降低风险，并确定这些措施是否适用。

风险的评估技术有风险图法；失效模式、影响和危害度分析（FMECA）；失效模式和影响分析（FMEA）；故障树分析（FTA）；危险与可操作性分析（HAZard and OPerability，HAZOP）等。其中，HAZOP 技术的应用较为广泛和成熟，它是一种结构化和系统化地检查被定义系统的技术。

3．风险降低与保护层模型

风险降低包括 3 个部分：E/E/PE 安全相关系统、其他安全相关系统和外部风险降低措施，如图 6.1 所示。可见，对于整个安全手段来讲，E/E/PE 安全相关系统只是其中的一部分，必须结合其他风险降低措施把受控装置的风险降低到可容忍的水平以下。即通过实际的风险降低后，使得残余风险进一步降低。通常，风险评估得到的结果用于确定安全系统所需要达到的安全完整性等级，再将整体安全完整性等级分配到不同的安全措施中，使系统的风险降低到允许的水平。

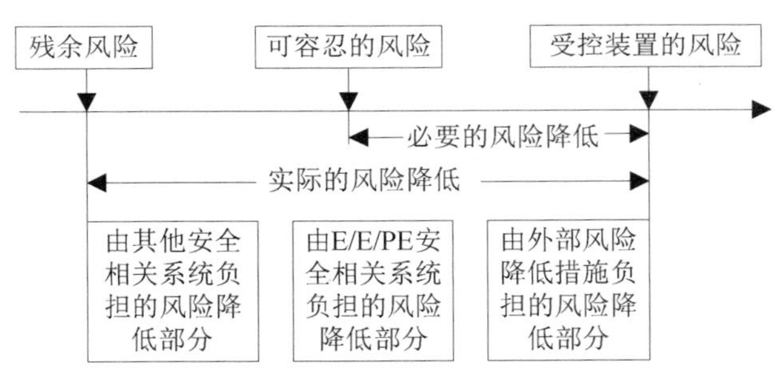

图 6.1　风险降低指标的关系

由于无论是从技术上还是从投资或运行成本上完全避免风险事件发生是不可行的，也是不必要的。因此，需要通过分析风险的大小，依据 ALARP（As Low As Reasonably Practicable）原理，即按照合理的、可操作的、最低限度的风险接受原则，确定可接受的风险水平和风险降低措施。

上述降低风险的手段在实际工程设计中有一定的对应关系。

例如，在进行工艺和设备设计时，根据生产流程中物料的物理和化学性质，采用合适的设备和管道材质；对高温操作，设计适宜的隔热措施；对高压要求，选择适当的设备结构、材质和壁厚；对储存或加工危险物料的容器或设备，降低处理量或加大设备间距。这种从工艺

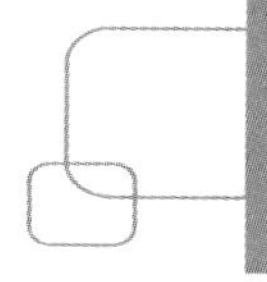

设计本身消除风险的措施，称为固有安全（Inherent Safety）。

对绝大多数工艺装置或单元来说，固有安全设计是不能把整体风险降低到可接受的程度的，还必须采取其他安全措施，如在高压反应器上设置安全阀，在反应压力超高时，保护设备不受损坏。这种在危险发生之前，使其转危为安的防护方法，称为主动保护（Active Protection）。

在某些场合，如油罐的罐区，为了防止油品溢出或泄漏导致火灾或污染周围环境，会设置围堰、防护堤等措施。这种防护并没有阻止危险事件发生，只是在泄漏或火灾发生时，使其限制在一定范围内。这种措施称为被动保护（Passive Protection）。

上述主动保护或被动保护属于图 6.1 风险降低指标中的外部风险降低措施。而常用的紧急停车系统（ESD）、燃烧管理系统（BMS）、透平压缩机控制系统（ITCC）等主动保护属于"E/E/PE 安全相关系统"。

上述各种风险降低机制可以归结到 IEC61511-3 标准中给出的典型风险降低机制中，如图 6.2 所示。可以看出，通过采用不同层次、不同措施实现工艺过程的"必要风险降低"，可最终达到"可接受风险"的目标。这些不同的层次和措施，因为它们相互独立（或者说，必须保证各自的独立性），所以也称为独立保护层，图 6.2 常称为保护层模型，该模型中各保护层的概念含义如下。

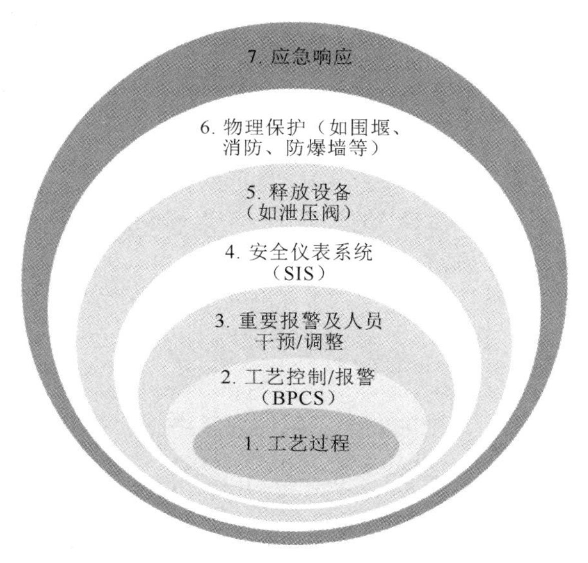

图 6.2　过程工业典型风险降低机制

（1）"工艺过程"层在设计中要注重本质安全或固有安全设计。通过工艺技术、设计方法、操作规程等有效地消除或降低过程风险，避免危险事件发生。

（2）"工艺控制/报警"层由基本过程控制系统和报警系统组成。关注的重点是将过程参数控制在正常的操作设定值附近。

（3）"重要报警及人员干预/调整"层是指生产发生异常时，操作人员可以改变控制参数和方式，力图使生产恢复到正常状态。该功能实际上仍然属于第 2 层。

（4）"安全仪表系统"层的作用是降低危险事件发生的频率，保持或达到过程的安全状态。常见的紧急停车系统就属于该层。

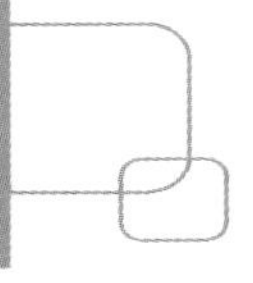

（5）“释放设备”层的作用是减轻和抑制危险事件的后果，即降低危险事件的烈度。泄压阀等机械保护系统就属于该层。

（6）“物理保护”层的设计目的也是减轻或抑制危险事件的后果。

（7）“应急响应”层包括医疗、人员紧急撤离、工厂周边居民的撤离等。

综上所述，可以看到，从保护层起作用的方式看，可分为事件阻止层和后果减弱层。事件阻止层的作用是阻止潜在危险发生；后果减弱层的目的是对已发生的危险事件，尽可能地减小后果带来的损失。事件阻止层属于主动保护，而后果减弱层属于被动保护。为了确保保护层的事件阻止或减弱功能，一般来说，保护层应具有以下特点。

（1）特定性：一个独立保护层必须特定地防止考虑的风险后果发生，而不是通用的风险保护措施。

（2）独立性：保护层必须能够独立地防止风险，并与其他保护层没有公共设备。

（3）可靠性：保护层必须能够可靠地防止危险事件发生，包括由系统失效或随机失效引发的危险事件。

（4）可审查性：保护层设备应该能够进行功能测试和维护。功能审查对于确保一定水平的风险降低是必要的。

6.1.3　安全完整性等级

安全完整性等级也称安全完整性水平。IEC61508 国际标准定义了 SIL 的概念：在一定时间、一定条件下，安全相关系统执行其所规定的安全功能的可能性。为了降低风险及危险事件发生的频率，要对安全仪表系统确定安全完整性等级，只有达到了指定的安全完整性等级，才能满足生产过程的安全要求，从而将风险降低到可以容忍的水平。

安全完整性等级包括两个方面的内容。

（1）硬件安全完整性等级，这里的安全完整性等级由相应危险失效模式下硬件随机失效决定，应用相应的计算规则，对安全仪表系统各部分设备的安全完整性等级进行定量计算，概率运算规则也可以应用于此过程中，如确定子系统与整体的关系。

（2）系统安全完整性等级，此处的安全完整性等级由相应危险失效模式下系统失效决定。系统失效与硬件失效不同，往往在设计之初就已经出现，难以避免。通常失效统计数据不容易获得，即使系统引发的失效率可以估算，也难以推测失效分布。

IEC61508 将 SIL 分为 4 个等级：SIL1～SIL4，其中，SIL1 是最低的安全完整性水平，SIL4 是最高的安全完整性水平。SIL 等级的确定是通过计算系统的平均要求时失效概率 PFDavg 来实现的。不同的失效概率对应着不同的 SIL 等级，SIL 等级越高，失效概率越小。所谓时失效概率，是指发生危险事件时安全仪表系统没有执行安全功能的概率；而平均时失效概率是指在整个安全生命周期内的危险失效概率。

IEC61511 将安全仪表功能的操作模式分为“要求操作模式”（Demand Mode of Operation）和“连续操作模式”（Continuous Mode of Operation）。两种模式下的 SIL 等级划分如表 6.1 所示。要求操作模式也称为低要求操作模式，而连续操作模式也称为高要求操作模式。

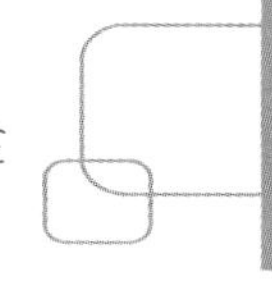

表 6.1　两种模式下的 SIL 等级划分

SIL	要求操作模式下的 PFDavg	连续操作模式下的每小时危险失效概率 PFH
4	$10^{-5} \leqslant \text{PFDavg} < 10^{-4}$	$10^{-9} \leqslant \text{PFH} < 10^{-8}$
3	$10^{-4} \leqslant \text{PFDavg} < 10^{-3}$	$10^{-8} \leqslant \text{PFH} < 10^{-7}$
2	$10^{-3} \leqslant \text{PFDavg} < 10^{-2}$	$10^{-7} \leqslant \text{PFH} < 10^{-6}$
1	$10^{-2} \leqslant \text{PFDavg} < 10^{-1}$	$10^{-6} \leqslant \text{PFH} < 10^{-5}$

SIL 的定性描述如表 6.2 所示。对安全仪表系统来说，因安全仪表系统自身失效导致的后果是决定安全仪表系统 SIL 的主要因素之一。

表 6.2　SIL 的定性描述

SIL	事 故 后 果
4	引起社会灾难性的影响
3	对工厂员工及社会造成影响
2	引起财产损失并有可能伤害工厂内的员工
1	较少的财产损失

安全完整性等级的确定是在风险评估结果的基础上进行的，不合理的风险评估技术会导致安全相关系统的安全完整性等级过高或过低。安全完整性等级过高会造成不必要的浪费，安全完整性等级过低则会因为不能满足安全要求而出现不可接受的风险。

安全完整性等级的选择方法有定性和定量两类。目前常用的定性方法有风险矩阵法和风险图；基于频率的定量法，如故障树、LOPA、事件树、根据频率定量计算法。硬件安全完整性的安全功能声明的最高安全完整性等级，受限于硬件的故障裕度和执行安全功能的子系统的安全失效分数。子系统可以分成 A 类和 B 类，A 类表示所有组成元器件的失效模式都被很好地定义了；在故障情况下，子系统的行为能够完全确定；通过现场经验获得充足的可靠数据，可满足所声明的检测到和没有检测到危险失效的失效率。B 类中至少有一个组成部件的失效模式未被很好地定义；或故障情况下子系统的行为不能被完全确定；或通过现场经验获得的可靠数据不够充分，不足以显示出满足所声明的和未检测到危险失效的失效率。

6.1.4　安全生命周期

IEC61508 国际标准把安全生命周期定义为在安全仪表功能（SIF）实施中，从项目的概念设计阶段到所有安全仪表功能停止使用之间的整个时间段。

安全生命周期的定义如图 6.3 所示。安全生命周期使用系统的方式建立一个框架，用以指导过程风险分析、安全系统的设计和评价。IEC61508 是关于 E/E/PES 安全相关系统的功能安全的国际标准，其应用领域涉及许多工业部门，如化工工业、冶金、交通等。整体安全生命周期包括系统的概念（Concept）、定义（Definition）、分析（Analysis）、安全要求（Safety Requirement）、设计（Design）、实现（Realization）、验证计划（Validation Plan）、安装（Installation）、验证（Validation）、操作（Operation）、维护（Maintenance）和停用（Decommission）等阶段。

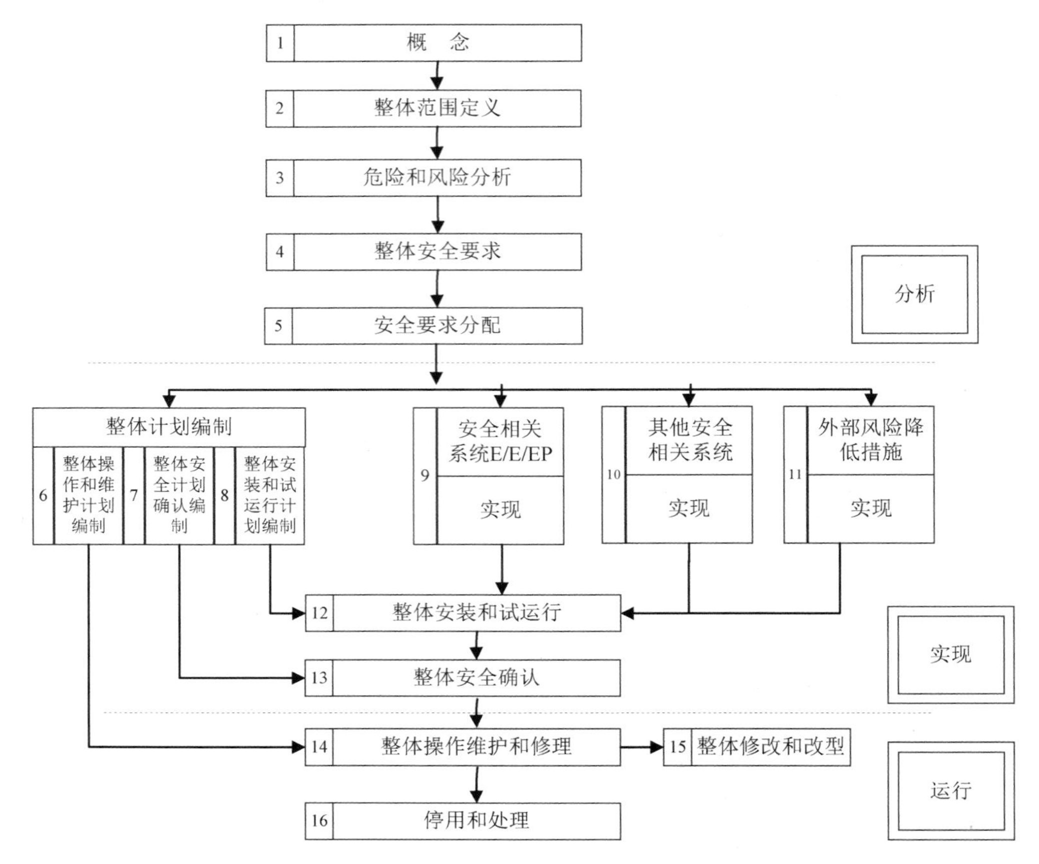

图 6.3 安全生命周期的定义

对于各个阶段，标准根据它们各自的特点规定了具体的技术要求和安全管理要求。对于每个阶段规定了该阶段要实现的目标、包含的范围和具体的输入和输出，并规定了具体的责任人。其中，每个阶段的输入往往是前面一个阶段或前面几个阶段的输出，而这个阶段所产生的输出又会作为后续阶段的输入，即成为后面阶段实施的基础。例如，标准规定了整体安全要求阶段的输入就是前一阶段——危险和风险分析所产生的风险分析的描述和信息，而它所产生的对系统整体的安全功能要求和安全完整性等级要求被用来作为下一阶段——安全要求分配的输入。通过这种一环扣一环的安全框架，标准将安全生命周期中的各项活动紧密联系在一起；又因为对每一环节都有十分明确的要求，所以各个环节的实现相对独立，可以由不同的人负责，各环节间只有时序方面的互相依赖。由于每个阶段都是承上启下的环节，因此如果某个环节出了问题，其后所进行的阶段都要受到影响，标准规定，当某个环节出了问题或外部条件发生变化时，整个安全生命周期的活动就要回到出问题的阶段，评估变化造成的影响，对该环节的活动进行修改，甚至重新进行该阶段的活动。因此，整个安全系统的实现活动往往是一个渐进的、迭代的过程。

IEC61508 标准中安全生命周期管理的对象包括系统用户、系统集成商和设备供应商。IEC61508 标准中的安全生命周期与一般概念的工程学术语不同。在功能安全标准中，在评估危险和风险时，安全生命周期是评价和制定安全相关系统 SIL 设计的一个重要方面。也就是说，不同的功能安全系统的安全生命周期管理程序是不同的，对于一些变量（如维护程序、测试间隔等），可以通过计算实现安全、经济的最优化。这是最先进的安全管理技术，在国外少数流程工业领域相关公司里，这已经是标准程序。

6.2　安全仪表系统

6.2.1　安全仪表系统基础

1．安全仪表系统组成

安全仪表系统（Safety Instrument System，SIS）由传感器、逻辑控制器和执行器三部分构成，用于当预定的过程条件或状态出现背离时，将过程置于安全状态。例如，系统超压或高温，安全仪表系统可以实现压力的降低、温度的降低，从而把处于危险状态的系统转入安全状态，保障设备、环境及生产人员安全。IEC61511 将安全仪表系统定义为执行一个或多个安全仪表功能的仪表系统。所谓安全仪表功能，是指由安全仪表系统执行的、具有特定安全完整性等级的安全功能，用于对特定的危险事件，达到或保持过程的安全状态。

在安全仪表系统中，传感器用来检测生产过程中的某些参数，而逻辑控制器对从传感器采集来的参数进行分析，如果达到了构成危险的条件，由最终执行元件进行相应的安全操作，进而保障整个生产过程的安全。

2．安全仪表系统分类

安全仪表系统按照其应用行业的不同可以划分为化工安全仪表、电力工业安全仪表、汽车安全仪表、矿业安全仪表和医疗安全仪表等。在每个行业中又可以进行进一步的细分，如矿业又可以分为煤矿、金属矿、非金属矿及放射性矿等。此外，还可以根据安全仪表系统实现的功能来分类，如有毒气体监测系统、紧急停车系统、移动危化品源跟踪监测系统及自动消防系统等。

在 IEC61508 标准出来以前，在油气开采运输、石油化工和发电等过程工业，就有紧急停车系统（Emergency Shut Down System，ESD）、火灾和气体安全系统（Fire and Gas Safety System，FGS）、燃烧管理系统（Burner Management System，BMS）和高完整性压力保护系统（High Integrity Pressure Protection System，HIPPS）等。

如果按照安全仪表系统的逻辑结构划分，安全仪表系统又可以分为 1oo1、1oo2、2oo3、1oo1D 和 2oo4 等。其中，*MooN* 是 *M* out of *N*（*N* 选 *M*）的缩写，代表 *N* 条通道的安全仪表系统中有 *M* 条通道正常工作；字母 D 代表检测部分，是带有诊断电路检测模块的逻辑结构。*MooN* 表决的含义是基于“安全”的观点，“*N*-*M*”的差值代表了对危险失效的容错能力，即硬件故障裕度（Hardware Fault Tolerance，HFT）。硬件故障裕度 *N* 意味着 *N*+1 个故障会导致全功能丧失。例如，1oo2 表决的意思是，只要两个通道中有一个通道健康操作，就能完成所要求的安全功能，其 HFT 为 1，而容错（Spurious Fault Tolerance，SFT）为 0。安全仪表系统中的传感器、逻辑控制器和执行器都可以选择合适的冗余配置，以使系统达到规定的安全等级。

根据安全完整性等级的不同，安全仪表系统又分为 SIL1、SIL2、SIL3 和 SIL4 等不同等级。目前安全仪表系统的发展多样化，不同应用领域有着不同的类型，但其实现的功能是统

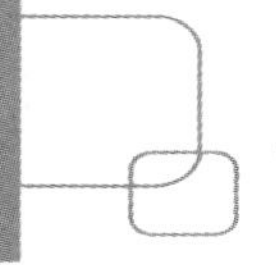

一的，都是为了保障安全生产而设定的，它们的设计、生产等相关过程都遵循国际标准。

3. 安全仪表系统的典型结构

1）1oo1 结构

1oo1 结构包括一个单通道（输入电路、公共电路、输出电路），如图 6.4 所示。这里的公共电路可以是安全继电器、固态逻辑器件或现代的安全 PLC 等逻辑控制器。该系统是一个最小系统，这个系统没有提供冗余，也没有失效模式保护，没有容错能力，电子电路可以安全失效（输出断电，回路开路）或者危险失效（输出粘连或给电，回路短路），而危险失效都会导致安全失效。

图 6.4　1oo1 的物理结构图

2）1oo2 结构

图 6.5 所示为 1oo2 的物理结构图，该结构将两个通道的输出触点串联在一起。正常工作时，两个输出触点都是闭合的，输出回路带电。但当输入存在“0”信号时，两个输出触点断开，输出回路失电，确保安全功能的实现。

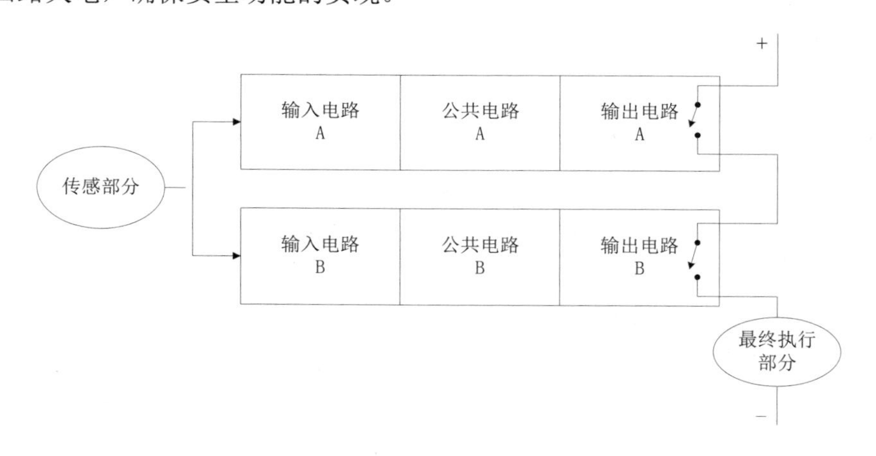

图 6.5　1oo2 的物理结构图

其失效模式分析如下。

（1）任意一个输出触点出现开路故障，输出电路失电，都会造成工艺过程的误停车。也就是说，只有 2 个输出触点都正常工作，才能避免整个系统的安全失效。因此，这种结构的可用性较低（SFT=0）。

（2）当任意一个输出触点出现短路故障时，不会影响系统的正常安全功能实现。只有当

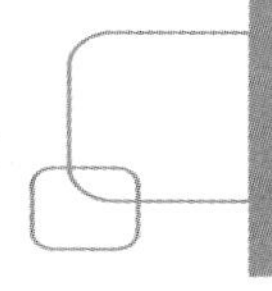

两个触点都出现短路故障时，才会造成系统的安全功能丧失，即导致系统危险失效。因此，这种结构的安全性有所提高（HFT=1）。

3）2oo2 结构

图 6.6 所示为 2oo2 的物理结构图，此结构由并联的两个通道构成，系统正常运行时，两个回路的输出触点都是闭合的。当存在安全故障时，两个回路都断开，输出失电。

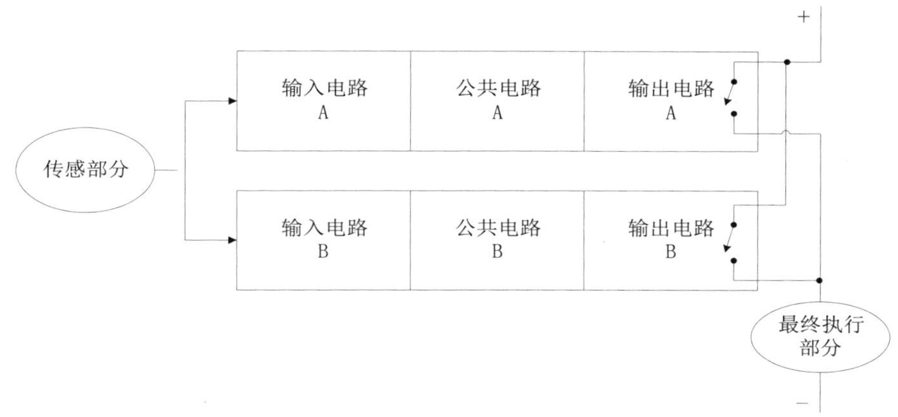

图 6.6　2oo2 的物理结构图

这种双通道系统的失效模式和影响分析如下。

（1）当任意一个输出触点出现开路故障时，不会造成输出电路失电，只有当两个触点同时存在开路故障时，才会造成工艺过程误停车。只要两个输出触点中有一个正常工作，就能避免危险失效。

（2）当任意一个输出触点出现短路故障时，将会导致危险失效，使得系统的安全功能丧失。该结构降低了系统安全性（HFT=0），但提高了过程可用性（SFT=1）。

4）1oo1D 结构

1oo1D 结构由两个通道组成，但其中一个通道为诊断通道。1oo1D 的物理结构图如图 6.7 所示。诊断通道的输出与逻辑运算通道的输出串联在一起，当检测到系统内存在危险故障时，诊断电路的输出可以切断系统的最终输出，使工艺过程处于安全状态。

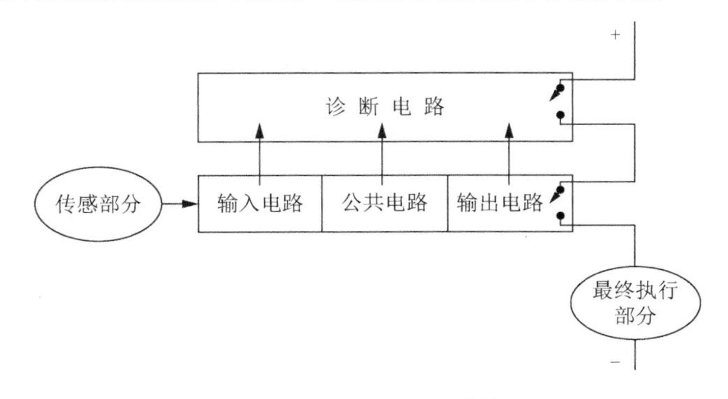

图 6.7　1oo1D 的物理结构图

这种一选一诊断系统的功能相当于一种二选一系统的功能。因为这种系统的造价相对低廉，所以在安全应用中被广泛使用。其结构通常由一个单一逻辑解算器和一个外部的监视时

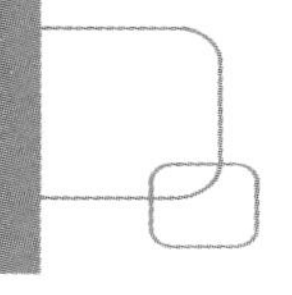

钟构成，对定时器的输出与逻辑解算器的输出进行串联接线。

4．安全仪表系统与基本过程控制系统（BPCS）

基本过程控制系统是执行基本的生产控制要求、完成基本功能（如采用 PID 控制规律）的自动控制系统。常用的 DCS 或 PLC 控制系统、SCADA 系统等都属于常规控制系统。与安全仪表系统不同的是，基本过程控制系统只执行基本控制功能，其关注的是生产过程能否正常运行，而不是生产过程的安全。一般过程控制系统采用反馈控制的形式，对生产过程（物质和能量在生产装置中相互转换的过程）进行控制。基本过程控制系统是通过对温度、压力、液位和流量等参量的调节，达到提高产量和质量、降低副产物、减少能量消耗的目的的。

基本过程控制系统与安全仪表系统一般要做到相互独立，二者执行的功能不同，不可相互混淆。安全仪表系统监视整个生产过程的状态，当发生危险时动作，使生产过程进入安全状态，降低风险，防止危险事件发生。

图 6.8 所示为基本过程控制系统与安全仪表系统构成图。从图 6.8 中可以看出，该反应器生产过程配置了基本过程控制系统与安全仪表系统，且两个系统配置独立，运行独立。当然，在实际的工业现场，有时安全仪表系统会和常规控制系统通信，在常规控制系统的操作员站上可以观察到安全仪表系统的运行状态，但不能对其施加控制。

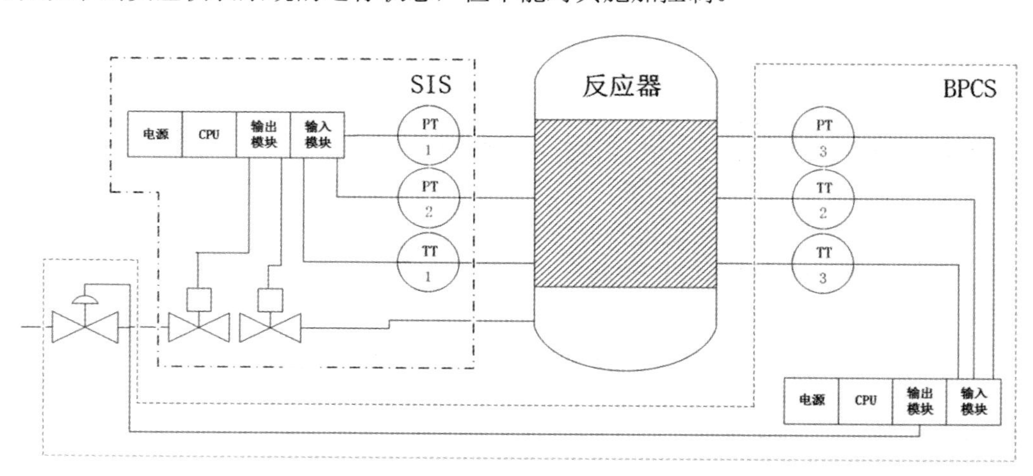

图 6.8　基本过程控制系统与安全仪表系统构成图

与常规控制系统相比，安全仪表系统的特点主要体现在以下几点。

1）符合一定的安全完整性水平

安全仪表系统的设计和开发过程必须遵循 IEC61508 标准，投入使用的安全仪表系统必须满足要求的安全完整性水平。

2）容错性的多重冗余系统

为了提高系统的硬件故障裕度，安全仪表系统一般采用多重冗余结构，使系统的安全功能不会因为单一故障而丧失。

3）响应速度快

安全仪表系统具有较好的实时性，从输入变化到输出变化的响应时间一般为 10～50ms，甚至有些小型的安全仪表系统可以达到几毫秒的响应速度。

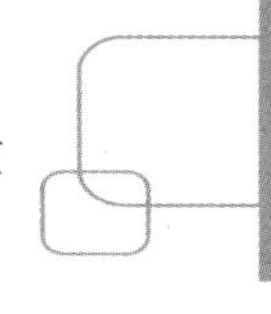

4）全面的故障自诊断能力

在设计和开发安全仪表系统时考虑了避免危险失效和系统故障控制的要求，系统的各个部件都应明确其故障自诊断能力，在其失效后能及时采取相应措施，系统的整体诊断覆盖率一般在 90%以上。安全仪表系统的硬件具有较高的可靠性，能承受各种环境应力，可以较好地应用到不同的工业环境中。

例如，对 DCS 或 PLC 而言，通常将一个开关量输入 DI 信号直接用于程序逻辑运算。但在安全仪表中（以黑马 F35 机器级安全仪表为例），在使用该 DI 信号前，要把该信号与系统自检的结果进行联合判断，将联合判断的结果作为该 DI 信号参与程序逻辑的值。若系统自检发现安全仪表出现故障，则无论 DI 信号是“1”还是“0”，联合判断的结果都是“0”，从而使安全仪表系统输出“0”（安全仪表的设计原则是只要出现故障就失电）。虽然这会造成系统的可用性降低，但是避免了危险失效。

5）事件顺序记录功能

安全仪表系统一般具有事件顺序记录（Sequence Of Events，SOE）功能，即可按时间顺序记录故障发生的时间和事件类型，方便事后分析，记录精度一般可以精确到毫秒级。

5．安全仪表系统的安全性与可用性

1）安全性

安全仪表系统的安全性是指，当任何潜在危险发生时，安全仪表系统保证使过程处于安全状态的能力。不同安全仪表系统的安全性是不一样的，安全仪表系统自身的故障无法使过程处于安全状态的概率越低，则其安全性越高。安全仪表系统自身的故障有以下两种类型。

（1）安全故障。

当安全故障发生时，不管过程有无危险，系统均使过程处于安全状态。此类故障称为安全故障。对于按故障安全原则（正常时励磁、闭合）设计的系统而言，回路上的任何断路故障都是安全故障。

（2）危险故障。

当此类故障存在时，系统会丧失使过程处于安全状态的能力。此类故障称为危险故障。对于按故障安全原则设计的系统而言，回路上任何可断开触点的短路故障都是危险故障（按故障安全原则，有故障时，回路应该断开，以使系统安全，而可断开触点的短路使回路不可能处于断开状态，丧失了使过程处于安全状态的能力）。

换言之，一个系统内发生危险故障的概率越低，其安全性就越高。

2）可用性

安全仪表系统的可用性是指系统在冗余配置的条件下，当某个系统发生故障时，冗余系统在保证安全功能的条件下，仍能保证生产过程不中断的能力。

与可用性比较接近的一个概念是系统的容错能力。一个系统具有高可用性或高容错能力不能以降低安全性作为代价，丧失安全性的可用性是没有意义的。严格地讲，可用性应满足以下几个条件。

（1）系统是冗余的。

（2）系统产生故障时，不丧失其预先定义的功能。

（3）系统产生故障时，不影响正常的工艺过程。

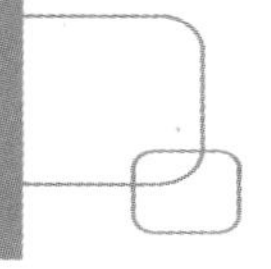

3）安全性与可用性的关系

从某种意义上说，安全性与可用性是要相互协调的。某些措施会提高安全性，但会导致可用性下降，反之亦然。例如，冗余系统采用二取二逻辑，可用性提高，安全性降低；若采用二取一逻辑，则相反。采用故障安全原则设计的系统安全性高，采用非故障安全原则设计的系统可用性高。

安全性与可用性是衡量一个安全仪表系统的重要指标，无论是安全性低，还是可用性低，都会使发生损失的概率提高。因此，设计安全仪表系统时要兼顾安全性和可用性。安全性是前提，可用性必须服从安全性。可用性是基础，没有高可用性的安全性是不现实的。

6.2.2 安全仪表产品

从安全仪表系统的发展看，安全仪表系统产品主要包括以下几种。

（1）继电线路：即用安全继电器代替常规继电器实现安全控制逻辑。显然，这种解决方案属于全部通过硬件触点及其之间的连线形成安全保护逻辑，因此可靠性高、成本低，但是灵活性差，系统扩展、增加功能不容易。此外，还不适用于复杂的逻辑功能，其危险故障（如触点粘接）的存在只能通过离线检测辨识出来。

（2）固态电路：基于印刷电路板的电子逻辑系统。它采用晶体管元件实现与、或、非等逻辑功能。这种系统属于模块化结构，结构紧凑，可在线检测。容易识别故障，原件互换容易，可以冗余配置。但可靠性不如继电线路，操作费用高，灵活性不高。这类安全仪表系统与现代安全型 PLC 等安全仪表系统的根本区别在于有没有 CPU。

（3）安全 PLC：这种解决方案以微处理器为基础，有专用的软件和编程语言，编程灵活，具有强大的自测试、自诊断能力。系统可以冗余配置，可靠性高。

安全 PLC 指的是在自身或外围元器件或执行器出现故障时，依然能正确响应并及时切断输出的可编程系统。与普通 PLC 不同，安全 PLC 不仅可提供普通 PLC 的功能，还可以实现安全控制功能，符合 EN ISO13849-1 及 IEC61508 等控制系统安全相关部件标准的要求。安全 PLC 中所有元器件采用的是冗余多样性结构，采用两个处理器处理时进行交叉检测，将每个处理器的处理结果储存在各自的内存中，只有处理结果完全一致时才会输出，如果处理期间出现任何不一致，系统立即停机。

此外，在软件方面，安全 PLC 提供的相关安全功能块（如急停、安全门、安全光栅等）均经过认证和加密，用户仅需要调用功能块进行相关功能配置即可，保证了用户在设计时不会因为安全功能上的程序漏洞而导致安全功能丢失。

与常规 PLC 相比，用于安全系统的安全 PLC 除了产品本身不一样，在具体的使用上还有明显不同。首先安全 PLC 的输入和常规 PLC 的输入接法也有区别，常规 PLC 的输入通常接传感器的常开接点，而安全 PLC 的输入通常接传感器的常闭接点，用于提高输入信号的快速性和可靠性。有些安全 PLC 输入还具有“三态”功能，即常开、常闭和断线三种状态，而且通过断线来诊断输入传感器的回路是否断路，提高了输入信号的可靠性。另外，有些安全 PLC 的输出和常规 PLC 的输出也有区别。常规 PLC 输出信号之后，就和 PLC 本身失去了关联，也就是说，输出后，如“接通外部继电器”，继电器本身最后到底通没通，PLC 并不知道，这是因为没有外部设备的反馈。安全 PLC 具有线路检测功能，即周期性地对输出回路发送短脉冲信号（毫秒级，并不让用电器导通）来检测回路是否断线，从而提高输出信号的可靠性。

在安全仪表系统中，若使用总线，则需要使用安全总线。安全总线指的是通信协议中采用安全措施的现场总线。相比于普通总线，安全总线可以达到 EN ISO13849-1 及 IEC61508 等控制系统安全相关部件标准的要求，主要用于急停按钮、安全门、安全光幕、安全地毯等安全相关功能的分布式控制要求。安全总线可拥有多种拓扑结构，如线形、树形等安全总线中采用的安全措施主要包括 CRC 冗余校验、Echo 模式、连接测试、地址检测、时间检测等，相比传统总线，其可靠性更高。若采用以太网，则需要选用安全以太网。安全以太网是适用于工业应用的基于以太网的多主站总线系统，用于分布式系统控制要求。安全以太网的协议中包含一条安全数据通道，该通道中的数据传输符合 IEC61508 SIL 3 的要求。通过同一根电缆或光纤，可同时传输安全相关数据及非安全相关数据。在拓扑结构上，安全以太网和标准以太网类似，支持星形、树形、总线型和环形等不同以太网结构。安全以太网拥有较高的网络灵活性、较强的可用性、较大的网络覆盖范围。

（4）故障安全控制系统：采用专用的紧急停车系统模块化设计，具有完善的自检功能，系统的硬件和软件都取得了相应等级的安全标准证书，可靠性非常高，但价格较贵。这类产品主要包括德国黑马（HIMA）公司、英国英维斯集团（现已被法国施耐德公司收购）的 Tricon 系列产品。主要的 DCS 厂家也有类似的产品，但最高的安全等级不及上述两家的产品。图 6.9 所示为罗克韦尔 GuardLogix 安全 PLC 和黑马 HIQuad X 安全仪表产品。

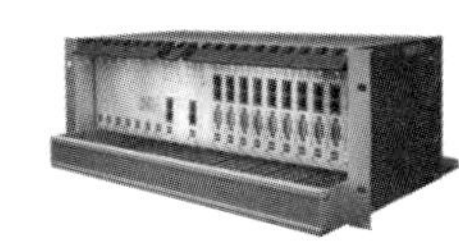

图 6.9　罗克韦尔 GuardLogix 安全 PLC 和黑马 HIQuad X 安全仪表产品

这类安全仪表产品的主流系统结构有 TMR（三重化）、2oo4D（四重化）、1oo1D、1oo2D 等。

① TMR 结构：它将三路隔离、并行的控制系统（每路称为一个分电路）和广泛的诊断集成在一个系统中，用 3 取 2 表决提供高度完善、无差错、不会中断的控制。Tricon、ICS、GE 等公司的安全仪表产品均是采用 TMR 结构的系统。

例如，Tricon 安全仪表系统，通过三重模块冗余结构（TMR）提供容错能力，满足 AK6/SIL3 的安全标准。此系统由 3 个安全等级相同的系统通道组成（电源模块除外，该模块是双重冗余的）。每个系统通道独立地执行控制程序，并与其他两个通道并行工作。硬件表决机制则对所有来自现场的数字式输入和输出进行表决和诊断。模拟输入进行取中值的处理。因为每个分电路都是和其他两个电路隔离的，任一分电路内的任何一个故障都不会传递给其他两个分电路。如果在一个分电路内有硬件发生故障，该故障的分电路能被其他两个分电路修复。

② 2oo4D 结构：2oo4D 系统由两套独立并行运行的系统组成，通信模块负责其同步运行，当系统自诊断发现一个模块发生故障时，CPU 将强制其失效，确保其输出的正确性。同时，在安全输出模块中，SMOD 功能（辅助去磁方法）确保在两套系统同时故障或电源故障时，系统输出一个故障安全信号。一个输出电路实际上是通过 4 个输出电路及自诊断功能实现的，这样确保了系统的高可靠性、高安全性及高可用性。霍尼韦尔、HIMA 的安全仪表系统均采用了 2oo4D 结构。

例如，HIMA 的 H41q/H51q 系统为 CPU 四重化结构（QMR-Quadruple Modular Redundant），

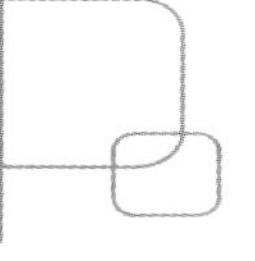

即系统的中央控制单元共有 4 个微处理器，每两个微处理器集成在一块 CU 模件上，再由两块同样的 CU 模件构成中央控制单元。一块 CU 模件构成 1oo2D 结构，HIMA 的 1oo2D 结构的产品就可以满足 AK6/SIL3 的安全标准。为了向用户提供最高的可用性，采用双 1oo2D 结构，即 2oo4D 结构。在冗余结构的情况下，高速双重 RAM 接口（DPR）使两个中央单元通信，从而解决了无故障修复时间限制的难题。其容错功能使得系统中的任何一个部件发生故障，都不影响系统正常运行。

③ 其他一些 SIL 等级低的产品会采用 1oo1D、1oo2D 等结构。如 ABB、Moore 等公司的产品。

6.2.3 安全仪表系统与常规控制系统

虽然目前安全仪表系统与常规控制系统（如 SCADA 系统、DCS 等）都基于计算机控制技术，但由于安全仪表系统与常规控制系统的设计目的有根本不同，因此两者之间存在比较大的差别，主要体现以下几个方面。

1）功能不同

常规控制系统起到调节的作用，对于工业工程控制来说，就是抑制各种扰动，从而确保被控变量稳定在设定值附近；而安全仪表系统的作用是降低生产过程风险，起安全保护的作用，通常是当触发条件满足（如超限）时实现安全停车。

2）组成不同

常规控制系统的组成主要包括现场控制器、工程师站、操作员站和控制网络等，通常不包括现场检测仪器与执行器；而安全仪表系统由于要进行回路的 SIL 等级评定，因此必须对检测仪表、执行器及外部电源等一并进行考虑。

3）I/O 配置不同

常规控制系统通常配备的 I/O 模块有 AI、AO、DI 和 DO；而安全仪表系统由于不执行调节作用，因此通常配备的 I/O 模块只有 AI、DI 和 DO。

4）工作方式不同

常规控制系统处于动态，而安全仪表系统处于静态。常规控制系统的输出一直在变化，具有连续性，以抑制各种干扰对生产的影响。安全仪表系统的输出保持相对稳定，其工作具有间断特性。若安全仪表系统的输出一直发生变化，则会导致工业生产无法正常进行。

5）可靠性与安全级别不同

常规控制系统不需要进行 SIL 等级评估，不需要选用具有一定 SIL 等级的控制仪表和装置；而安全联锁系统需要进行 SIL 等级评估，需要选择符合 SIL 等级的设备。

6）使用与维护要求不同

安全仪表系统必须按照标准使用与维护，对安全仪表系统的更改都需要进行新的评估。而常规控制系统的使用与维护没有这么严格。

7）应对失效方式不同

常规控制系统的大部分失效都是显而易见的，其失效会在生产的动态过程中自行显现，很少存在隐性失效；而安全仪表系统的失效没那么明显，确定这种休眠系统是否还能正常工作的唯一方法，就是对该系统进行周期性诊断或测试。因此安全仪表系统需要人为进行周期

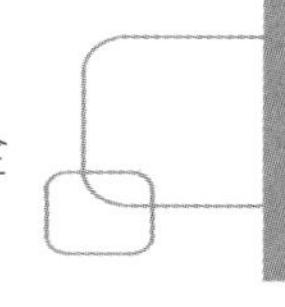

性的离线或在线检验测试，而有些安全系统带有内部自诊断功能。

另外，常规控制系统虽然有联锁功能，但是这种联锁功能通常是不进行 SIL 等级评估的，因此，常规控制系统的联锁功能与安全仪表系统的安全保护功能是有本质区别的。

6.3　安全仪表系统设计与应用

6.3.1　安全仪表系统设计原则

1）基本原则

进行安全仪表系统设计时必须遵循以下两个基本原则。

（1）在进行安全仪表系统设计时，应当遵循 E/E/PES（电子/电气/可编程电子）安全要求规范。

（2）通过一切必要的技术与措施使设计的安全仪表系统达到要求的安全完整性水平。

2）逻辑设计原则

（1）可靠性原则。

安全仪表系统的可靠性是由系统各单元的可靠性的乘积组成的，因此，任何一个单元的可靠性下降都会降低整个系统的可靠性。在设计过程中，往往比较重视逻辑控制系统的可靠性，而忽视了检测元件和执行元件的可靠性，这是不可取的，必须全面考虑整个回路的可靠性，因为可靠性决定系统的安全性。

（2）可用性原则。

可用性虽然不会影响系统的安全性，但可用性较低的生产装置将会使生产过程无法正常进行。在进行安全仪表系统设计时，必须保证其可用性满足一定的要求。

（3）“故障安全”原则。

当安全仪表系统出现故障时，应将系统设计成处于或导向安全的状态，即遵循“故障安全”原则。“故障安全”能否实现，取决于工艺过程及安全仪表系统的设置。

（4）过程适应原则。

安全仪表系统的设置应当能保证在正常情况下不影响生产过程的运行，当出现危险状况时能发挥相应作用，保障工艺装置的安全，即要满足系统设计的过程适应原则。

3）回路配置原则

在安全仪表系统的回路设置中，为了确保系统的安全性和可靠性，应该遵循以下两个原则。

（1）独立设置原则。

SIS 应独立于常规控制系统，独立完成安全保护功能。安全仪表系统的逻辑控制系统、检测元件与执行元件应该独立配置。

（2）中间环节最少原则。

安全仪表系统应该被设计成一个高效的系统，中间环节越少越好。在一个回路中，仪表增多可能会导致可靠性降低。应尽量采用隔爆型仪表，减少因安全栅而产生的故障源，防止产生误停车。

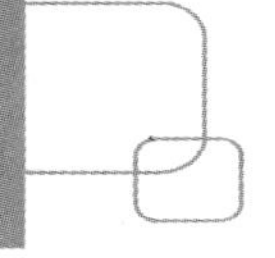

6.3.2 安全仪表系统设计步骤

根据安全生命周期的概念，安全仪表系统设计步骤如图6.10所示，具体描述如下。

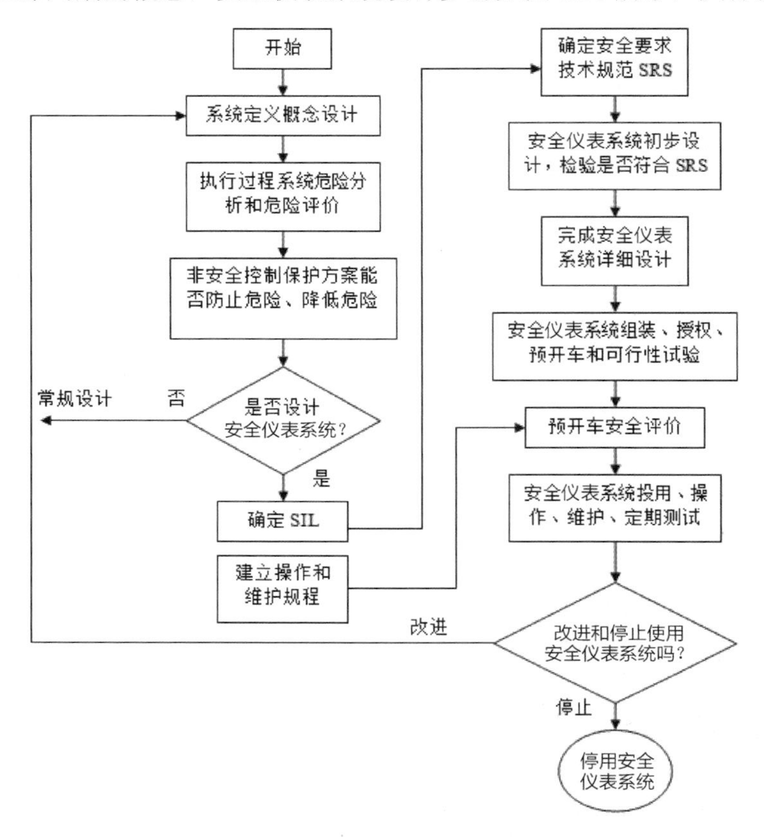

图6.10 安全仪表系统设计步骤

（1）初步设计安全仪表系统。

（2）对安全仪表系统进行危险分析和危险评价。

（3）验证使用非安全控制保护方案能否防止危险、降低风险。

（4）判断是否需要设计安全仪表系统，若需要，则转第（5）步，否则按照常规控制系统进行设计。

（5）在风险分析基础上确定安全仪表功能（SIF）及每个SIF的安全等级SIL。

（6）确定安全要求技术规范（SRS）。

（7）初步完成安全仪表系统的设计并检验是否符合安全要求技术规范。

（8）完成安全仪表系统详细设计。

（9）进行安全仪表系统的组装、授权、预开车和可行性试验。

（10）在符合规定的条件下对安全仪表系统进行预开车安全评价。

（11）安全仪表系统投用、操作、维护、定期测试。

（12）如果原工艺流程被改造或在实际生产过程中发现安全仪表系统不完善，判断是否需要改进或停止使用安全仪表系统。

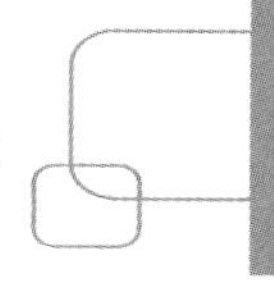

（13）若需要改进，则转到第（2）步进入新的安全仪表系统设计流程。

6.3.3 安全仪表系统工程应用案例

1. 空气预热炉燃烧器点火控制系统的工艺与设备组成

1）生产工艺介绍

某丙烯腈装置反应单元的工艺原理：将丙烯和氨的过热蒸汽与空气在一定的温度、压力下，送入流化床反应器，发生催化氧化反应，生成丙烯腈，副产品为氢氰酸和乙腈，同时会放出大量的反应热。反应单元由反应系统、蒸汽发生系统、催化剂加料系统和空气预热系统构成。对于空气预热系统，空气是反应的主要进料之一。在装置开车、运行初始，空气预热炉对空气进行加热，提升混合物料的温度，促使反应发生。来自大气的空气经过过滤，由空压机加压，送入开工空气预热炉，燃料气与空气在炉中进行燃烧后，产生高温烟气，与空气混合，最高可使加热炉出口热空气的温度达到 480℃。空气预热炉的正常运行直接关系着反应的顺利进行，而燃烧器点火控制系统是空气预热炉运行的关键。空气预热炉燃烧器点火过程是，先采用高压电打火方式点燃点火装置（也称点火枪或长明灯），再由点火装置点燃主烧嘴，助燃空气采用预热空气。

2）空气预热炉燃烧器点火控制系统组成

空气预热炉燃烧器点火控制系统由高能点火装置、气动推进装置、紫外火焰检测器、点火吹扫开关阀、点火气枪及主烧嘴的燃料开关阀等组成。燃烧器为气体燃烧器，以天然气为燃料。点火时由高能点火装置点燃点火枪，再由点火枪点燃主烧嘴。点火枪安装在安装套筒内，采用气动推进装置进退，燃烧器燃烧所用的助燃风由仪表风提供。

（1）高能点火装置。

高能点火装置主要由高能防爆点火器、高能防爆半导体点火枪、高压屏蔽电缆三部分组成。高能点火装置的工作原理：接入装置区的一路工频 220VAC、50Hz 电压，经过升压、整流，输出直流的脉冲电压，对一个储能电容器进行充电，使电容器上的电压持续升高。当电压上升至电容器的击穿电压时，电容器开始通过放电管、扼流圈进行放电，并通过高压点火屏蔽电缆，将输出电流送至点火枪的半导体电嘴上进行放电，使半导体电嘴间隙形成高能的电弧火花，点燃通入了燃料气的点火枪，再由点火枪点燃主烧嘴。当点火器停止工作时，若电容器上还有剩余电荷没有释放，则通过泄放电阻接入地下。

（2）气动推进装置。

作为自动点火装置的重要执行器之一，在空气预热炉进行点火操作时，气动推进装置将点火枪送入燃烧器；点火完成后，将点火枪推出燃烧器。气动推进装置采用气缸作为原动力，由电磁阀控制气路的方向和气缸内活塞的运动，活塞带动连杆，驱动推进装置。气动推进装置设有行程开关，将推进器的进到位信号与退到位信号反馈至控制系统。

（3）紫外火焰检测器。

因为燃烧的主要燃料为天然气，气体燃料燃烧产生的紫外线的强度较适用于紫外光谱 259～320nm 的波段。因此该燃烧器的火焰监控采用紫外火焰检测器。该检测器由探头和信号处理器组成。工作时，探头通过紫外光敏元件吸收火焰中的紫外成分，经过光电转换，发出火焰判断信号。为保证最佳视角，紫外火焰检测器以适合的角度（15°）安装在燃烧器旁或炉

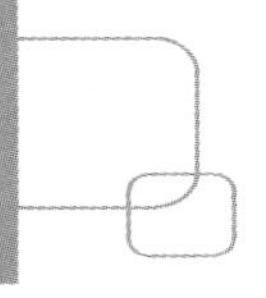

壁上；采用聚焦透镜和防尘玻璃探头，监测炉膛的火焰状态。在探头后端设有一个风管，可以接入压缩空气或专用的冷却风系统，对探头镜片进行吹扫和冷却，气源压力略大于炉膛压力。

紫外火焰检测器输出三路信号，一路 4～20mADC 模拟信号（6 号、7 号端子），引入 DCS，用于监测、显示火焰的强度；一路开关量信号（3 号、5 号端子），引入 SIS 系统，实施点火系统的安全联锁；一路故障开关接点（4 号端子），输出至 DCS，作为紫外火焰检测器的故障报警信号。

（4）点火吹扫开关阀。

根据国家质量监督检疫检验总局颁布的《燃油（气）燃烧器安全技术规则》（TSG ZB001-2008），燃烧器启动点火之前，包括执行安全联锁、排除故障之后，必须对燃烧室及烟道进行吹扫。本系统采用氮气作为吹扫气，采用气动开关阀控制吹扫。

（5）点火枪及主烧嘴的燃料开关阀。

自界区外的天然气输送管线分别为点火枪和主烧嘴供气，每条管线上设置两个故障关（FC）类型的气动开关阀，并配备用于安全联锁的电磁阀。

在燃料开关阀紧急切断的情况下，管道中会残留一部分燃气，使装置存在安全隐患。为此，在两条供气管线上分别设置了故障开（FO）类型的燃气自动放空阀，将管道中的残余燃气排入火炬系统进行燃烧。

（6）燃气压力检测仪表。

在主烧嘴燃料输送管线上，设置两组（共 4 支）压力变送器，用于监测燃料压力的波动；经过 1oo2 处理后，作为压力高低联锁信号，参与加热炉安全联锁。

（7）空气流量检测仪表。

在加热炉入口空气管道上，采用 1 支平衡流量计+3 台差压变送器的方式检测空气流量。输出 3 路 4～20mADC 信号，经过 2oo3 处理后，参与加热炉的安全联锁。

（8）空气温度检测仪表。

加热炉出口的空气温度最高可达 480℃，因此设置两组热电偶+分体式温度变送器，检测加热炉出口的空气温度。温度信号经过 1oo2 处理后，参与加热炉的安全联锁。

2. 空气预热炉燃烧器点火过程安全仪表设计

1）燃烧器点火控制系统总体设计

要设计一个安全仪表系统，首先要进行危险和风险分析，以及安全完整性等级的估计，然后详细设计安全仪表系统，并对已设计的安全仪表系统进行可靠性验证，最后进行安全仪表系统的工程实施和测试等。限于篇幅，这里仅介绍安全仪表系统实施部分中的系统结构和联锁逻辑。

空气预热炉燃烧器点火控制系统包括现场控制 LCP、独立的 PLC 控制系统（实现常规控制功能）及安全仪表系统（SIS，实现功能安全），点火控制系统的结构原理图如图 6.11 所示。在空气预热炉的装置现场设置隔爆型 PLC 控制柜，安装一定的开关、按钮和信号灯等，用于加热炉的现场开车、点火，并可实现现场半自动和单步手动安全点火操作。PLC 的模拟信号、DCS 允许信号、其他开关量信号采用硬接线方式引入。PLC 自带 RS-485 通信接口，可以将全部动作信号上传至中心控制室，从而在中心控制室对点火及燃烧过程进行远程监控。将燃烧器的安全联锁及紧急停车信号采用硬接线方式引入安全仪表系统。安全仪表系统可在异常工况下切断燃料，保护装置及人员的安全。丙烯腈装置的DCS与安全仪表系统进行通信，可接收来自安全仪表系统的安全联锁信号，从而了解安全仪表系统的运行状态及现场安全仪表测控设备的工作状态。

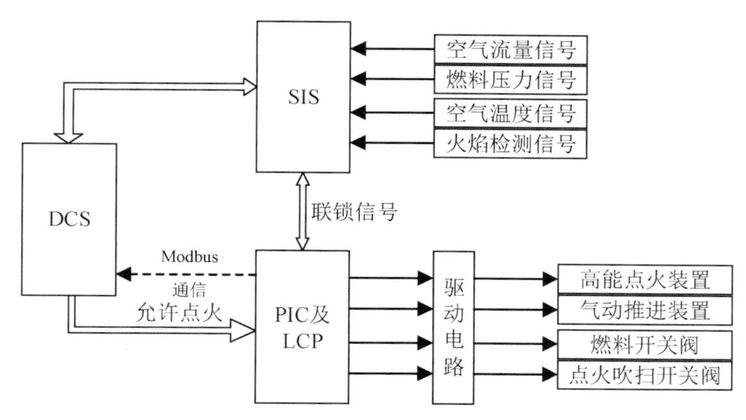

图 6.11 点火控制系统的结构原理图

2）燃烧器点火过程安全仪表系统设计

在开工空气预热炉的运行过程中，燃料气等工艺物料的波动会对开工空气预热炉的燃烧效率及安全运行产生影响，因此需要设置安全仪表系统以把安全风险降低到可接受程度。安全仪表系统的主要联锁输入信号的仪表位号如表6.3所示。

表 6.3 安全仪表系统的主要联锁输入信号的仪表位号

位 号	信号来源	描 述	触发条件	信号处理
BZT-001A	SIS	火焰检测器信号	无火	2oo3
BZT-001B	SIS		无火	
BZT-001C	SIS		无火	
FZT-001A	SIS	加热炉进口空气流量低	≤22000Nm³/h	2oo3
FZT-001B	SIS		≤22000Nm³/h	
FZT-001C	SIS		≤22000Nm³/h	
PZT-001A	SIS	燃料气压力低	≤0.23MPaG	1oo2
PZT-001B	SIS		≤0.23MPaG	
PZT-002A	SIS	燃料气压力高	≥0.4MPaG	1oo2
PZT-002B	SIS		≥0.5MPaG	
TZT-001A	SIS	加热炉进口/空气温度高	≥482℃	1oo2
TZT-001B	SIS		≥482℃	

3）空气预热炉燃烧器点火设备安全仪表系统联锁逻辑

空气预热炉燃烧器点火设备安全仪表系统采用负逻辑设计原则，即联锁触发开关正常时为“1”，触发故障时为“0”。采用国际通用的布尔代数运算规则，根据点火设备的工作要求，设计了联锁逻辑图，该图表示了联锁状态下的逻辑关系，如图6.12所示。从该联锁图中可以看出以下几点。

（1）DCS 操作员可以下达点火过程是手动还是自动。若是手动，则安全联锁功能由 LCP 来执行；若是自动，则由安全仪表系统来执行安全联锁功能。

（2）在中控室还有点火过程紧急停车按钮（HZS-001），即在异常情况下，操作员可以执行紧急停车功能。

（3）当点火过程出现异常导致安全仪表系统动作时，不仅要切断主烧嘴燃料调节阀，还要切断主烧嘴燃料开关阀、点火枪燃料开关阀，同时打开主烧嘴燃料放空阀和点火枪燃料放空阀。

（4）对 FO 类型的开关阀，开启信号为 0；对 FC 类型的开关阀，开启信号为 1。

（5）联锁逻辑中使用了与（AND）、或（OR）和复位优先的 RS 这 3 个逻辑功能块。联锁发生后，待联锁条件消失后，只有执行复位操作，执行元件才能恢复正常状态，SIS 才能重新投入运行。

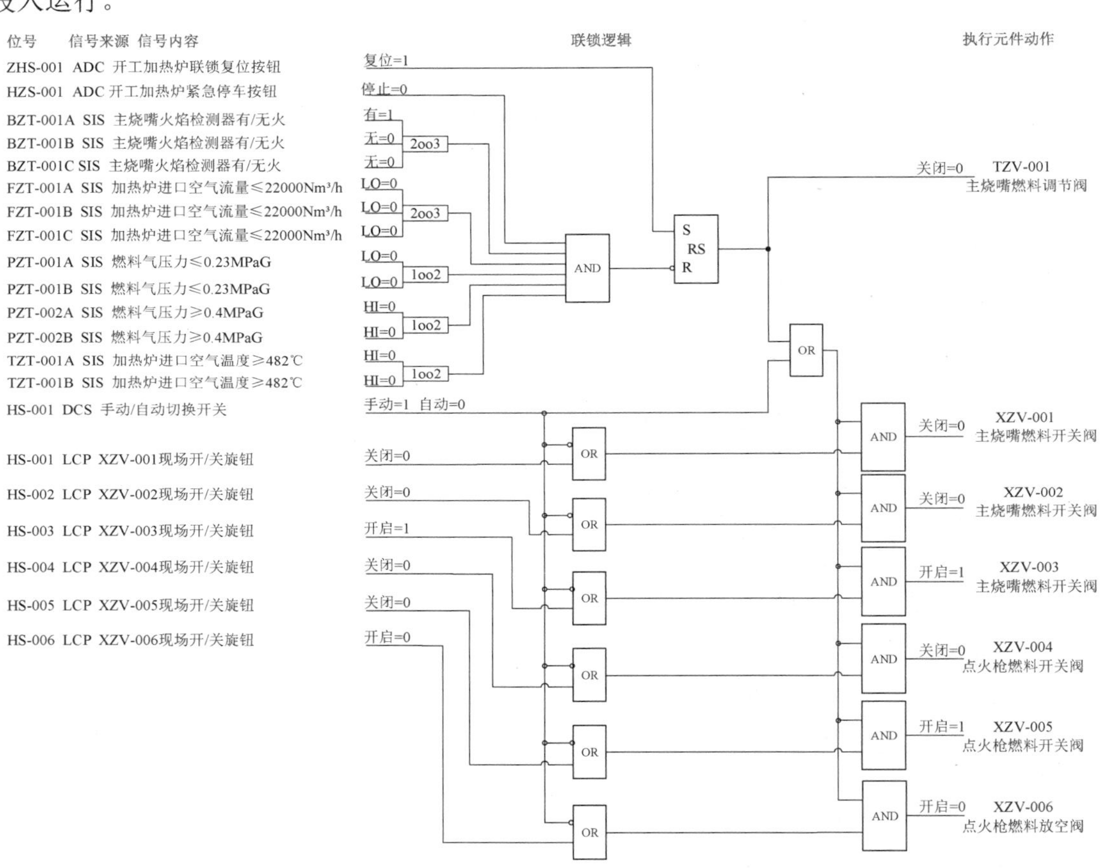

图 6.12　空气预热炉燃烧器点火控制系统联锁逻辑图

6.4　工业控制系统信息安全

6.4.1　信息安全

信息作为一种资源，它的普遍性、共享性、增值性、可处理性和多效用性，使其对人类而言具有特别重要的意义。随着信息时代的到来，人们的生活和工作越来越离不开各种信息系统。信息系统在给人们的生活和工作带来便利的同时，也因为各种内在或外在的不安全因素给人们带来了困扰或损害，从而产生了所谓的信息安全问题。进入21世纪后，随着信息技术的不断发展，特别是移动互联网的迅速推广和普及，信息安全问题日渐突出，如何确保信息系统的安全已成为全社会的焦点问题。

信息安全的内涵因时代的不同而不同，人们对信息安全的认识也有一个发展变化的过程。信息安全是信息技术发展及其广泛应用的产物，具有非传统安全的特点，是一种对技术发展、用户行为、物理环境等具有强烈依赖性的安全。信息安全的概念是随着信息技术的发展而不断拓展的，信息安全的外延也在不断扩大。随着信息技术的发展及其对社会生活的影响日益深化，信息安全的内涵从最初的通信保密时代到20世纪90年代的信息安全时代，再到目前的信息安全保障时代，都在强调不能被动保护，信息安全要包括检测、保护、管理、反应、恢复、攻击等环节。

在传统IT领域，信息安全是指信息网络的硬件、软件及其系统中的数据受到保护，不受偶然的或恶意的因素的影响而遭到破坏、更改、泄露，系统连续、可靠地运行，信息服务不中断。信息安全的实质就是要保护信息系统或信息网络中的信息资源免受各种类型的威胁、干扰和破坏，即保证信息的安全性。根据国际标准化组织的定义，信息安全性主要是指信息的完整性、可用性、保密性和可靠性。信息安全的根本目的就是使内部信息不受外部威胁。为保障信息安全，要求有信源认证、访问控制，不能有非法软件驻留，不能有非法操作。所有的信息安全技术都是为了达到一定的安全目标，其核心包括保密性、完整性、可用性、可控性和不可否认性五个安全目标。

（1）保密性：指信息按给定要求不泄漏给非授权的个人、实体或过程，或供其利用的特性，即杜绝将有用信息泄漏给非授权的个人或实体，强调有用信息只被授权对象使用的特征。

（2）完整性：指信息在传输、交换、存储和处理过程中保持非修改、非破坏和非丢失的特性，即保持信息的原样性，使信息能正确生成、存储、传输，这是基本的安全特征。

（3）可用性：指网络信息可被授权实体正确访问，能按要求正常使用或在非正常情况下能恢复使用的特征，即在系统运行时能正确存取所需信息，当系统遭受攻击或破坏时，能迅速恢复并投入使用。可用性是衡量网络信息系统面向用户的一种安全性能。

（4）可控性：指对流通在网络系统中的信息传播及具体内容能够实现有效控制的特性，即网络系统中的任何信息要在一定传输范围和存放空间内可控。除了采用常规的传播站点和传播内容监控，典型的如密码的托管政策，当加密算法交由第三方管理时，必须严格按规定可控执行。

（5）不可否认性：指通信双方在信息交互过程中，确信参与者本身，以及参与者所提供的信息的真实同一性，即所有参与者都不可能否认或抵赖本人的真实身份，以及对所提供信息的原样性和完成的操作与承诺。

6.4.2　工业控制系统信息安全概述

1．什么是工业控制系统信息安全

工业控制系统在许多关系到国家经济命脉和国家安全的行业（如电力发输配、油气采集

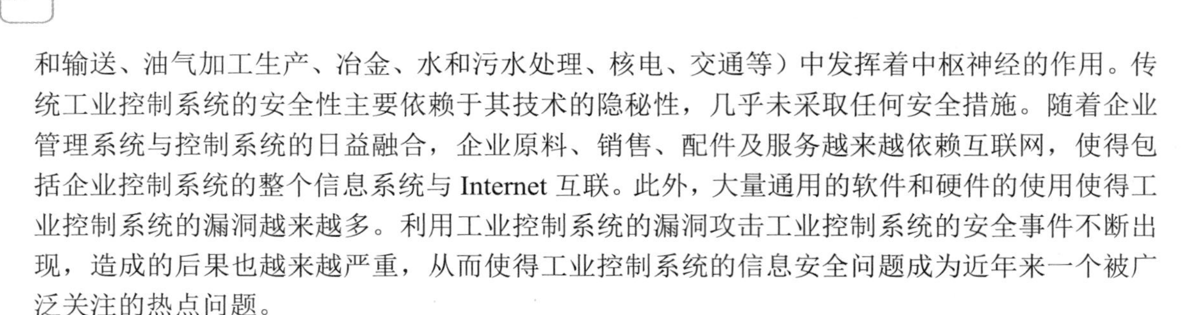

和输送、油气加工生产、冶金、水和污水处理、核电、交通等）中发挥着中枢神经的作用。传统工业控制系统的安全性主要依赖于其技术的隐秘性，几乎未采取任何安全措施。随着企业管理系统与控制系统的日益融合，企业原料、销售、配件及服务越来越依赖互联网，使得包括企业控制系统的整个信息系统与 Internet 互联。此外，大量通用的软件和硬件的使用使得工业控制系统的漏洞越来越多。利用工业控制系统的漏洞攻击工业控制系统的安全事件不断出现，造成的后果也越来越严重，从而使得工业控制系统的信息安全问题成为近年来一个被广泛关注的热点问题。

IEC62443 标准给出了对控制系统信息安全（Cyber Security）的定义：对系统采取的保护措施；建立和维护保护系统的措施所得到的系统状态；能够免于对系统资源的非授权访问，以及非授权或意外的变更、破坏或损失等；基于计算机系统的能力，能够保证非授权人员和系统无法修改软件及其数据，也无法访问系统，但允许授权人员访问系统；防止对控制系统的非法和有害入侵，以及干扰控制系统执行正确和计划的操作。

在工业领域，信息安全是物理安全、功能安全之外的第三大安全类别。功能安全和信息安全的作用就是确保工业过程的物理安全、人身安全和环境安全。其中，功能安全具有比较成熟的理论体系和实践手段。而控制系统的信息安全长期得不到重视甚至被忽视。IEC62443 标准指出，功能安全（Safety）系统主要是考虑由随机硬件故障导致的组件或系统对健康、安全和环境的影响。信息安全（Security）系统的主要原因并不是随机硬件故障等方面，其研究内容是指组织机构的专有信息安全。通俗地说，功能安全研究非人为因素（如设备失效或故障）造成的安全问题；而信息安全研究由于人为因素（如黑客攻击或内部人员因素）造成的安全问题。

控制系统信息安全有其特殊的安全要求，与传统 IT 行业的信息安全不同。目前，控制系统信息安全呈现攻击目标和入侵途径的多样化、攻击方式的专业化等趋势，在攻击后果上变得更加严重，遭受攻击的行业变得越来越多，使得安全防护相对分散、难以控制。另外，控制系统信息安全具有特殊性，在安全管理上也比较复杂，高度网络化的大型控制系统给其信息安全管理带来了挑战。

2．工业控制系统信息安全问题的由来

1）控制系统从封闭走向开放

随着工业控制系统的数字化程度不断提高，特别是大量标准的 IT 产品和技术被广泛用于工业控制系统，使得工业控制系统的开放性越来越高。例如，以往 DCS 的工程师站或操作员站都是专用的计算机设备，而现在，普遍使用 IT 系统中常用的服务器、工作站或 PC。微软的操作系统及数据库等软件成为标准配置。此外，各种 IT 系统广泛使用的通信协议在工业控制系统被广泛使用。这些都造成 IT 系统存在的漏洞被引入工业控制系统，给工业控制系统的信息安全留下了隐患。

2）控制系统与上层管理网络的联网

我国工业控制系统在 20 世纪末随着“两化融合”政策的实施而快速从封闭走向开放，从静态走向动态，从孤立系统向网络互联方向转变。控制网络与企业信息网络，甚至 Internet 已经组成一个复杂、开放的网络。这种信息融合与集成带来的经济效益非常可观，但也使得工业控制系统的信息安全问题日渐凸显。近年来提出的“工业 4.0”“工业互联网”“互联企业”

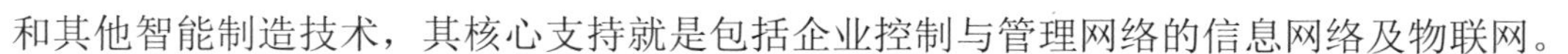

和其他智能制造技术，其核心支持就是包括企业控制与管理网络的信息网络及物联网。

3）网络威胁越来越多，攻击手段不断更新

攻击和防护是一对矛盾。正是由于存在大量的各种类型、各种来源的攻击，才导致工业控制系统的漏洞被利用，引起工业控制系统信息安全问题。此外，在网络上可以找到众多的攻击工具，使得发起网络攻击的技术门槛降低。

4）现有防护手段不足

现代工业控制系统已经广泛采用各种网络和总线技术，各种通信协议大量使用，但在设计这些通信协议时，重点关注可用性和实时性，缺乏诸如接入认证、加密等安全机制，因此，当受到网络攻击时显得十分脆弱。一些工业控制系统虽然在边界上部署了传统的防火墙产品，在工作站上也安装了杀毒软件，但是这种保护措施缺乏针对性和适应性。例如，杀毒软件通常因得不到及时更新，导致失去了对主流病毒、恶意代码的防护能力。考虑到工业生产的稳定性和连续性要求，很难像 IT 系统一样对工业控制系统频繁进行漏洞修复（安装补丁程序），导致工业控制系统的系统软件和应用软件的漏洞越积越多，大量漏洞长期存在。此外，目前采取一些物理隔离措施，也很难确保系统与外界实现真正隔离，避免系统受到外部攻击。

5）对工业控制系统信息安全重要性的认识不足

长期以来，工业界、学术界和政府都十分重视通过功能安全措施的实施来降低生产风险，确保人员、设备和环境的安全。而对于工业控制系统信息安全这一新的挑战，还缺乏足够的认识和重视，同时，在技术和管理上缺乏行之有效的应对手段。

6.4.3 工业控制系统信息安全与传统 IT 系统信息安全比较

工业控制系统信息安全属于新鲜事物，研究时间短，因此，在工业控制系统信息安全的分析、评估、测试和防护上，一个自然的想法就是借鉴传统 IT 系统信息安全的既有成果，毕竟，工业控制系统也是现代信息技术和控制技术的结合。然而，工业控制系统不是一般的信息系统，要想采用传统的 IT 系统信息安全技术，首先要分清现代工业控制系统信息安全与传统 IT 系统信息安全的异同，在此基础上，才能有针对性地利用传统 IT 系统信息安全技术来解决工业控制系统信息安全的问题。

工业控制系统信息安全与传统 IT 系统信息安全相比，主要的不同点表现在以下几个方面。

（1）信息安全属性不同。工业控制系统以“可用性”为第一安全需求，而传统 IT 系统以“机密性”为第一安全需求，如图 6.13 所示。在信息安全的 3 个属性（机密性、完整性、可用性）中，IT 系统的优先顺序是机密性、完整性、可用性，更加强调信息数据传输与存储的机密性和完整性，能够容忍一定延迟，对业务连续性的要求不高；而工业控制系统的优先顺序是可用性、完整性、机密性。工业控制系统之所以强调可用性，主要是因为工业控制系统属于实时控制系统，对信息的可用性有很高的要求，否则会影响工业控制系统的性能。早期的工业控制系统都是封闭性系统，信息安全问题不突出。此外，由于工业控制设备，特别是现场级的控制器，多是嵌入式系统，软件和硬件资源有限，无法支撑复杂的加密等信息安全应用功能。

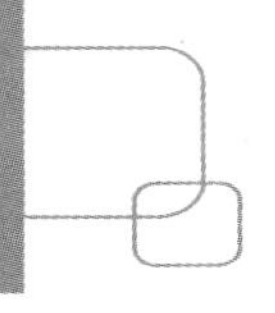

（2）系统特征不同。工业控制系统不是一般的信息系统，现代的工业控制系统广泛用于电力、石油、化工、冶金、交通控制等重要领域。工业控制系统与物理过程结合紧密，已经成为一个复杂的信息物理系统（CPS）。而传统 IT 系统与物理过程基本没有关联。因此，当工业控制系统受攻击后，可能会导致有毒原料泄露，发生环境污染或区域范围内大规模停电等影响社会环境、人民生命财产安全的恶劣后果；IT 系统遭受攻击后可能造成服务中断、重要数据泄露或被破坏。

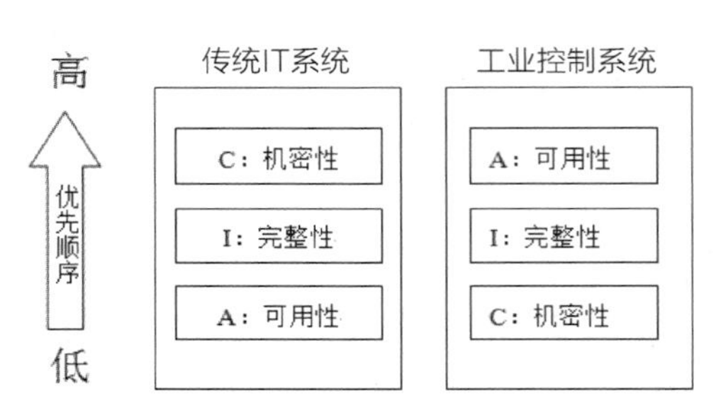

图 6.13　传统 IT 系统与工业控制系统的安全顺序要求

（3）系统用途不同。工业控制系统是工业领域的生产运行系统，而传统 IT 系统通常是信息化领域的管理运行系统。

（4）生命周期不同。工业控制系统生命周期长，通常为 10～15 年。传统 IT 系统的生命周期一般为 3～5 年。

（5）运行模式不同。对于多数工业控制系统，除了定期检修，系统必须长期连续运行，任何非正常停车都会造成一定的损失。传统 IT 系统通常与物理过程没有紧密联系，允许计划内的短时间停机、非计划的停机或系统重新启动。

（6）升级维护不同。工业控制系统不能接受频繁的升级更新操作，而传统 IT 系统通常能够接受频繁的升级更新操作。由于该原因，工业控制系统无法像传统 IT 系统一样，通过不断给系统安装补丁，不断升级反病毒软件等典型的信息安全防护技术来面对新的安全威胁，不断提高系统的信息安全水平。

（7）通信协议不同。工业控制系统基于工业控制协议（如 Modbus、DNP3、现场总线协议），而传统 IT 信息系统基于 IT 通信协议（如 HTTP、FTP、SMTP、TELNET）。虽然，现在主流工业控制系统已经广泛采用工业以太网技术，基于 IP、TCP、UDP 通信，但是，应用层协议仍然是不同的。

（8）通信网络的性能指标不同。工业控制系统对报文时延很敏感，而传统 IT 系统通常强调高吞吐量。在网络报文处理的性能指标（吞吐量、并发连接数、连接速率、时延）中，传统 IT 系统强调吞吐量、并发连接数、连接速率，对时延的要求不太高（通常为几百微秒）；工业控制系统对时延的要求高，某些应用场景要求时延在几十微秒内，对吞吐量、并发连接数、连接速率的要求往往不高。

（9）工作环境不同。工业控制系统通常工作在环境比较恶劣的现场（如高温、低温、潮湿、振动、粉尘、盐雾、电磁干扰），特别是各种现场仪表、远程终端单元等现场控制器；而传统 IT 系统通常在恒温、恒湿的机房中。基于此，一些传统 IT 系统信息安全防护产品无法直接用于工业现场，必须按照工业现场环境的要求设计专门的工业控制系统信息安全防护产品。

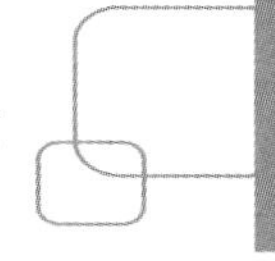

6.4.4　工业控制系统体系结构及其脆弱性分析

1．工业控制系统体系结构与安全分析

在 ISA95 的基础上，IEC 和 ISO 联合发布《IEC/ISO62264 企业控制系统集成》，工业控制系统分层的集成结构如图 6.14 所示。通常情况下，工业控制系统是该结构中的 L0～L2 层，L3～L4 层属于信息系统，L5 层主要面向企业云集成，以顺应目前企业信息系统的云化趋势。

L4 层——企业系统层。企业信息层是系统的组织管理机构，实现对企业的人、财、物的统一协调、管理和优化。在该层使用的大多是传统的 IT 技术、设备等，企业级的大量应用要求与互联网连接，虽然目前企业普遍采取了一定的边界防护措施，但是该层仍然是外部入侵进入工业控制系统的重要通道。

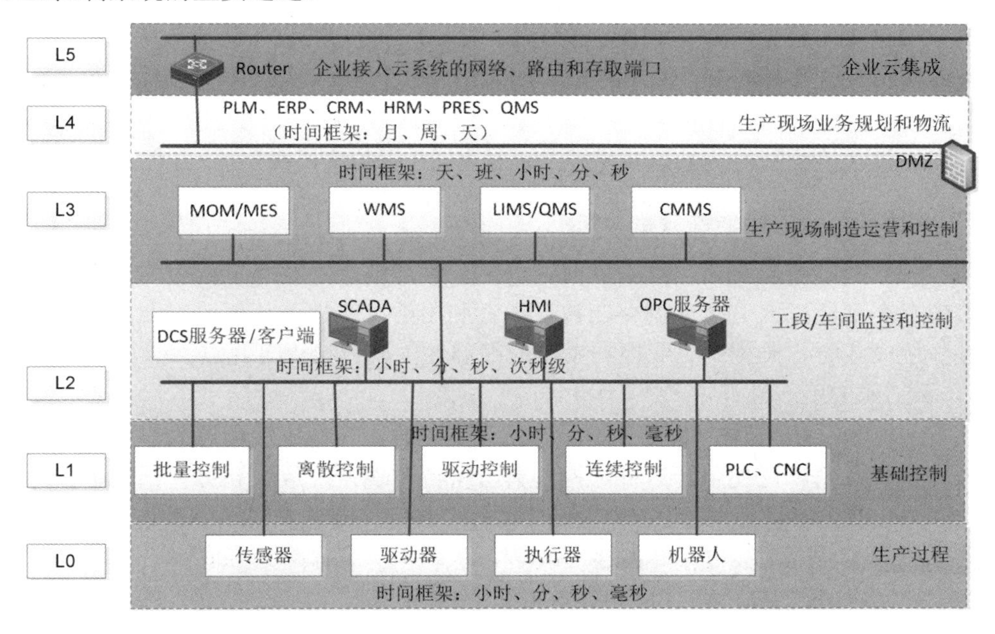

图 6.14　工业控制系统分层的集成结构

L3 层——运行管理层。运行管理层的主要功能是对生产中的工作流程进行管理与控制，它包括系统运行、系统管理、质量管理、生产调度及可靠性保障等。运行管理层处理控制层与企业生产运营管理层之间，通常在两者之间进行边界隔离。在 L3 层和 L4 层之间实施的最佳安全控制是位于 DMZ 中的防火墙，防火墙规则仅允许特定的三级设备与四级设备通信。在紧急情况下，可以切断公司网络和下层之间的连接。

L2 层——监测控制层。监测控制层的主要功能是实现对生产过程的中央监控和管理功能。监测控制层属于 L1 层的集中管理层，与 L1 层关系紧密，两者之间通常不进行隔离。

L1 层——本地或基本控制层。本地或基本控制层的主要功能是对物理过程进行操作和控制，主控设备是各种类型的控制器。配置安全仪表的系统还可以实现一定的功能安全保护功能。从工业控制系统的功能看，该层是整个工业控制系统中最为关键的一层。该层的工作状态直接影响过程层的运行状态。从信息安全的角度来看，即使上层受到攻击而瘫痪，如果该

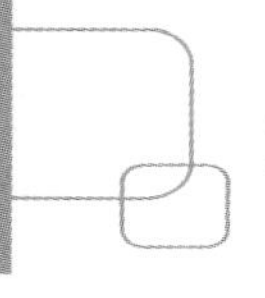

层能免于各种形式的攻击，那么工业控制系统的基本功能仍然正常，受其控制的 L0 层处于受控状态。因此，该层是工业控制系统信息安全检测与防护的重点。

L0 层——过程层。过程层指的是现场的各类传感器和执行器、物理设备和生产工艺过程。这些设备是企业的重要资产，如电力行业的发电、输电、配电设备；化工生产中的反应器、精馏塔、压缩机等；轨道交通中的机车；冶金生产中的高炉等。过程层设备的运行状态直接关系相关物理过程的安全，因此，必须确保这些设备处于安全状态。然而，由于这些设备本身采取的安全保护措施十分有限，其安全性在很大程度上取决于对这些设备实现控制与保护的 L1 层。除了采用物理手段破坏 L0 层，通过攻击工业控制系统来间接破坏 L0 层是工业控制系统信息安全风险的主要来源。L0 层与 L1 层、L2 层、L3 层、L4 层信息空间的融合产生了工业控制系统信息安全的迫切需求。实际上，对工业控制系统实施攻击的目的并非控制器、服务器或执行器等测控装置，而是经由这些装置，对 L0 层的物理设备造成破坏，从而造成最大程度的破坏作用，达到其攻击目的。例如，伊朗核电站遭受“震网”病毒攻击，最终导致进行铀浓缩的离心机损坏，而这种损坏是经由上层入侵到达 L1 层的，再通过操纵 L1 层的控制器来改变对离心机实施控制的变频器频率，从而破坏 L0 层的离心机。

2. 工业控制系统的脆弱性分析

工业控制系统之所以存在信息安全问题，除了管理漏洞，实质上还因为工业控制系统存在脆弱性或存在漏洞，而这些漏洞存在被攻击者利用的可能性，从而对工业控制系统及其被控物理过程造成威胁。典型的工业控制系统的脆弱性主要包括以下几点。

1）体系结构的脆弱性

现代工业控制系统的结构不断演变，已经逐步成熟，其稳定性和可靠性已经得到验证，从而被推广，并得到广泛使用。这种结构的典型特征表现在开放性和分层结构上。开放性导致 IT 系统的漏洞被引入，而采用分层结构时忽略了对层之间信息流动的监控和保护，从而造成可以通过上层系统逐步入侵下层系统。

2）安全策略的脆弱性

工业控制系统缺乏明确的安全认证，缺乏系统的安全策略。由于工业生产的特殊性，工业控制系统中很少使用或不使用补丁策略，较少对杀毒软件进行周期性更新。即使使用补丁策略，也只是针对上位机系统。控制器具有封闭特性，用户很难对控制器固件进行升级。有些厂家甚至根本不支持对控制器固件进行升级。

3）软件的脆弱性

工业控制系统功能的实现越来越依赖系统软件和应用软件。对嵌入式软件测试很困难，各种软件漏洞的存在留下了安全隐患。此外，由于工业控制系统各种操作系统存在漏洞且较难升级，因此造成了安全隐患。目前典型的软件漏洞有缓冲区溢出、SOL 注入、格式化字符串等。

4）通信协议的脆弱性

大部分广泛使用的工业控制系统通信协议（如 Modbus、DNP、IEC60870-5-101）是在很多年前设计的，基于串行连接进行网络访问。当以太网连接成为广泛使用的本地网络的物理连接层时，工业控制系统可以基于 IP 实现。工业控制系统协议缺乏保密和验证机制，特别缺

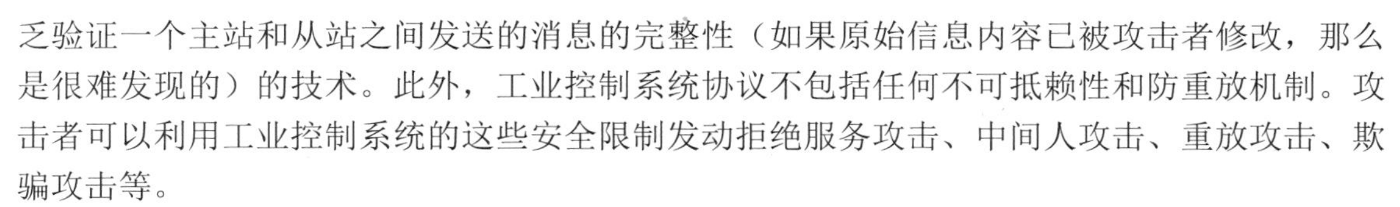

乏验证一个主站和从站之间发送的消息的完整性（如果原始信息内容已被攻击者修改，那么是很难发现的）的技术。此外，工业控制系统协议不包括任何不可抵赖性和防重放机制。攻击者可以利用工业控制系统的这些安全限制发动拒绝服务攻击、中间人攻击、重放攻击、欺骗攻击等。

5）策略和过程的脆弱性

在使用过程中的一些不完整、不正确的信息安全策略，不适当的配置或缺少特别适用的安全策略等，通常会导致工业控制系统的脆弱性。缺乏信息安全机制实施方面的管理机制、审计机制，以及不间断操作或灾难恢复机制。对硬件、软件、整机和技术规范的修改过程缺乏严格控制与管理，可能导致工业控制系统受到不恰当、不正确的配置修改。

6）工业控制系统网络的脆弱性

工业控制系统网络和与之相连的其他网络的缺陷、错误配置或不完善的网络管理过程可能会导致工业控制系统网络的脆弱性。

3. 针对工业控制系统典型的攻击手段

针对工业控制系统的攻击主要有以下几种。

（1）拒绝服务攻击。例如，模拟主站、向 RTU 发送无意义的信息、消耗控制网络的处理器资源和带宽资源。

（2）中间人攻击。缺乏完整性检查的漏洞使攻击者可以访问生产网络，修改合法消息或制造假消息，并将它们发送到主站。

（3）重放攻击。安全机制的缺乏使攻击者重复发送合法的工业控制系统消息，并将它们发送到从站设备，从而造成设备损毁、过程关闭等破坏。

（4）欺骗攻击。向控制中心操作人员发送虚假的、具有欺骗性的信息，导致操作中心不能正确了解生产控制现场的实际工况，诱使其执行错误操作。

（5）修改控制系统装置或设备的软件，导致发生不可预见的后果。

以一个大型 SCADA 系统为例来分析各种攻击手段，如图 6.15 所示，这里不考虑来自公司层网络的攻击，因为管理层网络/系统只是可能实施攻击的一个通道，攻击最终还是要针对工业控制系统。攻击 A0 是针对现场物理设备实施的攻击，此类攻击需要攻击者能够接触到设备才能实施破坏，难度较大，因此攻击者更倾向于实施 A1～A6 这几种攻击（这里不考虑此类物理攻击）。攻击 A1 和 A2 将对现场总线产生影响，攻击 A1 可能造成现场总线设备通信异常，或者对传感器、执行器实施欺骗攻击，将造成现场回路的控制失效，造成严重后果。A2 也将形成类似的拒绝服务攻击或欺骗攻击，造成 PLC 与现场总线的通信障碍。A3 对控制网络进行的攻击将导致 PLC 之间发生通信中断，使得 PLC 之间的数据通信发生故障，可能引起现场控制的异常。A4 和 A5 是对状态监控系统的攻击，通过篡改状态观测数据来隐藏异常，或通过修改设定值、控制器参数等方法对工业控制系统造成破坏。最后，攻击 A6 对上位机和监控网络进行攻击，造成通信中断或上位机故障，使上位机无法对生产过程进行监控、管理和操作。

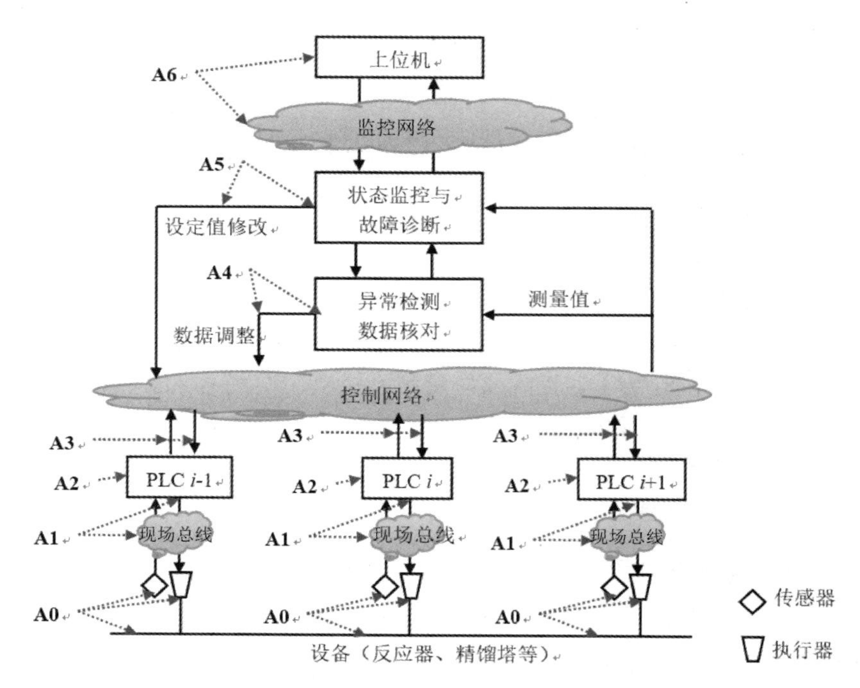

图 6.15　针对 SCADA 系统的网络攻击示意图

6.4.5　工业控制系统的信息安全标准

国际电工委员会（IEC）和国际自动化协会 ISA99 于 2007 年共同制定了《工业通信网络——网络与系统安全》系列标准，即 IEC62443 系列标准，该标准的主要内容包括工业自动化控制系统（IACS）的安全保障措施、安全规程的建立和运行，以及对 IACS 的安全技术要求，明确了安全技术及应用方法。2011 年，该标准的名称改为“工业过程测量、控制和自动化网络与系统信息安全”。IEC62443 系列标准从使用对象的角度分为 4 个系列共 12 个二级标准。IEC62443 系列标准结构示意图如图 6.16 所示，4 个系列分别是通用系列、用户业主系列、系统集成商系列和部件制造商系列。

第 1 个系列是通用系列，其针对的是安全的通用方面，它是 IEC62443 系列标准的基础，该系列对安全的术语、模型等通用方面进行了概述性描述。

- IEC62443-1-1 术语、概念和模型：为其余各部分标准定义了基本的概念和模型，从而更好地理解工业控制系统的信息安全。
- IEC62443-1-2 术语和缩略语：包含了该系列标准中用到的全部术语和缩略语列表。
- IEC62443-1-3 系统信息安全符合性度量：包含建立定量系统信息安全符合性度量体系所必要的要求，提供系统目标、系统设计和最终达到的信息安全保障等级。

第 2 个系列的使用对象是运用工业控制系统的组织，其主要针对组织信息安全程序建立，包括组织在建立程序时应当考虑的信息安全系统管理、人员和程序设计等方面的要求。

- IEC62443-2-1 建立 ICS 信息安全程序术证、概念和模型：描述了建立网络信息安全管理系统所需的元素和工作流程，以及针对如何实现各元素要求的指南。
- IEC62443-2-2 运行 ICS 信息安全程序术语和缩略语：描述了在项目已设计完成并实施

后如何运行信息安全程序，包括对量测项目有效性的度量体系的定义和应用。

- IEC62443-2-3 ICS 环境中的补丁更新管理。
- IEC62443-2-4 对 ICS 制造商信息安全政策与实践的认证。

第 3 个系列的使用对象是工业控制系统软/硬件集成商，其主要针对系统集成商保护系统所需的技术性信息安全要求，包括整体 ICS 分区域和分通道的方法，以及对 ICS 的信息安全保障等级进行定义并提出要求。

- IEC62443-3-1 ICS 信息安全技术：提供了对当前不同网络信息安全工具的评估、缓解措施，可有效地应用于基于现代电子的控制系统，以及用来调节和监控众多产业和关键基础设施的技术。
- IEC62443-3-2 区域和通道的信息安全保障等级：描述了定义所考虑系统的区域和通道的要求，用于工业自动化和控制系统的目标信息安全保障等级要求，并对验证这些要求提供信息性的导则。
- IEC62443-3-3 系统信息安全要求和信息安全保障等级：描述了与 IEC62443-1-1 定义的 7 项基本要求相关的系统信息安全要求，及如何分配系统信息安全保障等级。

第 4 个系列的使用对象是工业控制系统的部件制造商。其主要针对部件制造商提供的设备部件是否从技术特点上满足信息安全要求，设备部件包括硬件、软件和信息集成等部分。

- IEC62443-4-1 产品开发要求：定义了产品开发的特定信息安全要求。
- IEC62443-4-2 对 ICS 产品的信息安全技术要求：描述了对嵌入式设备、主机设备、网络设备等产品的技术要求。

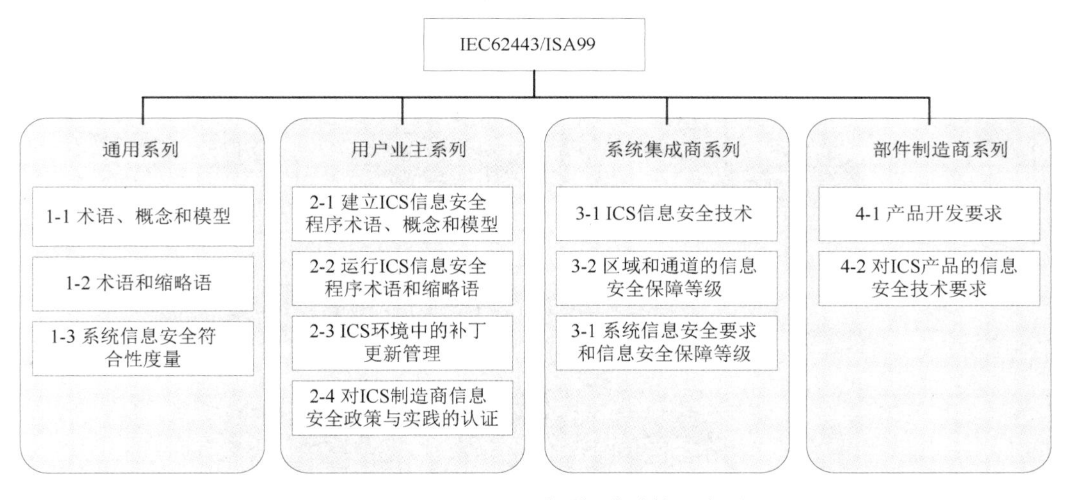

图 6.16　IEC62443 系列标准结构示意图

6.5　工业控制系统安全防护

6.5.1　工业控制系统典型结构及其安全防护技术

1. 工业控制系统典型结构特征及安全现状分析

要对工业控制系统进行安全防护，首先要了解目前工业控制系统的典型结构。在“两化融合”的背景下，工业控制系统的结构从底层的基础控制扩展到包括工厂信息系统的复杂结构，如图 6.17 所示。从图 6.17 中可以看出，目前典型工业控制系统的应用特征与信息安全措施如下。

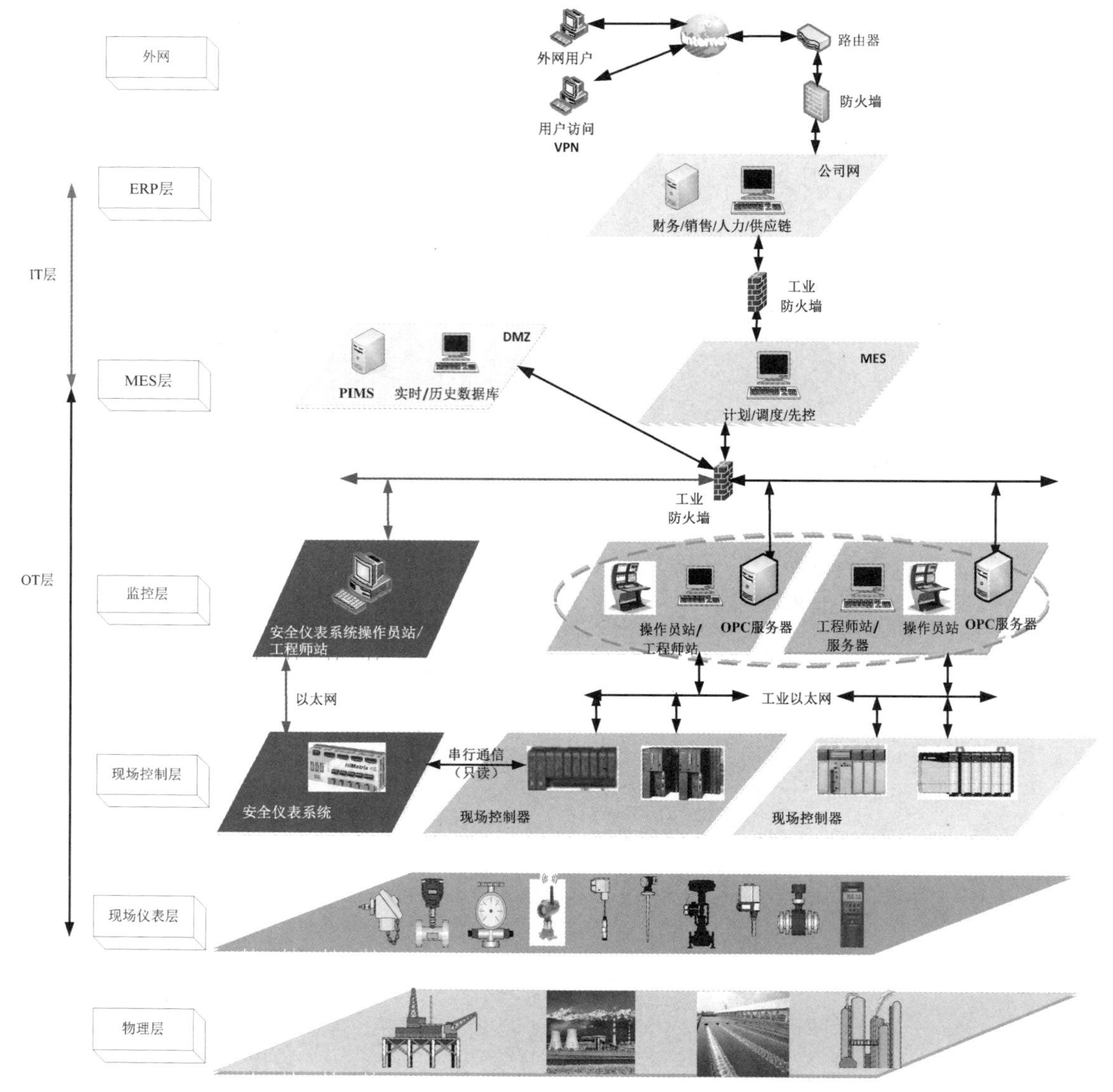

图 6.17　典型工业控制系统的应用结构

（1）系统通常称为 BPCS-MES-ERP 三层结构。另外，工业界会把 MES 层和 BPCS 层称作 OT 层，将 ERP 等工厂信息系统称为 IT 层。可以看出，这是一种典型的分层结构。

（2）从信息的流动来看，在纵向层次上，管理、监控、调度、优化、控制等信息从上层往下层传递，工厂的生产工艺参数、设备状态、产量、质量等数据从下往上传递。每个层面也存在横向的信息交换和传递。例如，安全仪表控制器会与 DCS 通信，把安全仪表系统信息通过 DCS 传送到操作员站。

（3）图 6.17 中的系统结构只是一般化的结构，具体配置随现场需求的不同而有变化。例如，有些企业不配置独立的安全仪表系统操作员站/工程师站，因此，安全仪表系统不会通过以太网连接到常规控制系统的控制层。

（4）在 MES 功能运用较少的场合，没有独立的 MES 层，这部分功能可以通过在监控层增加专门的应用服务器来实现。

（5）在数据汇总上，目前普遍的做法是通过 OPC 服务器（有些系统是工程师站兼作 OPC 服务器）来实现的。由于 OPC 服务器需要跨越不同网络，因此采用双网卡接口计算机。典型的工业数据库（如 PHD、IP.21 等）都支持 OPC 标准，因此，可以通过 OPC 服务器把监控层的数据汇总到企业的实时/历史数据库中，这样 MES 层或 ERP 层的应用就可以读/写现场的各类数据了。

（6）部分应用场合把工程师站、OPC 服务器及先进控制站与操作员站分区防护。此外，根据 IP 地址进行 VLAN 划分配置，对连接各个端口的 OPC 服务器进行网络隔离，相互之间不允许通信访问。有些应用场合还对 DCS 进行 VLAN 划分配置、访问控制列表配置，通过访问控制策略来限定设备访问、限制网络流量、指定转发送端口数据包等措施来保障网络性能。

（7）目前工业控制系统在信息安全防护上，多数能配置工业防火墙，以实现边界隔离。部分应用还配置网络安全监控、主机监控及实时在线备份等安全手段。

（8）目前多数工业控制系统与互联网的连接还是会受到限制。远程客户要访问工厂信息系统，大多是通过 VPN 实现的。

（9）工业企业重视对工业控制系统的物理防护。例如，操作员站主机机柜上锁或 USB 口屏蔽，防止操作工任意使用 U 盘。

（10）在流程工业企业一般采用无线仪表进行参数监视。流程工业典型无线 HART 仪表通信协议都具有加密功能，以确保数据安全；在 SCADA 系统的监控层，一般会采用无线通信实现现场控制站点与监控中心间的通信，在一些重要运用场合会进行加密。

（11）在非军事区或隔离区（Demilitarized Zone，DMZ），放置 PIMS 服务器，用于企业管理人员通过外网来访问工厂数据。由于实时/历史数据库访问工厂控制层的 OPC 服务器，向企业 MES 及管理层提供数据，因此该服务器也被放入该区域。通过这种方式来确保控制层的关键控制设备或监控设备不直接与外部网络或上层通信。

2. 工业控制系统的信息安全防护技术

根据对工业控制系统的结构、特点及其安全现状分析，结合目前的工业控制系统信息安全要求及现有的一些防护技术，并借鉴传统的信息安全防护技术，可以对工业控制系统实施综合防护策略，从而实现对工业控制系统综合、全面的防护。

1）建立边界隔离

深度防御关注于将设备、端口、服务甚至是用户隔离至功能组中，通过隔离将每个功能组的攻击平面最小化，从而可以使用各类安全产品和技术对每个功能组进行保护，使其成为安全区域。由于区域提供的服务将阻止对网络内部设备进行扫描和枚举的任意企图，因此安全区域是难以渗透的。

理想情况下，每个区域都应尽可能获得最高程度的保护，然而，实际上受成本等因素的制约，有时这一目标较难实现。例如，在图 6.17 所示的系统中，在监控层，有操作员站、工程师站、OPC 服务器等。通过对这些设备进行分析，可以知道，工程师站是要承担一定开发

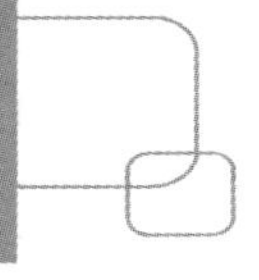

任务的，存在使用 U 盘等可能。而 OPC 服务器是要跨边界与 DMZ 区的数据库进行通信的。显然，与操作员站相比，这 2 个设备存在更高的安全风险，因此，在某些应用中，操作员站是一个安全区，而工程师站、OPC 服务器等也独立分区，并且对 OPC 服务器加强防护，管控 OPC 服务器及授权客户端之间的数据通信，动态跟踪 OPC 通信所需端口。

在实际应用中，有必要优先保证那些风险最高的区域的安全性和可靠性，从而在最需要的地方建立最强的边界防御。边界防御设备包括防火墙、网络入侵检测、统一威胁管理（Unified Threat Management，UTM）、异常检测及类似的安全产品，这些安全产品都可以且应当用于隔离区域内已被定义的成员。

例如，在 MES 层与现场控制层之间采用工业防火墙进行有效隔离，只允许必要的数据包通过，可以防止病毒在两层网络之间相互感染。而工程师站是控制系统风险集中点，采用防火墙可以进行隔离，避免风险扩散。

在 ERP 层与 MES 层之间采用 UTM 技术进行防护。UTM 技术整合了多种 IT 系统的信息安全技术，在最大限度上阻挡了来自信息网络的安全威胁。UTM 设备的基本功能包括防火墙、网络入侵检测、防病毒等。防火墙是过程控制系统信息安全防护的重要组成部分，它构建了可信网络和外部网络的安全屏障。网络入侵检测是对非法入侵行为的一种检测手段，它通过收集和分析网络行为、系统日志、网络流量等信息来检测是否存在违反安全策略的行为和被攻击的对象。在 UTM 中还包括在安全网关处对病毒进行过滤和查杀的功能，以有效保护 ERP 层和 MES 层之间的通信。

在整个工业控制系统中，现场控制层一旦遭到破坏，将导致严重的后果及不可估量的损失，所以现场控制层需要较高的安全防护措施。采取异常检测的方法对现场总线进行状态检测，以保证现场设备安全、稳定运行。当出现可疑的数据或违反已定义的策略时，异常检测系统将通知管理员。简单地说，控制系统中的可操作行为应该是可预知的，异常检测系统会将收集到的信息与系统内部可预测的正常行为进行比对，当出现一些非常规的情况时，异常检测就会报警。

需要说明的是，相比传统的防火墙，工业防火墙过滤的字段除了 IP 地址、端口及传输层协议，还能进一步进行工业控制协议的深度解析，如对于 Modbus 通信，还可以过滤功能码、线圈、寄存器及 Modbus 读/写值域，并能进一步对 Modbus 读/写进行深度监控。对于工业控制系统常用的 OPC 通信，工业防火墙还能监控其动态端口。因此，对于工业控制系统的安全防护，需要配置专用的防火墙。

2）主机防御

与具有明确分解且可被监控的区域边界不同，区域内部由特定的设备及这些设备之间各种各样的网络通信组成。区域内部的安全主要是通过基于主机的安全来完成的，它可以控制最终用户对设备的身份认证、该设备能访问哪些文件及可以通过它执行什么应用程序。主机安全领域包括 3 类：访问控制，包括用户身份认证和服务的可用性；基于主机的网络安全，包括主机防火墙和主机入侵检测系统；反恶意软件系统，如反病毒和应用程序、脚本程序白名单。

身份认证主要是指在计算机网络中对操作者的身份进行确认，是保护网络资源的第一道关口，保证操作者的数字身份与物理身份的一致性，在网络安全领域有着举足轻重的作用。而访问控制主要是按照用户身份及所属类别来限制用户对计算机资源的使用和访问权限。通常情况下，系统管理员会制定不同的访问控制策略来限制用户对网络资源的访问权限。访问控制可以保障合法用户访问和使用授权内的网络资源，同时防止非法主体或非法用户对网络资源进行非授权的访问。通常将这两种方法相结合来阻止黑客伪装成操作人员来对系统进行攻击。

主机作为整个控制系统中的一个风险集中点，需要多重防护，除了身份认证和访问控制，还需要使用防火墙和入侵检测系统来确保其安全性。主机防火墙的工作原理与网络防火墙类似，需要进行主机和连接的网络之间的初步过滤。主机防火墙根据防火墙具体配置来允许或拒绝入站流量。通常情况下，主机防火墙是会话感知防火墙，允许控制不同的入站和出站应用程序会话。主机入侵检测只工作在一个特定的资产及监管该资产内部的系统上。通常情况下，主机入侵检测的设备可以监控系统设置、配置文件、应用程序及敏感文件。

工业控制系统的应用程序相对来说数量少且相对固定，因此，白名单技术是较好的主机防御方式。应用程序白名单提供了和传统入侵进程、反病毒、黑名单技术不同的方法来保护主机安全。黑名单解决方案对监控对象与已知的非法对象清单进行比较，由于不断发现新的威胁，因此必须不断更新黑名单，存在没有办法检测或阻止的攻击，如零日漏洞和已知的没有可用标志的攻击。相比之下，白名单的解决方案是创建一个列表，列表中的所有项都是合法的，并利用了很简单的逻辑，即如果不在白名单上，就阻止它。

3）总线层监控

工业控制系统大量采用各类现场总线。所谓总线层监控，是指在工业控制系统的总线层设置信息安全监控主机，对总线信息进行监控，是安全防护的最后一道屏障。考虑到工业控制系统网络的分层结构，现场总线层是与关键检测和执行设备最接近的设备，对于工业控制系统的攻击，特别是要实现对物理过程与设备的攻击与破坏，其攻击信息在现场总线网络上必然有所体现。“震网”攻击最终在 Profibus-DP 总线上也有所体现，如果对 Profibus-DP 总线进行监控，特别是监视变频器频率变化的参数，就能发现控制离心机的参数异常，从而减小攻击造成的损失。总线层监控包括对总线流量、总线主/从节点信息、总线数据包分析、总线关键参数等的异常检测。当然，由于总线协议种类繁多，还存私有协议，因此实现总线层监控有一定难度，目前这方面的应用还较少。

4）建立安全管理平台

安全管理平台可以将分散于各个层面的安全功能集中，对工业控制网络进行实时监控，对报警及日志进行统一存储，便于问题追溯及分析，及时发现威胁并迅速解决。其主要功能包括事件采集、关联分析、策略管理、风险控制、风险预警、系统管理等。

事件采集功能可以对过程控制系统各类安全设备（如入侵检测系统、主机防御、防病毒网关、终端安全管理、防火墙、Web 页面防护系统、身份认证系统、漏洞扫描系统等）的信息进行采集，实现统一存储管理。在全面采集安全事件的基础上，对事件进行选择性过滤或分类，将所有安全设备信息统一到一个平台上。通过关联分析算法，对安全事件进行深度分析。集中部署各部件的安全防护策略，简化对安全部件的管理，确保安全策略的统一。安全管理平台还可以提供基于资产 CIA（保密、完整、可用）属性、实时威胁、脆弱性的风险系数算法。结合资产、安全域及信息系统管理，得出资产、安全域及信息系统的风险情况和趋势图，并建立向下挖掘的风险管理模型，实时定位高风险事件。可以根据漏洞信息，计算风险和调查安全事件原因，并对关键资产、安全域及信息系统进行脆弱性分析。风险预警功能通

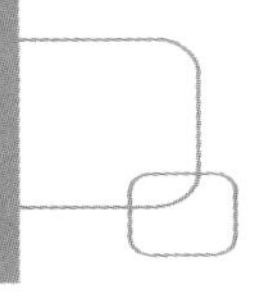

过设置告警规则，可以对匹配的事件、日志进行告警响应，预警方式包括邮件、短信、提示音、屏幕闪烁等。安全管理平台还能提供对平台自身各模块的健康检查，包括对各模块的运行状态和系统自身数据库情况的检查，提供权限分级的用户管理。

3. NIST《工业控制系统安全指南》中的信息安全防护体系

2014 年，美国国家标准技术研究院（NIST）在其《工业控制系统安全指南》中提出了基于“识别—保护—检测—响应—恢复”的工业信息物理系统信息安全防护体系。该体系可以分为两个部分，识别和保护主要针对系统的设计阶段或离线状态，属于静态防护方法，检测、响应及恢复主要针对系统的在线运行阶段，属于动态信息安全防护。

“识别—保护—检测—响应—恢复”这 5 个环节的具体内容和含义如下。

（1）识别：管理系统、资产、数据、运营的安全风险，具体包括资产管理、业务环境、安全制度、风险评估和风险管理策略。识别环节是整个信息安全防护框架的基础，负责帮助安全维护人员理解系统的业务运行环境、支撑关键系统功能的资源、系统面临的各种风险及不同风险所需要的防护投入成本。

（2）保护：部署合适的安全防护手段以确保系统正常运行，具体包括访问控制、意识提高与管理培训、数据安全、信息保护流程、运维及其他安全防护技术。保护环节提供安全防护能力，以限制网络安全事故对系统造成的损失。

（3）检测：部署系统监控服务以检测网络攻击，具体包括异常与安全事故定义、持续安全监控、入侵检测。检测环节有助于及时发现系统中存在的网络攻击。

（4）响应：针对发生的网络攻击，制定安全防护策略并执行安全防护任务，具体包括响应策略规划、交流、分析、执行安全防护策略、增强系统安全性。响应环节负责阻止攻击蔓延或屏蔽攻击的影响。

（5）恢复：制定并实施安全运维活动，以保证系统弹性，并恢复因网络攻击造成的功能故障的设备或服务，具体包括恢复策略规划、系统加固与改进、交流等。恢复环节负责及时将系统恢复到正常运行状态。

6.5.2 主要自动化公司的信息安全解决方案

1. 施耐德电气安全一体化解决方案

施耐德电气是自动化领域著名的跨国公司，经过不断的收购扩张，其产品跨越了流程自动化、制造业自动化和电力自动化等行业领域。其主要产品包括 PLC、PAC、Foxboro 集散控制系统、Triconex 安全系统、InTouch 组态软件和实时/历史数据库。为了提高工业控制系统信息安全水平，施耐德提出了其“自下而上”的三级防护体系，其中，设备级防护是核心，如图 6.18 所示。

（1）一级：设备级解决方案，其目的是提升单体设备的信息安全能力。这些设备包括 DCS 硬件、SIS 硬件、PLC 硬件、RTU 硬件、以太网交换机、工程师站、操作员站、SCADA 软件包、操作系统、现场仪表、执行器等。

例如，对于 PAC 控制设备，其采取了如下的安全加固措施以提升其安全性能，使产品符合 IEC62443 / ISA99 标准，并通过了 Achilles Level 2 认证。

- 安全可靠的先进设计。
- 冗余控制器、网络。
- 先进的处理器与原生的安全 PAC 特性。
- 固件、软件和用户数据的全方位保护。
- 控制器硬件和编程软件的全面安全策略。

（2）二级：系统级解决方案，即在控制系统结构设计上增强控制系统的信息安全功能，并采取一系列安全防护策略，包括安全计划、网络分隔、边界防护、网段分离、安全设置、主动防御、被动防御等。具体措施如下。

① 边界防护：包括采取自学习工业协议分析和入侵检测，设置分层的防火墙和缓冲区，进行子网划分和横向隔离。

② 安全域服务器：安装防工业病毒系统并采取集中式安全策略控制。

③ 监控预警：包括网络和设备监控预警，以及安全和设备管理。

④ 故障恢复：包括批量快速备份还原系统。

⑤ 安全更新：提供便捷的安全补丁和病毒库更新功能。

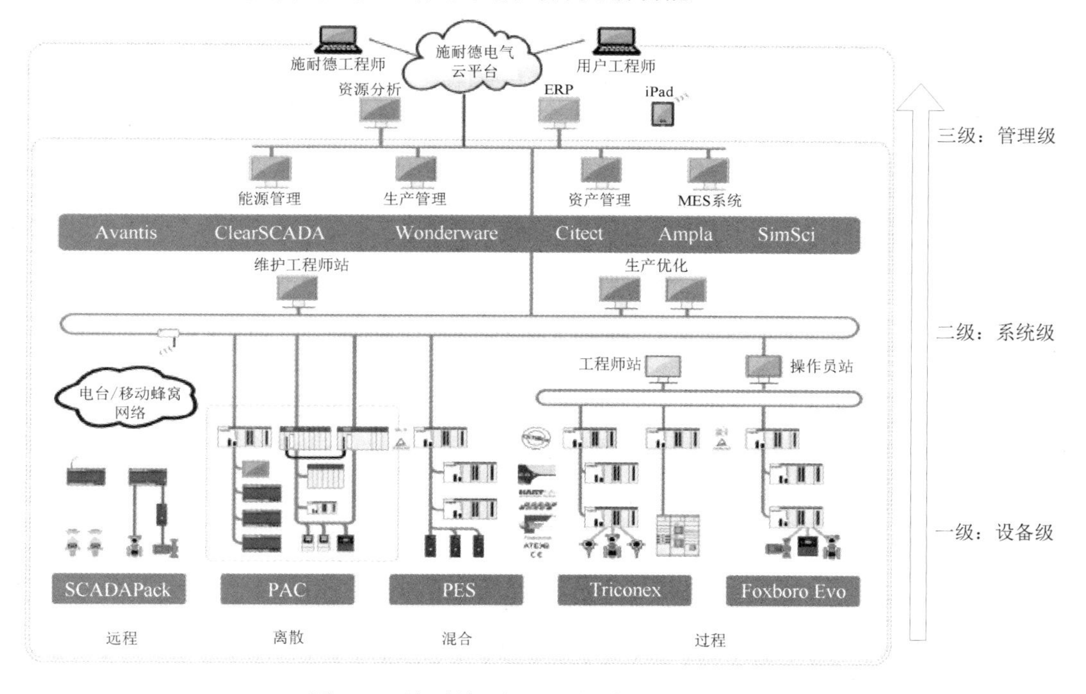

图 6.18　施耐德三纵防护体系安全解决方案

（3）三级：管理级解决方案。

① 监控解决方案。

- 完善管理制度。
- 建立完善的入侵检测/入侵防护体系。
- 建立完善的资产管理系统。
- 建立和完善监控和日志体系。
- 安全策略管理和执行功能。

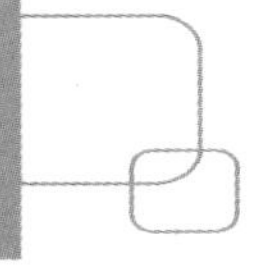

② 防护解决方案。

- 文件完整性。
- 建立完善的数据备份和灾难恢复方案。
- 完善软件更新体系。
- 执行管理主机的应用策略。
- 应用白名单。

2. 霍尼韦尔工业控制系统信息安全解决方案

霍尼韦尔工业控制系统信息安全解决方案如图 6.19 所示，主要包括以下 4 个部分。

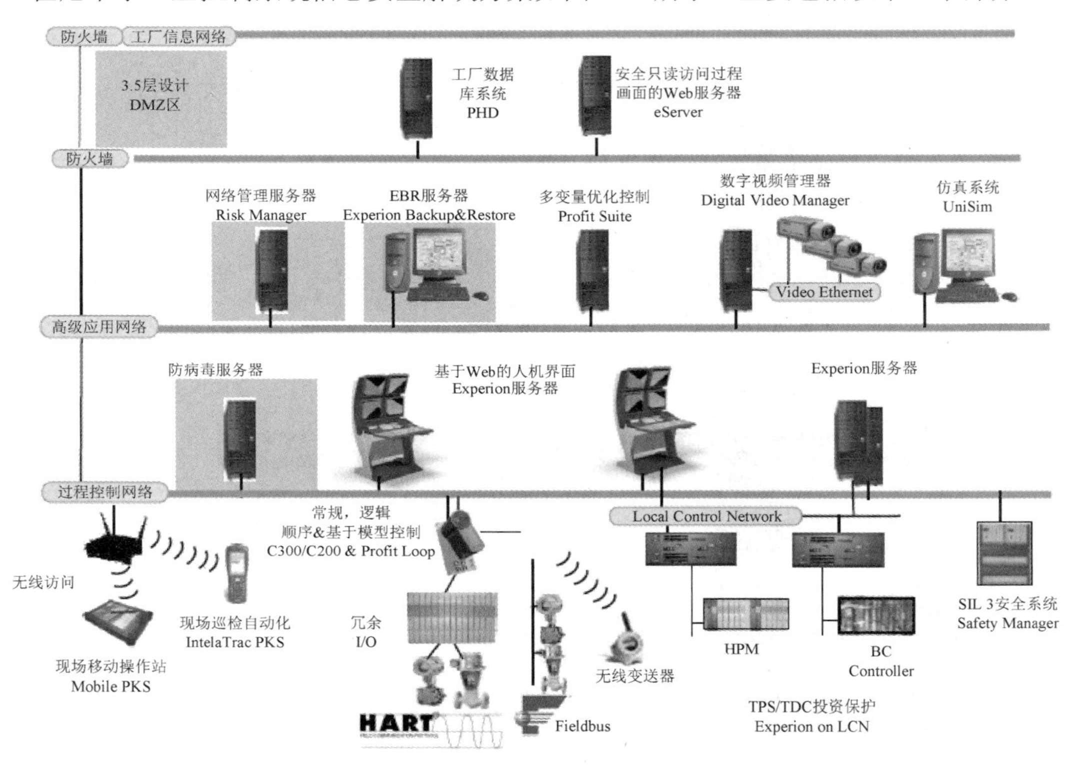

图 6.19　霍尼韦尔工业控制系统信息安全解决方案

1）病毒防护与补丁管理

在由 Microsoft 系列操作系统构建的系统中，病毒防范措施是基本的系统安全措施，病毒感染与爆发是造成系统功能异常或瘫痪的重要意外原因。这里的病毒指的是广义的概念，包括计算机病毒、木马程序、蠕虫病毒、恶意软件等。霍尼韦尔的病毒防护与补丁管理主要实现以下功能。

（1）部署防病毒基础结构，包括参照与 DCS 完全兼容的标准部署防病毒管理服务器和安装防病毒客户端软件。

（2）定期提供经过兼容性、稳定性测试的防病毒软件病毒库以更新防病毒软件；提供防病毒系统上门巡检服务；提供合同期内防病毒系统软件升级服务（如防病毒服务器软件、防病毒客户端软件、防病毒软件杀毒引擎文件等）。

（3）提供病毒事件紧急服务，在发现计算机病毒感染或爆发时由专门人员上门协助客户处理。

（4）操作系统与 Experion PKS 系统的补丁管理。通过该管理功能可减少系统漏洞。

2）网络评估、优化与隐患治理

网络评估、优化与隐患治理的目的：通过对系统的安全控制运作与管理进行分析，对系统的安全设计进行评估，对系统的物理安全进行评估，并对系统的缺陷进行评估，以确认系统是否符合安全标准，并找出系统的安全缺陷，发现隐藏的漏洞。在此基础上，可利用如下技术与手段来保护系统安全。

（1）网络安全审计系统（ Network security Audit System）。

网络安全审计系统对网络和业务系统操作行为进行跟踪和审计，使得所有网络和系统操作行为可追溯并有据可查。

（2）漏洞检测扫描系统（Vulnerability Scan System）。

漏洞检测扫描系统对网络主机或网络设备进行检测扫描，以发现信息安全漏洞。

（3）终端保护系统（Terminal Management System）。

终端保护系统整合所有对终端主机或终端网络设备的集中管理功能。整合移动介质访问授权管理、USB Key 硬件身份认证、单点登录等功能。

（4）入侵检测与入侵防范系统（IDS and IPS）。

入侵检测与入侵防范系统对网络入侵行为进行检测和防护，保证业务系统的安全。

霍尼韦尔的 Risk Manager 就是实现上述功能的产品。

3）实时数据备份和灾难恢复

虽然各种信息安全防护措施能明显提高工业控制系统的安全防护水平，但是导致系统崩溃、数据损失等意外仍然存在，在这种情况下，进行实时数据备份和灾难恢复有助于减小损失、快速恢复系统工作。霍尼韦尔的 Experion Backup and Restore（EBR）就是有效的实时数据备份与灾难恢复工具，其主要功能如下。

（1）EBR 系统可以对 Experion PKS 系统提供实时、在线、连续的数据备份，不仅可以备份 DCS 的数据，如历史数据、数据库数据等，还可以备份操作系统甚至整个分区或磁盘的数据。

（2）EBR 系统可以提供完备、快速的数据恢复方案，通常情况下，备份的数据采用专门的数据存储服务器进行集中存储，当灾难或故障来临时，只要存储设备的数据还在，就可以利用这些数据进行系统恢复和重建。由于 EBR 系统连续、自动的备份能力，通过 EBR 系统恢复的数据可以是几天之内的数据，甚至是几个小时之前的数据。

（3）EBR 系统特有的统一数据恢复功能，甚至能将系统恢复到一台硬件型号与故障主机有差异的系统主机上。对于同型号的主机的系统恢复，操作简单直观，可由客户自己的维护人员完成。

4）DMZ 的隔离与防护功能

通过设置 DMZ，可以实现控制系统核心层与外网及管理层的隔离，提高安全防护水平。

3．西门子工业控制系统信息安全解决方案

1）工业控制系统信息安全总体解决方案

西门子倡导自动化应用中的全面安全理念，把工业控制系统信息安全看作“数字化企业”

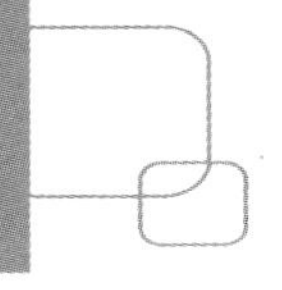

（西门子实现工业 4.0 的必经之路）的关键要素，并提出工业控制系统信息安全解决方案。西门子依托 IEC62443 工业控制系统信息安全标准，以工厂安全、网络安全和系统完整性为基础，提出了纵深防御理念，推出了多层级防护方案，以实现对工厂全面而深入的保护，西门子工业控制系统信息安全纵深防御解决方案如图 6.20 所示。

西门子工业控制系统信息安全可实现下列目标。

- 提高并确保工厂的可用性。
- 保护机密信息，避免数据丢失。
- 维持和提高企业竞争力。
- 满足法律法规和标准的要求。
- 防止恶意篡改，保护数据安全。

西门子深刻了解工业控制系统信息安全的重要性，并在整个自动化产品和解决方案的开发过程中贯彻这一理念。西门子制定了一系列保护工业控制系统信息安全的措施和程序，其中包括产品生命周期管理（PLM）、供应链管理（SCM）和客户关系管理（CRM）流程中的措施和程序。还与供应商进行紧密合作，以确保在整个供应链中实现高品质的安全防护，并检查第三方供应商提供的软件组件是否存在潜在缺陷。

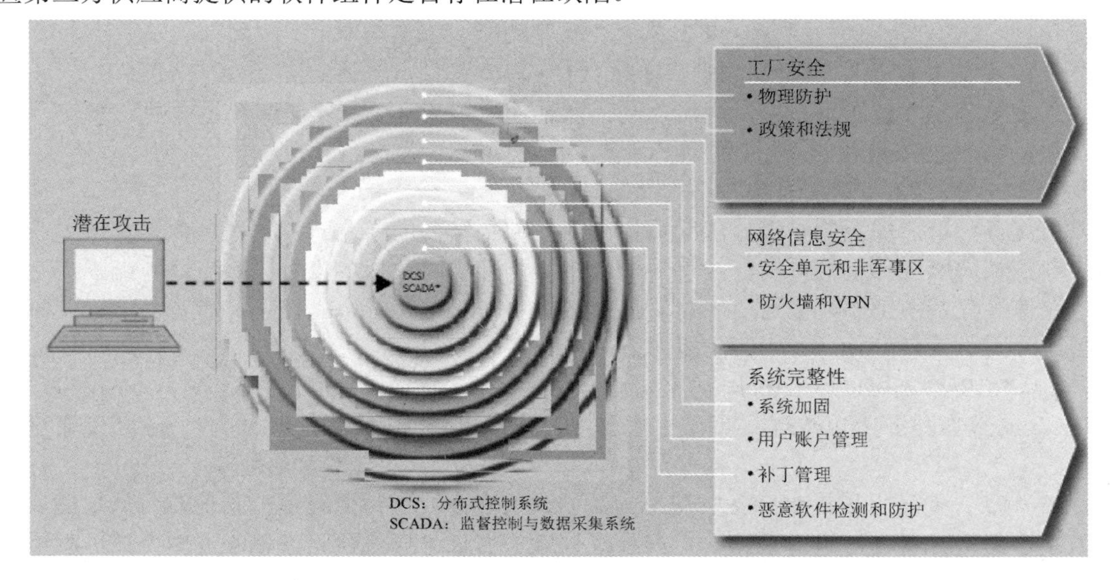

图 6.20　西门子工业控制系统信息安全纵深防御解决方案

2）工业信息安全解决方案的主要内容

（1）工厂安全——自动化工厂的物理防护与整体信息安全管理。

工厂安全可防止未经授权人员通过各种手段获取访问关键组件的权限。工厂安全防护由传统的楼宇门禁系统逐渐发展到当前的敏感区域智能门禁卡系统。工业控制系统信息安全服务可根据工厂的具体需求量身定制一系列操作流程与安全指南，全方位保护工厂安全。从基本的风险分析到具体措施的实施与监控，直至后期的日常更新升级，面面俱到。

西门子楼宇科技集团推出了品种繁多的产品、服务和解决方案，对重要设施实施安全保护。这些产品的涵盖范围广，从访问控制解决方案与视频监控系统，到管理和控制平台，一应俱全。

西门子可根据独立的风险分析来评估用户工厂的安全状况，从而制定并实施合适的安全措施，满足用户的特定需求和预算目标。

（2）网络信息安全。

当前，保护生产网络的安全，防止未经授权的访问至关重要，尤其要保护它与其他网络（如办公网络或互联网）之间的接口的安全。通过访问控制、网络分段（如 DMZ）及利用信息安全模块进行通信加密等技术，来保护自动化网络，防止未经授权的访问。西门子信息安全模块是专为满足工业网络的特定要求而设计的，并针对在自动化网络中的应用进行了优化。

西门子是首家获得 Achilles Level 2 通信健壮性测试认证的自动化系统供应商。西门子推出了品种繁多的集成安全功能的产品，可保护工业网络安全，确保全球范围内工厂和设备的远程访问安全，以及移动应用的安全。产品包括 SCALANCE S 安全模块、SCALANCE M 工业路由器及用于 SIMATIC 控制器的安全通信处理器。其中，SCALANCE S615 具有自动配置接口，可方便、快捷地集成到 SINEMA Remote Connect 远程管理平台上，为远程访问提供防护。这些产品与状态检测防火墙和 VPN 安全数据通信协同工作，防止未经授权的访问、数据窃取和篡改。

（3）系统完整性——保护自动化系统和控制组件的安全。

保护系统完整性是纵深防御理念的第三大支柱。这包括保护自动化系统和控制器（如 SIMATIC S7、SCADA 和 HMI 系统）的安全，防止未经授权的访问，或者保护其中包含的知识产权免受侵害。此外，完整性还涉及验证用户身份及其访问权限，以及加固系统安全，以抵御攻击。

西门子的工业控制系统信息安全产品不但可以根据用户的实际情况实施各种安全措施，有效防范各种不同威胁，还为用户设计全套的安全解决方案，全方位保障工厂信息安全。西门子提供的集成安全功能可全面防止控制级发生未经授权的配置更改，并阻止未经授权的网络访问，从而防止配置数据复制和窜改文件。

3）西门子 S7 控制器的安全机制

（1）块保护。

在 STEP 7 V5.x 和 STEP 7（TIA Porta）中，有不同的保护设施，用于保护程序块中的专有技术，以防未经授权的人员使用。其中包括专有技术保护和 S7 块隐私。专有技术通过属性 KNOW_HOW_PROTECT 可以激活 OB、FB 和 FC 类型块的专有技术保护机制。S7 块隐私是从 V5.5 开始的，用于保护功能和功能块。若打开此功能保护的块，则只能读取块接口（in、out 和 in/out 参数）和模块注释，不显示程序代码、临时/静态变量和网络注释，受保护的模块不可能被修改。

使用 S7 块隐私时，必须遵守以下规定。

- S7 块隐私可通过上下菜单操作。
- 受保护的块只能使用正确的密码和随附的重新编译信息进行保护。因此，建议将密码保存在安全的地方。
- 从 6.0 版本开始，受保护的块只能加载到 400 CPUs，从 3.2 版本开始，只能加载到 300 CPUs。
- 若项目中有源代码，则可以通过编译源代码来恢复受保护的块。源代码可以完全从 S7 块隐私中删除。

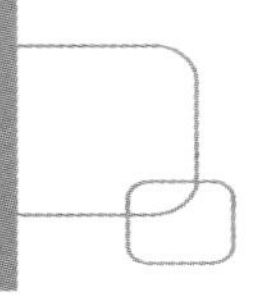

（2）在线访问和功能限制。

S7 CPU 提供 3 个（S7-300/S7-400/WinAC）或 4 个（S7-1200（V4）/S7-1500）访问级别，以限制对某些功能的访问。设置访问级别和密码会限制不使用密码即可访问的功能和内存区域。

受密码保护的 CPU 在操作期间具有以下行为。

- 当设置加载到 CPU 并建立新连接时，CPU 的保护将生效。
- 在执行在线功能之前，首先是检查是否允许执行，若有密码保护，则要求用户输入密码。
- 受密码保护的功能一次只能由单个 PG/PC 执行。其他 PG/PC 不能使用相同的密码登录。
- 对受保护数据的访问权限仅适用于联机连接的持续时间，或直到使用"联机"删除访问权限手动删除访问授权为止。

（3）Web 服务器的安全功能。

使用 Web 服务器，用户可以通过公司内部网络远程控制和监控 CPU，从而实现远距离的评估和诊断。但是，激活 Web 服务器会增加未经授权访问 CPU 的风险。因此，如果要激活 Web 服务器，最好采取以下措施。

- 不要将 CPU Web 服务器直接连接到 Internet 上。
- 通过使用适当的网络分段、DMZ 和安全设备保护对 Web 服务器进行访问。
- 通过安全传输协议 HTTP 访问 Web 服务器。
- 通过用户列表配置用户和功能权限。
- 创建用户。
- 定义执行权限。
- 分配密码。

4）西门子工业控制应用加密通信解决方案

（1）基于数字证书的加密通信。

S7-1500 PLC 之间、PLC 与 PC 间使用 TCP （TLS V1.2）通信，通信双方使用公钥与私钥异步加密双方的通信会话密钥，得到密钥后进行同步加密通信，通信双方需要使用 CA 生成数字证书，这里的 CA 为 PLC 的编程软件 TIA 博途。

（2）使用 OPC UA 时的密钥通信方式。

OPC UA 不依赖于操作系统，可以使用密钥方式进行加密通信，与发送、接收数据不同的是，OPC UA 使用客户机/服务器方式，PLC 作为服务器，PC 作为客户机。这种方式适合 PLC 与 PC 间的通信。有多种通信方式适合不同应用（读/写、注册读/写、订阅），通信变量使用符号名称，与 S7-1500 符号编程方式匹配。

目前最新的 TIA Portal V17 可以实现端到端的加密通信，S7-1200/1500 的控制器与控制器之间、S7-1200/1500 控制器与 TIA 博途工程师站之间、S7-1200/1500 控制器与 HMI 系统之间的通信都基于 TLS 加强保护。

TLS（Transport Layer Security）1.3 使得整个通信过程的机密性、完整性和保护性更强，每个 PLC 都可以基于由 TIA Portal 生成的各自的证书进行唯一标识。敏感的 PLC 配置数据，如各自的证书，可以通过为每个 PLC 设置用户自定义密码的方式进行保护，以防止未经授权的访问。

第 7 章　SCADA 系统设计与开发

7.1　SCADA 系统设计概述

进行 SCADA 系统设计与开发不仅要了解相应的国家和行业标准，还要掌握一定的生产工艺方面的知识，充分掌握自动检测技术、控制理论、网络与通信技术、计算机编程等方面的技术知识。在进行系统设计时要充分考虑 SCADA 系统的发展趋势；在系统开发过程中，始终要和用户进行密切沟通，了解用户的真实需求，以企业操作人员和管理人员的专业水平。

本书前 7 章介绍的内容是 SCADA 系统开发中的一些关键技术，熟练掌握这些技术对进行 SCADA 系统设计与开发是大有裨益的。当然，这些内容很基础，要真正设计开发出先进、可靠的 SCADA 系统，更多的还是依靠工程实践。通过实践，不断总结与摸索，SCADA 系统设计与开发的水平才会上一个新的台阶。

在国内，SCADA 系统设计与开发有不同的模式，对于一些小型系统，用户会委托工程公司或其他的自动化公司进行设计与开发；而对于大型系统，特别是政府投资的项目，要进行公开招标，由中标者进行系统开发；还有一种情况，用户会先对要开发的 SCADA 系统提出总体的功能要求、技术要求和验收条件，再进行招标。应标者要提出详细的系统设计方案，由评标专家决定最终中标者，由中标者根据投标技术方案进行系统设计与开发。

在介绍 SCADA 系统设计与开发前，有必要阐述 SCADA 系统生命周期的问题。任何一个系统的设计与开发基本上都是由 6 个阶段组成的，即可行性研究、初步设计、详细设计、系统实施、系统测试和系统运行维护。通常这 6 个步骤并不是完全按照直线顺序进行的，在任意一个环节出现了问题或发现不足后，都要返回前面的阶段进行补偿、修改和完善。

由于 SCADA 系统规模不同，其设计与开发所包含的工作量也有较大的不同，但总体的设计原则和系统开发步骤相差不大。本章主要介绍 SCADA 系统设计原则、SCADA 系统设计与开发步骤、SCADA 系统调试与运行等。本章所介绍的内容对其他计算机控制系统的开发也有一定的参考意义。

7.2　SCADA 系统设计原则

控制技术的发展使得对于任何一个工业、公用事业等行业的 SCADA 系统都可以有多个不同的解决方案，而且这些方案各有特点，很难说哪个更好。为此，在设计时，必须考虑如下原则与要求，选取一个综合指标好的方案。当然，不同时期、不同用户对这些指标的认同程度可能是不一样的，甚至用户会根据其特殊需求提出一些其他方面的性能指标，这些因素都会影响最终的系统设计。一般而言，以下几点是进行 SCADA 系统设计时要参考的主要指标。

1．可靠性

SCADA 系统中承担现场控制任务的下位机一般工作环境比较恶劣，现场存在着各种干扰，而且它承担的控制任务对运行的要求很高，不允许发生异常现象，因此在系统设计时必须立足于系统长期、可靠和稳定地运行。一旦控制系统出现故障，轻者会影响生产，重者会造成事故，甚至会发生人员伤亡，因此，在系统设计过程中，要把系统的可靠性放在首位，以确保系统安全、可靠和稳定地运行。

系统的可靠性是指系统在规定的条件下和规定的时间内完成规定功能的能力。在 SCADA 系统中，可靠性指标一般用系统的平均无故障时间 MTBF 和平均维修时间 MTTR 来表示。MTBF 反映了系统可靠工作的能力，MTTR 表示系统出现故障后立即恢复工作的能力。一般希望 MTBF 大于某个规定值，而 MTTR 值越小越好。

为提高系统可靠性，需要从硬件和软件等方面着手。首先要选用高性能的上位机、下位机和通信设备，保证其在恶劣的工业环境下仍能正常运行。其次要设计可靠的控制方案，并具有各种安全保护措施，如报警、事故预测、事故处理等。

对于特别重要的监控过程或控制回路，可以进行冗余设计。对于一般的控制回路，可以选用手动操作作为后备；对于重要的控制回路，选用常规控制仪表作为后备；对于监控主机，可以进行冷备份或热备份，这样，一旦一台主机出现故障，后备主机可以立即投入运行，确保系统安全运行。当然，冗余是多层次的，包括 I/O 设备、电源、通信网络和主机等。通常冗余设计可以提高可靠性，但系统成本也会显著增加。

2．先进性

在满足可靠性的情况下，要设计出技术先进的 SCADA 系统。先进的 SCADA 系统不仅具有很高的性能，满足生产过程所提出的各种要求和性能指标，对生产过程的优化运行和实施其他综合自动化措施也是有好处的。先进的 SCADA 系统通常符合许多新的行业标准，采用了许多先进的设计理念与先进设备，因此可以确保系统在较长时间内稳定、可靠地工作。当然，也不能一味追求系统的先进性，而忽视系统开发、应用及维护的成本和实现上的复杂性与技术风险等。

3．实时性

SCADA 系统的实时性表现在对内部和外部事件能快速、及时响应，并进行相应的处理，不丢失信息，不延误操作。计算机处理的事件一般分为两类：一类是定时事件，如数据的定时采集、运算、调度与控制等；另一类是随机事件，如事故、报警等。对于定时事件，系统设置查询时钟，保证定时处理。对于随机事件，系统设置中断，并根据故障的轻重缓急，预先分配中断级别，一旦事故发生，保证优先处理紧急故障。

在 SCADA 系统中，不同层次对实时性的要求是不一样的，下位机系统对实时性的要求最高，而监控层对实时性的要求较低。在进行系统设计时，要合理确定系统对实时性的要求，分配相应的资源来处理实时性事件，既要保证对实时性要求高的任务得以执行，又要确保系

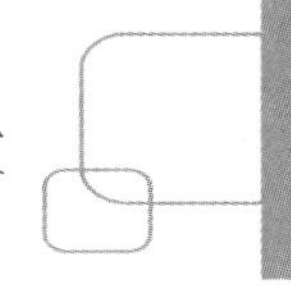

统的其他任务能及时执行。

4. 开放性

由于 SCADA 系统多是采用系统集成的办法实现的，即系统的软件和硬件是不同厂家的产品，因此，首先要保证所选用设备具有较好的开放性，以方便系统的集成；其次，SCADA 系统作为企业综合自动化系统的底层，既要为上层 MES 或 ERP 系统提供数据，也要接受这些系统的调度，因此，SCADA 系统整体必须是开放的。此外，系统的开放性是实现系统功能扩展和升级的重要基础。在系统设计时一定要避免所设计的系统是“自动化孤岛”，否则系统的功能得不到充分发挥。

5. 经济性

在满足 SCADA 系统性能指标（如可靠性、实时性、开放性）的前提下，应尽可能地降低成本，保证高性价比，为用户节约成本。

此外，应尽可能地提高系统投运后的产出，即为企业创造一定的经济效益和社会效益，这才是 SCADA 系统的最大作用。

6. 可操作性与可维护性

可操作性表现在操作简单、形象直观和便于掌握，且不要求操作工一定要熟练掌握计算机知识才能操作。对于一些升级的系统，在设计新系统时要兼顾原有的操作习惯。

可维护性体现在维修方便、易于查找和排除故障。系统应多采用标准的功能块式结构，便于更换故障模块，并在功能块上安装工作状态指示灯和监测点，便于维修人员检查。另外，有条件的话，可以配置故障检测与诊断程序，用来发现和查找故障。

在进行系统设计时，坚持以人为本是确保系统具有可操作性和可维护性的重要手段和途径。

7.3 SCADA 系统设计与开发步骤

SCADA 系统设计与开发要比一般的 PLC 控制系统复杂许多。SCADA 系统设计与开发主要包括 3 个部分的内容：上位机系统设计与开发、下位机系统设计与开发、通信网络的设计与开发。SCADA 系统设计与开发的具体内容会随系统规模、被控对象、控制方式等的不同而有所差异，但是 SCADA 系统设计与开发的基本内容和主要步骤大致相同。

目前，主要的工业控制厂商都有工程配置软件，如罗克韦尔的 Integrated Architecture Builder。这些工程配置软件可以帮助配置整个控制系统，自动生成系统结构图、BOM 甚至 CAD 接线图等。这里对 SCADA 系统设计与开发进行概述。SCADA 系统设计与开发步骤如图 7.1 所示。

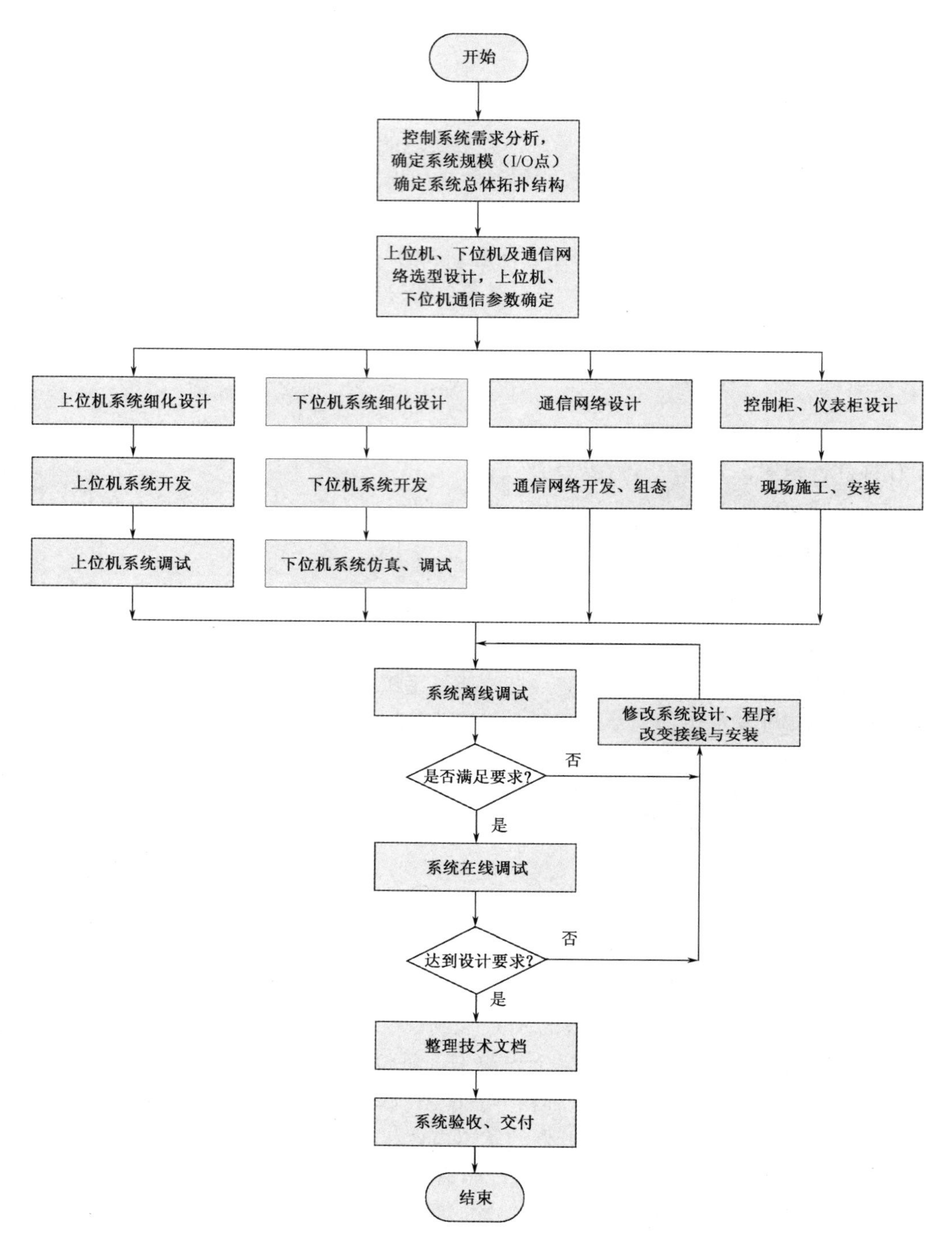

图 7.1　SCADA 系统设计与开发步骤

7.3.1　SCADA 系统需求分析与总体设计

在进行 SCADA 系统设计前，首先要深入了解生产过程的工艺流程、特点；主要的检测点与控制点及它们的分布情况；明确控制对象所需要实现的动作与功能；确定控制方案；了解用户对监控系统是否有特殊的要求；了解用户对系统的安全性与可靠性的需求；了解用户的使用和操作要求；了解用户的投资预算等。

需求分析是系统设计的基础，若需求分析不足，则可能导致后续系统的一些指标或功能达不到要求或超出用户要求。无论是哪种情况，都会对相应的参与方造成损失，这是应该避免的。为此，需求分析一般要经历反复的过程。

明确系统需求分析后，就可以开始总体设计。首先要统计系统中所有的I/O点，包括模拟量输入、模拟量输出、数字量输入、数字量输出等，确定这些点的监控要求，如控制、记录、报警等，表7.1所示为模拟量输入信号列表，表7.2所示为数字量输入信号列表。在此基础上，根据监控点的分布情况确定SCADA系统的拓扑结构，主要包括上位机的数量和分布、下位机的数量和分布、网络与通信设备等。在SCADA系统中，拓扑结构很关键，一个好的拓扑结构可以确保系统的监控功能被合理分配，网络负荷均匀，有利于系统功能的发挥和稳定运行。拓扑结构确定后，就可以初步确定SCADA系统中上位机的功能要求与配置，以及上位机系统的安装地点和监控中心的设计；确定下位机系统的配置，以及其监控设备和区域分布；确定通信设备的功能要求和可能的通信方式，以及其使用和安装条件。在这3个方面确定后，编写相应的技术文档，和用户及相关的技术人员对总体设计进行论证，以优化系统设计。至此，SCADA系统的总体设计就初步完成了。

表7.1 模拟量输入信号列表

I/O名称	位　号	上位机TAG	下位机地址	工程单位	信号类型	量程（m）	报警上限	报警下限	偏差报警	备　注
进水泵房液位	LT-101	BFL-1	D200	m	4～20mA	0～6	5	2		归档

表7.2 数字量输入信号列表

序　号	I/O名称	位　号	上位机TAG号	下位机地址	报警类型	正常信号	备　注
1	1号进水泵故障	FR-101	B1FAULT	X10	高电平	低电平	归档
2							

在进行SCADA系统设计时，还要注意系统功能的实现方式，即系统中的一些监控功能既能由硬件实现，也能由软件实现。因此，在进行系统设计时，要综合考虑硬件功能和软件功能的划分，以决定哪些功能由硬件实现，哪些功能由软件来完成。一般采用硬件实现时速度比较快，可以节省CPU的大量时间，但系统比较复杂，价格也比较高；采用软件实现比较灵活、价格便宜，但要占用CPU较多的资源，实时性也会有所降低。因此，一般在CPU资源允许的情况下，尽量采用软件实现，如果系统控制回路较多、CPU任务较重，或某些软件设计比较困难，则可考虑用硬件完成。这里可以举一个例子，在三菱电机FX和Q系列控制系统中，有专门的温度控制硬件模块，即该模块内有PID等控制算法。因此，在进行温度控制时，可以直接采用这样的模块，这就是硬件控制方案。若不采用这样的模块，而是利用PID指令编写温度控制程序并下载到CPU中，则属于采用软件的方式实现温度控制。此外，软PLC

控制也是一种典型的用软件来替代硬件控制的方案。

完成总体设计后将形成系统的总体方案。总体方案确认后，要形成文件，建立总体方案文档。系统总体设计文件通常包括以下内容。

（1）主要功能、技术指标、原理性方框图及文字说明。

（2）SCADA 系统总体通信网络结构、性能与配置。

（3）上位机和下位机的配置、功能及性能，数据库的选用。

（4）主要的测控点和控制回路；控制策略和控制算法设计，如 PID 控制、解耦控制、模糊控制和最优控制等。

（5）系统的软件功能确定与模块划分，主要模块的功能、结构及流程图。

（6）安全保护设计，联锁系统设计。

（7）抗干扰和可靠性设计。

（8）机柜或机箱的结构设计，电源系统设计。

（9）中控室设计，操作台设计。

（10）经费和进度计划的安排。

要对所提出的总体设计方案进行合理性、经济性、可靠性及可行性论证。论证通过后，便可形成作为系统设计依据的系统总体方案图、表和设计任务书，以指导具体的系统设计、开发与安装工作。

7.3.2 SCADA 系统类型确定与设备选型

与其他的控制系统相比，SCADA 系统的设备选型范围更广，灵活性更大。在进行设备选型前，首先要确定所选用的系统类型。由于 SCADA 系统解决方案具有多样性，因此要通过深入分析，在满足用户需求的前提下，为用户选择一个性价比较高的系统，最终让用户满意。

1. 系统类型的确定

一般而言，SCADA 系统上位机通常选择商用机或工控机，再配置服务器。主要的不同体现在下位机和通信网络上。几种主要的下位机如下。

（1）PLC 或 PAC——适合模拟量较少、数字量较多的应用。

（2）各种 RTU——适合监控点极为分散，且每个监控点 I/O 点不多的应用。

（3）具有通信接口的仪表——适合以计量为主的应用，如热电厂的热能供应计量和监控等。

（4）PLC 与分布式模拟量采集模块混合系统——适合模拟量与数字量混合系统，用户对系统的性价比敏感，且对模拟量控制要求不高的应用。

（5）其他各种专用的下位机控制器。

当然，对于一些小的系统可以采取集中监控方式，即硬件选用商用机或工控机，再配置各种数据采集板卡或远程数据采集模块，应用软件采用通用软件，如 Visual Basic、Visual C++等开发。

在上述下位机系统中，多数具有系列化、模块化、标准化结构，有利于系统设计者在进行系统设计时根据要求任意选择，像搭积木般组建系统。这种方式能够提高系统开发速度，提

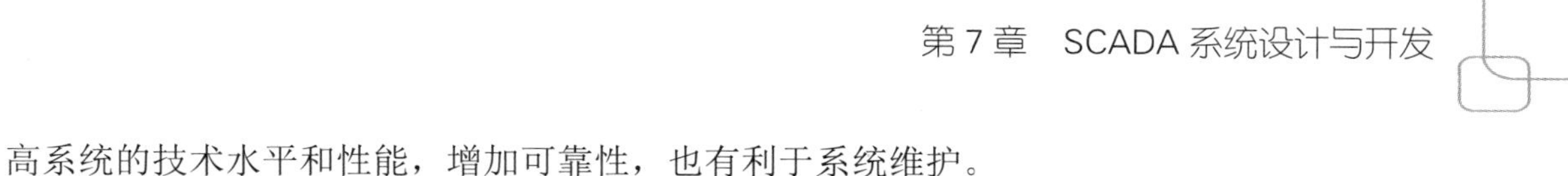

高系统的技术水平和性能，增加可靠性，也有利于系统维护。

与一般的计算机控制系统相比，SCADA 系统中的通信方式更加复杂和多样，其包含的通信网络和层次也比较多，特别是大型 SCADA 系统。通信系统的详细选型与设计可以参考本书第 2 章。

2．设备选型

SCADA 系统的设备选型包括以下几个部分。

1）上位机系统选型

上位机系统选型主要选择监控主机、操作计算机、服务器及相应的网络、打印机、UPS 等设备。计算机品牌较多，可以选择在 CPU 主频、内存、硬盘、显示卡、显示器等各方面满足要求的计算机。当然，若对可靠性的要求更高，则可以选择工控机。一般而言，工控机的配置要比商用机的配置低一些（比较相同配置的工控机与商用机，工控机的上市时间更晚）。设计人员可根据要求合理地进行选型。监控中心的计算机多配置大屏幕显示器。在许多大型 SCADA 系统监控、调度中心，一般都配置有大屏幕显示系统或模拟屏，以方便对系统进行监控和调度，但这些设备要由专门的厂家设计制造。

上位机在选型时还要考虑组态软件、数据库和其他应用软件，以满足生产监控和全厂信息化管理对数据存储、查询、分析和打印等的要求。

2）下位机选型

根据所确定的下位机类型，选择相应的产品。下位机产品的选择范围极广，现有的绝大多数产品都能满足一般 SCADA 系统对下位机的功能要求。建议选择主流厂商的主流产品，这样维护、升级、售后服务都有保证，进行系统开发时能有足够的技术支持和参考资料。而且这类产品用量大、用户多，其性能可以得到保证。

选择下位机时，要特别注意下位机的控制器模块的内存容量、工作频率（扫描时间）、编程方式与语言支持、通信接口和组网能力等，以确保下位机有足够的数据处理能力、控制精度与速度，方便程序开发和调试。下位机的选择还要考虑所选用的组态软件是否支持该设备。

在进行 I/O 设备选择时，要注意 I/O 设备的通道数、通道隔离情况、信号类型与等级等。对于模拟量模块，还要考虑转换速率与转换精度。进行下位机系统数字量 I/O 设备选型时，对于输出模块，要注意根据控制装置的特性选择继电器模块、晶体管模块或晶闸管，要注意电压等级和负载对触点电流的要求；对于输入模块，要注意是选源型设备还是漏型设备（如果有这方面的要求）。另外，要注意特殊功能块与通信模块的选择。

在下位机系统，要注意 I/O 设备与现场检测与执行器之间的隔离，特别是在化工、石化等领域，要使用安全栅等设备。对于数字量输入和数字量输出，可以使用继电器进行电气隔离。

3）通信网络设备

SCADA 系统中的通信网络设备选型较复杂。首先在 SCADA 系统中，有运用于下位机的现场总线或设备总线；有实现下位机联网的现场总线；有连接各个下位机与上位机的有线或无线通信。特别是对于大范围、长距离通信，通常要借助于电信的固定电话网络或移动通信公司的无线网络进行数据传输，而这会造成一些用户不可控的因素。例如，通信质量受制于这些服务提供商的服务水平。因此，在选择通信方式时，应尽量选择用户可以掌控的通信方式和通信介质。通信系统的通信设备与介质的选择主要要满足数据传输对带宽、实时性和可靠性的要求。对于对通信可靠性要求高的场合，可以考虑用不同的通信方式冗余。如有线通信与无线通信的冗余以有线通信为主，无线通信作为后备。

4）仪表与控制设备

仪表与控制设备主要包含传感器、变送器和执行器的选择。这些装置的选择是影响控制精度的重要因素之一。根据被控对象的特点确定执行器采用何种类型，应对多种方案进行比较，综合考虑工作环境、性能、价格等因素，择优而用。

检测仪表可以将流量、速度、加速度、位移、湿度等信号转换为标准电量信号。对于同样一个被测信号，有多种测量仪表能满足要求。设计人员可根据被测参数的精度要求、量程、被测对象的介质类型/特性/使用环境等来选择检测仪表。为了减少维护工作量，可以尽量选用非接触式测量仪表，这也是目前仪表选型的一个趋势。对于一些检测点，当只关心定性的信息时，可以选用开关量检测设备，如物位开关、流量开关、压力开关等，以降低硬件设备费用。

执行器是控制系统中必不可少的组成部分，它的作用是接收计算机发出的控制信号，并把它转换成调节机构的动作，使生产过程按预先规定的要求正常运行。

执行器分为气动、电动和液压 3 种类型。气动执行器的特点是结构简单、价格低、防火防爆；电动执行器的特点是体积小、种类多、使用方便；液压执行器的特点是推力大、精度高。另外，各种有触点和无触点开关也是执行器，能实现开关动作。进行执行器选型时要注意被控系统对执行器的响应速度与频率等是否有要求。

7.3.3 SCADA 系统应用软件开发

1．SCADA 系统应用软件开发概述

SCADA 系统的软件包括系统软件与应用软件。系统软件有运行于上位机的操作系统软件、数据库管理软件及服务器软件；下位机的系统软件主要是各种控制器中内置的系统软件，这些软件会随着设备制造商的不同而不同，但部分控制器设备，如 PAC 会选用微软的 WinCE 或其他商用的嵌入式操作系统。系统软件特别是上位机系统软件的稳定性是 SCADA 系统上位机稳定运行的基础，必须选用正版的操作系统软件，注意软件的升级和维护。另外，要注意上位机应用软件对操作系统的版本和组件的要求。

SCADA 系统的功能在很大程度上取决于系统的应用软件的性能。为了确保系统的功能有效发挥和保证其可靠性，应该科学设计 SCADA 系统的应用软件。SCADA 系统的应用软件主要包括上位机人机界面、通信软件、下位机中的程序，甚至包括那些专门开发的设备驱动程序。无论是上位机应用软件还是下位机应用软件的设计，都要基于软件工程方法，采用面向对象与模块化结构等技术。编程前要画出程序总体流程图和各功能块流程图，再选择程序开发工具，进行软件开发。要认真考虑功能块的划分和模块的接口，设计合理的数据结构与类型。在进行下位机应用软件设计开发时，要根据程序组织单元的相关知识合理设计功能、功能块和程序等程序组织单元。

SCADA 系统的数据类型可分为逻辑型、数值型与符号型。逻辑型主要用于处理逻辑关系或用于程序标志等。数值型可分为整数和浮点数，整数有直观、编程简单、运算速度快等优点；其缺点是表示的数值动态范围小，容易溢出。浮点数则相反，数值动态范围大、相对精度稳定、不易溢出；但其编程复杂、运算速度低。

在进行程序设计时，构建合理的数据结构类型可以明显提高程序的可读性，加强程序的封装，提高程序的可复用性。目前主流的上位机组态软件和下位机编程软件都支持用户自定义数据结构。

在 SCADA 系统开发中，无论是上位机还是下位机，都面临大量变量命名的问题。由于变量命名关系到程序的可读性，因此最好按照一定的规范来命名。虽然高级语言有匈牙利命名法、下划线命名法和（大、小）驼峰式命名法来规范变量名或功能名，但在 PLC 中完全采用这些方法存在一定的难度，PLC 编程面对大量的设备，一般的程序员不一定知道这些设备的英文，而且采用这些规范，变量或函数的名称会比较长，会影响程序的编辑效率。因此建议在工程中采用统一的规范来进行变量命名。

2. 上位机应用软件的配置与开发

上位机应用软件包括上位机上多个节点的应用软件。由于在大型 SCADA 系统中，各种功能的计算机较多，因此上位机应用软件的配置与开发也是多样的。组态软件是设计上位机人机界面的首选工具。上位机应用软件的配置与开发包括以下几个方面。

（1）将组态软件配置成“盲节点”或将其功能简化为“I/O 服务器”，这两种节点通常不配置操作员界面，从而更好地进行数据采集。

（2）SCADA 服务器应用软件的配置与开发。在大型 SCADA 系统中配置一台或多台 SCADA 服务器来汇总多个“I/O 服务器”的数据，因此要进行相关的组态工作。

（3）监控中心操作员站人机界面开发。操作员站是人机接口，是操作人员和管理人员对监控过程进行操作和管理的平台，因此，要开发出满足功能要求的人机界面。SCADA 系统人机界面通常不与现场的控制器通信，其数据主要来源于 SCADA 服务器。关于采用组态软件开发人机界面的内容见本书 5.7 节。

（4）数据库软件配置与各种报表、管理软件开发。

在上位机人机界面软件开发中，还可以选用高级语言或一些专业数据采集软件。

采用高级语言编程的优点是编程效率高，不必了解计算机的指令系统和内存分配等问题。其缺点是，编制的源程序经过编译后，可执行的目标代码比完成同样功能的汇编语言的目标代码长得多，一方面占用的内存增大，另一方面使得执行时间增加很多，往往难以满足实时性的要求。针对汇编语言和高级语言各自的优缺点，可用采用混合语言编程，即系统的界面和管理功能等采用高级语言编程，而对实时性要求高的控制功能等采用汇编语言编程。

3. 下位机软件开发

下位机对被监控的过程、设备进行直接控制，因此，下位机软件设计与开发极为重要。在进行下位机软件设计时，主要要选择合理的设计方法和编程语言。

下位机软件的设计方法主要有经验法、逻辑设计法、状态流程图法和利用移位寄存器法等。第 4 章已对经验法进行了介绍，这里主要介绍其他方法。

1）逻辑设计法

逻辑设计法的基本含义是以逻辑组合的方法和形式设计控制程序。这种方法有严密可循的规律性、明确可行的设计步骤，又具有简便、直观和规范等特点，属于系统化的设计方法，其基本设计步骤如下。

（1）明确控制任务和控制要求。通过分析机械装置、工艺过程和控制要求，取得工作循环图、检测元件分布图与执行元件动作节拍表，分配下位机 I/O 地址。

（2）绘制控制系统状态转换表。

（3）进行系统逻辑设计。

（4）根据控制特点和要求，选择合适的编程语言，编写控制软件。

（5）进行程序的调试和修改。

2）状态流程图法

状态流程图，又叫状态转移图，是完整地描述控制系统的工作过程、功能和特性的一种图形，是分析和设计控制系统程序的重要工具。所谓“状态”，都是具有一定功能的，状态流程或转移实际上就是控制系统的功能转换。状态流程图由状态、转换、转换条件、动作、命令等组成。利用状态流程图设计控制程序的步骤如下。

（1）按照机械运动或工艺过程的工作内容、步骤、顺序和控制要求画出状态流程图。

（2）在状态流程图上以输入点或其他元件定义状态转换条件。当某转换条件的实际内容不止有一个时，对每个具体内容定义一个元件（地址）编号，并以逻辑组合形式表现为有效转换条件。

（3）按照机械或工艺提供的电气执行元件功能表，在状态流程图上对每个状态和动作命令配上实现该状态或动作命令的控制功能的电气执行元件，并以对应的下位机输出点的地址定义这些电气执行元件。

3）利用移位寄存器设计

利用移位寄存器进行步进顺序控制程序的设计更为简便，其通用性更强。这种设计方法主要是利用移位寄存器来充当控制系统的状态转换控制器，设计成单数据顺序循环移位，实现单步步进式顺序控制。通过分析控制系统的输入信号状态，可以得到系统的状态转换主令信号组，这是设计步进顺序控制程序的关键。

在编写实际的控制软件时，特别是对于比较复杂的过程或设备的控制，可以通过任务分解的方法，把复杂的程序模块化，根据每个模块要实现的功能要求和特点，选用上述方法中的一种进行设计，从而完成复杂控制程序的编写。

应用软件的编写还涉及编程语言。下位机可以用 IEC611131-3 标准中的编程语言，有些还支持流程图（FC）编程语言。特殊情况下，要用 C 语言，甚至结合汇编语言进行编程，以 C 语言为主，以汇编语言为辅。

（1）本书第 4 章对 IEC61131-3 编程语言已经进行了详细介绍。当下位机是 PLC、PAC 或其他控制器时，多数情况下这些控制器支持该标准中的一种或几种编程语言。有些基于 PC 的控制产品还支持其他编程语言，如德国倍福公司的产品 TwinCAT。

（2）C 语言与汇编语言。汇编语言是面向具体微处理器的。使用它能够具体描述控制运算和处理的过程；紧凑地使用内存；对内存和地址空间的分配比较清楚；能够充分发挥硬件的性能；软件运算速度快、实时性好。因此在自主开发的以单片机为主的下位机中，常采用 C 语言结合汇编语言进行软件开发。

4．上位机、下位机通信系统配置与组态

在 SCADA 系统中，上位机、下位机的通信极为关键。通常，与上位机、下位机通信相关

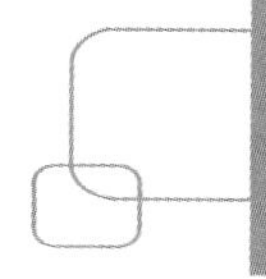

的驱动程序、配置软件和其他通信软件由组态软件供应商、下位机供应商提供，相关的通信协议都封装在驱动程序或通信软件中，SCADA 系统开发人员要熟悉这些软件的使用与配置，熟悉通信参数的意义与设置。在进行通信系统的开发和调试时，一定要确保通信中所要求的各种软件、驱动协议已经安装或配置，特别是那些属于操作系统的可选安装项。

对于那些组态软件还不支持的设备，可以采用组态软件厂家提供的设备驱动程序开发工具来开发专用的驱动程序，也可以委托组态软件供应商开发。建议对这类设备开发 OPC 服务器，而不开发仅仅适用于某种组态软件的驱动程序。选用 OPC 服务器时，要注意所购买的 OPC 服务器支持的客户端数目。以霍尼韦尔 PKS 系统为例，若希望利用 Aspen Infoplus.21 数据库实现对 PKS 中的数据归档，同时有一个先进控制软件要与 PKS 通信，那么就要购买支持两个 OPC 客户端的 OPC 服务器授权。以 PLC 设备为例，在配置 OPC 服务器时，要注意 OPC 服务器上的参数配置与 PLC 中的参数的一致性。此外，对于 OPC 服务器中的参数配置，要特别注意数据类型、读/写属性和地址。对于不同的 PLC，需要配置的参数是不同的。具体如何配置，一定要参考相关手册或文档。对于采用西门子 PLC 的 SCADA 系统，当采用 OPC 服务器时，最好在控制器中把要通信的一些数据，特别是模拟量参数放入一个 DB 块，这样可以简化 OPC 服务器中的参数配置，减少出错的概率。对于一些新的系统应用，可以考虑购买 OPC UA 规范的服务器。

上位机、下位机通信系统配置与组态更详细的内容可以参考本书第 2 章。

7.4　SCADA 系统调试与运行

SCADA 系统的调试从内容上包括上位机调试、下位机调试与通信调试；从项目进程上看可以分为工厂验收、现场验收与现场综合测试等阶段。当然，在进入工厂验收之前，还要进行大量离线仿真调试等工作。

7.4.1　离线仿真调试

1．硬件调试

对于 SCADA 系统中的各种硬件设备，包括下位机控制器、I/O 模块、通信模块及各种特殊功能块，都要按照说明书检查其主要功能。例如，主机板（CPU 板）上 RAM 区的读/写功能、ROM 区的读出功能、复位电路和时钟电路等的正确性调试。对各种 I/O 模块要认真校验每个通道的工作是否正常，精度是否满足要求。

对上位机设备，包括主机、交换机、服务器和 UPS 电源等要检查工作是否正常。

硬件调试还包括现场仪表和执行器，如压力变送器、差压变送器、流量变送器、温度变送器和其他现场及控制室仪表，以及电动或气动执行器等，在安装前都要按说明书要求校验完毕。对于检测与变送仪表要特别注意仪表量程与订货要求是否一致。

在硬件调试过程中发现的问题要及时查找原因，尽早解决。

2．软件调试

软件调试的顺序是子程序、功能块和主程序。有些程序的调试比较简单，利用开发装置、

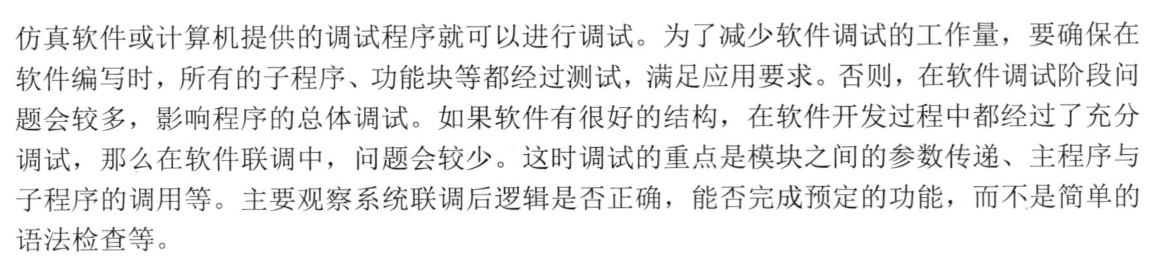

仿真软件或计算机提供的调试程序就可以进行调试。为了减少软件调试的工作量，要确保在软件编写时，所有的子程序、功能块等都经过测试，满足应用要求。否则，在软件调试阶段问题会较多，影响程序的总体调试。如果软件有很好的结构，在软件开发过程中都经过了充分调试，那么在软件联调中，问题会较少。这时调试的重点是模块之间的参数传递、主程序与子程序的调用等。主要观察系统联调后逻辑是否正确，能否完成预定的功能，而不是简单的语法检查等。

上位机的程序调试相对简单，因为在开发过程中，要知道每个界面或功能是否符合要求，可以通过把组态软件从开发环境切换到运行环境，观察功能实现。

一般下位机的编程软件中都集成了仿真功能，可以利用仿真功能对程序进行测试，确定程序执行结果是否符合预期。进行仿真调试时，所有的信号、参数都通过强制方式进行改变。不过，一般情况下，仿真软件的功能有一定的局限性，如西门子 Portal 不支持 S7-1200 的 PID 功能仿真；仿真软件在检测一些信号的上升沿、下降沿或快变信号时会出错。上位机人机界面也可以进入运行状态进行调试，OPC 服务器也可以进入仿真模式。像西门子 Portal 这样的全集成自动化软件，在软件开发、仿真调试上具有更加强大的功能。

3. 系统仿真

分别调试硬件和软件后，并不意味着系统的设计和仿真调试已经结束，为此，必须进行全系统的硬件、软件统调，即通常所说的“系统仿真”（也称为模拟调试）。所谓系统仿真，就是应用相似原理和类比关系来研究事物，也就是用模型来代替实际生产过程（被控对象）进行实验和研究。系统仿真有以下 3 种类型：全物理仿真（或称在模拟环境条件下的全实物仿真）、半物理仿真（或称硬件闭路动态试验）和数字仿真（或称计算机仿真）。

系统仿真尽量采用全物理仿真或半物理仿真。试验条件或工作状态越接近真实，其效果就越好。对于纯数据采集系统，一般可做到全物理仿真；而对于控制系统，要做到全物理仿真几乎是不可能的，因此，控制系统只能进行离线半物理仿真。

在系统仿真的基础上进行长时间的运行考验（称为考机），并根据实际运行环境的要求，进行特殊运行条件的考验。

当然，并不是所有的 SCADA 系统都要进行系统仿真，一般对可靠性要求非常高的应用（如核电类的工业控制系统）都要在模拟机上进行系统仿真。

7.4.2 工厂验收、现场验收、现场综合测试与验收

1. 工厂验收

在过程自动化中，离线调试也称为工厂验收（Factory Acceptance Test，FAT），即设备在工厂做好了，在发货前进行的验收。FAT 主要是用来验证供应商的系统及其配套系统是否符合技术规范要求而开展的一系列活动。

所谓离线仿真和调试，是指在实验室而不是在工业现场进行的仿真和调试。进行离线仿真和调试试验后，还要进行考机运行，考机的目的是在连续不停机的运行中暴露问题和解决问题。

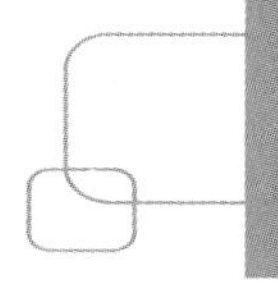

2．现场验收

在仿真调试完成后，就要在现场安装设备了。系统安装完成后，就可以进行在线调试了，在这步调试中，最主要的工作是回路测试。主要的仪表和控制设备都带电，而一些可能影响到现场装置的执行器或电器的主回路可以不上电，在调试中主要检查所有的 I/O 信号连接和整个 SCADA 系统的通信。例如，在现场有一台电机，该电机的监控有 3 个数字量输入信号和一个数字量输出控制信号。3 个数字量输入信号是远程控制允许、运行、故障。假设在现场设置过热继电器的故障，则要检查该信号在下位机、上位机与现场是否一致；在上位机中输出一个控制该电机的信号，检查下位机是否接收到、在现场设备端是否检测到该信号，如继电器是否动作。

在过程自动化中，在线调试也称为现场验收（Site Acceptance Test，SAT），即设备在现场安装好后进行的调试验收，主要是为验证不同供应商的系统安装是否符合应用规范和安装指南而开展的一系列活动。

3．现场综合测试与验收

现场综合测试（Site Integration Test，SIT）是为验证不同的系统是否已整合成一个完整的系统，并且已按要求正常协同工作而开展的一系列活动。

在现场综合测试和运行过程中，设计人员与用户要密切配合，在实际运行前制定一系列调试计划、实施方案、安全措施、分工合作细则等。现场综合测试与运行过程从小到大、从易到难、从手动到自动、从简单回路到复杂回路逐步过渡。为了做到有把握，进行现场安装及在线调试前要先进行硬件检查，经过检查并已安装正确后即可进行系统的投运和参数的整定。投运时应先切入手动，等系统运行接近于给定位时再切入自动，并进行参数的整定。

现场综合测试和运行就是将系统和生产过程的各个环节连接在一起进行的。尽管离线仿真和调试工作非常认真、仔细，但现场综合测试和运行仍可能出现问题，因此必须认真分析并加以解决。系统运行正常后，可以再试运行一段时间，即可组织验收。验收是整个项目最终完成的标志，应由甲方主持、乙方参加，双方协同办理，验收完毕后形成验收文件存档。

7.5 SCADA系统可靠性设计

7.5.1 供电抗干扰措施

SCADA 系统一般由交流电网供电（220V AC，50Hz），而现场的动力设备会随设备的不同有较大差别。电网的干扰、频率的波动将直接影响系统的可靠性与稳定性。此外，在系统正常运行的过程中，计算机的供电不允许中断，否则不但会使计算机丢失数据，还会导致严重的生产事故。因此，必须考虑采取电源保护措施，防止电源干扰，并保证不间断地供电。

1．供电系统的一般保护

SCADA 系统供电结构如图 7.2 所示。设置交流稳压器是为了抑制电网电压波动的影响，保证 220V AC 供电。由于交流电网的频率为 50Hz，其中混杂了部分高频干扰信号，因此采用低通滤波器让 50Hz 的基波通过，而滤除高频干扰信号。由直流稳压器给计算机供电，可采用

开关电源。开关电源用调节脉冲宽度的办法调整直流电压，调整管以开关方式工作，功耗低。这种电源用体积很小的高频变压器代替了一般线性稳压电源中体积庞大的工频变压器，对电网电压的波动的适应性强，抗干扰性能好。

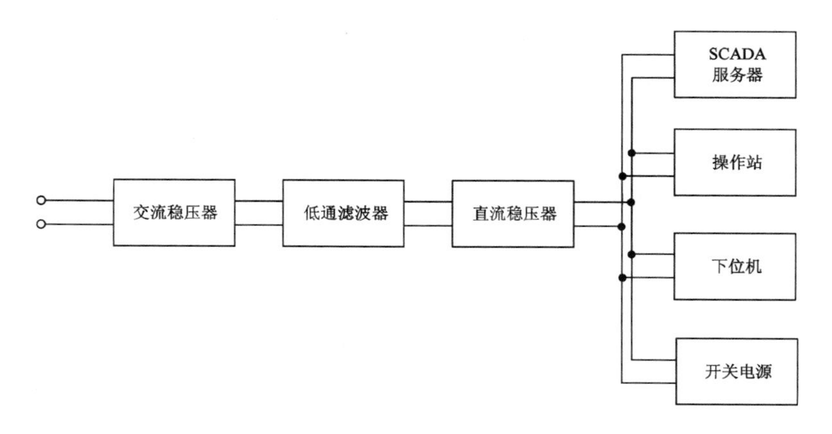

图 7.2　SCADA 系统供电结构

2．电源异常保护

由于计算机控制系统的供电不允许中断，所以一般采用不间断电源 UPS，具有不间断电源的供电结构如图 7.3 所示，正常情况下，由交流电网供电，同时给电池组充电。如果交流电供电中断，电池组经逆变器输出交流电代替外界交流电供电，这是一种无触点的不间断的切换。UPS 用电池组作为后备电源。如果外界交流电中断时间长，就需要大容量的蓄电池组。在许多应用中，为了确保供电安全，采用交流发电机第二路交流供电线路。进行两路供电设计时，两路供电应引自不同的供电系统，保证在某一路供电电源停止时能够切换到另一路供电电源。

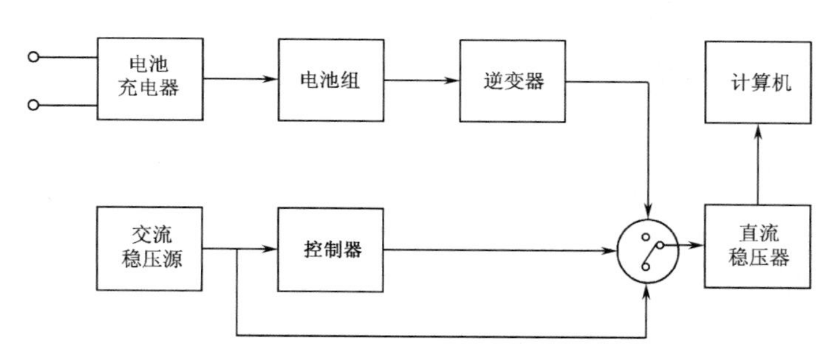

图 7.3　具有不间断电源的供电结构

7.5.2　接地抗干扰措施

SCADA 系统接地的目的有两个：一是抑制干扰，使计算机稳定工作；二是保护计算机、电气设备和操作人员的安全。但不恰当的接地不但不能抑制干扰，反而会造成极其严重的干扰，因此，正确接地对 SCADA 系统极为重要。SCAD 系统的接地设计、安装和施工等应符合国家或行业规范。

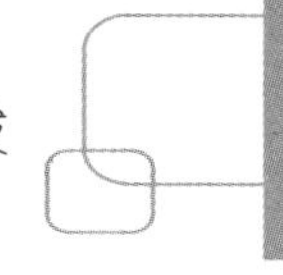

通常接地可分为工作接地和保护接地两大类。保护接地主要是为了避免操作人员因绝缘层的损坏而发生触电危险并保证设备的安全；工作接地则主要是为了保证控制系统稳定可靠地运行，防止形成环路引起干扰。

1．接地系统分析

由于在 SCADA 系统中，“地”有多种，接地线按照信号类型可分为以下几类：模拟地、数字地、安全地、系统地和交流地等。按照地线作用可分为保护接地、工作接地、本安系统接地、防静电接地和防雷接地等。

SCADA 系统中一般对上述各类地均采用分别回流法单点接地，如图 7.4 所示。回流线往往采用由多层铜导体构成的汇流条，而不是一般的地线，这种汇流条的截面呈矩形，各层之间有绝缘层，可以减少自感。在要求较高的系统中，分别采用横向及纵向汇流条，在机柜内各层机架间分别设置汇流条，以最大限度地减少公共阻抗的影响。在空间上将数字地汇流条与模拟地汇流条间隔开来，以避免通过汇流条间的电容产生耦合。安全地（机壳地）始终是与信号地（数字地、模拟地）分离的。这些地只在最后汇聚为一点，并常常通过铜接地板交汇，用线径不小于 300mm 的多股铜软线焊接在接地极上并深埋于地下。一般要求接地电阻小于 4Ω。关于接地板的要求及工程实现可参考有关设计手册。

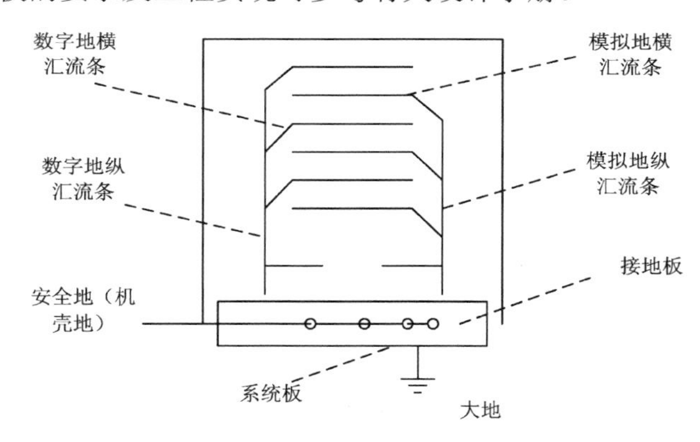

图 7.4　分别回流法接地示例

2．输入通道的接地技术

1）电路一点地基准

实际的模拟量输入通道可以简化成由信号源、输入馈线和输入放大器 3 个部分组成。接地常见的错误是将信号源与输入放大器分别接地，形成双端接地。各处接地体的几何形状、材料、埋地深度不可能完全相同，土壤的电阻率等因地层结构各异也相差较大，因此接地电阻和接地电平可能产生很大差异。这种接地电平的不相等不仅会有磁场耦合的影响，还会引起环流噪声干扰。正确的接地方法是单端接地，即当接地点位于信号源端时，放大器电源不接地；当接地点位于放大器端时，信号源不接地。

2）电缆屏蔽层的接地

当信号电路是一点接地时，低频电缆的屏蔽层也应一点接地。若欲将屏蔽一点接地，则应选择较好的接地点。

3．主机外壳接地

机芯浮空是为了提高计算机的抗干扰能力，将主机外壳作为屏蔽罩接地，而把机内器件架与外壳绝缘，绝缘电阻大于 50MΩ，即机内信号地浮空。这种方法安全可靠、抗干扰能力强，但制造工艺复杂，一旦绝缘电阻降低，就会引入干扰。

4．多机系统的接地

在计算机网络系统中，多台计算机相互通信，资源共享，如果接地不合理，将使整个网络系统无法正常工作。若几台计算机的距离比较近（如安装在同一机房内），则可采用如图 7.5 所示的多机一点接地法。将各机柜用绝缘板垫起来，以防多点接地。对于远距离的计算机网络、多台计算机之间的数据通信，通过隔离的办法把地分开。

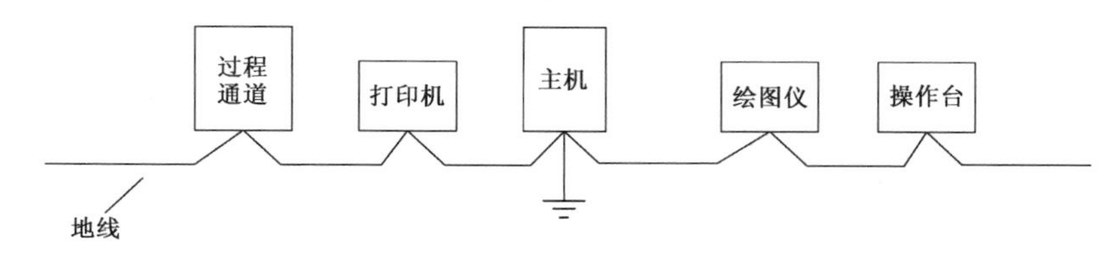

图 7.5　多机一点接地法

7.5.3　软件抗干扰措施

除了整个系统的结构和每个具体的控制系统都需要仔细设计硬件抗干扰措施，还需要注重软件抗干扰措施的应用。有时一个偶然的人为或非人为干扰（如并不是很强烈的雷击）就会使硬件抗干扰措施无能为力，这在某些重要的工业环节上将造成巨大的事故。使用软件抗干扰措施可以在一定程度上避免和减轻这些意外事故的后果。

软件抗干扰技术就是利用软件运行过程中对自己进行的自监视和控制网络中各机器间的互监视，来监督和判断控制器是否出错或失效的方法。这是 SCADA 系统抗干扰的最后一道屏障。

1．输入数字量的软件抗干扰技术

干扰信号多呈毛刺状，作用时间短，利用这一特点，对于输入的数字信号，可以通过重复采集的方法，将由随机干扰引起的虚假输入状态信号滤除掉。若进行多次数据采集后，信号总是变化不定，则停止数据采集并报警；或者在一定采集时间内计算出现高电平、低电平的次数，将出现次数高的电平作为实际采集数据。对每次采集的最高次数限额或连续采样次数可按照实际情况适当调整。

2．输出数字量的软件抗干扰技术

当系统受到干扰后，往往使可编程器件的输出端口状态发生变化，因此可以通过反复对这些端口定期重写控制字、输出状态字，来维持既定的输出端口状态。只要可能，其重复周期应尽可能短，外部设备收到一个被干扰的错误信息后，还来不及做出有效的反应，一个正确的输出信息又到来了，就样可以及时防止错误动作发生。对于重要的输出设备，最好建立

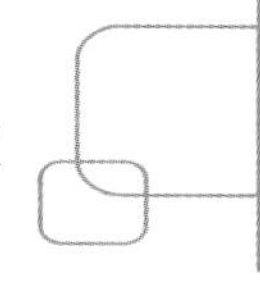

反馈检测通道，CPU通过检测输出信号来确定输出结果的正确性，一旦检测到错误，就及时修正。

软件抗干扰技术还包括检测量的数字滤波、坏值剔出、人工控制指令的合法性和输入设定值的合法性判别等，这些都是一个完善的SCADA系统必不可少的。

7.5.4　空间抗干扰措施

空间感应包括静电场、高频电磁场及磁场引起的干扰，对于这类干扰，主要采用隔离、良好的屏蔽和正确的接地方法等加以解决。屏蔽主要用来解决电磁干扰，它将电力线或磁力线的影响限定在某个范围之内，或阻止它们进入某个范围。其目的是隔断场的耦合、抑制场的干扰。按抗干扰性能，屏蔽可分为静电屏蔽、电磁屏蔽和磁屏蔽。

电场屏蔽主要解决由分布电容耦合引入的电场干扰问题，因此屏蔽体应对干扰呈低阻抗，屏蔽层应放在干扰源和敏感电路之间，而且必须将屏蔽体接地。屏蔽体一般由良导体（如铜和铝）构成，还要注意屏蔽的连续性。

电磁屏蔽主要克服高频电磁场干扰，它利用良导体在电磁场内产生涡流效应来削弱电磁场的干扰。若将屏蔽接地，则可同时起到电场屏蔽的作用。

磁屏蔽主要用来防止低频磁通的干扰，它利用高导磁率材料（如坡莫合金、铁氧体等）将敏感电路包围，使干扰磁场短路。

空间抗干扰措施有以下几种。

（1）空间隔离。使敏感设备或信号线远离干扰源（如大型动力设备及大型变压器等）。

（2）屏蔽。对敏感电路加屏蔽盒或对信号加屏蔽层，注意屏蔽层不能随意接地，必要时屏蔽层外还要有绝缘层。

（3）交流输出和直流输出的电缆应分开敷设，输出信号应远离动力电缆、高压电缆和动力设备。应加大动力电缆与信号电缆之间的距离，尽可能不采取平行布线，以减小电磁干扰的影响。信号电缆与动力电缆之间的距离等安装要求应符合电气安装规范。

（4）对于交流噪声，可在负荷线圈两端并联RC吸收电路；对于直流噪声，可在负荷线圈两端并联二极管。

（5）模拟信号线与数字信号线不要走同一根电缆；信号线与电源线要分开，并尽量避免平行敷设。

（6）注意屏蔽的连续性，即不要使屏蔽体中间断开或使屏蔽体与被屏蔽体过早分离。

（7）采用双绞线或同轴电缆可以大大降低电磁干扰。有条件的地方，还可以采用性能更优越的光导纤维。

（8）输入和输出信号电线、电缆与高压或大电流动力电线、电缆的敷设，应采取分别穿管配线敷设或电缆沟配线敷设等方式。

第 8 章 SCADA 系统应用案例分析

8.1 引言

SCADA 系统的开发与应用，对于提高工业或其他生产过程的控制和管理水平，实现综合自动化都起着重要作用。虽然不同行业有其自身的特点，但它们对 SCADA 系统的总体功能要求是有许多共同之处的。由于 SCADA 系统的结构是基本相似的，因此，这些案例是有一定共性的。同时，因为不同行业有不同的应用特点，有较多的通用和专用 SCADA 系统软硬件产品，因此，不同行业的 SCADA 系统具有一定的特性。本章选择了几个不同行业且具有一定典型性的 SCADA 系统案例，通过对案例的分析，帮助读者更好地掌握 SCADA 系统设计、开发，以及与应用有关的技术和软硬件产品及其使用。

8.2 节介绍了大型污水处理厂 SCADA 系统案例。该系统采用了 PLC 作为下位机，在众多 SCADA 系统中，更具有普遍性。下位机选用罗克韦尔 ControlLogix 系统控制器构成冗余系统，远程 I/O 站与控制器之间通过 Devicenet 总线通信，从而完成现场参数采集和控制；采用组态王 KingView 6.6 SP2 组态软件开发了上位机人机界面。上位机和下位机的通信采用 Ethernet/IP 工业以太网。污水处理厂远程泵站与监控中心 SCADA 服务器通过 VPN 进行通信。对控制系统设计与开发做了详细介绍。重点分析了利用下位机开发软件 RSLogix5000 开发污水处理厂的典型设备控制用的用户自定义指令，从而实现软件的可复用，提高控制软件的可读性和可复用性。

8.3 节介绍了基于 MOX 公司自动化产品的企业能源集控 SCADA 系统，该系统利用 MOX 公司大型监控软件 MOSAIC SCADA 作为统一的远程集控平台，实现对煤气、给水、空压、氧/氮/氩气、蒸汽、电力等共计 37 个站点的数据采集、远程监视和控制。系统由能源调度管理系统、能源信息网络和现场监控单元 3 个自上而下的子系统组成。配置了 6 台 1:6 冗余的实时数据库服务器、30 个操作员站、50 个 Web 客户端。系统采用星形网络结构，包括现场网关、现场网关与核心交换机的冗余工业以太网（采用光纤介质）、管理层冗余核心网络、管理层冗余操作终端网络和交换机等网络设备。为了确保调度系统的信息安全，除了网络分区，在调度子系统与核心数据库子系统之间、调度系统与外网之间安装防火墙。现场网关控制器与不同的 PLC 和 DCS 通信，实现数据采集，并全部转换为 Modbus TCP 与实时数据库通信。

8.4 节介绍了原油长距离输送管线 SCADA 系统设计与开发。该系统的输油管线总长 255 千米，在整个管线上设置了 7 个分站，1 个地区调度中心，1 个管理中心。在 7 个现场控制中心配置了 OPTO 22 公司的 SNAP PAC 控制器和 SNAP I/O，操作员站软件和调度中心、管理中心都配置了 OPTO 22 公司的人机界面产品。利用 OPC 技术实现上位机、下位机的数据交换。在调度中心和管理中心可以实现对整个输油管线的有效管理和监控。

8.5 节介绍了以 SCADA 系统为基础的某大型冶金企业电力调度自动化系统的设计与开发。首先进行了系统总体结构设计和设备配置，对关键设备的作用进行了阐述。然后进行了调度系统软件功能设计。最后介绍软件系统开发的一些关键内容，详细介绍了 IEC60870-5-104 远动规约和在 WinCC 中进行 RTU 配置及其参数定义。这些内容体现了电力系统与制造业等行业的 SCADA 系统通信的不同之处。最后给出了系统投运结果。该系统能有效采集变电站内部各电气设备的运行状态、继电保护信号和模拟量等信号，并将信号传送到调度中心，同时方便调度人员进行调度，提高了电力调度能力。

8.2 大型污水处理厂 SCADA 系统案例

8.2.1 污水处理工艺与主要处理单元及设备

污水处理工艺流程图如图 8.1 所示。首先通过粗格栅井和进水泵房及细格栅和曝气沉沙池对污水进行预处理，然后通过两个 ICEAS（Intermittent Cycle Extended Aeration，间歇式循环延时曝气活性污泥法）反应池对污水进行二次处理，接着经过二次提升泵房浸入高效沉淀池与曝气生物滤池进行三次处理，最后通过紫外线消毒渠进行消毒后由出水泵房排出。由于污水量的增加，该厂经过了一期建设和二期扩容建设，工艺不变。

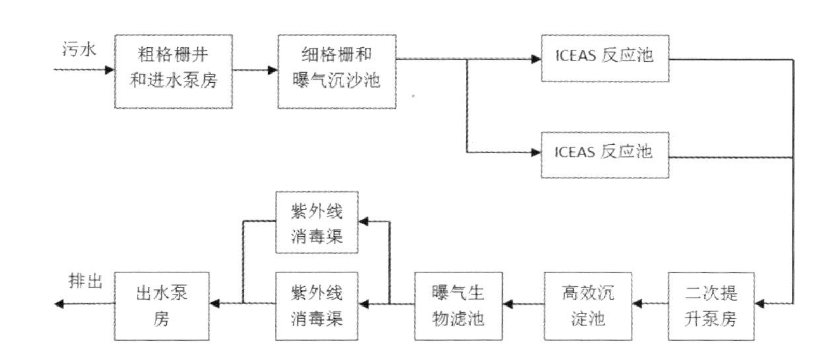

图 8.1 污水处理工艺流程图

（1）进水泵房、二次提升泵房和出水泵房。

一般来说，在污水处理厂工艺流程的运行过程中通常采用重力流的方式来让污水通过各个构筑物和设施，因此在污水进入构筑物和污水处理设施前设有提升泵站。某厂的提升泵站主要有进水泵房、二次提升泵房和出水泵房。进水泵房的主要作用是收集污水并通过水泵将污水提升至后续处理单元所要求的高度，以使其实现重力流。同理，二次提升泵房的作用就是将上游（反应池）来的污水提升至后续处理单元（高效沉淀池）所要求的高度，来让其实现重力流。而出水泵房的作用是通过水泵将经处理的污水提升，后经管道排出，利用大自然水体的输送、稀释和扩散等作用来达到处置污水的目的。

（2）曝气沉砂池。

曝气沉砂池是一个长形的渠道，在沉砂池中设置有曝气设备，以实现预曝气、脱臭、除泡的作用，并加速污水中油类及浮渣的分离。曝气沉砂池能够从污水中去除石子、沙粒、杂粒等密度较大的无机颗粒，避免这些颗粒影响污水处理厂后续处理设备的运行。

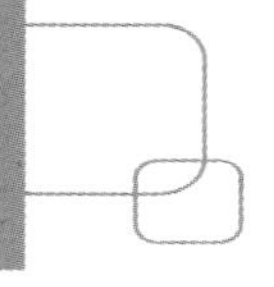

（3）ICEAS 反应池。

ICEAS 反应池是整个污水处理工艺的核心，它集初沉池、曝气池、沉淀池为一体，因此，该工艺包括三个阶段：曝气阶段、沉淀阶段和滗水阶段。在曝气阶段，通过曝气系统向反应池内间歇供氧，有机物被微生物作用氧化，同时污水中的氨/氮通过微生物硝化/反硝化作用，最终实现脱氮的效果。在沉淀阶段，停止向反应池内供氧，活性污泥在静止的情况下下降，达到泥水分离的效果。在滗水阶段，当污泥沉淀到一定深度后，滗水器开始工作，将反应池内的上清液排出。在滗水的过程中，当污泥浓度较大时，可启动污泥泵把剩余污泥排至污泥池中，以保持反应池内一定的活性污泥浓度。滗水结束后，开始下一个周期，整个过程周而复始，从而完成对污水的处理。该厂为每个 ICEAS 反应池配置一个鼓风机房。

（4）高效沉淀池。

高效沉淀池一般分为絮凝池与沉淀池两个部分。在絮凝池部分，通过投放絮凝剂，以及涡轮搅拌机多倍循环率的搅拌作用，使水中悬浮的固体被剪切形成新的易于沉降的絮凝体。沉淀池部分被隔板划分为预沉区及斜管沉淀区。在预沉区，易于沉降的絮凝体快速沉降，没来得及沉降或不易沉降的微小絮体则在后续被斜管捕获，最终由池顶集水槽收集，排出高质量的出水。

（5）曝气生物滤池。

曝气生物滤池主要通过反应器内微生物的氧化分解作用、填料和生物膜的截留吸附作用、沿水流方向的食物链分级捕食作用及生物膜内部环境和厌氧段的反硝化作用来处理污水。与一般的生物接触氧化反应池相比，曝气生物滤池除了通过微生物作用来去除污染物，还可以通过过滤作用将部分污染物除去。该厂为曝气生物滤池配置一个鼓风机房。

（6）紫外线消毒渠。

紫外线消毒渠通过利用紫外线对微生物的灭活机理而达到净化水质的目的，紫外线消毒渠的作用是将经过处理的水经过紫外线消毒后由出水泵房排出。

此外，还有污泥脱水机房来处理污水处理过程中产生的污泥。

8.2.2 污水处理厂工业控制系统总体设计

1. 控制系统总体设计

1）污水处理设备的控制原则和要求

污水处理厂工程规模大、设备种类较多，按重要性可分为 3 类，对这些分类设备的控制总体原则如下。

（1）控制系统对特别重要的设备（如各类潜水泵、鼓风机等）做到全自动控制，并且考虑故障应急措施。

（2）控制系统对重要设备（如格栅、搅拌机、鼓风机等）可实施自动控制，中控室可监控设备运行状态。

（3）控制系统对一般设备（如各类闸门、阀门等）可实施自动控制和现场点动控制，中控室既可以监视也可以远程启停。

在控制的优先级上，现场手动优先级最高，现场控制站优先级次之，中控/远控优先级最低。

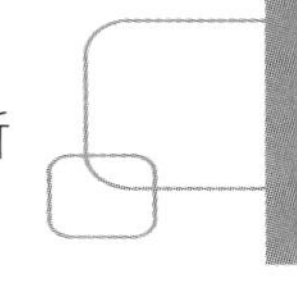

2）污水处理工业控制系统结构设计

结合上述设备控制要求、工艺流程和总平面布置，以及监控中心的位置和供配电范围，按照控制对象的区域、设备量，以就近采集和单元控制为划分区域的原则，设计包括一座中央控制室和四座现场控制站（1#PLC 站～4#PLC 站）的分布式工业控制系统，污水处理工业控制系统结构如图 8.2 所示。

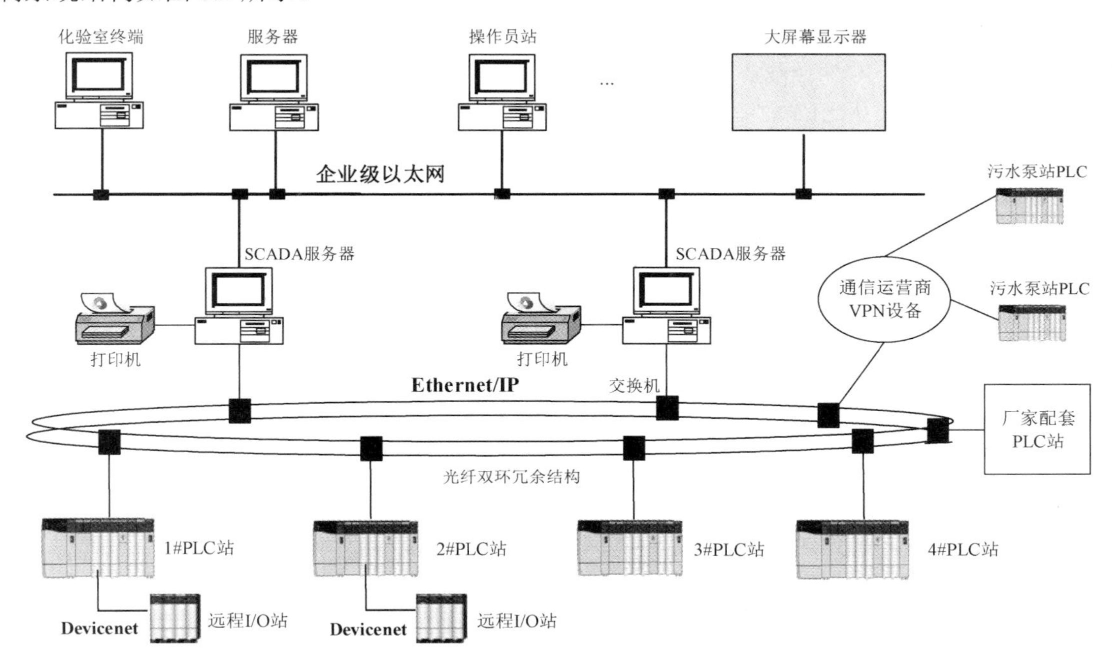

图 8.2　污水处理工业控制系统结构

整个系统是一个具有客户机/服务器结构的 SCADA 系统。中央控制室可采集现场 PLC 控制站的全部运行参数和信息，实时监控整个污水处理流程和设备运行状况，通过权限约定，在线遥控现场主要设备的工作。通过控制系统软件的开发和功能设计，确保系统达到生产现场无人值守的目标。

中央控制室的操作员站、工程师站、数据库服务器及视频监视计算机等通过工业以太网交换机接入光纤环网，与各现场 PLC 控制站实现数据交换，完成数据采集、遥控和管理各现场 PLC 控制站内的机电设备的功能，并可与生产管理室和化验室终端构成厂级生产管理网络，实现数据共享和信息化管理。

中央控制室还对现场 PLC 控制站所收集的运行数据和状态参数进行汇总分析、统计存储、报表生成、事件记录、报警和打印等处理。中央控制室还生成实时数据库和历史数据库，作为日常管理和决策依据，支持在线查询、修改、处理、打印等功能，数据库带有标准的 SQL 接口和 ODBC 接口，可与其他关系数据库建立共享关系，为企业信息化管理系统提供基础数据。

由于污水处理厂的监控中心与各泵站之间往往间隔较远，敷设专用通信光纤网络实现通信基本不可能，因此本系统采用 VPN 技术解决污水处理厂监控中心与远程泵站间的通信问题，不但建设与运营费用低，可实现各泵站与监控中心间的数据、语音和视频图像传输，而

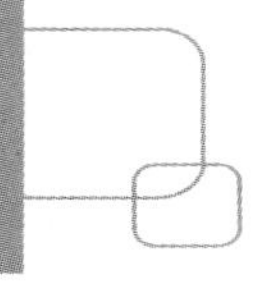

且保密性更好。

控制网络选用多模冗余光纤工业以太网交换机，具有 5 个 10/100BASE-T（X）口（RJ45 口），2 个 100BASE-FX 全双工多模光纤口，还有 1 个 stand-by 口用于多个环之间的冗余连接，在一个环上可以串接多达 50 个交换机（快速介质冗余）。在两个交换机之间，光纤长度可达 3km，同时具有 24VDC 冗余电源连接和带电模块化设计，扩展十分方便。由于网络与通信技术的快速发展和价格的下降，目前，工业控制系统的主干网络已经普遍采用这种冗余环网结构，大大提升了通信速率、实时性和可靠性。

除了主干网络，系统还配置了一些网关设备，不但可以与设备厂家自带的控制系统通信，实现对这些设备的监控，而且可以实现对现场带总线接口的智能设备的数据采集和远程监控。在设备层系统还配置了设备网及相关的总线设备，从而使得系统具有总线控制系统的一系列优点。

2. 中央控制系统功能设计

中央控制系统的主要功能如下。

（1）通过 VPN 与外围污水泵站现场控制系统进行通信，实现对泵站设备的监控。

（2）通过通信系统监控各个现场（污水处理厂区和泵站）设备的运行状态，并采集相关的工艺参数，根据设备控制方案和相关设备的运行情况进行统一监控。

（3）负责对全厂设备的监测和控制，以及对现场控制站各控制参数的设定和修改；监控整个污水处理流程，确保水质达标排放，同时力争实现节能运行。

（4）数据处理和管理功能：建立生产历史数据库存储生产原始数据，供统计分析使用，利用在线数据和生产历史数据库中的历史数据进行分析统计。能在故障恢复时，补齐数据。

（5）显示功能：动态显示相关的工艺流程、设备状态、网络状态、工艺数据等；显示工艺区域图、工艺控制图、单元控制图、厂区平面图等。

（6）报警功能：具有报警组态、报警、报警记录等功能。

（7）报表功能：能按照企业要求生成日报、月报和年报，覆盖设备状态信息、污水处理信息、水质信息等。

（8）初步的故障自诊断功能。

（9）信息安全防护能力，能抵御一般的网络攻击和病毒，确保数据的完整性、保密性和可用性。

3. 现场控制站设计

1）现场控制站功能设计

现场控制站采用的是美国罗克韦尔自动化公司的 ControlLogix 控制系统，主要负责采集污水处理工艺流程的生产参数，实现污水处理厂全流程的自动或手动控制，监测设备的运行状态，提供操作人员进行操作管理的接口。现场控制站内还配置了触摸屏，便于巡检人员在现场了解设备状态。

现场 PLC 控制站的主要功能如下。

（1）设备控制功能：控制泵、阀/闸门、格栅、鼓风机、搅拌器和污泥泵等设备。

（2）工艺参数采集功能：对生产过程参数和水质参数进行实时检测、监控、采集和处理，

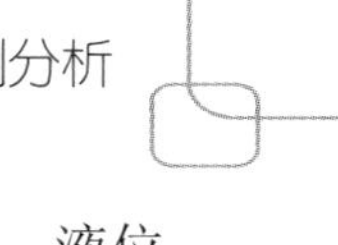

通过传输网络传送至中央监控系统存储、显示。过程参数包括工艺流程范围内的压力、液位、流量等参数，还有水质参数，如溶解氧（DO）浓度、污泥浓度（MLSS）、氨氮浓度、pH 值、总磷（TP）浓度等。

（3）设备状态采集与监控：各现场控制站的 PLC 监控所属工艺段范围内设备的运行状态，将采集到的状态信号通过传输网络传送至中央监控系统存储、显示。

（4）电量信号采集与监控：通过总线网关对各变配电所的电力信号进行采集，实现对电气系统的连续监控。

（5）远控功能：接收中央监控系统的调度指令，对各类设备进行远程控制，并且具有对上位机的错误指令进行屏蔽、处理的功能。

（6）保护功能：具有越限保护及设备故障情况下的自动保护功能。

（7）组态功能：可以因工艺的改变而调整系统的组态。

（8）用户管理功能：可通过设置安全措施，如保护口令，来防止越权修改。

（9）故障处理功能：系统具有故障自检、故障恢复功能，发生故障时，自动启用备份程序，以最快的速度恢复正常功能。

2）现场控制站配置

根据工艺流程和设备控制要求，统计各站 I/O 点数和对外接口。对外接口主要用于控制器与第三方厂家自带的控制系统通信，因此控制器的处理容量要考虑这些外部系统的 I/O 点。由于选用了罗克韦尔 ControlLogix5000 控制器，因此采用 Devicenet 总线连接远程 I/O 站。

本系统共设计了 4 个现场控制站（1#PLC 站～4#PLC 站）。每个 PLC 站的基本配置如下。

（1）一套冗余 PLC 可编程序控制器，含有中央处理器（CPU）、电源模块、数字量输入/输出模块、模拟量输入/输出模块、通信模块（包括总线和以太网）等。

（2）一套 PLC 控制柜及配套元件。

（3）一套安装于 PLC 控制柜内的 UPS。

（4）PLC 控制柜进线电源避雷器。

不同的 PLC 站由于 I/O 点不一样，因此机架及模块数量有所不同。为了便于维护，进行模块配置时不同的站点的同类信号尽量配置同类型的模块。

现场控制站直接对污水处理过程进行现场控制，为了确保污水处理过程正常进行，提高工业控制系统的可靠性和可用性，对现场控制站采取了一系列冗余设计。PLC 采用双电源、双 CPU、双以太网冗余结构。其中，双电源冗余，即在每个冗余机架上配有 1 套专用冗余电源（含 2 块电源），一旦其中 1 块电源损坏，另 1 块会进行实时无缝切换，保证该机架上的 CPU 模块和网络模块正常供电，具有极高的供电安全系数。双 CPU 冗余，即在每个冗余机架上各配有 1 块 CPU 模块，其中，1 块充当主站，另 1 块作为从站，平时主站负责对所有的设备、子站进行采集数据、判断处理、控制设备，而从站实时进行对程序、数据的备份，一旦主站损坏，冗余系统立即实时无缝切换到从站工作，保证对相关设备输出控制的连续性，绝不会丢失任何数据，因此具有很高的系统可靠性。双以太网冗余，即 2 个冗余机架上各配 1 块以太网模块，若主站以太网模块损坏，系统会自动切换到从站以太网模块，从而保证本站和中控室通信正常。此外，采样控制器支持模块的带电插拔，因此，即使出现模块故障，也可以在控制器不停机的情况下实现设备维护，确保系统长期、连续和稳定运行。

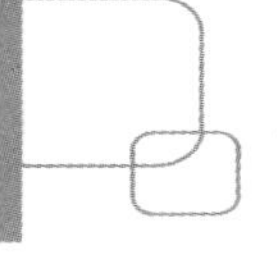

3）4 个现场控制站介绍

1#PLC 站位于进水泵房，主要负责进水泵房、细格栅等构筑物设备内设备的控制和数据采集。硬件设备包含 6 个电动进水阀门，12 台潜水泵，2 台粗格栅、2 台细格栅、2 台螺旋输送机，2 台螺旋压榨机等。

2#PLC 站位于变电所，主要负责 ICEAS 反应池的工艺设备控制和工艺参数采集。硬件设备包含鼓风机、搅拌器、滗水器、电动闸门、电动阀门和剩余污泥泵等。反应池生物除臭系统设备厂家配套了 PLC 控制系统，该 PLC 控制系统与 SCADA 服务器通过以太网进行通信。

3#PLC 站位于已建二期变电所，主要负责污水处理厂扩容新建的 ICEAS 反应池的工艺设备控制和工艺参数采集。

4#PLC 站位于二期变电所，主要负责二次提升泵房、高效沉淀池构筑物设备内设备的控制和数据采集。硬件设备包含 12 个潜水泵、16 个电动阀门、4 个电磁阀等。

4．污水处理厂主要的检测与分析仪表

污水处理厂主要包括液位、流量、压力和温度等的检测仪表。其中，格栅前后安装液位差计，进水泵房集水井、反应池等安装液位计。流量计主要测量进水流量、出水流量和污泥流量等。目前多采用超声波类型的液位计和流量计。压力计主要测量反应池等进气管道的进气压力。温度计有时用于反应池进行污水温度测量。一般要求检测仪表输出 4～20mA 的标准信号，以便于 PLC 的数据采集。

污水处理厂还大量使用各种分析仪表，主要包括安装在进水/出水仪表小屋的水质分析仪（如 COD、BOD_5、TN、TP、SS 等）；用于污水处理控制的安装在反应池的用于测量溶解氧（DO）和悬浮物（MLSS）的浓度计等。一些进水泵房还会安装 H_2S 分析仪和 PH 计。

8.2.3　污水处理工业控制系统程序设计

1．现场控制站程序开发

1）现场控制站硬件组态

以 2#PLC 为例，用 RSLogix5000 进行系统硬件配置。在硬件组态环境中，添加各种设备，包括控制器、电源、网络和通信模块、I/O 模块等。设备添加完成后，可以双击设备，进入设备属性窗口，修改设备属性，对设备、网络等进行组态。

2）用户自定义指令开发

在污水处理厂中，有许多同类设备，它们的工作方式在本质上一致，如高效沉淀池进水电动闸门、曝气生物滤池电动闸门等设备。此外，还存在统计设备的工作时间、工作次数等通用功能。为了简化程序设计，提高程序可复用性。RSLogix5000 编程环境提供了用户自定义指令（Add on Instruction）功能。通过该功能，用户可以自定义指令的接口与功能，把常用的指令及程序封装起来，建立面向同类设备或满足行业需要的专业指令。用户自定义指令允许重复使用代码，提供友好的接口界面及加密保护等。下面简要介绍 2 个用户自定义指令的设计与使用。

（1）设备计时自定义指令。

对于许多设备，要统计其工作时间。这里以泵类设备为例，定义了自定义指令

pump_runtime_c。首先定义其要使用的输入、输出和内部参数，如图 8.3（a）所示。然后定义该指令的逻辑功能，可以采用 RSLogix5000 编程环境支持的编程语言。这里使用了梯形图语言，如图 8.3（b）所示。程序通过一个分钟脉冲来计时，同时把分钟转换为小时。

定义好自定义指令后，就可以在程序中加以调用。选择指令选项卡的“Add-On”选项，就会出现创建的指令，将光标置于指令上，会出现指令的详细信息。单击该指令，将其拖动至梯形图上，即可完成从实参到形参的赋值，对设备计时自定义指令的调用如图 8.4 所示。

Name	Usage	Default	Force	Style	Data Type	Description	Constant
EnableIn	Input	1		Decimal	BOOL	Enable Input - Syst...	☐
EnableOut	Output	0		Decimal	BOOL	Enable Output - Sy...	☐
P_CLEAR	Input	0		Decimal	BOOL	清除计时	☐
P_PULSE	Input	0		Decimal	BOOL	分钟脉冲	☐
P_RUN	Input	0		Decimal	BOOL	设备运行	☐
P_RUNTIME_C	Output	0.0		Float	REAL	设备运行时间	☐
+ P_RUNTIME_MIDDLE	Local	0		Decimal	DINT	计时中间变量	☐

（a）参数表

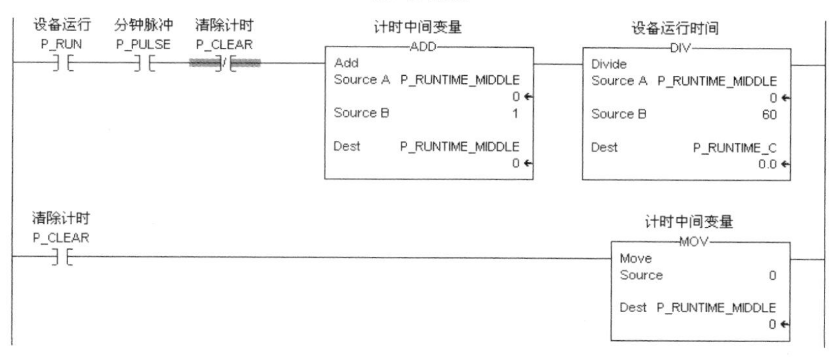

（b）梯形图逻辑程序

图 8.3　计时自定义指令的定义

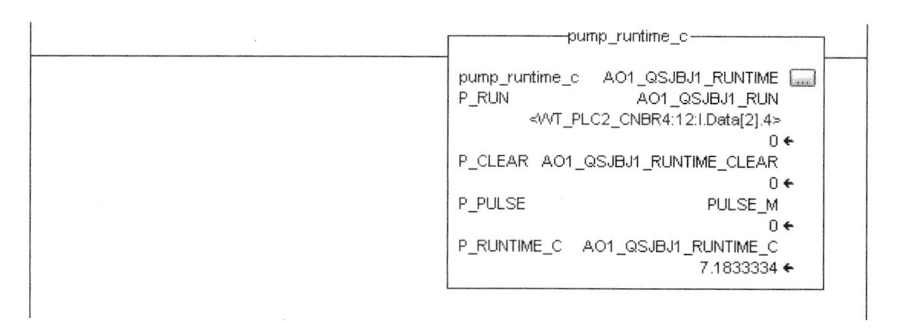

图 8.4　对设备计时自定义指令的调用

（2）阀类设备控制用自定义指令。

在本系统中，专门开发了自定义指令来进行对高效沉淀池进水电动闸门、曝气生物滤池电动闸门等设备的控制。对闸门类设备的控制包括上位机手动、自动操作。其中，手动操作是指操作员通过手动方式操作，而自动操作是指上位机操作员置设备于自动方式，PLC 根据工艺要求自动开/关闸门。因此，在上位机上通过一个变量来表示是否为自动方式。闸门的现场输入信号包括允许自动、开到位、关到位和故障信号。闸门的输出控制信号包括开/关闸门。采用定时器来监控闸门开/关过程的时间，超过时间就提示超时错误。

阀类设备控制自定义指令的参数表如图 8.5 所示，由于每个变量都加了描述，读者很容易知道变量的作用。闸门类设备控制自定义指令的程序本体逻辑如图 8.6 所示。对程序的解释如下。

Name	Usage	Default	Forc	Style	Data T	Description	Constant
EnableIn	Input	1		Decimal	BOOL	Enable Input - Syste...	
EnableOut	Output	0		Decimal	BOOL	Enable Output - Syst...	
overtime_reset	Input	0		Decimal	BOOL	超时复位	
+ times	InOut	{...}	{...		TIMER		
v_auto	Input	0		Decimal	BOOL	上位自动允许	
v_close	Input	0		Decimal	BOOL	远控关	
v_closed	Input	0		Decimal	BOOL	关到位	
v_crel	Output	0		Decimal	BOOL	执行关	
v_fault	Input	0		Decimal	BOOL	故障	
v_needclose	Input	0		Decimal	BOOL	自动关	
v_needopen	Input	0		Decimal	BOOL	自动开	
v_open	Input	0		Decimal	BOOL	远控开	
v_opened	Input	0		Decimal	BOOL	开到位	
v_orel	Output	0		Decimal	BOOL	执行开	
v_overtime	Output	0		Decimal	BOOL	超时	
v_remote	Input	0		Decimal	BOOL	现场远控允许	

图 8.5　阀类设备控制自定义指令的参数表

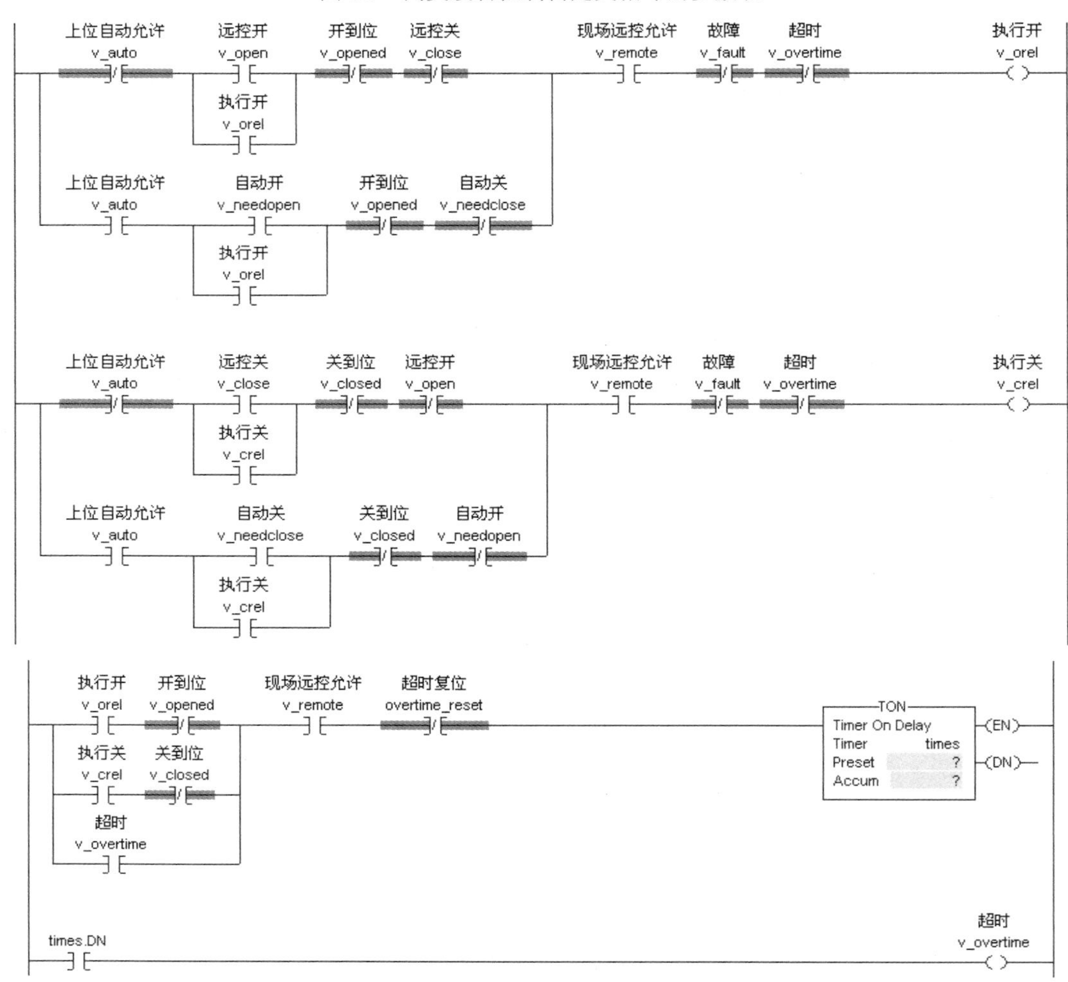

图 8.6　闸门类设备控制自定义指令的程序本体逻辑

① 对于开、关动作输出 v_orel 与 v_crel 要用开到位 v_opened 与关到位 v_closed 信号互锁。

② 在远控逻辑部分，对执行开 v_orel 用远控关 v_close 与远控开 v_open 进行互锁，即同一时刻不能同时执行远控开与远控关两个矛盾的动作指令。对执行关 v_crel 采用相同的互锁逻辑。

③ 执行执行开与执行关动作时，一旦出现故障 v_fault 或超时 v_overtime，要切断开、关操作指令。

④ 对于开，要包括自动开与上位机手动开，因此梯形图逻辑是并联（逻辑或）；对于执行关也是这样。

⑤ 由于远控开 v_open 指令是点动的，因此用执行开 v_orel 进行了自保。执行关 v_close 也是点动的，执行关 v_crel 也进行了自保。

⑥ 超时复位 overtime_reset 来自上位机，是点动（脉冲）信号。

定义好这个用户自定义指令后，可以用梯形图或 ST 语言等对该指令进行调用。

2. 上位机监控软件开发

上位机监控软件采用北京亚控科技公司组态王 KingView 6.6 SP2。经过多年的发展，组态王的组态软件产品功能增强、运行稳定可靠。该版本支持将使用 AutoCAD 设计的二维图形导入画面，收录为基本图形元素，并可配置动画，降低了工作量。该软件还具有丰富的模板功能，组态工作中经常使用到的设备、变量、画面等，可生成模块化组态单元，方便之后快速从模板中生成设备、变量、画面等内容。模板有 4 种：采集模板，包含设备及其关联变量信息；画面模板，包含所有可以使用的图形图素组件、控件、画面脚本等；脚本模板，包含所有组态王后台脚本，如应用程序脚本、事件脚本、自定义函数等；图形模板，针对不同项目中同一类型不同数量的监控设备图形及变量。同时，这些模板提供统一存储管理、权限设置等服务，方便多人使用，能保护知识成果。组态王除硬件锁授权方式外，还启用软授权。新授权系统可支持授权锁与组态王不在同一计算机上，提高授权的使用效率，也可降低授权成本。此外，还有“二次授权”功能，在授权的基础上，用户被允许在授权锁中写入所需信息，为最终工程应用进行再授权。

整个上位机的监控界面包括全厂流程动态显示、各个关键工艺流程的局部显示、设备状态显示和报警、工艺参数显示和报警、设备远程监控、报表功能、参数实时趋势和历史趋势等。在本监控系统中，所有的构筑物、设备等都采用三维图形，通过位图方式插入每个画面（Picture），所有的动态部分都是利用组态王中的组件或动画功能实现的。为了保持风格一致，所有的设备运行（阀门开到位）用红色圆圈表示，停止（阀门关到位）用绿色圆圈表示，故障用黄色圆圈表示。

污水处理厂的全厂动态流程显示如图 8.7 所示。该流程实时动态地显示污水处理厂的工艺流程，包括污水处理流程、污泥处理流程等。流程图上包含主要设备实时运行状况、关键工艺参数实时数值。该流程图采用纵断流程和平面流程相结合的流程图显示方式。单击各区域可进入相关的处理区域。图 8.7 只显示污水处理过程总貌，各个工艺区段或具体设备的显示与控制可通过按钮菜单进行切换。

图 8.8 所示为进水区人机界面。该界面可以展示该工艺流程、相关参数及设备监控的细

节。由于污水处理厂的进水/出水的水质参数是污水处理厂最为重要的工艺参数，因此，在这个画面上对进水水质参数进行了显示。对瞬时进水流量、总进水流量等也进行了显示。

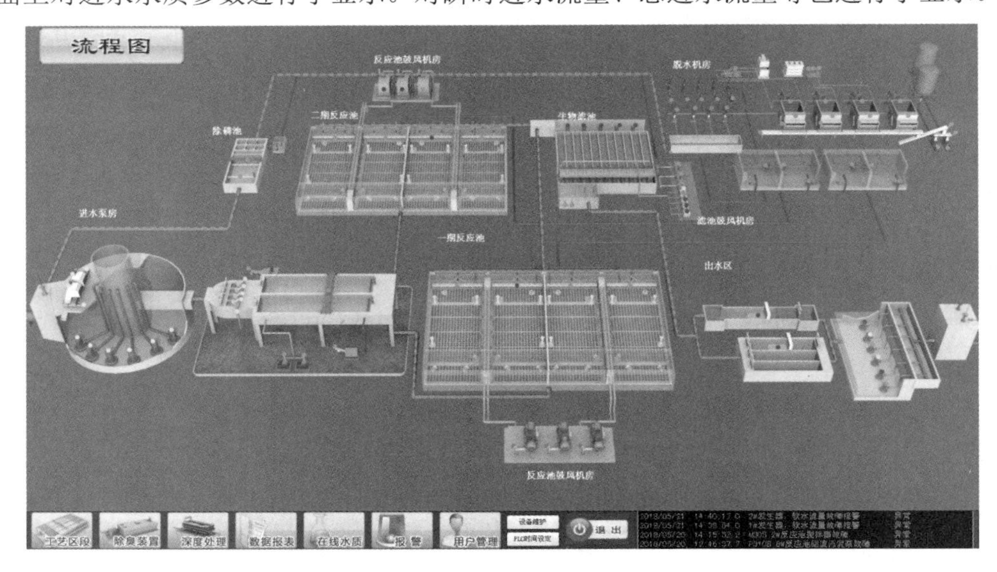

图 8.7　污水处理厂的全厂动态流程显示

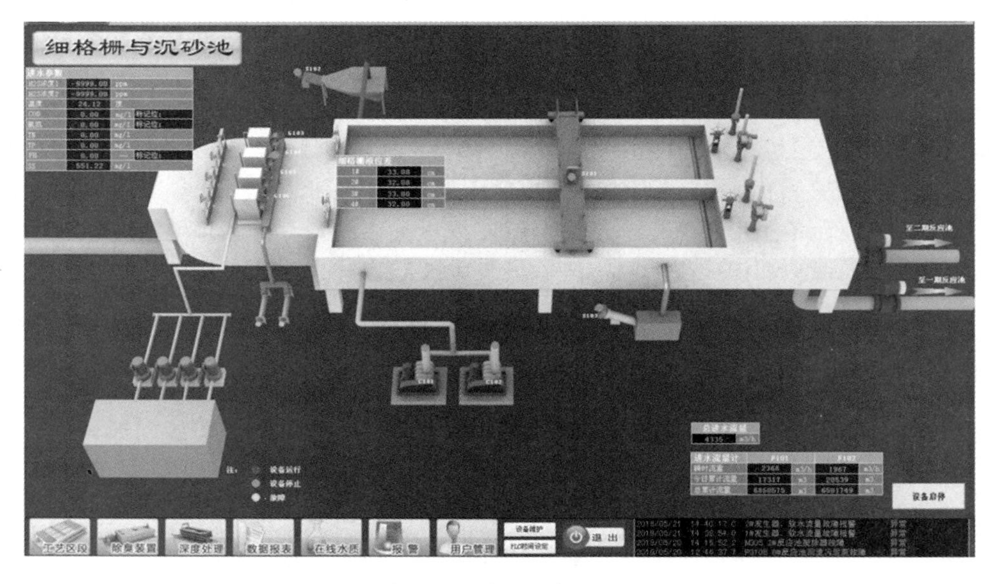

图 8.8　进水区人机界面

反应池人机界面如图 8.9 所示。反应池是污水处理厂的重要工艺流程设备，其运行状态对于出水水质起重要作用，在很大程度上决定污水处理的能耗，因此，加强对反应池的监控十分重要。该反应池人机界面显示了生物反应系统有关的工艺、设备和参数。可以看到，反应池内布置有曝气管道和大量的微孔曝气头。鼓风机作为气源向管道输气，进气管压由高精度电动阀门调节。设备状态通过圆形指示灯显示。主要的工艺参数有溶解氧（DO）的含量、混合液污泥浓度（MLSS）、反应池液位、进气管压等。鼓风机的运行状态和工作电流等设备参数也在该界面显示。在此人机界面，操作员可操控搅拌器、进气阀、滗水器、电动闸门、电动阀门和剩余污泥泵等设备。为便于操作，在设计人机界面时，同类设备的控制窗口采用统一的模板。

图 8.9　反应池人机界面

正如在本书第 1 章说到的，当开发 SCADA 系统时，上位机、下位机参数通常要定义 2 次，且要确保参数地址对应。结合这里对对应反应池电动闸门的控制进行分析，为了实现在上位机上的自动与手动操作，必须在上位机上设置与该设备“远控”按钮对应的通信变量，操作该按钮后，将会把该变量置位，而该变量对应的就是 PLC 中自定义指令中的“v_auto”参数，即“v_auto”也被置位，因此，该设备就按照自动方式工作了。当“v_auto”为 0，即选择手动操作时，操作员需要对上位机上的手动开、关按钮操作，以实现手动遥控功能。上位机人机界面中的开、关按钮对应的 2 个变量与 PLC 中的“v_open”与“v_close”对应的 2 个寄存器地址相关联，从而使得 PLC 中的程序可以根据操作员的操作指令来执行手动操作。由于上位机上对“v_auto”采取的是置位，对“v_open”与“v_close”采取的是脉冲，因此，在 PLC 程序中对开、关的控制输出进行了自保，读者可以结合图 8.5 和图 8.6 的程序来分析。通过这样的方式，就实现了上位机上的操作对 PLC 程序的执行产生影响，从而达到了操作人员对污水处理过程的监控。从这里也可以进一步明确，上位机中的监控功能通过下位机（PLC）才能起作用，下位机是工业控制系统的核心设备。

在上位机中，手动、自动控制实现的方式与下位机中的程序是对应的，当上位机中采用其他的手动、自动操作方式时，上位机、下位机中的通信参数数量等也要改变，同时，下位机的 PLC 程序也要相应调整。此外，还要注意上位机上对于与控制关联的布尔类型变量的操作方式是置位还是脉冲，采用不同的方式，下位机程序也不一样。采取脉冲方式时，要确保脉冲宽度足够大，否则会导致下位机接收不到该脉冲信号。

8.2.4　系统调试与运行

系统应用软件开发完成，设备安装好后，就可以进行系统调试了。系统调试的目的是确

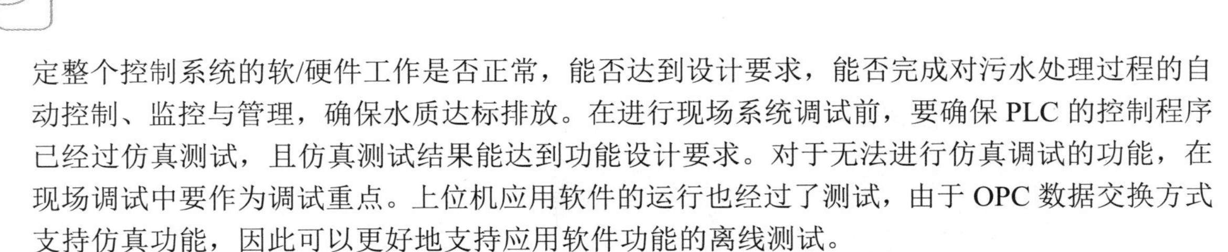

定整个控制系统的软/硬件工作是否正常，能否达到设计要求，能否完成对污水处理过程的自动控制、监控与管理，确保水质达标排放。在进行现场系统调试前，要确保 PLC 的控制程序已经过仿真测试，且仿真测试结果能达到功能设计要求。对于无法进行仿真调试的功能，在现场调试中要作为调试重点。上位机应用软件的运行也经过了测试，由于 OPC 数据交换方式支持仿真功能，因此可以更好地支持应用软件功能的离线测试。

对于 PLC 设备，在现场安装前，可以通过信号发生器、万用表等测试各个模拟量通道的输入是否正常。对于数字量输入，可以通过输入端短接等方式测试输入点，对于模拟量和数字量输出，可以通过信号强制来测试。

在确保安装到现场的设备工作正常后，可以进行现场调试。现场调试包括初步调试、单机调试和联机调试。

1．初步调试

初步调试是为之后的单机调试和联机调试做准备的。初步调试的主要内容为对控制系统的相关设备硬件进行检查，对发现的问题逐一解决，具体调试内容及步骤如下。

（1）检验控制柜电源、端子、接地等。检验控制柜中 PLC 系统的电源、CPU、输入/输出模块、通信模块的数量、型号是否和配置图中设计的一致。特别要注意一些特殊的 PLC 模块的安装位置，如有些模块只能安装在主机架上。

（2）检查仪表量程、信号输出方式、报警参数、通信参数等的设置是否符合要求。流量仪表要注意前后直管段是否符合要求，安装方向是否准确。超声波液位仪表要注意盲区是否符合仪表要求。对于分析仪表要确定插入深度是否符合设计要求。这是因为反应池是一个分布参数系统，不同测点的参数不一样。

（3）回路测试：该测试主要用来确保现场仪表或各种接点与控制器 I/O 模块的连接情况。进行回路测试时，控制系统二次回路可以上电调试。要注意检查所有的信号对应的 PLC 的地址与设计的一致性。针对数字量信号和模拟量信号的测试内容如下。

① 对于数字量输入信号，在设备端将被测信号的端子短接或在 MCC 柜上进行相应的操作，如转动设备工作模式选择开关，或在过热继电器上模拟过热等，观察 PLC 端信号是否准确。对于数字量输入信号，要特别注意正常工况下输入信号是常开触点还是常闭触点；另外，对于接近开关等含有 NPN 或 PNP 电路的输入设备，要注意选择配套的 DI 模块。

② 对于模拟量输入信号，目前许多现场仪表支持信号的模拟输出，通过该功能，可以测试程序中各模拟通道的工作。对于模拟量输出信号，可以在 PLC 中强制输出，在现场相应的端子测量是否接收到准确的信号。

（4）检验上位机系统网络连接是否正常，网络设备的 IP 地址分配是否准确。检验总线模块通信是否正常。检查网关、交换机、路由器、防火墙等设置。

（5）上位机系统连续运行，检查上位机是否存在死机等异常情况。

（6）观察上位机上相应设备的状态指示及模拟量显示是否正确、报警功能是否正常、数据记录是否准确、用户权限分配是否合理等。

在进行初步调试前，除了中央控制室，其他现场设备的控制柜只对控制回路通电，对一次回路不通电。

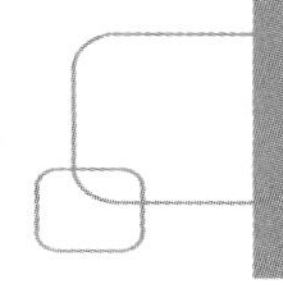

2. 单机调试

在初步调试结束，确保工业控制系统信号准确，检查确认一次回路正常后，就可以对一次回路供电，开始设备的单机调试了。对具有现场手动按钮的设备，在现场手动开启设备，检查设备单机工作是否正常。设备正常后，就可以在控制室或现场触摸屏对设备进行遥控调试了。为了更好地监控程序运行，调试过程可以通过 PLC 编程软件对相关信号和数据进行实时监控，主要调试内容如下。

（1）对设备的启停控制。在上位机或触摸屏上执行“启动/停止”“开/关”“复位”“自动”“急停”等命令，测试设备的远程控制。同时观察设备的“启/停”“全开到位”“全关到位”等反馈信号是否一致。

（2）闸门类设备差动报警时间参数的确定。闸门控制命令有“全开”“全关”两种。闸门“全开”“全关”命令输出后，在预定时间内若没有接收到设备发来的“全开到位”“全关到位”信号，则程序判断为“差动”，产生报警信号传送给上位机。预定时间的选取方式为在闸门全开、全关时间的基础上预留 30%左右的时间。闸门全开、全关时间的获取步骤如下。

① 将差动报警中“开延时检测”（“关延时检测”）时间设到足够大，以免在设备正常开（关）过程中程序错误判断为差动而导致开（关）动作中断。

② 在上位机中执行“全开”（“全关”）命令，此时开（关）操作定时器的累加器开始计时，观察累加器的数值变化。

③ 当闸门全开（全关）执行到位后，设备输出到位信号，到位信号的常闭触点断开，“全开”（“全关”）命令失电，累加器停止计时，还原为 0，记下累加器还原前的最大值，作为闸门“全开”（“全关”）时间。

（3）变频泵变频测试。与变频泵正常运行相关的信号有“运行”信号、“频率”信号，以及“开”命令、“停”命令、“频率控制”命令。变频测试的步骤如下。

① 对控制变频泵频率的变频器进行设置，使其频率输入和输出的方式和量程与 PLC 中设置的数值相同。

② 上位机设置变频泵的工作频率为 50Hz，执行“开”命令，观察变频器上的频率值是否可以达到 50Hz，并观察上位机的频率信号是否与变频器一致。

③ 上位机改变变频泵的工作频率为其他数值，观察变频器的频率值是否可以追踪到上位机的设定值，并观察上位机的频率信号是否与变频器一致。

通过以上单机调试，可以发现系统中存在的各种问题并进行整改，确保单机系统能正常地执行现场控制和遥控，为下一步系统联动调试打下基础。

3. 联机调试

设备联机调试是指测试整个污水处理相关的设备是否可以按照预先设计的逻辑协同工作，完成污水处理的各个工艺过程，实现污水达标排放。

联机调试涉及污水处理的各个环节，包括固体漂浮物处理、固体沉淀物处理、污水生化处理过程及污泥处理等。联动调试涉及整个污水处理流程的各个单机。

受调试时间的限制，程序中设置的定时器/计数器的参数值并不适用于调试（如生化池的运行周期），在联机调试阶段，为了加快调试过程，提高调试效率，可以暂时减小定时器/计数器的设定值，待调试结束后重新写入它们的实际设定值。另外，变频器等设备可以工作于面

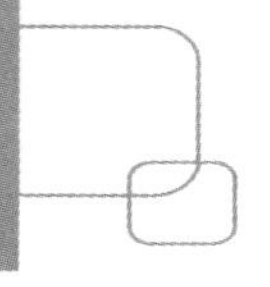

板操作模式，也可工作于外部控制。在调试完成后，要确保其工作方式设置符合要求。

该系统经过调试后已经正式投入运行，控制系统工作正常，污水处理厂出水水质达到了设计要求，符合国家相关标准。

8.3 基于 MOX 公司自动化产品的企业能源集控 SCADA 系统

8.3.1 MOX 公司的 SCADA 解决方案

MOX（万科思）公司是世界领先的自动控制方案提供者，其产品覆盖工业系统控制层、监控层和管理层三级的硬件和软件系统，广泛应用于电力、石油化工、城市公用事业、冶金、矿业、燃气、电力、水处理、食品与饮料等行业。

MOX 公司的工业控制系列产品丰富，可以构成 SCADA 等各类工业控制系统，能为企业自动化和信息化管理提供先进、可靠及易于扩展的整体解决方案。具体产品系列如下。

1）自动化和管理软件

（1）MOSAIC SCADA：基于实时数据库、配置灵活并跨平台运行的监督控制与数据采集软件平台。

（2）MOXGRAF：MOX 公司的控制器的编程软件，支持 IEC61131-3 标准的 5 种编程语言和流程图语言。

（3）MEFASIS：信息化产品系列中面向制造企业 L3 级的信息化管理平台。

（4）DIMASIS：信息化产品系列中基于地理信息系统的管网调度运行监视及设备运行维护平台。

2）自动化硬件

（1）控制器。

① MOX OC 控制系统。

MOX OC 开放控制器是 MOX 控制方案系列中的高端产品。它的设计符合开放性的标准，能通过以太网 TCP/IP、Profibus 和 Modbus 及多种主流现场总线进行通信。MOX OC 在各个层面都可以提供可靠的冗余，可实现容错网络及无网络延时切换，从而保证了系统的可靠性。一套冗余系统包括双处理器、两个电源和两个通信接口模块，使得 MOX 开放控制器能够满足重要工业领域生产过程中极为严格的要求。MOX OC 支持各种 MOX 603 机架式 I/O 模块，包括各种数字量模块、模拟量模块和特殊功能块。

② MOX Unity 现场控制器。

MOX Unity 现场控制器是专为 SCADA 行业应用而设计的，具备强大的数据处理和控制功能。选择合适的通信协议，如 Modbus、DNP 3.0 或 IEC60870 协议，MOX Unity 可以方便地与用户的上位 SCADA 软件集成，以实现数据采集、分析和管理功能。基本 MOX Unity 配置包括数据处理单元和用户可选的内置 I/O 模块，扩展模块包括内置 UPS（需要外接蓄电池）、GSM/GPRS、WCDMA/HSPA、视频捕捉等。MOX Unity 可以通过串行和以太网接口连接外置 MOX 603 I/O 模块的方式方便地实现 I/O 扩展。

③ MOX Gateway 网关控制器。

MOX Gateway 网关控制器是一种先进的协议转换控制器，能通过先进的通信方式与现场

设备进行通信。MOX Gateway 不仅具有 MOX Unity 的大部分功能，还能提供更多的通信选择，使之成为真正的开放式控制器。MOX Gateway 可在工业标准协议（如 Modbus、Modbus TCP、DNP3.0）和多种现场总线之间进行协议转换。

④ MOX IoNix 现场控制器。

MOX IoNix 系统是 MOX 公司结合了多年的工程应用经验，专门为 SCADA 系统和小型分布式控制系统推出的新一代现场控制器。MOX IoNix 采用了紧凑型设计，可与 MOXI/O 模块实现无缝结合，采用模块化安装方式。

⑤ MOX 防爆型现场控制器。

（2）I/O 模块。

MOX I/O 模块分为 MOX 603 和 MOX 606 两个系列。MOX 603 I/O 模块主要和 MOX OC 开放式控制器、MOX Unity 现场控制器结合使用在大中型控制系统中；MOX 606 I/O 模块与 MOX IoNix 现场控制器结合使用在中小型控制系统中。

MOX I/O 模块的种类主要包括数字量模块、模拟量模块、计数器模块、热电阻和热电偶模块、特殊功能块等，每种类型的模块都能提供全面的参数配置选择。

所有模块均具有智能微处理器，能够独立管理通信参数、出错状况和用户选项，具有自诊断功能，可快速定位硬件故障位置，这种能力使模块可以安装于多模块的机架模式下。

（3）MOSAIC Suite 软件。

MOSAIC Suite 是一个具有开放体系结构的软件平台，它同时具备完整的实时数据库系统与 SCADA 系统功能，提供无级缩放的矢量化图形用户界面，无缝集成关系数据库系统，以应用程序接口和关系数据库接口等多种方式为第三方应用软件系统提供集成能力。

MOSAIC Suite 广泛适用于各种不同类型的应用，根据用户需求的不同与现场实际情况，支持构建小型监控系统、企业级实时数据库，甚至广域 SCADA 系统。MOSAIC Suite 的分布式结构、高可靠性的设计理念及访问控制模型等技术使之尤其适用于大型实时数据库及 SCADA 系统，如企业级能源管理或调度监控系统、石油/天然气长距离输送管线、城市天然气监控系统和轨道交通系统等。

MOSAIC Suite 主要由 mxSight、mxHistory 和 mxWeb 组成。

mxSight 是 MOSAIC Suite HMI（Human Machine Interface）组件，提供传统意义上 HMI/SCADA 的功能，包括画面监控、报警、事件、趋势功能、各种驱动程序及 OPC/ODBC 接口等。

mxHistory 是 MOSAIC Suite 的实时数据库组件，提供高效的实时数据库处理、压缩、冗余、数据回补、内嵌的数据查询算法，以及与其他信息化系统的访问接口（如 API、WebService 等），同时提供与主流关系数据库（如 SQL/ORACLE/DB2）的访问接口。

mxWeb 是 MOSAIC Suite 的 Web 发布组件，是基于 W3C 标准开发的 Web 服务，采用 SVG 图形管理技术，使得用户可以通过浏览器作为 Web 客户端远程访问系统。

8.3.2　某企业能源集控调度 SCADA 系统

1．系统的总体结构、组成与功能

某大型企业能源部门的电力、煤气、给水、氧/氮/氩气、发电、热力等系统虽然有各自的

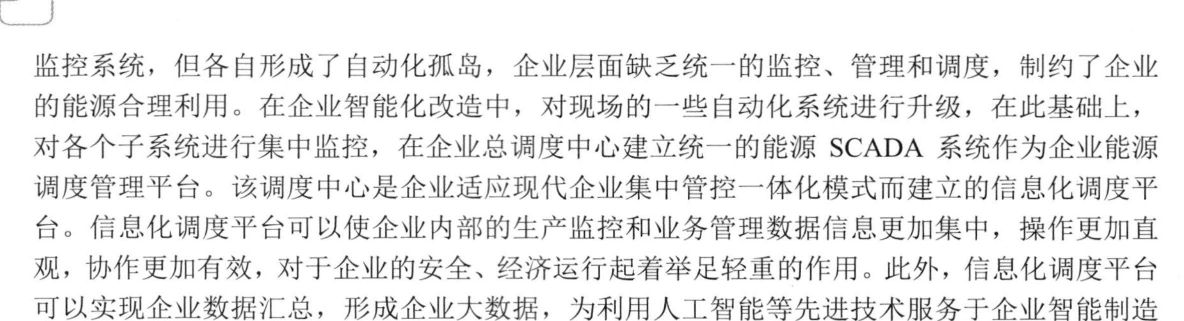

监控系统，但各自形成了自动化孤岛，企业层面缺乏统一的监控、管理和调度，制约了企业的能源合理利用。在企业智能化改造中，对现场的一些自动化系统进行升级，在此基础上，对各个子系统进行集中监控，在企业总调度中心建立统一的能源 SCADA 系统作为企业能源调度管理平台。该调度中心是企业适应现代企业集中管控一体化模式而建立的信息化调度平台。信息化调度平台可以使企业内部的生产监控和业务管理数据信息更加集中，操作更加直观，协作更加有效，对于企业的安全、经济运行起着举足轻重的作用。此外，信息化调度平台可以实现企业数据汇总，形成企业大数据，为利用人工智能等先进技术服务于企业智能制造提供了数据支撑。

该能源部门有 37 个站点的数据要进行采集，现场控制器包括多种型号的 PLC（如施耐德 Quantum、罗克韦尔 ControLogix 和西门子 S7-300 等）和 DCS（如利时 MACS-S 等）。由于现场的自动化系统经过改造后，控制水平满足企业现场运行要求，因此，在实施企业级智能化集控改造时，保持现场控制现状，只从现场的各站点控制系统进行监督控制与数据采集，不再增加新的控制器。为此，设计了系统总体结构，如图 8.10 所示。该能源集控 SCADA 系统采用分布式计算机信息系统，主要由三部分组成，即能源调度管理系统、能源信息网络和现场监控单元。

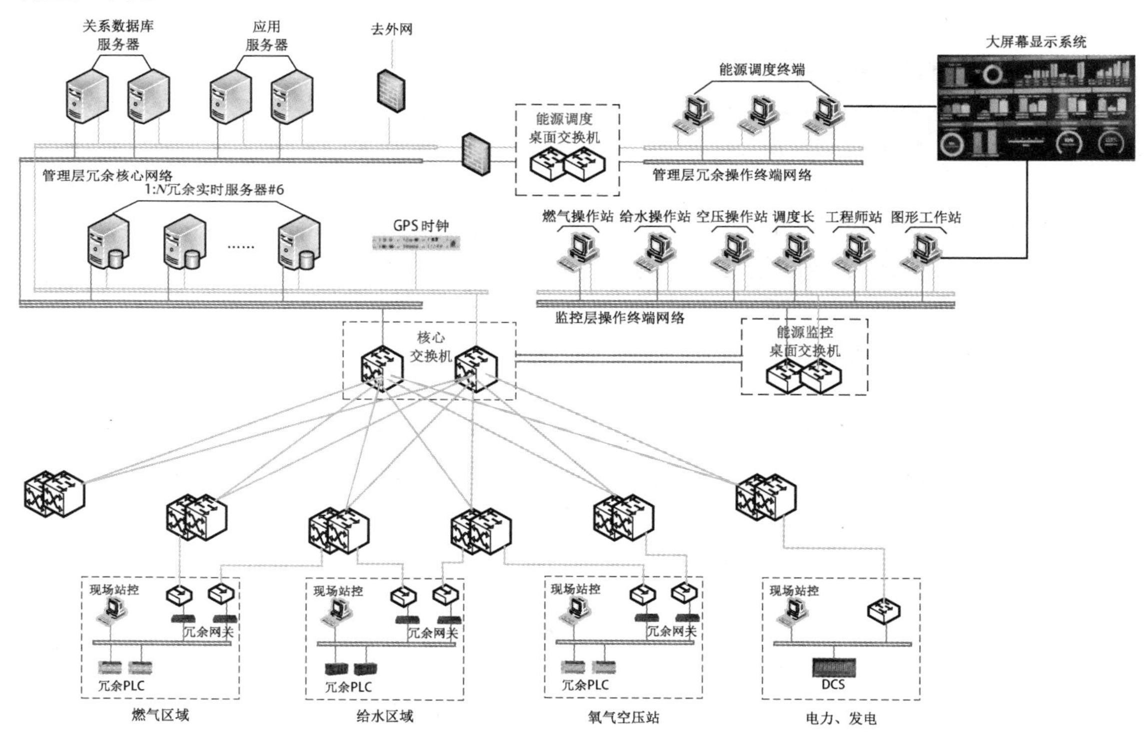

图 8.10　某企业能源集控 SCADA 系统结构

1）能源调度管理系统

该系统的主要管控对象为企业生产经营活动所涉及的水、电、气、风、油等各种能源介质。能源调度管理系统对企业的电力系统、动力系统（燃气、热力、氧/氮/氩气等）、水道系统和部分环保数据实行集中监控和管理，从而实现能源系统的统一集中调度控制和经济结算。

通过对能源系统实行集中监测和控制，可以实现能源数据采集—过程控制—能源介质消耗分析—能源管理等全过程自动化、高效化、科学化管理，使能源生产、使用和管理的全过程有机结合起来，提升能源管理的整体水平。

系统对生产过程中所发生的能源信息进行准确汇总，同时对能源采集设备的运行转况进行实时监控。基于系统强大的能源生产信息、企业制造执行系统的综合生产信息及能源信息、ERP 销售成本和能源业务日常管理信息等信息数据，运用先进的数据处理与分析技术，实现对能源系统的离线生产分析和管理功能，包括能源生产管理统计报表、平衡分析、质量管理、实绩管理、运行支持管理、预测分析等功能。

能源调度管理系统利用 MOX 公司大型实时数据库 MOSAIC SCADA 软件作为统一的远程集控平台，实现对煤气、给水、空压、氧/氮/氩气、蒸汽、发电等共计 37 个站点的数据采集、远程监视和控制。配置了 6 台 1∶6 冗余的实时数据库服务器、30 个操作员站、50 个 Web 客户端。

2）能源信息网络

能源信息网络属于星形网络结构，包括现场网关、现场网关与核心交换机的冗余工业以太网（采用光纤介质）、管理层冗余核心网络、管理层冗余操作终端网络和交换机等网络设备。为了确保调度系统信息安全，除了网络分区，在调度子系统与核心数据库子系统之间、调度系统与外网之间安装防火墙。

3）现场监控单元

可以看出，该调度中心属于大型 SCADA 系统，现场监控单元本身也是一个具有现场控制站和监控计算机的 SCADA 系统或 DCS，配置有上位机、控制器和通信网络等。

一般来说，对于这类现场站点的数据采集，可以采取两种方式，第一种是利用 OPC 服务器来读取控制器的数据，OPC 的数据作为调度系统实时数据库的数据源。第二种是配置网关，该网关把现场不同的通信协议转换为统一的协议，调度系统实时数据库与网关进行通信。本系统采用了第二种方式，即在各现场站点配置冗余 MOX 网关控制器，把现场不同的通信协议统一转换为 Modbus TCP，和处于监控层的实时数据库服务器通信，完成现场数据采集。

2．系统主要技术特色

1）采用统一的大型实时数据库软件平台，支持 10 万点实时数据库

大型调度系统运行的核心 SCADA 软件平台需要大型实时数据库支撑，以确保具有实时、高效和稳定的数据处理能力。大型 SCADA 系统在系统通信、远程控制、用户并发、容灾冗余和安全权限管理等方面都有较高的技术要求，因此，SCADA 软件平台十分重要，而 MOSAIC Suite 可以很好地满足这方面的要求。该调度系统的 I/O 点数可以达到近 8 万，因此配置了 10 万点实时数据库，实现对能源动力部下属的 37 个能源站的数据采集与处理、工艺流程监视、设备远程操控、报警与分级管理、历史记录与趋势查询、事件记录、权限管理、数据库接口、Web 发布等功能。

2）采用 Linux+Windows 系统结构

作为该调度系统的核心软件，该能源集控 SCADA 系统采用 Linux+Windows 的多操作系统支持方式，运行 MOSAIC Suite 监控软件。实时数据库服务器采用 Linux 操作系统，相比 Windows 操作系统，Linux 操作系统很难感染病毒、执行效率更高、稳定性更好，确保了系统

核心部件的安全性、高效性和可靠性。客户端采用 Windows 操作系统，人机交互更友好，便于操作人员使用。

MOSAIC Suite 支持 Window 平台的所有版本，包括 Windows7/8/10 等，同时支持 AIX\Solaris 等 UNIX 操作系统，亦可运行在主流的 Linux 环境下。因此，在操作终端的选择上限制较少、开放性较高。

3）服务器负载均衡与 1:*N* 冗余

该能源集控 SCADA 系统配置了 6 台服务器，能源部下属的 37 个能源站根据 I/O 点数的多少分摊到 6 台服务器上，使得每台服务器所承担的工作负荷相当，实现服务器的负载均衡功能，负载均衡原理图如图 8.11 所示。

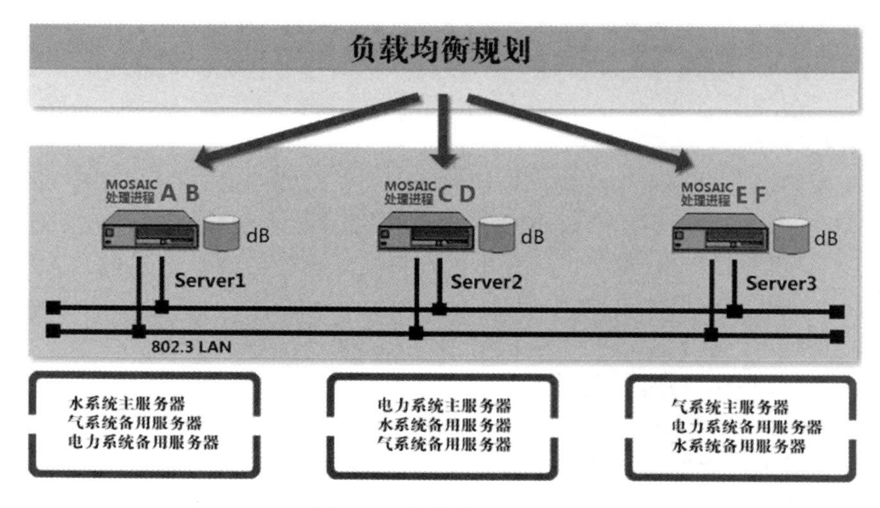

图 8.11　负载均衡原理图

同时，这 6 台服务器实现 1:6 的冗余，任何 1 台或几台服务器发生故障，其所承担的任务会根据提前配置好的优先级策略把故障服务器的任务切换到优先级最高的服务器上运行，从而保证整个系统的完整性和可靠性。

MOSAIC 的任务调度管理系统可以把不同的数据应用进程分布到不同的服务器上，使得每个服务器都能运行在负载比较均衡的状态下。从而避免有的服务器负载较轻，浪费计算机资源，而有的服务器负载较重，影响处理效率，避免整个系统的性能下降，避免运行可靠性降低，从而达到负载均衡的效果。

MOSAIC 的应用任务可以是数据集中管理任务，也可以是与远端数据采集设备通信的任务，还可以是历史服务器任务、报警服务器任务、事件历史服务任务等。在任务具有可分布的功能的基础上，MOSAIC 系统也提供了应用进程的备用功能模式，即一个应用进程功能可以配置首选在一个服务器上运行，同时可配置在其他服务器上备用运行，备用服务器不限数量，因此其他服务器都可以作为它的备用服务器。MOSAIC 系统突破了传统意义上主备冗余的概念，成为真正灵活的 1:*N* 冗余模式，充分利用了系统的整体资源。

通过在每台服务器上为某任务设置优先级，当这个正在运行的任务失败时，将由拥有最高优先级的那一台服务器来接管该任务。当多台服务器同时启动时，对该任务拥有最高优先级的服务器将运行该任务。对于该任务来说，正在运行它的服务器为主服务器，其他服务器为备用服务器；对于另外一个运行在其他服务器上的不同分布任务来说，该服务器就是该不同分布任务的一个备用服务器。

对于每个集群数据库，图8.11中的A、B、C、D、E、F进程可以是MOSAIC的一些典型应用进程。在正常工作时，3个系统的服务器各司其职，相互侦听。当一台服务器发生故障时，该服务器上的进程可以根据预先配置的策略，自动切换到备用服务器上运行，保证系统的可靠性。例如，根据系统的配置文件，定义了水系统的权限认证进程A首选在Server1服务器上运行，当Server1发生故障时，自动切换到Server2上运行，如果Server2也发生故障，而Server1还没有恢复，则该进程将切换到Server3上运行。当系统故障修复后，该进程将切回Server1。

4）采用网关控制器进行网络隔离、数据采集与协议转换

（1）网络隔离。

能源部下属的站点在网络上都是相互独立的，各个站所的本地监控计算机和PLC的IP地址都是随机的，能源集控系统要把所有站点汇聚到一个软件平台上，若不通过网关的方式进行隔离，务必要对所有站点进行IP地址统一规划，将涉及停产以对本地PLC进行组态的问题，同时集控系统网络和所有现场本地计算机网络相连，大大增加了系统感染病毒的风险。

通过使用MOX网关控制器，上述问题将不复存在。MOX网关控制器有3个以太网口，3个以太网口之间相互隔离，每个网口可以单独配置IP地址。其中，1个网口用于连接能源集控系统，对IP地址进行统一规划，另1个网口用于连接现场的PLC系统网络，根据现场的IP地址段进行设置，使得能源集控系统网络与现场PLC系统网络之间实现隔离，避免了两个网络之间的交叉影响。同时，不需要对现场PLC系统和计算机修改IP地址，所有站点可以实现不停产接入。

（2）数据采集与协议转换。

网关控制器与现场的PLC等控制器进行通信，网关把现场不同的通信协议（如西门子Profinet、罗克韦尔Ethernet/IP）转换成Modbus TCP，并重新编制与集控系统的通信地址，减少通信数据包数量，提高与调度系统的通信效率。

5）灾难恢复功能

企业的信息资源和系统的可用性对于工业企业更加重要。为了应对可能的系统数据破坏或系统损坏导致长时间停机风险和数据丢失，本调度系统利用了MOSAIC的灾难恢复功能。MOSAIC的分布式特性可以为网络上运行的系统提供灾难恢复功能。如果一个MOSAIC系统是由几个操作中心组成的，则在不增加额外的软硬件和网络资源的情况下，可以将任何中心组态设置为灾难恢复站。也可以用一个操作中心中的一部分硬件和软件来组态成一个独立的灾难恢复站。主/备MOSAIC系统之间通过Cluster来进行数据的同步处理和主/备系统的切换。在系统中，可以将服务器分布在不同的地理位置（机房）进行容灾备份。

6）先进的控制与操作权限设定功能

用户与权限管理是一个系统是否安全的关键，对于分布式大型SCADA系统，用户与权限管理无疑更为重要。为了确保访问控制的可靠性与灵活性，选择合适的访问控制安全模型显得尤为重要。

本调度系统充分利用了MOSAIC Suite提供的全面权限管理功能，通过设置不同的用户权限防止越权操作，以保护系统安全。系统的登录、退出和设备的控制操作等都需要特定的

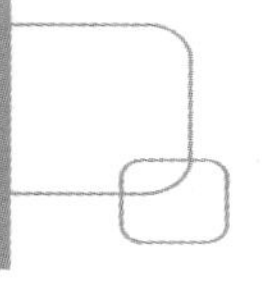

授权才能进行。系统还具有完善的遥控权限切换管理，系统自动完成对所有控制操作的记录，便于追溯。

7）同时支持 C/S 和 B/S 结构

MOSAIC Suite 平台软件支持采用 C/S（客户端/服务器）和 B/S（浏览器/服务器）相结合的模式。操作员站客户端采用 C/S 结构的客户端，能直接进行控制操作功能。相关管理人员也可通过 MOSAIC Web 发布功能，在办公室通过 Web 客户端查看与 C/S 结构下的客户端完全相同的画面。

3．系统软硬件配置与功能介绍

1）人机界面设计

MOSAIC 有功能强大的组态界面，支持画面漫游、无极缩放和分层等功能。MOSAIC Desktop 系统组态配置功能强大，有权限的用户可以通过 HMI 生成、编辑、修改实时数据库、报警数据库、历史数据库、通信管理数据库、权限管理数据库等所有系统管理所需的记录。MOSAIC Desktop 支持系统特有的矢量图模式，能实现画面漫游、无极缩放功能，能适应大型系统在各种不同终端上对不同分辨率的显示需求，如大屏幕系统、各类工作站、嵌入式系统、手持与移动终端，可做到完全的自适应。

MOSAIC Desktop 支持画面分层功能，如将文字描述、管线设备、动态数据等分层，可以根据需要显示或消隐层次上的图形。结合 Schematics Editor 的画面导入功能可以快速生成厂级网络拓扑、通信网络拓扑等带有实时信息的监视画面。

2）实时数据采集组态

MOSAIC Suite 软件的 I/O 通信功能由 MOSAIC 实时数据库实现，提供了丰富的通信驱动程序，如 IEC60870-5-104、Modbus TCP、OPC、DNP 3.0、S7 等。支持智能仪表、PLC 等工业自动化设备的实时数据采集。因此，在进行实时数据采集组态时，可以充分利用现有的驱动进行组态。对于非标准规约，可通过程序转换为标准规约，接入实时数据库。

一个大型的调度系统会采集各种类型的变量，有些变量（如温度、压力等）具有慢变特征；而电力系统的电量具有快变特征，故障信息具有突发性。因此，对不同的数据进行采集时，要根据数据的特点确定其采样速率和刷新方式等参数。

MOSAIC Suite 在进行数据采集组态时，最高可以达到毫秒级数据刷新频率。对于一些异常变化，可以组态为主动上报或逢变则报。对于采集的数据，可自定义刷新频率。还可按重要性级别手动设置不同等级的数据刷新频率。

3）数据展示曲线及工作点动态显示组态

MOSAIC 的历史功能组态包括历史数据曲线展示查询和工作点动态显示（实时趋势显示）组态。

（1）数据展示曲线。

每幅曲线图可组态多达 8 条曲线，可人工定义查询时间。历史功能不仅能查询原始值，还内嵌所查询数据的快照值、平均值、极值、积分、微分等计算功能。历史曲线功能还可用于对实时数据历史变化进行查询和分析，并可用列表的方式导出 Excel 等文件格式。

历史数据可在多台服务器上进行冗余备份，当系统中有多台历史服务器时，任意一台历史服务器发生故障后，系统能自动记录该历史服务器发生故障的时间点和缺失的历史数据量；

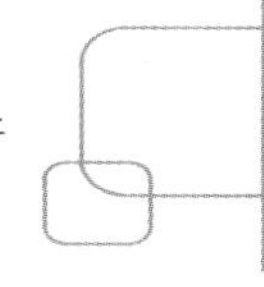

在该服务器恢复正常运行时，系统可自动从其他历史服务器中将该时段缺失的历史数据回补到此历史服务器中，从而保证历史数据在所有历史服务器中的完整性和同步性。

（2）工作点动态显示。

MOSAIC 能实时反映工艺流程图中任意一个工作点的动态实时数据和实时趋势。

4）报警管理组态

MOSAIC 的报警系统用于实时显示当前报警，也可以用来查看报警记录。当一个新的报警产生时，报警条目将以预定义的颜色闪烁，并伴有音响或语音。报警可定义为若干级，如异常报警、事故报警等。电力系统报警支持 SOE 显示功能。

MOSAIC 可自定义报警级别，根据不同级别定义报警的颜色和报警的声音，支持多工作站的多用户对报警进行确认。

报警可对具有共同属性的点（如故障、流量、压力等）进行统一定义，引用该属性的点将继承统一定义的报警属性；也支持对单点报警属性进行定义。报警可支持在线设置报警上下限、报警级别及报警确认权限；可设定报警的死区和延时，在信号不稳的情形下，滤波滞后处理功能可防止产生不必要的报警；可对报警自动分类汇总。

可从报警信息跳转到报警画面，显示报警原因；可弹出子窗口显示报警点的详细信息；可为报警信息增加批注信息，方便对报警的处理过程信息进行记录和跟踪，可自动通知系统内的其他操作人员，也方便交接班时的信息交流。

一些特殊的报警可通过短信发给系统维护人员，必要时可触发应急预案，帮助操作人员进行快速应急处理。

报警可组态不同的报警过滤条件并保存为配置文件（Profile），下次可直接打开配置文件查看，而无须再次设置。

报警数据在冗余服务器上实时同步，服务器出现异常并恢复后，可实现自动回补。

5）操作权限设定组态

在本调度系统中，MOSAIC Suite 混合使用了两种授权模型实现访问控制，从而在确保可靠性的情况下灵活应对项目需求。

（1）基于用户与角色的访问控制模型。

基于用户与角色的访问控制（Role Based Access Control，RBAC）模型拥有更强的灵活性与广泛的适用性。RBAC 的基本思想是以角色为中介，对用户进行授权控制。系统安全管理员可根据需要定义各种角色，并为其设置合适的访问权限，更新用户所担任的工作职责和级别，分配相应的角色，从而使用户获得相关权限集。图 8.12 所示为基于用户与角色的用户授权配置。

（2）基于区域与终端（桌面）的访问控制模型。

基于区域与终端的访问控制（Location Based Access Control，LTBA）模型是 MOSAIC 针对大型分布式系统而引入的新安全控制模型。LTBA 的基本思想是以终端（Terminal）为中介对用户进行授权控制。系统安全管理员可以根据需要定义各种地区、终端分组及终端，根据角色所担任的工作职责在不同的地区、终端分组及终端上设定相应的权限，使得不同角色的用户在登录不同的终端时取得合适的权限。

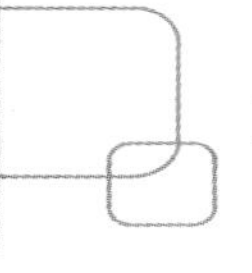

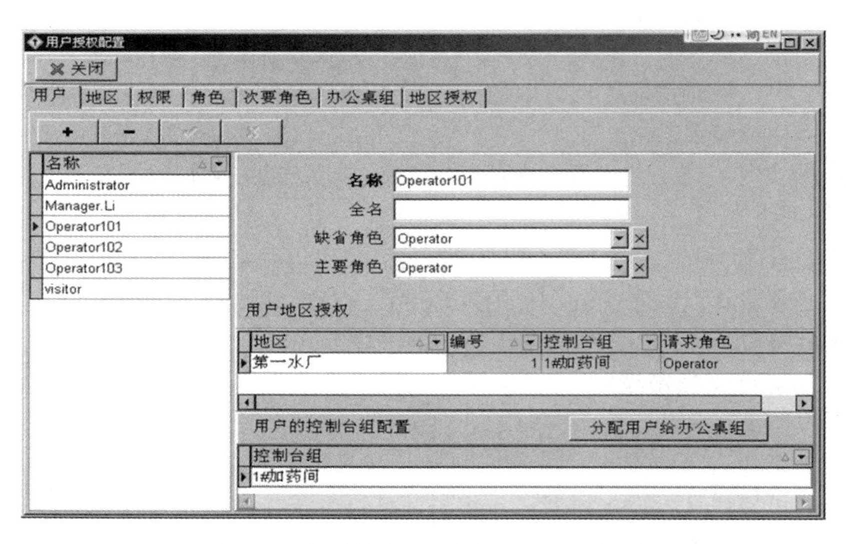

图 8.12　基于用户与角色的用户授权配置

6）系统时钟同步设置

MOSAIC SCADA 系统支持全系统时钟同步功能。网络内的 SCADA 系统的所有服务器和客户端可通过网络时间协议 NTP 服务器（GPS 系统、原子钟）自动进行时钟校对，保证了所有的服务器、操作员站的系统时间都是完全一致的。在 UNIX 系统中，MOSAIC SCADA 调用系统 ntpd 进程，在 Windows 系统中，MOSAIC SCADA 调用系统 w32time 进程，建立 Time Sync 计划任务，使用 NTP 协议与 NTP 服务器自动同步时间。图 8.13 所示为 MOSAIC 通过其计划分组任务来实现时钟同步的配置界面。

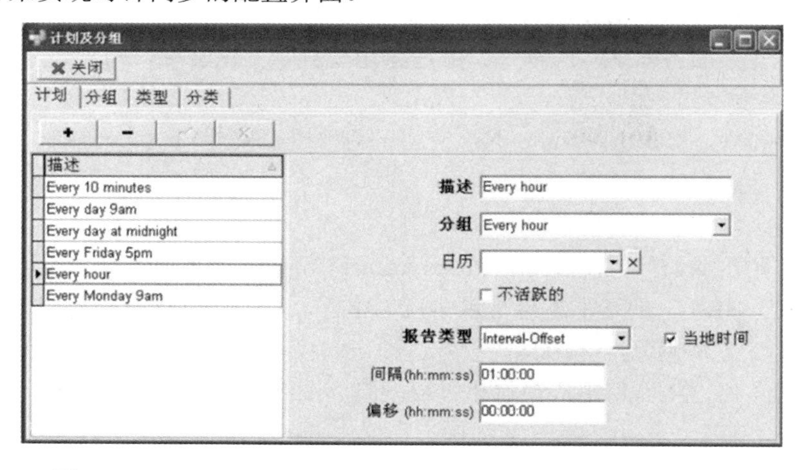

图 8.13　MOSAIC 通过其计划分组任务来实现时钟同步的配置界面

7）网络监视及管理功能

MOSAIC SCADA 系统可通过简单的组态实现对网络设备的监控和管理，实时显示网络上交换机、路由器、各个服务器等网络设备的运行状态和主备工作状态，监控 SCADA 网络上的子系统、通信设备、数据采集设备的运行状态、通信状态和链路冗余情况。

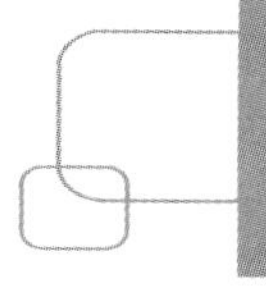

8.3.3　能源集控调度系统投运

能源集控调度系统自 2018 年 2 月开始实施，至该年年底实现了全部能源动力站所的数据采集、远程集中监控与调度，数据采集速率、系统实时性、可用性和其他各项功能指标都达到了设计要求，提升了企业能源管理协同性和能源利用效率，减少了企业碳排放。能源集控 SCADA 系统上线后，能源动力部运行岗位实现了人力优化 50%以上，实现了减员增效。系统强大的功能有利于提高企业调度水平，并为企业智能生产打下了坚实基础。

图 8.14 所示为 1#TRT（高炉煤气余压透平发电装置）总貌界面，该界面显示了 1#TRT 工艺流程、主要工艺参数、设备状态、电气系统状态等信息，有利于调度人员进行远程监控与调度。1#TRT 总貌界面有 14 个切换按钮，可以切换到不同的操作画面，如单击“润滑油系统”，就可以进入润滑油系统的界面对该子系统进行相关的监控、管理和调度。

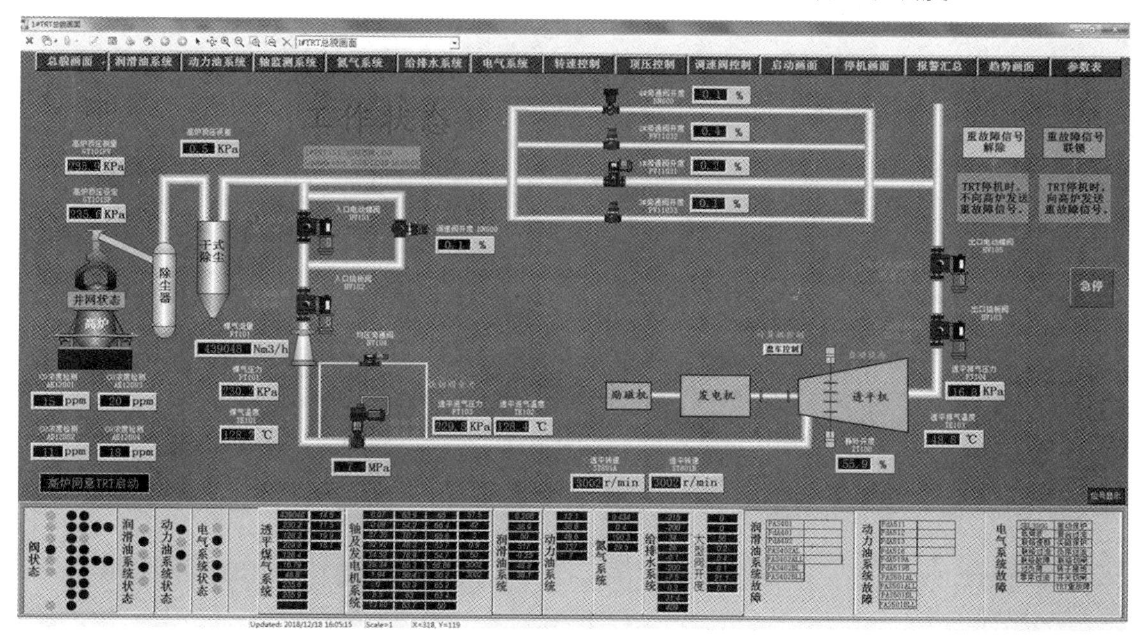

图 8.14　1#TRT 总貌界面

图 8.15 所示为 1#压缩机气体系统过程检测控制界面。该界面显示了压缩机运行工艺及主要的工艺、设备参数。界面上的画面切换按钮，如报警信息等，可以切换到相关报警汇总界面；命令按钮（如 1#电磁阀的“手动”“停止”按钮）可用于对阀门进行远程控制。在该界面上，对于同一类工艺参数，采用一致的界面设计（如文本和参数字体、前景色、背景色、单位背景色等）。界面下方的焦炉工艺参数、界面右侧的电机相关参数分别采用两种统一的设计界面，使得界面更加友好。

图 8.16 所示为能源厂煤气柜主监控界面。一般冶金企业炼铁会产出高炉煤气，炼钢会产出转炉煤气等，高炉煤气和转炉煤气的成分主要是一氧化碳，可存储在煤气柜内，该企业采用了干式稀油密封煤气柜。由于采用了稀油密封，因此系统中有 6 套油泵站的设备及煤气阀等要进行控制。该工艺图显示了煤气柜的主要工艺参数和设备参数。煤气柜柜位测量采用了防爆型雷达物位计和机械液位计。该控制系统采用了冗余 CPU 控制器进行控制。可以看到，

界面上显示了 6 个油泵站的工作时间、工作次数及清零按钮，这些功能是在 PLC 中实现的，本书的 8.2.4 小节详细介绍了这类功能的实现方式。要了解该界面更多参数的含义，需要了解煤气柜的工作原理，这里不再阐述。

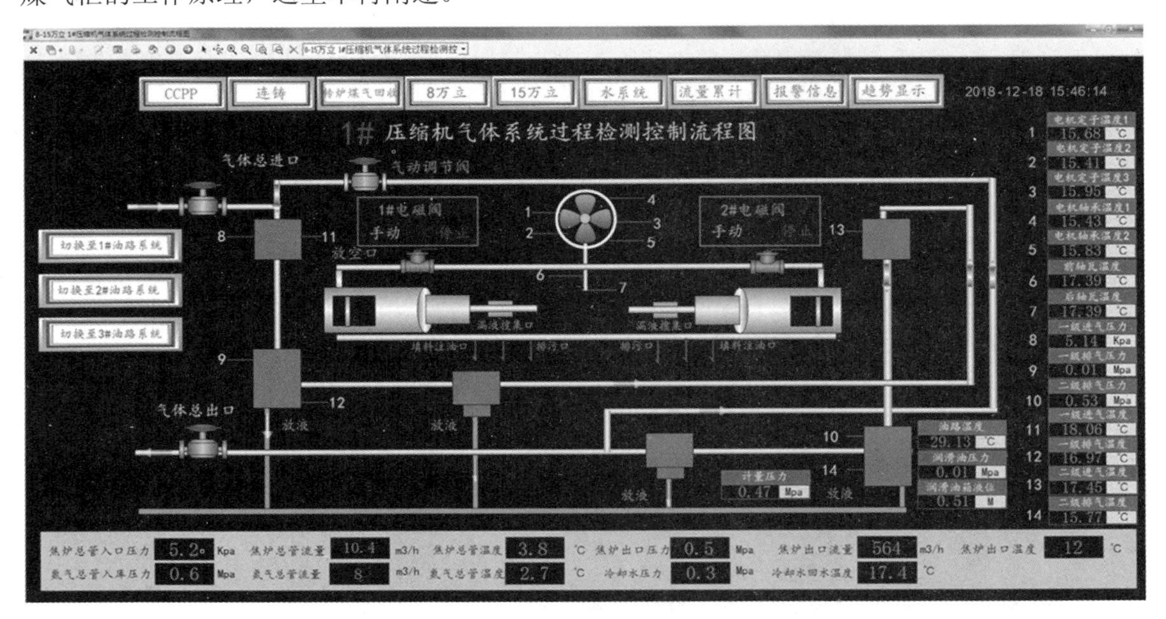

图 8.15　1#压缩机气体系统过程检测控制界面

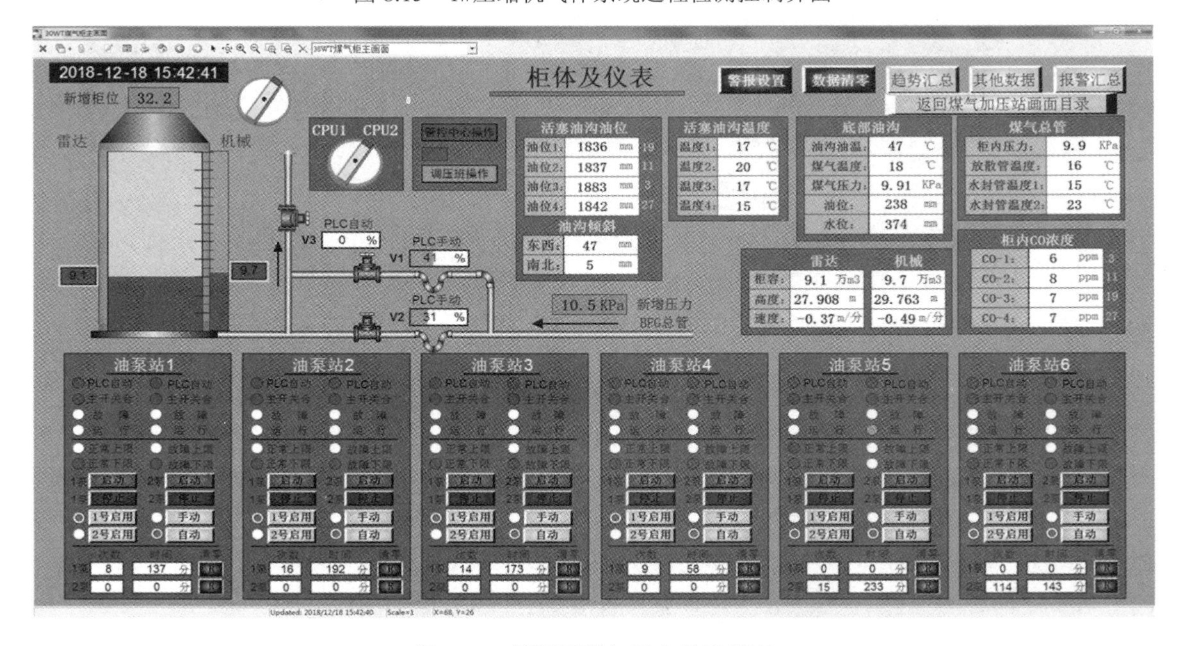

图 8.16　能源厂煤气柜主监控界面

图 8.17 所示为一加压点火系统人机界面，该界面显示了点火操作相关的调节阀 PID 操作面板，该操作面板显示了该控制回路的控制状态（自动）、手动/自动切换按钮、测量值 PV、设定值 SV 及操作变量 MV。界面中还显示了这组参数的测量值与设定值的趋势曲线，以及压

力高报警设定文本框等。

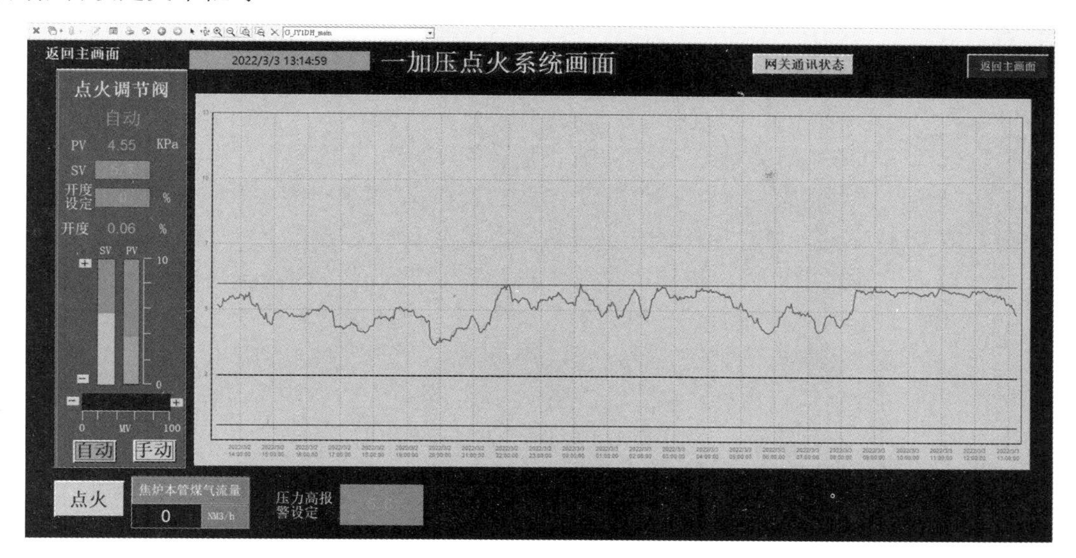

图 8.17　一加压点火系统人机界面

图 8.18 所示为 12 万方转炉煤气加压站人机界面，该界面显示了该加压站的工艺流程，以及主要检测点的工艺参数、报警显示、进出口总阀状态和一系列工艺参数。界面中还有 9 个画面切换按钮（主画面、1#风机检测、2#风机检测、3#风机检测转炉煤气柜、高压柜检测点、CO 浓度、电除尘和报警）。窗口下方的报警控件可以显示报警时间、位置、描述、状况等详细信息。调度人员可以通过该界面对加压站进行远程监控和调度。

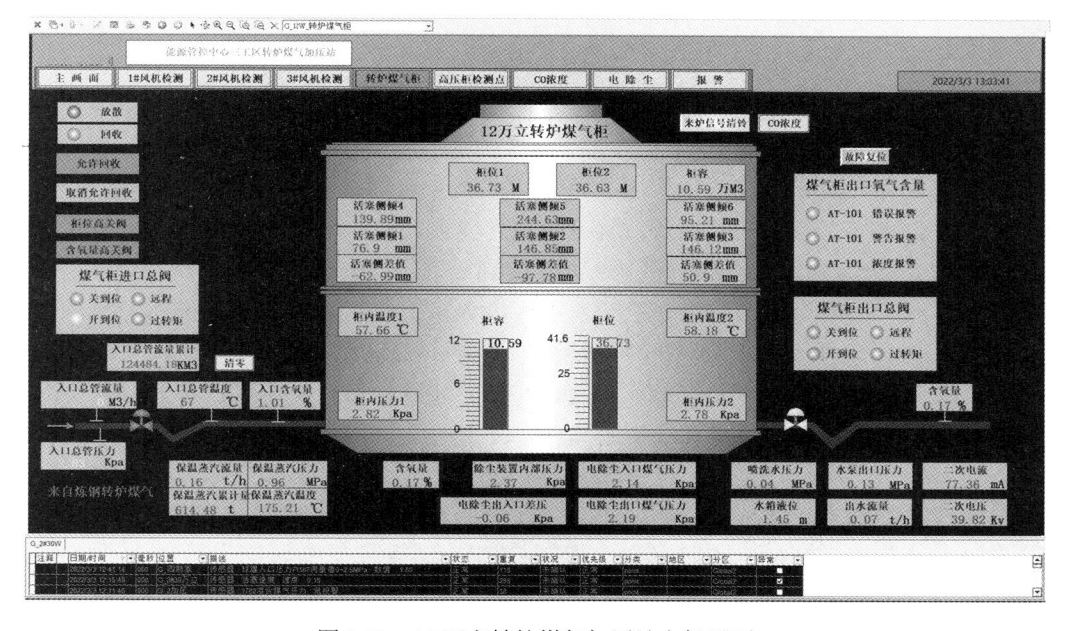

图 8.18　12 万方转炉煤气加压站人机界面

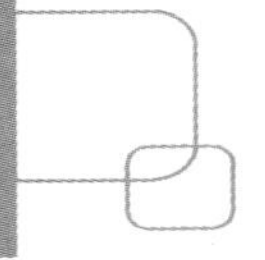

8.4 原油长距离输送管线 SCADA 系统设计与开发

8.4.1 案例概述

某原油输送管线东起中原油田濮阳首站，西至洛阳末站，中间经滑县泵站、卫辉泵站、新乡泵站、武陟泵站、温县泵站 5 个中间站，全长 255 公里，采用油罐—泵—油罐的输送方式，每年输送 250 万吨原油。以往原油的生产管理方式是用一台 8 通道无纸记录仪记录泵站内的生产参数，以人工方式启停泵。值班人员将生产运行和设备的使用情况用电话告知新乡调度中心，而徐州输油管理局只能通过打电话的方式了解该原油输送管线的运行状况。随着国内石油化工行业的飞速发展，该输送管线已无法满足需求，因此决定实施 SCADA 系统改造，以全面提高生产和管理运行水平。改造后的 SCADA 系统包括 7 个分站、1 个地区调度中心和 1 个管理中心。系统软硬件设备选用美国 OPTO 22 公司的 SCADA 系统解决方案。正如本书第 1 章介绍的那样，原油长距离输送具有测控点分散等特点，采用 SCADA 系统对该过程进行集中监控是典型解决方案。

8.4.2 OPTO 22 SCADA 系统解决方案

作为一个完整的 SCADA 系统解决方案，应该包括完整的上位机、下位机及其软件。下位机硬件应配套用于编程的集成化开发环境，处理所有与控制程序相关的对应软件，如编辑、编译、调试；而上位机软件应该包括人机界面及其他功能程序。如果软硬件产品由一个公司开发，通常这些软件内部底层的协同性将帮助用户提高控制系统整体的运行效率，并节省大量的开发时间。此外，可以实现共享标签（变量）技术的应用，即用户创建的对象名或定义能够直接应用于其他软件工具集。例如，如果工程师在下位机控制软件开发环境中定义了字符串变量，那么该定义可直接用于人机界面软件开发。如果在下位机编程环境中定义了 I/O 点，那么在配置 OPC 数据通信时，该定义将自动出现。由于所有这些定义的标签都被保存在唯一的数据库中，开发人员无须在各种应用中重复输入大量名字，也无须关注和维护其标签列表对应的一致性。这样，控制任务的开发就变得更为简单、高效，且不易出错。

OPTO 22 的 SCADA 系统解决方案从上述控制需求出发，把上位机、下位机和通信集成在一个开发平台，降低构建自动化系统的复杂度。该系统包括 4 个集成部分：SNAP PAC 控制器、PAC Project 软件平台、SNAP PAC 智能处理器和 SNAP I/O 等。

OPTO 22 的 PAC Project 软件平台（PAC Project 软件套件）不仅可以和 SNAP PAC 控制器无缝集成，还包括控制程序开发及组态软件，外加可选的 OPC 服务器及数据库互联工具，成为 SCADA 系统开发很好的成套解决方案。用户在创建控制程序（控制策略）时定义的 I/O 点及变量会被存储到统一的标签数据库中。当使用组态软件开发环境、OPC 服务器或数据库互联工具时，这些定义的标签随时可用。控制程序开发包含多领域的功能，包括数字及模拟控制、PID 闭环控制、逻辑和数学运算、字符串处理、日期和定时器、事件/响应、与网络上的分布式 I/O 通信、对等站及计算机通信、测试及差错处理、运动控制指令等。这些指令都以直观的语言形式应用于基于流程图或流程图中的脚本方式的控制策略开发过程中。

PAC 定义的核心之一在于同样的硬件设备能够跨领域应用，这就要求其对应的软件平台必须具备多领域应用中所要涵盖的控制及监测任务开发能力。作为业内最先使用流程图方式编程的开发环境，PAC Project Suite 开发方式更接近于工程师设计系统的思路，程序能够随应用要求而“流动”，其内置的脚本工具更有利于实现较为复杂的控制算法及通信协议的解析，从而实现离散控制、过程控制、运动控制、SCADA 系统等多领域应用。

OPTO 22 的组态软件 PAC Display 也满足 PAC 定义的要求，能够同编程环境共享统一的变量标签数据库，同时软件中包含数据库互联工具，可以无缝地与第三方数据库进行三方互联，这样满足了越来越多的信息管理层直接对自动化底层直接访问的需求。

OPTO 22 SNAP PAC 软件套件提供功能完备的、高性价比的控制程序，人机界面开发和监控，OPC 服务器，以及数据库互联工具。这些完全集成的软件应用共享统一的标签数据库，因此在 PAC Control 环境中配置的任何点都能立即被 PAC Display、OPTO OPC Server 及 OPTO Data Link 使用。

8.4.3　原油输送管线 SCADA 系统设计与开发

1. 系统总体结构

原油输送管线 SCADA 系统结构如图 8.19 所示。系统硬件采用了 OPTO 22 公司的 SNAP PAC 和 I/O 系统，软件使用的是与硬件配套的 OPTO PAC Project Suite 软件，系统运行于 Windows 平台。新的 SCADA 系统全面改变了原有的较落后的控制方式，实现了管线超高/超低压力的自动保护、自动平衡进出站压力、泵-泵的全密闭输送工艺，使每年的输送量提高至 550 万吨。

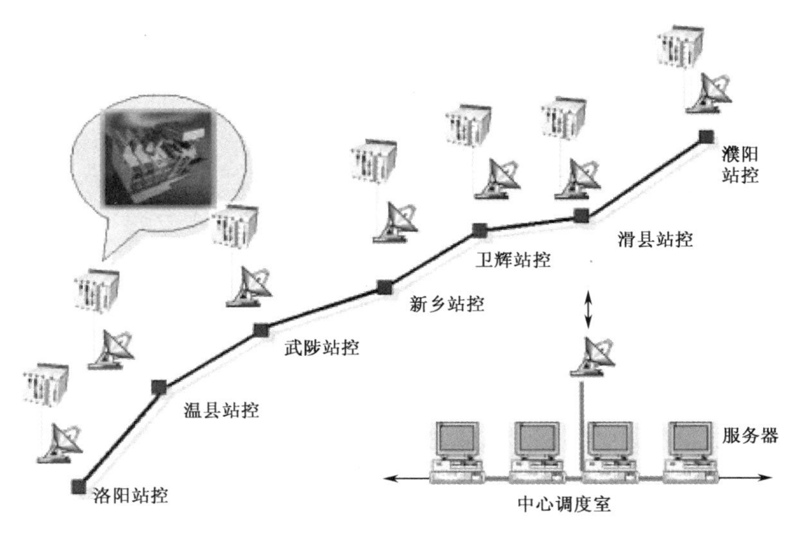

图 8.19　原油输送管线 SCADA 系统结构

该原油输送管线 SCADA 系统分为就地控制层、现场控制层、新乡调度中心远控及徐州管理中心远程监视 4 级控制模式，如图 8.19 所示。各分站就地控制层与泵站控制层系统通过 100Mbps 以太网接入站控局域网，采用 2Mbps 数字与 33.6kbps 模拟微波通信相互热备份的方

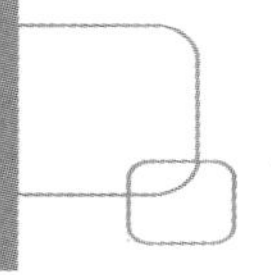

式接入上级中心，自动向新乡调度中心远控与徐州管理中心远控上传各泵站的生产参数及设备运行状况，并接收它们下达的控制指令，自动巡线并能在原油发生泄漏时马上产生报警及精确定位，自动产生管线最优化运行方式的分析报告，可对水击进行分析及预处理，并在发生水击时实现全线自动保护。

2. 现场SCADA分站组成与功能

就地控制层可实现在紧急状态下的自动联锁保护停泵，是独立于计算机控制系统之外的保护系统，它包括管线超高压保护、管线超低压保护、泄漏保护等。

泵站控制层实现对输油泵机组、储罐、进出站管线及阀组、加热炉、清管球收发装置、电气装置等设备的状态监控与报警；具备进出站压力PID调节、生产设备异常保护与报警功能；上传生产信息和数据并接受调度中心下达的指令。

分站监控系统间及分站监控系统与上级中心间可互相通信，但各站系统都是一个独立的控制及管理系统。它们拥有独立的硬盘和内存，有本地实时数据库和历史数据库，有手动调节及系统自保护功能。根据规模需要，配备控制系统冗余、通信链路冗余及操作员站冗余。同时，一旦出现站间通信故障，泵站控制系统将接管调度中心的控制而进入单站控制模式。

就地控制层与泵站站控层由OPTO SNAP I/O、SNAP PAC控制器、操作员站、打印设备、通信设备、防雷设备等组成。全部7个现场控制站共实现模拟量参数采集700余点、数字量参数采集970余点。分站SCADA系统结构如图8.20所示。

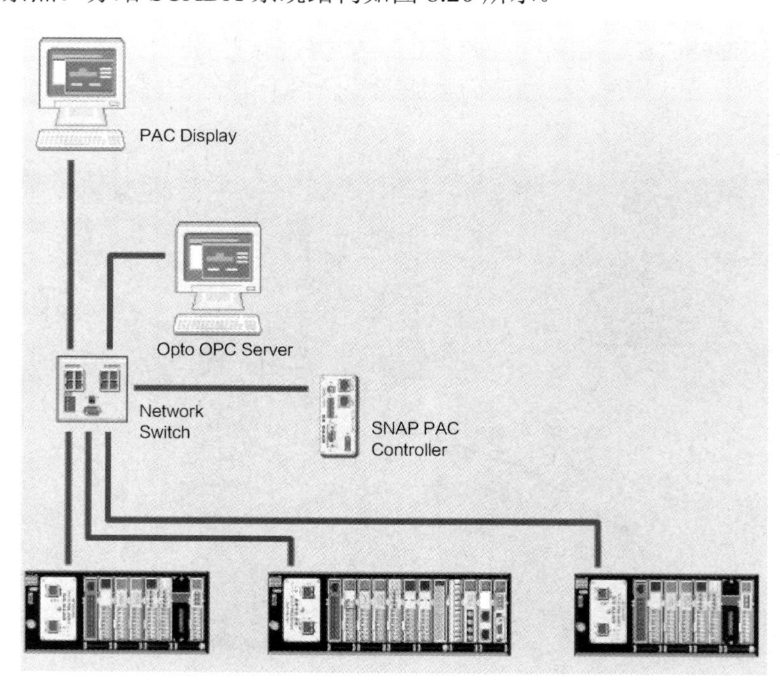

图8.20　分站SCADA系统结构

SNAP控制器通过100M以太网接入站控局域网及I/O监督控制与数据采集层，内置调制解调器连接协议，以50ms为周期向调度中心发送数据，以满足管线泄漏分析所需的信息要求。SNAP控制器的编程采用PAC Control Professional，该软件支持多种编程语言，图8.21所

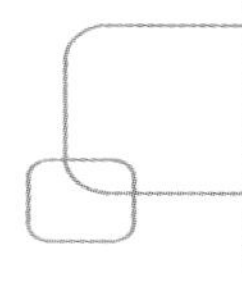

示为采用流程图语言编写的泵站控制程序流程图。流程图语言不是 IEC61131-3 标准的编程语言，但美国的一些控制软件编程平台支持该软件，如 MOX 公司的 MOXGRAF 软件。

3．操作员站

操作员站基于 Microsoft Windows 操作系统，上面运行 OPTO PAC Display 人机界面软件。操作员站采用灵活简便的人机交互界面，可实现以下功能。

- 分级登录。分为操作员、系统维护工程师、系统管理员 3 级，各级用户可在登录后修改自己的登录密码。
- 站控/远控切换。系统管理员可通过远端暂停站制，实现远控。
- 用户管理。系统维护工程师可以在登录后，增/删操作员用户，同样，系统管理员可对系统维护工程师进行管理。
- 数据保存及自动打印。系统底层数据可通过 OPTO Datalink 软件自动保存在 SQL 数据库中，打印可按用户设定的时间自动打印或人工打印，打印时可选择预览功能。
- 事件管理功能。用户可查看不同时期的报警记录，操作员对泵/阀的操作记录，各种登录记录等。
- 其他泵站数据监视。通过网络可以检测其他泵站的生产参数及运行状况。

此外，防雷设备站控制系统可以对来自外部供电线路、外部通信线路、油罐高位线路的雷击起保护作用。

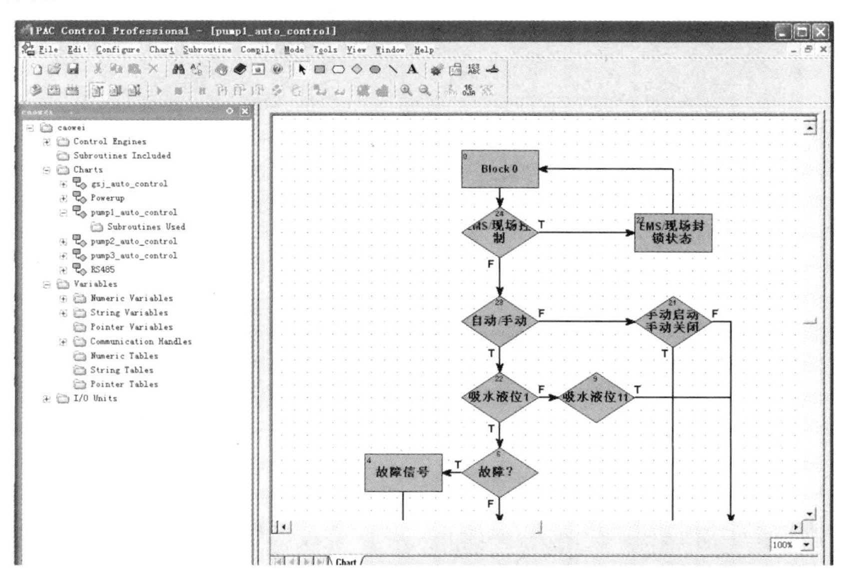

图 8.21　采用流程图语编写的泵站控制程序流程图

4．调度中心

新乡调度中心是对该输送管线生产运行的直接监管者，通过微波系统将各泵站控制层的生产信息和数据集中显示并保存，监视各站的工艺设备、电气设备的运行状况，实现全线密闭输油。同时，可以实现远程启泵、停泵、顺序停输等功能。

调度中心的全线泄漏检测与定位系统可根据管线的压力波分析，对管线泄漏状况进行分析与定位。优化运行系统可以实现全线生产优化运行。通过对全线压力状况进行计算与模拟，可以分析压力波的变化趋势，对站控层和就地控制层下达指令，实施水击超前保护，并动态记录保护 120 分钟以内的压力变化趋势。

新乡调度中心对原油输送管线进行全线集中监控与管理，主要配置包括数据库服务器、调度员工作站、泄漏分析工作站、工程师站、打印设备与通信设备等。

调度中心数据库服务器（含硬件和数据库软件）是原油输送管线 SCADA 系统生产数据管理的核心，它由两台 Windows NT 服务器组成，内置两块阵列硬盘，接收并镜像保存各站控系统中的生产数据，接收的实时数据存入实时数据库，同时进行数据越限检查，产生越限报警等。并将实时数据发送到历史数据库中作为历史数据存档，向应用或开发子系统提供计算和分析所需要的实时数据，服务器上运行的 OPTO PAC Display、OPTO OPC Sever、SQL Sever 软件可以从各站控制器交换生产数据。

根据调度中心操作员站运行人机界面，操作人员可以随时了解每个站的操作情况，了解整个输油管线工艺运行和设备状态。调度中心 SCADA 系统人机界面主菜单如图 8.22 所示，中心站 SCADA 系统人机界面出站阀控制界面如图 8.23 所示。

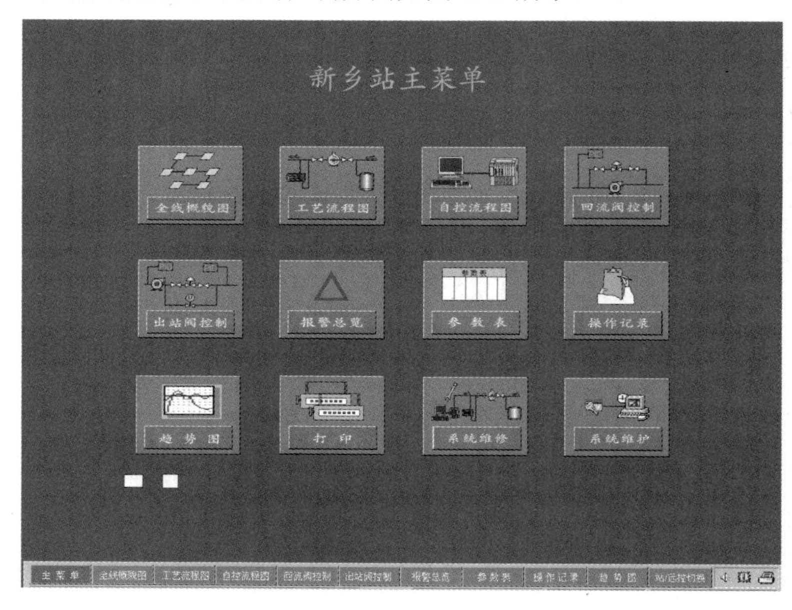

图 8.22　调度中心 SCADA 系统人机界面主菜单

调度员工作站应用程序运行 OPTO Display。每个调度员工作站具有相同的功能，互为备用。调度员工作站具有的主要功能有以下几点。

- 显示原油输送管线全线概貌。
- 各站场概貌及动态实时工艺流程图的生成。
- 各站场电气参数显示。
- 报警、事件生成、通信状态、诊断、故障显示。
- 动态趋势、历史曲线图显示。
- 水击分析及优化分析。
- 具有全线启输、顺序停输、紧急停输等功能。

- 调度员工作站支持安全权限设定，包括操作员级、运行维护级、工程师级等。

工程师工作站安装 OPTO PAC Control 组件。在工程师工作站上，系统维护工程师用 PAC Control 可在线修改或下装控制方案，在线诊断通信错误；用 PAC Display 修改或组态显示界面；用 OPTO SDK 进行相应功能的开发。工程师工作站还可用于系统管理员监视控制软件的运行情况、开发数据库或应用程序、软件安装等。

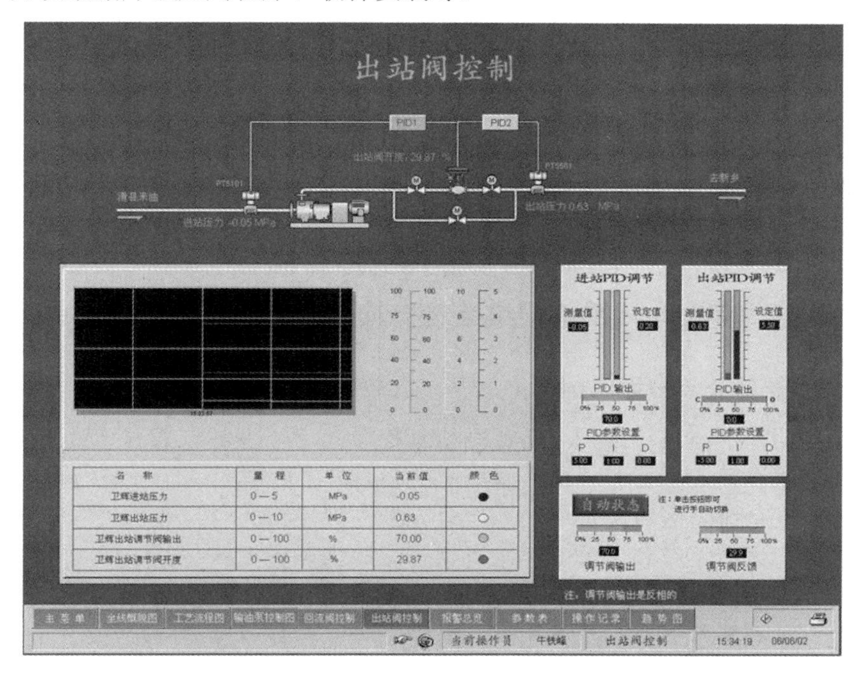

图 8.23　中心站 SCADA 系统人机界面出站阀控制界面

5. 管理中心

管理中心是对管道局各条线路实现集中管理的数据中心，通过微波通信系统与新乡调度中心进行通信。管理中心的功能侧重系统级管理，一般不直接对现场设备进行远程控制或对生产进行调度。

8.5　冶金企业电力调度自动化系统的设计与开发

8.5.1　案例概述

某冶金企业现有 220kV 变电站 1 个、110kV 变电站 1 个、10kV 变电所 5 个。随着公司的变电站数量不断增加、规模不断扩大，现有的电力调度系统已不能满足目前的生产要求，主要表现在：现有变电站监控系统的实时性和可靠性不高，特别是在电力系统事故状态下，变电站监控系统的性能较差；各变电站监控系统没有实现互联，电气运行人员无法对辖区内各变电站的运行状态进行集中实时监控；企业电力调度没有一套统一的电力调度自动化系统，无法实时掌握和控制企业电力系统的运行状态。

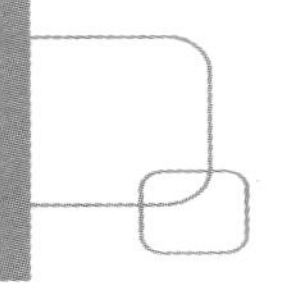

电力调度自动化系统以 SCADA 系统为基础，通过通信网络汇聚各变电站监控系统的信号，在生产运行中心进行集中监视和控制。一般来说，电力调度自动化系统通常包括 SCADA 系统、应用软件、调度员培训仿真、地理信息系统和管理信息系统等组成部分。由于该案例是企业电力调度自动化系统，因此，在功能实现上主要侧重 SCADA 系统。该系统通过将调度中心与各变电站监控系统的网络互联，实现对变电站运行状态的远程实时监控。同时，调度系统通过采集、处理和分析各变电站的运行实时信息，可实现电力系统经济、可靠、安全运行。

设计开发一套符合企业实际情况的高实时性和高可靠性电力调度自动化系统，不仅便于电气运行人员在生产运行中心对辖区内各变电站的运行状态进行集中实时监控，还能使调度员迅速获取实时、准确、可靠的电网实时信息，进行调频、调压、调流，以及网络操作和事故处理，提高企业电力系统的自动化运营和管理水平。

8.5.2　电力调度自动化系统网络结构与功能设计

1. 电力调度自动化系统网络结构

电力调度自动化中心系统常采用两种网络结构模式，一种是电力调度系统与区域集控中心系统分别独立建设模式，另一种是区域集控中心系统采用电力调度系统远程工作站模式。

采用电力调度系统与区域集控中心系统分别独立建设模式时，变电站智能设备采集的数据分别发送到电力调度系统和区域集控中心系统。电力调度系统与区域集控中心系统采用独立的硬件和软件系统。其特点是存储数据冗余性大；两套系统独立运行，可靠性互不影响；但两者分别独立进行数据采集、数据服务和数据存储，致使软硬件投资比较大，且两者具有不同的参数库和不同的图形格式，维护难度高，维护工作量大。

区域集控中心系统采用电力调度系统远程工作站模式时，变电站智能设备采集数据只送到电力调度系统，电力调度系统和区域集控中心系统共享电力调度主站的采集服务器、数据库服务器、历史服务器，共享实时库、历史库、参数库。区域集控中心系统只设工作站，作为电力调度系统的客户端，运行与其业务相关的功能软件。该模式的特点是电力调度系统、区域集控中心系统的可靠运行完全依赖电力调度系统自身的稳定性和可靠性；信号采集部分和系统服务器部分实现软硬件共享，大大节省投资，尤其是软件投资；两者使用同一个图形库和数据库，使得安装和维护更为方便。

结合上述不同模式的特点及本系统的需求，该企业电力调度自动化系统的逻辑结构采用电力调度系统与变电站监控系统直连建设模式。这样不仅可以提高系统的可靠性，而且变电站和电力调度中心之间的通信网络不会重复建设。

在具体的网络结构上，本系统采用冗余环网，变电站监控系统的远动机直接连接到电力调度中心环网上，如图 8.24 所示，从而提高通信网络的可用性。电力调度中心网络与变电站监控系统采用不同的网段，在每个网络的物理边界采用通信前置机或远动机进行网段隔离，通信前置机和远动机起到“堡垒主机”的作用。

整个调度系统设置在公司生产运行中心，它承担监控公司整个电力调度系统运行状况的作用。电力调度系统与企业 7 个变电站监控系统采用 IEC60870-5-104 协议进行通信。

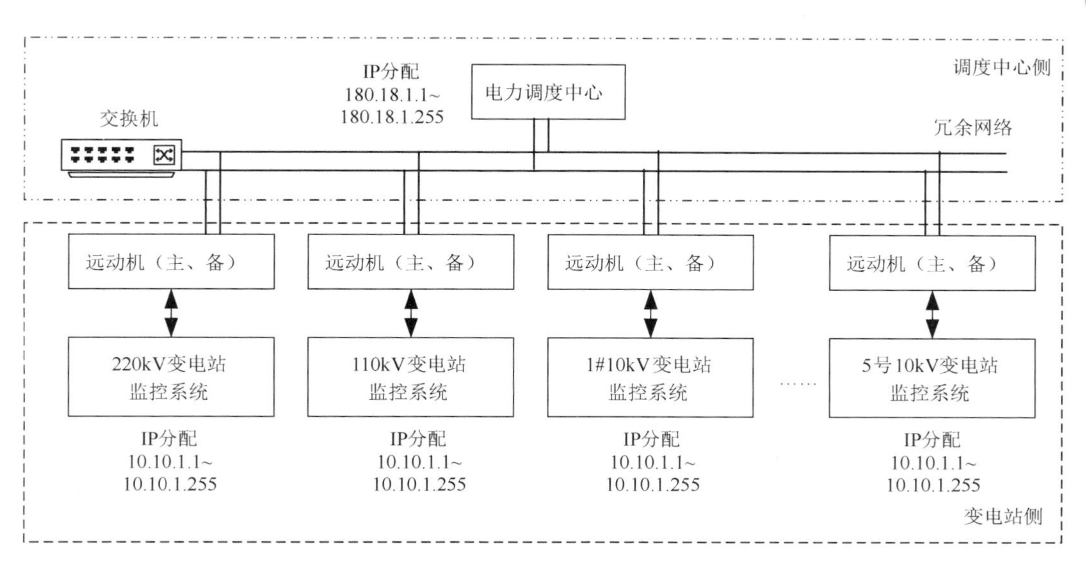

图 8.24　系统网络结构图

对于网段的分配，考虑到电力调度中心系统网络是一个局域网，因此采用私有 IP 地址。根据各子网络内主机的数量，选择相应的私有 IP 地址域，并按照双网进行配置。7 个变电站监控系统都是局域网，因此，各系统的 IP 地址范围统一是 10.10.1.1～10.10.1.255。本电力调度中心站的网段 IP 地址范围是 180.18.1.1～180.18.1.255。

该结构设计有效控制了广播域的大小，减小了当出现大数据并发流时对电力调度中心网络的影响，也降低了计算机病毒在全网络扩散的风险。远动机采用 Linux 平台的嵌入式系统，其成本比较低，安全性高，可以很好地起到“堡垒主机”的作用。由于网络中存在“堡垒主机”对每个网段进行隔离，无法直接从电力调度中心或区域集控中心对底层的现场设备进行远程维护，因此需要建立一个“远程维护通道”。在本系统中，使用网络地址转换（NAT）技术，在每台通信管理机和远动机上配置相应 NAT 地址，使得电力调度中心的工程师站可以直接访问变电站的现场设备，实现远程维护功能。

2．调度自动化系统总体结构与功能

某公司电力调度系统的总体结构如图 8.25 所示。采集服务器与远动机通信，采集变电站内部各电气设备的运行状态、继电保护信号和模拟量等信号，并将信号传送到电力调度中心。公司调度中心接收所有变电站监控系统上传的信号，并在电力调度中心集中显示和控制。同时，公司电力调度中心负责将市级电力调度和省级电力调度所需信号上传。

该调度系统主要由 2 套冗余的 WinCC 数据采集服务器、2 台冗余的数据库服务器、2 台冗余的 Web 服务器、5 台值班员机、1 台工程师站、1 台视频客户端、2 台远动机及 1 台 GPS 对时装置等设备组成，各设置功能如下。

（1）WinCC 数据采集服务器：以双机双网冗余方式运行，采用 Windows Server 2012 R2 的操作系统平台，与各变电所的远动机通信，采集各变电所上传的数据信号。由于变电所多，因此整个系统数据采集任务重。设置 2 套冗余 WinCC 服务器，一套系统与 220kV、110kV 及 10kV 的远动机通信，另一套冗余 WinCC 服务器与 4 个 10kV 的远动机通信，通过这种方式来合理分配负荷，从而确保系统运行流畅。

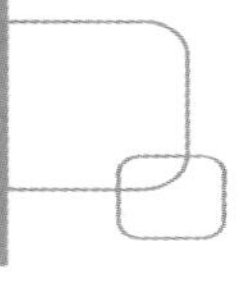

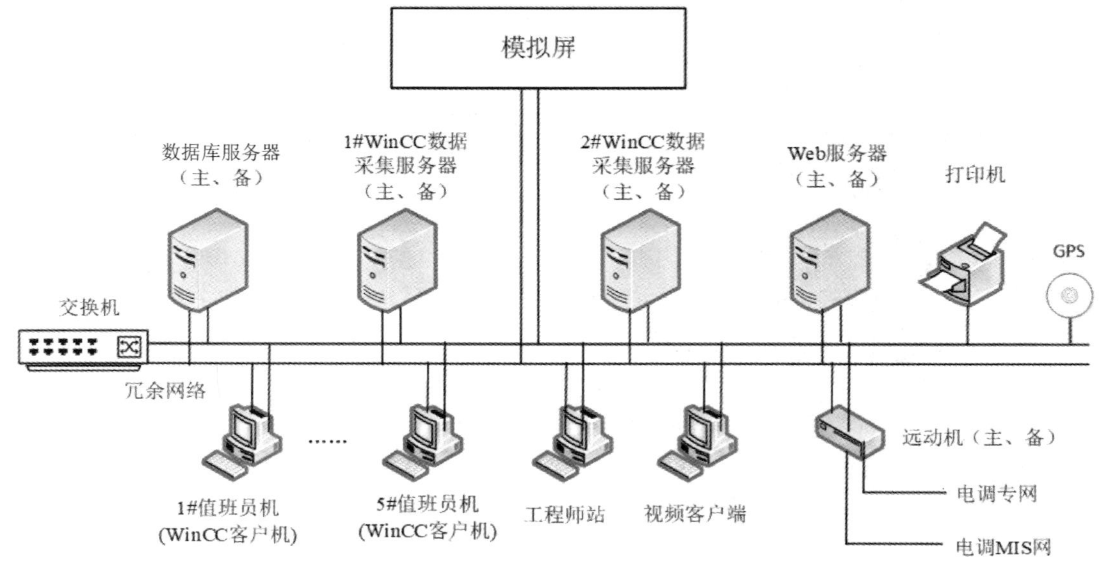

图 8.25　某公司电力调度系统的总体结构

每套 WinCC 冗余系统采用两台连接网络的服务器协同工作，相互监控运行状态，若一台服务器发生故障，则所有的客户端自动切换到仍然正常的服务器上，从而保证所有客户端总可以对变电站自动化系统进行监视和操作。在一台服务器发生故障期间，正常运行的服务器继续完成系统内的信息、过程数据归档和记录等功能，确保数据不丢失；当故障服务器恢复正常投入使用后，将故障期间的归档记录自动复制到恢复后的服务器，从而保证服务器数据的完整性和连续性，确保两个服务器的同步性。

（2）数据库服务器：采用 UNIX 系统平台，对数据采集服务器的数据进行处理和存储，同时提供潮流计算、AGC、PAS 等电力调度系统的高级功能应用。具体功能还包括：

① 将各类数据信号以数据库形式存储；

② 负责对实时数据库、历史数据库和图形数据库等数据库的管理；

③ 为其他引用系统提供数据库访问功能；

④ 提供电度报表、曲线分析等辅助功能。

（3）Web 服务器：用于实现电力调度系统的 Web 服务功能，向 Intranet 办公网提供基于 Web 界面的高级应用。向内部数据网提供多种访问共享方式和工具；实现电力调度中心系统网络与其他系统网络的物理隔离。

（4）值班员机：彼此独立运行，每台值班员机的数据库信息都源自 WinCC 数据库服务器，虽然有 2 套 WinCC 数据采集服务器分别与不同的变电站测控装置通信，但这 5 套 WinCC 客户机只与 2 套 WinCC 数据采集服务器进行通信，从而保证电力调度人员通过值班员机了解和控制 7 个变电站的状态信息，并实现相应的高级应用功能。值班员机的具体功能包括：

① 图形及报表显示；

② 事件记录查询和报警状态显示；

③ 设备参数和状态查询；

④ 解释和下达远方操作控制命令；

⑤ 实现对公司范围内 10kV 以上电压等级的变电站的运行进行监视和操作控制；

⑥ 音响报警功能；

⑦ 微机五防功能。

（5）工程师站：便于系统运行维护人员进行程序修改、备份和远程维护。

（6）远动机：通过数字透传方式与市级电力调度中心和省级电力调度中心通信，实现对保护系统的定值远方召唤和设定，将微机保护的事件记录和故障录波以报文形式传送，召唤保护测量值等远方保护管理功能。

（7）GPS 对时装置：使用 GPS 对时装置，对值班员机、远动机、数据库服务器及各区域集控中心系统下的所有设备采用网络对时的方式进行对时；变电站间隔层设备采用通信协议软件校时的方式进行对时，使全系统内时钟同步。

GPS 安装在电力调度中心内，接收卫星标准时间信号。GPS 使用 IEEEl588 网络对时技术向电力集控中心系统网络中的各设备发送广播对时报文，使网络中的服务器、通信前置机和远动机时钟同步。对于使用串行接口通信的测控装置或微机保护装置，通信前置机使用 IEC60870.5.103 等电力通信协议中的对时报文与测控装置或微机保护装置进行对时。通过该方法可以使系统中所有设备的时钟同步误差控制在微秒级。

（8）打印设备及其他外设：配备多种类型和型号的打印机、扫描仪和数字化仪等。通过打印设备及其他外设实现数据报表、报警信息、事件记录等信息的打印和提取。

3．变电站监控系统

变电站监控系统是电力调度系统的底层子系统，负责采集变电站内设备的实时运行状态信号，它是公司电力调度系统和区域集控中心系统的信息来源，其性能优劣直接影响电力调度系统的整体性能。

在本系统中，通信前置机采用无风扇、无硬盘的嵌入式系统结构。嵌入式系统结构的通信前置机摒弃了工控机结构中的散热风扇和硬盘部分，采用低功耗的 ARM 核和 Flash 设计，能够更好地适应工业现场恶劣的工作环境，大幅降低设备故障率。同时嵌入式通信前置机具备多个嵌入式以太网接口，能够很好地满足数据的多网段并行发送。信息经过通信前置机初步处理后，通过多个以太网接口同时发送给当地操作员机和区域集控中心，并将操作员机、区域集控中心的控制命令传递给间隔层设备，实现当地或远程的遥控操作。

测控装置的配置要求：在 110kV 及以上电压等级的变电站中，间隔层内每个断路器对应一台测控装置。在 35kV 及以下电压等级的变电站中，一般多个间隔公用一台测控装置。

将变电站监控系统网络分为站级总线和设备级总线两层。站级总线采用 100M 以太网与区域集控中心系统进行数据交互。设备级总线一般采用 10M/100M 工业以太网接口，实现变电站内设备的接入。为提高网络的可靠性，采用双以太网冗余结构，将通信管理机与变电站当地后台互联，实现数据的可靠、稳定传输。

该公司变电所采用的保护测控装置是北京四方 CSC-200 系列数字式保护测控装置。该装置适用于 110kV 以下电网及发电厂的厂用电系统，具备完善的保护、测量、控制与监视功能，为低压电网及厂用电系统的保护与控制提供了完整的解决方案，可有力地保障低压电网及厂用电系统安全、稳定地运行。

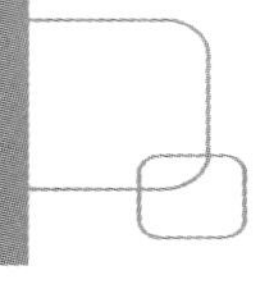

4．通信管理机和远动机冗余接入方案

远动机负责采集变电站设备的运行状态数据，将各变电站通信管理机采集的数据汇总并传输给电力服务器。远动机运行的可靠性和稳定性直接关系到电力调度系统的性能。为提高远动机的运行可靠性和稳定性，系统采用主/备机冗余接入方式，并在远动机软件中增加主备机自动切换逻辑功能，实现主/备机之间的无扰切换，具体原理如下。

（1）远动机采用主/备机冗余配置，彼此并列运行。正常情况下，主机处于值班状态，备机处于热备状态，主机掌握与对方设备的通信权，备机处于侦听状态。主/备机之间通过传输“心跳报文”和监测对方运行状态接点（看门狗接点）两种方式侦听彼此的运行状态。主/备机之间使用 Partner 私有通信协议实现内部数据同步，如图 8.26 所示。当主机发生故障时，“心跳报文”消失或看门狗接点闭合，备机收到其中一个信号，立即升为主机并进入值班状态，实现双机无扰切换。

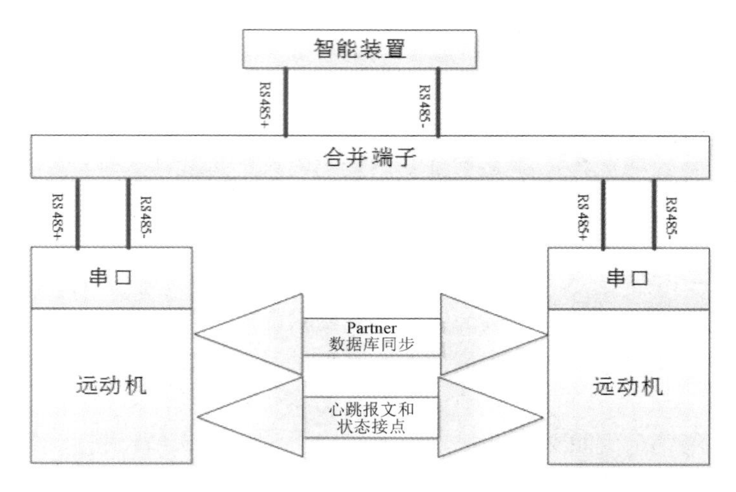

图 8.26　通信管理机和远动机冗余接入逻辑图

Partner 私有通信协议作为基于以太网的主/备机之间的内部数据库同步协议，采用 UDP/IP 传输方式。为便于程序开发，Partner 的报文格式与 IEC60870.5.104 协议相似，从而减小了通信协议开发的难度。

（2）远动机与现场设备（如微机继电保护、测控装置等）采用串口通信时，主/备机之间的串口并接。主机掌握该串口的通信权，备机只对该串口进行侦听。当主机发生本体故障或该串口故障时，备机立即接过该串口的通信权，从而做到主/备机之间的完全互备（整机和通信接口）和无扰切换。

8.5.3　电力调度自动化系统软件功能设计

1．数据采集、处理与存储功能

电力调度自动化系统软件可以采集、记录和实时显示各变电所内设备的控制、联动、联锁、闭锁状态信息，以及电流、电压、电能、功率、有功、无功、功率因数等数据，以及其他各种运行参数信息，并把这些数据存储到数据库服务器。同时，能够向操作人员提供方便的

实时计算与统计功能，并具有逻辑判断及对各遥测量和遥脉量的计算功能。

2．实时监视功能

能实时监视变电站主接线画面和接入综合自动化系统的微机测控单元、保护单元、信息采集单元等装置的运行状况，监控整个自动化系统的通信状态和网络状态。

3．控制功能

自动化系统的控制功能分为两种：自动调节控制和运行人员手工遥控。

1）自动调节控制

自动调节控制包含自动电压无功控制策略 AVQC 和自动发电控制 AGC。区域集控中心系统通过监测到的变电站实际运行状况，结合预先设定的 AVQC 控制方案及当前各参数指标进行判断计算后，根据电力调度预先配置的电压曲线、AVQC 自动投切电容器或电抗器，实现对电力系统电压和功率因数的自动调节。对各台设备的运行控制应充分保证安全、可靠，并以等概率方式优化操作。AGC 提供监视、调度和控制功能，通过控制管辖区域内的发电机组的有功功率，使电网频率控制在允许误差范围内，使频率累积误差在限制值内，维持本区域对外区域的净交换功率计划值，在满足电网安全约束的情况下使区域运行最经济。调压开关 LTC 可以根据系统电网上电压的波动自动或手动调节母线电压，以保持整个电网稳定运行。

2）运行人员手工遥控

操作员可对需要控制的电气设备进行手动控制操作。这种操作命令一般由区域集控中心系统的值班员机发出，而被控对象在距区域集控中心较远的变电站内。系统具有操作监护功能，操作人员在一台值班员机上操作时，监护人员通过另一台值班员机进行监护。为防止误操作，在任何控制方式下都要求采用分步操作的方式，以确保操作的安全性和正确性。操作控制的执行结果能反馈到相关设备图上。其执行情况也会产生正常（或异常）执行报告。执行报告在值班员机上予以显示并能打印输出。

4．报警处理功能

报警处理分为 3 种方式：事故报警、预告报警和告知信号。

事故报警包括不正常操作导致的断路器分闸和继电保护装置报警信号。预告报警包括系统各节点状态的异常信息、遥测量或遥脉量的越限、系统自身的软硬件故障或状态异常等。告知信号一般包括设备的正常变位信号等。

事故报警是在事故状态发生时，系统发出报警音响。值班员机显示画面通过颜色的改变及状态闪烁的方式表示该设备发生变位，同时显示黄底黑字的报警条文，报警条文可以打印。事故报警需要通过人工方式确认，每次可以单个确认或成组确认。报警确认后，报警音响和闪光停止，报警条文由红色变为灰色。报警条件消失后，报警条文颜色消失，报警音响和闪光终止，保存报警信息。在第一次事故报警发生阶段，允许下一个报警信号进入，即第二次报警不覆盖上一次的报警内容。事故报警具有自动推画面功能。

预告报警发生时，其处理方式基本与上述事故报警的处理方式相同，具体表现在：音响和提示信息颜色区别于事故报警，且可以自动确认，而无须手工确认。

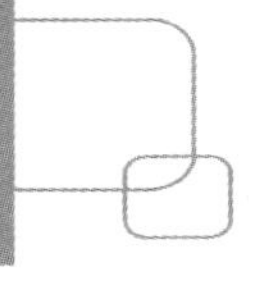

5. 事件顺序记录和事故追忆功能

事件顺序记录的内容为快速发生的设备状态变化记录，并按要求的报告形式通过事件打印机打印输出。事故追忆功能用于分析在事故前后的一段时间里，重要实时参数在特定时刻的变化情况。其目的在于一旦电网发生故障，可以对这些数据进行查找与分析，找出引发该故障的蛛丝马迹。事故追忆表的容量能记录事故前 1 分钟至事故后 5 分钟全站的模拟量。事故追忆表可以由事件产生或手动产生，可以根据不同的触发条件选择必要的模拟量进行追忆。当数个触发点同时被触发时，不影响模拟量追忆的完整性。

6. 趋势显示功能

趋势显示功能包括实时趋势显示与历史趋势显示。要求系统能够显示监控参数的实时趋势和历史趋势，操作人员可以查看指定时间段的历史数据，并可用游标查看指定时间的参数数值。由于要监控的参数有很多，不可能在组态时把所有的参数都组态到某个趋势曲线中，因此，要求趋势功能能实现用户选择参数，然后显示该选定参数的趋势曲线。

7. 画面、报表显示和打印

画面窗口的颜色、大小、生成、撤除、移动、缩放、选择可以由操作人员设置和修改。图形管理系统具有汉字生成和输入功能，支持矢量汉字字库，并具有动态棒形图、动态曲线、历史曲线制作功能。

此外，系统具有图元编辑、图形制作功能，使用户在任意一台主计算机或工程师工作站上均能方便、直观地完成图元、实时画面的在线编辑、修改、定义、生成、删除、调用和实时数据库连接等功能，并且对画面的生成和修改能够通过网络广播方式发送给其他工作站，保持全网上各主机节点的自动同步。

8.5.4 电力调度自动化系统软件开发与系统配置

1. 软件开发平台与 SIMATIC WinCC TeleControl 插件

当前，我国钢铁、石化和水泥企业配套的电厂、数字变电站远动系统普遍采用基于 IEC60870-5-104 标准的远动传输通信协议。在实现这些厂站设备与监控系统的通信时，一般监控组态软件具有典型设备的驱动程序，但对 IEC60870-5 101/104 和 DNP 等协议的支持力度较差。为此，通常采用第三方网关，将这些协议转换成标准的工业协议，从而实现这些设备与监控软件的通信。但这种方式不仅增加了成本，系统稳定性等也较难保证。

西门子 SIMATIC WinCC TeleControl 支持 Sinaut ST7、IEC60870-5 和 DNP3 3 个通信协议，与 RTU（西门子的 S7-300/S7-300F/S7-1500/S7-400/S7-400F/S7-400H/S7-400FH 控制器及第三方 RTU）通信时具有以下特性。

- 通过对报警和测量值信息使用事件控制的通信机制减少所发送的数据量。
- 各 RTU 的时钟同步及对 RTU 中的所有数据打上正确的时间戳。
- 通过在 RTU 中缓冲数据，避免在发生通信故障时丢失数据（不是所有的非西门子 RTU 都支持该功能）。
- 支持带串行接口（专用线路、通过模拟电话线路和 ISDN 线路的交换网络）的通信介

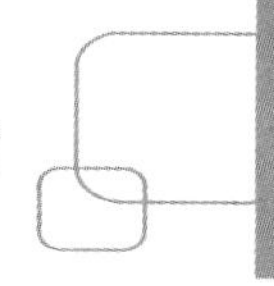

质、各种无线传输设备（标准、扩频调制）、微波和 GSM。

- 支持基于 TCP/IP 的广域网，如 DSL、GPRS 或以太网无线网络。
- 支持冗余通信链路；增强了 RTU 通信链路的通信诊断功能。
- 对 RTU 进行远程编程。
- 支持各种通信拓扑——点对点、点对多点和分层网络结构。
- 高端服务器冗余方案，在发生服务器故障时不会丢失数据。

因此，采用 WinCC 组态软件及配套的 TeleControl 可选件可以大大简化监控系统开发中服务器与变电站自动化系统的通信接口处理任务。该选件在水与废水、石油与天然气采输等领域的 SCADA 系统中广泛应用。本监控系统就采用 WinCC 及 TeleControl 来进行监控系统软件的开发。

2. 监控系统通信协议 IEC60870-5-104 远动规约分析

IEC60870-5-104 远动规约简称为 IEC-104 协议，是符合 IEC60870-5 系列标准的运动规约之一，以替代 IEC60870-5-101（简称为 IEC-101）远动规约在以太网中应用。目前 IEC-104 主要应用于电力领域的以太网通信，在调度主站和远程终端 RTU 之间，或者调度主站和变电站从站之间采用平衡传输模式，通过 TCP/IP 传输数据。

IEC-104 的网络结构模型采用了 ISO 的 OSI 参考模型中的 5 层，该协议对应 7 层体系的应用层，如图 8.27 所示。显然，IEC-104 是将 IEC-101 与 TCP/IP 提供的网络传输功能相结合，使得 IEC-101 在 TCP/IP 内的各种网络类型中均可使用，包括 X2.5、FR（帧中继）、ATM（异步传输模式）和 ISDN（综合业务数据网）等。IEC-104 与 IEC-101 的关系还可以以 Modbus TCP 与 Modbus RTU 之间的关系进行理解。

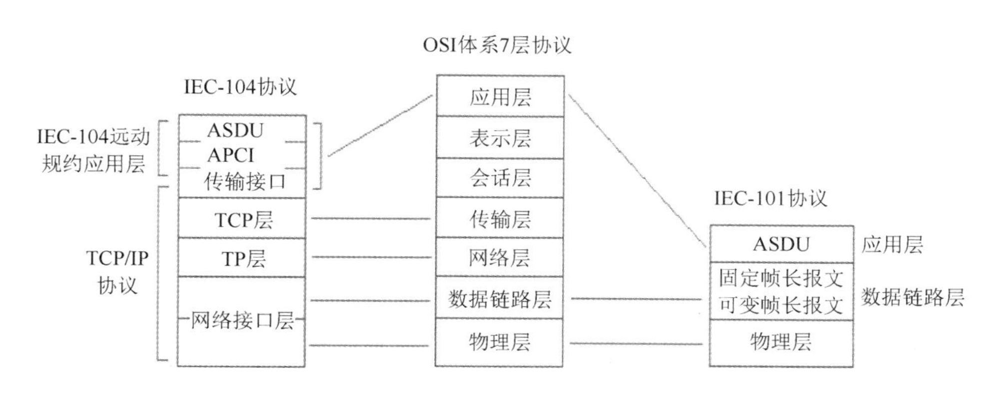

图 8.27　IEC-104 的体系结构

IEC-104 网络层协议选择了 TCP/IP，其应用层协议的选择和 IEC-101 协议一样，都是应用服务数据单元（ASDU）。IEC-104 为了适应以太网传输数据，又包装了应用规约控制信息接口层（APCI），APCI 和 ASDU 合起来称为应用规约数据单元（APDU），IEC-104 应用服务数据单元（ASDU）的结构如图 8.28 所示。APDU 报文的启动字符被规定为 68H，其后一个字节的内容表示这个 APDU 报文的长度，IEC-104 协议中规定一个 APDU 报文的长度在 255 字节内，一个 ASDU 报文的长度在 249 字节内，这个限制使得当报文数据过大时必须将其分成多个 APDU，进行不同数据包的报文发送。除此之外，IEC-104 增加了重发和应答等机制，在 TCP 层的端口号为 2404，该端口号已经被互联网地址分配机构（Internet Assigned Numbers Authority，IANA）认可。

图 8.28　IEC-104 应用服务数据单元（ASDU）的结构

IEC-104 规定了三种报文格式 I/S/U，如图 8.29 所示，其中，I 格式的报文主要传递实际的应用数据，如主站控制指令的下发、从站开关量的上传等，只有 I 格式的报文包含 ASDU，其他两种格式的报文都不包含 ASDU，只有 APCI。S 格式的报文主要是在 I 格式的报文没有回应报文的条件下，回应确认报文的接收。U 格式的报文主要用于通信过程控制，如 TCP 链路测试（TESTFR）、启动从站的数据传输（STARTDT）和停止从站的数据传输（STOPDT）。U 格式的报文启动先发送报文，从站响应报文。发送 STARTDT 信号前，从站可接收遥控信息，但不会主动上传召唤信息、周期信息等。主站发送 STARTDT 信号后，从站即可上传突发信息或周期信息。主/从站建立连接后即启动测试链路计时，当达到标志时间 T2（20 秒）时，主/从站都可发送 TESTFR 信号。

信息传输（I格式）

字节位 8 7 … 2	1
	0
MSB 发送序列号 *N*（S）	
接收序列号 *N*（R） LSB	0
MSB 接收序列号 *N*（R）	

监视功能（S格式）

字节位 8 7 … 3	2	1
0	0	1
0		
接收序列号 *N*（R） LSB		0
MSB 接收序列号 *N*（R）		

控制功能（U格式）

8	7	6	5	4	3	2	1
TESTFR		STOPDT		STARTDT		1	1
确认	生效	确认	生效	确认	生效		
0							
0							0
0							

图 8.29　IEC-104 中的三种报文格式

I 格式中 ASDU 的内容是真正意义上主站和从站需要传递的实际数据，如图 8.30 所示。ASDU 完全按照规约制定的结构组装数据并传输，每帧 I 格式报文只有一个类型标志，通过类型标志区别是遥控、遥测或遥信数据中的哪一种。它可分为多种类型数据，如从站向主站发送数据类型：1（1H）不带时标的单点信息（M-SP-NA-1）等，其中，1～40、70 都属于这种类型标志。从站需要逐条对命令用相同报文确认类型：45（2DH）单点命令（C-SC-NA-1）等，其中，45～51、100～106 都属于这种类型标志，还有其他文件传输等类型标志，这里不再做介绍。ASDU 下一个字节可变结构限定词十分重要，决定信息元素个数和信息元素地址存放方式。后两个字节代表 COT，其中，低字节 D7～D0 代表的传送原因有 3（突发）、6（激活）等。公共地址早期主要用于 IEC-101 规约，防止发送数据串线。每个信息的信息体地址都不重叠，信息体地址采用先低后高的方式存放。

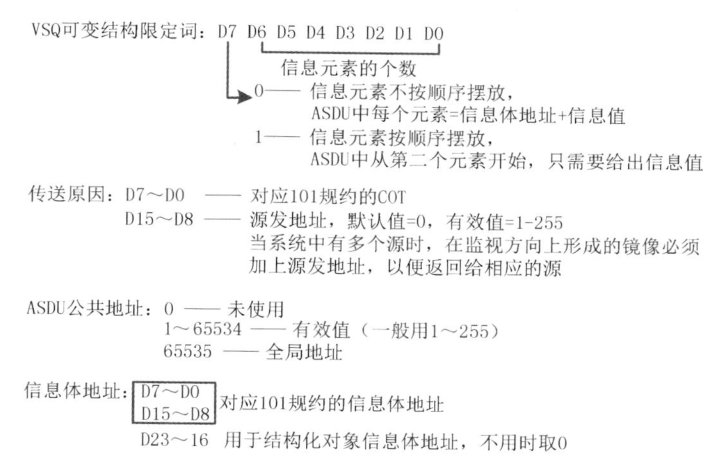

图 8.30 IEC-104 中 ASDU 的报文结构

这里对一个通过主站（调度中心）利用 IEC-104 协议对从站（变电站或发电厂）的断路器进行遥控的过程进行分析，从而更加清楚地了解该协议。图 8.31 显示了主站和从站之间通过 IEC-104 协议进行数据通信的过程。由于执行遥控操作时要采用“返送校核”方式，以确保该命令能被正确执行。在遥控过程中，调度中心发往厂站的命令有 3 种，即遥控选择命令、遥控执行命令和遥控撤销命令。遥控选择命令包括两个部分：一部分是选择的对象，用对象码指定对哪个对象进行操作；另一部分是遥控操作的性质码，用性质码指示是合闸还是分闸。当主站的选择指令下发后，变电站收到数据包需要回应选择确认的报文，若返回的数据包中的返校信息与原发指令一致，则发送遥控执行命令，从站收到遥控执行命令后，会驱使遥控执行继电器动作。主站需要等变电站和断路器之间的信号交互完成后接收确认报文，接收后通信结束。当断路器状态发生变化上传到变电站时，变电站会将变位信息主动上传到主站中。

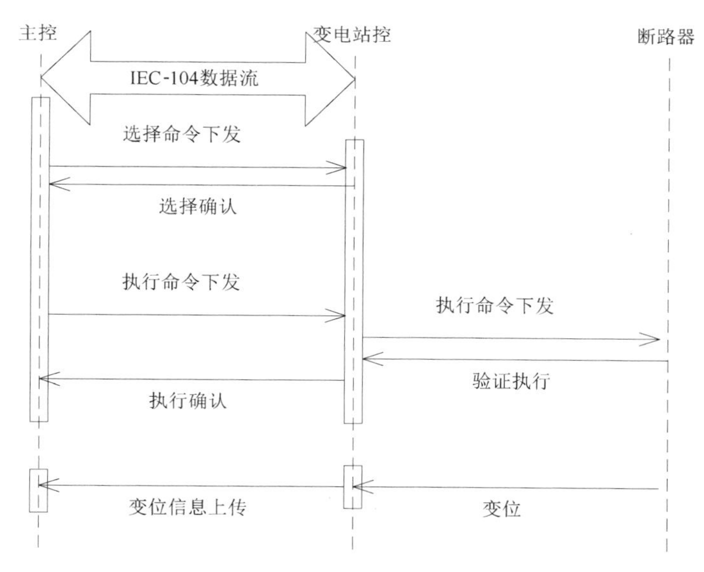

图 8.31 调度中心通过 IEC-104 协议对厂站断路器执行遥控操作流程

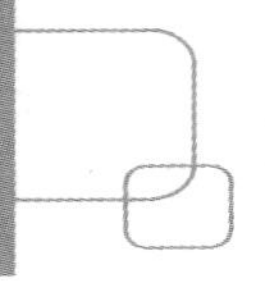

这个主/从站的遥控操作过程用的都是 I 格式的报文。以类型标志为 2d 不带时标单点遥控为例，其中，主站发送给从站的遥控选择指令的报文如表 8.1 所示，从站发送给主站的遥控返校指令的报文如表 8.2 所示。其他指令的报文格式这里就不再给出了。

表 8.1　主站发送给从站的遥控选择指令的报文

报文	68	0e	0600	0a00	2d	01	0600	0100	020600	81
对报文的说明	报文头	长度	发送序号	接收序号	类型标志：不带时标单点遥控	可变结构限定词	传输原因：激活	公共地址（装置地址）	信息体地址：0x0602-0x0601=1	控合

表 8.2　从站发送给主站的遥控返校指令的报文

报文	68	0e	0a00	0600	2d	01	0700	0100	020600	81
对报文的说明	报文头	长度	发送序号	接收序号	类型标志：不带时标单点遥控	可变结构限定词	传输原因：激活确认	公共地址（装置地址）	信息体地址：0x0602-0x0601=1	控合

3．WinCC 冗余系统配置

1）冗余系统的组成及作用

本系统配置了 2 套 WinCC 服务器冗余系统（每套由 2 台 WinCC 服务器组成冗余系统），分别连接 3 个和 4 个变电站测控装置等变电站自动化系统，另外有 7 台是 WinCC 客户机，连接这 2 套冗余系统。采用 2 台互联的 WinCC 服务器并行工作，并基于事件进行同步，提高了系统的可靠性。使用以太网卡作为冗余服务器之间的同步接口示意图如图 8.32 所示。WinCC 冗余系统具有下列功能。

（1）故障自动识别，故障恢复后自动同步变量记录、报警消息、用户归档。

（2）在线同步变量记录、报警消息、用户归档。

（3）服务器发生故障时，客户端自动切换到可用的服务器。

（4）自动识别伙伴服务器的状态，并实时显现主/备服务器的工作状态。

（5）自动生成系统故障消息，及时发现服务器软件故障。

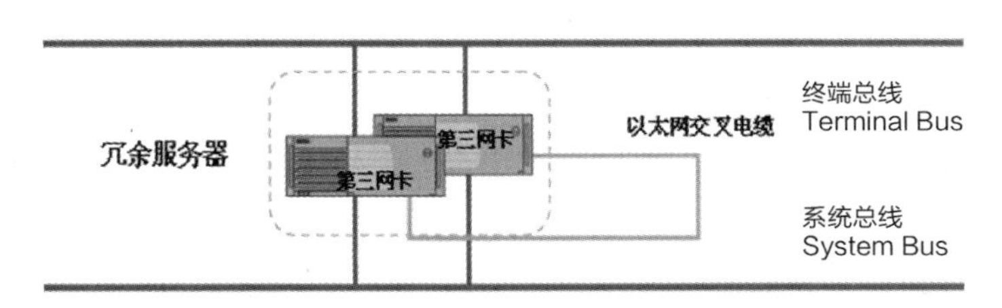

图 8.32　使用以太网卡作为冗余服务器之间的同步接口示意图

2）冗余系统的配置要求和组态

要构成一套 WinCC 冗余系统，需要如下授权，如表 8.3 所示。首先安装上述软件和授权，然后进行工程组态，最后在服务器侧进行冗余系统组态。具体组态步骤如下。

（1）创建用户：在两台服务器上创建 Windows 用户，要求具有相同的用户名和密码。可以创建一个新用户或使用默认的 Administrator；对于新建用户，在“隶属于”中，为用户分配

Administrator、SIMATIC HMI 两个用户组。对于默认 Administrator 用户，检查是否属于上述两个组。

（2）创建一个 WinCC 单用户或多用户项目，组态相应的 WinCC 功能。

表 8.3　WinCC 冗余系统配置授权要求

授权名称	个　数	安装位置	备　注
WinCC RT/RC	2	1 个/服务器	至少一个 RC
WinCC/Redundancy	1 对	1 个/服务器	一个订货号包含两个冗余授权
WinCC/Server	2	1 个/服务器	多用户项目
WinCC RT 128	与客户端的数目相等	1 个/服务器	需要客户端

（3）设置冗余功能，首先打开工程冗余配置选项，选中“激活冗余”复选框。然后设置冗余选项，选择 WinCC 服务器之间的冗余识别连接方式，设置服务器伙伴之间的时钟同步，最后生成服务器数据包。需要注意的是，使用以太网卡作为冗余服务器之间的同步接口时，必须使用一块额外的网卡，而不能使用已有的 Terminal Bus 网卡或 System Bus 网卡。两个服务器上的第三网卡可以通过交换机连接，也可以使用一根交叉线连接。此外，还需要在“我的电脑”→“SIMATIC Shell”中设置冗余网卡和与 RTU 的通信网卡。

（4）利用 WinCC 自带的项目复制器，把组态好的 WinCC 工程项目复制到另外一台服务器（冗余服务器）上。复制之前要在冗余服务器上创建一个共享文件夹，用于保存 WinCC 项目。使用项目复制器（Project Duplicator）复制 WinCC 项目，相应的计算机名称、冗余的主从设置会自动更改。项目复制后，要检查 WinCC 通信通道中的逻辑设备名称与 Set PG/PC 指定的名称是否一致。如果不一致，需要手动修改逻辑设备名称。

设置服务器侧后，要在 WinCC 客户端进行设置。由于本系统有多个 WinCC 服务器，因此选择有本地项目的客户端，从而可以装载多个服务器数据包，查看多个服务器的数据。

（1）应确保客户端的 Windows 用户拥有 Administrator、SIMATIC HMI 两个用户组。同时，如果 WinCC 服务器上不存在此客户端的 Windows 用户，那么必须在 WinCC 服务器上创建。

（2）利用 WinCC 项目管理器创建客户机项目。

（3）加载服务器数据包。右击服务器数据包，在弹出的菜单中选择装载服务器上生成的 pck 文件。

4．在 WinCC 环境下配置 IEC60870-5-104 远动规约驱动

在安装有 WinCC V7.3 的计算机中安装 TeleControl V7.0 SP3 可选件，并安装必要的授权文件。

在 WinCC 项目的驱动通道下通过“变量管理→添加新的驱动程序”来添加驱动，选择 tcChannel 来添加 WinCC TeleControl 驱动通道。添加完名为 TCCHANNEL 的驱动后，再添加新的驱动连接。用鼠标选择 TCUNIT，单击鼠标右键，选择“新驱动程序的连接”。在弹出的连接属性对话框中，输入连接名称 TeleControl，如图 8.33 所示。

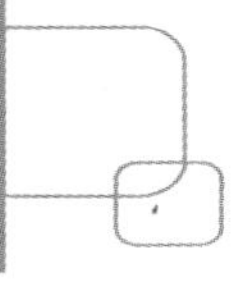

图 8.33　连接属性对话框

单击该对话框的属性，将会打开新建的通道连接的属性对话框，如图 8.34 所示。在属性对话框中的“AS View”下通过鼠标右击“→Add ‘IECCONN AS Source Node…’”添加一个 IEC Connection，这里通道名称的定义为 LZBDZ_Connection1。该连接建立好后，双击该连接，在出现的窗口的“Protocol Type”中选择协议类型为“104”。单击“Configure Connection Parameters”，打开 IEC Connection 的参数设置对话框，在打开的对话框中设置需要连接的装置的 IP 地址，在本例中，变电站的 IP 地址为 10.10.1.99，连接端口号为 2404，其他参数保持默认即可。注意这里信息对象地址选择了结构化，填写地址时要进行转换。单击确认以保存设置。由于本项目中 WinCC 服务器与监控中心是冗余连接，因此，采用同样的方式建立了 LZBDZ_Connection2 连接，其 IP 地址为 10.10.1.100。

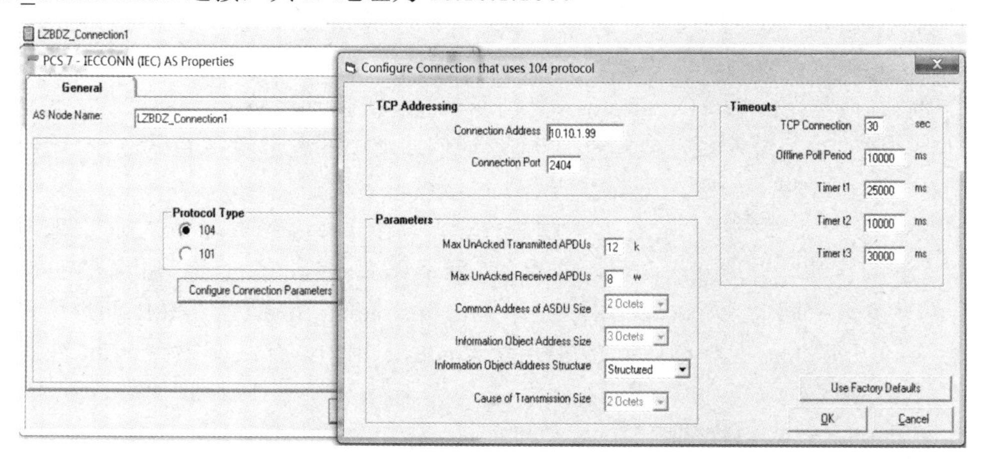

图 8.34　添加 IEC 连接和配置连接参数

返回到通道连接的属性对话框，同样在属性对话框中的“As View”下通过鼠标右击“→Add IECRTU AS Source Node…”添加一个 IEC RTU，节点名为 IEC_LZBDZ，在“Common Address of ASDU”中设置 ASDU 地址，这里为 00.01，如图 8.35 所示。需要注意的是，由于采用了结构化地址，在图 8.36 中不能直接填写十进制地址，该地址只支持 8 位位组格式（按字节格式填写，每个字节位是十进制，中间用点号隔开）。具体拆分过程：把十进制拆分成 2 个字节的十六进制，将每个字节单独转换为十进制。在 IEC-104 中，ASDU 地址占用 2 个字节，如 ASDU 若为 6600，则拆分（19，C8）成对应的十进制结果是（25，200），因此要填写成 25.200。

单击图 8.36 中的“Configure Connection”可以设置 IECRTU 节点所关联的 IEC Connection 节点，本项目中直接选择 Connection1 为先前建立的 LZBDZ_Connection1，Connection2 为

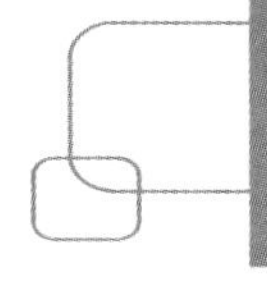

LZBDZ_Connection2，如图 8.36 所示。

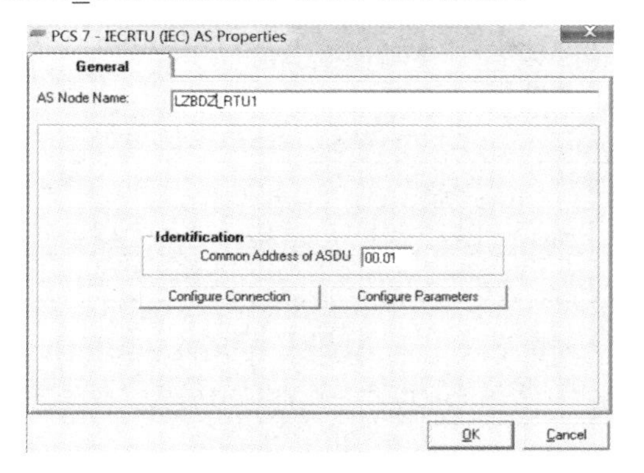

图 8.35　配置 IEC_RTU 节点参数

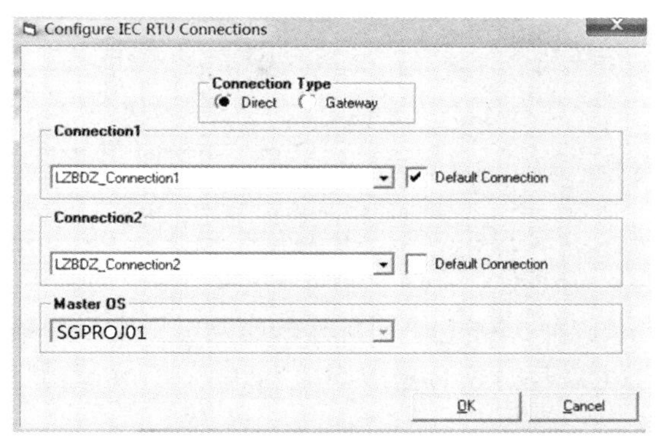

图 8.36　组态 IEC_RTU 关联的 IEC Connection 节点

还可以单击图 8.35 中的“Configure Parameters”设置 IECRTU 的参数。这里，这些参数都保持默认值。

这样就完成了 WinCC TeleControl 作为主站与现场变电站测控装置作为子站的 IEC-104 通信方式的驱动参数设置。

通道配置完成后，就可以利用变量管理器定义该设备中的变量了。在 WinCC 中定义变压器高压侧电流变量的对话框如图 8.37 所示。首先填入变量名称和数据类型等，单击变量地址右侧的“Select”，会弹出如图 8.38 所示的在 WinCC 中定义地址选择的对话框，这里要设置正确的 AS Node，根据 IEC 规约，数据处理模式选择 RP，即从 RTU 中采集的模拟量，“RTU Data Type”选择“13…”，Flag 选择“VALUE-Value”。这里的数据类型也要和图 8.37 一致，都是浮点类型 IOA 信息对象地址，占用 3 个字节。由于十进制地址是 16391，转换为分字节的十六进制为（00-40-07），再转换为十进制的 3 字节数据为（00-64-07），因此输入 00.64.07。

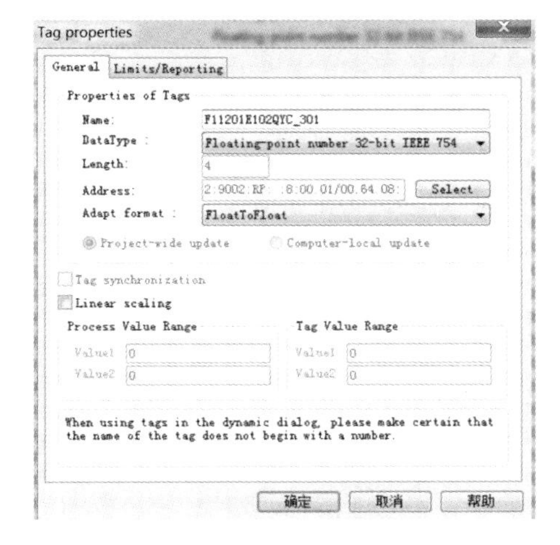

图 8.37　在 WinCC 中定义变压器高压侧电流变量的对话框

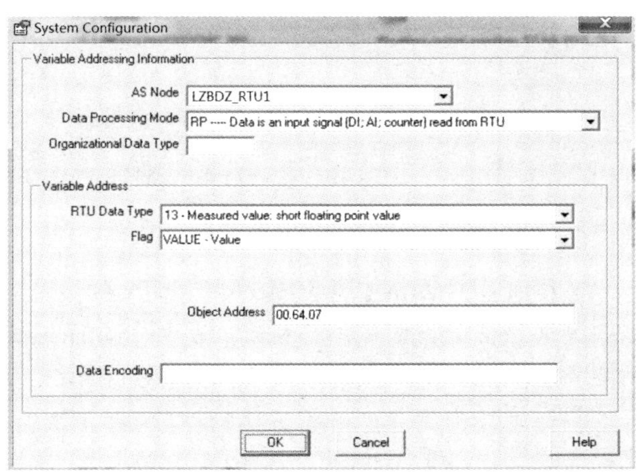

图 8.38　在 WinCC 中定义地址选择的对话框

定义变量时，需要事先准备好如表 8.4 所示的 RTU 信号汇总表。

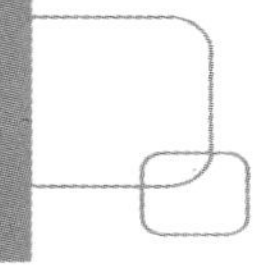

表 8.4　RTU 信号汇总表

设备名称	信号名称	数　量	信息对象类型	信息对象地址 IOA	说　明
某变电站变压器	断路器、正副母闸刀控制指令	3	遥控	24592～24594	对应装置的控制指令
	电流、有功功率、无功功率、功率因数	6	遥测	16391～16396	对应装置的模拟量测量信号
	正向有功的总、尖、峰、平、谷电量	5	遥脉	25531～25535	对应装置计算出来的数值
	速断、接地、跳闸等信号	22	遥信	272～293	对应装置的输入信号

同样，WinCC 中断路器遥控选择指令变量的地址配置对话框如图 8.39 所示。由于 IOA 是 24592，经过换算后填写成 00.96.16。变量地址的相关信息必须按照图 8.39 中的方式设置，否则会影响通信。

在图 8.39 中，数据处理模式选择了 WP…Output Signal (Command or Setpoint) written to RTU。这是因为这个变量执行的是遥控选择，属于调度下发的命令，这和图 8.38 中的读遥测值是不同的。在本系统中，绝大多数变量（如遥测、遥脉、遥信等）都是 RP 类型，少部分是 WP 类型，总召唤使用 WO 类型（特殊命令类型）。

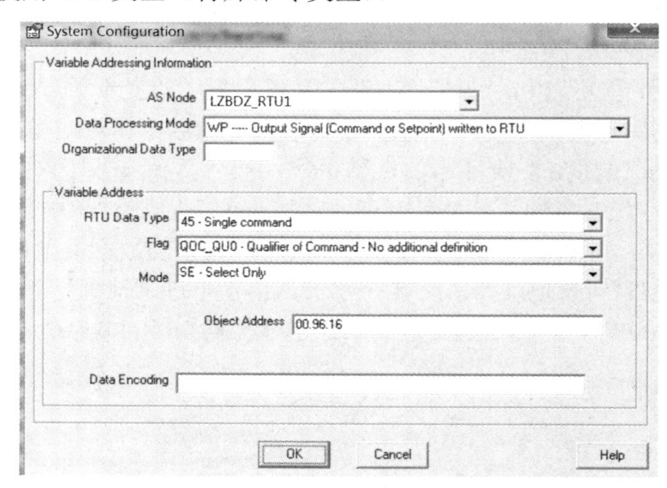

图 8.39　WinCC 中断路器遥控选择指令变量的地址配置对话框

5. 监控画面组态

监控画面（WinCC 中称作过程画面）的设计一般遵循总体设计、各子画面功能设计等。监控画面设计一方面依赖工程师，另外一方面最好由美工支持，这样设计的界面除了能保证功能，也能确保用户友好。图 8.40 所示为某所 110kV 过程界面。

界面设计内容多，有时也比较烦琐。一般组态软件提供了一定量的图库和一些工具来简化界面设计。对于 WinCC，这里主要介绍一下图层和面板，熟练利用这类技术对于界面设计有较大好处。

1）图层及其使用

在开发监控系统时，通常在设计好监控画面后，要对每个监控画面进行设计开发。一般来说，用于显示生产流程的画面通常包含较多的图形元素，如各类设备、管道、输入/输出文本和域等。组织好这些设备，并在修改图形元素属性时成组操作，且可以通过程序控制不同图形元素的显示与隐藏显得很重要。WinCC 提供了图层功能，这些图层类似含有文字或图形元素的画布，一张张按顺序叠放在一起，组合起来形成页面或画面的最终效果。图层中可以加入文本、图片、表格、控件等，也可以在里面嵌套图层。WinCC 支持图层，每个画面最多支持 32 个图层，其编号为 0～31。图层的分布方式为从内到外，也就是说 31 号图层位于最外面，而 0 号图层位于最里面。可以分别对组态及运行模式下的图层进行“显示/隐藏”设置。画面打开时，将显示画面的 32 个图层，用户无法更改此设置，但可以通过图层选项板来隐藏激活图层以外的所有图层。这样，用户便可以明确地编辑激活图层中的对象。图形对象始终插入活动层，但可以快速移动至另一层。可通过“对象属性”（Object Properties）窗口中的“层”（Layer）属性来更改图层分配。

在 WinCC 中，图层无法直接连接变量，也就是说，我们无法通过变量来实现图层的动态化，只能在组态时对图层进行勾选，实现其显示或隐藏。但借助脚本可以实现图层的动态化，因为画面对象中的 Layer 提供了 visible 方法。

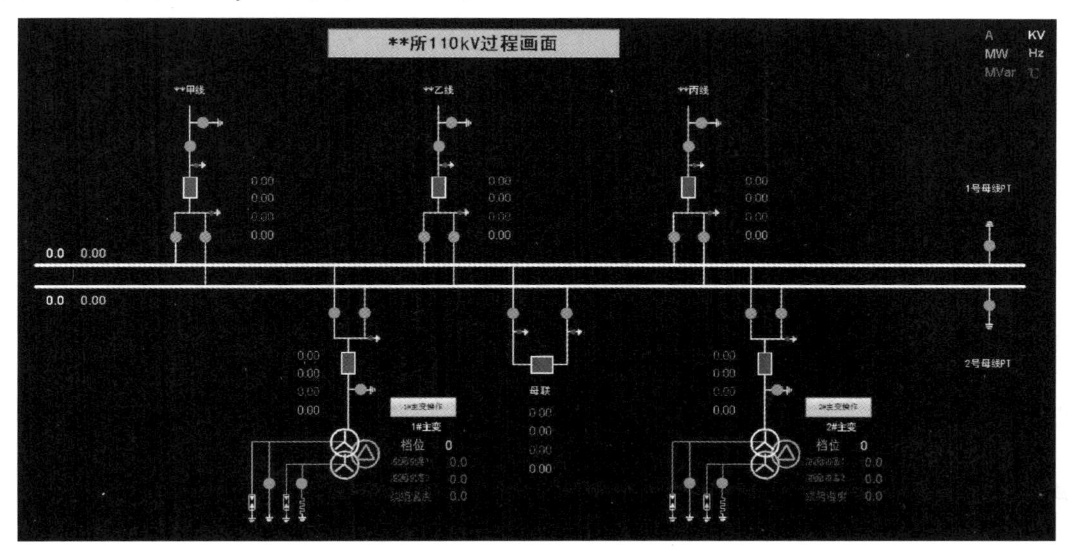

图 8.40　某所 110kV 过程界面

2）面板及其使用

在变电站监控中，要监控每一路出线的电流、有功功率、无功功率和功率因数。因此，非常有必要建立一个专门的面板。在面板中，建立 4 个名称为 I、P、Q、COS 的输入/输出域。分别选中对象，把该对象的所需对象属性（OutputValue）拖拽到选中属性窗口中的对应变量下，编辑它们的属性，保存面板文件，如图 8.41 所示。在 WinCC 界面编辑中可以大量使用该面板的实例，把面板中的变量分别与变量表中相应的变量连接就可以了，如图 8.42 所示。为了方便，还可以在 WinCC 中建立结构变量，把结构变量与面板关联，这样在变量组织和管理上更加方便。在本系统中，就设计了接近 30 个面板。面板的使用简化了界面图形元素的编辑、排列和管理。

3）人机界面按钮脚本编写

在人机界面上，会执行一系列操作，通过这些操作实现画面切换、变量赋值或执行遥控动作等一系列操作。脚本的编写大大提高了组态软件处理事务的能力。当然，若组态软件中

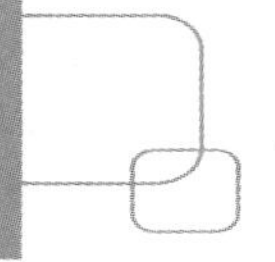

脚本过多，也会导致软件的执行速度下降。

这里以对断路器执行合闸操作为例，通过如图 8.43 所示的断路器遥控操作过程窗口执行操作。这个操作窗口的名称是 BREPOPOUT_8.PDL。“选择合闸”按钮的名称是 Button1，“选择分闸”按钮的名称是 Button2，“退出”按钮的名称是 Button4，“确定”按钮的名称是 Button5，“信息提示文本框”的名称是 MESSAGE。

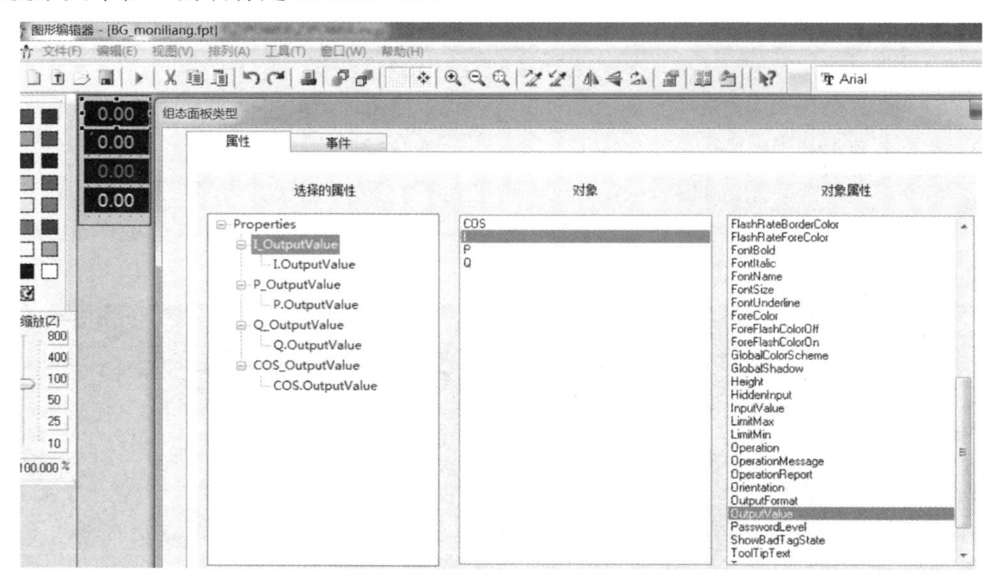

图 8.41　面板设计实例

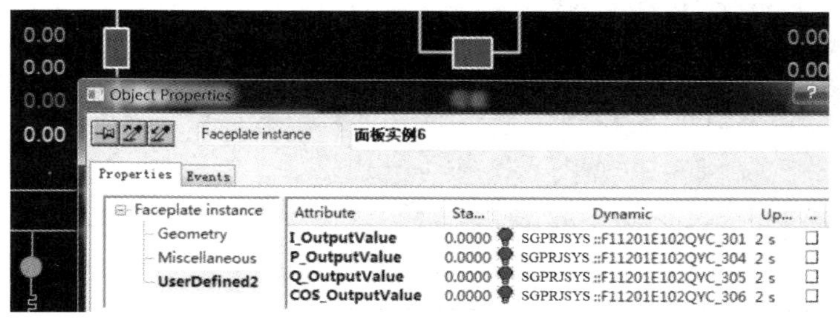

图 8.42　对面板实例中的变量进行连接

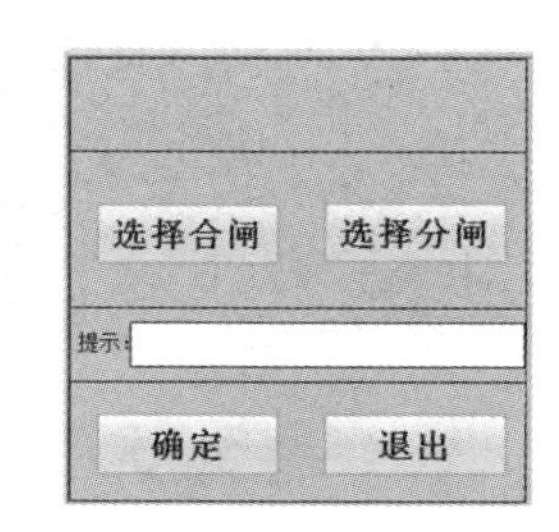

图 8.43　断路器遥控操作过程窗口

单击鼠标左键按下“选择合闸”按钮后执行的代码如下：

```
#include "apdefap.h"
void OnLButtonDown（char* lpszPictureName, char* lpszObjectName, char* lpszPropertyName, UINT nFlags, int x, int y）
{//标记 1
    #pragma code （"kernel32.dll"）
    int i_Choose_Open_Time;
    int i_Choose_Close_Time;
    int i_Execute_Open_Time;
    int i_Execute_Close_Time;
    int i_Cancel_Close_Time;
```

```
    int i_Cancel_Open_Time;
    if（ GetTagSWord（"_flag"） == 1） //选择合闸
    {//选择合闸标记
        SetTagBit（"_SE",1）;//选择合闸变量置 1
        SetText（"BREPOPOUT_8.PDL","MESSAGE","选择合闸反校进行中......."）;
        for（i_Choose_Open_Time=10000;i_Choose_Open_Time>=1;i_Choose_Open_Time--）//延时
        if （GetTagSWord（"_COT"） == 7 ）
        {
            SetText（"BREPOPOUT_8.PDL","MESSAGE","选择合闸成功，请执行合闸"）;
            SetText（"BREPOPOUT_8.PDL","Button1","执行合闸"）;
            SetText（"BREPOPOUT_8.PDL","Button2","撤销合闸"）;
            SetOperation（"BREPOPOUT_8.PDL","Button1",TRUE）;  //按钮被使能
            SetOperation（"BREPOPOUT_8.PDL","Button2",TRUE）;  //按钮被使能
            SetTagSWord（"_flag",10）; //设置选择合闸成功标记
            i_Choose_Open_Time  = 0;
        }
        if （GetTagSWord（"_COT"） != 7）
        {
            SetText（"BREPOPOUT_8.PDL","MESSAGE","选择合闸失败，请重新选择!"）;
            SetTagSWord（"_flag",0）; //设置选择合闸失败标记
        }
    }//对应选择合闸标记的“{”
```

单击鼠标左键按下“选择合闸”按钮后，把“_SE ”变量置为 1，该变量会被送到 RTU，同时 MESSAGE 窗口会显示“选择合闸反校进行中.......”。循环指令等待一段时间，当收到“_COT”等于 7 后，MESSAGE 窗口会显示“选择合闸成功，请执行合闸”，同时 Button1 按钮标题（按钮字体的文本属性）变为“执行合闸”，Button2 按钮标题变为“撤销合闸”，且这两个按钮都处于使能状态，即都可以被按下。若“_COT”不等于 7，则 MESSAGE 显示“选择合闸失败，请重新选择!”，并把“_flag”变量置为 0。

若选择合闸成功，则单击鼠标左键单击 Button1（此时该按钮文本已变为“执行合闸”）时，该按钮对应的代码如下（接着前面一段代码，因为这是一个按钮的动作，只是按钮的标题变了）：

```
if（ GetTagSWord（"_flag"） ==3） //执行合闸
{
    SetTagBit（"_EX",1）; //将执行合闸变量置为 1
    SetText（"BREPOPOUT_8.PDL","MESSAGE","执行合闸操作进行中......."）;
    for（i_Execute_Open_Time=10000;i_Execute_Open_Time>=1;i_Execute_Open_Time--）//延时
    if （GetTagSWord（"_COT"） == 7|| GetTagSWord（"_COT"） == 10） //处理合闸指令成功
    {
        SetText（"BREPOPOUT_8.PDL","MESSAGE","合闸指令已发出！"）;
        SetTagSWord（"_flag",30）; //设置合闸标记
        i_Execute_Open_Time  = 0;
        SetOperation（lpszPictureName,"Button1",FALSE）; //按钮被禁止
```

```
        SetOperation（lpszPictureName,"Button2",FALSE）; //按钮被禁止
        SetOperation（lpszPictureName,"Button5",FALSE）; //按钮被禁止
    }
    if （GetTagSWord（"_COT"） != 7&&GetTagSWord（"_COT"） != 10） //处理合闸指令失败
    {
        SetText（"BREPOPOUT_8.PDL","MESSAGE","合闸指令发送失败!! "）;
        SetTagSWord（"_flag",10）; //设置合闸失败标记
        SetOperation（lpszPictureName,"Button1",FALSE）;
        SetOperation（lpszPictureName,"Button2",FALSE）;
        SetOperation（lpszPictureName,"Button5",FALSE）;   //确定按钮被禁止
    }
}
if（ GetTagSWord（"_flag"） == 4） //撤销合闸
{
    SetTagBit（"_DS",1）;
    SetText（"BREPOPOUT_8.PDL","MESSAGE","撤销合闸操作进行中......."）;
    for（i_Cancel_Open_Time=10000;i_Cancel_Open_Time>=1;i_Cancel_Open_Time--）//延时
    if （GetTagSWord（"_COT"） == 9） //处理合闸撤销指令
    {
        SetText（"BREPOPOUT_8.PDL","MESSAGE","合闸撤销指令已发出！"）;
        SetTagSWord（"_flag",0）; //设置合闸撤销标记
        i_Cancel_Open_Time  = 0;
        SetOperation（lpszPictureName,"Button1",FALSE）;
        SetOperation（lpszPictureName,"Button2",FALSE）;
        SetOperation（lpszPictureName,"Button5",FALSE）;
    }
    if （GetTagSWord（"_COT"） != 9） //处理合闸撤销指令失败
    {
        SetText（"BREPOPOUT_8.PDL","MESSAGE","合闸撤销指令发送失败!! "）;
        SetTagSWord（"_flag",0）;
        SetOperation（lpszPictureName,"Button1",FALSE）;
        SetOperation（lpszPictureName,"Button2",FALSE）;
        SetOperation（lpszPictureName,"Button5",FALSE）;
    }
 }
}//与前一段程序的标记 1 “{” 配对
```

选择分闸的脚本与上述选择合闸类似，限于篇幅，这里不再给出。

8.5.5 电力调度自动化系统投运

该企业的电力调度自动化系统经调试后投入运行。调度中心操作员可以通过如图 8.44 所示的某冶金企业电力调度自动化系统全厂供电系统人机界面了解全厂的供电和用电情况。图 8.45 中全面显示了每个变电所的变压器工作状态、母联开关、断路器状态、全厂负荷及电

网运行状态等各类信息。操作员还可以完成一系列调度操作，图 8.45 所示为某变电站 LTC（调压开关）的自动选择操作界面。还可以调阅历史曲线、实时数据库、历史告警、实时曲线、事故追忆等功能。图 8.46 所示为历史趋势曲线人机画面，历史曲线控件中共有 6 个变量的曲线，分别用不同颜色标注，每个变量都有相应的 *Y* 坐标。图 8.47 所示为报警窗口。可以看到，对每条报警消息，都有报警发生日期、时间、持续时间、来源、区域、事件信息、状态（到达、离开、确认）和优先级信息，值班员通过该窗口可以详细了解报警信息和进行确认操作。

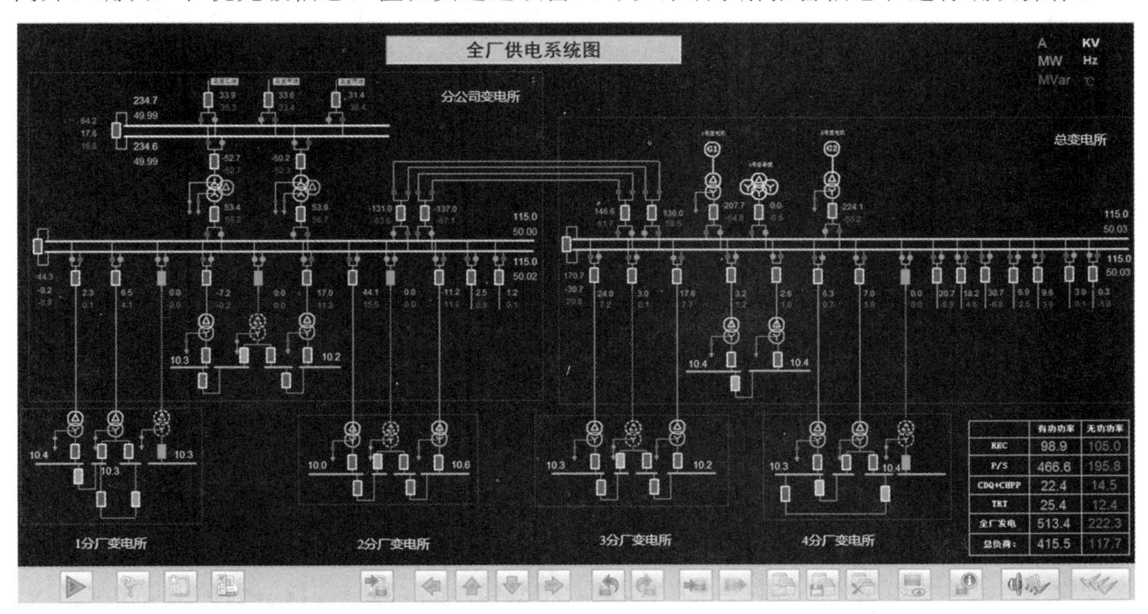

图 8.44　某冶金企业电力调度自动化系统全厂供电系统人机界面

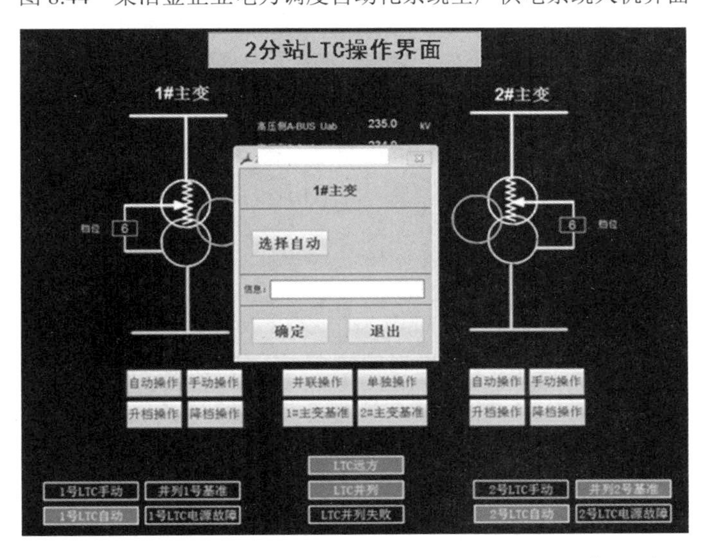

图 8.45　某变电站 LTC（调压开关）的自动选择操作界面

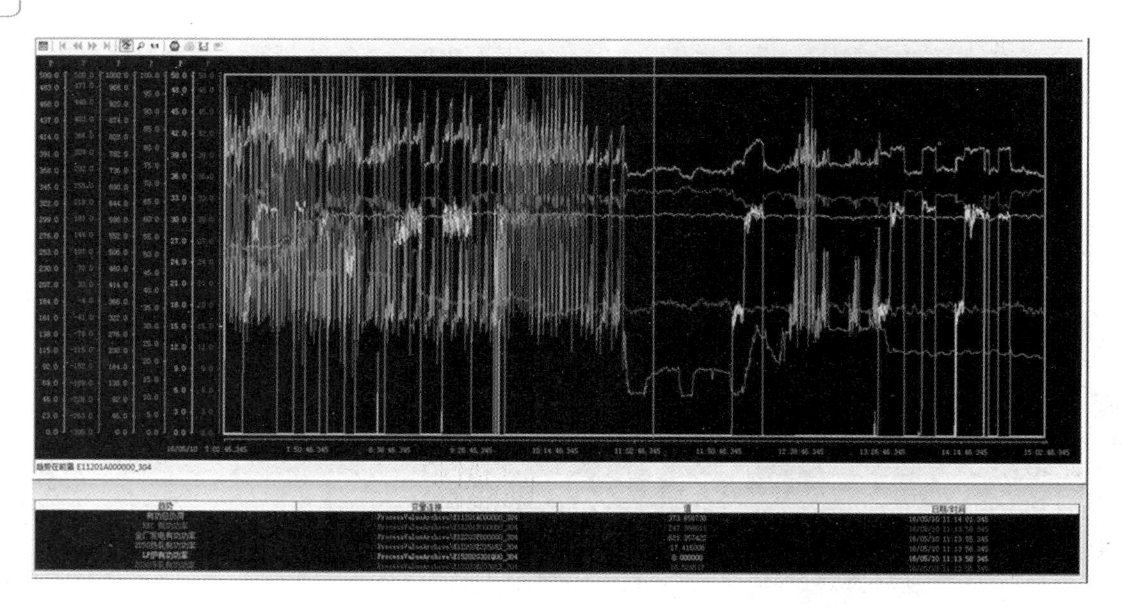

图 8.46　历史趋势曲线人机画面

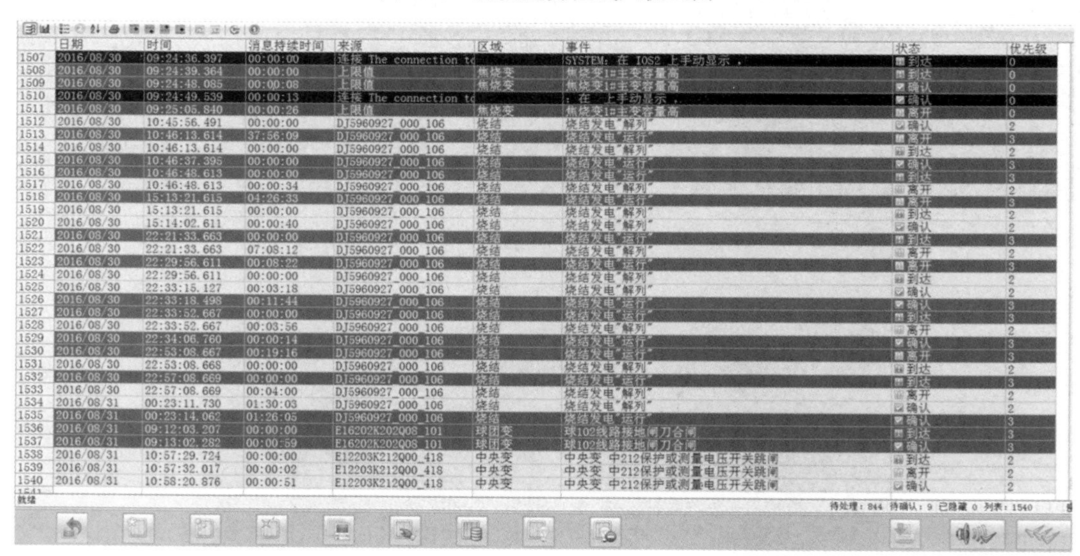

图 8.47　报警窗口

整个电力调度自动化系统的图形界面符合人机界面的设计原则，按照电力系统一次系统图的画法进行绘制，符合电气工程师和电气运行人员的看图习惯。图形界面用统一的方式来显示间隔断路器、断路器小车、接地刀闸和隔离刀闸等开关量状态信号，以及各间隔的实时功率、电压、电流、功率因素等模拟量信号，使电气运行人员可以清楚、直观地了解各 10kV 以上电压等级变电站的运行状态。对重要的调度操作，都应按照严格的操作流程设计，确保指令的正确实施和对异常情况的正确处理。

该电力调度自动化系统投运后，系统运行平稳，操作界面友好，系统功能完善，对于提高企业电力系统的运行水平、保障企业生产起到了重要作用。

参 考 文 献

[1] 王华忠．监控与数据采集（SCADA）系统及其应用[M]．北京：电子工业出版社，2010．
[2] 王振明．SCADA（监控与数据采集）软件系统设计与开发[M]．北京：机械工业出版社，2009．
[3] STUART G M. Designing SCADA Application Software: A Practical Approach[M]. London: Elsevier Inc，2013．
[4] 阳宪惠．工业数据通信与控制网络[M]．北京：清华大学出版社，2003．
[5] 胡金初．计算机网络[M]．北京：清华大学出版社，2004．
[6] 王华忠．工业控制系统及其应用——PLC 与组态软件[M]．北京：机械工业出版社，2016．
[7] 周昕．数据通信与网络技术[M]．北京：清华大学出版社，2004．
[8] 缪学勤．实时以太网技术现状与发展[J]．自动化博览，2005，22（2）：21-24，26．
[9] 林小峰．基于 IEC 61131-3 标准的控制系统及应用[M]．北京：电子工业出版社，2007．
[10] 何衍庆．常用 PLC 应用手册[M]．北京：电子工业出版社，2008．
[11] 张建国．安全仪表系统在过程工业中的应用[M]．北京：中国电力出版社，2010．
[12] 阳宪惠，郭海涛．安全仪表系统的功能安全[M]．北京：清华大学出版社，2007．
[13] 贾里．丙烯腈装置自动控制系统的设计与实现[D]．上海：华东理工大学，2014．
[14] 欧阳劲松，丁露．IEC 62443 工控网络与系统信息安全标准综述[J]．信息技术与标准化，2012（3）：24-27．
[15] 彭勇，江常青，谢丰，等．工业控制系统信息安全研究进展[J]．清华大学学报（自然科学版），2012，52（10）：1396-1408．
[16] 肖建荣．工业控制系统信息安全[M]．北京：电子工业出版社，2015．